Curt W. Eichler

Holzbootsbau - und der Bau von stählernen Booten und Yachten

RKE-VERLAG, KIEL

II

Vorwort

Der Bootsbau ist ein uraltes, besonders traditionsreiches Handwerk. Die See hat sich in den Jahrtausenden unserer Zeitrechnung nicht verändert und stellt immer noch dieselben Forderungen an die Fahrzeuge, die die Menschen bauen, um das Wasser zu befahren. Daher hat sich jahrzehntelang die Bootsbautechnik kaum verändert. Erst in den Jahren vor und nach dem Zweiten Weltkrieg ist die Entwicklung durch neue Baustoffe -besonders Kunststoffe -, durch neue Verbindungsstoffe, wie Leim und durch neu gewonnene Erkenntnisse und Erfahrungen beschleunigt worden. Das letzte zusammenfassende Werk in deutscher Sprache über den Bootsbau, der bekannte "Brix", war schon 1928 erschienen. Seither wurden bestenfalls nur Teilgebiete in Broschüren oder Vorträgen behandelt. Es fehlte ein Fachbuch über den Boots- und Yachtbau, das dieses Gebiet möglichst umfassend für den Bootsbauer, den Konstrukteur, aber auch den aktiven Segler und Motorbootfahrer darstellt.

Als der Verlag der Zeitschrift DIE YACHT mit der Bitte an mich herantrat, die fehlende Gesamtdarstellung des Yacht- und Bootsbaues nach dem heutigen Stand zu übernehmen, hatte ich bereits Jahrzehnte Risse und Abmessungen bewährter Boote, Yachten und anderer kleiner Fahrzeuge gesammelt, sie analysiert, ihre Verhältniswerte studiert und Unterlagen für eine allgemein verständliche Darstellung über das Konstruieren und Berechnen von Booten gewonnen. Diese Unterlagen, die Kurven, die Abmessungen, Flächen, Volumina und Verhältniswerte darstellen, waren sehr umfangreich. Dieser Band enthält die Darstellung der alten und neuen Baustoffe und der Art, sie zu verwenden, während alles, was zum Berechnen und Konstruieren von Booten und Yachten gehört, Thema einer weiteren, umfangreichen Abhandlung ist.

Der moderne Bootsbau greift weit in andere Zweige der Technik und der Wissenschaft hinein. Ich war daher auf die Mitarbeit und Hilfe vieler angewiesen, die mit ihren Spezialkenntnissen meinem, doch begrenzten Wissen überall da, wo es not tat, nachhelfen konnten. Ihnen sei hier herzlich gedankt.

Curt W. Eichler

Impressum:
Curt W. Eichler
Holzbootsbau und der Bau von stählernen Booten und Yachten

Überarbeitete Neuausgabe nach dem Buch Yacht- und Bootsbau, Band 1, Bielefeld 1966,
mit freundlicher Genehmigung von Herrn Claus Eichler, Wedel.

Satz und Druck: WDA - Grafischer Betrieb, Brodersdorf
Layout und Einbandgestaltung: R. Kelling-Eischeid
Buchbinder: Hunke & Schröder, Iserlohn

ISBN 3-924381-29-1

Dieses Buch wurde auf chlorbleichfreiem Papier gedruckt.

INHALT

A) Baustoffe im Bootsbau: Holz

B) Die verschiedenen Holzarten

C) Weitere Baustoffe im Bootsbau: Stahl, Leichtmetall

D) Baustoffe für den Ausbau, die Ausrüstung, das Zubehör

E) Der Bau hölzerner Boote und Schiffe

F) Der Bau von stählernen Booten und Yachten

Kapitel A

Holz im Bootsbau

1. Allgemeines

Der älteste, im Boots- und Yachtbau bekannte Baustoff ist das Holz. Da dieser Baustoff verhältnismäßig leicht bearbeitet werden kann, ist es verständlich, daß Holz als der älteste Baustoff für alles, was der Mensch gebaut hat, gelten muß und auch für den Bau von Booten benutzt wurde.

Sogar heute, wo sich Stahl-, Metall- und Kunststoffbauten auf den verschiedensten Gebieten mehr und mehr durchsetzen, hat es den Anschein, daß sich im Bootsbau das Holz nicht - oder vorsichtiger gesagt: nicht ganz oder noch nicht - verdrängen lassen wird. Vielen Menschen bereitet es einen Genuß, schöne Hölzer zu sehen, zu berühren, zu riechen. Sachlich betrachtet, lassen recht viele Eigenschaften das Holz für den Bootsbau geeignet erscheinen. Es ist so leicht, daß es - fast immer - im Wasser schwimmt. Es läßt sich, verglichen mit Stahl oder mit Metallen, leicht bearbeiten. Es läßt sich bis zu einem gewissen Grade biegen, und es hat eine geringe Wärme- und Schalleitfähigkeit. Demgegenüber stehen allerdings auch unangenehme Eigenschaften des Holzes. Es kann Wasser in sich aufnehmen, wobei sich sein Gewicht und vor allem sein Volumen stark verändern, und pflanzliche und tierische Schädlinge können es mehr oder minder schnell zerstören. Es ist vorgekommen, daß hölzerne Schiffe überhaupt nicht fertiggestellt werden konnten, weil die zuerst erbauten Teile bereits zerfielen, als man noch am Deck und an den Aufbauten arbeitete. Andererseits haben hölzerne Boote und Schiffe ein sehr hohes Alter erreicht, was seine Gründe gehabt haben muß. Diesen Gründen müssen wir nachspüren. Wir müssen uns Kenntnis verschaffen über die Bedingungen, unter denen das Holz wächst, lebt und stirbt. Diese Kenntnisse (unseren Vorfahren - zum mindesten teilweise - recht gut bekannt) scheinen in unserer schnellebigen Zeit weitgehend verlorengegangen zu sein.

2. Wachstum und Aufbau des Holzes, Folgerungen

Um den richtigen *Holzverstand* zu bekommen, muß man wissen, wie Holz entsteht. Der lebendige Baum entnimmt den größten Teil seiner Nahrung mit Hilfe der Wurzeln dem Boden. Der hier gewonnene Saft steigt in der sogenannten Bastschicht, die unmittelbar unter der Rinde liegt, zur Laub- und Nadelkrone des Baumes hinauf. Dort oben werden diese Säfte mit Hilfe der Sonne chemisch umgewandelt, wobei aus der Luft Kohlensäure aufgenommen und an die Luft Sauerstoff abgegeben wird. Der so umgewandelte Saft, der eigentliche Baustoff für neues Holz, wird nun auf einer zweiten, der ersten parallel liegenden Saftleitung wieder nach unten oder jedenfalls an die eigentliche *Baustelle* befördert, dorthin, wo Holz neu gebildet wird. Diese Wachstumsschicht befindet sich dicht unter der erwähnten Bastschicht.

Das Holz bildet sich nicht gleichmäßig das ganze Jahr hindurch neu, sondern im allgemeinen schneller im Sommer, langsamer im Winter. Im Sommer entsteht meist mehr und weicheres, im Winter weniger und härteres Holz. So bilden sich die bekannten Jahresringe, die man an jedem Holzquerschnitt (Hirnholz) beobachten kann.

Nun ist aber das so entstandene Holz nicht fertig ausgereift, sondern lediglich Holz in den Kinder- und Jünglingsjahren, in denen es noch eine Reihe von Jahren verbleibt. Man nennt es *Splintholz* und kann es bei den meisten Holzarten im Quer- und Längsschnitt deutlich erkennen. Bei den meisten Nadelhölzern kann man dieses Splintholz recht gut verwenden, bei Hartholz jedoch besonders bei Eiche, ist Splint ein unbrauchbarer Abfall, der sehr schnell verderben würde, wenn man ihn verbauen wollte.

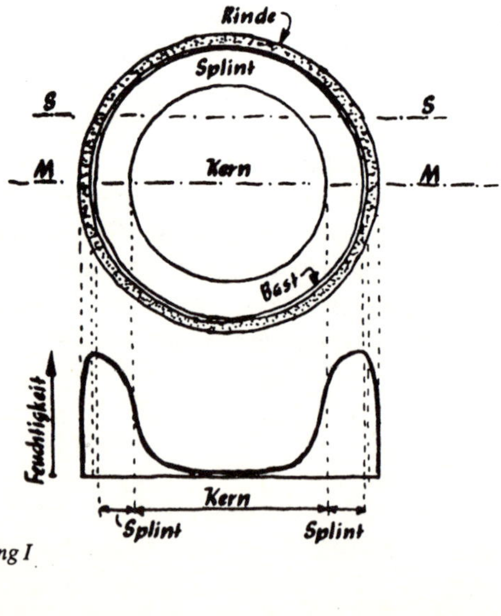

Zeichnung I

Das Ausreifen des Splintholzes zum Kernholz dauert mehrere Jahre, und entsprechend stark ist dann auch die ringförmige Splintschicht am Stammquerschnitt. Sie gehört übrigens neben der Bastschicht zu den saftreichsten Teilen des ganzes Baumstammes. Die Zeichnung I zeigt den Querschnitt durch einen Stamm sowie die Verteilung der Feuchtigkeit in einer *Feuchtigkeitskurve,* die klar erkennen läßt, daß das Kernholz, also das ausgereifte

Holz, das trockenste Holz des Stammes ist.

Diese verschiedenen Feuchtigkeitsgrade im Stamm haben für den Holzverbrauch sehr unangenehme Folgen. Würde man nämlich aus einem Stamm mit derart verschiedenen Feuchtigkeitsgraden eine Planke, etwa die Mittelplanke, herausschneiden und dann trocknen lassen, wo würde sie proportional zur Feuchtigkeit zusammenschrumpfen, also an den äußeren Rändern stark, in der Mitte weniger. An den Rändern entstehen, ähnlich wie an einer geschweißten Plattenkante, Schrumpfspannungen,

Zeichnung 2: Eine Planke (etwa Mittelplanke) unter der Wirkung der geringen Längs-Schrumpfung, in der Mitte aufgespalten. Die untere Planke erhielt gegen das Aufspalten einen Schutz durch aufgenagelte Leisten.

die so stark werden können, daß sich die Planke hier wesentlich stärker als in der Mitte verkürzt, wobei dann die Planke in der Mitte (also im Kernholz) aufreißt (Zeichnung 2). Eine Planke, die weiter außen am Stamm geschnitten wird, hat außerdem notwendigerweise einen unterschiedlichen Feuchtigkeitsgrad an ihrer Ober- und ihrer Unterseite. Außen ist sie feuchter als innen, trocknet und schrumpft somit außen stärker als innen und formt sich zu einer Art flachen Holzrinne, anstatt zu einem flachen Brett (Zeichnung 3 und 4).

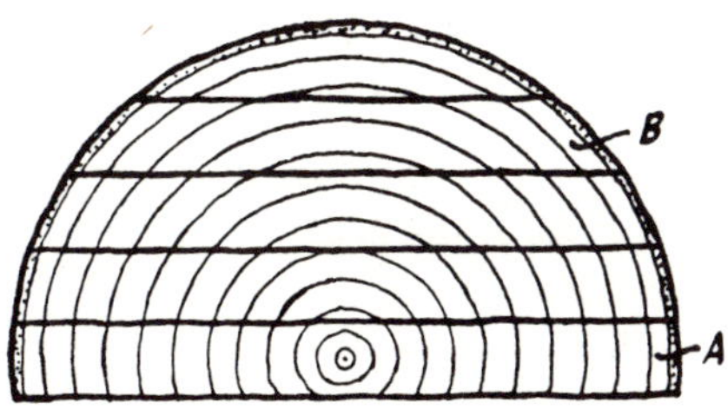

Zeichnung 3: Ein Stamm im gewöhnlichen "Brettschnitt" aufgeschnitten. Planke "A" ist die beste Planke. Sie trifft die Jahresringe fast alle radial. Die Ringe stehen senkrecht; die Maserung ist eng, die Oberfläche dicht.- Die äußeren Planken, z.B. "B", sind schlechter. Die Jahresringe stehen schräg oder auch tangential, die Maserung ist weit und blumenreich, die Oberfläche stark porig.

Verläuft aber der Sägeschnitt, etwa bei einem nicht ganz gerade gewachsenen Stamm, nicht parallel zur Stamm-Achse, so geht die Planke auch noch seitlich durch verschiedene Feuchtigkeitszonen. Beim Trocknen wird sie alsdann *windschief,* wie der Fachausdruck lautet, d.h. sie wird zu einer Art Propellerflügel (Zeichnung 5).

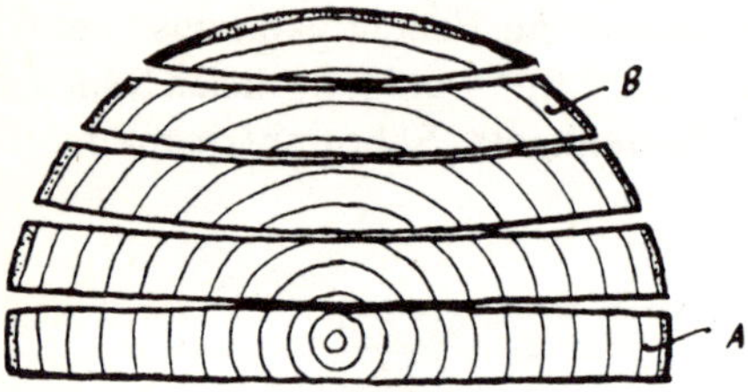

Zeichnung 4: Derselbe Stamm. Die Planken sind aufgetrocknet. - Planke "A" hat sich nicht verwunden, sie ist nur an den Rändern stärker eingetrocknet, da sie hier feuchter war als in der Mitte. - Planke "B" ist außerdem an der Oberkante mehr geschrumpft als an der Unterkante, da sie auch dort feuchter war. So wurde sie zu einer Rinne.

Will man derartige Spannungen im trokkenen Holz und damit auch die gezeigten schlimmen Folgen vermeiden, so gibt es einige Methoden dazu. Bei der einen müßte man das Holz vor dem Schneiden im Stamm trocknen lassen und es erst dann schneiden, wenn man annehmen darf, daß sich die Spannungen im trocknenden Holz durch Anpassen des Holzes an das neue Volumen gegeben haben. Denn ungeschnittenes Holz dürfte die vorerwähnten Risse kaum erleiden. Dieses Verfahren hat aber den Nachteil, daß es sehr lange Trocknungszeiten erfordert, in denen dem Holz allerlei Widerwärtigkeiten zustoßen können. So werden wahrscheinlich radialgerichtete Spannungsrisse *(Windrisse)* im Stamm auftreten, die später beim Einschnitt manche Planke verderben können (Zeichnung 6).

Außerdem muß man damit rechnen, daß pflanzliche oder tierische Schädlinge den Stamm während dieser Trocknungszeit angreifen werden.

Zeichnung 5: Ein "windschief" getrocknetes Brett

Es sei an dieser Stelle bereits das *Ringeln* des Stammes erwähnt, bei dem durch eine ringförmige Kerbe am lebenden Stamm der Saftstrom unterbrochen und dadurch der Stamm ganz allmählich zum Absterben und dabei zum Entsaften, mithin also zum Trocknen gebracht wird. Der Vorgang läuft so langsam ab, daß man beim Aufschneiden kaum mit den erwähnten Spannungsrissen zu rechnen hat, während andererseits der Angriff der Schädlinge erfahrungsgemäß kaum zu befürchten ist. Doch hiervon später.

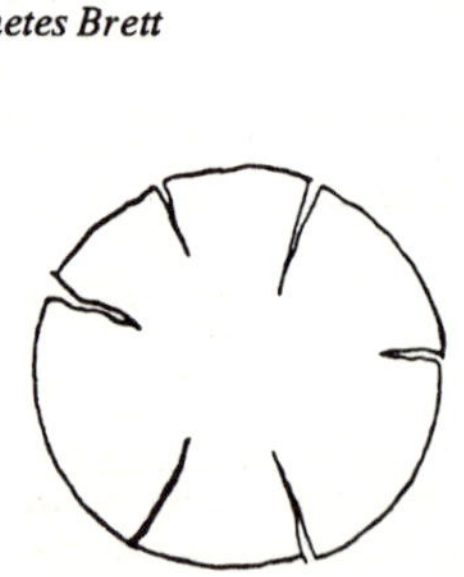

Zeichnung 6: Schwundrisse (Windrisse) an einem trockenen Stamm

Die gänzlich andere Methode, vor dem Schneiden das Holz gleichmäßig feucht zu bekommen, besteht im Flössen oder Wässern des Holzes, wodurch das Holz überall gleichmäßig befeuchtet wird, d.h. also im Wasser muß man das Holz so lange liegen lassen, bis es die in ihm steckenden Spannungen überwunden hat, wobei es dann erfahrungsgemäß nicht zu reißen pflegt. Nunmehr kann man aufschneiden und trocknen und ist ziemlich sicher, daß das Holz nicht rissig wird. Dieses Verfahren besitzt, wie auch das Ringeln, die wichtige Eigenschaft, die Säfte, aus denen sich das Holz aufbaute, aus dem Stamm zu entfernen. Normalerweise trocknen die Säfte im Holz ein und üben hier einen recht schlechten Einfluß auf das Holz aus.

Es hat sich nämlich gezeigt, daß Holz mit eingetrockneten Säften sehr stark zum *Arbeiten* neigt, d.h. bei wechselnder Luftfeuchtigkeit durch Aufnahme oder Abgabe von Feuchtigkeit aus der oder an die Luft quillt oder schrumpft, und somit den pflanzlichen und tierischen Schädlingen eine besonders wohlschmeckende Nahrung darzustellen scheint.

Man erklärt sich diese Tatsache damit, daß die Säfte beim Eintrocknen gewisse Rückstände im Holz hinterlassen, kleine Kristalle oder dergleichen, die ihrerseits, genau wie Kochsalz, stark hygroskopisch sind und sich bei jeder passenden Gelegenheit das Wasser aus der feuchten Luft herausholen und dabei das Holz selbst wieder anfeuchten und zum Aufquellen bringen. Die Holzschädlinge, wie etwa Fäulnispilze oder allerlei Würmer, Käfer und Muscheln, ernähren sich unmittelbar von Holz, das ja zur Hauptsache aus Zellulose besteht. Vielleicht ist Nur-Zellulose weder besonders schmackhaft noch nahrhaft, wird aber in dieser Richtung verbessert durch die genannten Holzsäfte, auch in eingedickter oder eingetrockneter Form. Daher kommt es, daß ausreichend gewässertes Holz sehr viel widerstandsfähiger und alterungsbeständiger ist als *nur* getrocknetes Holz.

Hier dürften wir wohl auch die Erklärung dafür finden, daß Holzschiffe oder Holzboote machmal ein sehr hohes Alter erreichen, während andere trotz nachweisbar guter Pflege schon in kurzer Zeit oder in einem Jahrzehnt völlig verdorben sind.

3. Fällzeiten, Fällen, Entsaften

Es ist allgemein bekannt, daß fast alle Bäume während gewisser Jahreszeiten (etwa im Herbst und Winter) ein geringeres Wachstum zeigen als zu den übrigen Jahreszeiten. Offenbar fallen diese Bäume in eine Art von Winterschlaf, so insbesondere die Laubbäume, die für die Dauer des Winters ihr Laub abwerfen oder absterben lassen. Es ist anzunehmen, daß während dieser Zeit der Saftgehalt des Holzes geringer als während der Hauptwachstumszeit und es deshalb günstig ist, während dieser Zeiten die Bäume zu fällen. In unserem Lande wird das Holz daher hauptsächlich im Winter gefällt, wobei aber mitsprechen mag, daß um diese Zeit die Landbevölkerung keine Feldarbeiten ausführen muß und deshalb Waldarbeit übernehmen kann.

Mehrere wissenschaftliche Untersuchungen sollen ergeben haben, daß der Feuchtigkeitsgehalt des lebenden Holzes das ganze Jahr hindurch ziemlich konstant ist, daß es also eine *saftarme* Zeit kaum gibt. Wenn dann trotzdem das im Herbst oder Winter geschlagene Holz besser sein sollte als das übrige Holz, so wird es daran liegen, daß der Wintersaft eine andere Struktur besitzt als der Sommersaft, weil er vielleicht wässriger und deshalb harmloser ist.

Einige Forscher betonen, daß der Stärkegehalt der Säfte oder der von ihnen angefüllten Gefäße maßgebend für die Gefährlichkeit der im Holz steckenden Säfte ist. Da nun der Stärkegehalt der Säfte während des Jahres regelmäßig wechselt, muß man diejenige Zeit zum Fällen wählen, während der Stärkegehalt am geringsten, dafür aber der Fettgehalt am größten ist. Bei den einheimischen Nadelhölzern liegt diese optimale Zeit im Winter, bei Eiche, Esche und Ahorn im Sommer.

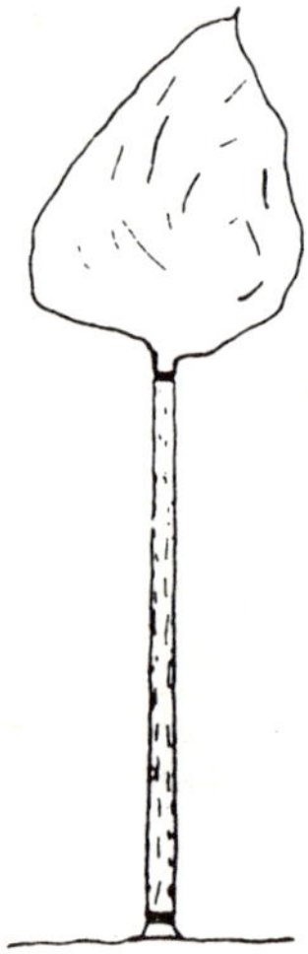

Zeichnung 7: Ein Baum, oben und unten geringelt

Die besten Erfolge werden erzielt, wenn das Holz lange vor dem Fällen durch das bereits kurz erwähnte *Ringeln* auf dem Stamm zum Absterben gebracht wird, wobei sich das Holz selbst in hohem Maße entsaftet. Dies geschieht dadurch, daß man unmittelbar über dem Erdboden respektive dicht unter der Krone eine ringförmige Kerbe im Stamme anbringt, die durch die Bastschicht bis auf den Splint geht und dadurch den Saftstrom unterbindet (Zeichnung 7). Der bereits produzierte Saft wird noch vom Baum verbraucht, neuer Saft entsteht nicht mehr, und der Baum stirbt langsam, sich entsaftend und austrocknend, ab. Die dafür benötigte Zeit beträgt je nach Holzart ein bis zwei Jahre.

Dieses Verfahren wurde in früherer Zeit zum Beispiel beim Bau von Häusern mit dem bekanntem guten Erfolge angewandt. So finden wir in jahrhundertealten Häusern vollkommen gesundes Holz vor, während *moderne* Häuser nicht mit Gleichem aufwarten können. Wir lassen uns heute nicht die notwendige Zeit zum Veredeln oder wenigstens Vorbereiten des Holzes. Denn es darf nicht verschwiegen werden, daß noch eine Zeit von 5 bis 10 Jahren zum Nachtrocknen des geschnittenen Holzes beansprucht wird.Soweit hier bekannt, wird das Ringel-Verfahren heute wohl nur noch bei der Gewinnung von Teakholz im indischen Urwald angewandt. Ob lediglich deshalb, um für den Abtransport des Holzes leichteres Holz zu bekommen (denn den erst einmal gefällten Baum kann man ja nicht im Dschungel trocknen lassen, da er hier alsbald von seinen Feinden verspeist werden würde) oder um der Qualitätsverbesserung willen, vermag ich nicht anzugeben. Vielleicht sind es aber beide Gründe. Sicher hat aber auch die bekannte Qualität gerade des Teakholzes mit ihre Ursache in dem angewandten Entsaftungsverfahren.

Der Vollständigkeit halber sei noch erwähnt, daß auch beim Dämpfen des Holzes, das später behandelt werden wird, Saft aus dem Holz herausgetrieben wird. So kann man beispielsweise beim Dämpfen von Eichenholz einen typischen, scharfen Geruch bemerken, und im Dampfkasten sammelt sich außer Kondenswasser auch offensichtlich Holzsaft an. Hierdurch kam man zum Entsaften durch Dämpfen, wobei aber m.W. ein gewisser Dampfdruck (ein bis zwei Atmosphären) erforderlich ist, wenn man zu einem vollen Erfolg kommen will. Es scheint aber dennoch nicht ganz geklärt zu sein, ob das langsame Entsaften, das durch das Wässern erreicht wird, für das Holz nicht doch besser ist als die etwas gewaltsame Dampfkur.

Beim Wässern benötigt man eine längere Zeit, eventuell einige Jahre, bis der ganze Saft aus dem Holz herausgeschwemmt ist. Dies hängt - außer von der betreffenden Holzart - vor allem von dem zur Verfügung stehenden Gewässer ab. Ideal dürfte es sein, wenn das Holz in einem kräftig fließenden Süßwasser, also in einem Fluß schwimmend verankert werden kann. Das vorbeifließende Wasser nimmt die herausgeschwemmten Säfte mit und umgibt das Holz stets mit frischem Wasser. Hierbei soll das zu wässernde Holz stets vollkommen unter der Wasseroberfläche bleiben, da bei Luftzutritt und längerer Liegezeit an den fraglichen Stellen Fäulnis auftreten kann.

Das Flößen des Holzes - das ist das Transportieren der zu Bündeln (Flößen) zusammengefaßten Stämme durch Treibenlassen oder Schleppen - kann die oben gestellten Forderungen ebensowenig vollständig erfüllen, wie das Treibenlassen der losen Stämme, wie wir es in Skandinavien beobachten können, da hier nicht jeder Stamm vollständig untergetaucht die ganze Floßreise erlebt.

Wird ein Floß über See und damit in Seewasser geschleppt, so darf man diese Schleppzeit nicht als Wässerungszeit bewerten. Denn einmal laugt Seewasser nicht so gut aus wie Süßwasser, zum anderen wird das Seewasser wiederum seine Salzkristalle im Holz zurücklassen, die zwar einen guten Schutz gegen Fäulnis bilden, durch ihre hygroskopischen Eigenschaften aber doch recht unerwünscht sind. So müßte sich, wenn man korrekt vorbehandeltes Holz zu erhalten wünscht, an die Flößzeit in Seewasser noch eine entsprechende Flöß- oder Wässerungszeit in Süßwasser anschließen, um das Seewasser wieder aus dem Holz zu entfernen.

4. Wuchsfehler und Mängel des Holzes

Bei Wuchsfehlern und Mängeln im Holz müssen wir unterscheiden zwischen jenen, die lediglich das Aussehen, die Farbe, die Oberfläche des Holzes, nicht aber seine Festigkeit beeinflussen, und jenen ungleich wichtigeren Fehlern, die die Festigkeit in Bezug auf Zug, Druck, Biegung und Abscheren herabsetzen.

Die erstgenannte Art von Fehlern wird besonders den Innenarchitekten oder auch denjenigen Yachtbauer interessieren, der eine naturlackierte Außenhaut eines Bootes herstellen will. Hier kann ein Fehler in der Färbung des Holzes allein zu seiner Ablehnung führen. Wird dagegen eine Planke nicht genau parallel zu ihrer Faser oder ihrer Maserung aufgeschnitten, so trifft man die Fasern mehr oder minder schräg oder *über Spohn*, wie es der Zimmermann nennt. Die so erhaltene Schnittfläche wird auch durch sorgfältiges Bearbeiten niemals so glatt wie die parallel geschnittene Planke. Es liegt also zunächst ein ästhetischer Mangel vor. Will man dieses Holz nun verleimen, so zeigt es sich, daß die Leimung wegen der schlechteren Oberfläche nicht vollwertig wird. (Hirnholz, als den Grenzfall von überspohnigem Holz, kann man überhaupt nicht leimen.) Also liegt bei dem gedachten Holz auch noch ein technischer Fehler vor, der vielleich durch ungeschickten Einschnitt entstanden sein mag, aber auch durch einen Wuchsfehler im Holz wie Drehwuchs und krummen Wuchs hervorgerufen sein kann. Hinzu kommt noch, daß bei unregelmäßigem Faserverlauf ein unregelmäßiges Arbeiten des Holzes bei wechselnder Feuchtigkeit entsteht, das dem Bauwerk nachteilig sein muß. Also nochmals ein technischer Fehler.

Angefaulte Stellen im Holz sind auf jeden Fall Fehler, die Aussehen u n d Festigkeit betreffen, und besonders gefährlich, da sich der Befall weiter ausbreiten kann. Dieses geschieht völlig unabhängig davon, ob es sich um ein großes oder kleines Teilstück handelt. Andererseits kann ein kleiner loser Ast in der Mitte eines großen hölzernen Bauteiles hinsichtlich der Festigkeit völlig harmlos sein, während derselbe Ast ein kleines Bauteil vollkommen unbrauchbar machen kann.

Krummer Wuchs gilt im allgemeinen als ein Wuchsfehler im Holz, insbesondere wenn man an Holz denkt, aus welchem lange und gerade Stücke geschnitten werden sollen. Wie bereits eben erwähnt, wird das Holz teilweise überspohnig sein und deshalb neben den erwähnten Fehlern eine geringere Festigkeit haben. Es sei aber gesagt, daß im Holzschiffbau bei bestimmten Holzarten Krummwuchs einen großen Vorteil bietet: Aus dem krummen Holz kann man, sofern das Holz die passende, die *richtige* Krümmung besitzt, diejenigen Bauteile herstellen, die aus der Form des Schiffes heraus krumm sind, wie etwa Spanten, Steven, Knie und dergleichen. Die aus passendem Krummholz hergestellten Spanten nennt man in Deutschland *gewachsene* Spanten. Sie werden aus einem Holzstück herausgesägt, das einmal die zum fertigen Spant passende Dicke haben - diese Dicke ergibt nachher die Breite des Spants- und zum anderen in seinem Faserverlauf möglichst genau der Krümmung des Spants entsprechen muß. Für die übrigen Bauteile gilt Entsprechendes.

Man wird erkennen, daß eine Werft, die gute Arbeit in Krummholz liefern will, ein außerordentlich großes Lager von nach Dicken und Krümmungen geordneten Krummhölzern zur Auswahl bereitliegen haben muß. Derartige Hölzer lassen sich deshalb nicht hoch stapeln, da der Zimmermann mit der Schablone in der Hand (die ihm die erforderliche Krümmung anzeigt) das am besten passende Stück heraussuchen muß. Das Krummholzlager muß also eine sehr große Grundfläche haben.

Ferner ist zu bedenken, daß die Kosten für den Einschlag und die Aufbereitung von Krummholz recht hoch liegen. Da es weiterhin kaum noch Holzschiffbau gibt, der an Krummholz in größeren Mengen interessiert ist und in dessen Gefolge der Bootsbau mit versorgt wird, ist die Beschaffung von Krummholz sehr schwierig geworden.

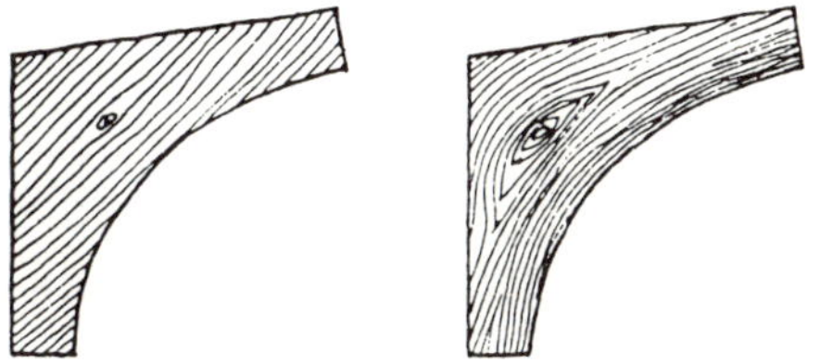

Zeichnung 8: Ein übersponig ausgesägtes Knie. - Ein Knie aus gewachsenem Krummholz.

Aus all diesen Gründen kommt man mehr und mehr von der Verwendung von Natur aus krummer Bauteile ab, sondern verarbeitet statt dessen, wie wir noch sehen werden, gebogene, lamellierte oder zusammengeleimte Teile. Gänzlich abwegig ist es aber, krumme Bauteile aus Holz **ohne** die passende Krümmung herauszuschneiden, da die Festigkeit dieser Teile nur einen Bruchteil der erwarteten oder gewünschten Festigkeit betragen kann (vergl. Zeichnung 8). Offenbar sind auch die Klassifikations-Gesellschaften nicht scharf genug in der Ablehnung derartiger Bauteile. Spanten dieser Art werden vielfach *gesägte* Spanten genannt.

Drehwuchs eines Baumes liegt vor, wenn seine Fasern nicht parallel von unten nach oben zeigen, sondern spiralförmig verlaufen. An abgestorbenen Bäumen mit Windrissen kann man die so entstandenen Schraubenlinien recht gut erkennen. Dieses merkwürdige Wachstum versucht man dadurch zu erklären, daß am Waldrand stehende Bäume den Wind stets einseitig bekommen und dieser auf ihre Kronen ein Drehmoment ausübt. Aber auch einzeln stehende Bäume, die zur Sonnenseite eine weit ausladende Krone besitzen, können bei vorwiegend West- oder Ostwind auf diese Weise Drehwuchs bekommen. Ungeklärt bleibt aber, weshalb mitunter Bäume in einem sonst normal gewachsenen Bestand ebenfalls Drehwuchs zeigen.

Man mißt die Spiralbildung etwa so, wie man Gewinde mißt, d.h. den Tangens der Schräge der äußeren Faser im Stamm relativ zur Achsrichtung des Stammes. Hiernach ist eine Spirale 1:20 schlechter als eine Spirale 1:25. Beide Stämme sind aber fehlerhaft und für vollwertige Zwecke unbrauchbar, während für untergeordnete Zwecke das Holz auch noch bei einem Tangens von 1:15 verwendbar sein mag (Zeichnung 9).

Die Wertminderung entsteht dadurch, daß es nicht möglich ist, aus einem Drehwuchsbaum Hölzer größerer Länge herauszuschneiden, die parallele Maserung haben. In irgendeiner Form läuft die Faser immer quer, was -wie bereits erwähnt- eine Festigkeitsminderung vor allem bei Biegebeanspruchung zur Folge hat und eine geringere Oberflächenglätte respektive schwierigere Bearbeitung der Oberfläche und daraus wieder folgend Schwierigkeit beim Verleimen mit sich bringt.

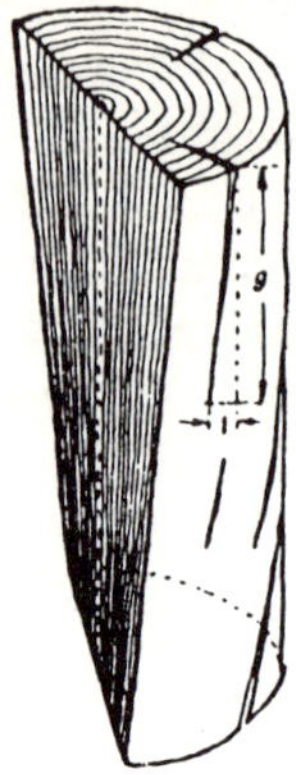

Zeichnung 9: Drehwuchs. -Die "Steigung" des "Gewindes" beträgt hier in diesem Falle 1:9.

Wechseldrehwuchs kommt bei zahlreichen Tropenhölzern vor. Er entsteht durch einen periodischen Neigungswinkel der normalerweise parallel zur Stammitte verlaufenden Richtung der Zellen. Auf der Tangential- und der Hirnschnitt-Fläche macht sich der Wechseldrehwuchs nicht bemerkbar, wohl aber auf der Radialfläche. Denn **gegen** diese - anstatt parallel zu ihr - sind nun die Zellen geneigt, und zwar einmal in der einen, dann wieder in der anderen Richtung. So entsteht auf der Holzoberfläche eine parallel zur Stammachse liegende Streifung, die recht reizvoll sein kann und ihren Ursprung in einem verschiedenartigen Lichteinfall, wohl kaum aber in anderer Färbung des Holzes hat. Bei der Bearbeitung der Holzoberfläche, zum Beispiel durch Hobeln, sind diese Streifen aber überaus lästig, da jeder Streifen in *seiner* Richtung gehobelt werden müßte, oder mit anderen Worten: Beim Hobeln der Planke über ihre ganze Breite wird jeder zweite Streifen in der *falschen* Richtung mit entsprechenden Folgen gehobelt. Der Holzfachmann nennt derartiges Holz *wimmerig* gewachsen.

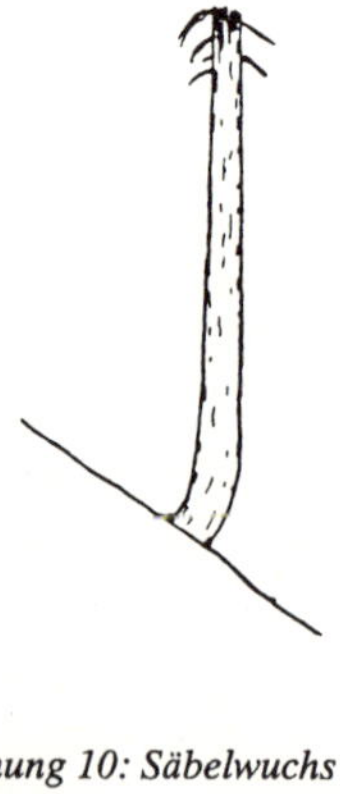

Zeichnung 10: Säbelwuchs an einem Hang.

Säbelwuchs ist eine leichte Krümmung des Baumes an seinem Fuß und findet sich besonders häufig bei Lärchen. Er kommt vor bei Bäumen, die auf schrägen Hängen wachsen. Der Baum kommt zuerst senkrecht zum Boden ans Tageslicht, um erst später, etwa einen halben Meter über dem Boden, in die absolut senkrechte Richtung umzubiegen. So erhält der Stammfuß eines sonst geraden Stammes ein Stück Krummholz (Zeichnung 10).

Exzentrischer Wuchs. Bekommt ein Baum hauptsächlich aus einer bestimmten Richtung kräftigen Wind, so wird das Holz in Luv und Lee völlig verschieden beansprucht und bildet sich infolgedessen auch verschieden aus. Auf der Luvseite (Zugseite) fügen sich die Zellen zu einem guten Zugverband zusammen und erzeugen dort ein Holz, das zwar weich gegen Druck und wohl auch undicht, aber elastisch dehnbar und sehr zugfest ist. Die Leeseite bekommt insofern verstärkte Druckspannung, als sich infolge der Biegung des Stammes durch den Wind das Gewicht nach dieser Seite verlagert, wozu dann noch die Biege-(Druck-)Spannungen kommen. Es wird ein dem Druck wiederstehendes Holz mit sehr breiten und sehr weichen Ringen von Sommerholz zwischen dem harten Winterholz erzeugt. Der Querschnitt des Baumes wird nunmehr insgesamt oval, die Leeseite wegen des Ausknickens dicker, der Kern des Baumes liegt ausmittig zur Luvseite hin.

Wegen der verschiedenartigen Eigenschaften des Holzes auf der Luv- und der Leeseite des Baumes muß der exzentrische Wuchs als ein Fehler des Holzes betrachtet werden. Dabei ist der unangenehmste Teil des Holzes jener, der durch die relativ breiten Jahresringe auf der Leeseite leicht erkennbar ist. Dieses Holz schrumpft in der Längsrichtung im Verhältnis zu dem übrigen Holz, das ja in der Längsrichtung wenig schrumpft, sehr stark. Dadurch kann es bei einer Planke, die an einer Seite derartiges Holz besitzt, das man auch Druckholz (Compression wood) nennt, zu starkem Verziehen kommen. (Zeichnung 11). Die Biegefestigkeit des Druckholzes ist gegenüber normalem Holz stark vermindert, seine Bruchstellen sind gegenüber den langfaserigen Bruchstellen normalen Holzes kurzfaserig und spröde.

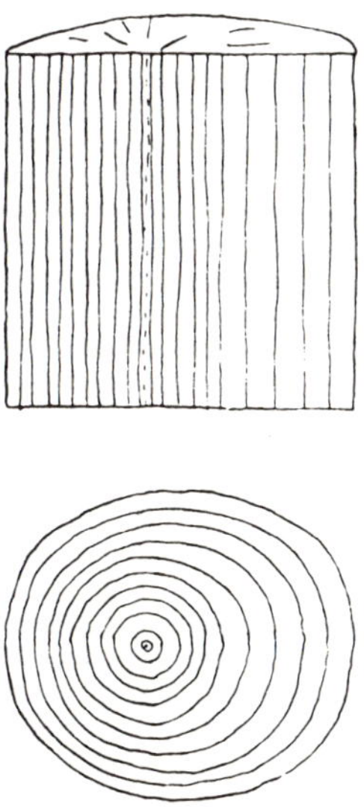

Zeichnung 11: Exzentrischer Wuchs. Rechts die Leeseite mit weiteren Jahresringen, dem "Druckholz", das nur Druckkräfte aufnehmen kann und zudem in der Längsrichtung stark schrumpft.

Ästigkeit ist mit der bekannteste Mangel eines Holzes. Sie wird durch die eingewachsenen abgestorbenen Äste hervorgerufen, die der Stamm in früheren Jahren zur Bildung der damals tiefer stehenden Krone verwendet hat. Beim Höherwachsen des Baumes sterben die unteren Äste ab, die spätestens zu diesem Zeitpunkt von den Forstleuten entfernt werden sollten. Dann wird sich das über ihnen bildende Holz astfrei entwickeln, und der Ast darunter sitzt nur im Kern des Baumes, also nur in seinem innersten Teil (Zeichnung 12a).

Beläßt man dagegen den abgestorbenen Ast am Baum, bis er durch Verwittern oder Verfaulen abgefallen ist, so muß das sich an der Astwurzel bildende Neuholz des Stammes über den abgestorbenen Astrest hinweg entwickeln, und es entstehen so die weit durch den Stamm gehenden *losen* und auch faulen Äste. Lose sind sie, weil das junge Holz mit dem abgestorbenen keine innere Verbindung mehr eingehen kann. So kann es dann kommen, daß beim Eintrocknen einer geschnittenen Planke der Ast herausfällt und so ein Astloch entsteht. Ein fauler Ast ist insofern bedenklich, als er ja die Fäulnispilze unmittelbar in das gesunde Holz hineinbringt. Beide Fehler sind in hohem Grade technische Fehler des Holzes und um so stärker, je größer der Ast relativ zur Größe des betreffenden Stükkes Bauholz, aber auch abhängig von der Lage des Astes am Rande oder in der Mitte des betreffenden Bauteiles ist (Zeichnung 13, 14).

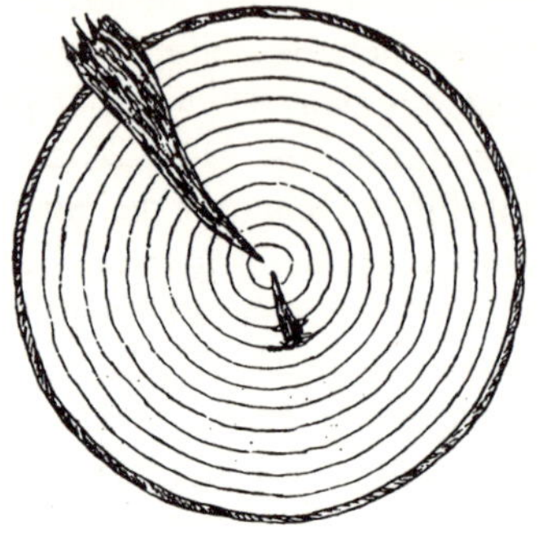

Zeichnung 12a: Hirnschnitt eines Stammes mit zwei Ästen. Ein Ast lebte bis zur Fällzeit des Baumes; der kleine Ast starb im dritten Lebensjahr und ermöglichte seitdem die Bildung astfreien Holzes.

Ästigkeit gilt allgemein als Schönheitsfehler, wobei vornehmlich an den Bau naturlakkierter Boote und Bauteile gedacht ist. Eine gewisse Moderichtung zieht zur Zeit bei roh gelassenen Fichtenholzmöbeln Äste vor, was nur der Vollständigkeit wegen erwähnt sein soll. Die Äste erschweren sehr das glätten der Holzoberfläche mit den üblichen Mitteln und sind auch aus diesem Grunde zu fürchten. Da das noch gesunde Holz im Ast eine sehr viel größere Härte besitzt als das ihn umgebende normale Holz (seine Jahresringe stehen auch entsprechend *sehr* dicht!), können auch Schwierigkeiten mit den bearbeitenden Werkzeugen oder Maschinen auftreten. Es sei noch erwähnt, daß das den Knoten umgebende Holz zumeist ebenfalls sehr dicht gewachsen

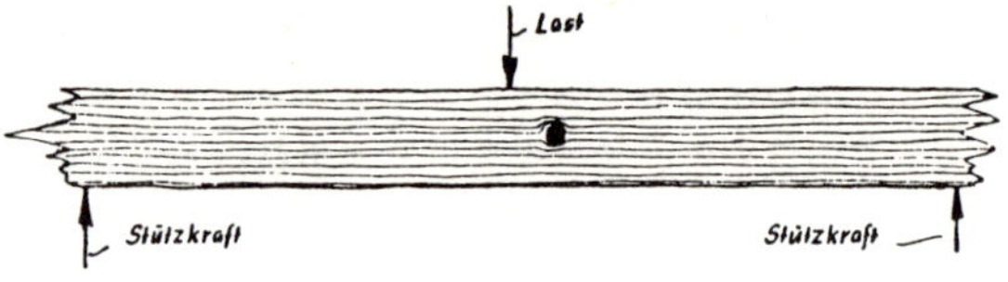

Zeichnung 13: Auf Biegung beanspruchter Stab. - Harmloser Ast.

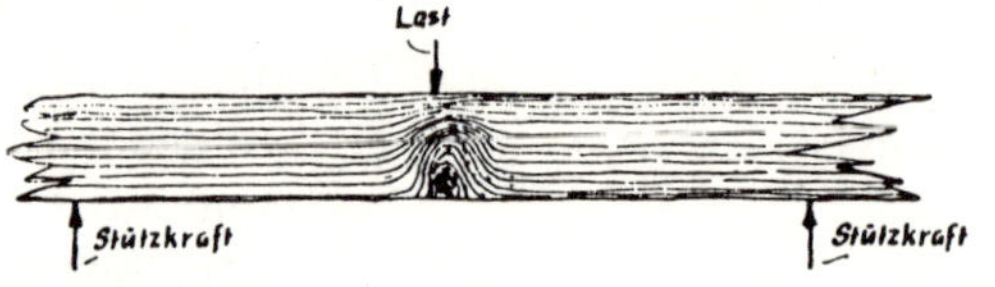

Zeichnung 14: Stab auf Biegung beansprucht. Äußerst gefährlicher Ast.

und bei vielen Baumarten wie das Astholz selbst stark harzig ist.

Die Baumarten variieren sehr in Bezug auf ihre Ästigkeit, und die einzelnen Bäume variieren in ihrer Spezies wiederum nach Bedingungen, unter denen sie haben wachsen können. Als Beispiel sei Fichte im Gegensatz zu Kiefer genannt, beide unter den üblichen forstlichen Bedingungen aufgewachsen. Die abgestorbenen Äste der Fichte haben, wenn man sie nicht künstlich entfernt, eine sehr lange Lebensdauer; sie reichen also im Stamm von dessen Kern bis an die äußere Schicht und von der Krone herunter bis - je nach Standort - mehr oder minder dicht an den Boden heran. Als Folge muß dieser Baum von oben bis unten ästiges Holz aufweisen, kann aber trotzdem, wenn die Äste gesund und fest eingewachsen sind, für bestimmte Zwecke noch brauchbares Bauholz liefern. Bei der Kiefer hingegen - wächst sie in dichter Nachbarschaft mit gleichartigen Kiefern auf - sterben die Äste recht bald ab. So kann also die Neubildung von Holz nach gewisser Zeit, wenn die Astansätze überwachsen sind, am glatten Stamm erfolgen und astfreies Holz hervorbringen. Berühmt in dieser Hinsicht ist übrigens die Douglas-Tanne oder Oregonpine, unter welchem Namen sie bekannter ist.

Naturgemäß stehen die Äste im Baum in radialer Richtung. Wird nun eine Planke ebenfalls radial aus dem Stamm herausgeschnitten, so wird der Ast seinerseits längs aufgeschnitten und unterbricht die Planke im ungünstigsten Fall von der Mitte des Stammes über Kern, Splint und Bast bis zur Rinde. Diese Planke wäre wohl vollkommen unbrauchbar, (Zeichnung 12b). Wird dagegen die Planke tangential aus dem Stamm geschnitten, so trifft der Schnitt den Ast mehr oder minder rechtwinklig in Bezug auf die waagerechte Ebene. Aber auch in der senkrechten Ebene wird der Ast mehr oder minder winklig getroffen, abhängig davon, ob der Ast schräg nach oben und unten oder aber genau waagerecht aus dem Baum herausgewachsen ist. Von dieser Winkligkeit hängt es ab, ob der erhaltene Astquerschnitt rund oder oval geworden ist, und ob der Ast winklig oder schräg durch die Planke läuft (Zeichnung 12c).

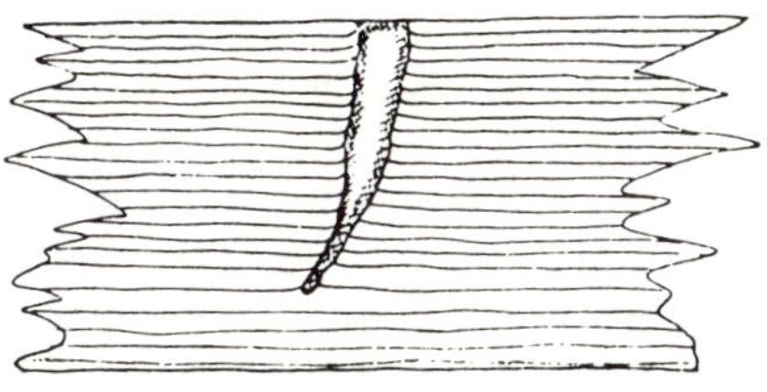

Zeichnung 12b: Tangential geschnittene Planke mit Ast-Längsschnitt. Die Planke ist wertlos. (Radial geschnittene Planke)

Wie bereits angedeutet, sind Äste im Holz deshalb unangenehm, weil die Faser des Holzes aus ihrer natürlichen geraden Richtung heraus verdreht wurde. Hieraus ergeben sich dann die beim *Drehwuchs* erörterten Schwierigkeiten, wenn auch nur an diesem einen Punkt im Holz. Durch diese Verdrehung liegen die Fasern aber auch schräg zur Schnittrichtung, die ja parallel der Faser angelegt war, und so kommt es

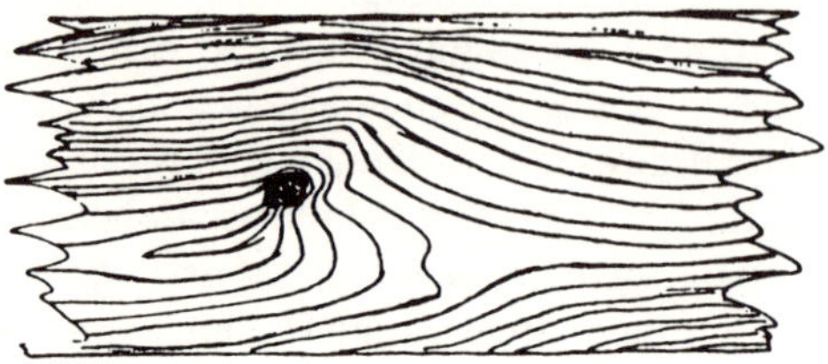

Zeichnung 12 c: *Ast im Querschnitt, nur möglich in einer tangential geschnittenen Planke. Sitzt der Ast auch nach der Trocknung fest, so liegt kein großer technischer Fehler vor.*

zu einer Unterbrechung der tragenden Fasern und dadurch zu einer Schwächung des Holzes. Liegt indessen der Ast und damit die Unterbrechungsstelle der Holzfasern am Rande eines auf Biegung beanspruchten Holzteiles, so ist die Wirkung noch sehr viel ernster. Einmal tritt eine Kerbwirkung ein, die in ihrer Art als bekannt angenommen werden darf. Zum anderen wird die tragende *Höhe* des Balkenquerschnitts und damit dessen Widerstandsmoment gegen Biegung vermindert. Im Widerstandsmoment wirkt nun aber die Höhe in der zweiten Potenz. Das bedeutet, daß ein Balken, dessen Höhe (etwa durch einen Ast) halbiert worden ist, nur den vierten Teil des ursprünglichen Gewichts tragen kann. Dazu kommt dann noch die bereits erwähnte weiter verminderte Kerbwirkung, die um so stärker in Erscheinung tritt, je scharfkantiger die Unterbrechungsstelle der Fasern im Holz geformt ist (Zeichnung 14). Schließlich sei noch erwähnt, daß in Astnähe oft verstärkte Harzbildung beobachtet wird (vergl. *Harzstreifen*).

Frostrisse entstehen bei gewissen frostempfindlichen Bäumen, wie zum Beispiel der Linde, in außergewöhnlich harten Wintern. Diese Risse verlaufen radial und keilförmig von außen nach innen, ähnlich den bereits erwähnten *Windrissen,* die beim Trocknen von ganzen Stämmen auftreten. Sie wachsen später nicht wieder zu, bilden also in einer später geschnittenen Planke eine Unterbrechung, die bei einer radial geschnittenen Planke in voller Breite quer durch die Planke hindurchgehen kann, während der Riß bei einer Tangentialplanke *nur* hochkant durch diese verläuft. Während der Baum aber weiterwächst, suchen tierische und pflanzliche Schädlinge in den Spalten Schutz vor der Witterung und können von hier aus, also bereits im Inneren des Stammes, auf ihre Weise den Stamm angreifen.

Haustellen und Druckstellen sind äußere Beschädigungen des Stammes, die beim Fällen oder Abtransport des Baumes aus dem Wald entstanden sind. Sie sind oft leicht erkennbar, besonders bei schweren Beschädigungen des Holzes. Bei ihnen wird man im geschnittenen Holz die Verbiegung und sogar Zerstörung der einzelnen Holzfasern erkennen können. Sind aber die Schäden geringer, so muß vielleicht im Schnittholz eine Lupe oder ein Mikroskop zur Hilfe genommen werden. Es wird übrigens empfohlen, bei derartigen Untersuchungen das Licht schräg auf die betreffende Stelle des geschnittenen, möglichst auch geglätteten Holzes fallen zu lassen und die

Blickrichtung aus derselben Richtung, aber unter einem etwas größeren Winkel zu wählen.

Harzstreifen und Harznester - streifenförmige oder taschenförmige Ansammlungen von Harz - findet man an sich nur in Nadelhölzern, besonders bei Lärche und Oregonpine. Hinsichtlich der Festigkeitsminderung des Holzes sind hier die Taschen (Nester) gefährlicher, weil sie parallel zu den Jahresringen verlaufen und hier auf einen gewissen Umfang des Ringes die Verbindung von einem zum anderen Ring durch die flüssig-klebrige Substanz des Harzes unterbrochen ist. Bei den Streifen ist die Unterbrechungsstelle tangential sehr gering, erstreckt sich dagegen etwas mehr in der Längsrichtung der Holzfasern. Der Festigkeitsverlust ist hier im allgemeinen geringer, hängt aber in jedem Falle von der Größe des Streifens oder der Tasche ab.

Es muß noch erwähnt werden, daß die Harzstellen bei Sonnenbestrahlung und sonstiger Wärme Harz aus dem Holz treten lassen, was einmal hinsichtlich der Verleimung unangenehm, außerdem aber in jedem Falle bei Lackierung oder Anstrich sehr peinlich sein kann, da das Harz jeden Lack- oder Farbfilm durchdringt oder ihn vom Holz löst.

Mitunter erhalten Harznester auch noch Reste der Borke des Stammes, während es andererseits echte **Borkennester** gibt, bei denen das Harz vollständig oder fast vollständig fehlt, trotzdem aber Borkenstückchen in das Holz eingewachsen sind. Hierbei kommt es, ähnlich wie bei den Harznestern, zu mitunter vollständigen Unterbrechungen der Verbindungen der einzelnen Jahresring-Holzschichten mit entsprechenden festigkeitsmindernden Folgen. - Ergänzend sei noch erwähnt, daß man in manchen Gegenden von Borkentaschen, Harzgallen und Harztaschen (im Englischen pitch pockets) spricht.

5. Insekten-Schäden und Fäulnis

Insekten - Schäden, die am wachsenden Stamm oder auch während der Lagerzeit entstanden sind, kann man im allgemeinen leicht erkennen, besonders am geschnittenen Holz. Es handelt sich meist um wurmartige Larven von Käfern, die sich von der Holzsubstanz ernähren und dabei runde Kanäle in das Holz hineinfressen, in denen sie leben und die sie zum Teil mit ihren Abfallstoffen wieder auffüllen. Je nach Zahl und Größe der im Holz vorhandenen Löcher ist dessen Brauchbarkeit als tragender Teil verringert. Wasserdicht kann derartiges Holz in keinem Falle mehr sein. Wichtig ist es zu wissen, ob noch lebende Tiere im Holz stecken und ihr Zerstörungswerk fortsetzen. Mit chemischen Spezialmitteln soll es möglich sein, sie zu vernichten.

Verfärbungen des Holzes können verschiedene Ursachen haben. Wenn man diese Ursachen nicht genau erkennen kann, ist die Verfärbung auf jeden Fall verdächtig, wobei an die technische Seite gedacht ist.

Harmlose Verfärbung tritt ein, wenn sich die Holzfarbe lediglich durch chemische Einflüsse ändert. Man spricht dabei auch von mineralischer Verfärbung. Wir finden sie vornehmlich bei Harthölzern, zum Beispiel bei Eichenholz, das einen gewissen Gehalt an Gerbsäuren besitzt. Streut man auf eine frisch geschnittene Planke aus grünem, also saftreichem Eichenholz Eisenfeilspäne, so verfärbt sich das Holz augenblicklich blau und wird wenig später dunkelblau bis schwärzlich. Man denkt, man habe Krümel der Mine eines Kopierbleistiftes auf angefeuchtetes Papier gestreut. Diese Verfärbung mag das Holz für naturlackierte Boote und Möbel unbrauchbar machen, zumal sie sich auch in die Tiefe entwickelt, wenn man genügend Zeit zur Verfügung stellt. Die Festigkeit und die Dauerhaftigkeit des Holzes werden aber nicht ober nicht wesentlich berührt.

Eine Braunverfärbung, die ebenfalls chemischer Natur und deshalb harmlos ist, tritt manchmal bei Nadelhölzern während des Trocknens auf. Da aber braune Verfärbungen außerdem sehr viel häufiger durch das Myzelium (Gewebe) von vielerlei Pilzen und Fäulniserregern entstehen, sind hier große Vorsicht und eine sehr genaue Untersuchung am Platze.

Ein ähnliche, mehr gelblich-bräunliche Färbung kommt im Kernholz der Eiche vor. Hier ist sie aber sicher die Folge von Pilzbefall. Dabei kann es sich oft lediglich um das Myzelium eines Schimmelpilzes handeln, das die Festigkeit des Holzes kaum beeinflußt; aber auch hier besteht die Gefahr, daß es sich um Fäulnis handelt (siehe *Fäulnis oder Rott* und Abschnitt 10). Nur ein guter Fachmann wird den Fall beurteilen können. Blauverfärbungen finden wir sodann noch häufiger im Splintholz einiger Nadelhölzer, beispielsweise bei Spruce, aber auch im Kernholz. Die Farbe ähnelt der beim Eichenholz beschriebenen, neigt aber oftmals mehr zu Blau-Braun und Blau-Grau. Auch diese Verfärbung hat keinen großen Einfluß auf die technischen Belange, kann also mehr als Schönheitsfehler gelten.

Fäulnis oder Rott. Wie bereits erwähnt, ist die Erscheinung, die wir mit *Fäulnis* bezeichnen, das Werk von gewissen Pilzen, deren Myzelium (der Laie würde *Wurzelwerk* sagen) das Holz durchwuchert und es dabei langsam auffrißt, wenn es nicht gelingt, diese Pilze zu töten. Hiervon wird später unter dem Stichwort *Konservieren* gesprochen werden (Abschnitt 10).

Die Fäulnis kann bereits am lebenden Baumstamm, während dessen Lagerungszeit oder auch noch nach der Verarbeitung auftreten, also im fertigen Holzbau, wie etwa im Schiff oder Boot. Sämtliche der sehr vielfältigen Fäulnispilze vermögen nur dann im Holz zu wachsen, wenn die Holzfeuchtigkeit, auf die ich noch eingehen werde, mindestens 20% beträgt. Mit wachsendem Wassergehalt steigert sich das Wachstum oder die Schnelligkeit des Wachsens. Es darf aber nicht vergessen werden, daß die Fäulnispilze eine geringe Menge Luft für ihr Wachstum benötigen. So ist zu erklären, daß Holz, völlig untergetaucht, nicht fault, sondern nur über Wasser, speziell an der Grenze zwischen Wasser und Luft, was an Rammpfählen in den Häfen sehr gut zu beobachten ist. In die Erde eingegrabene Pfähle halten gut, wenn die Erde luftundurchlässig ist (Lehm, Ton), und faulen sehr schnell in luftdurchlässigem Sand, noch schneller aber, wenn diese Hölzer naß oder grün in den Erdboden gebracht werden.

Die Fäulnispilze erzeugen sehr große Mengen von allerkleinsten Sporen, die wie Samen wirken und durch den Luftzug oder durch Tiere verbreitet werden. Die Pilze breiten sich aber auch durch ihr natürliches Wachstum im bereits befallenen Holz immer weiter aus. Schließlich darf man nicht vergessen, daß im sogenannten Mutterboden, der Gartenerde oder Humus, große Mengen von Fäulnispilzen vorhanden sind, die fortgesetzt ihre Sporen verbreiten, so daß es wohl kaum möglich erscheint, eine ansteckungsfreie Zone auf der Erdoberfläche herzustellen - vielleicht mit Ausnahme gewisser Plätze in der Wüste.

Alle Arten der etwa vierzig verschiedenen Fäulnis-Pilze haben in ihrem Wachstum und in ihrer Wirkung das eine gemeinsam, daß sie die Zellwände des Holzes angreifen und eben hierdurch das Holz selbst zerstören. Was übrigbleibt, ist eine bräunliche, bröcklige, mit vielen Rissen durchsetzte Masse, die an Volumen wie an Gewicht sehr viel geringer ist, als es das ursprüngliche Holz gewesen ist. Die Berliner Bootsbauer nennen in ihrer blumenreichen Sprache diese Reste kurzweg *Pfefferkuchen,* und hinsichtlich Aussehen und Festigkeit mag diese Bezeichnung nicht schlecht gewählt sein.

Als Merkwürdigkeit der Fäulnis sei noch die Tatsache erwähnt, daß die Fäulnispilze bei ihrem Angriff auf lebende Bäume, vor allem bei Hartholz, stets das Kernholz angreifen, während andererseits beim getrockneten und vielleicht bereits verbautem Holz gerade das Kernholz sehr widerstandsfähig gegen Fäulnis ist. Hier wird, wenn vorhanden, unter allen Umständen zuerst das Splintholz angegriffen.

An dieser Stelle will ich vornehmlich die Untersuchung von Holz behandeln, das für den Bau von Booten verwendet werden soll. Es soll dargelegt werden, wie man Fäulnisschäden im Holz vor dessen Verwendung als Bauholz erkennen kann, wobei es ja doch so ist, daß größere Schäden schwerlich, die kleinen, anfänglichen Faulstellen aber leicht übersehen werden können. In machen Fällen wird nur der Spezialist mit seinem Mikroskop derartige Schadenstellen entdecken können.

Die Fäulnis beginnt im allgemeinen mit einer Verfärbung des Holzes. Die Befallsstelle ist dabei mit ihrer Verfärbung nicht scharf abgegrenzt, sondern verläuft ganz allmählich in das gesunde Holz. Wenn man bedenkt, daß einerseits sehr oft der Grad der Verfärbung nur ganz gering ist, andererseits das Holz eine mehr oder minder stark wechselnde Färbung zeigt, worin ja doch auch der ästhetische Reiz des Holzes begründet ist, so muß man sagen, daß das Auffinden derartiger Schadenstellen nicht einfach ist.

Solche anfänglichen Faulstellen kann man am Rande ausgewachsener Faulstellen studieren, wo diese sich in das gesunde Holz hinein verbreitern wollen und dabei eine Art Zwischenzone erzeugen. Diese Zwischenzone ist eine anfängliche Faulstelle, wie ich sie hier nennen möchte. Längs der Holzfaser mag sie 1/2 bis 1 m lang sein.

Speziell bei Nadelhölzern kann im Hirnschnitt die dunklere Verfärbung als Fäulnisfarbe erkannt werden, wenn die Begrenzung des Fleckens nicht genau den Jahresringen folgt, wie es an der Grenze zwischen dem dunkleren Kernholz und dem helleren Splintholz der Fall ist. Liegt allerdings die Farbgrenze parallel zu den Jahresringen, so wird es wahrscheinlich der natürliche Farbunterschied der beiden Holzarten sein; es kann sich aber auch um Fäulnisfarbe handeln.

An grünem, frisch geschnittenen Holz sind die fraglichen Farbunterschiede sehr viel kräftiger sichtbar, weil das frische, gesunde Holz recht hell ist, sich aber unter der Einwirkung von Luft und vornehmlich der Sonne beim Trocknen dunkler färbt. Das durch beginnende Fäulnis bereits dunkler gefärbte Holz dunkelt beim Trocknen aber nicht oder nur sehr wenig nach. Daher ist es günstig, das Holz unmittelbar nach dem Einschnitt genau auf Fäulnis-Verdacht zu untersuchen. Die verfärbten Stellen, die man als anfängliche Faulstellen deklariert hat, müssen nebst einer Schutzzone von mindestens 1/2 m längs der Faser und 5 bis 10 cm quer zur Faser entfernt werden. Man tut gut, diesen Holzabfall schleunigst aus dem Bereich des gesunden Holzes zu verlagern und am besten zu verbrennen.

Das Erkennen von Schäden an getrocknetem Holz ist, sofern es sich nicht um die weiter vorgeschrittenen Stadien des Fäulniszerfalles handelt, schwierig und soll Fachleuten, das heißt speziellen Kennern der betreffenden Holzarten, überlassen werden. Es ist ja auch so, daß Fäulnis am lebenden Baum, der frisch in der Sägerei zerlegt wird, oftmals eine andere Fäulnis ist und andere Erscheinungsformen aufweist als Fäulnis an älterem, bereits ausgetrocknetem Holz.

Zusammenfassend noch einige Hinweise für das Erkennen beginnender Fäulnis: Jede Verfärbung ist verdächtig, besonders jene, die nicht ihre Grenze genau parallel den Jahresringen findet, die das Aussehen des Holzes matt und leblos zu machen scheint, sowie auch jene Verfärbungen, die scharf begrenzt und durch schmale dunkle oder helle Linien von dem gesunden Holz getrennt sind, was bei einigen Arten der Fäulnispilze vorkommt. Auch eine rauhe und weiche Oberfläche ist verdächtig, selbst wenn keine Verfärbung zu beobachten ist.

Schutz vor Fäulnis im fertigen Schiff wird später unter dem Kennwort *Konservierung* behandelt werden (Abschnitt 10). Hier sollen nur Maßnahmen erwähnt werden, die in der Zeit zwischen dem Holzeinschnitt und der Holzverarbeitung, also in der Trocken- und Lagerzeit des Holzes, Rott verhüten. Es war erwähnt worden, daß Fäulnispilze nur dann leben können, wenn die Holzfeuchtigkeit mindestens 20 Prozent beträgt. Damit ergibt sich das einfachste Schutzmittel: Das Holz möglichst schnell bis auf diesen Grenzwert zu trocknen, selbst dann, wenn zu schnelles Trocknen wegen der Gefahr des Reißens nicht besonders gut für das Holz ist (vergleiche auch Abschnitte 9 und 11). Dieses Verfahren bevorzuge man vor allem, wenn das Lagern während der wärmeren Jahreszeiten geschieht, weil Wärme den Pilzen bekömmlich ist. Beim Lagern darf das Holz weder von oben noch von unten neue Feuchtigkeit aufnehmen können. Die Behandlung der Holzoberfläche kann mit speziellen, mehr oder minder giftigen Holzschutzmitteln erfolgen.

6. Quellen und Schwinden des Holzes

Das Quellen und Schwinden des Holzes (auch *Arbeiten* des Holzes genannt) ist eine Folge wechselnden Wassergehaltes oder wechselnder Feuchtigkeit des Holzes. Etwa proportional seinem Wassergehalt (vergleiche Abschnitt *Holzfeuchtigkeit und Holzgewichte*) ändert das Holz sein Volumen, wobei die Längenänderungen der drei Dimensionen recht verschieden sind. Am geringsten ist die Längenänderung in der Faserrichtung des Holzes, also längs des Baumstammes; der allgemeine Höchstwert vom nassen beziehungsweise grünen zum vollkommen trockenen Holz (ofentrocken = 0 Prozent Feuchtigkeit) beträgt etwa 0,4%. In radialer Richtung ist die Änderung bedeutet größer, je nach Holzart maximal 3 bis 5%. Die stärkste Änderung beobachtet

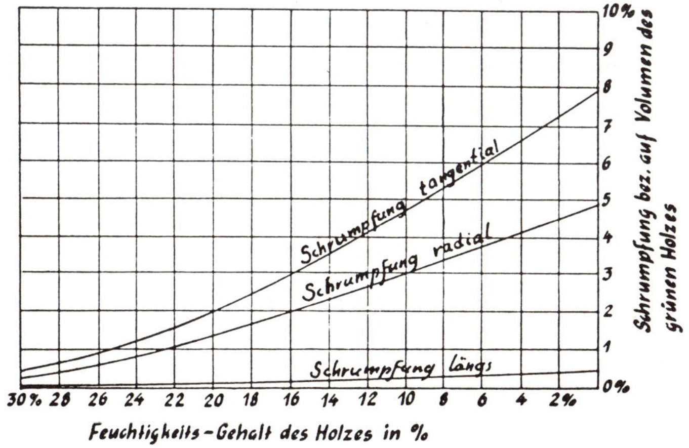

Zeichnung 15 a: Drei Kurven für das Schrumpfen von Holz, abhängig von seiner Feuchtigkeit. Dargestellt für Yellow-Pine

man in tangentialer Richtung (des Stammquerschnittes) mit maximal 6 bis 10%. Die obere Kurve des Feuchtigkeits-Schrumpfungs-Kurvenblattes zeigt diese Verhältnisse für Mittelwerte von Yellow-Pine (Zeichnung 15a).

Nicht mehr lebendes Holz besitzt die Eigenschaft, seine eigene Feuchtigkeit auf diejenige der Luft, in der es sich befindet, einzustellen. Es wird einleuchten, daß bei dem täglichen oder stündlichen unregelmäßigen Wechsel der Luftfeuchtigkeit das Holz mit einer gewissen Phasenverschiebung hinterherhinkt, das heißt, daß es sich nicht so schnell ändern kann, wie sich die Luft ändert. Auch hier wird sich die Zeichnung (Zu- oder Abnahme der Feuchtigkeit im Holz) von der Holzoberfläche nach innen abschwächen, wobei die Änderung um so langsamer vor sich geht, je tiefer wir kommen.

Wenn man daher von Feuchtigkeitsgehalt des Holzes spricht, handelt es sich sowohl hinsichtlich der Zeit als der Tiefe im Holz stets um Mittelwerte. Es wird daher einleuchten, daß dünne Planken eher den der Luft entsprechenden Zustand erreichen als dicke.

Die verschiedenen Holzarten quellen und schrumpfen nun recht unterschiedlich, und zwar die leichten Holzarten im allgemeinen weniger als die schweren Holzarten. Auch innerhalb derselben Holzart arbeiten die leichteren Stücke weniger als die schwereren. Da das Arbeiten des Holzes für die meisten, wenn nicht gar alle Teile des

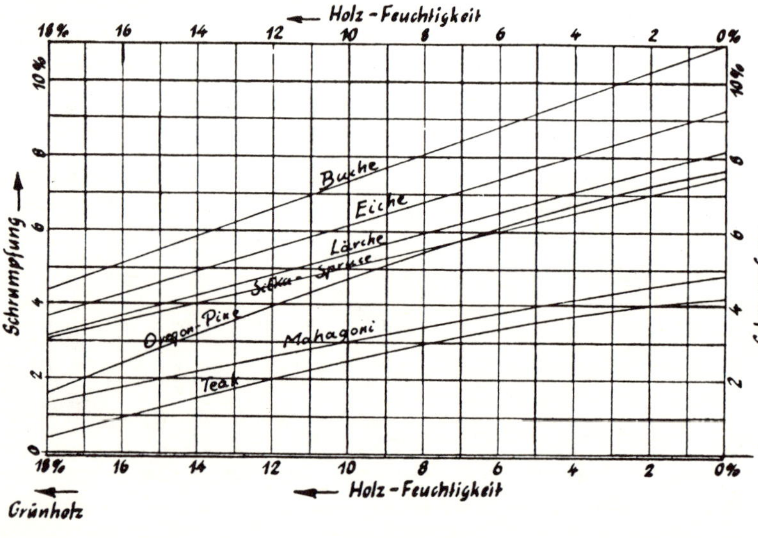

Zeichnung 15 b: Das tangentiale Schrumpfen verschiedener Holzarten in Abhängigkeit von ihrer Feuchtigkeit

hölzernen Bootes oder Schiffes ein recht unangenehme Eigenschaft ist, wäre es nach dem soeben Gesagten am besten, also die leichteren Hölzer bevorzugen. Da diese aber wieder einige unerwünschte Eigenschaften besitzen, wie etwa geringe Festigkeit und Dauerhaftigkeit, muß man auch hier, wie fast immer im Schiffbau, einen Kompromiß schließen.

Doch es gibt auch unter den Hölzern recht löbliche Ausnahmen, und der untere Teil des Feuchtigkeits-Schrumpfungs-Kurvenblattes (Zeichnung 15 b), der die Tangentialschrumpfungen verschiedener im Schiffbau üblicher Hölzer zeigt, bringt als Hölzer geringster Schrumpfwerte zwei Harthölzer, die auch aus anderen Gründen im Schiffbau hoch angesehen sind: Mahagoni und Teak. Da es jedoch bei Mahagoni wie bei Teak eine ganze Reihe verschiedener Arten gibt, können die gezeigten Werte (wie auch die der anderen Hölzer!) nur immer als Mittelwerte angesehen werden. Wahrscheinlich ist es doch so, daß jedes einzelne Stück Holz, selbst wenn es vom selben Stamm geschnitten ist, andere Werte als sein *Schwesterstück* zeigt.

Die Zeichnung 15 c zeigt, in welcher Weise der Unterschied der Schrumpfung in radialer und tangentialer Richtung ein Stück Holz - je nachdem, wie es aus dem Stamm geschnitten wurde - verkleinert und sogar verformt. Den günstigsten Eindruck macht offenbar das Stück oben rechts, eine radial geschnittene Planke. Sie ist überhaupt nicht verformt. Ihre Breite hat sich zwar verringert, jedoch nicht so stark wie die Planke, die unten in der Mitte der Zeichnung zu sehen ist und ihre maximale Schrumpfung in ihrer größten Ausdehnung, der Breite, erleiden mußte. Diese untere, tangential geschnittene Planke mußte sich außerdem noch wölben, weil ihre mehr nach außen im Stamm liegende Unterseite feuchter war als ihre Oberseite, mithin also stärker schrumpfen mußte. Die übrigen Stücke zeigen alle den Einfluß der verschiedenartigen Schrumpfung in radialer (geringerer) und tangentialer (stärkster) Schrumpfung und die zum Teil merkwürdigen Querschnitte, wie etwa bei dem Vierkantholz unten links, die sich dadurch ergeben haben.

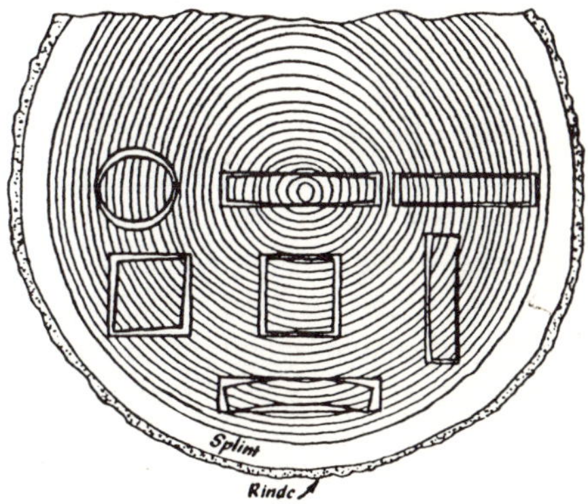

Zeichnung 15 c: Schrumpfung als Funktion des Einschnittes. Prinzip-Zeichnung

Die in den beiden Kurvenblättern gegebenen Schrupfungs- oder Quell-Werte kommen glücklicherweise bei verbauten Hölzern nicht voll zur Geltung. Das hängt damit zusammen, daß Holz im allgemeinen *lufttrocken* verbaut wird, also in dem Zustand, den es bei längerer Trockenzeit in der freien Atmosphäre erreicht. Der zum lufttrockenen Holz gehörige Feuchtigkeitsgehalt schwankt nach Klima, Jahreszeit und anderen Einflüssen recht stark, ist aber für Norddeutschland als *Normalluftfeuchtigkeit* mit 15% festgelegt. Wenn solches Holz im verbauten Zustand in trockenere Räume kommt und sich nach gewisser Zeit auf eine neue Trockenheit von zum Beispiel nur 6% *einstellt,* so schwindet das (in der ersten Kurve dargestellte) Yellow-Pine-Holz von 2,8 auf 6% also *nur* um 3,2% tangential (das heißt maximal). Der Schrumpfungszustand für 0% Feuchtigkeit mit entprechender Schrumpfung auf 8,1% wird ja nur im Trockenofen und nicht in der freien Natur oder in bewohnten Räumen erreicht werden, nicht einmal in unserer trockensten Jahreszeit, im Mai, bei Ostwind und freier Sonneneinstrahlung. Der Grund hierzu ist die ständige Unterbrechung der Luftverhältnisse des Tages durch die Auswirkungen der Nacht.

Zu den Kurven sei noch bemerkt, daß sie nach links auf den Schrupfungswert Null gehen, der bei Holz mit vollkommen mit Wasser gefüllten Zellen (mit etwa 30 bis 35% Feuchtigkeit) erreicht wird. Da dieser Teil der Kurven für uns uninteressant ist, wurde er fortgelassen. (Vergleiche auch Abschnitt 9 *Einschneiden*).

7. Holzfeuchtigkeit und Holzgewichte

Wie bereits angedeutet, kann sich der Wasser- (oder Saft-) Gehalt eines Holzes sehr stark ändern. Holz besteht aus sehr vielen kleinen Hohlkörpern, den Zellen, die aus Zellulose gebildet sind und im Inneren entweder Saft respektive Wasser oder Luft mit den entsprechenden Zwischenstufen (etwa halb Luft - halb Wasser usw.) enthalten. Dementsprechend wird sich auch das Gewicht des Holzes ändern, denn wir wiegen ja beim Holz das Gewicht von Zellwänden plus der eventuellen Füllung. Angaben über Holzgewichte sind deshalb nur dann korrekt, wenn der zu dem Gewicht gehörige Feuchtigkeitszustand genannt ist. Wird die Feuchtigkeit nicht genannt, so ist anzunehmen, daß es sich um sogenanntes *lufttrockenes* Holz mit einem normalisierten Feuchtigkeitsgehalt von 15% handelt. Aber man soll bei solchen Angaben durchaus vorsichtig sein. Außerdem unterliegt, wie bereits erwähnt, Holz auch gewichtsmäßig außerordentlichen Schwankungen, auch innerhalb derselben Holzart und selbst bei verschiedenen Stücken vom gleichen Stamm.

Außer dem Saft, der in den Hohlräumen der Zellen vorhanden ist, enthalten aber auch die Zellwände eine bestimmte Menge Saft, den sie am lebenden Baum zu ihrem eigenen Leben benötigen.

Frisch im Walde geschlagenes oder *grünes* Holz, wie es der Fachmann nennt, enthält eine beträchtliche Menge von Wasser oder Saft, dessen Hauptbestandteil ja wiederum Wasser ist. Dieses Wasser wiegt je nach Holzart unter Umständen mehr als das im Ofen getrocknete, völlig wasserfreie Holz. Wenn dieses Holz trocknet, verschwindet zunächst das frei in den Zellen vorhandene Wasser, während der Wassergehalt der Zellwände noch unverändert bleibt. Diese beginnen erst zu trocknen, wenn die Zellen selbst leer geworden sind. Von diesem Augenblick an beginnt das Holz zu schrumpfen. Deshalb ist dieser Zeitpunkt im Trocknungsprozeß recht wichtig; im Englischen wird er der Fiber-Sättigungspunkt genannt. Ihm entspricht bei den meisten Holzarten ein Feuchtigkeitsgrad von etwa 30%, das heißt, ein Stück Holz, das ofentrocken, also in nullprozentigem Zustand 100 Gramm wiegen würde, würde jetzt 130 Gramm wiegen, weil es 30 Gramm Wasser (oder Saft) zusätzlich enthält. So ist es auch zu verstehen, daß die im vorigen Abschnitt erwähnten Schrumpfungskurven bei einem Feuchtigkeitsgrad von etwa 30% auf Null gehen.

Beim weiteren Trocknen wird das Holz das restliche Wasser immer langsamer verlieren, wobei der Trockungsprozeß aufhört, weil die umgebende Luft entsprechend ihrer relativen Feuchtigkeit kein weiteres Wasser aufnehmen kann. Es ist jetzt ein Gleichgewichtszustand erreicht, der auch erhalten bleibt, solange sich nicht die relative Luftfeuchtigkeit und die Temperatur ändern. Dieser Gleichgewichtszustand

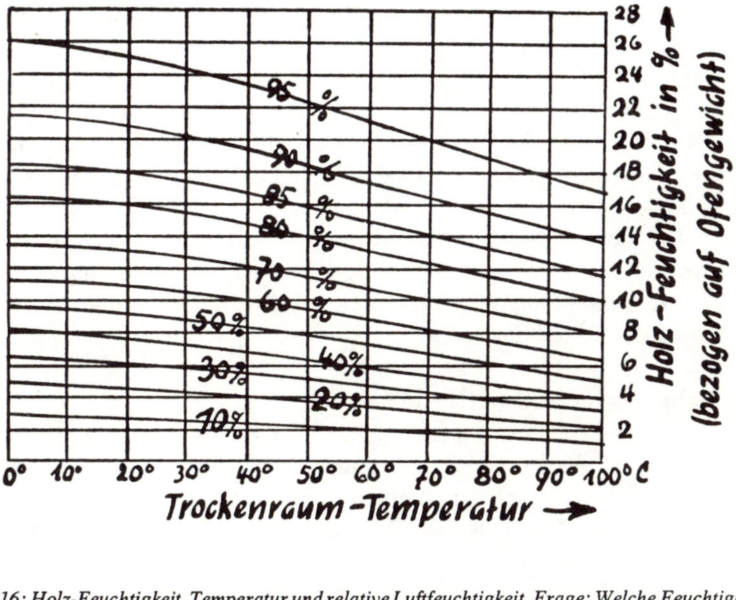

Zeichnung 16: Holz-Feuchtigkeit, Temperatur und relative Luftfeuchtigkeit. Frage: Welche Feuchtigkeit hat Holz das in einem Raum bei 40 C und 70% relativer Luftfeuchtigkeit lagert? Lösung: Gehe auf der Ordinate "40" nach oben bis zur Kurve, "70% relative Luftfeuchtigkeit", von dort waagerecht nach rechts. Man findet ca. 12,2%. Antwort: Genügend lange Lagerzeit vorausgesetzt, hat das Holz 12,2% Feuchtigkeit, bezogen auf sein Gewicht im Zustande mit 0% Feuchtigkeit.

wird hier als *wirkliche Lufttrockenheit des Holzes* bezeichnet. Sie ändert sich, wie eben erwähnt, mit der Temperatur und der relativen Luftfeuchtigkeit der Luft, in der sich das Holz lange genug befindet, um sich einzustellen, wobei naturgemäß kleine, besonders dünne Stücke schneller folgen können.

Das kleine Kurvenblatt (Zeichnung 16) zeigt den Zusammenhang zwischen Temperatur, relativer Luftfeuchtigkeit und der wirklichen Lufttrockenheit des Holzes. Zur Erklärung der Kurven sei die Aufgabe zu lösen, die wirkliche Lufttrockenheit eines Holzes zu finden, das bei 50 Grad Celsius in Luft in 80prozentiger relativer Feuchtigkeit lagert. Wir gehen dabei auf der senkrechten Linie bei *50 Grad* nach oben bis zur Kurve *80% relative Luftfeuchtigkeit.* Der Schnittpunkt liegt dicht über der Waagerechten, die links am Rande die wirkliche relative Lufttrockenheit von 14% anzeigt. Untersuchen wir dasselbe Holz, das in gleicher Luftfeuchtigkeit von nur 30 Grad Celsius lagert, so erhalten wir die wirkliche Lufttrockenheit von etwa 15,6%.

Wie bereits erwähnt, bezieht sich der Feuchtigkeitsgehalt des Holzes, also das Gewicht des im Holz enthaltenen Wassers, auf das Holzgewicht. So enthält bei gleichem Feuchtigkeitsgrad ein schweres Holzstück von 20% Feuchtigkeit mehr Wasser als ein gleich großes Stück Holz einer leichten Holzart. Beispiel: Ein Stück Buchenholz wiegt 700 Gramm. Es enthält bei 20% Feuchtigkeit genau 140 Gramm Wasser. Ein gleich großes Stück Tanne wiegt aber nur 400 Gramm und enthält bei 20% Feuchigkeit nur 80 Gramm Wasser.

Im folgenden wird eine Methode beschrieben, nach der leicht und schnell der Feuchtigkeitsgehalt eines Probestückes Holz festgestellt werden kann. Dieses Stück Holz soll reines Holz sein, darf also Borke, Bast und dergleichen nicht enthalten. Es wird nunmehr gewogen. Danach wird das Holz bei einer Temperatur von gut 100 Grad Celsius so lange getrocknet, bis man bemerkt, daß keinerlei Gewichtsabnahme mehr erfolgt. Bei kleinen, dünnen Holzstücken ist dieser Zustand recht bald erreicht. Dieses *ofentrockene* Holz mit einer Feuchtigkeit von 0% wird nunmehr nochmals gewogen. Die prozentuale Feuchtigkeit, in der das Holz anfänglich gewesen ist, erhält man nach folgender Gleichung:

$$\text{Prozentuale Feuchtigkeit} = ((F - T) / T) \times 100$$

Hierin bedeutet T das Gewicht des ofentrockenen Holzes und F das Gewicht des feuchten Holzes, dessen Feuchtigkeitsgehalt untersucht werden sollte.

Bei Betrachtung der Holzgewichte fällt zunächst die Tatsache auf, daß die eigentliche Holzmasse, die Holzsubstanz, bei allen Holzarten ziemlich gleich schwer ist. Das spezifische Gewicht der Holzsubstanz beträgt 1,50 bis 1,56 , das heißt also ein Kubikzentimeter dieser Masse wiegt 1,50 bis 1,56 Gramm. Da nun aber ein Kubikzentimeter Wasser nur 1 Gramm wiegt (Wasser hat das spezifische Gewicht von *1,0*), so folgt, daß die Holzsubstanz nicht im Wasser schwimmt. Wenn Holz selbst leichter ist und darum schwimmt, so kommt es daher, daß wir es bei Holz ja mit einem Gebilde zu tun haben, daß nur zu einem Teil aus der oben erwähnten Holzmasse besteht, die im Holz selbst die Zellen und andere Bauteile bildet. Es sind aber zahlreiche Hohlräume vorhanden, die teils mit Wasser oder Saft, teils mit Luft gefüllt sind. Von der Größe dieser Hohlräume hängt es hauptsächlich ab, ob wir eine leichte oder eine schwere Holzart vor uns haben; von dem Grad ihrer Füllung mit Wasser hängt es ab, ob wir innerhalb der Spezies trockenes (leichtes) oder nasses (schweres) Holz vor uns haben.

Ein Beweis für das hohe Gewicht der Holzmasse scheint mir die bekannte Tatsache zu sein, daß (dünne!) Hobelspäne eines jeden Holzes sofort im Wasser untergehen. Die Dicke dieser Späne ist so gering, daß alle Zellen oder sonstigen möglichen Hohlräume offen zutage liegen und Wasser in sie eindringen kann. Bei Sägemehl ist es nicht anders.

Neben der Größe der Zellen spielt auch die Dicke der Zellwandungen ein Rolle; hauptsächlich aus diesen beiden Faktoren ergeben sich die recht verschiedenen Gewichte der Holzarten. Hinzu kommt dann noch der Einfluß des im Holz enthaltenen Wassers, also die Holzfeuchtigkeit, die soeben besprochen worden ist.

Betreffs des Wassergehaltes unterscheidet man im allgemeinen vier verschiedene Gewichtsarten des Holzes:

A) **Grüngewicht**. Hierunter verstehen wir das Gewicht des soeben gefällten Holzes. Es schwankt nach der Jahreszeit, da der Saftgehalt im Verlaufe des Jahres durchaus unterschiedlich ist. Bei der Besprechung der Fällzeiten des Holzes wurde dies erwähnt. Der Prozentsatz an Wassergehalt ist bei den verschiedenen Holzarten unterschiedlich.

B) **Naßgewicht**. In fast allen Fällen ist das Naßgewicht größer als das Grüngewicht. Dies kommt zweifellos daher, daß beim grünen Holz zwar die äußeren Schichten mit Säften angefüllt sind, nicht aber das Kernholz, das besonders bei älteren Stämmen recht geringe Feuchtigkeitsgrade aufweisen kann. Liegt das Holz aber völlig unter Wasser, so dringt das Wasser auch in diese trockenen Schichten ein und füllt dort alle vorhandenen Zwischenräume aus. Es sei aber bemerkt, daß das Holz mitunter sehr viel Zeit braucht, bis wirklich alle Hohlräume ausgefüllt worden sind und das Holz kein weiteres Wasser mehr aufnehmen kann - bis also der Zustand erreicht ist, bei dem das *Naßgewicht* gemessen werden kann. Gerade das Kernholz, auf das es besonders ankommt - wenngleich auch die anderen Holzschichten noch Wasser aufzunehmen vermögen -, hat eine große Widerstandkraft gegen das Eindringen von Wasser. Da das Wasser leichter in der Längsrichtung (in der Faserrichtung) eindringt, behalten besonders die langen Hölzer am längsten einen im Inneren noch nicht durchtränkten Teil. Es kann daher bei großen und langen Stücken eine Anzahl von Jahren dauern, bis sie wirklich *naß* geworden sind.

Das Naßgewicht ist das größte der möglichen Gewichte. Bei sehr vielen Holzarten liegt es über 1,00, was bedeutet, daß derartige Stücke im Wasser untergehen und sich auf den Grund legen.

C) **Lufttrockengewicht**. Diese wurde bereits erwähnt und hängt grundsätzlich von der Temperatur und der relativen Feuchtigkeit der Luft ab, in der das Holz lagert. So wird also das Gewicht stark schwanken. Man ist deshalb übereingekommen, ein *normales* Lufttrockengewicht zu verwenden, das sich auf Holz mit einem Feuchtigkeitsgrad von 15% bezieht. Man spricht hierbei von *Normalfeuchtigkeit*.

D) **Darrgewicht**. Hierunter verstehen wir das Gewicht von Holz ohne Wasser, einen Zustand, der lediglich im Darr- oder Trockenofen, also auf künstliche Weise erreicht werden kann.

Man kann übrigens leicht beobachten, daß schon einmal wirklich gut durchgetrocknetes Holz bei erneuter Berührung mit Wasser nur in den Außenschichten naß wird und diese offenbar das Weitervordringen der Nässe nach innen weitgehend verhindern. Man kann sich diesen Vorgang wohl so erklären, daß die Spannung der inneren trockenen Teile die Volumenänderung der äußeren Teile - zumindest in einer Richtung - nicht ausreichend zuläßt. So entsteht eine Pressung in der äußeren Schicht, die das Eindringen von Wasser nach innen verhindert oder doch verlangsamt.

Bei der Aufstellung von Gewichtsrechnungen für hölzerne Schiffe muß sehr überlegt werden, welches der angeführten drei ersten Holzgewichte in die Rechnung übernommen werden kann. Für die Inneneinrichtung von Schiffen, Booten usw. wird etwa das normale Luftfeuchtigkeitsgewicht zutreffen, wenn auch im Winter in ungeheizten Räumen höhere Feuchtigkeit beziehungsweise höheres Gewicht auftreten können. Zum Ausgleich dürfen aber die Hölzer in geheizten Räumen trockener, das heißt leichter sein. Schwieriger wird es, wenn man an das Holz denkt, das sich im Freien befindet, wo es ständig der Witterung ausgesetzt ist. Schutz durch Farbe und Lack muß berücksichtigt werden. Decksholz hat diesen Schutz nicht und bleibt somit am längsten mit dem auf ihm angesammelten Wasser in Berührung. Wer will aber sagen, welcher durchschnittliche Feuchtigkeitsgrad erreicht wird?

Man wird denken, daß der Teil der Außenhaut, der ständig unter Wasser liegt, *Naßholz* sein müsse. Dies tritt jedoch in den wenigsten Fällen zu, weil die innere Fläche der Außenhaut oberhalb der mit Bilgewasser mehr oder minder angefüllten Bilge ständig mit Luft in Berührung steht und daher ständig Wasser verdunstet. So wird dieser Teil der Außenhaut nicht vollkommen naß werden. Aber welchen Grad von Nässe erreicht sie und welchen die übrigen Teile, die ganz, teilweise oder zeitweise im Wasser liegen?

Die Erfahrung zeigt, daß man gut daran tut, das Holzgewicht lieber zu hoch als zu niedrig anzunehmen. Angaben über das Grüngewicht von Hölzern liegen vor, nicht aber über das Naßgewicht. Man könnte dies mit Hilfe der Konstanten errechnen, die die Zunahme oder Abnahme des Gewichtes bei Änderung des Feuchtigkeitsgehaltes um 1% angibt, wenn diese Konstante auch über einen Feuchtigkeitsgrad von mehr als 30% gelten würde, wenn also die Kurve weiterhin geradlinig oder doch nahezu geradlinig verlaufen würde, und schließlich wenn der Feuchtigkeitsgehalt des nassen Holzes für die verschiedenen Holzarten bekannt wäre. So wird es also auch hier beim Schätzen bleiben müssen, und man wird das Grüngewicht für die angeführten Unterwasserteile, vielleicht um 10% vergrößert, nehmen.

Für Vergleichszwecke sind im folgenden verschiedene spezifische Gewichte für einige Holzarten wie auch die bereits erwähnte Konstante angegeben:

	Spezifisches Gewicht für			
Holzart	Grüngewicht	15% lufttrocken	Darrgewicht	**Konstante**
Esche	0,77	0,66	0,62	0,00220
Mahagoni	0,70 (?)	0,55	0,51	0,00273
Eiche	0,99	0,74	0,71	0,00113
Sitka-Spruce	0,55	0,43	0,40	0,00193
Oregonpine	0,61	0,55	0,51	0,00207
Lärche	0,77	0,60	0,38	0,00087

Rechenbeispiel für die Konstante: Gegeben Darrgewicht von Mahagoni mit 0,51. Es soll das Gewicht für 15% Feuchtigkeit *(Normal lufttrocken)* errechnet werden. Das Gewicht wird sein: 0,51 + (15 x 0,00273) = 0,510 + 0,041 = 0,551.

Das spezifische Gewicht ist bekanntlich das auf die Volumen-Einheit bezogene Gewicht, mithin Gramm/Kubikzentimeter oder Tonnen/Kubikmeter. Beim Holz ändert sich nun aber mit dem Feuchtigkeitsgrad - sofern er innerhalb des Schrumpfgebietes, also unterhalb des Fiber-Sättigungspunktes liegt - das Volumen. Es entsteht die Frage, welches der verschiedenen uns zur Verfügung stehenden Volumina in unserer Rechnung erscheinen soll. Zwei verschiedene Verfahren sind üblich geworden: Einmal das, das Volumen des grünen Holzes, zum anderen dasjenige, das ofentrokkenes Holz zugrunde legt. Dieses letzte Volumen ist ja eigentlich für eine gegebene Holzprobe konstant, sofern man eben den Trockenzustand des Holzes erhalten kann. Dies ist aber, genau genommen, nur innerhalb des Trockenofens möglich, während das der Witterung ausgesetzte Holz sofort Wasser aufzunehmen beginnt und sich dann auch im Volumen ändert. Das grüne Holz ändert dagegen sein Volumen nicht so schnell.

Die Meßmethode mit dem grünen Holz geht etwa so vor sich: Die Holzprobe wird zu einem rechtkantigen Stück gearbeitet, so daß seine Längenmaße leicht gemessen und danach sein Volumen berechnet werden kann. Darauf wird die Probe gewogen. Nun läßt man das Holz trocknen und wiegt es in gewissen Zeitabständen immer wieder. Wenn man glaubt, dabei auch die wirkliche Lufttrockenheit erreicht zu haben, trocknet man mit entsprechenden Wiegungen im Trockenofen weiter. Nachdem man feststellt, daß weitere Gewichtsabnahmen nicht mehr erfolgen, man also das Trocken- oder Darrgewicht erhalten hat, ist der Versuch beendet. Die Auswertung der verschiedenen Messungen erfolgt nun in der Weise, daß die ermittelten Gewichte durch das Volumen, und zwar durch das anfänglich und endgültig gemessene *Grünvolumen* geteilt werden, und man erhält die verschiedenen spezifischen Gewichte, bezogen auf Grünvolumen. Den Feuchtigkeitsgrad für die verschiedenen Werte erhält man nach der bereits erwähnten Formel ((F - T) : T) x 100.

Entsprechend würde auch das Verfahren aussehen, wenn man das ofentrockene Volumen für alle Messungen verwendet, wobei allerdings dieses Volumen erst bei der letzten Wiegung festgestellt werden kann.

Für genauere Berechnungen ist es von Wichtigkeit zu wissen, welches der beiden angeführten Volumina, oder ob gar noch ein Volumen eines anderen Feuchtigkeitsgrades, der Angabe des spezifischen Gewichtes zugrunde gelegt wurde. Ich möchte annehmen, daß bei sehr vielen der kursierenden Gewichtsangaben das *etwa* lufttrokkene, gut abgelagerte Holz gewogen und auch das Volumen in eben diesem Zustand genommen worden ist. Diese Methode erscheint recht plausibel, liefert allerdings nur einen Wert.

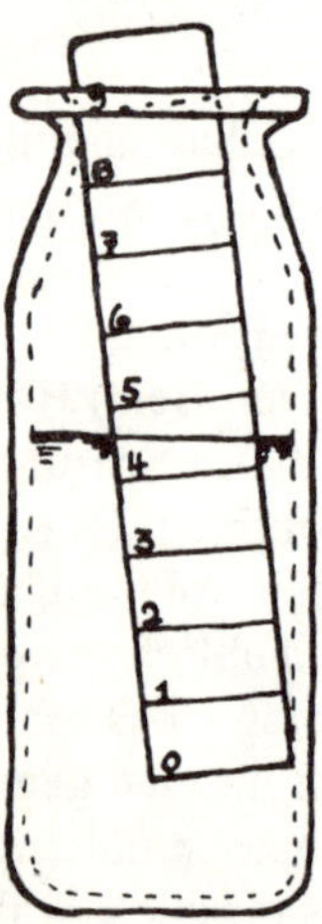

Zeichnung 17: Schwimmversuch eines prismatischen Holz-Stückes mit Dezimal-Längen-Teilung. Die mittlere Tauchtiefe gibt das spezifische Gewicht an, in diesem Falle 0,45.

Für solche Untersuchungen sei noch ein Verfahren erwähnt, daß diejenigen Leser begeistern wird, die nicht gern rechnen. Von dem zu untersuchenden Holz schneide und hoble man sich ein Stück zurecht, das einen überall gleichmäßigen Querschnitt besitzt, sagen wir 1 x 2 cm, 3 x 2 cm oder ähnlich. Das Stück mache man genau 20 oder 30 cm lang und teile diese Länge auf dem Holze selbst, etwa durch kleine Bleistiftstriche markiert, in 10 Teile, so daß jeder Teil genau 2 oder 3 cm lang ist. Diese Teilstriche werden von einem zum anderen Ende numeriert, von 0 an einem bis 10 am anderen Ende. Dieses Holz läßt man nun in einem passenden, engen zylindrischen Gefäß, beispielsweise in einem Weck-Glas oder in einer Blechdose von 5 oder 6 cm Durchmesser, aufrecht stehend schwimmen, so daß Teilstrich "0" unten ist. Das Holz wird nun einen bestimmten *Tiefgang* im Wasser haben, den man an der Grenze der Benetzung, ähnlich wie an einem Peilstock, feststellen kann und sofort durch einen Bleistiftstrich markieren wird. Dieser Strich zeigt nun innerhalb der vorerwähnten Zehnerteilung das spezifische Gewicht an. Liegt die Schwimm-Wasser-Linie der Holzprobe in der Mitte der Teilstriche 4 und 5, so beträgt das spezifische Gewicht der Probe genau 4,50 (vergleiche Zeichnung 17). Es empfiehlt sich übrigens, das Holz nach der Schwimmprobe sofort abzutrocknen, damit sich kein Wasser in sein Inneres hineinziehen kann, und es sodann zur Kontrolle noch einmal *über Kopf* schwimmen zu lassen, wobei bei Markierung der neuen Schwimmlinie daran gedacht werden muß, daß nunmehr die Zahlen für die Unterteilung des Holzes nicht mehr stimmen und berichtigt werden müssen.

In späteren Kapiteln werden die Gewichte verschiedener im Schiffbau verwendeter Hölzer bei Besprechung der Eigenschaften dieser Hölzer genannt werden; bei der Gewichtsangabe wird es sich wohl immer um die soeben erwähnten *Lufttrocknungsgewichte* handeln. Es sei aber nochmals darauf hingewiesen, daß Holz kein homogener Stoff ist und sehr verschieden heranwächst, daß also die gegebenen Gewichte stets Mittelwerte sein werden, die ein bestimmter Fachmann gefunden hat; ein anderer hat wahrscheinlich ähnliche, aber doch andere gefunden.

8. Festigkeit von Holz

Unter *Festigkeit* wird diejenige Kraft in kg verstanden, die auf 1 cm des betreffenden Querschnitts wirkt und dabei den Bruch des Stoffes, in unserem Fall also des Holzes, herbeiführt. Dabei müssen wir bei Holz zwischen Festigkeit für Zug und Druck parallel zur Faser und senkrecht zur Faser unterscheiden, wobei übrigens die Zugfestigkeit senkrecht zur Faser im allgemeinen mit Null angenommen wird. Ferner ist die Festigkeit bei Biegung zu erwähnen (selbstverständlich nur parallel zur Faser, wobei die Biegung hervorrufende Kraft meist senkrecht zur Faser auftritt). Sie ist bei dem gebogenem Holz auf der konvexen Seite praktisch dieselbe wie Zugfestigkeit und auf der konkaven Seite wie Druckfestigkeit, wobei die größte Belastung des Querschnitts übrigens am Rande des gebogenen Stabes auftritt. Zu erwähnen ist ferner noch die Festigkeit bei Abscheren und bei Verdrehung, deren Werte immer unter denjenigen für Zug und so weiter liegen, nur daß hier das Holz senkrecht zur Faser bedeutend mehr trägt als parallel zur Faser. - Der Fachmann nennt übrigens die auf die Einheit des Querschnitts bezogene Kraft die *Spannung,* in unserem Falle, in dem die Kraft ja die Obergrenze der Belastung darstellt die zum Bruch führt, die *Bruch-Spannung.*

Die Festigkeitswerte der einzelnen Hölzer sind recht verschieden, wie noch dargelegt werden wird. Es erscheint durchaus einleuchtend, daß die Festigkeit der schweren Holzarten größer ist als die der leichten Hölzer. Es triff dies auch ziemlich genau bei Betrachtung der reinen Druck- und Zugfestigkeit zu, die sich ziemlich genau proportional mit dem spezifischen Gewicht der betreffenden Hölzer ändern. So hat etwa ein um 50% schwereres Holz auch eine um 50% höhere Druckfestigkeit als das zu vergleichende leichte Holz. Da es bei der reinen Druckfestigkeit lediglich auf die tragende Querschnittsfläche, also auf die Holzsubstanz ankommt, folgt hieraus, daß diese Fläche proportional mit dem spezifischen Gewicht des Holzes zu- oder abnimmt. Denn die eigentliche Holzsubstanz ist, wie angegeben wurde, in allen Hölzern annähernd gleichartig.

Es gibt aber auch hier Ausnahmen, die vermutlich davon herrühren, daß einige Holzarten in ihren Zellen außer Wasser auch noch andere Stoffe enthalten wie Harze und dergleichen, die zwar etwas zur Festigkeit beitragen, aber nicht so stark, wie es das gleiche Gewicht von Holzsubstanz tun würde.

Auch die Festigkeit bei Biegung (genauer: Biege-Bruchspannung) verhält sich etwa proportional dem Holzgewicht. Bei der Biegung bedeutet es aber nicht, daß ein auf Biegung beanspruchter Stab in gleichem Maße an Belastungsmöglichkeit oder Tragkraft zunimmt wie das Holz, aus dem er gefertigt worden ist. Umgekehrt ist die Belastung eines auf Biegung beanspruchten Stabes, die zum Bruch führen möge, größer bei einem Stab aus leichtem Holz als bei einem Stab aus schwererem, mithin festerem Holz, selbstverständlich bei gleichem Gewicht beider Stäbe. Hierzu sei einmal als Beispiel eine kleine vergleichende Festigkeitsrechnung durchgeführt, von denen beim Bau eines Schiffes über hundert angestellt werden müssen. Derjenige, der nicht gern rechnet, mag die überschlagen, muß dann aber das Ergebnis ohne *Beweis* hinnehmen.

Ein runder Stab, etwa der innere Teil eines im Querschnitt runden Riemens, sei durch eine Kraft K in 100 cm Abstand von der Dolle auf Biegung bis zum Bruch belastet (Zeichnung 18). Wie groß wird K bei Verwendung von Eichen- und Tannenholz, bei gleichem Gewicht beider Riemen?

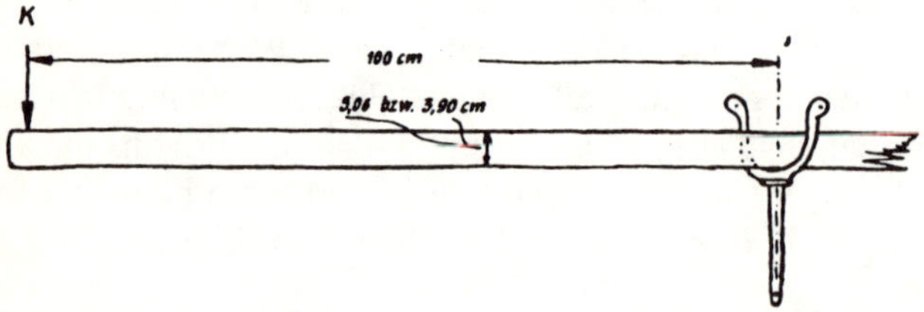

Zeichnung 18: Riemen in einer Dolle

	Tanne	Eiche
Spezifisches Gewicht in g/cm^3	0,43	0,74
Gewicht = Volumen x spezifisches Gewicht in g	1000	1000
Volumen = Gewicht/spezifisches Gewicht = Querschnitt x Länge in cm^3	2320	
Länge in cm	100	100
Querschnittsfläche = Volumen/Länge in cm^2	23,2	13,5
Daraus der Durchmesser D in cm	5,06	3,90
Dritte Potenz von D = D3 in cm^3	134	59,5
Widerstandsmoment = D3/10 in cm^3	13,4	5,95
Bruchspannung (*Bruchfestigkeit*) in kg/cm^2	250	400
Mögliches Biegemoment = Spannung x Widerstandsmoment in kg/cm^2	3350	2380
Kraft K = Biegemoment/Länge (= Bruchlast) in kg	33,5	23,8

Hieraus folgt eindeutig, daß bei gleichem Gewicht der beiden Stäbe und gleichem Hebelarm (hier 100 cm) der aus dem leichterem Tannenholz gefertigte Stab 41% mehr an Kraft aufnehmen kann als der Eichenstab, bis er bricht. Diese Betrachtung gibt einen Hinweis für den Bau von auf Biegung beanspruchten Rundhölzern wie Masten und Spieren, aber auch Riemen, Bootshaken und dergleichen, die ja auch gern aus leichtem Holz gebaut werden.

Von Interesse ist es zu verfolgen, wie der Feuchtigkeitsgehalt die Festigkeitseigenschaften ein und desselben Holzes beeinflußt. Es zeigt sich nämlich, daß mit wachsender Trockenheit des Holzes die Festigkeit zunimmt. Man erklärt sich diese Feststellung vielleicht so, daß die Festigkeit des Holzes davon abhängt, wie bei Belastung die einzelnen Moleküle, aus denen sich das Holz zusammensetzt, aneinanderhaften oder gleiten. Nässe scheint dabei wie ein Schmiermittel zu wirken; die einzelnen Moleküle können besser oder leichter aufeinander gleiten und setzen dadurch die Festigkeit des Holzes herab. Die Physiker mögen mir verzeihen, wenn ich hier etwas grob mit ihren Molekülen umgehe. Aber für uns mag dieser Vergleich recht anschaulich sein.

Merkwürdig ist es nun aber, daß beim Tränken des Holzes mit Teeröl unter Druck (Rüping-Verfahren, siehe Abschnitt 10 *Holz-Schutz*) die Festigkeit wiederum etwas zunimmt. Den Einfluß der Feuchtigkeit gibt Janka für Fichtenholz in folgender Form an:

Feuchtigkeit	Druckfestigkeit	Feuchtigkeit	Druckfestigkeit
0%	100%	30%	32%
10%	70%	40%	29%
15%	55%	50%	28,5%
20%	42%	60%	28%
25%	35%		

Es ist schon des öfteren darauf hingewiesen worden, daß Holz kein homogener Stoff ist, kein Stoff einheitlicher Art, sondern vielmehr ein in der Natur gewachsenes Etwas ist, das sich nach den vielfältigen Bedingungen der Natur entwickelt hat. So kommt es, daß die Gewichts- und Festigkeitswerte, die über Holz vorliegen und von verschiedenen Forschern und Prüfern stammen, niemals die gleiche Werte haben können, ohne das man zu sagen vermag, die eine Angabe sei *richtig* oder die andere Angabe sei *falsch*. Einmal sind Unterschiede dadurch erklärlich, daß bei den Messungen verschiedene Voraussetzungen zugrunde gelegt wurden - wie etwa beim spezifischen Gewicht, bei dem das Gewicht einmal auf das Grünvolumen, sodann auf das zur vorliegenden Messung gehörige oder aber auf das ofentrockene Volumen bezogen sein kann, wenn nicht genaue Angaben hierüber vorliegen. Aber Holz derselben Spezies kann sehr verschieden aufwachsen. Am Standort des einen Baumes haben wir anderen Boden, andere Luftfeuchtigkeit und anders Klima als am Standort des anderen Baumes. So müssen ja beide Bäume ganz verschiedene Hölzer hervorbringen. Für die meisten Holzarten kann übrigens gesagt werden, daß das Holz um so besser, dichter, fester und wohl auch dauerhafter, allerdings auch schwerer wird, je langsamer der Baum zu wachsen gezwungen ist, je mehr er also magerem Boden, kaltem Klima und so weiter ausgesetzt ist. Am bekanntesten ist ja der Qualitätsunterschied beim Kiefernholz, bei dem wir etwa Holz aus Mitteldeutschland oder aus entsprechenden Gegenden Rußlands mit der *nordischen* Kiefer vergleichen können, die nördlich des Polarkreises kümmerlich auf Felsboden zu wachsen versucht.

Wenn nun im Folgenden einige Angaben über die Festigkeit von Hölzern gemacht werden, so wird um Verständnis dafür gebeten, daß in den verschiedenen Tabellen für das gleiche Holz gleichwohl verschiedene Werte auftreten mögen.

Gustav Lang gibt in seinem Buch *Das Holz als Baustoff* (Kreidel, Wiesbaden) als zulässige Spannungen für gesundes, lufttrockenes, möglichst gerade gewachsenes Nadelholz, ohne Äste in den gefährdeten Querschnitten, folgende Werte in kg/cm^2 an, ohne indessen die Sicherheit, nämlich das Verhältnis von Bruchspannung zu zulässiger Spannung, zu nennen:

Art der Belastung	**für Dauerbauten**		**für vorübergehende Bauten**	
	ruhige	stark bewegte	ruhige	stark bewegte
	Belastung		Belastung	
Zugspannung, längs	100	80	120	100
" quer z. Faser	0	0	0	0
Druckspannung, längs	80	60	100	80
" quer	12	8	15	10
Scherspannung, längs	10	8	14	11
" quer	35	30	40	34
Biegespannung (längs)	90	70	110	90

Für sehr feuchte Hölzer sind die Werte um 10 bis 30% zu verkleinern, bei Wasserbauten bis zu 40%. Für einheimische Harthölzer können Zug- und Biegespannung (sie sind ja eigentlich genau dasselbe, haben nur andere Ursachen) nur wenig vergrößert werden. Dagegen können Druck- und Scherspannungen, beide quer, bei ringporigen Harthölzern wie Eiche auf das 1,5fache, bei zerstreutporigen Harthölzern wie Buche sogar auf das 1,8fache gesteigert werden, wie Lang ermittelt hat.

In der folgenden Tabelle wird noch ein Wert aufgeführt, die sogenannte Elastizitätszahl "E", die bei der Berechnung auf Knickfähigkeit benötigt wird. Es handelt sich bei E um diejenigen Spannungen, die im Stoff auftreten würden, wenn er auf die doppelte Länge gedehnt würde, gleichgültig, ob der Stoff dieses überhaupt aushalten würde. Die Werte dieser Tabelle sind im Ingenieur-Taschenbuch der Hütte angegeben. Alle Werte in kg/cm^2.

Holzart	Elastizitätszahl		**Bruchspannung**					
	parallel	quer	Zug	Druck	Druck	Biegg.	Schub	
	zur Faser		parallel		quer		parallel	quer
Eiche	100000 b.	8000	1000	400	150	600	75	300
	108000	11000						
Buche	130000 b.	-	1340	350	-	670	85	-
	180000							
Kiefer	90000 b.	5000	800	280	85	470	45	250
	110000	8000						
Fichte	90000 b.	4500	750	250	60 b.	420	40	-
	110000	7000			80			
Tanne	90000 b.	4000	750	250	75	400	40	-
	110000	6000						

Die folgende Tabelle entstammt dem Schiffbau-Handbuch von Henschke. Auch diese Tabelle gibt wiederum Bruchspannungen in kg/cm^2 an. Alle Spannungen parallel zur Faser, nur die Scherspannungen senkrecht zur Faser.

Holzart	**Zug-**	**Biege-**	**Druck-**	**Scher-Spannung**
Weymouthskiefer	800	580	280	-
Tanne/Fichte	840	660	400	260
Kiefer	1040	840	470	275
Lärche	1050	840	530	250
Pitchpine	1070	910	490	-
Pappel, Linde	770	550	370	215
Weide	850	900	440	-
Erle	1070	850	530	250
Esche	1040	1020	480	-
Rüster (Ulme)	800	700	410	250
Nußbaum	1000	1050	525	340
Teak, Eiche	900	910	540	320
Rotbuche, Birke	1350	1190	430	-
Ahorn, Weißbuche	1000	1250	575	320
Pockholz	-	-	1050	-

Als letzte Tabelle über Festigkeitswerte von Holz sei noch diejenige mitgeteilt, die im Taschenbuch für den Maschinenbau von Dubbel (Verlag J. Springer) zu finden ist. Sie bezieht sich auf Holz von etwa 15% Feuchtigkeit, aber jeweils für drei verschieden schwere Holzproben. Die Bruchspannungen sind hier, raumsparend, in kg/mm² (statt kg/cm²) angegeben.

Holzart	Lage zur Faser	spez. Gew.	Zugspg.	Druckspg.	Biegespg.	Scherspg.
Eiche	parallel	0,4/0,7/	5/9/18	4/5/6	7/9/10	0,5/1/1,5
	quer	0,95	0,5	1	-	3
Esche	parallel	0,5/0,7/0,9	3/10/22	3/5/6	5/10/18	0,7
	quer		0,7	1	-	-
Rüster	parallel	0,5/0,7/	6/8/21	3/4/6	5/7/16	0,7
(Ulme)	quer	0,85	0,4	1	-	2,5
Kiefer	parallel	0,3/0,5/0,9	4/10/19	3/5/8	4/9/20	0,5/1/1,5
	quer		0,3	1	-	2
Fichte	parallel	0,3/0,5/0,7	4/9/24	3/5/7	4/7/12	0,5/1
	quer		0,3	0,5/1	-	2,5
Tanne	parallel	0,3/0,45/	5/8/12	3/4/5	4/6/10	0,5
	quer	0,7	0,2	0,4		2,5
Pitchpine	parallel	0,5/0,7/0,9	10	3/5/8	9	1
	quer		0,3	0,7	-	-
Gabun	parallel	0,2/0,3/0,5	2/3/4	1/1,5/2	2,5	-
(Okumé)						
Rotbuche	parallel	0,5/0,7/0,9	6/14/18	4/5/8	6/11/18	0,5/1/2
	quer		0,7	1	-	3,5

Wie aus den verschiedenen Tabellen hervorgeht, ist die Festigkeit des Holzes, ausgedrückt in der Bruchspannung, insofern verschieden, als es darauf ankommt, ob die Belastung, beispielsweise Zugbelastung, längs oder quer zur Faser erfolgt. Bei der Querbelastung könnte noch zwischen den Richtungen radial und tangential unterschieden werden; dieser Unterschied ist aber unwichtig. Die Bruchspannungen für Zug quer zur Faser, ebenso wie auch für Schub längs zur Faser sind für alle Holzarten so gering (sie werden manchmal mit null angegeben), daß man vermeidet, Holz in dieser Richtung überhaupt zu belasten. Es trifft dies besonders für die Holzarten zu, die sich leicht spalten lassen, wie zum Beispiel Fichte. Holzkonstruktionen müssen deshalb so durchgeführt werden, daß die eingebauten Hölzer stets in der *richtigen* Richtung in dem betreffenden Bauwerk liegen.

Der Nachteil der so verschiedenartigen Festigkeits-Eigenschaften wird weitgehend bei Sperrholz vermieden. Hierunter verstehen wir Holztafeln, die aus einer ungeraden Anzahl von Holzfurnieren (vergleiche Abschnitt 9 *Holzeinschnitt*) mit Hilfe von feuchtigkeits- oder wasserbeständigen Leimen zusammengebaut sind. Im allgemeinen legt man in den Holztafeln die einzelnen Furniere so, daß die Faserrichtung der sich einander berührenden Furniere um 90 gegeneinander versetzt ist. Bei einer fünfschichtigen Platte liegen mithin die beiden äußeren und die mittlere Furnierschicht mit ihrer Faser längs zur (zum Beispiel rechteckigen) Platte, die zweite und vierte Schicht hingegen quer. Wir nun eine solche Platte oder aus ihr geschnittene Planke auf Biegung beansprucht, etwa wie ein auf zwei Auflagern liegenden Balken, so hält die Sperrholzplanke weniger als eine gleich starke und gleich breite Planke aus massivem Holz der gleichen Spezies. Denn bei Biegung werden alle Teile des Träger-Querschnittes entweder auf Zug oder auf Druck beansprucht, und dafür ist die längsgerichtete Faser (im massiven Holz) sehr viel besser geeignet als die quergerichtete Faser in der Sperrholzplanke in deren zweiter und vierter Lage.

Dafür hat aber die Sperrholzplanke den sehr großen Vorteil, daß man sie auch auf Biegung quer zur bisherigen Längsachse belasten kann, in welchem Falle alsdann die zweite und vierte Schicht *richtig* belastet und somit voll ausgenutzt wird, während *nur* die Schichten eins, drei und fünf *falsch* belastet sind. Da sie in dieser Richtung ja praktisch nicht tragen können, leisten die also auch keinen Beitrag zur Tragkraft des ganzen Trägers. Immerhin wird die angeführte Sperrholzplatte im zweiten Fall weniger tragen können als im ersten, da die wichtigste Zone des Trägers, die äußerste Schicht oben und unten, sozusagen ausfallen muß, während bei der zuerst angeführten Belastung gerade in dieser Schicht die tragenden Furniere liegen. Aber: Der vergleichsweise herangezogene massive Träger kann quer auf Biegung belastet überhaupt nicht tragen. Zusammenfassend kann gesagt werden: Bei günstiger Belastungsrichtung trägt Massivholz mehr, aber dieses auch nur in einer Richtung. Das Sperrholz trägt zwar etwas weniger, dafür aber in allen Richtungen der Belastung wenigstens ungefähr gleich viel.

Die Festigkeitswerte von fertig verleimten Sperrhölzern sind sehr schwer zu erfassen. Diese Werte hängen ja nicht nur von der Spezies der verwendeten Hölzer ab, wobei oftmals innen und außen verschiedene Hölzer verwendet werden, sondern noch von der Qualität der Hölzer, ferner von der Anzahl der zu einem Verbund zusammengeleimten Furniere, von dem verwendetem Leim, von der Sorgfalt, die beim Zusammenlegen und beim Verleimen (unter Druck und Hitze) angewendet wurde, und schließlich noch von der Dicke der einzelnen Furniere. Die Festigkeitswerte des Sperrholzes mögen sich im Laufe der Zeit ändern, wenn das Holz in feuchter oder nasser Umgebung Feuchtigkeit aufnimmt und der Leim hierauf reagiert. Solches Sperrholz ist im Schiffs- und Bootsbau nicht verwendbar, zumal es heute Leimarten gibt, die durch Nässe nicht in ihrer Klebkraft beeinflußt werden (vergleiche Abschnitt 16 und 17 *Verleimen*).

Wegen aller dieser Variationsmöglichkeiten ist man offenbar sehr zurückhaltend mit der Messung und Bekanntgabe von Werten für die Bruchspannungen, die Sperrholz haben mag. Man muß für diesen Umstand Verständnis haben. Es sei hier noch bemerkt, daß Festigkeitswerte, die von wirtschaftlich am Sperrholz interessierten Firmen bekanntgegeben werden, nicht als neutral angesehen und in dieser Arbeit deshalb nicht genannt werden können.

Für das Bootsbau-Sperrholz verlangt der Germanische Lloyd nach seinen *Abnahme- und Prüfvorschriften für Bootsbau-Sperrholz, 1955* folgende Festigkeitswerte:

Sperrholz aus folgenden Holzarten	längs (in Faserrichtung der Außenlagen)	quer (rechtwinklig zur Faserrichtung der Außenlagen)	diagonal (unter 45° zur Faserrichtung der Außenlagen)
Birke Buche Esche	700 kg/cm^2	450 kg/cm^2	350 kg/cm^2
Mahagoni, Teak Makoré, Limba Eiche, Lärche Kiefer	530 kg/cm^2	340 kg/qm^2	260 kg/cm^2
Okumé (Gabun) Zeder Zypresse	350 kg /cm^2	230 kg/cm^2	180 kg/cm^2

Sperrholz aus anderen Holzarten als denen der Tabelle ist in der Holzgruppe einzureihen, deren Eigenschaften der betreffenden Holzart am ähnlichsten sind. - Die Festigkeitswerte sind bei einem Feuchtigkeitsgehalt des Holzes von 6 bis 12% zu ermitteln. Sie sind Mittelwerte aus drei Proben derselben Holzplatte. Einzelwerte dürfen die Sollwerte bis zu höchstens 10% unterschreiten.

Im allgemeinen sei noch bemerkt, daß Sperrholz um so besser, also fester und dichter ist, je dünner die einzelnen Furniere sind oder je mehr Furniere bei gegebener Dikke der Platte verwendet wurden. Solche Platten sind übrigens auch nicht unerheblich schwerer als die Hölzer, aus denen sie aufgebaut sind. Es macht sich hier der Einfluß des Leimes (zumeist Kunstharz) bemerkbar, der ja erheblich schwerer als Holz ist. Gerade bei dünnen Furnieren wird er von beiden Seiten her tief in das Holz hineingepreßt, bis das Holz nahezu vollkommen durchtränkt ist. Im Grenzfalle könnte man wohl von einer Kunstharzplatte mit Holzeinlagen (statt Glasfasereinlagen) sprechen.

Bei der Festigkeit solcher Holzarten, die im Schiffs- und Bootsbau Verwendung finden sollen, ist nun noch ein Punkt zu erwähnen, der für uns eine gewisse Bedeutung haben kann. Die einzelnen Hölzer müssen durch Nageln, Zusammenschrauben oder durch Verbolzen miteinander verbunden werden. In ähnlicher Weise müssen Beschläge am Holz befestigt werden. Das Holz muß also imstande sein, Nägel, Schrauben und Bolzen festzuhalten. Ganz allgemein sei an dieser Stelle nur das an sich Selbstverständliche gesagt, daß Harthölzer eine stärkere Haltekraft für die Bolzen usw. besitzen. Einzelheiten kann man dem Abschnitt 17 entnehmen. Es sei hier aber noch einen Nebenpunkt aufmerksam gemacht, der aus den Festigkeitstabellen kaum erkennbar sein wird. Hölzer, die leicht spalten, sind für die Aufnahme von in der Längsrichtung des Holzes etwas dicht beieinander stehenden Schrauben, Bolzen und dergleichen schlecht geeignet, weil das Holz durch den Druck der Bolzen und so weiter bereits bei ihrem Anziehen oder bei der späteren wirklichen Belastung aufspalten kann, wobei dann die Bolzen lose kommen können.

9. Einschnitt und Furnieren von Holz

Im Abschnitt 2, der das Wachstum und den Aufbau des Holzes behandelt, ist ausführlich dargelegt worden, in welcher Weise sich die verschiedenen, ringförmigen Schichten am Baume bilden und wie sie sich durch Festigkeits-, Dauerhaftigkeits- und besonders auch durch Feuchtigkeits-Unterschiede hervorheben. Aus dieser Sachlage heraus muß es einleuchtend sein, daß man aus ein und demselben Baumstamme Bauteile, beispielsweise Planken, sehr unterschiedlicher Qualität und unterschiedlicher Verhaltensweisen herausschneiden kann. Im Abschnitt 2 wurde mit einigen Zeichnungen dargelegt, wie gerade der unterschiedliche Feuchtigkeitsgrad innerhalb des Baumstammes berücksichtigt werden muß, wenn man brauchbares Holz gewinnen will.

Es muß hier noch auf andere Eigenheiten des Holzes, die auf die Art des Einschnitts Einfluß haben, eingegangen werden. In Zeichnung 15c war erwähnt worden, daß die Planke oben rechts, radial aus dem Stamm genommen, die geringste Verformung durch Schrumpfung erfahren hat und aus diesem Grunde die beste Planke ist. Sie ist dies aber noch aus anderen Gründen. Sie wird, wenn sie im eingebauten Zustand beim Wechsel von feucht und trocken arbeitet, sich in ihrer Breite wenig ändern (da die Breite radial im Stamm liegt) und deshalb, etwa als Außenhautplanke gedacht, wenig die Dichtungsmittel der Längsnähte beeinflussen. Stärker arbeitet sie in Richtung ihrer Dicke, da diese tangential im Stammquerschnitt liegt, wobei natürlich das Gesamtmaß der Dehnung oder Schrumpfung des Holzes stets proportional der Breite oder Dicke der Planke ist. Das Quellen der Planke in Richtung ihrer Dicke ist aber völlig harmlos, da hier die Planke freie Bahn hat.

Weiterhin liegen die Jahresringe beim Radialschnitt sehr dicht beieinander, so daß die Oberfläche der Planke ein enges Gefüge mit sehr dichten, schmalen, von den Jahresringen herrührenden Streifen zeigt. Das hat zur Folge, daß diese Oberfläche dichter ist als die entsprechende der Tangentialplanke (Zeichnung 15c unten) mit ihren breiten Streifen vor allem von weichem Holz. Die Maserung der Tangentialplanke mag zwar malerischer als die der nüchterner wirkenden Radialplanke sein (der Fachmann spricht von *Blume)*, aber ihre Oberfläche ist weniger fest gegenüber örtlichen Beschädigungen, und das Wasser kann leichter in das Innere des Holzes vordringen, wodurch wiederum dem Quellen und der Vergänglichkeit Vorschub geleistet wird. Bei der Tangentialplanke wirkt sich das stärkste Quellmaß zudem in der Breite der Planke aus, und sie wird mit aller Macht versuchen, die ihr dort gesetzten Grenzen (die Dichtung gegen die Nachbarplanke) zu durchbrechen. Sie ist also schlechter.

Offenbar kommt es also darauf an, die für den Schiffsbau bestimmten Planken in radialem Schnitt aus dem Baum herauszuschneiden. Diese Schnittart heißt vielfach *Spiegelschnitt,* weil bei einigen Holzarten, vornehmlich bei Eiche, auf der Oberfläche der Radialplanke kleine, blanke, völlig porenfreie helle Flekke entstehen, die *Spiegel* genannt werden. Sie sind unregelmäßig über die Fläche verteilt, haben selbst unregelmäßige Formen (vergleiche Zeichnung 19) und wirken bei poliertem Holz in der Tat wie kleine Spiegelchen. Übrigens lehnen deutsche Möbeltischler Spiegelholz als minderwertig ab, weil sie sich wahrscheinlich nur am Äußeren des Holzes orientieren. Vielleicht spricht auch die Mode mit, und Spiegelholz-Möbel werden zur Zeit "nicht getragen". In England ist es übrigens genau umgekehrt; dort suchen sowohl Bootsbauer als auch Möbeltischler Spiegelholz, und dadurch haben die Bootsbauer als Holzkäufer einen schlechteren Stand.

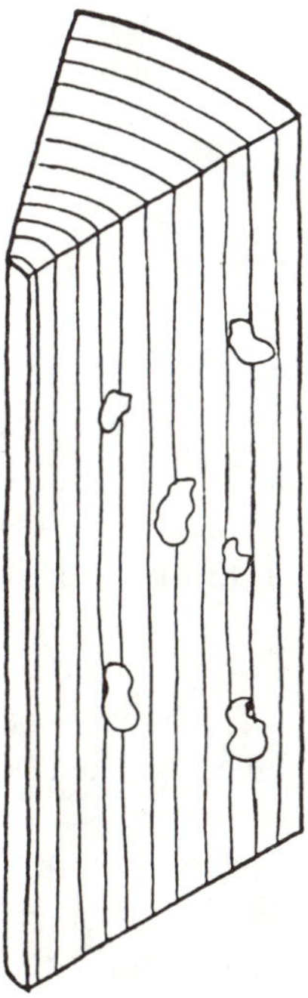

Zeichnung 19: Eichen-Radialschnitt mit Spiegel-Bildung

Wie die Zeichnung 20 zeigt, ergeben sich verschiedene Möglichkeiten, aus einem Stamm möglichst viel Spiegelholz zu gewinnen, wobei mehr oder minder viel Tangentialplanken oder auch rundweg Abfälle (kleine Stücke) entstehen. Zeichnung 20a zeigt die bekannte Art, den Stamm in parallele Scheiben zu zerlegen. Die äußersten Planken sind zweifellos die schlechtesten und allenfalls zum Möbelbau nach Ausgleich der beim Trocknen entstandenen Verformungen brauchbar. Je weiter man zu Stammesmitte kommt, um so besser werden die Planken. Die innersten Planken, in unserem Beispiel etwa deren fünf, werden Radial- oder Spiegelplanken. Das entspricht etwa 25% des Durchmessers des verwendbaren Stammquerschnittes, liegt also innerhalb der Splintgrenze. Da bei den mittelsten Planken zumeist noch der mittelste Streifen wegen Altersschwäche des Holzes herausgenommen werden muß, entstehen bei diesen Planken noch weitere

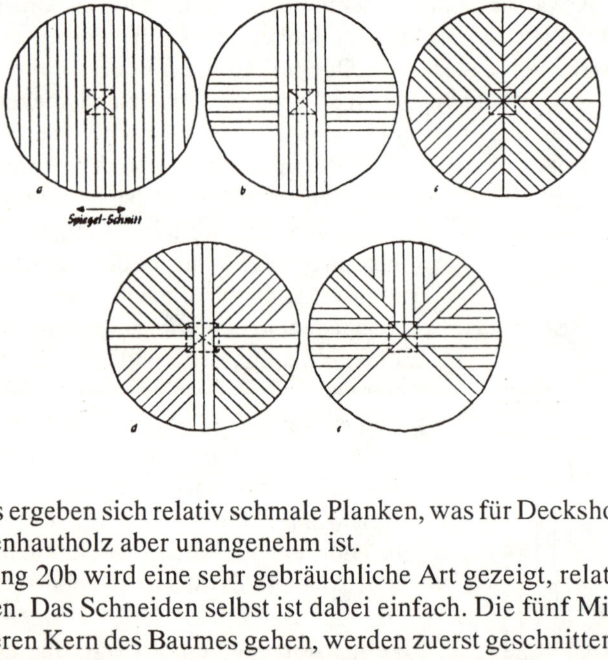

Zeichnung 20

Abfälle, und es ergeben sich relativ schmale Planken, was für Decksholz harmlos sein mag, bei Außenhautholz aber unangenehm ist.

In Zeichnung 20b wird eine sehr gebräuchliche Art gezeigt, relativ viel Spiegelholz zu erhalten. Das Schneiden selbst ist dabei einfach. Die fünf Mittelplanken, die durch den inneren Kern des Baumes gehen, werden zuerst geschnitten, die übrig bleibenden Halbmonde allerdings müssen nunmehr aneinandergelegt und außerhalb der Schnittzone provisorisch verbunden werden, worauf das zweite Schneiden beginnen kann. Die dann verbleibenden quadratähnlichen Reste können zu Vierkantholz verarbeitet werden.

Die übrigen Zeichnungen 20c bis 20e zeigen Schnittmethoden, die zum Teil beträchtliche Mengen von mehr oder minder korrektem Radialholz liefern, jedoch ist der Arbeitsaufwand durch das ständige Umkanten und Neu-Befestigen der Hölzer (wie bei 20e) doch wohl sehr zeitraubend, so daß man diese Verfahren recht selten anwendet.

Die Zeichnung 20f zeigt übrigens noch einmal das Entstehen einer Mittel-(Radial-)Planke und einer Seiten-(Tangential-)Planke mit ihrer charakteristischen engen respektive weiten, eventuell blumenartigen Maserung auf ihrem Längsschnitt, ihrer sichtbaren Oberfläche.

Zusammenfassend sei noch ein sehr gutes Kennzeichen einer Spiegel- oder Radialplanke genannt: Auf ihrem Hirnholz stehen die Jahresringe senkrecht, durchlaufen also die Plankendicke auf kürzesten Wege. Alle anderen Planken zeigen im Hirnholz, also im Querschnitt des ursprünglichen Baumstammes, die Jahresringe

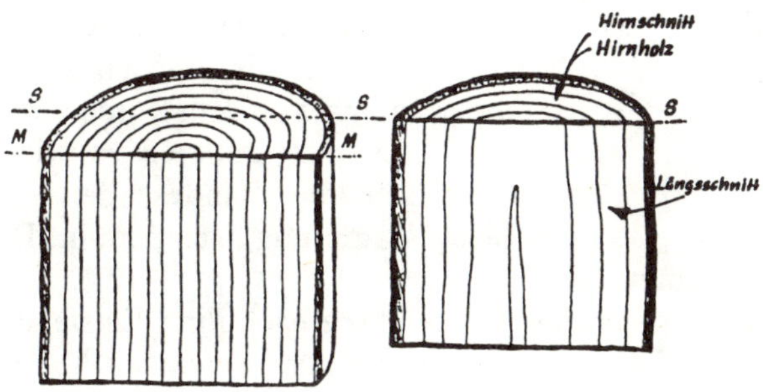

Zeichnung 20 f: Mittel-Längsschnitt M/M (Radialschnitt). Seiten-Längsschnitt S/S, besonders in der Mitte. Tangentialschnitt

schräg oder gar kreisförmig an. Im Längsschnitt hat die Radialplanke ganz enge, parallele Maserung, die Tangentialplanke weite und eventuell blumenreiche Maserung. Übrigens wird im Holzhandel die Radialplanke oftmals als Wagenschott bezeichnet, was darauf schließen läßt, daß diese Schnittart von den alten Wagen- und Kutschenbauern gefordert wurde, weil auch diese Handwerker wie die Bootsbauer ein Holz brauchten, das in der Witterung gut steht.

Die Furniere, aus denen man Sperrholzplatten zusammenleimt, gewinnt man auf eine völlig andere Methode als die gesägten, soeben behandelten Bauhölzer. Sie werden von einem sich drehenden, vorher in Dampf gekochten Holzstamm heruntergeschält, wobei der nicht unerhebliche Verlust an Materie, der beim Sägen durch die ungewollte Produktion von Sägemehl entsteht, vollkommen wegfällt. Abfall entsteht lediglich im Anfang, wenn der zu schälende Stamm noch nicht ganz rund ist oder schädliche Äste oder Splintholz aufweist. Sodann entsteht (Zeichnung 21) bei einer Schnittgeschwindigkeit von 0,6 bis 0,8 m/sek ein endloses Band von einer Breite bis zu 4,5 m und einer Dicke von 0,1 bis 10 mm. Abfall entsteht erst wieder, wenn der abgeschälte Stamm so dünn geworden ist, daß er kein sauberes Band mehr liefern kann, was je nach Holzart und Furnierdicke erst bei einem Durchmesser von etwa 70 bis 100 mm der Fall sein pflegt.

Je mehr sich der Schälvorgang der Mitte des runden Stammes nähert, desto mehr muß das abgeschälte Band in sich eine (bleibende!) Biegung aufnehmen. Denn das Holz ist ja hier ursprünglich in gekrümmter Form entstanden, dem Umfang des Rundholzes entsprechend, und muß nunmehr in das gerade Band umgebogen werden.

Diese Gewaltprozedur verträgt das Holz auch nur bis zu einem gewissen Grade, der einmal von dem Durchmesser des Rundholzes, zum anderen von der Dicke des geschälten Bandes, der Holzart und der Dämpfung (Temperatur, Dauer und Druck des Dampfbades) abhängt.

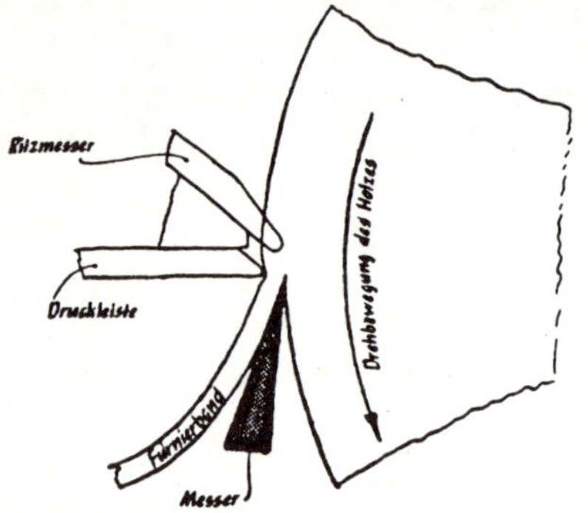

Zeichnung 21: Die Herstellung von Schäl-Furnieren

Die Bänder der Schälfurniere werden kurz nach ihrer Entstehung in bestimmte Längen geschnitten und dann, wie bereits im vorangehenden Abschnitt angedeutet, zu Sperrholz (auch *abgesperrtes Holz* genannt) unter Druck und Wärme verleimt.

Etwas gänzlich anderes sind die sogenannten *Messerfurniere,* bei denen durch waagerechte Schnittführung (Zeichnung 22), etwa vergleichbar dem Hobelvorgang, die Holzscheiben von dem ebenfalls vorbereiteten, gedämpften Holz gewonnen werden. Diese Holzscheiben oder -tafeln können nur so breit sein, wie die Bohle breit oder der Stamm dick ist, von dem sie geschnitten oder *gemessert* wird. Auch hier gibt es keinen Abfall durch Sägespäne. Die Messerführung erfolgt nicht längs oder quer, sondern schräg zum Faserverlauf des Holzes. Die gewonnenen Furniere besitzen die natürliche Maserung des Holzes, während die Schälfurniere eine völlig verzerrte (in die Breite gezerrte) Maserung liefern. Die Messerfurniere werden im Möbelhaus daher verwendet, wo es ganz besonders auf die schöne Naturmaserung des Holzes ankommt. Für rein technische Zwecke sind die gemesserten Furniere auch schon wegen ihrer geringen Breite ohne Bedeutung.

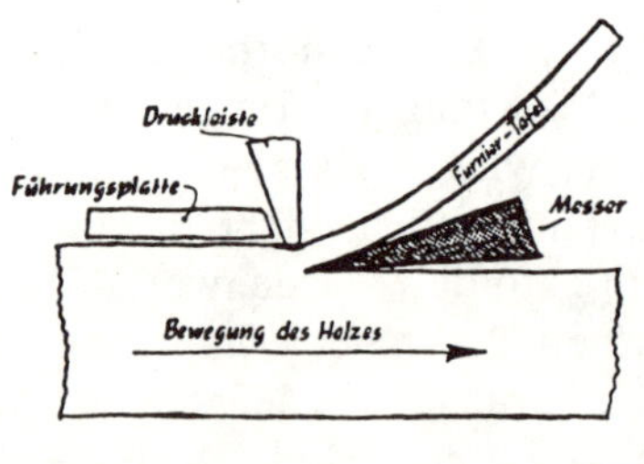

Zeichnung 22: Die Herstellung von Messer-Furnieren

Ergänzend sie noch bemerkt, daß es noch Sägefurniere gibt, die im Prinzip so wie die Messerfurniere geschnitten, aber aus ungedämpften Holz gesägt werden. Da manche Edelhölzer ihre schöne Farbe durch das Dämpfen verlieren, wird für den Möbelbau, an sich selten, das Sägefurnier gefordert. Hierbei ergibt sich ein größerer Zeitaufwand, Verlust an Stoff durch die entstehenden Sägespäne und notwendige nachfolgende Glättung der Holzoberfläche.

10. Holzfeinde und ihre Bekämpfung. Konservieren

In diesem Abschnitt sollen nur die Grundlagen des Themas sowie die Schutzmaßnahmen behandelt werden, die für das Holz während der Zeit, die zwischen dem Fällen im Walde und dem Einbau in ein Boot oder Schiff liegt, erforderlich sind.

Um Holz schützen zu können, muß man seine Feinde möglichst genau kennen. Daher soll die folgende Betrachtung angestellt werden, die im Rahmen der vorliegenden Arbeit ja niemals erschöpfend genug sein kann. Sie soll aber anregen, den fraglichen Dingen etwas weiter nachzugehen.

Wir kennen hauptsächlich drei Arten von Holzfeinden: Pflanzliche, tierische und chemische. Hinzu käme noch die Wirkungen kosmischer Strahlungen.

Die beiden zuletzt genannten Einwirkungen auf das Holz, die sein *Altern* bewirken, sind am schnellsten behandelt. Es ist doch wohl vornehmlich der Sauerstoff der Luft, der ein Oxidieren und damit eine Zersetzung des Holzes, die sich vornehmlich in einem Abnehmen seiner Festigkeitseigenschaften äußert, bewirkt. Da sich der Vorgang über Jahrhunderte hinzieht, ist es für uns ohne jede Bedeutung und wurde hier lediglich der Vollständigkeit halber erwähnt. Ähnlich verhält es sich mit dem Einfluß der aus dem Weltenraum auftreffenden Strahlungen. Soweit bekannt ist, ist man beiden Einflüssen ziemlich schutzlos ausgeliefert.

Die pflanzlichen Schädlinge sind stets Pilze, deren Mycelium das Holz verzehrt und dadurch zerstört. Es sei hier bemerkt, daß das Mycelium bereits das eigentliche Pilzgewebe darstellt. Der landläufige Ausdruck *Pilz* oder *Schwamm* meint den sichtbaren Sporenträger, der bei vielen Waldpilzen eine dem Menschen behagende Nahrung bildet. Die uns hier interessierenden Fäulnis-Pilze haben nur in den seltensten Fällen derartige sichtbare Sporenträger, so der gefürchtete Hausschwamm. Unsere *Pilze* sind also unsichtbar, wir sehen nur das Endprodukt ihrer zerstörenden Arbeit. (Vergl. Abschnitt 5.)

Der Pilz entnimmt seine Nahrung dem (lebenden oder toten) Holz. Aus dieser Tatsache heraus wird man leicht erkennen können, daß ein Tränken des Holzes mit einem pflanzlichen Öl, wie etwa Leinöl, kein Konservierungsmittel sein kann. Leinöl ist sogar für den Menschen ein bekanntes Nahrungsmittel. Es kann den Fäulnispilz nicht aus dem Holz vertreiben, eher ist das Gegenteil der Fall.

Etwas anderes ist es allerdings, wenn man trockenes Holz mit Leinöl oder Leinölfarbe oder anderer Lack- oder Ölfarbe behandelt, deren Lösungsmittel nicht giftig sind und auf der Oberfläche des Holzes eine mehr oder minder wasserundurchlässige oder wasserabweisende Schicht bilden. Solange es tatsächlich gelingt, durch ein derartiges Verfahren Holz vor Feuchtigkeit zu schützen, liegt ein gewisser Schutz gegen Fäulnis vor, denn die Fäulnispilze benötigen zu ihrem Wachstum eine Holzfeuchtigkeit von mindestens 20%. Hierdurch wird übrigens erklärt, daß Holz in feuchten Räumen, etwa Kellerräumen, besonders stark fäulnisgefährdet ist. In Abschnitt 5 ist auch schon gesagt worden, daß die Fäulnis außer der Feuchtigkeit etwas Luft braucht, gegen Luftzug, Lufterneuerung und so weiter aber sehr empfindlich ist.

Aus dieser Betrachtung ergeben sich für uns die notwendigen Verhaltungsregeln:

a) Das Holz, das aus dem Wald in *grünem* Zustand oder aus dem Wasser in nassem Zustand kommt, muß sobald wie möglich auf einen Feuchtigkeitsgrad von weniger als 20% gebracht werden. Hierzu gehört im allgemeinen ein Aufschneiden, da es im Stamm viel zu langsam trocknen und damit zu lange in dem gefährlichen, zu feuchten Zustand verbleiben würde.

b) Der Lagerplatz des Holzes muß so beschaffen sein, daß weder von oben (Regen) noch von unten (Bodenfeuchtigkeit, aufspritzendes Regenwasser) wieder eine neue Feuchtigkeitswelle das Holz treffen kann.

c) Der Lagerplatz des Holzes muß so eingerichtet sein, daß das Holz an allen seinen Oberflächen von trocknender Luft umspült wird, wobei allerdings die Gefahr besteht, daß das Holz zu schnell trocknet, in seiner Struktur den sich entwickelnden inneren Spannungen nicht so schnell folgen kann und zu reißen beginnt. Schutzmittel dagegen siehe Abschnitt 11 *Trocknen.*

d) Anwendung von giftigen Stoffen, die das Pilzwachstum verhindern, aber das Holz selbst nicht angreifen oder seine spätere Verwendung als Baustoff im Schiff nicht beeinträchtigen. Dieses Mittel ist dann zu empfehlen, wenn es zweifelhaft ist, ob die unter a) bis c) genannten Verhaltungsregeln wirklich voll und ganz angewandt werden konnten und auch während der ganzen Lagerzeit des Holzes nicht voll wirksam bleiben (Beispiel: Undichtes Dach über dem Holzstapel).

Die (für die Pilze) giftigen Konservierungsmittel und ihre Anwendung werden hier nicht genauer besprochen . Es sei nur bemerkt, daß deren Anwendung in jetzigen, noch nicht gut durchgetrockneten Zustand des Holzes einigen Schwierigkeiten begegnen wird, insbesondere wenn es sich um Mittel mit öliger Substanz handelt. Deshalb sei besonders auf die sorgfältige Durchführung der Verfahren a) bis c) hingewiesen.

Es lohnt sich nicht, auf die sehr vielen Arten von Fäulnispilzen und ihre spezifischen Eigenschaften einzugehen, zumal es für uns hier immer wieder auf genau dasselbe hinsichtlich der Verhütungs- oder Bekämpfungsmittel ankommt.

Gegenüber den tierischen Schädlingen des Holzes, bei denen es sich zumeist um die bereits im Abschnitt 5 erwähnten Insekten handelt, ist unser Verhalten ähnlich. Auch diesen Lebewesen kann man durch die vorerst genannten Methoden wie Trocknen, Lüften und Vergiften des Holzes das Leben schwer machen oder sie gänzlich vertreiben. Bei Holz, das aus dem Wald kommt, soll man aber sehr mißtrauisch gegenüber den äußersten Schichten des Baumstammes sein. Denn während der gefällte Baum auf dem Waldboden liegt, dringen leicht Insekten oder ihre Larven in die Rinde, in das Bastholz unmittelbar unter der Rinde oder in den Splint ein. Deshalb sollten diese Schichten, die ja für die Verwendung des Holzes sowieso wertlos sind, entfernt oder doch teilweise entfernt werden, damit man das Holz inspizieren kann. Dieses ist gerade dann sehr notwendig, wenn der Stamm aus betrieblichen Gründen noch nicht aufgeschnitten werden kann, also als Ganzes zunächst vortrocknen soll. Vielfach wird in einem solchen Fall die Rinde nur teilweise, vielleicht zur Hälfte, in Form von Streifen oder Flecken entfernt. Man befürchtet, daß der Stamm in warmer, trockener Witterung anderenfalls zu schnell trocknen und Windrisse erhalten könnte. Deshalb soll ein Teil der Rinde haften bleiben, um den Stamm zu schützen.

In jedem Fall sind aber hinsichtlich des Insektenbefalls Rinde und Bastschicht gefährlich, da von hier aus der Befall seinen Anfang zu nehmen pflegt.

11. Das Trocknen und Lagern von Holz

Im vorigen Abschnitt wurde erwähnt, daß wegen der Gefahr des Befalls von Fäulnispilzen ein sehr schnelles Trocknen des Holzes bis über die Grenze von 20% Feuchtigkeit erwünscht sei. Diese Forderung steht nun leider im Gegensatz zu unseren Erfahrungen, daß schnell getrocknetes Holz leichter zu reißen pflegt und auch sonst in seinem Verhalten unbeständiger ist als langsam getrocknetes Holz.

Man erklärt sich diese Feststellung dadurch, daß sich das Holz beim Trocknen der verschieden feuchten Schichten in seinem Inneren verformen möchte. Es treten meistens Zugspannungen auf, die das Holz in die neue Form hineinziehen möchten. Das Holz kann aber nicht so schnell folgen, wie der Trockenvorgang fortschreitet. So kommt es dann schließlich zum Bruch, beispielsweise zur Bildung der üblichen Längsrisse in einer Planke. Könnte man dem ganzen Geschehen mehr Zeit lassen, so hätten die unter Zug stehenden Zellen des Holzes Muße, sich auf den neuen Zustand einzustellen und nachzugeben; die Spannungen würden nachlassen, die Verformung und das Reißen wären mindestens vermindert worden.

Wird das Holz im Freien getrocknet, so ergibt sich von Natur aus ein schnelleres Trocknen im Anfang, wenn der Feuchtigkeits-Unterschied zwischen dem noch sehr nassen Holz und der Luft groß ist, und ein zunehmend langsameres Trocknen später, wenn sich die Feuchtigkeit des Holzes mehr und mehr derjenigen der Luft nähert. Das ist für uns recht günstig.

Ist man gezwungen, das Holz noch vor dem Schneiden zu lagern und zu trocknen, so empfiehlt es sich, außer der im vorigen Abschnitt erwähnten (eventuell teilweisen) Entfernung der Rinde, die Krone des Baumes - soweit sie Blätter oder Nadeln trägt - möglichst lange am Stamm zu lassen. Durch diese Krone erfolgt eine Art Entsaftung, auf jeden Fall Trocknung des Stammes von innen heraus, die unserer späteren Trocknung sehr zugute kommt. Leider wird aber die Krone spätestens in dem Augenblick entfernt, in welchem der Baum aus dem Wald heraustransportiert wird. Normalerweise ist das Lagern auf dem Waldboden gefährlich, wie dargelegt wurde. Wenn man es daher ermöglichen kann, wäre eine Lagerung im Wald durch Auflegen des Stammes auf Böcke oder dergleichen mit mindestens 1/4 Meter Luft unter dem Stamm sehr zu empfehlen. Die Krone wird am Stamm belassen, wobei die nach unten liegenden Äste mit zur Hochlagerung des Stammes dienen; die Rinde wird streifenweise vom Stamm entfernt. Beim Abtransport werden die Krone beziehungsweise ihre Äste entfernt, der Stamm nach dem Abtransport sofort ausgeschnitten und anschließend gelagert, wie noch beschrieben werden soll.

Über die besten Methoden, Holz zu trocknen, gehen zur Zeit die Ansichten etwas auseinander. Allerdings mag ein Grund dieser Uneinigkeit darin liegen, daß die eine Ansicht ausschließlich die technische Seite des Problems, also die erzielte Holzqualität, im Auge hat, während die andere Meinung mehr wirtschaftliche Belange in den Vordergrund schiebt.

Wenn es nun richtig sein sollte, daß langsam und natürlich getrocknete Hölzer qualitativ den schneller und künstlich getrockneten überlegen sind, dann braucht man große Lagerplätze auf den einzelnen Werften, bei den Sägewerken oder bei den Holzhändlern. Das Holz muß hier luftig (aber auch nicht zu luftig!), leicht zugänglich und übersichtlich gelagert werden.

Müssen überhaupt alle im Schiffbau gebrauchten Hölzer getrocknet werden? Wenn man etwa an den Holzkiel eines größeren Fischkutters denkt, 30 cm dick, 46 cm hoch, weiß man, daß dieser Bauteil vielleicht jahrelang ununterbrochen völlig unter Wasser bleibt und sein Normal-Feuchtigkeitszustand höchstwahrscheinlich der gänzlich vollgesogene *nasse* Zustand ist. Es muß richtig erscheinen, den Kiel in eben diesem Zustand zu verbauen - eben aus dem Wasser gezogen, in dem er lange genug gelagert hat, damit auch die Nässe bis in den innersten Kern hat vordringen können (wozu wahrscheinlich mehrere Jahre notwendig gewesen sind).

Würde man aber diesen nassen Kiel (oder ein entsprechendes anderes, gänzlich und ständig von Wasser umspültes Stück) eben in diesem Zustand verbauen, so würde während der Bauzeit - je nach den Wetterverhältnissen- ein ganz rapides Trocknen mindestens an der Oberfläche einsetzen. Denn zuerst trocknet das Holz ja am stärksten an der Oberfläche oder von der Oberfläche ausgehend. Verläuft dieser Trocknungsvorgang nun zu schnell und zu hastig, so bekommt der Bauteil, in unserem gedachten Fall also der Kiel, Risse, die für seine Festigkeit und Dauerhaftigkeit gefährlich werden können. Hieraus folgt, daß auch dieser Bauteil sorgsam vorgetrocknet sein soll, ehe er auf die Baustelle kommt, auf der sein Trocknungsvorgang nicht mehr kontrolliert werden kann. Diese Vortrocknung braucht nicht den Grad zu erreichen, der für die über Wasser liegenden Planken notwendig ist. Man rechnet als passenden Feuchtigkeitsgrad etwa 13 bis 15% für diejenigen Bauteile, die keinen direkten Kontakt mit dem Wasser haben, über 15% für die mit dem Wasser in Verbindung stehenden, und vielleicht sogar bis 20% für die unter Wasser kommenden Bauteile. Es muß aber bedacht werden, daß unser Beispiel, der Kiel, vermutlich jahrelang (langsam!) trocknen müßte, um diesen idealen Zustand zu erreichen. Nach dem Stapellauf hätte dieses Holz dann die Möglichkeit, etwas zu quellen und dabei die Nähte zu dichten. Aber in den meisten Fällen der Praxis wird sich dieser Zustand aus den oben angedeuteten Gründen kaum erreichen lassen.

Die angegebenen Werte bezogen sich auf Holz-Schiffe. Bei Booten, die zeitweise wieder das Wasser verlassen - zum Beispiel für die Dauer des Überwinterns, ist es vorteilhaft, das Holz in einem geringeren Feuchtigkeitszustande zu verbauen. Man spricht hier von 10 bis 12%. Das ist im allgemeinen weniger, als der natürlichen Lufttrockenheit entspricht, und bedeutet, daß derartiges Holz nur durch künstliches Trocknen oder doch Nachtrocknen gewonnen werden kann, daß andererseits das Holz später, im fertigen Boot, wieder einen höheren Feuchtigkeitsgrad annimmt und auch hierdurch ein Quellen und erwünschtes Verengen der Nähte, Stöße und sonstigen Fugen entsteht. Allerdings hat das Verfahren des *Übertrocknen* des Holzes eine schwache Stelle für den Bau des Mobiliars der Boote und Schiffe. Wenn nämlich der Möbeltischler so genau und eng passend arbeitet, wie er es als Möbel-Tischler gelernt hat und es ihm seine Berufsehre vorschreibt - dann werden später an Bord sämtliche Schranktüren und Schubkästen klemmen! Leider erlebt der Tischler diesen Zustand im allgemeinen nicht, da er nicht zur See fährt.

Die Luft-Trocknung erreicht ihr Ende, wenn die *wirkliche Lufttrockenheit des Holzes* (vergl. Abschnitt 7) erreicht ist, die ihrerseits von dem Zustand der Atmosphäre abhängig ist. Hierauf haben wir im allgemeinen gar keinen Einfluß. Da sich aber die Luft im Sommer in einem anderen Zustand als im Winter befindet, muß auch der Grad oder die Art der eben erwähnten Lufttrockenheit jeweils anders sein. Der Feuchtigkeitsgrad des in der Luft lagernden Holzes schwankt also saisonbedingt hin und her. Als Durchschnitt scheint sich bei uns etwa 15% ergeben zu haben.

Die Zeit, in der dieser Zustand auf unserem Holzlagerplatz erreicht wird, hängt aber von der Art ab, wie das Holz gelagert wird, und von dem Ort. Beschleunigend auf den Trocknungsvorgang wirkt eine freie offene Lage des Ortes, die allen Winden Zutritt läßt. Die weitere Umgebung soll trockenes Land sein, kein Sumpf, keine feuchten Wälder. Entsprechend soll der Untergrund trockene Erde sein, keine Vegetation aufweisen (die Feuchtigkeit hält!), Regenwasser muß schnell ablaufen können, und es darf beim Regnen nicht Wasser von unten nach oben spritzen. In diesem Sinne hat sich ein Schlackenbelag auf dem Boden als sehr zweckmäßig erwiesen, durch den das Wasser schnell nach unten läuft, während Spritzwasser vermieden wird. Beschleunigend wirkt ferner ein luftiges Lagern der Hölzer selbst auf dem Platz. Die Luft muß um die einzelnen Holzstapel zirkulieren können, vor allem auch unter ihnen.

Umgekehrt lassen sich leicht die Einflüsse verstärken, die das Trocknen des Holzes (unter den gegebenen atmosphärischen Bedingungen) verlangsamen. Der Platz darf nicht frei auf einem Hügel liegen, sondern eher in einem Tal, und soll vor Wind durch angrenzenden Wald, durch Gebäude und dergleichen geschützt sein. Ferner sollen die einzelnen Holzstapel dichter beieinander liegen. So erwünscht das langsame Trocknen sein mag, so muß aber in jedem Falle daran gedacht werden, daß besonders im Anfang bei zunächst großer Holzfeuchtigkeit die große Gefahr des Fäulnisbefalls gegeben ist.

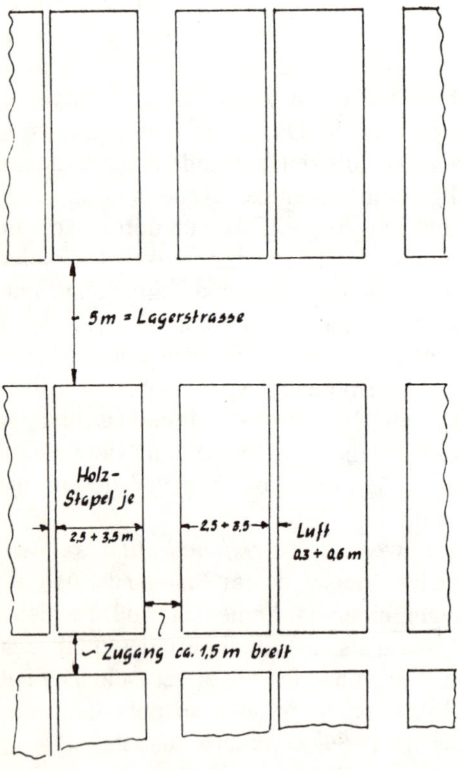

Zeichnung 23: Lageplan eines Holz-Lagerplatzes

Da die einzelnen Holzarten verschieden schnell getrocknet werden können, ohne (durch Reißen und Werfen) Schaden nehmen, müßten eigentlich mehrere Trocken- beziehungsweise Lagerplätze vorhanden sein, auf die die verschiedenen Holzarten zu verteilen wären. Das wird aber nur sehr selten möglich sein.

Ein größerer Lagerplatz für Schnittholz wird so angelegt werden, daß von einer Hauptstraße aus, durch die die Lastwagen fahren können und die demnach 5 bis 6 m breit sein muß, zu beiden Seiten die Holzstapel aufgesetzt werden. Zwischen den Stapeln wiederum muß nach beiden Seiten genügend Raum für die arbeitenden Männer und für die Luftbewegung vorhanden sein (Zeichnung 23).

Die Auflager für das Holz, das mindestens 1/2 m über dem Grund liegen muß, sozusagen die Fundamente unseres Holzstapels, sollen zweckmäßig aus einem fäulnisfreien Stoff hergestellt sein. Denn sie stecken in der feuchten Erde und würden, wenn sie aus Holz gefertigt wären, Feuchtigkeit aufnehmen und über kurz oder lang in Fäulnis übergehen, beginnend an der gefährdeten Zone weniger Zentimeter unter der Erdoberfläche. Daß ein derartiges Fäulniszentrum unter einem Holz-Trocken- und -Lagerplatz nicht erwünscht sein kann, liegt auf der Hand. Wenngleich auch Holz auf einem Holzplatz der *gegebene* Baustoff sein mag, für den gedachten Zweck muß doch ernstlich davon abgeraten werden, selbst dann, wenn man an kunstgerechtes Konservieren der verbauten Hölzer denken sollte. Zumindest sollten diejenigen Holzteile, die in das Erdreich hineinragen würden, durch Stein, Beton oder Stahl ersetzt werden.

In Zeichnung 24 wird ein Holzstapel in Vorder- und Seiten-Ansicht gezeigt. Wir sehen die Fundamente aus Beton oder Stahl so errichtet, daß in schräger Flucht (vergleiche Seitenansicht) befestigte, aber versetzbare Pallhölzer in 1,0 bis 1,2 m Abstand, etwa 10 x 10 im Querschnitt, angeordnet sind. Die schräge Flucht ist deshalb empfehlenswert, damit das Schnittholz längs etwas geneigt gelagert wird. So wird es immer möglich sein, daß Wasser, das ungewollt durch seitlichen Wind, vielleicht in der Form von Schnee, zwischen die lagernden Hölzer geraten ist, wieder abfließen

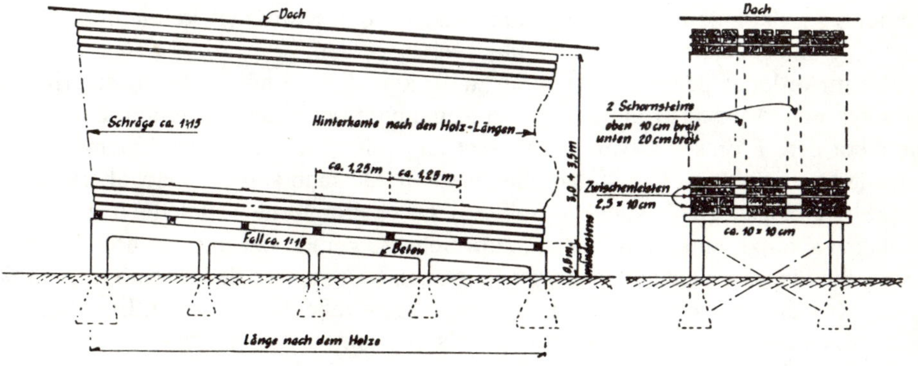

Zeichnung 24

kann und jedenfalls nicht zu lange auf dem lagernden Holz stehenbleibt. Eine Neigung etwa 1:10 bis 1:15 dürfte recht geeignet sein.

Um zu verhindern, daß die oberste Lage des Schnittholzes Regenwasser erhält und daß Regen in die Schächte gelangt, ist es zu empfehlen, oben auf den Stapel ein Dach zu setzen. Dieses Dach soll etwa 15 cm über dem Stapelholz liegen, so daß unter ihm die Luft frei zirkulieren und vor allem die aus den Schächten aufsteigende Luft abfließen kann. Das Dach soll an den Seiten etwa 10 bis 15 cm, aber vorne und hinten (über dem Hirnholz) etwa 1/2 bis 1 m überstehen.

Die Höhe und die Breite des Stapels hängt viel von der Baukunst der stapelnden Männer ab, aber über 3,5 m Höhe zu gehen ist nicht sehr praktisch, ebenfalls nicht über 2,5 m Breite des einzelnen Stapels.

Zwischenleisten zwischen den einzelnen Planken verhindern, daß die Planken unmittelbar aufeinanderliegen und an den Berührungsstellen wegen Luftmangels verderben. Für Plankenholz beträgt die Stärke dieser Leisten, die den Luftraum bestimmen, 25 mm, für stärkeres Holz nimmt man gerne 30 bis 35 mm. Die Breite der Leisten brauchte an sich nicht größer als ihre Dicke zu sein, es ist aber zu bedenken, daß bei einem 3 m hohen Stapel der Druck auf die Leisten unten im Stapel durch das Gewicht der darüber lagernden Hölzer schon recht beträchtlich sein kann, so daß Druckschäden im Lagerholz entstehen können. Naturgemäß ist Weichholz empfindlicher und benötigt daher breitere Zwischenleisten, oder die Leisten müssen in einem geringerem Abstand gelegt werden als bei Hartholz. So sind Zwischenleisten 25 x 40 bis 30 x 100 mm durchaus in Gebrauch. Es leuchtet ein, daß die Zwischenleisten alle genau übereinandergelegt werden müssen, wenn kein Schaden entstehen soll. Deshalb müssen auch alle Leisten in einem Stapel genau gleich stark sein.

Das Holz, aus dem die Leisten bestehen, muß einwandfrei gesund, trocken und sauber sein, da anderenfalls die Gefahr besteht, daß Krankheitskeime und Fäulnis durch sie in das gesunde Lagerholz übertragen werden.

Beim Auflegen der Stapel ist daran zu denken, daß die höhere Frontseite (in Bild 24 ganz rechts) für das Eindringen von Regen von der Seite her gefährlicher ist als die niedrigere Frontseite, weil das Wasser längs den Planken bis zur nächsten Zwischenleiste laufen und hier stehenbleiben kann. Deshalb soll der Dachüberstand an der höheren Frontseite besonders groß sein. Da er aber vornehmlich die oberen Plankenlagen schützt, empfiehlt es sich, zum Schutze gerade der unteren und untersten Lagen die Planken nach außen etwas überstehen zu lassen, so daß jede höhere Planke etwas über die untere nach außen, also zur Lagerstraße zu, übersteht. Eine Schräge nach außen etwa 1:10 oder 1:12 hat sich als zweckmäßig erwiesen.

Das **Dach** wurde bereits erwähnt; sein Nutzen bezieht sich außer auf Regen, Schnee und so weiter auch auf die Sonne. Ohne Dach würde die oberste Planke zu scharf den Sonnenstrahlen ausgesetzt sein und mit den bekannten Folgeerscheinungen zu schnell trocknen. Ist es möglich, ein festes Dach zu errichten, so liegt es nahe, durch Anfügen von Seitenwänden einen Schuppen herzustellen. Diese Seitenwände werden zweckmäßig so ausgeführt, daß der Luftdurchtritt nach Erfordernis gesteuert werden kann, so daß je nach der Luftfeuchtigkeit, der Temperatur, dem Winde und dem Wunsche, schnell oder behutsam zu trocknen, die Luftklappen oder Luftschlitze mehr oder minder geöffnet werden können. Trotzdem ist es wohl die Regel, daß im Schuppen langsamer getrocknet wird als in Stapeln mit Einzeldächern, da ja (bei größeren Schuppen) die großen Luftquerschnitte der Haupt- und Seitenwege des offenen Trockenplatzes zumindest in ihrer Funktion als Luftzirkulationswege fehlen. Andererseits kann man das Trocknen in Einzel-Stapeln verlangsamen, indem man die Stapel größer aufbaut, die einzelnen Schächte kleiner macht, die Zwischenleisten dünner wählt und die Haupt- und Seitenwege des Trockenplatzes enger anordnet.

Hirnholz-Schutz bei lagerndem beziehungsweise trockenem Holz ist deshalb notwendig, weil Wasser oder Feuchtigkeit im Holz in dessen Längsrichtung viel schneller wandert als radial oder tangential. So kommt es, daß das Holz über seine Hirnholzflächen (Querschnittsflächen) sehr viel stärker Wasser verdunstet als über seine übrigen Oberflächen, denn das verdunstete Wasser strömt leicht nach, ähnlich vielleicht wie Öl durch einen Docht der Stelle zufließt, an der das Öl (bei der Lampe durch Verbrennung) verbraucht wird. Die Wirkung dieses Vorganges ist nun die, daß in der Nähe des Hirnholzes Zonen erheblich geringerer Feuchtigkeit als im übrigen Holz entstehen. Die Folge dieses zonenmäßigen überschnellen Trocknens ist das Reißen, ähnlich wie es in Bild 2 dargestellt wurde, sowie das Auftreten anderer, ähnlicher Schrumpfungsschäden.

In Zeichnung 2 wurde als Gegenmittel das Aufnageln einer kleinen Schutzleiste bereits gezeigt. Heute bringt man statt dessen vielfach wellenförmige Klammern aus dünnem Blech an, die in das Hirnholz eingeschlagen werden (vergleiche Zeichnung 25). Sicherlich kann man auf diese Weise schwere Reißschäden verhindern, aber man verhindert gleichzeitig das *natürliche* Schrumpfen, das zum normalen Trocknen des Holzes gehört, und bringt wohl auf diese Weise unerwünschte Störungen in den Ablauf des natürlichen Trocknens und Schrumpfens.

Eine mehr natürliche Art, das Wasser-Verdunsten über das Hirnholz zu verhindern (oder zu vermindern), scheint mir ein das Hirnholz deckender Farb- oder Lackanstrich zu sein. Wenngleich es Spezialfarben für diesen Zweck gibt - wie zum Beispiel einen bestimmten Aluminiumlack - möchte ich doch wohl annehmen, daß jede wasserfeste Farbe, welche die Poren des Hirnholzes bei ein- oder mehrmaligem Anstrich verschließt, geeignet

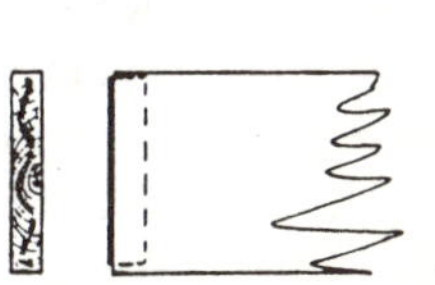

Zeichnung 25: Wellenförmige Klammer im Hirnholz einer Planke verhindert das Spalten während des Trocknens

ist und eine Werft hier gut ihre Farbreste verwerten kann. Man soll nur darauf achten, daß das Lösungsmittel nicht die Holzstruktur zerfrißt und das Pigment keine mineralischen oder grob-metallischen Bestandteile aufweist, die später die verschiedenen Holzbearbeitungsmaschinen und -werkzeuge beschädigen können.

Künstliches Trocknen des Holzes wird in besonderen Trockenkammern durchgeführt. Dadurch, daß die Temperatur des Trockenraumes sowie die relative Luftfeuchtigkeit im Raume genau unter Kontrolle gehalten werden können - was ja beim natürlichen Trocknen unmöglich ist - kann man beim künstlichen Trocknen eine ganz bestimmte Feuchtigkeit des behandelten Holzes erzielen. In dieser Richtung ist mithin die künstliche der natürlichen Trocknung unbedingt überlegen. Andererseits ist es aber auch möglich, durch Steigern der Temperatur, Senken der relativen Luftfeuchtigkeit und Erhöhen des Luftumlaufs im Trockenraum die Trocknungszeit abzukürzen. Dieses Abkürzen kann recht angenehm sein, wenn ein bestimmtes Holz in kurzer Zeit gebraucht wird. Diese Abkürzung der Trocknungszeit kann aber auch zu schweren Trocknungsschäden im Holz selbst führen - Schäden, wie sie bereits angegeben worden sind. Nimmt man die Tatsache hinzu, daß man sich bei Benutzung der Trokkenkammer leicht dazu verleiten läßt, die Feuchtigkeit des zu verbauenden Holzes geringer als erforderlich anzufordern (etwa in der Hoffnung, auf diese Weise ein besonders dichtes Boot bauen zu können), so kann es leicht dazu kommen, daß das *übertrockene* Holz dort, wo es im Boot gebogen werden soll, zu spröde ist und bricht, daß es weiterhin beim späteren Naßwerden (etwa in Teilen des Bootes, die mit dem Wasser in unmittelbare Berührung kommen) zu sehr quillt und dadurch Deformationen oder gar Zerstörungen im Boot hervorbringt.

So ist es nicht verwunderlich, wenn vielfach dem künstlich getrockneten Holz ein starkes Mißtrauen entgegengebracht wird. Bei objektiver Betrachtung ergibt sich aber, daß sich das Mißtrauen lediglich gegen falsch oder zu hastig getrocknetes Holz zu richten hat und nicht gegen das System als solches.

Grundsätzlich ist wohl zu sagen, daß langsames Trocknen besseres Holz erzeugt als schnelles Trocknen. Das gilt für natürliches und künstliches Trocknen gleichermaßen. Bedenkt man nun aber, daß das natürliche Trocknen gewissermaßen wellenförmig vor sich geht, indem die relative Luftfeuchtigkeit einmal abnimmt (in dieser Zeit trocknet das Holz) und dann wieder zunimmt (in dieser Zeit trocknet das Holz nicht mehr, stagniert oder wird sogar wieder etwas feuchter), so müßte man doch besseres Holz erhalten, wenn man die gleichlange Gesamtzeit verwendet, dabei aber, ohne rückläufige Wellen, gleichmäßig und langsam weitertrocknet. Denn dann trocknet man ja tatsächlich langsamer. Man würde aber Zeit sparen, wenn man gleichschnell und ohne Wellen trocknet - man würde die Zeit, die die Welle benötigt, ja stets überbrücken.

Noch etwas sei erwähnt. Um schadenfrei schnell zu trocknen, erhöht man die

Lufttemperatur und gleichzeitig die Luftfeuchtigkeit, indem man Dampf zusetzt. Es wäre denkbar, die vorhandene Apparatur überhaupt zum Dämpfen des Holzes (mit!) auszunutzen mit dem Ziel, das Holz zu entsaften (vergl. Abschnitt 3). Anschließend könnte dann der eigentliche Trocknungsprozeß beginnen.

Wie vielleicht bekannt, ist das Kunsttrocknen eine Wissenschaft für sich, und es muß hier auf die einschlägige Spezialliteratur und auf die Bedienungsvorschriften für Trockenkammern hingewiesen werden. So sei allgemein nur angedeutet, daß die Trocknungszeiten abhängen:

1. Von der Qualität des Endproduktes. Je besser das Holz sein soll, desto länger ist seine Trocknungszeit.

2. Von der Anfangsfeuchtigkeit, mit der das Holz in die Trockenkammer kommt.

3. Von der Endtrockenheit oder der Endfeuchtigkeit, mit der das Holz die Trokkenkammer verläßt.

4. Von der Stärke des Schnittholzes, da dünnes Holz leichter durchtrocknet als dikkes Holz.

Die Bauart und das Arbeitsverfahren der Trockenkammern sind recht verschieden, was auch mit ihrer Größe und wohl auch mit der Art des zu verarbeitenden Holzes zusammenhängt. Wichtig für alle Kammern ist die Bewegung der Luft in ihnen, die von außen her durch Einblasen oder durch eingebaute Ventilatoren erfolgen kann. Nach dem zu erwartenden Luftstrom müssen die Hölzer derart gestapelt werden, daß sie selbst oder die hier ebenfalls erforderlichen Zwischenleisten nicht quer zum Luftstrom stehen. Da man die Kammern möglichst gut ausnutzen will, liegt viel an der Verwendung dünner Zwischenleisten und sorgfältiger Stapelung. Durch dünne Zwischenleisten wird aber wiederum der Querschnitt für die zirkulierende Luft geringer, was zur Folge hat, daß die Umlaufgeschwindigkeit der Luft erhöht werden muß.

Chemische Hilfen beim Trocknen des Holzes kann man anwenden, um das durch zu starkes Oberflächen-Trocknen hervorgerufene Spalten und Splittern des Holzes zu vermeiden oder zu verringern. Diese Holzschäden entstehen, wie bereits erwähnt wurde, ja dadurch, daß das Holz durch und durch leider nicht gleichmäßig, sondern vom Rande her trocknet, um so ungleichmäßiger, je dicker die einzelnen Teile sind. Man müßte, um das Splittern zu vermeiden, gerade diese dicken Stücke sehr langsam trocknen lassen, mit dem Erfolg, daß die Trocknungszeit wegen ihrer Dicke unendlich lang werden müßte.

Die Chemie kann uns hier etwa helfen. Behandelt man die Oberfläche derartiger Stücke zum Beispiel mit Kochsalz, das trocken auf das grüne Holz aufgebracht wird, wobei es sich löst und in das Holz eindringt, so wird die behandelte Holzschicht stark hygroskopisch, nimmt also aus der Luft sehr viel mehr Feuchtigkeit auf als das ungesalzene Holz. Gerade das will man. Die äußeren Holzschichten, die zum Aufsplittern neigen, werden durch das Salz künstlich feucht gehalten. Eigenartigerweise wird hierdurch das Trocknen der inneren Schichten des Holzes nicht oder kaum beeinflußt: Sie geben ihre wegzutrocknende Feuchtigkeit an die gesalzenen Schichten und durch diese ganz nach außen ab, wo sie verdunstet. So bleiben innere und äußere Holzschichten in ihrem Feuchtigkeitsgehalt einander ähnlicher, und der Grund des Splitterns entfällt.

Wird das betreffende Stück für den Einbau im Schiff bearbeitet, so kann oder sollte die chemisch behandelte Schicht entweder verschwinden - was vielfach durch das Bearbeiten des Holzes sowieso geschieht - oder das chemische Hilfsmittel, beispielsweise das Salz, sollte wieder ausgelaugt werden; es sie denn, es handelt sich um einen Bauteil wie etwa den Kiel eines Schiffes, der dem Wasser sowieso ausgesetzt bleibt oder bei dem der Salzgehalt eine konservierende Wirkung ausübt, ohne weiteren Schaden anzurichten. Allerdings sei dabei erwähnt, daß Salz die Korrosion von Stahl, zum Beispiel Stahlbolzen, sehr stark fördert.

Der Vollständigkeit wegen sei noch bemerkt, daß es noch andere Spezialmittel außer Salz gibt, die durch Aufstreuen, durch Überpinseln oder durch Tauchbäder an das Holz herangebracht werden können. Normales Salz scheint aber doch das einfachste und billigste Mittel zu sein.

Holzlagern nach dem Trocknen unterscheidet sich im Prinzip kaum von dem Lagern, das mit dem Ziel des Trocknens vorgesehen wurde. Man kann nur jetzt das Holz sehr viel dichter stauen und dadurch Lagerfläche oder Lagerraum einsparen. Ist man sicher, daß von außen kein Wasser an das Holz gelangen kann - etwa bei Lagern in einem Lagerschuppen -, so können die Zwischenleisten fehlen, und das Holz kann massiv aufeinander gestapelt werden, oder aber man verwendet nur ganz dünne Zwischenleisten. Die erwähnten Schächte im einzelnen Stapel können vollkommen fehlen, und das Holz kann auch seitlich dicht gestapelt werden. Die Seitengänge und die Hauptgänge zwischen den Stapeln können wegfallen oder beliebig klein gehalten werden; sie werden nur noch als Zugang und für den Transport des Holzes, nicht aber mehr für die Lufbewegung benötigt.

Holz, das aus dem Trockenofen kommt und, wie üblich, mit etwa 8% Feuchtigkeit erheblich trockener ist als das in der Luft getrocknete Holz und in diesem Zustande bis zur Verwendung bleiben soll, muß in einem besonderen, geschlossenen Raum gelagert werden, und dieser Raum muß in seiner Temperatur und Luftfeuchtigkeit so gehalten werden, daß das Holz seinen Feuchtigkeitsgrad behält. Mit anderen Worten: während des Winters muß dieser Schuppen geheizt werden. Da es sich indessen um Holz handelt, das im allgemeinen trockener als die umgebende Luft ist, von der es möglichst wenig zusätzliche Feuchtigkeit aufnehmen soll, empfiehlt es sich hier, das Holz solid zu stapeln, also die Zwischenleisten vollkommen fortzulassen.

Sperrholz kann auf dieselbe oder ähnliche Weise gestapelt werden wie im Trokkenofen getrocknetes Holz, das es eine gleiche oder ähnliche Feuchtigkeit besitzt.

Wird Sperrholz auf andere Weise gelagert, so daß die normale und oft wechselnde Luftfeuchtigkeit an das Holz gelangen kann, ist es möglich, daß die obersten Tafeln eines soliden Stapels (die ja nur von der Oberseite her feuchter werden können) sich etwas werfen. Bei sehr starker Feuchtigkeitsaufnahme von beiden Seiten kann Sperrholz auch in der Leimung Schaden nehmen, wenn es unter diesen Bedingungen längere Zeit lagern muß, besonders wenn es sich um "normales" Sperrholz handelt, wie es etwa für den Möbelbau und dergleichen verwendet wird. Sogenanntes Marinesperrholz, Bootsbausperrholz oder kochfestes Sperrholz darf allerdings keine Schäden bekommen.

12. Das Biegen von massivem Holz

Sehr viele Bauteile eines hölzernen Schiffes oder Bootes sind mehr oder minder stark gekrümmt. Man kann sie auf verschiedene Weise herstellen:

a) Man sägt sie aus einem geraden Stück Holz heraus. Der so gewonnene Bauteil hat nur geringe Festigkeit, weil die Fasern nicht mit der Krümmung laufen oder, wie man sagt, der Teil *überspohnig* ist. Es entsteht außerdem sehr viel Verschnitt.

b) Man sägt sie aus einem gekrümmt gewachsenen Stück Holz aus, wobei die natürliche Krümmung des Holzes möglichst gut mit der Krümmung des herzustellenden Bauteiles übereinstimmen soll. Das so gewonnene Stück ist gut. Diese Methode wird bei den *gewachsenen Spanten* und ähnlichen Bauteilen, Knien und dergleichen, angewandt. Der Verschnitt ist nicht sehr groß, doch wird ein großes Lager von Krummholz (der verschiedensten Formen) benötigt (vergleiche auch Abschnitt 4 *Krummer Wuchs)*.

c) Man biegt das Holz in die gewünschte Form ohne Hilfsmittel wie Dämpfen und dergleichen. Das Verfahren wird etwa bei den Außenhaut- und Decksplanken angewandt. Der Verschnitt ist gering; der Bauteil hat die mitlaufende Faser, aber die Krümmung kann nicht sehr stark sein. So kann es schon leicht vorkommen, das bei völligen Fahrzeugen die Außenhautplanken, etwa bei einem völligen Spitzgatheck, nicht mehr auf diese *kalte* Weise hingebogen werden können. Die auftretenden Kräfte sind zu groß, im Stück selber sitzt zu große Spannung, so daß man Sorge haben muß, daß es bei der geringsten zusätzlichen Belastung brechen könnte.

d) Man biegt das Holz, nachdem es vorher durch Dämpfen weich gemacht worden ist. Hierbei sind erheblich stärkere Krümmungen erzielbar.

e) Bei noch stärkeren Krümmungen, als sie unter d) möglich sind, wird lamelliert, das heißt der betreffende Bauteil wird aus mehreren dünnen Teilen, die ja stärker gebogen werden können als ein dickeres Teil, zusammengeleimt.

In diesem Abschnitt soll speziell das unter d) erwähnte Verfahren behandelt werden. Es gelangt speziell beim Bau von Spanten zur Anwendung. Zunächst sollen einige grundlegende Bemerkungen über das Dampf-Biegen von Holz gemacht werden.

Alle Holzarten lassen sich dämpfen und biegen; am besten und stärksten Harthölzer wie Eiche, Esche, Ulme und Buche. Der Krümmungsradius, der im besten Falle beim Biegen dieser Harthölzer, auf der konkaven Seite gemessen, erreicht werden kann, beträgt 3- bis 4mal die Dicke des betreffenden Stückes; bei Weichhölzern dagegen etwa das 18fache! Hierbei ist stets vorausgesetzt, daß die zu biegenden Hölzer in jeder Hinsicht sorgfältig ausgewählt worden sind. Das Holz muß gerade gewachsen sein, die Maserung muß gut in seiner Längsrichtung laufen, es dürfen keine schädlichen Äste (vergl. Abschnitt 4), desgleichen keine Risse oder sonstigen Unregelmäßigkeiten vorhanden sein, und das Holz soll nicht zu alt, also nicht aus dem innersten Kern des Stammes geschnitten sein.

Über den günstigsten Feuchtigkeitsgrad der Hölzer für das Dämpfen gehen die Ansichten ander. Da beim Biegen selbst die Holzfeuchtigkeit groß sein soll (man rechnet mit 20 bis 30%), liegt es nahe, nasses oder grünes Holz zum Dämpfen zu geben. Man hat dabei den Vorteil, daß das Holz schneller weich gedämpft wird, als wenn man trockenes Holz verwendet. Denn weich ist das Holz dann, wenn es naß und heiß ist. Da beim Biegen die inneren Partien des zu biegenden Stückes ziemlich unverändert bleiben, dafür aber die äußeren und die äußersten Schichten stark verändert werden müssen, ist es erklärlich, daß eben diese äußeren Schichten naß und heiß gemacht werden müssen. Und das gelingt bei Hölzern, die feucht oder naß in das Dampfbad kommen, schneller als bei trockenen Hölzern. Nasses Holz braucht an sich nur erhitzt zu werden, um in den gewünschten Zustand *naß und heiß* zu gelangen, während trokkenes Holz sowohl erhitzt als auch angefeuchtet werden muß. Deshalb erscheint es für trockenes Holz am günstigsten, es in Wasser zu kochen. Nasses Holz oder feuchtes Holz wird allgemein im *Dampfkasten* behandelt, einem dichten Gefäß, in das nasser Dampf hineingeleitet wird. Wird trockenes Holz ebenfalls im Dampfkasten zum Biegen vorbereitet, so ist darauf zu achten, daß der Dampf wirklich naß ist. Andernfalls gelingt es nicht, dem Holz Feuchtigkeit zuzuführen. Ja, man kommt sogar in die Gefahr, das Holz während des Dämpfens zu trocknen (vergleiche auch *künstliches Trocknen* im Abschnitt 11).

Das Dämpfen und Kochen verbessert das Holz noch insofern, als die im Holz sitzenden Säfte herausgetrieben werden (s. Abschnitt 3). Für das Biegen sind die Verfahren Dämpfen und Kochen etwa gleichwertig. Bei provisorischen Anlagen bedient man sich meist des Kochverfahrens, weil es leichter durchzuführen ist. Wie Zeichnung 26 zeigt, genügt ein schräg gestelltes verzinktes Stahlrohr oder besser ein Kupferrohr mit einem Holzfeuer darunter. Werkstätten, die oft Hölzer biegen müssen, bedienen sich des Dämpfens. Dem Dampfkasten wird der Dampf durch eine Rohrleitung vom Dampferzeuger zugeleitet. Diese Leitung und der Kasten müssen gegen

Wärmeverlust (etwa im Winter) gut isoliert sein. Der (längliche) Dampfkasten muß an einer Seite einen schnell und dicht schließenden Verschluß bekommen. Stahlteile sind im Innern des Kastens völlig zu vermeiden oder in gut verzinktem Zustande zu erhalten. Andernfalls verfärbt sich das Holz, insbesondere das Eichenholz, sehr stark. Nach einiger Zeit wird Eichenholz blauschwarz, die Verfärbung dringt tief in das Holz ein. Sie ist eine Folge der im Holz enthaltenen Gerbsäure, die ihrerseits wiederum sehr heftig den Stahl angreift. Daher sieht man vielfach Dampfkästen, die völlig eisenfrei hergestellt worden sind (Zeichnung 27).

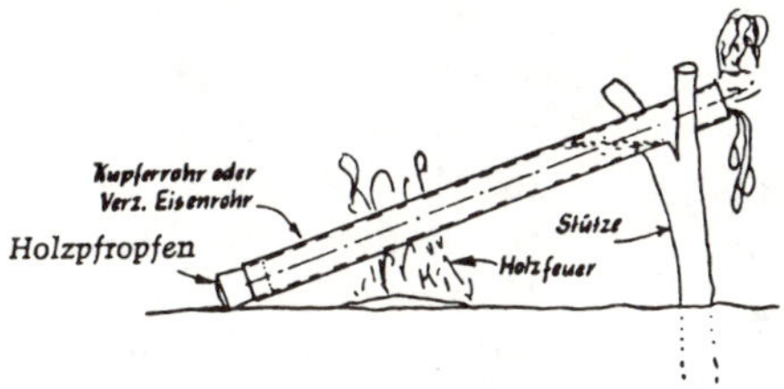

Zeichnung 26: Primitive Anlage zum Kochen von Spanten. - Oben aus dem Rohr hängen Schlaufen heraus, mit denen man die einzelnen Hölzer aus dem Rohr herausziehen kann

Die zum Weichmachen des Holzes erforderliche Dämpf- oder Kochzeit richtet sich durchaus nach der Dicke der einzelnen Stücke. Als alte Faustregel gilt, **je Zoll Holzstärke eine Stunde Dämpfzeit**, so daß also ein Spantprofil 75 X 100 mm drei Stunden dämpfen oder kochen müßte. Es zeigt sich, daß diese Zeit auch ausreicht, um den Saftgehalt zu beseitigen. Anfangs fließt der Saft als grünlicher Schleim aus dem Holz, gegen Ende der angegebenen Zeit zeigt sich kein Saft mehr.

Insbesondere gedämpftes Holz hat die Eigentümlichkeit, daß es sich wohl (durch entsprechenden Druck) etwas verkürzen oder stauchen, nicht aber strecken oder verlängern läßt. Würde man die entsprechende Zugkraft aufbringen, so würde das Holz eher brechen oder zerreißen als (merklich) länger werden.

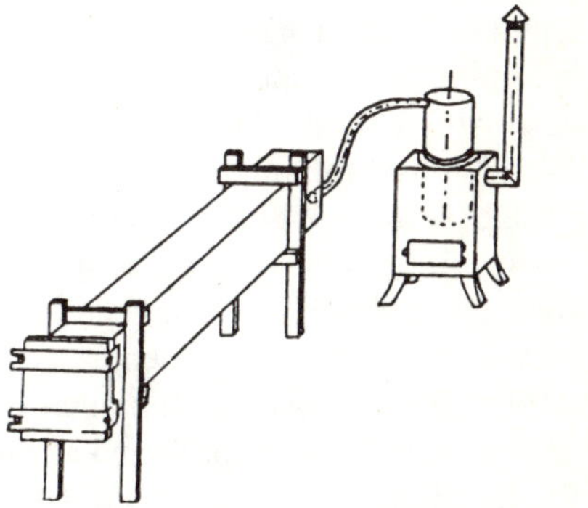

Zeichnung 27: Hölzener Dampfkasten mit dicht schließendem Schnellverschluß an einem Ende und mit Dampfzufuhr an einem primitiven Dampferzeuger am anderen Ende

Wird nun ein Stab gebogen, so bleibt er in seiner Länge in der Mitte, in seiner neutralen Zone, unverändert, während die Außenseite (die konvexe Seite) sich verlängert und die Innenseite (die konkave Seite) sich verkürzt (vergleiche auch Zeichnung 28, die einen sehr stark gekrümmten Stab zeigt). Holz würde die in diesem Fall auftretende Verlängerung nicht ertragen, auch nicht im gedämpften Zustand. Um trotzdem starke Krümmungen möglich zu machen, hat sich ein Verfahren eingebürgert, das die neutrale Schicht an die Außenseite legt. Sie kann dann nicht verlängert werden, allerdings wird dafür die Innenseite um das doppelte Maß verkürzt. Man erreicht dieses Verhalten des Holzes dadurch, daß man es fest mit einer biegsamen Stahlschiene verbindet, etwa einem federnden Stahl-Lineal. Die Stahlschiene muß natürlich an der zukünftigen Außenseite der Krümmung liegen. Wie die Zeichnung 29 zeigt, hat die Schiene an beiden Seiten einen starken Anschlag, an den sich das Holz, das in seiner Länge genau zwischen die Anschläge passen muß, bei der Biegung anlegt. Das Biegen muß dann über eine Form, ein Modell oder eine Schablone erfolgen, wodurch das Spantenbiegen eine völlig andere Arbeit wird, als sie bisher üblich war (Vergl. Abschnitt 60).

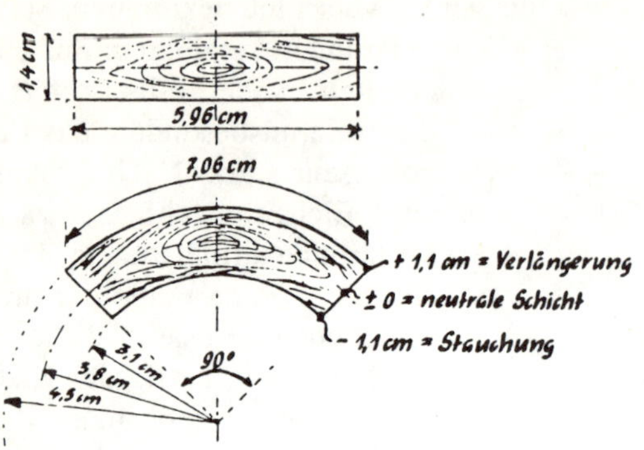

Zeichnung 28: Ein Stab von 1,4 cm Breite und 5,96 cm Länge wird über einen Radius von 3,1 cm um 90 Grad gebogen. - Falls er dabei nicht bricht, verlängert er sich außen auf 7,06 cm und verkürzt sich innen auf 4,86 cm, während seine Mitte, seine neutrale Schicht, gleich lang bleibt

Es ist auch möglich, Stahlschienen zu verwenden, die nur an einem Ende einen festen, am anderen Ende dagegen einen versetzbaren Anschlag haben, etwa in der Weise, wie die Knaggen an einer Schraubzwinge versetzt werden. Man kann dann die Stahlschiene für verschiedene Längen von Hölzern verwenden. Trotzdem muß gesagt werden, daß das Verfahren, Holz mit Hilfe der Schutzschienen zu biegen, sich besonders gut dort eignet, wo dasselbe Bauteil mehrfach, wenn nicht gar in Massen, hergestellt wird. Denn dann ist es möglich, die Schiene und vor allem das Modell speziell für den einen Fall genau passend herzustellen.

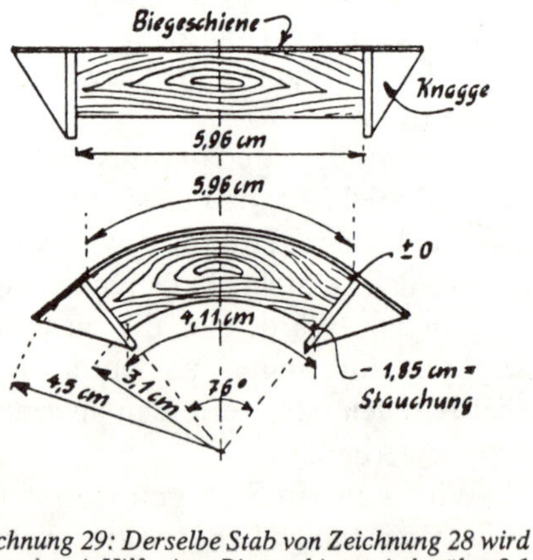

Zeichnung 29: Derselbe Stab von Zeichnung 28 wird nunmehr mit Hilfe einer Biegeschiene wieder über 3,1 cm Radius gebogen. - Er bleibt jetzt a u ß e n gleich lang. Die alte neutrale Schicht und besonders die Innenseite werden gestaucht, die letztere auf 4,11 cm. Der erreichte Biegewinkel wird so auf 76 Grad verkleinert

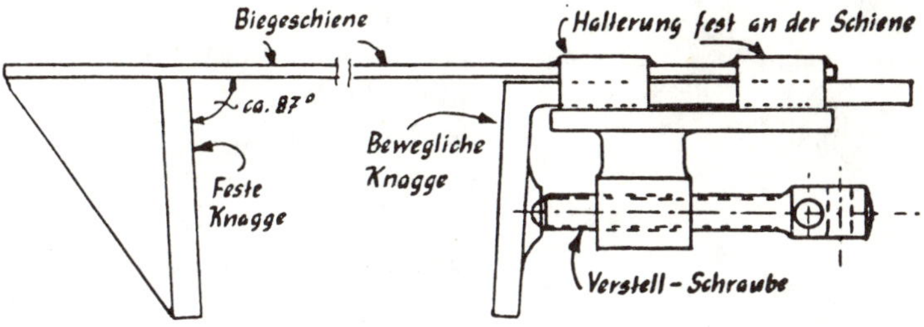

Zeichnung 30: Eine Biegeschiene mit einer festen und einer beweglichen Knagge. Beim Fortschreiten des Biegens soll die bewegliche Knagge etwas nach rechts herausgenommen werden

Spanten beispielsweise, die früher in das bereits vorhandene Boot hineingebogen oder über die auf Mallen oder Modellen aufliegenden Längslatten, Längsspanten oder Stringer hinübergebogen wurden, müssen nun nach dem neuen Verfahren über Modelle gebogen werden, wobei für jedes Spant, wenn man ganz korrekt vorgehen will, ein besonderes Modell angefertigt und auf dem Biegeplan befestigt werden muß. Allerdings kann der Backbord- und der Steuerbord-Teil über das gleiche Modell gebogen werden. Da diese Spanten nach dem Erkalten und Trocknen (wobei sie sich möglicherweise noch etwas verziehen können) nochmals nachgerichtet und vor allem geschmiegt werden müssen, hilft man sich oft in der Weise, daß über ein Modell nicht nur das zugehörige Spantenpaar gebogen wird. Die Hauptdifferenz wird beim Zusammenbau mit der Bodenwrange ausgeglichen, die das Spantenpaar zusammenhält. Geringfügige Ungenauigkeiten beseitigt das Nachrichten.

Bei der Vornahme stärkerer Krümmungen ergeben sich einige Schwierigkeiten, die man aber überwinden kann, wenn man die Tricks kennt. Einmal nimmt der Stauchdruck im Holz, das von Anfang an (wie es sein soll) an den Anschlägen der Stahlschiene anlag, beim Fortschreiten der Biegung weiter zu, als dem Holz wohltut. Abhilfe: Zwischen den Anschlag am äußeren Ende der Stahlschiene und das Werkstück kommt einen Art Puffer oder Kissen aus weichem Holz, etwa Balsaholz, der oder das sich bei Zunahme des Druckes etwas zusammendrückt und somit dem Werkstück eine kleine Veränderung gestattet. Vielleicht wäre auch ein federnder Gummiklotz an dieser Stelle denkbar. In jedem Fall muß aber die Federkraft des Puffers genau auf das zu biegende Stück abgestimmt sein. Denn wenn der Puffer zu sehr nachgibt, dann reißt das Werkstück an der Außenseite ein. Ober aber der äußere Anschlag ist mit einer Adjustierschraube versehen, die auf ein längs der Stahlschiene be-

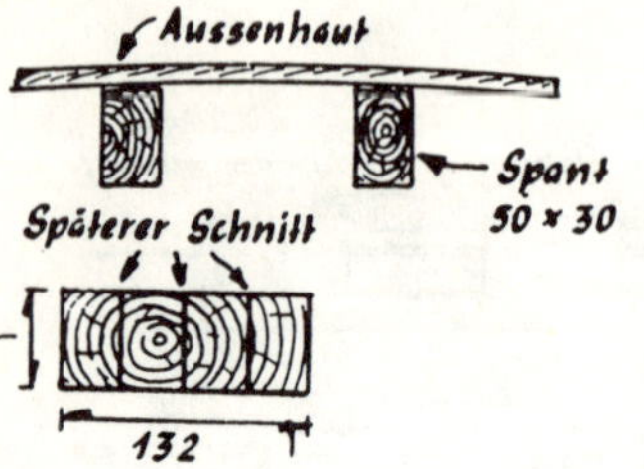

Zeichnung 30a: Aus einem Stück ca. 132 x 50 mm werden vier Spanten von 50 x 30 mm gebogen und nach dem Biegen aufgeschnitten

wegliches Anschlagstück wirkt. Mit ihrer Hilfe kann der Nutzabstand zwischen den Anschlägen auf beiden Enden der Stahlschiene verändert werden. In unserem Nutzabstand wird nun während des Biegens die Schraube langsam etwas gelockert, damit der Nutzabstand vergrößert und dem Holz etwas Luft gegeben wird (Zeichnung 30). Dieses Zulassen einer gewissen Verlängerung des Holzes an seiner Außenkante führt deshalb zum Erfolg, weil ja, genau genommen, Holz doch ein wenig verlängert werden kann (etwa 1 bis 2%). Andernfalls wäre ja die bisherige Biegemethode ohne Anwendung der Biege-Stahlschiene gar nicht möglich gewesen.

Ob nun mit nachgebenden oder starren Anschlag gearbeitet wird, es muß auf einen Punkt geachtet werden: Der Hauptdruck des Anschlages muß auf der Innenseite des Holzes erfolgen, so daß es wohl empfehlenswert ist, den Anschlag etwas unter 90 Grad gegen die Schiene zu halten (vergleiche Zeichnung 30).

Während des Biegens versucht nun das Holz auszuweichen, einmal senkrecht zur Biegeebene, bei einem Spant wäre das die Richtung längsschiffs. Man könnte als Gegenmittel das Spant in dieser Richtung etwas verstärken, wie das auch bei den nach alter Methode in das Boot hineingebogene Spanten getan wurde. Deren Querschnitt war etwa im Verhältnis 1:1,5 (Dicke querschiffs : Breite längsschiffs) aufgeteilt. So wird das Ausweichen dem zu biegenden Spant erschwert. Allerdings würde das bedeuten, daß man die Widerstandskraft der verwendeten Stoffmenge nicht günstig ausnützt. Würde man das flach liegende Spant im Schiff um 90 Grad drehen, so daß eine längere Querschnittsseite querschiffs zeigt, so gewinnt man eine Vergrößerung des Widerstand des Spants von 50% bei gleicher Querschnittsfläche des Spantprofils, bei

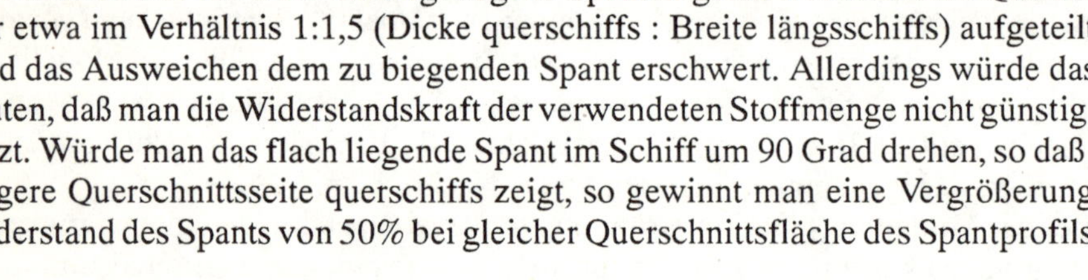

Zeichnung 31 und 31 a

gleichem eingebauten Gewicht, bei gleicher verbauter Holzmenge. Beim Umkanten eines Spantquerschnitts mit einem Rechteck-Querschnitt 1:2 in 2:1 würde man sogar 100% Zuwachs an Widerstand gewinnen.

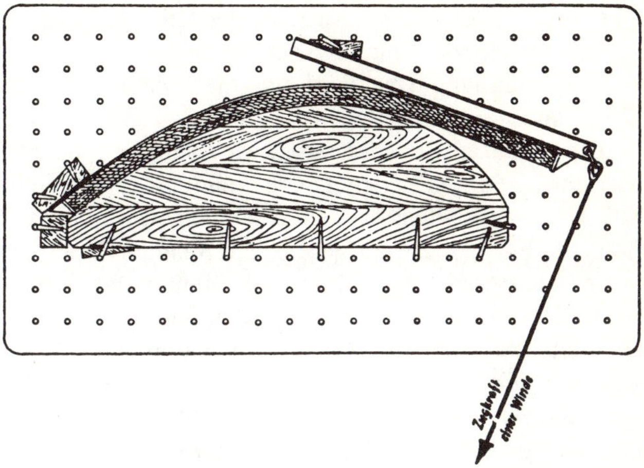

Zeichnung 32a: Eine Spant-Biegeplatte nach Art der Richtplatte, aus Gußeisen (oder Hartholz) mit Löchern, in die Klammern hineingeschlagen werden. Diese Klammern halten das Modell fest. Eine Klammer (hinter einem Holzkeil) erzeugt die "zusätzliche Biegekraft" der Zeichnung 31 a

Somit kann das Verfahren, die Spanten breiter zu machen, nicht zufriedenstellen. Es wäre aber denkbar, mehrere Spanten in einem breiten Stück gemeinsam zu biegen und nach dem Biegen das Stück mit der Säge zu teilen. Beispielsweise sollen vier gleiche Spanten gebogen werden, jedes 50 mm hoch (querschiffs) und 30 mm breit (längsschiffs).

Das Werkstück muß demnach 50 mm dick und 132 mm breit sein, wobei drei mal vier mm für Sägeschnitt und nachträgliche Bearbeitung gerechnet sind. Dieses Stück wird beim Biegen keinesfalls in der Querrichtung (also längsschiffs) ausweichen (vergleiche Zeichnung 30a).

Weiterhin versucht das Werkstück, in der Biegeebene, und zwar besonders am Ende des Biegens, von der Schiene abzubiegen (vergleiche Zeichnung 31). Hiergegen hilft die Anwendung eines Hebels, der nach der *verkehrten* Seite der Stahlschiene angebracht wird und beim Biegen durch seinen zusätzlichen Druck in der Biegerichtung das Ausweichen des Werkstückes verhindert. Bei kleinen Stücken kann dieser Druck von Hand ausgeübt werden, bei stärkeren Stükken ruft ihn eine Klammer hervor, die an passender Stel-

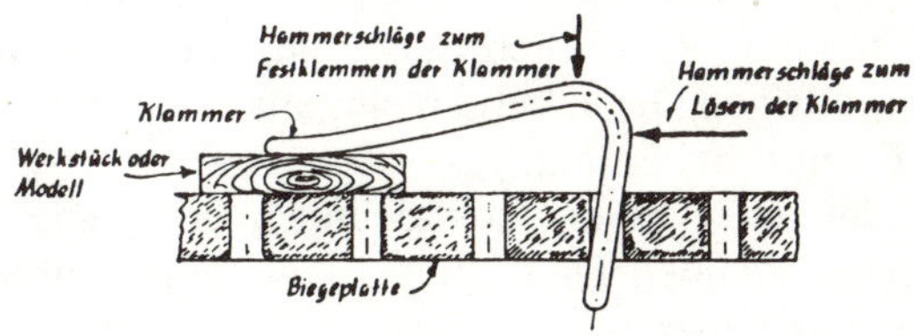

Zeichnung 32 b

le in die Richtplatte oder Biegespantenplatte (am besten eine gußeiserne Platte mit sehr vielen gleichen Löchern zum Feststellen der Klammern) eingesetzt ist, wobei zusätzlich ein Holzkeil nützlich sein kann.

Die Zeichnung 32 a zeigt, wie diese Arbeit bei starken Stücken mit Hilfe einer Winde durchgeführt wird.

Die beschriebene Biegearbeit ist zweifellos recht mühevoll und erfordert einige Vorrichtungen, die beispielsweise diejenigen Werften, die bislang Fischkutter aus Holz mit ausgesägten Spanten gebaut haben, nicht besitzen. Würde man indessen gerade jene Fischkutter mit gebogenen Spanten bauen, so würde man für die Spanten an im Kutter verbautem Holz nach Menge und Gewicht, bei gleicher oder höherer Festigkeit des fertigen Fahrzeuges, mindestens 50% einsparen. Der Holzverbrauch ist zweifellos noch günstiger, und man kann die Ersparnis auf 60% oder mehr ansetzen, da ja der beim Sägen der Spanten so große Verschnitt entfällt. Es muß daher die Bauweise *mit eingebogenen Spanten,* die bislang nur bei Yachten verwendet wurde, auch und gerade für den Bau hölzener Fischkutter (und ähnlicher Fahrzeuge) empfohlen werden, zumal die mit der Biegeschiene gebogenen Spanten ja sehr viel stärker sind als die bisherigen gebogenen Spanten.

13. Nachbehandlung warm gebogener Hölzer

Nach der alten, einfachen Methode, haben eingebogene Spanten die Tendenz, während des Erkaltens und Trockenes etwas von ihrer Krümmung zu verlieren, sich also etwas zu strecken. Hierdurch wird ein Boot, das ausschließlich mit derartigen Spanten gebaut wird, leicht im Deck ein wenig breiter und etwa in der Wasserlinie ein wenig schlanker. Vielleicht ist oder war dies ein Grund für die Beliebtheit der Bauweise, die *feste* Spanten (gewachsene beziehungsweise gesägte Spanten oder Stahlspanten) und zwischen diesen je ein oder zwei eingebogene Spanten vorsieht. Die starren Spanten sollen das Boot in seiner korrekten Form halten. Auf jeden Fall ist es wichtig, beim Bau eines Bootes mit nachträglich eingebogenen Spanten durch Anbringen von provisorischen Decksbalken und sonstigen Versteifungen wie Schwertlatten und dergleichen den Bootsrumpf zu versteifen. Diese geschieht so lange, bis die endgültigen Decksbalken eingebaut worden sind und das Boot hierdurch eine feste Form erhalten hat.

Anders ist es beim Nachbehandeln der mit der Biegeschiene über einem Modell gebogenen Spanten. Diese sind ja gewissermaßen (zeitlich gesehen) vorgebogen. Sie wurden bearbeitet, als vom Boot bestenfalls der Kiel stand. Daher können sie nicht in eine Außenhaut hineingesetzt werden, sondern die Außenhaut wird erst später über ihnen selbst gebaut werden. Diese vorgebogenen Spanten müssen daher bis zum Erkalten und Trocknen anderweitig derart eingespannt bleiben, daß sie sich nicht wieder zurückbiegen können. Am einfachsten wäre es ja, wenn man die Spanten in ihrer Schiene auf der Spantenbiegeplatte eingespannt liegenlassen könnte. Aber diese Biegeplatte ist ein Arbeitsplatz und kein Lagerplatz, der möglichst schnell, nachdem das Spant fertig gebogen ist, geräumt werden muß. Bei leichteren Werkstücken kann es genügen, wenn kreuz und quer einige Latten aufgenagelt werden, insbesondere auch eine Latte, die die beiden Enden des Stückes miteinander verbindet. In das gedämpfte Holz lassen sich recht leicht Nägel eintreiben. Die entstandenen Löcher müssen in Kauf genommen werden (Zeichnung 33).

Es kann während der Trocken- oder Abkühlungszeit passieren, daß an der Außenseite des Werkstückes (also an der auf Zug beanspruchten Seite) Zerstörungen im Holz auftreten, in demselben Holz, das den Biegeprozeß glücklich überstanden hat. Mit derartigen Ausfällen muß gerechnet werden. Sie sind dem Bootsbauer nicht unbekannt, denn beim althergebrachten Einbiegen der Spanten in das bereits aufgeplankte Boot ohne Biegeschiene gab es während und nach dem Biegen ebenfalls häufig Bruch. Er entstand besonders dann, wenn von ungeübten Helfern nicht verhindert wurde, daß sich das Werkstück an einer Stelle zu stark einbog.

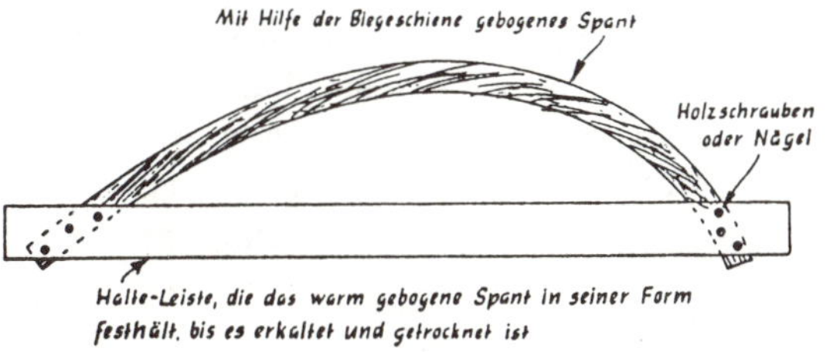

Zeichnung 33

Diesem Nachbrechen beim vorgebogenen Spant kann man wirksam begegnen, wenn man das Werkstück nach dem Biegen unter der Druckwirkung der Biegeschiene beziehungsweise ihrer beiden Anschläge stehenläßt. Die erwähnte Latte vom einem zum anderen Ende des Stückes kann jetzt durch einen Draht oder eine Kette von Anschlag zu Anschlag ersetzt werden. Gerade auch für stärkere Stücke wird die Methode empfohlen. Es ergibt sich jetzt allerdings ein großer Verbrauch von Biegeschienen, die vorrätig zu halten wären. Dem begegnet man damit, daß doppelte Schienen verwendet werden. Die leichtere innere bleibt am Werkstück während der Trocknungszeit. Die äußere stärkere übernimmt die Kräfte während des Biegens, wird nach Beendigung des Biegens abgenommen und kann sofort wieder verwendet werden.

Auch durch zu schnelles Abkühlen der gebogenen Stücke kann ein Aufreißen und Platzen des Außenschicht vorkommen. Der Grund ist wohl der, daß das Innere des Stückes mit dem Abkühlen weit hinter den Außenseiten herhinkt, wodurch gewaltsame Dampfausbrüche erfolgen, die den Zusammenhang des Holzes zerstören können. Es kommt dies namentlich bei stärkeren Stücken vor. Als Gegenmittel wird langsam Abkühlen in warmen Räumen empfohlen, eventuell auch in warmen oder zunächst heißem Wasser, das sich langsam abkühlt.

14. Das Biegen von Sperrholz

Zur Begriffserklärung sei vermerkt, daß zunächst das Biegen von ebenen Sperrholzplatten, die ihrerseits im ebenen Zustand hergestellt worden sind, behandelt werden soll. Es ist nämlich auch möglich, über entsprechenden Formen oder Modellen von vornherein gekrümmtes Sperrholz zu erzeugen, welches man alsdann *vorgeformtes Sperrholz,* im Englischen *molded plywood*, nennt.

Normales, ebenes Sperrholz kann sehr wohl gebogen werden, in beschränktem Maße sogar zu doppelter Krümmung. Der Radius der erreichbaren Krümmung hängt aber von sehr vielen Faktoren ab, so daß er nicht, wie bei natürlichem Holz, mit einiger Sicherheit vorher angegeben werden kann. So wird es dann immer wieder auf Versuche ankommen, und bei dem nachfolgendem *echten* Biegen müssen die verschiedenen Versuchsbedingungen genau eingehalten werden, wenn man die erwarteten Resultate erzielen will.

Begünstigt wird das Biegen durch folgende Faktoren:

a) Die Qualität des Sperrholzes muß sehr gut sein. Dies bezieht sich auf die Verleimung, auf die Holzart und auf die Auswahl der verwendeten Furniere. Denn diese dürfen keine Fehler zeigen, besonders nicht in der äußersten Lage. Auch muß das Furnier genau parallel zu seiner Faser geschält worden sein, das heißt, es darf auf keinen Fall schräg zur Faser laufen, was um so schwieriger wird, je dünner die Furniere sind.

b) Die einzelnen Furniere sowie das ganze Sperrholz müssen dünn sein. Bei gleicher Sperrholzdicke läßt sich eine siebenschichtige Platte besser biegen als eine fünf- oder gar dreischichtige Platte. Auch wird einleuchten, daß sich eine dünne Platte leichter biegt als eine dicke Platte.

c) Die Außenfurniere sollen möglichst parallel zur Biegeachse liegen.

d) Nässe begünstigt das Biegen.

e) Hitze begünstigt das Biegen.

f) Bei gleichzeitiger Anwendung von Nässe und Hitze werden die besten Erfolge erzielt.

Die Festigkeit des gebogenen Sperrholzes scheint etwas geringer zu sein als diejenige des vergleichbaren, aber vorgeformten Sperrholzes. Es wird empfohlen, bei Anordnung von Spanten oder Balken hierauf Rücksicht zu nehmen, das heißt bei Booten aus vorgeformten Hölzern können diese in etwas größerem Abstand stehen. Besonders gilt das Gesagte für diejenigen Holzteile, die durch Wasseraufnahme (etwa wie bei den unteren Außenhautteilen und dem Boden) eine Veränderungsmöglichkeit besitzen.

Bei geringen Biegungen, wie etwa bei der Außenhaut von Booten mit geraden Spanten (beispielsweise Knickspanten), läßt sich das Sperrholz ohne jede Vorbehandlung, also kalt und trocken, in die gewünschte Form bringen. Bei Decks, bei denen die Linie *Mitte Deck* nur einen geringen Sprung aufweist, läßt sich das Sperrholz sogar in zweifacher Richtung ohne Vorbehandlung krümmen. Der Sprung (positiv oder negativ) muß schon recht kräftig sein, desgleichen die Balkenbucht, oder aber das Deck sehr stark, wenn man hier mit Nässe oder Wärme oder gar beidem vorarbeiten muß.

Starke Biegungen, die an die (durch Versuch ermittelte) Grenze des Möglichen herangehen, vermeide man auf jeden Fall. Einmal besteht schon bei dem Biegen selbst die Gefahr des Bruches, da nicht alle Platten genau gleich sein oder der Versuchsplatte entsprechen können. Dann kommt das Holz unter eine starke Vorbelastung, in der es im eingebauten Zustand verbleiben und wodurch seine Gesamtfestigkeit ohne Zweifel leiden muß. Mit anderen Worten: Bei späterer, während des Gebrauchs des Bootes auftretender Belastung des Bauteiles muß eher mit Bruch gerechnet werden.

Mitunter wird das Sperrholz trocken über einer erhitzten Form gebogen, wobei die Berührung vom Holz zur erwärmenden Form nur während des Biegens erfolgt. Es ist einleuchtend, daß diese Methode nur bei dünnen Platten, die schnell durchwärmen, Erfolg haben kann. Stärkere Platten müssen vorher angefeuchtet werden. Hierbei erweichen sie sich bereits etwas, die Wärme-Leitfähigkeit wird erhöht und damit die Erwärmung verbessert.

Bei größeren Werkstücken, die nur an einer Stelle gebogen werden sollen, nimmt man die Erwärmung oder Anfeuchtung nur für diese Stelle vor. Das Anfeuchten erfolgt zweckmäßig durch Aufpinseln von heißem Wasser.

Erfolgt das Biegen über einer Form, so wird man bei mehrmaliger Verwendung der Form mehr Mühe für deren Herrichtung verwenden. Vielleicht kann man die Fläche, an die sich das Sperrholz anlegt, durch untergleitenden Dampf (wie beim Dampfkasten) erwärmen. Auch für das Anpressen der Platten sind verschiedene Hilfsmittel wie Gurte und dergleichen in Anwendung.

Stärkere doppelte Krümmung kann nur durch größere Kräfte nebst entsprechende Apparatur erreicht werden. Bekannt ist das Verfahren, mit einer (meist hydraulischen) Presse, die mit Matrize und Patrize arbeitet, zwischen die das vorbehandelte Sperrholzstück gelegt wird. Es leuchtet ein, daß sich hierfür wohl nur Massenartikel eignen, wie etwa die vielfach benutzten gewölbten Sperrholz-Stuhlsitze.

Zum Abschluß sei bemerkt, daß bei gebogenem Sperrholz, besonders wenn mit Nässe und nachfolgendem Trocknen gearbeitet wurde, mit einem gewissen Rückgang der erreichten Krümmung oder Wölbung zu rechnen ist. Sein Ausmaß hängt von verschiedenen Ursachen ab und muß durch Versuche festgestellt werden. Es empfiehlt sich, beim Krümmen den Krümmungsradius 10 bis 20% kleiner anzusetzen, als er hinterher sein soll.

Die Herstellung von vorgeformten Sperrholz, bei der die einzelnen Furniere über eine entsprechende Form gelegt, mit Leim versehen und auf die nächsten, etwa um 60 bis 90 Grad in ihrer Längsfaser versetzten Furniere aufgelegt werden, ist ein neueres Verfahren. Nach ihm können ganze Boote (zum Beispiel die Segeljolle *Flying Dutchman)* gebaut werden. Die Außenhaut eines solchen Bootes besteht dann aus drei Stücken (den beiden Seitenteilen und dem Spiegel), die ohne jede Versteifung ihre Form behalten und zudem vollkommen wasserdicht sind. Da ein Verziehen der einzelnen Holzteile bei einer gegenüber normalen Außenhaut beschränkten Wasseraufnahme praktisch unmöglich ist, darf man annehmen, daß eine solche Außenhaut auch dicht und glatt bleibt. Vielleicht wird sich diese Bauweise für Boote weiter durchsetzen, doch kann es sich dann wegen des notwendigen Apparates nur um Einzelboote handeln, von denen aus gleicher Form eine große Anzahl gebaut wird.

Beim Bau derartiger Bauteile aus verformtem Sperrholz kommt es auf folgende Punkte an:

a) Die einzelnen Furniere sollen faltenlos über die gekrümmte Form laufen. Deshalb muß die Breite der Furnierstreifen der Stärke der Krümmung angepaßt werden; auch soll die Richtung, in der sie liegen, auf die Krümmung Rücksicht nehmen.

b) Bei Booten, die naturlackiert bleiben sollen, kann man die äußerste *Plankenschicht* längsschiff legen.

c) Die Hauptschwierigkeit besteht darin, den zum Verleimen erforderlichen Anpreßdruck hervorzubringen. Wenngleich die einzelnen Werften vielfach ihr eigenes, behütetes Geheimverfahren entwickelt haben, scheint es doch so, daß der Druck stets hydraulisch (heißes Wasser oder Dampf) erzeugt wird und über einen Gummisack auf das über (oder in) dem Modell liegende Furnier wirkt.

Abschließend sei bemerkt, daß es Spezialwerften gibt, die entweder in einer Abteilung oder nur noch Boote aus vorgeformten Sperrholz bauen. Sie haben sich die dazu notwendigen Verfahren und Hilfsmittel selbst erarbeitet und halten sei daher meistens geheim. Zum anderen wird aus den USA von Selbstbauern, also von Laien, berichtet, die sich ihr Boot auf diese Weise bauen und sich wegen der Güte des glatten und dichten Endproduktes nicht scheuen, erhebliche Nebenarbeiten (die sich nur beim Bau einer Reihe von gleichen Booten bezahlt machen würden) mit in Kauf zu nehmen. So muß vor allem ein Modell des Bootes, gemessen auf *Innenkante Außenhaut*, hergestellt werden, das bei der Einzelanfertigung verloren sein dürfte, und über dem (über Kopf) das eigentliche Boot zusammengeleimt wird. Vielfach werden dabei die Furniere mit kleinen Kupfertäksen auf dem Modell oder der bereits liegenden Schicht angeheftet, und der zum Verleimen notwendige Anpreßdruck wird durch aufgelegte Sandsäcke und ähnliche Hilfsmittel erzielt. Bei oben einfallender Spantform (*tumble home*) muß das Modell übrigens auseinandernehmbar sein, wenn man die Außenhaut abnehmen (die Hülse vom Kern trennen) will.

15. Das Verbinden verschiedener Bauteile miteinander (ohne Leim)

Allgemeines: Ein Stahlboot hat gegenüber einem Holzboot den großen Vorteil, daß alle seine Bauteile zum Beispiel durch Schweißung so miteinander verbunden werden können, daß die Festigkeit des Bootes die gleiche ist, als wenn das Boot aus einem Stück Stahl hergestellt worden wäre.

Bei einem Holzboot liegen die Dinge anders. Bei der klassischen Bauweise, bei der die einzelnen Bauteile hauptsächlich durch Verbolzungen (und ähnliches) miteinander verbunden werden, gelingt das Herstellen *eines* Stückes nur recht bedingt. Befindet man sich bei einem solchen Fahrzeug im Seegang unter Deck, so wird man die verschiedenartigsten quietschenden, knarrenden oder reibenden Geräusche vernehmen können. Diese rühren daher, daß die einzelnen Bauteile nicht fest miteinander verbunden sind, sondern sich geringfügig gegeneinander bewegen können.

Diese Tatsache ist recht fatal, denn bei diesen reibenden Bewegungen entsteht eine Abnutzung des Baustoffes, durch die die bereits vorhandene *Luft*, das heißt der Zwischenraum zwischen den einzelnen Teilen, noch weiter vergrößert wird. Hierunter leidet natürlich die Wasserdichtigkeit des Fahrzeuges.

Wir wollen deshalb genauer untersuchen, weshalb sich die einzelnen Teile gegeneinander bewegen können und wie man diesen Zustand durch konstruktive Maßnahmen vermindern oder verhindern kann. Als Beispiel dient die bekannte Verbindung mit Hilfe von durchgehenden Bolzen.

In unserem Beispiel soll ein Bootskiel (es könnte auch ein Stringer, Weger oder etwa Ähnliches sein) von 14,8 cm Höhe und 28,6 cm Breite mittels Verbolzung aus zwei Teilen zu einer Länge zusammengesetzt werden. Für diesen Kiel schreibt der Germanische Lloyd eine Laschenlänge vom Sechsfachen der Höhe, in unserem Fall also 87,5 cm Länge, sowie Bolzen von 1,6 cm Durchmesser vor (vergleiche die maßstäbliche Zeichnung 34).

Die Querschnittsfläche des Kiel beträgt brutto 425 cm^2. Durch die Ausarbeitung der Sponung, Landung und so weiter fällt einiges fort, so daß ca. 300 cm^2 netto übrigbleiben. Bei Eichenholz beträgt nach der Tabelle auf Seite 34 die Zugbelastung im Bruchfall 900 kg für jedem cm^2. So würde also unser Kielprofil eine Zuglast von 300 cm x 900 kg/cm^2 = 270 000 kg ertragen können. Diese 270 t sollte nunmehr auch die

Kiel-Lasche oder die Verbindungsstelle Kiel-Steven übernehmen können. Ein Stahlschiff würde nach diesen Gesichtspunkten konstruiert werden.

Mehr als vier Bolzen wird man kaum in die Lasche setzen wollen oder wegen Platzmangels können. Verteilt man diese 270 t gleichmäßig auf die vier Bolzen, so muß jeder Bolzen 270 : 4 = 67,5 t Schub-Belastung übernehmen. Da seine Querschnittsfläche nur 2cm2 beträgt, würde seine Scherspannung 67 500 : 2 = 33 750 kg/cm^2 betragen. Das ist etwa das zehnfache dessen, was der Bolzen an Scherspannung beim Bruch überhaupt aufnehmen kann. Also müßte man etwa 10mal soviel Bolzen in die Lasche einbauen, wenn man folgerichtig bauen wollte (was aber nicht möglich ist).

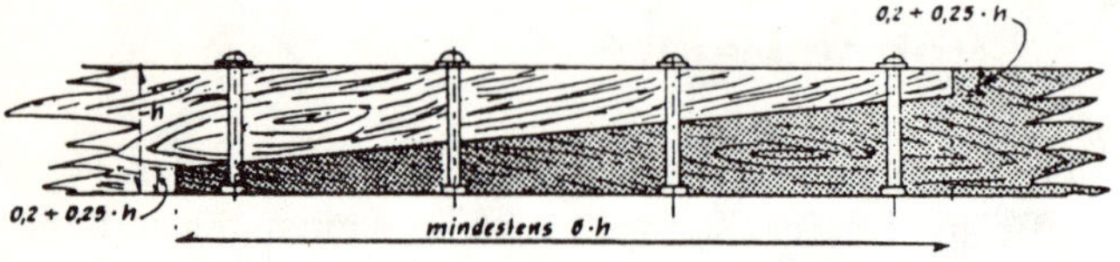

Zeichnung 34: Eine Lasche, z.B. eines Bootskiels, nur durch Bolzen gehalten

Betrachtet man ferner den Leibungsdruck, den der Bolzenschaft auf das Hirnholz in seinem Bohrloch ausübt, so wird die Sache noch merkwürdiger. Die Leibungsfläche beträgt (im Mittel der vier Bolzen) je Bolzen 1,6 x 7,4 = 11,8 cm^2. Diese Fläche soll eine Druckbelastung von 67,5 t aufnehmen. Es ergibt sich eine Druckspannung von 67 500 kg : 11,8 cm^2 = 5720 kg/cm^2. Nach Henschke beträgt die zum Bruch führende Druckspannung jedoch bereits 540 kg/cm^2. Die Belastung ist also in unserem Fall etwa 11fach zu hoch.

Es fragt sich nun, welcher Teil bei stärkerer Belastung unserer Lasche zuerst nachgibt. Nach meiner Ansicht ist es das Holz, da es bei Überbelastung durch Druck allmählich sichtbar nachgibt, während der Bruch beim Abscheren des Stahlbolzens plötzlicher erfolgt. Also wird sich der Bolzen unter geringer Verbiegung tiefer und tiefer in das Holz eindrücken, wobei er sich schräg stellen wird und die Lasche auseinander zu rutschen beginnt (vergl. Zeichnung 35).

Der Holzschiffbau ist eine uralte Kunst. Man hat sie schon betrieben, als der Stahl- und der Broncebolzen noch nicht erfunden waren. So gelangte man zu besseren als den genannten Verbindungen. Um den hohen Leibungsdruck zu mindern, kann man zum Beispiel den Durchmesser der Bolzen vergrößern, denn dann ergeben sich größere Leibungsflächen. Bei hölzernen Nägeln, die man verwendete - und die der Zimmermann vielfach auch heute noch verwendet -, ergeben sich größere Durchmesser ganz von allein.

Bei Verwendung der Hakenlasche (Zeichnung 36) kann man damit rechnen, daß

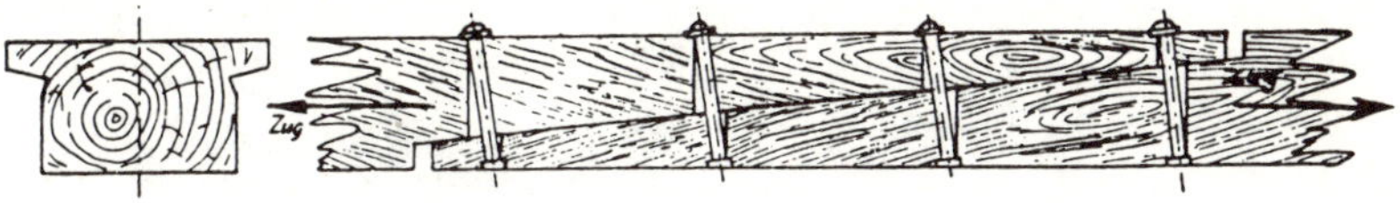

Zeichnung 35: Dieselbe Lasche wie in Zeichnung 34, infolge starken Zuges etwas auseinandergerutscht. Die Bolzen stehen schräg und haben aus runden Löchern längliche Löcher gemacht

die Scherbelastung auf die Bolzen fast aufgehoben wird und diese nur noch die Aufgabe haben, die beiden zu verbindenden Teile in Position zu halten. Die Übertragung der Zugkraft übernimmt nunmehr die Anlagefläche des Hakens. Diese Fläche darf aber nicht zu klein sein, da hier Druckspannungen entstehen, die das Holz schlechter aufnehmen kann als Zug.

Bei größeren Bauteilen dürfte es schwierig sein, die Hakenlaschen gut passend herzustellen, da man die einzelnen Stücke nicht aneinanderpassen kann. Deshalb wendet man gern die Kiel-Lasche oder Riegel-Lasche an, wie die Zeichnung 37 zeigt. Der (oder die) Riegel ist (oder sind) nur ganz schlank zu einem Kiel ausgearbeitet. Werden sie hineingeschlagen, so wird die ganze Verbindung sehr dicht. Zeichnung 38 zeigt eine neuartige Bolzen-Entlastung durch einen Sperring.

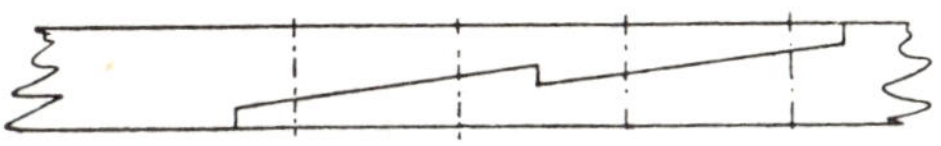

Zeichnung 36: Hakenlasche

Was über eine Kiel-Lasche gesagt wurde, gilt entsprechend für jede Verbindung im hölzernen Schiff, und es ist nur eine Frage der Sorgfalt, ob man in jedem Fall auch das Beste anwenden will. Die Zeichnung 39 zeigt den Achtersteven eines Rettungsbootes, die Zeichnung 40 den Vorsteven eines Motorbootes. In beiden Fällen hat man durch Riegel versucht, die Bolzen für den Fall zu entlasten, daß die ganze Konstruktion auf Zug beansprucht wird.

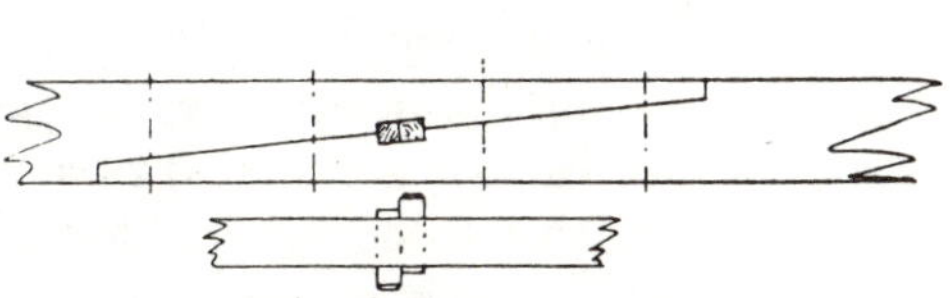

Zeichnung 37: Riegellasche. Beide Teile eintreiben, sichern, abschneiden

Wird dieses Einzapfen oder Verzahnen auf der ganzen Länge der Lasche angewandt und immer feiner und feiner ausgeführt, so kommt man zu sehr rauhen Berührungsflächen, die zwischen den beiden Bauteilen liegen und durch die Zugkraft in den Bolzen aufeinander gepreßt werden. In diesem Falle wird die Zugbelastung des ganzen Bauteiles (im vorher rechnerisch behandelten Beispiel 270 t) lediglich durch die Reibungskraft an den Berührungsflächen übertragen, und die Bolzen wirken nur indirekt durch die Erzeugung des für die Reibung erforderlichen Anpreßdruckes. Setzt man für die Reibungszahl den sehr hohen Wert von 0,5 ein (was mit Rücksicht auf die angenommene große Rauhigkeit der beiden Berührungsflächen durchaus möglich erscheint), so ergibt sich eine Zugkraft von 270 t = Reibungszahl mal Anpreßdruck. Daraus ergibt sich der gesamte Anpreßdruck mit 540 t für alle 4 Bolzen, je Bolzen also 135 t. Da der Bolzenquerschnitt 2 cm^2 betrug, ergibt sich je cm^2 Bolzenquerschnitt 67,5 t oder eine Zugspannung von 67 500 kg/cm^2. Das ist rund das 16- bis 17fache der Zugspannung, die der Bolzen im Bruchfalle aufnehmen kann. Auch hier wird also die ganze Konstruktion einer Festigkeitsrechnung nicht standhalten können. Aber selbst wenn es möglich wäre, statt der vier nunmehr 16 x 4 = 64 Bolzen einzubauen, bestände immer noch die Gefahr, daß beim Eintrocknen des Holzes der Bolzen (relativ zur Höhe des Bauteils) zu lang wird und nicht mehr den erforderlichen Anpreßdruck ausüben kann. Man müßte in diesem Fall die Muttern des Bolzens nachziehen (sofern sie zugänglich und nicht eingerostet sind) oder bei Klinkbolzen nachnieten. Bei der üblichen schrägen Lasche kann ein Losekommen der Bolzen aber

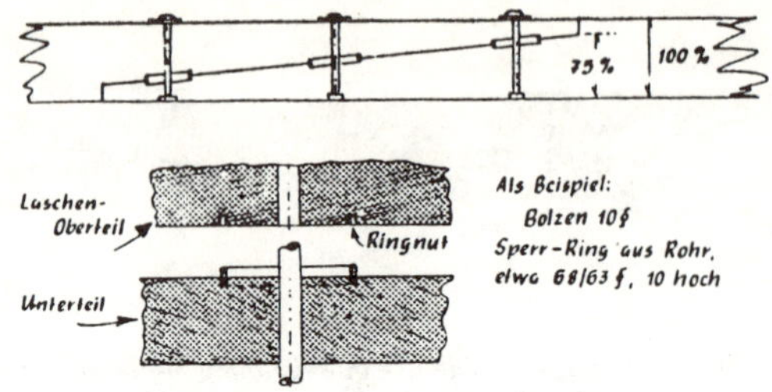

Zeichnung 38: Bolzen 10 mm Durchmesser, Sperr-Ring aus Rohr, etwa 68/63 mm, 10 mm hoch

Zeichnung 38 a: Verleimte Lasche. Auf ihrer ganzen Länge hat sie den vollen Querschnitt und daher die volle Tragkraft ohne "Verstärkungen"

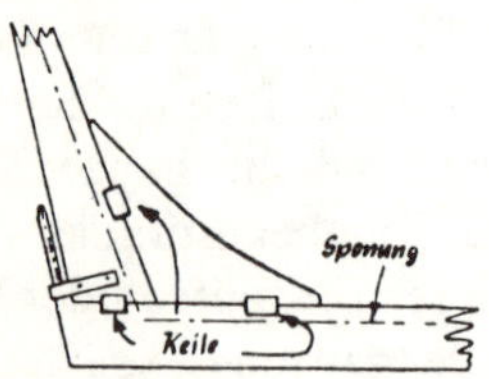

Zeichnung 39: Achtersteven eines Rettungsbootes mit Keilen an Kiel und Stevenknie

auch dadurch eintreten, daß die Lasche (etwa bereits beim Zusammenbau) etwas nachgegeben hat und gerutscht ist. Hinzu kommt noch die Verringerung des Querschnittes am Anfang und Ende der Lasche. Hierdurch verringert sich die Zugfestigkeit (wie der Querschnitt) auf etwa 75% die Biegefestigkeit auf etwa 55%, abgesehen von der Kerbwirkung.

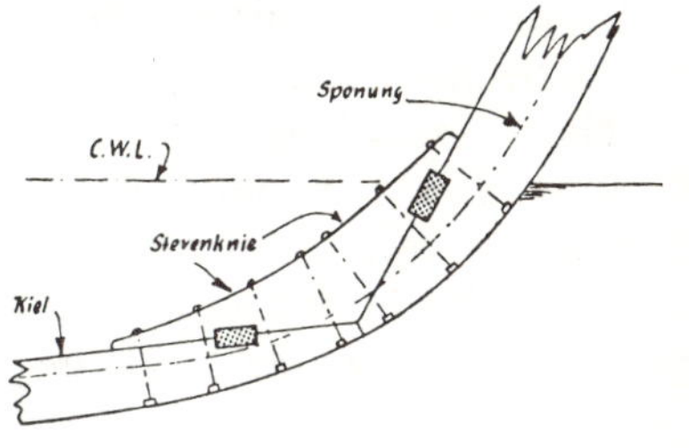

Zeichnung 40: Vorsteven mit Dübeln, Riegeln in Stevenknie und Kiel

Aber auch die Hakenlasche ist, festigkeitstechnisch betrachtet, eigentlich unmöglich. Nach Henschkes Tabelle trägt das Eichenholz auf Zug bis zum Bruch 900, auf Druck dagegen nur 540 kg/cm^2. Für Zug war der tragende Querschnitt mit 300 cm^2 angenommen worden. So müßte nunmehr die Anlagefläche des Hakens, die auf Druck belastet wird, die Größe von 270 000 kg : 540 kg/cm^2 = 500 cm^2 bekommen. Die Höhe eines solchen Hakens beträgt aber normalerweise 1/4 der Höhe des betreffenden Trägers, so daß die Anlagefläche, die den Druck übertragen soll, nur 1/4 des Trägerquerschnittes sein kann. Das sind in unserem Fall 300 : 4 = 75 cm^2. Diese müssen aber 270 t übernehmen! Dadurch ergibt sich eine Druckspannung von 270 000 kg : 75 cm^2 = 3600 kg/cm^2. Das ist wiederum das 6- bis 7fache dessen, was das Holz im Bruchfall ertragen kann (540 kg/cm^2).

Führt man den Gedanken der Reibungshaftung weiter (erhöhen der Reibungszahl), so kommt man zwangsläufig zum Verleimen. Bei wasser- und alterungsbeständigem Leim ist die Verleimung in der Tat ideal, denn nach dem Abbinden ist kein Anpreßdruck mehr notwendig, so daß die Bolzen (oder sonstigen Anpreßvorrichtungen, die für den Abbindevorgang notwendig sind) entfernt werden können. Hierbei ist das Wichtigste, daß eine richtig entworfene und durchgeführte Verleimung bis zum Bruch dasselbe trägt wie der Querschnitt des zu verleimenden Bauteiles.

Ich habe nachgewiesen, daß die üblichen auf Zug beanspruchten Verbindungen nicht im entferntesten die Belastungen zu tragen imstande sind, die der volle Querschnitt tragen kann. Man wird die Frage stellen, wie dennoch so viele hölzerne Fahrzeuge gebaut werden konnten, ohne das es zum Bruch an einer der unzureichenden Verbindungsstellen gekommen ist. Die Antwort lautet: Der volle Querschnitt ist vor und hinter den Laschen zu groß, so daß der Baustoff niemals wirklich ausgenutzt werden konnte. Wollte man einen Stringer baustoffgerecht mit den üblichen Bolzen-Laschen bauen, so müßte er ungefähr wie in Zeichnung 41 aussehen: In der Lasche ist der Querschnitt vergrößert, oder vor und hinter der Lasche (das ist im *normalen* Teil des Stringers) ist der Querschnitt gegenüber der Lasche verkleinert, und zwar um das Maß, das die Lasche als Zugverbindung schlechter war als der Stringer selbst (das

6- bis 10fache). Oder aber man muß die Lasche leimen (siehe weiter unten).

Verbindungen mit durchgehenden Bolzen. Im Prinzip wurde diese Methode bereits behandelt. Der Bolzen wird entweder auf Zug oder auf Abscheren beansprucht, und sein Querschnitt muß dementsprechend berechnet werden. Die verschiedenartigsten Bolzen sind üblich. Bei den sogenannten *Maschinenschrauben* mit Sechskant- oder Vierkantkopf ist die verhältnismäßig kleine Auflagefläche des Kopfes (oder der Mutter) auf das Holz ungünstig. Diese Fläche muß bei Holz erheblich größer sein, wenn nicht Zerstörung eintreten soll, ehe die Schraube selbst auf Zug voll

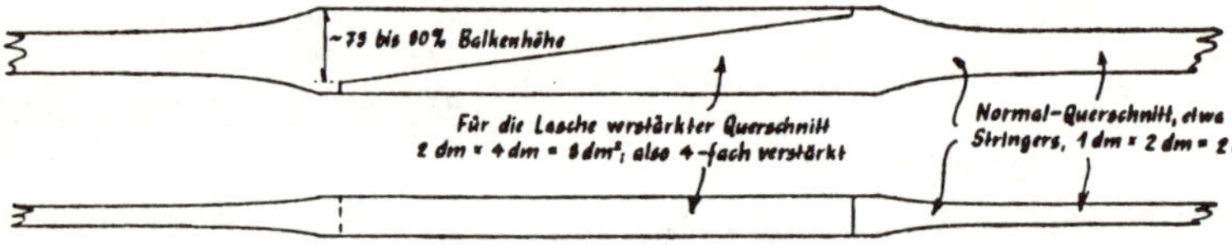

Zeichnung 41

belastet ist. Die Mutter oder der Kopf würde sich in das Holz hineindrücken. Durch entsprechende Unterlegscheiben kann man sich größere Auflageflächen schaffen. Spezial-Schrauben für den Gebrauch in Holz besitzen von sich aus größere Köpfe und damit größere Auflageflächen (zum Beispiel *Schloßschrauben).*

Normalerweise haben die Bolzen auf der einen Seite den angeschmiedeten Kopf, auf der anderen das Gewinde zum Aufschrauben der Mutter. Bei der Berechnung des tragenden Querschnitts kann nur der Kernquerschnitt eingesetzt werden.

Statt der aufgeschraubten Mutter kann aber auch der Kopf durch kaltes Ausschmieden gebildet werden. Man erhält dann einen im Holzschiffbau vielfach als Klinkbolzen bezeichnetes Niet. Hier ist der geschlagene Kopf sehr viel kleiner, und der Unterlegscheibe kommt eine noch größere Bedeutung zu.

Das Material der Bolzen ist normalerweise gut feuerverzinkter Stahl. Da das Gewinde nach dem Verzinken noch einmal nachgeschnitten werden muß, geht der Zinkschutz meistens wieder verloren. Beim galvanischen Verzinken bleibt das Gewinde gängig, weil die Zinkschicht sehr dünn ist. Deshalb schützt sie den Stahlbolzen nur sehr bedingt. Der feuerverzinkte Bolzen besitzt oft eine rauhe Oberfläche, die hinderlich ist, wenn der Bolzen in ein enges Loch eingetrieben wird. Dabei kann die Zinkhaut verletzt werden, und dann sitzt der Stahlbolzen teilweise unverzinkt im Holz, was bei feuchtem Eichenholz für den Bolzen durchaus tödlich sein kann. Daher ist man bestrebt, andere Baustoffe zu verwenden.

Bei sehr wichtigen Verbindungen nimmt man heute rostfreien Stahl. Verbreiteter sind Bolzen aus Buntmetall, insbesondere auch aus reinem Kupfer (Kupferniete bei der geklinkerten Außenhaut). Die geringere Festigkeit muß durch größere Querschnittsfläche wettgemacht werden. Lästig ist das Auftreten von elektrolytischen Angriffen auf benachbarte Stahlteile.

Die Löcher im Holz, die die Bolzen aufnehmen sollen, müssen sorgfältig gebohrt werden. Ihr Durchmesser soll so gewählt werden, daß der Bolzen mit gelinder Gewalt hineingetrieben werden kann, ohne daß das Holz spaltet oder der Bolzen durch die Schläge Schaden erleidet. Sie sollen mit einem Bohrer hoher Drehzahl und geringen Vorschubs gebohrt werden, damit eine glatte Bohrung entsteht. In einem glatten Loch kann sich der Bolzenschaft gut an das Holz *anlehnen,* während er bei einem rauhen, gewindeartigen Loch nur die Kanten berühren würde.

Hinsichtlich des erforderlichen Abstandes von Mitte Bolzen bis zum Ende des Bauteiles (längs und quer zur Faser des Holzes) sowie des Abstandes von Mitte zu Mitte Bolzen vergleiche man die Zeichnung 42.

Verbindungen mit Holzschrauben. Holzschrauben aus Stahl oder Metall sind auf 2/3 der Länge ihres Schaftes mit einem Gewinde versehen, das sich beim Einschrauben in das Holz einschneidet. Bei Weichholz ist kaum, bei Hartholz kräftiges Vorbohren erforderlich, am besten mit einem Spezialbohrer, der allerdings immer nur für eine bestimmte Holzschraube passen kann. Er bohrt für den gewindelosen Schaft ein zylindrisches Loch von etwa 85% des Schaftdurchmessers und für die Schraubenspitze ein konisches Loch von 90% der Länge der Schraubenspitze und 80 bis 20% des Schaftdurchmessers. Gegebenenfalls kann der Bohrer auch noch die Versenkung herstellen (vergl. Zeichnung 42a).

Holzschrauben mit Vierkantkopf werden meist als Schlüsselschrauben gehandelt. Üblich sind ferner Halbrund-, Senkkopf- und Linsenkopfschrauben, die alle einen Schlitz für den Schraubenzieher haben. Bekanntlich rutscht man beim Einschrauben leicht mit dem Schraubenzieher aus dem Schlitz heraus, wobei man allerlei Unheil anrichten kann. Bei den Schrauben, die statt des (durchgehenden) Schlitzes ein nicht durchgehendes, eingestanztes Kreuz haben, ist dies nicht möglich, wenn man auch den dazu passenden kreuzförmigen Schraubenzieher benutzt.

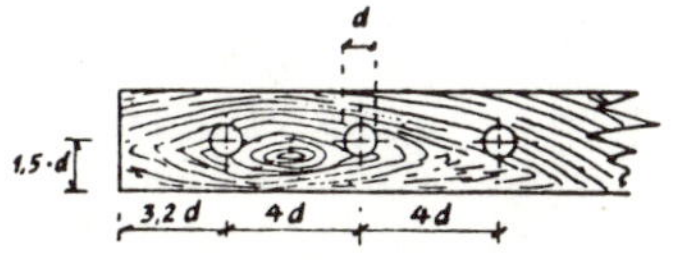

Zeichnung 42: Mindestabstand von Bolzen im Holz längs und quer und untereinander für Hartholz. Bei Weichholz soll man die Abstände noch etwas vergrößern

Der Linsenkopf weist die Vorteile der beiden übrigen Kopfformen auf und kann sowohl bei reinen Holzverbindungen als auch beim Befestigen von Beschlägen verwendet werden. Ein Teil der Werften benutzt diese Schrauben daher als *Einheitsschrauben,* was zur Vereinfachung der Lagerhaltung geführt hat.

Die Frage, was eine Holzschraube aushalten kann, ist nicht einfach zu beantworten, da die Festigkeit des Holzes und die Art, in der die Schraube hineingeschraubt wurde, eine Rolle spielt.

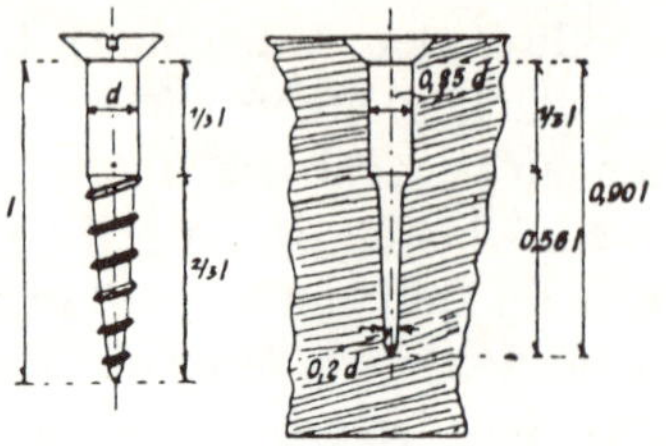

Zeichnung 42a: Eine Holzschraube und das zu ihr passende vorgebohrte Loch in Hartholz. - Spezialbohrer stellen derartige Löcher in "einem" Arbeitsgang her

Am einfachsten ist die Belastung der Schraube quer zu ihrer Längsachse zu behandeln. Einmal ist die Scherfestigkeit des Schraubenquerschnitts maßgebend. Sie läßt sich leicht aus dem verwendeten Stahl oder Buntmetall errechnen. Wichtig ist dabei, wo die Schraube brechen kann. Zeichnung 43 zeigt eine Schraube mit günstigen Eigenschaften gegen ein Abscheren. Sie hält den Fuß eines Beschlages und würde in ihrem Schaft, also im stärksten Querschnitt, abscheren. Ungünstiger ist die zweite Schraube in zwei zusammengeschraubten Holzteilen, denn ihr Abscher-Querschnitt fällt bereits in den sich verjüngenden Gewindeteil der Schraube, in dem nur der Kernquerschnitt trägt. Ferner ist das Holz maßgebend, auf das der Schraubenschaft drückt (Druckfestigkeit des betreffenden Holzes längs oder quer zur Faser) sowie die Art, in der die Schraube in dem wegrutschenden Teil (etwa in dem zu befestigenden Beschlag) gehalten wird. Ist dort die Schraube fest eingespannt, so daß sie senkrecht stehen bleibt, so ist dies günstig, denn sie kann sich auf eine größere (längere!) Fläche in ihrem Bohrloch stützen. Sitzt sie aber lose in dem oberen (wegrutschenden) Teil, so wird sie sich schräg zu stellen suchen und sich in ihrem untersten Gewindeteil vermutlich verbiegen. Unten wird sie auf Biegung und Zug beansprucht, während oben die Stützfläche im Bohrloch kleiner ist und die Schraube auch nicht mehr senkrecht auf diese Unterlage wirkt. Insgesamt handelt es sich dann um eine sehr schlechte Befestigung.

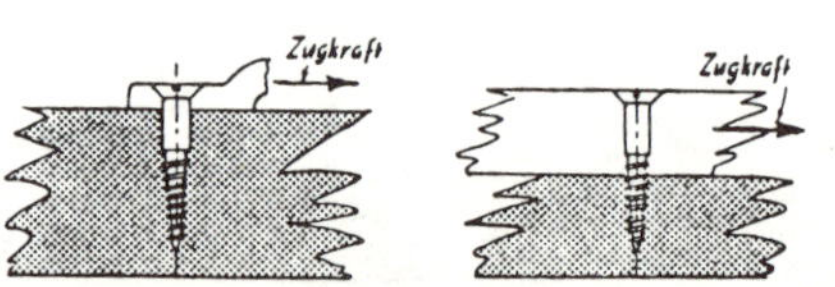

Zeichnung 43: Die Holzschraube links ist besser belastet als diejenige rechts, weil sie tiefer ins Holz faßt und der gefährdete Querschnitt ihr voller Querschnitt ist

Bei reiner Zugbeanspruchung ist die Berechnung der Haltekraft einer Schraube noch sehr viel riskanter, da sie von sehr vielen Faktoren abhängig ist, die man nicht sicher übersehen kann. Auch hier spielt das Holz eine Rolle, und man sagt, daß die Haltekraft einer Schraube mit dem Quadrat des spezifischen Gewichtes des Holzes und linear mit dem Schraubendurchmesser und der Schraubenlänge zunimmt. Der Durchmesser tritt nur in der ersten Potenz auf, weil nur der Gewindegang hält,

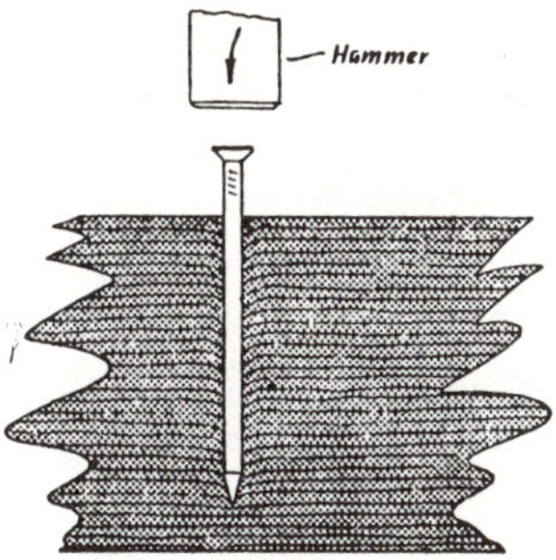

Zeichnung 44: Der Nagel hat bei seinem Abwärtsgang die Holzfasern in seine Bewegungsrichtung umgebogen

der sich in das Holz eingeschnitten hat. Er wächst mit dem Umfang. Mit der Zugfestigkeit der eigentlichen Schraube hat dies nichts zu tun. Sie wächst mit der Querschnittsfläche an. In kritischen Fällen müssen Versuche empfohlen werden, bei denen aber beim Variieren der Schraubenabmessungen auf peinliche Einhaltung der sonstigen Versuchsbedingungen geachtet werden muß.

Verbindungen durch Nägel sind im Schiffbau und Bootsbau Verbindungsglieder minderen Wertes. Ihre Haltekraft im Holz beruht nur auf der Reibung, und diese wächst oder fällt mit der Rauhigkeit der sich berührenden Oberflächen und mit dem Anpressdruck. Eine rauhe Oberfläche haben feuerverzinkte Nägel, jedoch besteht bei ihnen die Gefahr, daß der Zinküberzug beim Eintreiben des Nagels verletzt wird. Mitunter zeichnen sich am fertigen Objekt spätere Roststellen ab, die meist von derartigen Nägeln (oder auch Bolzen) herrühren. Metallnägel (Kupfer, Messing und ähnliches) sind leider an ihrem Schaft sehr glatt. Spezialnägel mit künstlich aufgerauhter Oberfläche sind sehr selten. Sie haben durch Einpressen von Vertiefungen in den Schaft eine erhöhte Rauhigkeit erhalten, oder der Vierkant, aus dem die Nägel gestaucht werden, wird spiralig gedreht. Der Anpressdruck variiert mit der Härte des Holzes und mit der Art des Vorbohrens. Hartholz, das an sich guten Anpreßdruck liefern würde, läßt das Eintreiben von Nägeln ohne Vorbohrung kaum zu, besonders bei Nägeln aus weicherem Material wie Kupfer. Wird aber vorgebohrt, so sinkt der Anpreßdruck und damit die Haltekraft des Nagels.

Hinzu kommt noch, daß bei Nägeln in Hölzern, die abwechselnd trocken und

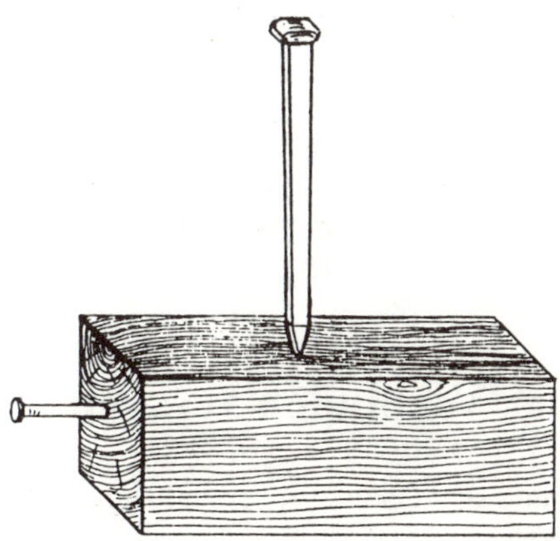

Zeichnung 45: Ein Schiffsnagel hat statt einer Spitze eine meißelartige Schneide. Diese muß "quer" zur Holzfaser aufgesetzt werden, wenn der Nagel eingetrieben werden soll. Im Hirnholz (links) hält "kein" Nagel

naß werden, der Anpreßdruck mit entsprechender Wirkung auf die Haltekraft langsam bis auf die Hälfte absinkt. Bei Spiekern, sehr großen und starken Nägeln, die im Holzschiffbau vielfach verwendet werden und die auch ohne Vorbohren eingetrieben werden können, gelten die soeben gemachten Einschränkungen jedoch nur bedingt.

Wird ein Nagel quer zur Faser in das Holz eingetrieben, so zerstört die Spitze (oder Schneide) des Nagels diejenigen Holzteile, die sie unmittelbar trifft. Anschließend setzt eine keilartige Wirkung ein, wobei die durchbohrenden Fasern in Richtung der Bewegung des Nagels umgebogen werden (vergl. Zeichnung 44). Wollte man jetzt den Nagel zurückziehen, so würden die Fasern dieser Bewegung entgegenwirken, um so mehr, je rauher die Oberfläche des Nagels ist. Sie werden mit nach oben zurückgebogen, wobei sie den Querschnitt der Öffnung verengen und damit die Haltekraft des Nagels vergrößern. Dadurch sitzt der Nagel wie in einer Mausefalle. Beim Eintrocknen des Holzes beziehungsweise beim Wechsel von trocken und naß geht aber jener innige Kontakt zwischen den abwärts gebogenen Fasern und dem Nagel verloren.

Würde der Nagel längs zur Faser in das Holz eingetrieben (das heißt in das Hirnholz hinein), so kommt es bei fast allen Holzarten nur zum Spalten des Holzes und nicht zum Schneiden und Abwärtsbiegen der abgeschnittenen Fasern mit den bekannten Erfolg, daß der Nagel sehr leicht wieder herausgezogen werden kann.

Sogenannte *Schiffsnägel* haben statt einer mehr oder minder scharfen Spitze eine Art Schneide. Man benutzt sie gern dort, wo man Sorge haben muß, daß der relativ dicke Nagel das Holz spalten könnte. Er muß dann mit seiner Schneide so angesetzt werden, daß sie quer und nicht parallel zur Holzfaser steht (Zeichnung 45).

Das Vorbohren bei Nägeln oder Spiekern vermindert dessen anfängliche Haltekraft, weil der Anpressdruck des Holzes geringer wird und die herabgebogenen, vorher durchschnittenen Fasern (mit ihrer beschriebenen Haltekraft) fehlen. Zum Ausgleich bleibt die Haltekraft dieser Nägel oder Spieker einigermaßen konstant, da beim Arbeiten des Holzes (Wechsel von naß und trocken) die herabgebogenen Fasern fehlen.

16. Das Verbinden verschiedener Bauteile mittels Leim

Während die Tischlerei seit Jahrhunderten leimt, ist der Leim im Bootsbau oder Holzschiffbau erst seit kurzer Zeit in Gebrauch. Der Grund liegt darin, daß Tischlerleim sich bei Nässe oder Feuchtigkeit wieder auflöst und wasserfeste Leime noch nicht lange bekannt sind.

Die sogenannten *Kaltleime* gelten als wasserfest. Bekannt ist der Kasein-Leim, der in der Hauptsache aus Milch-Kasein und Kalk besteht. Die Verleimung ist weniger fest als beim Tischlerleim, erreicht indessen 60 kg/cm^2 Festigkeit und ist bis zu einem gewissen Grade wasserfest. Ehe man etwas Besseres hatte, wurde er zum Beispiel beim Bau von Spieren für Segelyachten verwendet. Für Bauteile, die stets feucht bleiben, ist er unbrauchbar.

Vollwertig sind Kunstharzleime, die in den meisten Fällen kurz vor dem Gebrauch aus zwei Komponenten zusammengemischt werden. Die erste Leimart dieser Richtung war der *Kaurit-Leim*. Heute gibt es eine große Anzahl verschiedenartigster Kunstharzleime. Sie werden, wie bereits in Abschnitt 9 erwähnt, bei der Herstellung von Wasser- und kochfestem Sperrholz verwendet. Es ist aber zu bedenken, daß der Verleimungsprozeß bei der Sperrholzfabrikation durchaus andersartig ablaufen kann als beim Zusammenbau einzelner Bootsteile in einer Bootsbauerwerkstatt. Einmal kann der Anpreßdruck, besonders bei Bauteilen mit verwickelteren Formen, genau reguliert werden, was dem Bootsbauer niemals mit gleicher Genauigkeit möglich sein wird. Zweitens kann man in der Presse einer Sperrholzfabrik jede gewünschte Temperatur einhalten, die der betreffende Leim gerade benötigt. Der Bootsbauer kann dies in seiner Werkstatt keinesfalls. Er muß mit Temperaturen rechnen, die nicht wesentlich von der Außenluft-Temperatur abweichen. So benötigen wir einen Leim, der bei gelindem Frost noch ebenso gut verwendbar ist wie bei einer Wärme von 30 Grad Celsius. - Die meisten Kunstharzleime lassen sich beim Zusammenmischen der beiden Komponenten (kurz vor der Verwendung) durch Variieren auf die verschiedenen Temperaturen beziehungsweise auf die zu erwartende Härtezeit einstellen.

Ergänzend zu unserer Forderung der Wasserunlöslichkeit eines für Schiffbauzwecke geeigneten Leimes sei noch bemerkt, daß diese Bedingungen auch unter den verschiedensten klimatischen Verhältnissen eingehalten werden müssen. Die Forderung *kochfest* deutet dieses hinsichtlich hoher Temperaturen schon an. Die Forderungen *frostfest* und *wechselfest* müssen wir noch hinzufügen, wobei an einen stetigen Wechsel jener beiden extremen Temperaturen gedacht ist.

Um Verwechselungen zu vermeiden, will ich erwähnen, daß unsere Kunstharzleime, die wir hier besprechen, mit den alt bekannten *Marine-Leimen*, welche zum Ausgießen vorher kalfateter Decksnähte benutzt werden, nicht zu tun haben (vergl. Abschnitt 76).

Sehr viele chemische Werke liefern brauchbare Kunstharzleime; ihre Entwicklung ist aber noch keineswegs abgeschlossen.

Wie bereits erwähnt, variieren die Leime nach Art, Mischung und Temperatur (sowohl ihrer Eigentemperatur als auch der Temperatur des Arbeitsraumes) in der Zeit, in der sie erstarren. Diese Zeit muß man kennen, denn mindestens während dieser Zeit muß das zusammengeleimte Bauteil in Ruhe und unter der zusammenpressenden Wirkung der Spannschrauben oder sonstiger Vorrichtungen bleiben. Diese Leim-Zeit wünscht sich der Schiffbauer, wie man verstehen kann, möglichst kurz. Meines

Erachtens könnte man diese von der chemischen Seite her beliebig verkürzen.

Aber gleichzeitig würde die *Vorbereitungszeit* verkürzt werden. Hierunter verstehen wir jene Zeit, die mit dem Mischen des Leimes aus seinen beiden Komponenten beginnt, und mit dem Zeitpunkt endet, zu dem die mit dem Leim bestrichenen Bauteile zusammengelegt und zusammengepreßt werden. Vom Augenblick des Mixens an beginnt der Leim auszuhärten, langsam in einem geschlossenen Gefäß, schneller, wenn das Gefäß offen ist und die Luft Zutritt hat, und sehr schnell, wenn der Leim dünn auf die beiderseitigen Klebeflächen der Bauteile verstrichen ist und die Luft Zutritt hat. Diese Vorbereitungszeit (die *offene Zeit)* möchte der Bootsbauer gern recht lange andauern lassen.

Vorbereitungszeit und Leimzeit hängen voneinander ab; man kann die eine nicht verlängern und gleichzeitig die andere verkürzen. Vielleicht können die Chemiker der Zukunft hier etwas für uns tun. Solange werden wir uns mit einem Kompromiß und mit einer peinlich genauen Beachtung der Bedienungsvorschrift begnügen müssen.*)

Der Anpreßdruck, mit dem die zu verbindenden Teile aneinander gedrückt werden, ist erforderlich, um eine innige Berührung beider Teile herbeizuführen, das heißt alle Luft herauszutreiben, um den Leim gleichmäßig zu verteilen und ihn in alle Poren des Holzes einzupressen. Es leuchtet ein, daß der Druck an allen Stellen möglichst gleich sein soll. Anderenfalls würde man den Leim von den Stellen höheren Drucks an jene niedrigeren Druckes befördern, und die Leimschicht wäre ungleich stark, was keinesfalls erwünscht ist.

Die Stärke des Anpreßdrucks variiert mit dem Holz. Man kann ausgesprochen weiche Hölzer nicht so stark pressen wie Harthölzer. So wird für Holz von der Härte des Eichenholzes ein Druck von 10 bis 15 kg/cm^2 für europäisches Nadelholz ein Druck von 7 bis 11 kg/cm^2 empfohlen.

Diese Druckwerte sind keinesweg gering, und man muß die Mittel zu ihrer Erzeugung unter Berücksichtigung der Forderung des gleichmäßigen Druckes bedenken. Diese Gleichmäßigkeit wird durch den hydraulischen Druck garantiert, etwa dem in Abschnitt 144 erwähnten Gummisack. Dieses Verfahren eignet sich aber nur bei der Verleimung größerer Flächen. Sonst ist man auf Spannschrauben jeder Form und Größe angewiesen, auf Klammern und Keile, auf rechteckige Rahmen mit zwei Zugschrauben (vergl. Zeichnung 46) und dergleichen. Mitunter kann man kleinere Bauteile durch Holzschrauben oder Nägel miteinander verbinden, die lediglich den erforderlichen Anpreßdruck während der Leimzeit liefern sollen. Später sind sie überflüssig; trotzdem beläßt man die in den Bauteilen. Der Geschicklichkeit des Handwerkers ist es überlassen, derartige Nägel und Schrauben in der erforderlichen Zahl und an den günstigsten Stellen anzubringen.

**) Zur Erinnerung: Der Text dieses Buches wurde in den 60er Jahren verfaßt - heute sind Bootsbauleime auf dem Markt, die fast keine Wünsche mehr offen lassen (der Verlag).*

Sind die obersten (oder untersten) Lagen der zu verleimenden Hölzer dünn, so besteht die Gefahr des Durchbiegens unter dem Druck der Spannschraube oder der Holzschraube mit der Folge ungleichen Preßdruckes. In solchen Fällen müsse dicke Paßstücke unter den Druckerzeuger gelegt werden, damit der Druck auf eine größere Fläche verteilt wird.

An die mehrere Stunden dauernde Leimzeit, die zum Abbinden oder Erstarren des Klebstoffes notwendig ist, schließt sich eine Trocknungszeit an, die man dem Holz lassen sollte, ehe man es weiter verarbeitet. Das Trocknen bezieht sich dabei nicht auf den Leim, sondern auf das Holz selbst, das an den Leimstellen von Leim Feuchtigkeit aufgenommen hat. Diese Trocknungszeit dauert Tage, variiert aber sehr nach der Holzart und der Dicke der Bauteile, den die Feuchtigkeit muß durch den Bauteil bis zu dessen Oberfläche hindurchwandern, um hier verdunsten zu können. Mithin wird die Trocknungszeit bei leichten Hölzern, die große Poren haben und das Durchwandern der Feuchtigkeit erleichtern, kürzer sein, besonders wenn der Bauteil nur klein oder dünn ist. Es werden 1- bis 3 Tage genügen. Anders ist es bei Harthölzern, großer Dichte und schweren Stücken. Dort kann man, je nach den sonstigen Trocknungsbedingungen, mit einer Trocknungszeit von einer Woche rechnen. Übrigens kommt die Trocknungszeit auch der Qualität der Verleimung zugute.

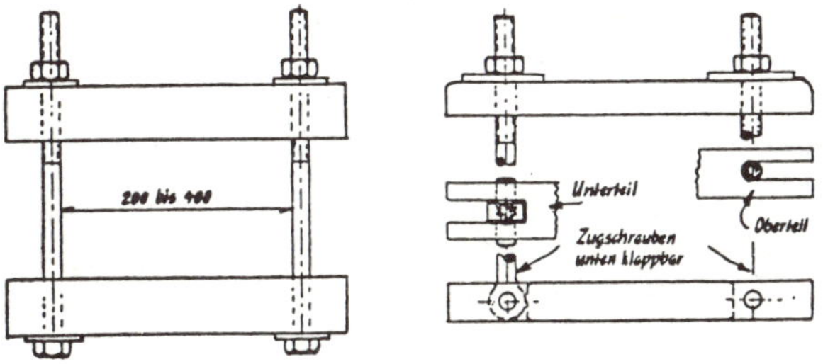

Zeichnung 46: Links hölzerne, rechts eiserne Preß-Vorrichtung zum Verleimen von Hölzern

In Abschnitt 15 wurde bereits erwähnt, daß eine gut entworfene und richtig durchgeführte Verleimung die volle Festigkeit des unverbundenen Stückes aufweist. Dieses Resultat kann nur erreicht werden, wenn folgende Dinge beachtet werden:

Zufriedenstellend können nur Hölzer miteinander verleimt werden, deren Fasern parallel oder nahezu parallel verlaufen (Zeichnung 47). Dies bedeutet, daß eine Lasche, deren Schräge wir beim Verbolzen mit 1:6 kennengelernt hatten, gar nicht flach genug entworfen werden kann, zum Beispiel 1:10 oder 1:12. Je flacher, desto besser, weil man bei schier gewachsenem Holz mehr an die parallel zur Oberfläche liegende Holzfaser herankommt, die Klebefläche größer wird und mehr halten kann.

Hirnholz kann praktisch überhaupt nicht verleimt werden. Bei manchen Hölzern, deren Hirnschnitt sehr gut geglättet werden kann, sollen unter sorgfältigster Arbeit schon Festigkeiten von 15 bis 20% des Holzquerschnittes erzielt worden sein. Für den

Zeichnung 47: Geleimte Stöße. Oben links: Zwar liegt Langholz an Langholz, aber die Hölzer sind versetzt. - Oben rechts: Langholz an Langholz hält, aber der Querschnitt ist mit Kernwirkung auf die Hälfte verringert, und die zusätzliche Hirnholz-Leimung ist nur irreführend

normalen Bootsbau rechne man aber mit 0% (Zeichnung 48).

Ähnlich schlecht verhält es sich, wenn man Hirnholz an Langholz leimen will (Zeichnung 49). Selbst wenn die Verleimung offensichtlich gut ausgefallen ist, kann sie durch das verschiedenartige Arbeiten des Holzes beim Wechsel von feucht und trocken leiden oder sich sogar lösen. An dieser Verbindungsstelle ist eine Verzapfung, Verzahnung oder ein Schwalbenschwanz angebracht.

Zeichnung 48: Eine "unmögliche!" Verleimung von Hirnholz an Hirnholz

Dem Verleimen verschiedener Holzarten steht nichts im Wege, sofern die Schrumpfmasse beim Trocknen nicht allzu stark voneinander abweicht.

Der Feuchtigkeitsgrad der beiden zu verleimenden Teile soll möglichst gleich sein und nicht mehr als 3% voneinander abweichen. Die für die Verleimung zugelassene Feuchtigkeit hat eine größeren Spielraum, etwa von 7 bis 17%, variiert aber mit der Leimtype.

Der Hergang einer Verleimung soll am Beispiel einer Lasche erläutert werden. Es wird vorausgesetzt, daß die Schräge bei beiden Teilen genau zueinander paßt und die zu verbindenden Oberflächen gut geglättet sind, so daß beim späteren Zusammenlegen kein Hohlraum zu befürchten ist. Nun ist dafür Sorge zu tragen, daß die beiden aufeinander gelegten Teile genau in ihrer Längsrichtung ausgerichtet sind und daß sie, wenn der Anpreßdruck beginnt, nicht auf ihrer Längsrichtung gleiten, das heißt auseinanderrutschen können, wie es durch die Keilwirkung

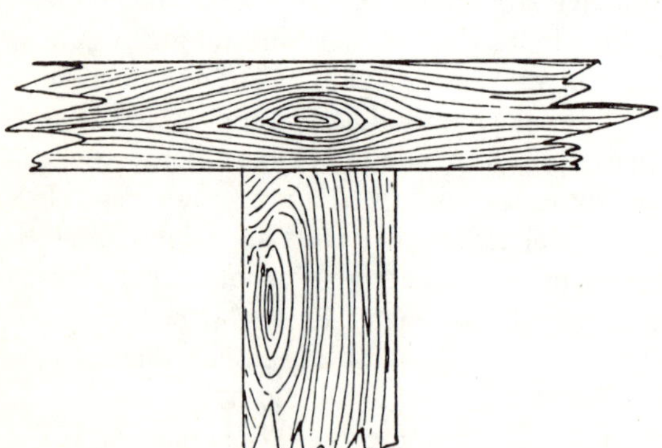

Zeichnung 49: Eine (unzulässige) Verleimung: Hirnholz an Langholz

und die Schlüpfrigkeit der Leimfläche zu erwarten ist.

Deshalb muß man beide Teile durch entsprechende Halterungen unbedingt an ihrer Längsbewegung hindern. Es würde sonst eine stark überlappende Verleimung entstehen, während andererseits eine knappe Überlappung mit Rücksicht auf die spätere Nachbearbeitung erwünscht ist (Zeichnung 50).

Sperrholzplatten müssen oftmals, wenn sie zur Beplankung oder beim Decklegen von Booten verwendet werden, zusammengelascht werden, weil sie nicht in ausreichenden Längen geliefert werden. Der Fachausdruck hierfür lautet *Schäften*, wobei von vornherein an Leimen gedacht ist. Anfangs glaubte man, eine Lasche hinter den Stoß oder die Naht legen zu müssen; aber die Stöße bleiben hierbei sichtbar, da man des Hirnholzes im Stoße nicht ganz Herr wird. Eine schräge Lasche vermeidet dies, wenn sie gut gearbeitet ist (Zeichnung 51). Wegen der geringen Stärke des Holzes soll die Schräge noch flacher verlaufen als wir es bisher erwähnt haben; empfohlen

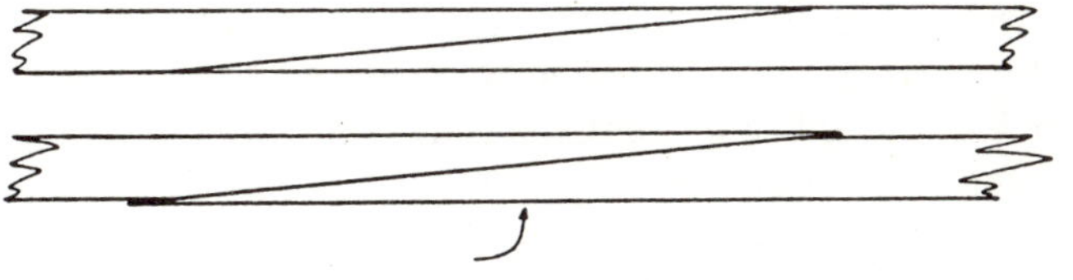

Zeichung 50: Geleimte Stöße. Legt man die Hölzer zur Verleimung derart aneinander, erhält man einen guten Stoß

wird 1:12 bis 1:16. Die Herstellung dieser Schräge ist nicht ganz einfach; für Werkstätten, die diese Arbeit häufiger auszuführen haben, empfiehlt sich die Anlage einer besonderen Fräsvorrichtung, wobei die Fräsachse (bei zylindrischem Fräser) oder die Fräskante (bei konischem Fräser) genau auf die gewünschte Schräge eingestellt werden kann.

Schwierig ist es ferner, überall gleichmäßigen Anpreßdruck zu erhalten. Die Zeichnung 52 zeigt, wie mit Hilfe eines Wasserschlauches, der mit Wasser-, Dampf- oder Luftdruck bedient wird, die ganze Lasche unter gleichmäßigen Druck gebracht werden kann. Bei Verwendung von mechanischem (statt hydraulischem) Druck wird

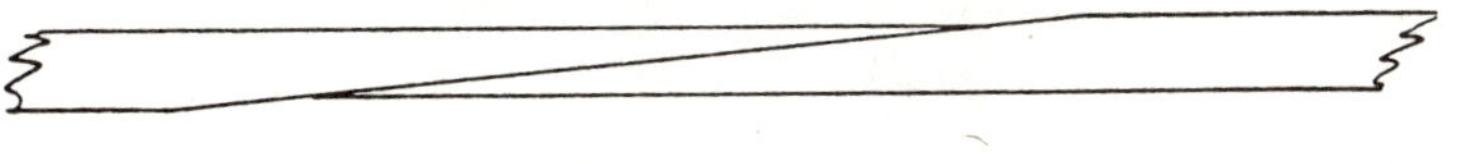

Zeichnung 50 a: Dieser Stoß überlappte beim Zusammenlegen der Hölzer zu wenig, oder die Hölzer sind durch den Anpreßdruck auseinander geschoben worden

Zeichnung 51: Eine Sperrholz-Schäftung mit Abschrägung 1:12

empfohlen, über und unter die Lasche einen Tuchstreifen zu legen.

Planken und Bohlen müssen manchmal hochkant miteinander verleimt werden, wenn größere Breiten verlangt werden, als sie der natürliche Stamm liefern kann. Oft muß eine Planke auch nur an einer Seite durch eine Leiste verbreitert werden. Auch hier genügt es, die Hölzer flach aneinander zu legen; der Gebrauch von Nut und Feder (oder Ähnlichem) ist überflüssig. Im allgemeinen wird das Problem nicht die Anordnung der zu verleimenden Hölzer zueinander, sondern die Erzeugung des Anpreßdruckes, das Festhalten der zu verleimenden Teile und dergleichen sein.

Eine schmale Leiste gegen eine Planke zu halten, wird man in der Weise vornehmen, daß die Leiste gegen eine (gerade) Wand oder dergleichen gelegt wird. Davor kommt die breite Planke, die ihrerseits mit Keilen, die sich gegen die Klampen stützen, gegen die Leiste gedrückt wird. Das Ausweichen nach oben wird durch Schraubzwingen, die unter die Werkbank fassen, verhindert (Zeichnung 53). Soll das Holz nicht naturlackiert werden, so ist die einfachste Bauweise, nach dem Leimgeben die Leiste gegen die breite Planke von der Ober- oder Unterseite her mit Abfallstücken anzunageln, eventuell auch von beiden Seiten her, weil man dann das Stück bequem beiseite stellen kann, bis der Leim fest geworden ist. Ist es soweit, werden die Holzstückchen aufgespalten und die Nägel entfernt. Ähnlich muß man auch vorgehen, wenn sehr breite Flächen erzeugt werden sollen, um ohne Verschnitt eine Reihe von Decksbalken aussägen zu können. Hier wird es aber mit zunehmender Breite des

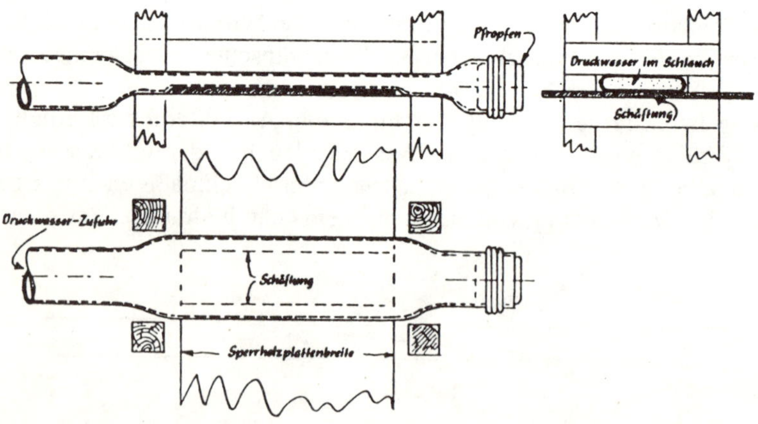

Zeichnung 52: Eine Schäftung, bei der der Anpreßdruck mit Hilfe eines Gummischlauches erzeugt wird

Werkstückes immer schwieriger, das Ausweichen nach oben zu verhindern. Übrigens dürfen derartig gewonnene Decksbalken kaum erster Qualität sein, da ihre Faser nicht längs der Balkenbucht, sondern bei Verwendung von geradem Holz gerade verlaufen wird. So erhält man einen krummen überspohnigen Bauteil. Bei geringer Balkenbucht auf größeren Fahrzeugen ist dies nebensächlich, bei kleineren Fahrzeugen mit stärkerer Balkenbucht dagegen bedenklich. Der Mangel an Krummholz verbietet das Aussägen der Balken aus Hölzern mit natürlich gewachsener Krümmung (vergl. Abschnitt 4 *Krummer Wuchs)*. Das Leimen kann uns hier vorzügliche Hilfe leisten, wenn wir den Decksbalken aus dünnen, biegsamen Lagen, die schier geschnitten sind und über einem Modell gebogen werden, zusammenleimen. Damit kommen wir zum Lamellieren.

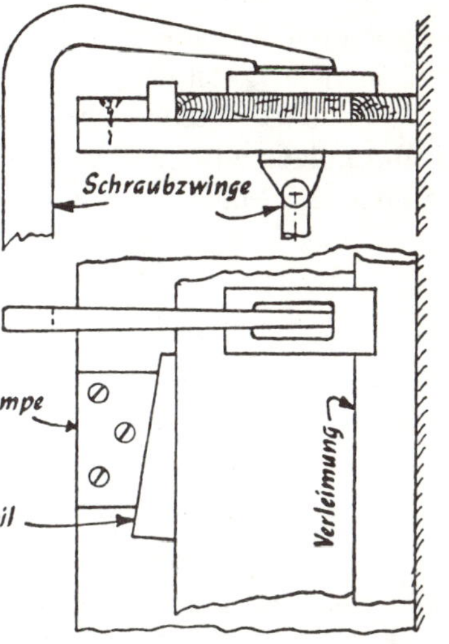

Zeichnung 53: Verleimung einer Leiste an eine Planke. Anpreßdruck durch Keile. Niederhaltung durch Schraubzwingen

17. Das Lamellieren

Eine Lamelle ist eine ganz dünne Schicht, in unserem Falle aus Holz. Die Faser läuft genau in Längsrichtung; anders ist ein so dünnes Holz kaum herstellbar. Diese Lamelle kann man über einen sehr kleinen Radius biegen. (Der Biegeradius ist ja eine Funktion der Dicke des Holzes). Wenn man eine Reihe von dünnen, gebogenen Hölzern zusammenleimt (*lamelliert*), erhält man ein starkes, gebogenes Stück, in dem die Faser genau mit der Krümmung läuft. Bei korrekter Leimung hat man das stärkste Stück Krummholz, das denkbar ist. Es ist auch stärker als ein gleich geformtes, aus gewachsenem Krummholz ausgesägtes Stück, weil es praktisch niemals möglich sein wird, ein gewachsenes Krummholz zu finden, bei dem die Faser wirklich genau mit der Krümmung verläuft und das frei von Ästen oder sonstigen Fehlern ist. Die Zeichnung 54 zeigt, um das Prinzip darzulegen, den korbbogenförmigen Decksbalken eines Kajüt-Aufbaues, der durch Lamellieren entstanden ist.

Durch Lamellieren werden wir in die Lage versetzt, kleine, mittlere und große gekrümmte Bauteile anstelle gewachsenen Krummholzes durch Verleimung selbst zusammenzubauen. Gerade bei größeren Stücken ist mit Rücksicht auf die bereits erwähnte Schwierigkeit der Krummholz-Lagerung die Möglichkeit gegeben, wirtschaftlicher und dabei technisch besser zu arbeiten. Bei der Verarbeitung gewachsenen Krummholzes wird stets sehr viel Abfall entstehen, beim Lamellieren jedoch nicht in gleichem Maße, da man den Bauteil selbst aus kleinen Einzelteilen zusammensetzt. Die einzelnen Lamellen werden aus einem größeren Stück Holz herausgeschnitten, das wegen eines Fehlers nicht in einem Stück verarbeitet werden kann und deshalb verworfen werden müßte. Beim Zerlegen in viele kleine Einzelteile kann der Fehler lokalisiert und dabei ein nur relativ kleines Abfallstück beiseite gelegt werden. In der neutralen Zone kann ohne Schaden für das Werkstück auch Holz mit kleinen Fehlern verwendet werden. - Auf der anderen Seite ergibt sich ein größerer Arbeitsaufwand, abhängig davon, bis zu welchem Maße es der Werkstatt möglich ist, für die einzelnen Arbeitsvorgänge Methoden und Vorrichtungen bereitzustellen, die das Arbeiten vereinfachen.

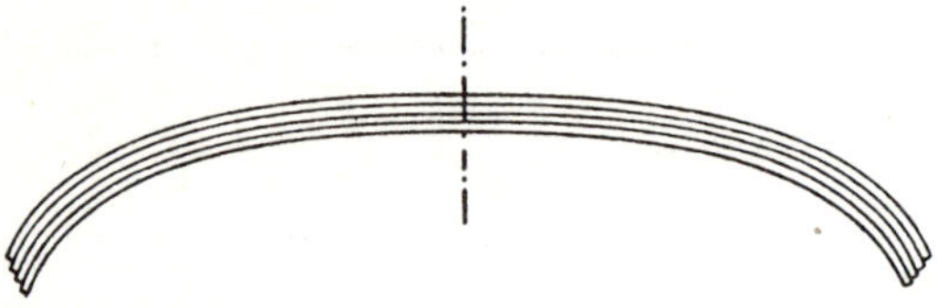

Zeichnung 54: Ein lamellierter, korbbogenförmiger Aufbau-Decksbalken

Das Holzlager kann bei Verwendung dünnerer Einzelhölzer aber noch aus folgendem Grund verkleinert werden: Die notwendigen Trocknungszeiten sind bei größeren Holzstärken sehr viel größer.

Die erzielbaren Biege-Radien kann man, je nach der Holzart, mit der 40- bis 55fachen Dicke des Holzes annehmen. Es wird aber empfohlen, nicht bis an die Grenzwerte heranzugehen. Brauchbare **Radien für Eichenholz** sind:

Dicke des Holzes in mm	4	6	8	10	14	18
Krümmungsradius in mm	28	44	61	80	122	173

Bei der Auswahl der einzelnen Hölzer, die zusammengeleimt werden sollen, ist darauf zu achten, daß stets Hölzer der gleichen Struktur aneinander gelegt werden, da radial geschnittenes Holz beim Wechsel von trocken und feucht anders arbeitet als tangential geschnittenes Holz. Da bei den Vorbereitungen vermutlich beide Holzarten anfallen, kann man die Hölzer in drei Gruppen sortieren: Radialhölzer, Tangentialhölzer und Zwischensorten. Dann wird man leicht die zueinander passenden Hölzer zum Aufbau eines Bauteiles auswählen können.

Durchaus ähnlich verhält es sich hinsichtlich der Feuchtigkeit der einzelnen Teile, die lamelliert werden sollen. Sie muß nach Möglichkeit gleich sein. Ein Feuchtigkeits-Unterschied darf nicht größer sein als 2 bis 3%. Der Grund ist einleuchtend: Werden Holzteile verschiedener Feuchtigkeit zusammengeleimt, so werden sie vom Augenblick der Verleimung an bestrebt sein, die gleiche Feuchtigkeit anzunehmen. Dabei wird der bislang trockenere Teil feuchter (und größer), der feuchtere Teil verhält sich umgekehrt. Zwischen beiden Holzteilen treten nunmehr erhebliche Kräfte auf, die eine größenmäßige Veränderung verhindern müssen. Nur die Leimschicht kann diese Kräfte aufbringen. Da sie indessen für völlig andere Zwecke gedacht war, kann ihre Klebekraft überfordert werden, so daß sie nachgibt. Man kann zu dem irrtümlichen Schluß kommen, daß der Leim oder die Verleimung nicht getaugt habe.

Als Abhilfe wird empfohlen, die zur Lamellierung bestimmten Teile längere Zeit in einem Raum unter möglichst gleichbleibenden Wärme- und Feuchtigkeitsbedingungen zu lagern. Dabei müssen die Teile bereits auf die Lamellen-Stärke zugearbeitet sein, da sie dann wesentlich schneller durchtrocknen (oder durchfeuchten). Als besonders günstig für das Lamellieren wird eine Feuchtigkeit von 10 bis 12% genannt.

An einem Beispiel soll kurz behandelt werden, wie und wo durch Lamellieren bei geringer Mehrarbeit und guter Arbeitsvorbereitung nicht nur das Holz eingespart, sondern auch Qualitätsarbeit geleistet werden kann. Nehmen wir an, es soll eine Reihe von Decksbalken aus Holz hergestellt werden. Boote und Yachten haben eine gegenüber dem Großschiffbau starke Balkenbucht, etwa 1/20 oder gar 1/10 der betreffenden Decksbreite. Bei Decksaufbauten ist diese Bucht noch viel größer, um in der Kajüte eine große lichte Höhe zu erhalten, ohne daß diese nach außen durch die Höhe des Aufbausülls zu sehr sichtbar wird. Diese Balken werden auch oft in der Form des Korbbogens ausgeführt, bei dem die stärkste Krümmung ganz außen liegt. Beim *normalen* Decksbalken liegt die stärkste Krümmung aber innen. Als Mittelweg wird (wie in unserem Beispiel) auch vielfach der Kreisbogen genommen, der viele Vorteile hat. Ferner ist es wichtig, daß alle Balken eines Bootes (oder eines Aufbaues) dieselbe Balkenbucht, also denselben Krümmungsradius, bekommen. Da die Balken verschieden lang sind (je nach der Schiffsbreite an der Einbaustelle), hat dieses Verfahren übrigens seine Folgen hinsichtlich der Sprunglinie.

Die Zeichnung 55 zeigt den fertigen Balken in seiner längsten Form, einmal lamelliert, einmal aus einem gerade gewachsenen Stück Holz geschnitten. Man beachte den Verlauf der Maserung! - Da das Lamellieren nicht unerhebliche Arbeitsvorgänge bedingt und einige Schraubzwingen oder sonstige Preßvorrichtungen notwendig werden, ist es vorteilhaft, gleichzeitig nicht einen, sondern eine ganze Reihe von Balken zu bauen. Man verfährt dann im Prinzip, wie es in Abschnitt 12 (Zeichnung 30a) beschrieben wurde: Ein breites Stück Holz wird über einem entsprechenden Modell gebogen beziehungsweise lamelliert und nach dem Setzen der Verleimung einige Tage später auf die Breite der Balken zugeschnitten. So erhält man einen Satz Balken von gleicher Länge (für die gleiche Schiffsbreite), die anschließend auf die genaue Länge angepaßt werden können. Sind keine Bretter (= Lamellen) von genügender Breite vorhanden, so werden diese vorher aus schmaleren Hölzern hochkant aneinander geleimt, um später flachkant lamelliert zu werden (Zeichnung 56).

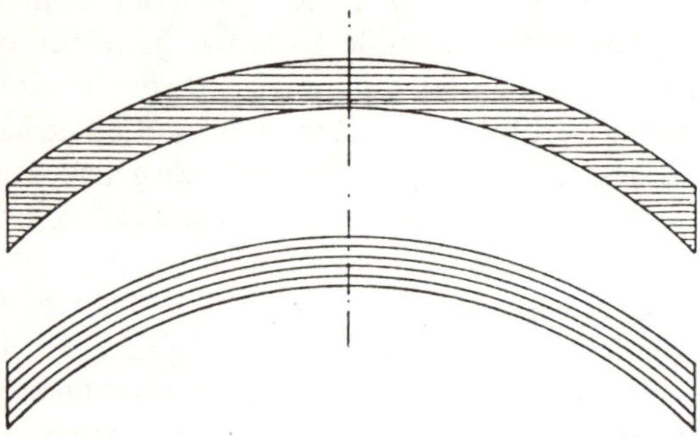

Zeichnung 55: Ein kreisförmiger Aufbau-Decksbalken. - Oben: aus schierem Holz ausgesägt. Unten: lamelliert

Die einzelnen Lamellen müssen gleiche Dicke und gut geglättete Oberflächen erhalten, wenn sie zum Verleimen (und gleichzeitigen Biegen) zum Paket zusammengelegt werden. Dabei ist darauf zu achten, daß vorhandene Hochkant-Nähte nicht genau übereinander, sondern zueinander versetzt liegen.

Mangelt es an Lamellen für die notwendige Länge, so steht nichts im Wege, Lamellenteile durch Zusammenleimen auf die erforderliche Länge zu bringen. Eine solche Lasche sieht im Prinzip wie in Zeichnung 38a aus. Solche Stöße sollen aber nur in den Mittellagen des lamellierten Bauteiles und nach Möglichkeit gut gegeneinander versetzt angeordnet sein. So läßt sich viel Holz einsparen.

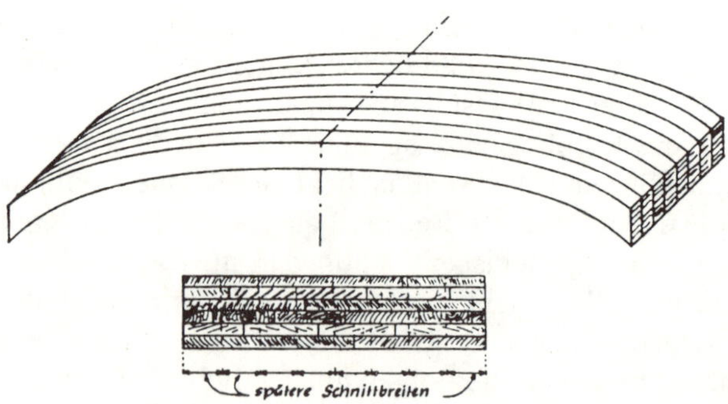

Zeichnung 56: Oben: ein korbbogenförmiges lamelliertes Stück, aus dem acht gleiche Balken geschnitten werden sollen. - Unten: das Hirnholz des Lamellen-Stückes

Es gibt viele Möglichkeiten, durch Lamellieren hochwertige Holzkonstruktionen herzustellen. Gebogene Kiele, die in stark gekrümmte Steven überlaufen, lassen sich mit Hilfe von Lamellen herstellen, als wären sie aus einem Stück gefertigt. Auch die Verbindung von Spant und Decksbalken, die im Holzschiffbau (im Gegensatz zum Stahlschiffbau) immer schwierig war, läßt sich in vorbildlicher Weise lösen. Allerdings ist für diese Arbeiten ein großer Aufwand an Hilfsmitteln gegenüber der üblichen Ausführung und viel Mehrarbeit notwendig, wenn nicht eine ganze Reihe gleichartiger Boote gebaut wird und sich daher die Bereitstellung spezieller Hilfsmittel wirklich lohnt (Zeichnung 57). Es scheint so, daß das Lamellieren von Spanten sich weiter verbreitet, und zwar bei größeren wie bei kleineren Booten, jedenfall ist z.Z. zu beobachten, daß das Lamellieren sogar auf Kosten des Vor-Biegens der Spanten an Boden gewinnt.

Hinsichtlich des Leimvorganges wird auf Abschnitt 16 verwiesen. Für uns wäre ein Leim vorteilhaft, der bei normaler Raumtemperatur trocknet oder in einer durch die Mischung steuerbaren Zeit abbindet und der gute Verleimung auch unter Anwendung von geringen Drücken liefert.

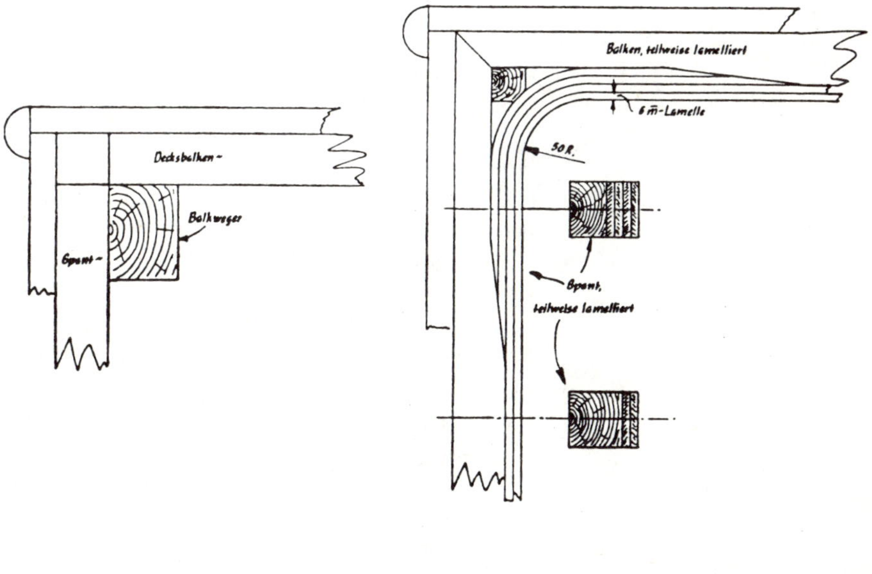

Zeichnung 57: Balken und Spant sind nach der alten Bauweise nicht miteinander verbunden, sie liegen selten in einer Spant-Ebene. - Balken und Spant liegen hier in einer Spant-Ebene. Ein lamelliertes Balken-Knie verbindet beide. Die Lamellen verlaufen nach unten oder nach Mitte Schiff. Nach diesem Vorschlag wird auch der Balkweger überflüssig, er ist zu einer Stütz-Leiste zusammengeschrumpft

18. Holzbearbeitung

Es ist bekannt, daß auch beim Holz die Bearbeitung, die dem Einbau vorangeht, mehr und mehr mit Hilfe von speziellen Werkzeugmaschinen durchgeführt wird, zum Beispiel Kreissäge, Bandsäge, Dicktenhobelmaschine, Fräse und Abrichte. Diese Maschinen können nach längerer Entwicklungszeit als *ausgereift* betrachtet werden. Wichtige Neuerungen sind kaum mehr zu erwarten. Sie haben eine gemeinsame Eigenschaft: Sie sind stationär, und das zu bearbeitende Werkstück muß zu ihnen gebracht werden.

Erst in neuer Zeit sind Geräte entstanden, die beweglich sind und vom Handwerker an das (meist größere) oder das bereits im Boot eingebaute Werkstück gebracht werden. Hier scheint die Entwicklung noch im Fluß zu sein, und wir können hoffen, daß uns die Zukunft noch weitere brauchbare Geräte beschert.*)

Viele bewegliche Geräte sind leider nicht ganz ungefährlich, wie etwa eine kleine Hand-Kreissäge oder Hand-Hobelmaschine. Harmloser sind Schleifmaschinen, Bohrmaschinen und ähnliche Geräte.

Einen Nachteil haben alle alten und neuen Holzbearbeitungsmaschinen gemeinsam: die Produktion von Staub und Spänen. Nur die stationären Maschinen können ohne Schwierigkeiten an der Absauge-Anlage angeschlossen werden, deren Betrieb aber im allgemeinen nur auf größeren Werften lohnend erscheint. Die Späne können sehr gut für Heizzwecke verwendet werden, um die Trockenkammer oder die Werkstätten zu erwärmen. Selbst für kleinste Werkstätten läßt sich eine Heizung mit Hilfe der kleinen eisernen Öfen durchführen, wenn ein Spezialeinsatz aus Stahlblech verwendet wird, der verhindert, daß sich der Ofen durch die mehr oder minder feinen Holzspäne verstopft (Zeichnung 58).

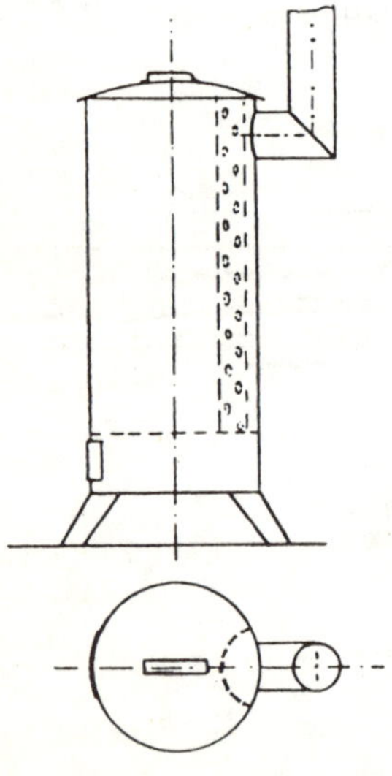

Zeichnung 58: Ein Blechofen mit Loch-Einsatz zum Verheizen von Hobelspänen

*) Heute (1990) sind zahlreiche der gewünschten Maschinen erhältlich (Der Verlag).

Kapitel B

Die verschiedenen Holzarten

19. Allgemeines

Die Entstehung, der Aufbau des Holzes und die sich daraus ergebenden Folgen sind in Abschnitt 1 behandelt. Hier werden die Ausführungen nur ergänzt.

Holz ist ein in der Natur gewachsener organischer Stoff. Da die Wachstumsbedingungen in der Natur niemals für zwei Bäume völlig gleich sind, ist Holz niemals völlig gleich. So triff man in jeder Holzart starke Unterschiede hinsichtlich des Gewichtes, des Harzgehaltes, der Festigkeit, der Beständigkeit, des Aussehens, der Struktur, der Maserung und der Färbung des Holzes. Sie sind naturbedingt. Hinzu kommen nun noch die Unterschiede, die durch unterschiedliche Fällzeiten, Lagerzeiten und Lagerarten entstehen. So kann man nicht sagen, Holz sei gleich Holz, sondern die angegebenen Werte können nur Durchschnittswerte sein.

In Abschnitt 2 und 3 wurde auf die Bedeutung des Saftgehaltes des Holzes hingewiesen. Es ergaben sich gewisse Forderungen für die Fällzeit und sonstige Behandlung des Holzes. Wenn jetzt spezielle Werte für die einzelnen Holzarten angegeben werden, so können auch diese nur Durchschnittswerte sein. Insbesondere wird bei den Gewichten erfahrungsgemäß oft der Fehler gemacht, daß bei Gewichtsrechnungen für Boote zwar das richtige spezifische der betreffenden Holzart genommen, aber vergessen wird, daß es sich dabei um das Gewicht des lufttrockenen Holzes handelt. Ein Teil des im Boot verbauten Holzes saugt sich aber, solange das Boot dauernd im Wasser schwimmt, vollständig voll Wasser und nimmt daher ein ganz andere spezifisches Gewicht an.

Nachfolgend will ich zuerst die Weichhölzer, danach die Harthölzer behandeln, und zwar zuerst die europäischen und anschließend die überseeischen Hölzer. Die Gewichte gelten für lufttrockenes Holz. - Zu den angegebenen Gewichten: Das Darrgewicht ist ein Mittelwert. Das andere Gewicht ist in den beiden Grenzwerten angegeben.

20. Tanne, Weißtanne (Abies alba)

Gewicht 0,45 bis 0,60, Darrgewicht 0,43. Harzgehalt 3 bis 8 kg/m^3. Als Gegenstück zur rötlichen Fichte wird sie oft *Weißtanne* genannt, weil der Stamm im Alter eine grau-weiße Rinde bekommt. Im bearbeiteten Zustand läßt sich das Holz nur mit dem Mikroskop von der Fichte unterscheiden, da der Hirnschnitt keine Harzgänge und der Spiegelschnitt keine Leitzellen in den Markstrahlen hat. Am lebenden Baum stehen die immergrünen Nadeln flach, sie sind breit und haben an der Unterseite zwei weiße Streifen. Die Tanne ist ein Gebirgsbaum und wird aus Österreich importiert.

Da die Krone des Baumes nicht so spitz ist wie die der Fichte, bildet sich ein weniger konisch gewachsener Stamm, der sich besser zu Nutzholz aufschneiden läßt. Das frische Holz hat eine weißlich-gelbliche Farbe, die im Alter mehr und mehr ergraut, besonders wenn Nässe Zutritt hat (Fußböden, Decks). Sie läßt sich (im Gegensatz zur Fichte) auch durch Scheuern nicht wieder aufhellen. Das weiche Holz läßt sich leicht spalten und ist in der Witterung nicht sehr dauerhaft, wohl aber dort, wo es durch Wasser von der Luft abgeschlossen wird. So wurde es sehr gern für die flachen Böden der Flußkähne verwendet, deren Seitenwände früher aus Eichenholz und später aus Stahl gebaut wurden. Es kam oft vor, daß auf einen alten Kahnboden ein neues Oberteil aufgesetzt wurde, weil der Boden aus Tanne alle anderen Bauteile überlebt hatte.

Das Holz, das bei mäßigem Schwund leicht zu bearbeiten ist, wird gern für Masten und Spieren sowie Blindhölzer und Einrichtungsteile einfacherer Art verwendet.

20a. Fichte, Rotfichte oder Rottanne (Piceae abies)

Gewicht 0,45 bis 0,60, Darrgewicht 0,43. Harzgehalt 3,5 bis 6,6 kg/m^3. Das Holz kommt meistens aus gebirgigen oder steinigen Gegenden, vor allem aus Skandinavien. Da die Äste des Baumes nur sehr langsam absterben und dann noch im abgestorbenen Zustand lange am Stamm bleiben, reichen die lebende und tote Krone des Baumes oft bis zum Erdboden herab. Daher ist das Holz im ganzen Stamm sehr ästig.

Das Holz ist dem Tannenholz recht ähnlich und auch in der Witterung dauerhaft, wenn es in der richtigen Fällzeit geschlagen oder geringelt wird. Dauerhafter ist es vor allem gegenüber der Kiefer, von der man wegen des höheren Harzgehaltes aber das Gegenteil erwarten würde. Wegen der Schwierigkeit, astfreies Holz zu erhalten, beschränkt sich die Verwendung oftmals nur auf einfachere Teile im Inneren der Boote und Schiffe. Aber auch Hauptverbandteile, ja vollständige Fahrzeuge werden, zum Beispiel in Norwegen, aus Fichtenholz erbaut. Das Holz ist dann jedoch auf besonders kärglichem und steinigem Boden in rauher Witterung gewachsen und deshalb fester und zäher als normales Fichtenholz.

Die Decks leichterer Yachten und die Decks der Aufbauten stellt man gern aus Fichtenholz her, wenn diese Decks mit Leinwand bezogen werden. Fichtenholz ist das bei uns häufigste Weichholz; der Schwund ist nur mäßig.

21. Kiefer, Föhre (Pinus sylvestris)

Gewicht 0,32 bis 0,75, Darrgewicht 0,47. Harzgehalt 18,7 bis 19,6 kg/m^3. Mäßig bis stark schwindend, leicht zu bearbeiten. Die Kiefer, vornehmlich ein Flachlandbaum, wächst auch auf sandigem Boden, auf denen sonst nur Strandhafer gedeiht. So wird die Kiefer zum Befestigen von Wanderdünen benutzt. Sie kommt vornehmlich aus Norddeutschland, Skandinavien und den Ostseeländern. Für sie gilt besonders: Je kümmerlicher die Wuchsbedingungen (Boden, Klima), um so langsamer wächst das Holz und um so wertvoller wird es.

Frei stehend, wächst der Baum zu einem weitausragenden, astigen und knorrigen Gebilde. Der Forstmann zieht ihn daher eng stehend und gleichaltrig. So sterben die Äste recht früh ab und verschwinden ganz von Stamm, während nur oben eine Krone bleibt. Das Ergebnis ist ein weit hinauf astreiner Stamm. So ist Kiefernholz das astfreieste einheimische Weichholz.

Von der Mark Brandenburg bis nach Reval wird die Kiefer von Laien fälschlicherweise als *Fichte* bezeichnet. Dies führt mitunter zu Verwirrung im Holzhandel. An der Astreinheit und den breiten Jahresringen - denn die Kiefer wächst zumeist schneller als die Fichte - kann man sie dennoch leicht erkennen. Mitunter bilden sich an den Ästen sehr harzreiche Stellen (es sind hier nicht Harznester oder Gallen gemeint), in denen das Holz rosig oder hellbraun aussieht. Diese *Kien*-Stellen kommen nur an Kiefern vor. Mancherorts wird Kiefernholz sogar ganz allgemein als *Kienholz* bezeichnet.

Beim Fällen ist Splint- und Kernholz gleichfarbig hell gelblich-rötlich. Beim Austrocknen färbt sich aber der Kern der älteren Stämme bräunlich. Nur dieses Kernholz ist wetterbeständig und dauerhaft, nicht aber der Splint, während bei Tanne und Fichte kein Unterschied vorhanden ist. Das Kernholz kann daher auch zu Schiffsbauzwekken, zum Beispiel Außenhaut und Deck, verwendet werden, Splintholz jedoch nur für untergeordnete Teile der Einrichtung, die unter allen Umständen nicht mit Wasser in Berührung kommen können. Vorsichtshalber soll man deshalb Bodenbretter nicht aus Kiefernholz anfertigen. Aus Kiefern-Splintholz würden sie sich alsbald voll Wasser saugen, gewaltig aufquellen, ein Gewicht von über 1,0 bekommen und nicht einmal während des Winterhalbjahres in einem (ungeheizten) Lagerschuppen wieder austrocknen. Man darf auch kein mit Leinwand bezogenes Deck aus Kiefer-Splintholz bauen.

Auch auf die Dauerhaftigkeit des Holzes hat der Standort des Baumes einen Einfluß. Auf feuchtem oder sumpfigem Boden wächst minderwertige Kiefer. Engringiges Holz ist nur dann fester als weitringiges (also schneller gewachsenes) Holz, wenn in den weiten Jahresringen das Frühholz (das im Frühjahr gewachsene Holz) vorherrscht.

22. Lärche (Larix decidua)

Gewicht 0,44 bis 0,85, Darrgewicht 0,54. Harzgehalt 17,4 bis 18,8 kg/m^3. Schrumpfung von Grünholz bis 15% (Luft-) Trockenheit, tangential gemessen 4,0%, radial 2,1%.

Die Lärche ist ein Nadelbaum, der seine Nadeln im Winter wie ein Laubbaum verliert. Sie liefert das wertvollste einheimische Weichholz. Die beste Lärche ist die *Berglärche* die in höheren Lagen der Alpen wächst. Mittelgebirgslärche und Flachlandlärche sind minderer Art.

Da der Baum in seiner äußern Form mehr der Fichte als der Kiefer ähnelt, muß mit zahlreichen Ästen gerechnet werden, jedoch weniger als bei der Fichte. Obgleich der Harzgehalt geringer ist als bei der Kiefer, ist die Dauerhaftigkeit des Holzes bedeutend größer, vor allem auch in der Witterung. Vielleicht trägt ein großer Terpentingehalt des Holzes dazu bei, Fäulnis- und Insektenschäden fernzuhalten. - Die Berglärche (auch Steinlärche genannt) kommt aus den Hochalpen und den Karpathen.

Splintholz minderer Lärchen ist von Fichtenholz nur schwer zu unterscheiden, Kernholz fällt aber durch seine dunklere Farbe und seinen Harzgehalt auf.

Wenngleich das Holz praktisch für alle Teile eines Bootes verwendbar ist, wird es doch hauptsächlich für die Außenbeplankung und das Deck verwandt. Für die Inneneinrichtung ist es eigentlich zu schade. Naturlackiert wirkt es ähnlich der Kiefer oder Fichte, seine besseren technischen Qualitäten kann man ihm nicht ansehen. Muß man allerdings damit rechnen, daß gewisse Einrichtungsteile mit dem Wasser in Berührung kommen (Fußbodenbalken oder Fußbodenplanken), so ist das Holz am richtigen Platz.

23. Pitchpine, Longleaf Pine (Pinus palustris)

Gewicht 0,50 bis 0,90, Darrgewicht 0,63, mäßig schwindend. Harzgehalt bis 61 kg/m^3. Schrumpfung von Grünholz bis 15% (Luft-) Trockenheit, 3,8% tangential, 2,4% radial.

Das Holz kommt aus den südöstlichen Häfen Nordamerikas und war früher so wohlfeil, daß es zum Beispiel noch in Berlin beim Bau von Wohnhäusern gut gegen Kiefernholz als Fußbodenbelag konkurrieren konnte. In neuerer Zeit ist es schwieriger zu bekommen.

Es gilt unter den Nadelhölzern als das dauerhafteste Holz, vielleicht weil es einen hohen Harz- (und auch Terpentin-) Gehalt hat. Da es in großen Längen und zudem ohne viele Äste vorkommt, ist es im Schiffbau sehr begehrt. Deck, Außenhaut - viele Holzschiffbauer schätzen Pitchpine als das beste Holz für Außenhaut-, aber auch Masten und Spieren werden oder wurden aus diesem Holz hergestellt.

Pitchpine ist in seiner Art der Lärche ähnlich, jedoch in der Maserung größer und gröber. Die Farbe ist infolge des Harzgehaltes dunkler als die der Lärche. Vielfach ähnelt es den kienigen Stellen des Kiefernholzes.

Wie bei allen überseeischen Hölzern, wird nur das gerade gewachsene Holz exportiert. Krummholz wird vermutlich auch wachsen, und es ist denkbar, daß es an Ort und Stelle zu entsprechenden Bauteilen verarbeitet wird, obgleich das Holz sehr viel leichter als Eiche spaltet.

24. Oregonpine, Douglasie, Douglastanne, Douglasfichte (Pseudotsuga menziesii)

Gewicht 0,47 bis 0,80, Darrgewicht 0,50. Harzgehalt etwa 9 kg/m^3. Schrumpfung von Grünholz bis zur 15%igen Lufttrockenheit tangential 3,1 bis 3,9%, radial 1,8 bis 2,5%, ja nach Art und Vorkommen.

Das Holz kommt von der Nordwestküste Nordamerikas. Deshalb kennen wir es als Bauholz erst seit der Inbetriebnahme des Panama-Kanals. Bismark hat es mit Erfolg im Sachsenwald angebaut. Es ist wesentlich heller und leichter als Pitchpine, aber auch nicht so dauerhaft wie dieses Holz. Deshalb sieht man es seltener bei der Außenhaut, wohl aber bei Decks und Masten und Spieren. Hierzu ermutigt auch die Tatsache, daß es wohl kein Weichholz gibt, das in so geraden, langen und astfreien Stücken auf den Markt kommt. Auch im Stahlschiffbau wird das Holz als Belag auf den Stahldecks verwandt.

25. Zypresse, echte Zypresse (Cupressus sempervirens)

Gewicht 0,60 bis 0,70, Darrgewicht 0,46, geringer Schwund, leicht zu bearbeiten. - Die echte Zypresse stammt aus dem Mittelmeer und ist sehr selten im Handel, da sie an Ort und Stelle begehrt ist. Sie ist dem Pitch- und Oregonpine ähnlich, harzarm und leichter, aber trotzdem gegen Fäulnis einigermaßen widerstandsfähig. Daher ist die dem Pitchpine überlegen und besonders für Bauteile geeignet, die zwischen Luft und Wasser liegen, oder für Boote, die abwechselnd im Wasser und an der Luft liegen, wie es oft bei bestimmten Sport- und Schiffsbeibooten vorkommt.

25 a. Scheinzypresse, Port-Oxford-cedar, Lebensbaum (Chamaecyparis lawsoniana)

Darrgewicht 0,43, Schwund mäßig. Dieses Holz von der Westküste der USA gilt als Ersatz für die echte Zypresse und hat sehr ähnliche Eigenschaften.

26. Echte Zeder, Himalaya-Zeder (Cedrus deodora)

Darrgewicht 0,46, Schwund mäßig. Ein der Lärche ähnelndes Holz, im Holzhandel in Europa nicht oder selten erhältlich.

26a. Libanonzeder, Atlaszeder (Cedrus Libani, Cedrus Atlantica)

Hier liegen ähnliche Verhältnisse vor wie bei Nummer 26.

26b. Zeder, im Bootsbau üblich, amerikanische Zeder

Gewicht o,40 bis 0,67. Wir erhalten die *weiße Zeder* aus den westlichen Staaten Nordamerikas. Das analog zu seinem Gewicht ziemlich weiche Holz läßt sich leicht bearbeiten und fällt durch Astreinheit auf. Sonst ist es dem Kiefernholz ähnlich, jedoch sehr dauerhaft. Diese Eigenschaft hat dem Holz im Bootsbau einen sehr guten Ruf verschafft.- Sehr beliebt sind auch die Hölzer aus Mittelamerika. Als eine der besten Arten gilt Tabasco-Zeder, die vorzüglich für die Außenhaut von Rennruderbooten verwendet wird. Weiterhin sind Honduras- und Cuba-Zedernholz zu nennen, das eine hellbraune Färbung hat. Bei diesen Hölzern handelt es sich wohl stets um das zedernähnliche Cedrela-Holz (Cedrela mexicana), Darrgewicht 0,44. Geringer Schwund, sauberes Bearbeiten möglich. Witterungsfest.

27. Spruce, Sitka Spruce (Picea sitchensis)

Gewicht 0,42 bis 0,55. Schrumpfung vom Grünholz bis zu 15%iger Lufttrockenheit tangential 3,8%, radial 2,2%.

Spruce, Schwarzfichte oder kanadische Fichte, wächst wahrscheinlich nur in Kanada. Da das Holz seiner Leichtigkeit wegen für den Bau von Masten, Spieren und Bootsriemen sehr begehrt ist, hat Kanada seine Monopolstellung als Lieferant dahin ausgenutzt, einen Ausfuhrzoll zu erheben. Ob dies heute noch geschieht, konnte nicht festgestellt werden.

Das Holz ähnelt etwas guter Kiefer, ist in der Farbe aber meist heller und wird in schönen, astfreien Stücken geliefert. Es ist sehr elastisch, hat gute Festigkeitseigenschaften und eignet sich für den oben erwähnten Zweck ausgezeichnet.

28. Eiche

Gewicht 0,6 bis 1,0. Schrumpfwert Grün bis 15%ig tangential 4,6%, radial 2,5%. Eiche ist das in Europa bekannteste Hartholz für den Boots- und Schiffbau. Insgesamt gibt es etwa 300 verschiedene Arten von Eichen, davon über 20 in Europa.

Auf gutem Boden mit Luft und Licht für eine breite Krone entwickeln sich breite Jahresringe mit vorherrschendem Spätholz von hoher Festigkeit und Dauerhaftigkeit. Man nennt dieses Holz *grobes Holz.* Aus geschlossenen Waldbeständen kommt das engringig gewachsene Holz, das man *mildes Holz* nennt. Bei den bisher behandelten Nadelhölzern war dies dort umgekehrt, da bei ihnen die geschlossenen Bestände ein kräftigeres Holz liefern als alleinstehende Bäume. Eichen und die meisten Hartholzbäume gedeihen besser bei freiem Stand. Es besteht dabei allerdings die Gefahr, daß sich der Baum buschartig in die Breite entwickelt. Um einen guten Stamm mit geradem Nutzholz zu erzielen, ist eine besondere Pflege erforderlich.

Eichenholz ist stark gerbsäurehaltig. Bleibt das Holz lange Zeit unter Wasser, so geht die Gerbsäure des Holzes mit den Eisensalzen des Wassers eine feste Verbindung ein, und das Holz wird allmählich tiefschwarz und steinhart.

Der Gerbsäuregehalt ist beim Boots- und Schiffbau sehr lästig, weil er den Stahl der Nägel, Schrauben und Bolzen angreift und zu sehr schnellem Korrodieren bringt. Der entstehende Rost zerfrißt wiederum das Holz, so daß dort förmliche Hohlräume entstehen, wo einmal kräftige Bolzen gesessen haben. Deshalb sollte man bei Eichenholz nur eisenfreies Material für die Verbolzung nehmen, da ja die Verzinkung beim Eintreiben oder Einschrauben verzinkter Stahlbolzen sehr leicht Schaden nimmt, den man zunächst gar nicht bemerkt, später aber am angerichteten Schaden feststellen wird. Die Empfindlichkeit des Eichenholzes gegen Eisen und Stahl kann man an folgendem Versuch studieren: Auf eine frische Schnittfläche grünen Holzes streue man einige Eisenfeilspäne. Es ergibt sich ein Bild, als hätte man Krümel von der Mine eines Kopierstiftes auf nasses Papier gestreut. Den Gerbsäuregehalt des Holzes kann man durch die in Abschnitt 3 erwähnten Entsaftungsmethoden mindern oder auch vollständig beseitigen.

Bei den bei uns üblichen Arten der Eiche unterscheiden wir vornehmlich die

Wintereiche, Schwarzeiche oder Traubeneiche (Quercus petraea), fälschlich Steineiche genannt. Die Blätter sind verhältnismäßig klein und etwas unregelmäßig gewachsen. Im Herbst werden sie gelbbraun, bleiben aber bis in das hohe Frühjahr hinein an den Zweigen, bis aus den Knospen neue Blätter kommen. Die Früchte (Eicheln) wachsen in kleinen Trauben.

Sommereiche, Stieleiche oder Weißeiche (Quercus robur). Darrgewicht 0,63. Diese hat größere, glänzende, regelmäßig geformte Blätter, die indessen kurz gestielt sind und im Herbst nach dem Welkwerden abfallen. Die Früchte dagegen sind an einem langen Stiel gewachsen.

Spitzeiche, Roteiche, Färbeiche oder Scharlacheiche (Quercus rubra), Darrgewicht 0,65, hat der Sommereiche ähnliche Blätter, die aber in der Fiederung je in einer Spitze (statt einer Rundung) auslaufen. Sie ist aus Amerika eingeführt worden und liefert ein schnellwüchsiges, relativ gerades und astreines Holz, das von Möbeltischlern und Sperrholzfabriken sehr gesucht ist. Diese Eiche ist nicht witterungsfest.

Die **Steineiche** oder immergrüne Eiche (Quercus ilex), Darrgewicht 0,85, wächst im Mittelmeergebiet und bildet eigentlich keine Bäume, sondern mehr Büsche. Die lederartigen, immergrünen Blätter haben kaum die uns geläufige Eichenblattform. Die Steineiche tritt als Lieferant von Bauholz nicht auf und ist hier nur des Namens wegen genannt worden; sie ist ebenfalls nicht witterungsfest.

Trotz der Schwierigkeiten, die das Holz uns bereitet (hohes Gewicht, Ästigkeit, vielfach krummer Wuchs, hohes Schwundmaß, Gerbsäuregehalt), gilt es bei uns als das beste und dauerhafteste einheimische Schiffbauholz. Allerdings sind bestimmte Bootsteile denkbar, die besser aus anderem einheimischen Holz hergestellt werden könnten wie zum Beispiel die Außenhaut aus Lärche.

Hinsichtlich der gerühmten Dauerhaftigkeit des Eichenholzes ist folgendes zu beachten: Der Splint ist vollkommen unbrauchbar; er muß vollständig entfernt werden. Bei frisch geschnittenem Holz ist er durch seine hellere, mehr ins Graue spielende Farbe gegenüber dem dunkleren und mehr gelblich-bräunlich gefärbtem Kernholz leicht zu erkennen. Bei älterem Schnittholz vermindern sich die Farbunterschiede. Bestreicht man eine frische Hobelfläche mit chromsaurem Kalium, so wird der Splint heller, das Kernholz dunkler und wieder klar erkennbar. Ferner muß gesagt werden, daß Eiche, je nach dem Standort des Baumes, den allerdings der Holzkäufer im allgemeinen nicht kennen wird, sehr unterschiedliche Qualität haben kann. Eiche aus sumpfigem Gebiet gilt als wenig dauerhaft.

Eine gute Fällzeit soll der Stamm später dadurch anzeigen, daß sich seine Rinde sehr schwer vom Stamm lösen läßt.

Bei Schnittholz kann man die besten Planken (Radialschnitt) durch die markanten Spiegel (kleine, blanke Flächen im Holz) erkennen (vergl. Abschnitt 9).

29. Buche, Rotbuche (Fagus sylvatica)

Gewicht o,60 bis 0,79, Darrgewicht 0,64. Schrumpfwert von Grünholz bis 15%iger Trockenheit 5,5% tangential, 2,6% radial.

Die Buche stellt 17% des deutschen Waldbestandes (Eiche nur 4,2%) und 40% (Eiche 13%) des deutschen Laubholzes dar. Hieraus erkennt man die wirtschaftliche Bedeutung dieses wohlfeilen Hartholzes.

Im eigentlichen Schiffbau ist es unter der Bedingung verwendbar, daß das Holz ununterbrochen unter Wasser bleibt. Dann gilt es als unverwüstlich. So waren zum Beispiel die bekannten Hamburger Lotsenschoner unter Wasser mit Buche beplankt. Sie wurden zu Besichtigungszwecken nur in Abständen von sieben Jahren an Land genommen und dann so schnell wie möglich wieder zu Wasser gelassen.

Für die Inneneinrichtung und für den Bau einfacherer Möbel eignet sich Buchenholz vorzüglich. Die Möbel sind fester und dauerhafter (Oberflächenhärte!) als solche aus Kiefernholz. Gedämpft läßt sich das Holz sehr gut biegen. Daher wird es für Schälfurniere beziehungsweise die Herstellung von Sperrholzplatten mit Erfolg verwandt.

Wegen der hohen Schrumpfwerte - die durch den hohen Wassergehalt des grünen Holzes (über 45%!) bedingt sind - muß das Lagern und Trocknen sehr vorsichtig geschehen. Ich erinnere an die Verwendung der S-förmigen Klammern. Abhilfe: Ringeln oder 6- bis 8-wöchiges Flößen. Das geflößte Holz trocknet schneller als das ungeflößte, so daß ein Zeitverlust gar nicht eintritt.

30. Esche (Fraxinus excelsior)

Gewicht 0,58 bis 0,94, Darrgewicht 0,62. Schrumpfwert von Grünholz bis zur 15%igen Trockenheit tangential 3,9%, radial 2,3%.

Das Holz kommt aus Europa, aber auch aus Asien und Amerika. Es ähnelt in seiner Maserung sehr dem Eichenholz, seine Farbe ist aber wärmer, das heißt anstatt gelb mehr rosa. Die Festigkeit des Holzes entspricht etwa derjenigen der Eiche. Da es schier gewachsen ist, läßt es sich besser bearbeiten. Sein Hauptvorzug ist seine Zähigkeit und Elastizität. Will man Bootsriemen herstellen, die stark federn, so ist Eschenholz am Platz. Der Bootsbauer verwendet es gerne beim Bau eingebogener Spanten, da er sie aus Esche leicht und ohne Bruch biegen kann, in vielen Fällen sogar ohne vorheriges Dämpfen. Hiervon muß aber dringend gewarnt werden, denn das Holz wird sehr leicht ein Opfer der Fäulnis. Typisch sind eichen-geklinkerte Boote mit eingebogenen Eschenspanten, bei denen diese, in der Bilge oder neben der Remmleiste beginnend, bald weggefault und oft bereits durch einen zweiten Satz Spanten (nun aber auch Eichenholz) ersetzt worden sind. Trotzdem hat man auch ganze Boote aus Eschenholz gebaut.

Ohne Bedenken gebrauchen kann das Holz für Belegklampen, Scheuerleisten oder Teile, die dauernd unter Kontrolle und in sauberem Zustand (gescheuert) gehalten oder unter allen Umständen vor dauernder Berührung mit Wasser geschützt werden (Beispiel: Flaggenstock).

31. Ulme oder Rüster (Ulmus campestris)

Gewicht 0,60 bis 0,90, Darrgewicht 0,64. Schrumpfwert von Grünholz bis zu 15%iger Trockenheit tangential 4,4%, radial 2,3%.

Wie baknnt, ist die Ulme in Europa durch die sogenannte *Ulmenkrankheit* fast völlig ausgerottet. Daher ist sie selten erhältlich.

Das Holz ähnelt hinsichtlich der Maserung durchaus dem Eichenholz, die Farbe ist etwas heller. In der Verwendung ist die Ulme der Eiche ebenbürtig, sofern man den Wechsel von naß und trocken vermeiden kann. Ganz unter Wasser liegende Teile bleiben sehr dauerhaft.

32. Echtes Mahagoni (Swietenia Macrophylla)

Gewicht nach den Arten sehr verschieden, etwa 0,50 bis 1,00, Darrgewicht 0,49. Schrumpfwert von Grünholz bis zu 15%iger Trockenheit tangential 2,4%, radial 1,8%.

Von Mahagoniholz zu berichten ist deshalb recht schwierig, weil es sehr viele und sehr unterschiedliche Arten dieses Holzes gibt und in jedem Jahr neue Holzarten im Holzhandel auftauchen, die dem Aussehen von Mahagoni sehr ähnlich sind. Die Möbelfabriken, die als Käufer derartiger Hölzer auftreten, haben es bei ihrer Wahl leichter, denn sie verwenden das Holz meist nur als Furniere. Dann sind die technischen Eigenschaften nicht so wichtig wie das Äußere, die Farbe und die Maserung des Holzes.

In dieser Aufstellung soll aus der Fülle von über hundert Hölzern, die zur Zeit unter der Bezeichnung *Mahagoni* gehandelt werden, nur das seit längerem bekannte Holz behandelt werden, also das *echte* Mahagoniholz. Die echten Arten gehören alle der Pflanzengattung Swietenia an.

Ursprünglich kam das Mahagoniholz aus Westindien. Es wurde bald so beliebt, daß man auch an anderen Orten und Erdteilen nach diesem Holz suchte und es auch fand. Schließlich ging man mit Erfolg dazu über, die "echten" westindischen Arten in Afrika und Indien anzupflanzen, so daß heute echtes Mahagoniholz auch aus anderen Gegenden als Westindien kommen kann. Daneben gibt es dann die unechten afrikanischen Arten.

Honduras, ein Staat an der Nordküste Südamerikas, und Tabasco, ein Staat in Mexico, gaben ihre Namen für die Mahagonihölzer. Das Holz wächst in sumpfigem Gelände und heiß-feuchtem Klima. Das Fällen und der Transport sind sehr schwere Arbeiten, die sich auch auf die Holzpreise auswirken.

Im Bootsbau ist **Tabasco**-Mahagoni (Gewicht 0,6 bis 0,9) besonders beliebt, da es ein sehr dicht gewachsenes Holz von großer Festigkeit und Dauerhaftigkeit ist. Frisch geschnitten hat es eine hellere oder dunklere rötliche Farbe. Im Laufe der Zeit wird es immer dunkler und schöner.

Das **Honduras**-Mahagoni ist im Gewicht und im Aussehen unterschiedlich. Außer einer Art, die dem Tabasco ähnelt (mit einem Gewicht von etwa 0,81), gibt es eine hellere und leichtere Art (Gewicht ca. 0,56).

Sapeli-Mahagoni, auch Sapelli (Entandrophragma cylindricum), stammt aus dem tropischen West-Afrika. Mit 0,8 bis 1,0 ist sein Gewicht recht hoch (Darrgewicht 0,59). Gegenüber den bisher genannten Arten fällt es durch lebhafte Maserung auf, die manchmal an Flammen erinnert. Aus diesem Grunde wird das Holz auch gern beim Innenausbau der Schiffe verwandt.

Grandbassam-Mahagoni, Khaya (Khaya ivorensis), ebenfalls aus dem westlichen Äquatorial-Afrika, ist etwas leichter: 0,60 bis 0,75, Darrgewicht 0,45.

Alle diese Hölzer besitzen mehrere Eigenschaften, die den Bootsbauer interessieren: Außer der schönen Färbung und Maserung ist das Holz feinporig gewachsen, sehr fest und dauerhaft, besonders die schweren Holzarten. Weiter hat das Holz von allen bislang behandelten oder bekannten Hölzern den geringsten Schrumpfwert und wird in diesem Punkt nur von Teakholz übertroffen. So lassen sich schöne, feste und dichtbleibende Boote von großer Lebensdauer herstellen.

Hinzu kommt noch ein Punkt, der die Bauvorschriften der Klassifikations-Gesellschaften, zum Beispiel des Germanischen Lloyds, betrifft. Die Materialstärken des GL basieren auf Eichenholz. Bei Verwendung leichterer Hölzer müssen die Stärken der Bauteile vergrößert werden. Mahagoni mit einem Mindestgewicht von 0,56 braucht aber nicht verstärkt zu werden! Offenbar muß das Holz bei der Klassifikationsgesellschaft einen sehr guten Ruf haben. Daher kommt es, daß man eine klassifizierte Yacht bauen kann, die etwa nur 65% des Gewichtes einer aus Eichenholz gebauten Yacht besitzt. - So ist es zu verstehen, daß Werften, die Klassenyachten bauen wollen, um Mahagoniholz mit einem Gewicht zwischen 0,56 und 0,57 sehr bemüht sind.

33. Okumé, Gabunholz (Aucoumea klaineana)

Das Okumé oder Gabunholz ist keinesfalls Mahagoniholz. Da es aber häufig im Zusammenhang mit Mahagoniholz genannt wird - in irreführender Weise wird es auch als *afrikanisches Mahagoni* bezeichnet -, soll es an dieser Stelle erwähnt werden. Sein Gewicht von 0,40 bis 0,60 (Darrgewicht 0,41) deutet bereits an, daß es sich um ein leichtes, weniger festes Holz handelt. Es ist ebenfalls recht dicht gewachsen, besitzt aber eine etwa schwammige Struktur. So bilden sich beim Sägen kaum Späne, sondern es entsteht ein filziges Gebilde. Die Glättung der Oberfläche ist deshalb trotz der Weichheit schwierig, weil das Holz *wimmerig* gewachsen ist, eine Eigenschaft, die es mit vielen echten Mahagonisorten gemein hat. Das Holz ist dabei in parallelen Streifen schräg gewachsen, so daß in einem Streifen das Hobeleisen in der einen Richtung, im Nachbarstreifen aber in der Gegenrichtung und so abwechselnd fort durch die ganze Plankenbreite wirken müßte. Die Entstehungsursache ist Wechseldrehwuchs. Das Holz ist - abgesehen vom soeben Erwähnten - leicht zu bearbeiten, mäßig schwindend und nicht witterungsfest.

Die Farbe des Holzes ist rosa-gelblich. Bekannt wurde es durch Schälfurniere und Zusammenleimen zu Sperrholzplatten, wofür es sich offenbar eignet. Im Bootsbau findet das Holz bei kleineren oder leichteren Booten Verwendung für die Außenhaut und das Deck. Diese Boote bleiben oft naturlackiert. Mitunter wird durch dunkle Beize versucht, das Holz zu *mahagonisieren;* vor diesem Verfahren muß jedoch gewarnt werden.

34. Teakholz auch Burma-, Rangoon-, Lava- und Siam-Teak (Tectona granchis)

Gewicht 0,80 bis 0,96, Darrgewicht 0,64. Schrumpfwert vom Grünholz bis zur 15%igen Trockenheit tangential 1,2%, radial ebenfalls 1,2%.

Das echte Teakholz kommt aus Ostindien, besonders Burma, und wird vielfach nach den Verschiffungsorten Rangoon oder Moulmein benannt. Aber auch einige niederländisch-indische Inseln (Java, Celebes, Sumatra) liefern Teakholz. Auf Sumatra wird das dort nicht heimische Holz angepflanzt.

Das Holz ist im allgemeinen dunkelbraun. Oftmals ist die Schnittfläche hell und wird in kurzer Zeit an der Luft dunkel. Java-Teak hat eine mehr graue Farbe; an ihm sind die für Teakholz typischen Kalkausscheidungen an den Poren besonders stark und gut sichtbar. Diese Kalkausscheidungen an den Zellwänden lassen die bearbeitenden Werkzeuge sehr schnell stumpf werden. Das Holz ist fest, etwas spröde und läßt sich nicht oder nur sehr schwer biegen und verleimen (Spezialleim erforderlich!).

Es sind mehrere Eigenschaften, die Teakholz - trotz des hohen Gewichtes und des hohen Preises - zum besten aller bekannten Schiffbauhölzer stempeln. Einmal hat es den kleinsten Schrumpfwert aller sonst bekannten Bootsbauhölzer. Dann ist es in hohem Grade fäulnisfest und zudem fest gegen tierische Holzschädlinge wie auch die Bohrmuschel (terero navalis). Schließlich verträgt es sich auch mit unverzinktem Stahl und Eisen. Es schützt sogar eingeschlagene rostige Nägel vor weiterem Rost.

Dies sind wichtige Eigenschaften. Die Widerstandkraft gegen Fäulnis schließt auch die Festigkeit gegen Verwitterung ein. So verdirbt roh gelassenes Teakholz nicht einmal in seinem Äußeren, wenn es dem Wetter ausgesetzt wird. Deshalb ist es für Aufbauten, Oberlichter oder ähnliche Teile der geeignete Baustoff, besonders aber auch für Decks, die ohne Farb- oder Lackanstrich bleiben sollen. Diese rohen Decks bieten durch ihre Rutschfestigkeit einen sicheren Halt für den Fuß auch bei Nässe und Schuhen mit Gummisohlen. In naturlackiertem Zustand bietet das Holz einen erfreulichen Anblick.

Beim Einkauf von Stämmen oder Blöcken muß mit der Möglichkeit gerechnet werden, irgendwo im Inneren des Stammes eine Art versteinerter Galle vorzufinden. So wie sich bei den Koniferen mitunter eine Harzgalle bildet, kommt es bei Teakholz manchmal zur Anhäufung der erwähnten kalkartigen Ausscheidungen und es bilden sich Gebilde bis zur Größe einer Faust, die eine ähnliche Struktur wie Kalkstein besitzen. Die normale Gattersäge versagt dann, und das Sägeblatt ist verloren. Deshalb ist bei Teakholz der Preis von Schnittware ungleich höher als der Preis für Stammware. - Man beachte: Yang-Teak, Angelique Kokrodua (= Gold-Teak), Yemane, Iroko (= Kambala-Teak) sind kein Teakholz!

35. Kambalaholz, afrikanische Buscheiche, Bang, Iroko, aber auch (irreführend) Kambala-Teak genannt (Chlorophora excelsa)

Bei diesem in neuerer Zeit entdeckten Holz handelt es sich um Teakholz-Ersatz. Von den angeführten Eigenschaften des Teakholzes hat das Kambalaholz mit diesem nur die schöne braune Färbung und eine gute Witterungsbeständigkeit gemeinsam. So wird es gern bei Aufbauten und auch zur Außenhaut von Yachten anstelle des Mahagoni- oder auch des Teakholzes benutzt. Es liegt im Preis wesentlich günstiger als Teakholz. Das Darrgewicht liegt bei 0,63, der Schwund ist mäßig. Nicht alle Anstriche haften auf Kambala.

36. Balsaholz (Ochroma lagopus)

Gewicht des Grünholzes 0,35, bei 15% Trockenheit 0,17, Darrgewicht 0,12.

Dieses Holz ist durch sein sehr geringes Gewicht bekannt, das etwa 10 bis 15% unter dem von Kork liegt. Wir finden es daher als Korkersatz bei Rettungsgeräten, jedoch hat man auch leinenbezogene Decks von Booten aus Blasaholz gebaut.

Wie man vermuten kann, entspricht dem geringen Gewicht auch eine geringe Festigkeit. Noch ungünstiger ist, daß das Holz stark gegen Fäulnis anfällig ist. So muß man es unmittelbar nach dem Fällen (in Ecuador) aufschneiden und trocknen, da der grüne Stamm im Wald nach wenigen Wochen verfault wäre. Dem geringen Gewicht entspricht auch das schnelle Wachstum: In 7 Jahren erreicht ein Stamm bei 80 cm Durchmesser 20 m Länge.

Das Holz kann nur maschinell gehobelt werden. Nageln und Schrauben ist nicht möglich, wohl aber Leimen. Das trockene Holz muß gegen Fäulnis und (bei Rettungsgeräten) gegen Wasseraufnahme mit Paraffin imprägniert werden. Der Schwund ist gering, bei Bearbeitung müssen die Werkzeuge sehr scharf sein. Als Isolations-Stoff gegen Wärme und Schall ist Balsaholz brauchbar.

36 a. Makoré, afrikanischer Birnbaum (Dumoria heckelii)

Das Holz stammt von der Guineaküste und wird oft als Mahagoniart angesprochen. Es ist schwer (Darrgewicht 0,62), sehr fest und dauerhaft bei mäßigem Schwund. Außer beim Möbel- und Innenausbau wird es jetzt im Bootsbau verwandt; ob auch zur Beplankung, ist nicht bekannt. Der bei der Bearbeitung entstehende Schleifstaub ist sehr unangenehm.

36 b. Afzelia, Doussie (Afzelia bipindensis)

Darrgewicht 0,70. Ein starkes, witterungsbeständiges Holz mit geringem Schwund. Es stammt ebenfalls von der Guineaküste und hat braune Farbe.

36 c. Robinie, bei uns fälschlich Akazie genannt, Locust (Robinia pseudoacacia)

Darrgewicht 0,70, mäßig schwindend und witterungsbeständig. Das auch bei uns wachsende Holz der *Akazie* ist bekannt durch seine grünlich-gelbe Farbe und seine guten Festigkeitseigenschaften. Durch seine Zähigkeit ist es der Eiche überlegen und wird für Spanten, Steven und dergleichen verwandt. Auch für die Beplankung könnte es geeignet sein.

36 d. Alerce (Fitzroya cupressoides)

Darrgewicht 0,37. Ein zypressenähnliches Holz aus Chile, witterungsfest und gering schwindend.

36 e. Brasilkiefer, Parana pine (Auracaria angustifolia)

Darrgewicht 0,50. Ein nicht witterungsbeständiges Holz mit mäßigem Schwund.

36 f. Agba, Weißes Tola, Goldkiefer (Goßweilerodendron balsamiferum)

Ein Holz aus Westafrika mit einem Darrgewicht von 0,46, mäßigem Schwund und Witterungsbeständigkeit. Es ist gut zu bearbeiten.

36 g. Limba (Terminalia superba)

Es ist ebenfalls ein Holz der Guineaküste. Darrgewicht 0,52, mäßig schwindendes, leicht zu bearbeitendes Holz ohne Witterungsbeständigkeit. Es ist in den letzten Jahren als Schälholz für die Sperrholzfabrikation hervorgetreten und im Möbel- und Innenausbau häufig zu finden. Die Farbe ist gelb bis olivgrün mit feiner, interessanter Maserung.

36 h. Andiroba, yandiroba, bastard mahagoni (Carapa guianensis)

Ein Holz aus dem tropischen Süd- und Mittelamerika. Darrgewicht 0,57, mäßig schwindend und mäßig witterungsbeständig. Das Kernholz ist braun und leicht zu bearbeiten.

36 i. Philippinen-Mahagoni red lauan (Shorea polyserma)

Darrgewicht 0,46, mäßig schwindend und mäßig witterungsfest; mäßig hart, trotz des Wechseldrehwuchses gut zu bearbeiten. Kernholz rotbraun. Dieses Holz ist in den USA ein sehr häufig verwandtes Außenhaut-Holz; bei uns ist es wenig bekannt.

36 k. Weißes Mahagoni, Prima vera (Tabebuia donnellsmithii)

Ein zentralamerikanisches Holz von 0,45 Darrgewicht, mäßig in Schwund und Witterungsbeständigkeit. Im Kernholz blaßgelb bis bräunlich-gelb. Es trocknet schnell und läßt sich gut bearbeiten. Bei uns wird es zur Zeit kaum verwandt.

35 l. Pockholz, Franzosenholz (Guaiacum officinale)

Es kommt aus Mittelamerika und ist eines der schwersten und härtesten Hölzer. Darrgewicht 1,20, mäßig schwindend, witterungsfest. Wachsartige, wasserabweisende Oberfläche von sehr dunkler Farbe. Es wird für Blockscheiben, Wellenlager und Kauschen verwandt.

Kapitel C

Weitere Baustoffe im Bootsbau

Stahl - Leichtmetall - Kunststoff

37. Allgemeines -Stahl im Vergleich mit Holz -Nieten - Schweißen

Wenn man die Frage stellt, aus welchem Grunde man im Yachtbau neben Holz den Baustoff Stahl verwendet, prüft man am besten die Gründe, weshalb der Schiffbau, also der Bau von größeren und kleineren Binnen- und Seeschiffen, von wenigen Ausnahmen abgesehen, das Holz als Baustoff verlassen und sich dem Stahl zugewendet hat.

Im Schiffbau hat sich Stahl hinsichtlich der Festigkeit, Dauerhaftigkeit und des Gewichtes insbesondere beim Bau größerer Schiffe als überlegen gezeigt. Die heute im Seeschiffbau üblichen Schiffsgrößen hätte man aus Holz überhaupt nicht herstellen können; die Festigkeitswerte des Holzes reichten nicht aus. Besonders an den Verbindungsstellen der einzelnen Bauteile hätte es unüberwindliche Schwierigkeiten gegeben. In Abschnitt 15 wurden die Schwierigkeiten dargelegt, die sich beim Verbinden einzelner hölzener Bauteile zwangsläufig ergeben. Wir haben gesehen, daß die Verbindungsstelle nur einen Bruchteil der Kräfte übertragen kann, die das zu verbindende einzelne Stück zu übertragen hat. Stahl dagegen kann man durch Vernietung mit 80- bis 90%iger Festigkeit miteinander verbinden. Beim Schweißen kann man sogar 100%ige Verbindungen herstellen. Große Schiffe aus Holz würden weiterhin sehr viel schwerer werden als die entsprechenden stählernen Schiffe. Wahrscheinlich würde unsere Erde aber gar nicht die erforderlichen Holzmengen erzeugen können, die zum Bau der heute vorhandenen Flotten erforderlich wären.

Im Bootsbau liegen die Verhältnisse in vielen Punkten ähnlich, in anderen jedoch gegensätzlich. Als erstes ist die Frage des Gewichtes zu behandeln. Wir wollen dabei davon ausgehen, daß Stahl etwas zehnmal so schwer ist wie Holz. Soll das Stahlboot nur dasselbe Gewicht wie das Holzboot erhalten, so darf zum Beispiel die Außenhaut nur 1/10 der Dicke der hölzernen Außenhaut haben. Bei einem 8 m langen Boot sind das rund 20 mm Holz oder 2 mm Stahl. Es zeigt sich nun, daß bei dem Stahlboot die Gesamtfestigkeit des Bootskörpers, wenn man sich diesen auf Biegung beansprucht denkt, größer ist als derjenige des Holzbootes, nicht aber die sogenannte *örtliche Festigkeit.* Oder anders ausgedrückt: Wenn das Stahlboot in hoher mitlaufender See schwimmt, das Vor- und Achterschiff auf einem steifen Wellenberg, das Mittelschiff aber in einem tiefen Wellental liegt, wird der Bootsrumpf der auftretenden Biegebeanspruchung sehr gut gewachsen sein, besser jedenfall als das gleiche Boot aus Holz. Wenn aber der Bootsrumpf kräftig mit einem hervorstehenden Bolzenkopf in einer Kaimauer Bekanntschaft macht, dann reicht die Festigkeit des Stahlbootes nicht mehr aus, und es wird hier eine Beule geben, während das Holzboot wahrscheinlich nur mit einem Lackschaden davonkommt. Es sei aber nicht verschwiegen, daß bei einem sehr viel stärkeren Aufprall das Holzboot sehr wohl ein Leck erhalten wird, während das Stahlboot lediglich eine größere oder tiefere Beule, aber noch lange kein Leck erhalten wird.

Dies hängt damit zusammen, daß bei der anfänglich angeführten Gesamtfestigkeit im ersten Beispiel die Außenhaut mit ihrem Querschnitt, also mit ihrer Dicke, in Erscheinung tritt, im zweiten Belastungsfall aber die Außenhaut auf Biegung beansprucht wird, und hierbei ist die Dicke der Außenhaut in der zweiten Potenz zu berücksichtigen. Und deshalb hat in diesem Falle das Holzboot den größeren Hebel!

Will man im Stahlboot die gleiche örtliche Festigkeit erzielen, so muß es mit abnehmender Größe zunehmend schwerer werden als das entsprechende Holzboot. Bei gleichem Gewicht würde mit abnehmender Größe die örtliche Festigkeit ständig und stärker abnehmen.

Umgekehrt werden sich die Verhältnisse beim Anwachsen der Bootsgröße stets zugunsten des Stahlbootes verschieben, so daß etwa bei 16 bis 18 m Länge beide Bauweisen gleich schwer sein werden, darüber hinaus aber das Stahlboot leichter wird. Damit erhalten wir die vorerwähnten Verhältnisse des Schiffbaues.

Nun muß aber festgestellt werden, daß Stahl dauernd zur Korrosion neigt. Wenn nicht ganz besondere Konservierungsmittel angewandt und alle Bauteile stets unter genauer Kontrolle gehalten werden, muß mit einem Schwund des Baumaterials durch Rost gerechnet werden. Dieses Rosten triff nun das Stahlfahrzeug mit dünner Beplattung ungleich stärker als das große Schiff. Nehmen wir an, ein Seeschiff mit einer 20 mm starken Außenhaut erleidet im Laufe der Zeit durch Rost einen Verlust von 1 mm. Dies bedeutet für den Querschnitt (die Gesamtfestigkeit) einen Verlust von 5%, für die örtliche Festigkeit (Biegung) einen Verlust von 10%. Bei unserem Boot mit 20 mm Außenhaut bedeutet aber für die Gesamtfestigkeit des Abrostens von 1 mm bereits einen Verlust von 50%, bei der örtlichen Festigkeit dagegen einen Verlust von 75%! Mit anderen Worten: Was das *Schiff* kaum berührt, kann für das *Boot* bereits tödlich sein.

Die Folge dieser Tatsache ist, daß es nicht vorteilhaft sein kann, zu kleine Boote aus Stahl zu bauen, da sie recht schwer werden und unter ganz besonders scharfer

Kontrolle hinsichtlich des Abrostens zu halten sind. Es kommt also dem Konservieren eine erhöhte Bedeutung zu (vergl. Abschnitt 38).

Eine weitere Schwierigkeit ergibt sich dadurch, daß es beim Holzbootsbau sehr viel leichter ist als im Stahlbootsbau, in der Außenhaut oder im Deck eine schöne glatte Fläche zu erzielen. Besonders in der Längsrichtung legen sich die Planken so gut, daß nur noch kleine Nacharbeit durch Hobeln erforderlich wird. Ganz anders ist es im Stahlbau. Alle Platten müssen in zwei Dimensionen durch Drücken und durch Hämmern verformt werden. Geht man hierbei ungeschickt vor, so ist jeder Hammerschlag zu sehen. An den Stößen und Nähten müssen die Platten aber in ihrer Flucht ineinander übergehen, wenn man nicht nach dem Einbau umständliche Nacharbeit in Kauf nehmen will. Dieser Einbau aber, gleichgültig, ob er durch Nieten oder Schweißen erfolgt, verändert wiederum die Form der Platten, und Fehler können nur sehr schwer gemindert oder nachträglich wieder beseitigt werden. So kommt es, daß eine stählerne Außenhaut ohne nachträgliche Spachtelung für den Yachtbau nicht ausreichend glatt sein wird. Der Schiffbau findet sich hiermit ab und hat auch bei seinen größeren Plattendicken nicht so sehr darunter zu leiden.

Eine weitere Schwierigkeit ergibt sich durch die starke Wärme-Leitfähigkeit des Stahls. Es ist niemand angenehm, körperlich unmittelbar mit dem (zwar angemalten und lackierten) Stahl in Berührung zu kommen. Man wird also in der Plicht, an Deck und auch im Inneren des Bootes überall einen anderen Stoff, zum Beispiel Holz, wünschen. Beschreitet man barfuß ein Stahldeck, so ist es entweder zu kalt oder aber durch die Sonnenbestrahlung zu warm. Eine Schutzschicht irgendwelcher Art wird notwendig, wenn man nicht von vornherein statt des Stahldecks ein Holzdeck wählt. Wir werden auf diesen Punkt noch in Abschnitt 40 eingehen.

Es könnte so aussehen, als wäre der Stahlbau dem Holzbau bei Booten grundsätzlich unterlegen. Diese Meinung wird auch mancherorts geäußert. Es sind aber viele Vorzüge, die der Stahlbau gegenüber dem Holzbau hat und die hier kurz erörtert werden sollen.

Stahl ist ein anorganischer Stoff und unterliegt daher keiner (meßbaren) Alterung. Er ist ein homogener Stoff, in allen Dimensionen gleicher Art und dehnt sich daher in allen Dimensionen in gleichem Maße aus. Diese Ausdehnung (oder umgekehrt Schrumpfung) erfolgt aber nur unter dem Einfluß von Wärme, und zwar dehnt sich ein Stahlstab von 1 m Länge bei Erwärmung von 0 Grad auf 100 Grad Celsius um 1,2 mm aus. Hinsichtlich der Dichtigkeit der Bootskörper ist dies aber nicht nachteilig, da ja alle Platten dicht miteinander verbunden sind und sich diese Verbindung in gleichem Maße dehnen würde. Ein Stahlboot bleibt unbedingt wasserdicht und daher im Inneren trocken. Wenn etwa das Fahrzeug längere Zeit bewohnt werden soll, ist es wichtig, ob die Außenhaut innen trocken (oder zum mindesten unter Wasser feucht wie beim Holzboot) ist und ob sich in der Bilge Wasser ansammelt oder ob die Bilge trocken bleibt.

Bei der Besprechung des Baustoffes Holz war festgestellt worden, daß ein für den Bootsbau geeignetes Holz viele Vorbedingungen erfüllen muß, die nicht immer eingehalten werden können, oder deren Einhaltung mitunter nicht prüfbar ist wie etwa die genügend lange Lagerzeit des Holzes. Es kommen Zeiten vor, in denen es abgelagerte Hölzer überhaupt nicht zu kaufen gibt. Stahl dagegen kann unmittelbar nach der Herstellung verwandt werden und ist außerdem ein einheimischer Stoff, während gerade die besseren Boots-Bauhölzer aus entfernten Ländern kommen. Darum geht in Notzeiten der Holzbootsbau zurück, während der Stahlbau an Boden gewinnt und zeitweilig über seine Grenzen hinausgeht.

Zur Korrosion ist noch zu bemerken, daß Wärme und Salzgehalt des Wassers das Rosten sehr stark beschleunigen. Deshalb ist es ratsam, in das Mittelmeer oder die Karibische See lieber ein Holzboot zu legen, außer es handelt sich um ein sehr großes Fahrzeug. Umgekehrt sind Süßwasserhäfen, Binnengewässer oder die kühle und fast süße Bottensee sehr geeignet für stählerne Boote. Holzboote verhalten sich, was den Salzgehalt des Wassers betrifft, genau umgekehrt; Salz konserviert, und deshalb verringert sich die Gefahr des Faulens mit zunehmendem Salzgehalt des umgebenden Wassers. Allerdings sind dann die Bolzen wiederum gefährdet, und mit zunehmender Wärme steigt auch die Gefährdung durch die Bohrmuschel (terero navalis).

Von diesen Sonderfällen abgesehen, halten sich die Gefahren des Rostens und diejenige des Faulens bei Stahl und Holz die Waage. Das Rosten ist aber harmloser, da es bei häufiger Inspektion sofort entdeckt und abgestoppt werden kann, ohne daß kostspielige Reparaturen am Schiff notwendig werden.

Wegen der Wärmeleitfähigkeit des Stahls müssen bewohnte Räume innen verschalt werden. Hierbei füllt man zweckmäßig den entstehenden Zwischenraum (etwa von Spant- und Balkenhöhe) mit geeignetem Isolierstoff aus. Dadurch werden die Wohnräume wohnlicher, die gefährlichen scharfen Ecken und Kanten verschwinden, und im Gesamteffekt bekommt man einen stärker isolierten Raum, als ihn die einfache Holzwand bietet. Dies kann rechnerisch und praktisch sehr leicht nachgewiesen werden. Allerdings entstehen gegenüber dem Holzboot gewisse Mehraufwendungen an Baukosten (und wohl auch an Gewicht), so daß ein erstklassig gebautes Stahlboot keineswegs billiger sein muß als ein entsprechendes Holzboot.

Zu erwähnen ist noch die größere Schall-Leitfähigkeit des Stahlbootes, die aber unwichtig ist und auch durch geeignete Maßnahmen (*Entdröhnung*) stark gemildert werden kann. Andererseits ist es beim Stahlboot viel einfacher, fest mit dem Rumpf verbundene Maschinenfundamente oder wasser- und gasdichte Längs- oder Querschotte mit ebenfalls dichten Türen für die Vorpiek oder den Maschinenraum herzustellen oder in der Bilge große, fest mit dem Schiff verbundene Vorratstanks für Frischwasser oder Brennstoff einzubauen. Gleich große Tanks sind an dieser Stelle im Holzboot unmöglich und kleinere sehr viel teurer. Auch behindern sie den Zugang zur Bilge.

38. Nieten und Schweißen • Konservieren • Glätten und Anstrich

Das Nieten ist die ältere Bauweise, sie kann ohne größere technische Apparate durchgeführt werden. Die meisten Blechscheren für dünne Bleche haben auch eine Vorrichtung zum Lochen; wenn nicht, werden die Löcher gebohrt. Das Montieren an Bord ist angenehmer als beim Schweißen, weil die Nietlöcher für die Montage mit Schrauben benutzt werden können. Will man eine glatte Außenhaut, wie sie im Yachtbau zumindest über Wasser üblich ist, so muß man mit einem Unterlegstreifen arbeiten und die doppelte Anzahl Nieten bohren, versenken und schlagen. Laufen die Unterlegstreifen unter den Spanten durch, so müssen die Spanten gekröpft oder Keile untergelegt werden (vergleiche Zeichnung 59). Weitere Schwierigkeiten entstehen an

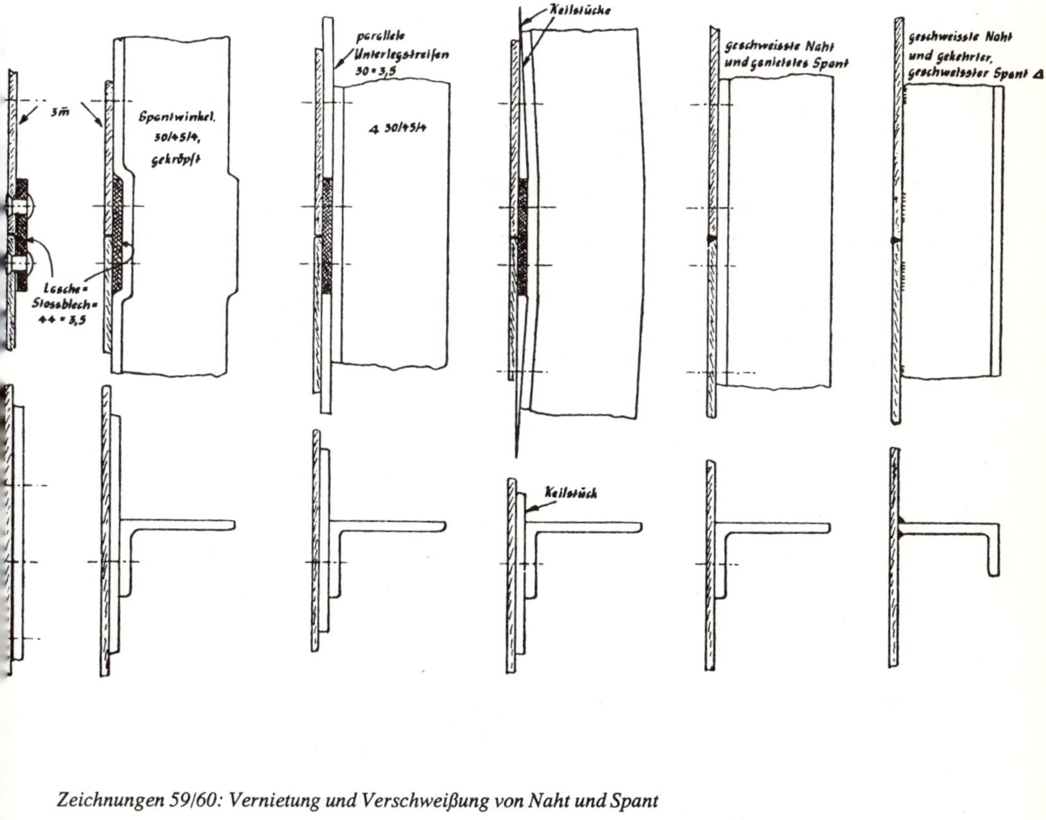

Zeichnungen 59/60: Vernietung und Verschweißung von Naht und Spant

den Kreuzungsstellen von Nähten und Stößen.

So ist es verständlich, daß das Schweißen bei größerer Festigkeit doch im Prinzip einfacher ist, da viele zusätzliche Teile (Unterlegstreifen, Überlappungen und Keile) wegfallen. Bei Verwendung des gleichen Spantwinkels wird durch Einbau dieses Winkels in gekehrter Anordnung ein beträchtlich größeres Widerstandsmoment des Spantes erreicht, und das Schmiegen überflüssig (vergl. Zeichnung 60). Will man auf die hier erreichbare Verstärkung des Spantes verzichten, so kann man ein leichteres Profil wählen und spart somit Gewicht. Die gekehrte Anordnung eines Spantwinkels erleichtert auch das Anbringen der Verschalung, da man auf besondere Blindhölzer weitgehend verzichten kann (Zeichnung 61). In Räumen, die keine Verschalung erhalten, sind die gekehrten Spanten vorteilhaft, weil die scharfen Kanten, die bei normal angeordneten Winkelspanten dem Raum zugekehrt und dadurch unangenehm sind, durch den Winkelflansch ersetzt sind. Bei größeren Fahrzeugen verzichtet man vollkommen auf den Winkelflansch und verwendet statt dessen Flachwulstprofile (Zeichnung 62), bei denen sich wegen seiner guten Bearbeitungsmöglichkeit auf der Richtplatte das sogenannte *Hollandprofil* besonders bewährt hat.

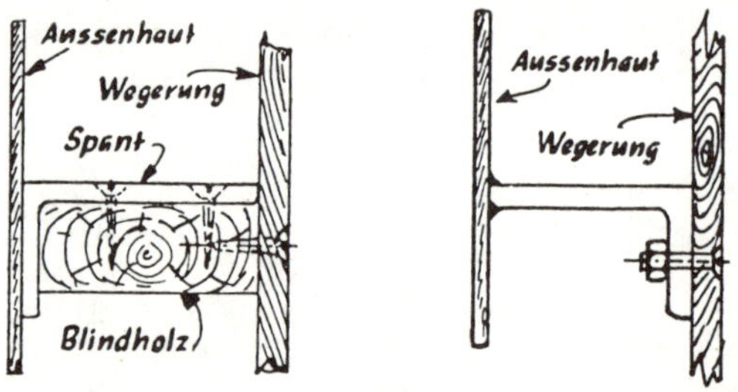

Zeichnung 61: Befestigung der Wegerung bei genietetem und bei geschweißtem, gekehrtem Winkelspant

Vor einigen Jahren hielt man das Schweißen einer Stumpfnaht bei Blechen, die schwächer als 4 mm waren, für unmöglich. Man glaubte, die Schrumpfung und die daraus folgende Schrumpfspannung wären zu stark, und die sich daraus ergebenden Verformungen könnte man nicht mehr beherrschen. Doch sank die als notwendig angesehene Mindeststärke der Bleche immer mehr, und unsere heutigen Elektro-Schweißer sind vielfach Künstler, die auch Bleche von 2 mm Dicke und weniger zu meistern verstehen.

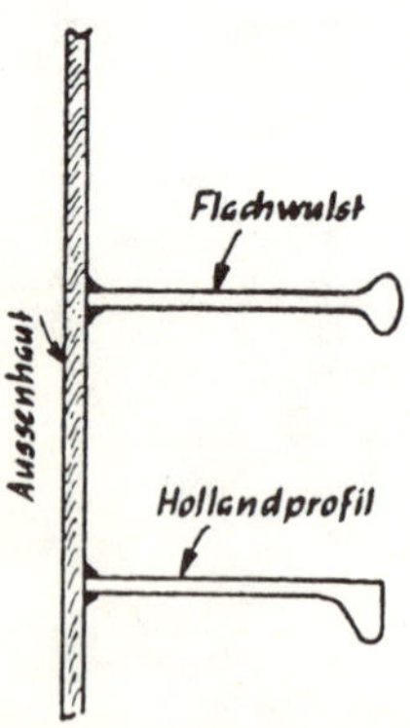

Zeichnung 62: Kleinster Flachwulst 130 x 7 cm. - Kleinstes Hollandprofil 140 x 6 x 19 cm

Das Entstehen der Schrumpfung ist ein eigenartiger Vorgang, der hier kurz beschrieben werden soll. Stahl dehnt sich durch Erwärmung aus. Wird die Ausdehnung indessen mit Gewalt verhindert, tritt eine Stauchung ein, so zum Beispiel bei Erwärmung einer ganz kleinen Fläche am Rande einer Stahlplatte. Durch die angrenzenden Teile der Platte kann sich die Volumenvergrößerung, die durch die Erwärmung auftritt, nur noch in einer Dimension auswirken, nämlich in der Vergrößerung der Dicke der Platte an dieser Stelle. Diese Umformung geht um so leichter vor sich, als der Stoff, aus dem die Platte besteht, warm, das heißt weich geworden ist. Wenn sich später die Platte abkühlen will, verkleinert sich ihr Volumen. Hinsichtlich der Dicke (die ja größer geworden ist) bereitet die Abkühlung keine Schwierigkeiten, hinsichtlich Länge und Breite jedoch recht stark. Hier versucht die Platte zusammenzuschrumpfen, aber in der Längsrichtung, parallel zur Plattenkante, will ihr dies nicht gelingen. Sie lädt dabei die Platte in ihrer Längsrichtung mit Zugspannungen auf. Liegen nun mehrere derartig erwärmte Punkte der Platte längs ihrer Kante, so wird durch die auftretenden Zugspannungen die Kante in der Tat kürzer, als sie vorher gewesen ist, und die Platte verhält sich etwa wie ein Taschentuch, das in einem Hohlsaum ein angespanntes Gummiband birgt, das sich zusammenziehen will: Die Platte beult sich.

Denken wir uns eine kreisrunde Platte, die wir entlang ihres Umfanges Punkt für Punkt erwärmen. Der ganze Umfang wird dadurch etwas kürzer, und die Platte wölbt sich in der Mitte nach oben oder unten und formt sich zu einer flachen Schale. Setzt man dieses Verfahren mehrmals hintereinander fort, so erhält man schließlich eine runde Schüssel.

Dieses Beispiel zeigt zweierlei: Einmal ist es durch punkt- oder strichförmige Erwärmung möglich, ebene Platten zu wölben, ohne sie zu drücken oder durch Hammerschläge (wodurch an der betreffenden Stelle die Platte gleichzeitig dünner und breiter gemacht wird) zu behandeln. Ihre Oberfläche muß frei von den Spuren der gewaltsamen Einwirkung und somit glatt bleiben. Dieses Verfahren kann man anwenden, wenn man im Yachtbau Platten behutsam verformen möchte. Zum anderen tritt diese Verformung beim Verschweißen der Platten an ihren Nähten und Stößen auf. Hier ist uns diese Verformung äußerst peinlich. Da Außenhautplatten im allgemeinen nach außen gewölbt sind, wird sich die Kantenerwärmung beim Schweißen so auswirken, daß sich die Kanten nach innen ziehen. Falls vorher die Platten gut aneinander paßten, bilden sich jetzt nach innen gerichtete Riefen oder Rillen. Sie sind um so tiefer, je stärker die örtliche Erwärmung an der Plankenkante gewesen ist. Aus diesem Grunde bevorzugt man die elektrische Lichtbogen-Schweißung gegenüber der autogenen oder Gasschweißung. Bei ihr ist die Wärmequelle, nämlich der Lichtbogen, sehr viel intensiver, so daß die zum Schweißen erhitzte Zone nur sehr klein bleiben kann. Die weniger heiße Gasflamme muß längere Zeit einwirken, um die Schweißhitze zu erzeugen. Sie erwärmt dabei eine viel größere Zone und bringt somit eine stärkere Schrumpfung hervor.

Die Mittel zur Verhinderung ungewollter Plattenkantenschrumpfung sind beschränkt. Einmal kann man ein bestimmtes Maß an Schrumpfung annehmen und beim Anpassen der Platten mit einer größeren Zugabe rechnen. Es müßten dann die Platten an den Nähten und Stößen etwas nach außen vorstehen (sofern die Platten nach außen gewölbt sind, andernfalls umgekehrt). Aber es ist sehr schwer, das passende Überstandsmaß zu finden, da die Schrumpfung von der Art abhängig ist, wie der Schweißer arbeitet, wie er längs der Plattenkante fortschreitet, wie schnell er schweißt. Da wir nicht mit einer automatischen Schweißmaschine arbeiten können, ist die Schweißgeschwindigkeit vom Menschen abhängig und daher niemals völlig gleichmäßig. Andererseits kann man die Erwärmungszone durch Hilfsmittel tatsächlich nur auf einen Punkt, eben die Schweißstelle, beschränken. Hierbei kann man die Platte von der Rückseite mit nassen Lappen kühlen, doch muß natürlich der eigentliche Schweißpunkt, der ja ständig weiterwandert, von der Kühlung ausgenommen sein. Es ist verständlich, daß nur eine sehr geschickte und geduldige Bedienung des kühlenden Lappens Erfolg versprechen kann.

Im allgemeinen hilft man sich in der Weise, daß man eine gewisse Verformung als gegeben in Kauf nimmt und durch Nachrichten die entstandenen Schäden am fertig geschweißten Schiff zu beseitigen versucht. Hierbei spielen Hammer und ein schweres Unterlegstück sowie der Schweißbrenner für punktförmige Erwärmung eine Rolle. Diese Arbeit ist fast ein Kunstwerk, und deshalb sieht man leider häufig Stahlboote, die nicht so glatt ausgefallen sind, wie es ein Künstler bei entsprechendem Zeitaufwand vielleicht hätte fertigbringen können.

Die Nietung hat mit derartigen Schrumpfungen nicht zu rechnen. Aber bei dünnen Blechen und dicht an dicht stehenden Nietlöchern ist durch das Stauchen der Nietschäfte beim Nieten mit einer gewissen Weitung der Nietlöcher und damit einer gewissen Verlängerung der ganzen Plattenkante zu rechnen. Ferner ist zu bedenken, daß bei *glatter* Nietung, also bei Verwendung eines Unterlegstreifens, die einfache Naht bereits zwei Reihen, der Stoß dagegen vier Reihen Nieten erhält. Wenn auch diese Nieten alle versenkt geschlagen werden, werden die Wölbungen der Köpfe bei den dünnen Platten stets ein wenig hervorstehen müssen, wenn die Nietung gut halten soll. Das heißt, daß auch die *glatt* genietete Nietung niemals so glatt sein kann wie die Platte außerhalb der Nietung. Das Ungeschick des Nieters, der versehentlich einen Schlag des Hammers neben den Niet setzt, kann die Güte weiterhin vermindern. Das letztes Mittel ist deshalb auch bei der Nietung eine gute Spachtelung.

Vor den Spachteln muß aber konserviert werden, das heißt, es muß der rostverhindernde Grundanstrich auf den Stahl getragen werden. Vorher ist aber eine gründliche Reinigung von Zunder, Rost, Schmutz, Öl und Fett - das letzte jedenfalls für die meisten modernen Rostschutzmittel - vorzunehmen.

Wenn wir den Rost bekämpfen wollen, müssen wir ihn genauer kennenlernen. Nach neueren Anschauungen ist jede Rosterscheinung auf elektrolytische Ursachen zurückzuführen. Hierunter verstehen wir die Bildung und Wirkung galvanischer Elemente bei der Berührung verschiedenartiger Metalle unter Einwirkung von angesäuertem Wasser (oder auch Seewasser). Das in der Spannungsreihe höher stehende Metall korrodiert.

Handelt es sich um Stahl allein, so bestehen noch die Unterschiede zwischen dem Stahl der einen Platte gegenüber dem Stahl der anderen Platte oder dem Stahl des Spantes, Unterlegstreifens oder gar des Niets oder der Schweißraupe. Die Stahlplatte selbst besteht ja nicht aus einem einzigen Element, sondern aus einer Mischung verschiedener Stoffe. So setzt man zum Beispiel dem Stahl, aus welchem Eisenbahnschienen hergestellt werden, ganz geringe Menge von Kupfer zu, das bei der üblichen Verwendung von Schienen (das einzige hinzutretende Wasser dürfte lediglich Regenwasser sein) korrosionsvermindernd wirkt. Würde man aber diesen Stahl mit Seewasser in Berührung bringen, so wird das Kupfer als Elementbilder sofort eine verstärkte Rostbildung hervorrufen.

Ein fremder, elementbildender Stoff an Stahlplatten ist die sogenannte *Walzhaut* oder *Zunderhaut,* auch Hammerschlag genannt, eine Oxydschicht, die sich auf rotwarmen Stahl bildet. Sie hat eine graublaue Farbe und sitzt zunächst recht fest. Ehe der erste Schutzanstrich erfolgt, muß sie entfernt werden.

Für die Entfernung der Zunderhaut benutzten die Werften früher ein einfaches Verfahren: Sie stellten die Platten in die frische Luft, und der Regen sorgte für Rost, der sich unter den Zunder fraß und ihn abblättern ließ. Nach vielen Monaten war die Platte zunderfrei und verrostet. Jetzt mußte der Rost entfernt werden, und der erste Anstrich konnte aufgetragen werden. Auf der durch das Anrosten aufgerauhten Oberfläche saß die Farbe sehr fest.

Heute hat man nicht so viel Zeit und muß andere, bessere Mittel zur Zunderentfernung anwenden. Am bekanntesten ist das Sandstrahlen des Stahls, wobei ein Preßluftstrahl Körner scharfkantigen Sandes mit sich führt und auf die Platte schleudert. Zunder, Rost oder sonstiger Schmutz verschwindet, und auch hier entsteht eine feine, gleichmäßige Aufrauhung der Stahloberfläche als Haftfläche für das Rostschutzmittel. Viele Werften besitzen eine automatische, räumlich in sich abgeschlossene Plattenreinigungsanlage nach diesem Prinzip, bei der statt des Sandes immer von neuem verwendete Stahlsplitter benutzt werden. Auch ganze Fahrzeuge können durch (bewegliche) Sandstahler behandelt werden, doch tritt dabei eine starke Staubbelästigung und ein Verstreuen des bewegten Sandes auf. Deshalb kann man kaum ein fertiges Boot im Inneren einer Werkstatt abblasen. Auch eine Reinigung von innen ist sehr schwierig, weil sich der Sand in den unteren Teilen des Bootes ansammelt und nur sehr schwer wieder entfernt werden kann.

Jedoch ist das Verfahren für Neubauten - trotz der hohen Kosten - durchaus lohnend. Der Angriff des Sandstrahls auf die Plattenoberfläche ist sehr kräftig, und man kann in gewisser Zeit Löcher in die Platte blasen, wenn man die Strahl immer auf den gleichen Punkt wirken läßt. Bei der Handbedienung ist auf diesen Umstand zu achten, besonders bei älteren Fahrzeugen oder sehr dünnen Blechen.

Es gibt heute Konservierungsmittel recht unterschiedlicher Art. Am bekanntesten sind die althergebrachten Ölfarben, vor allem Bleifarben wie Bleiweiß und Bleimennige, die alle in Leinölfirnis (kurzweg *Firnis* genannt) angesetzt sind. Sachgemäß drei- bis viermal dünn hintereinander aufgebracht, ergibt sich mit langen Trocknungszeiten zwischen den einzelnen Anstrichen ein guter Rostschutz, auf die man anschließend andere Öl- und Lackfarben streichen oder spritzen kann.

Die Ölfarben einschließlich Mennige sind aber auch für die Teile des Schiffs, die stets mit dem Wasser in Berührung bleiben (Außenhaut bis weit über die Wasserlinie, Bilge, Wassertanks innen und so weiter) ungeeignet. Erhält Mennige keine Trockenzeit von 6 bis 8 Monaten, so quillt die Ölfarbe unter Wasser schwammartig auf und läßt dennoch Wasser an den Stahl gelangen.

Für diese Teile des Schiffes - oder, wenn man grundsätzlich nur eine einzige Rostschutzart zu haben wünscht,auch für das ganze Schiff - verwendet man heute Farben, die keinen Firnis enthalten, sondern aus anderen Bestandteilen (besonders Kunstharzen) hergestellt sind. Hierzu gehört auch Bleimennige; doch gibt es auch moderne gute Rostschutzfarben ohne Mennige. Es wird verständlich sein, wenn in diesem Zusammenhang keine bestimmten Fabrikate genannt werden können. Interessant ist, daß manche Werften oder Reedereien für die Konservierung ihrer Schiffe lange Zeit immer nur eine bestimmte Farbsorte verwenden.

Alle diese modernen Farben haben einen großen Vorzug: Sie trocknen sehr viel schneller als es bei Ölfarben der Fall ist. So kann dann der zweite, dritte oder vierte Anstrich bald dem vorangegangenen folgen. Wenn auch 2 oder 3 Anstriche im allgemeinen genügen werden - sofern sie sorgfältig durchgeführt wurden und keine durchsichtigen oder durchlässigen Stellen übriggeblieben sind -, hat ein Anstrich mehr noch nie geschadet.

Wenn es gelingt, den Anstrich vor mechanischen Beschädigungen zu bewahren, so kann er viele Jahre halten. Eine unbegrenzte Haltbarkeit kann man aber nicht garantieren. Auch ist ja der Farbfilm nicht so widerstandsfähig gegen Berührungen, daß er nicht einmal beschädigt würde oder auch ganz allgemein *abnutzt.* Deshalb wird vielfach Rostschutz nicht durch Schutzanstriche, sondern durch eine Schutzschicht aus einem nichtrostenden anderen Metall verwandt.

Hier ist im Schiffbau an erster Stelle das Verzinken zu nennen. Dieses Verfahren ist durch seine Anwendung bei kleineren Bauteilen, Schiffbeschlägen, Bolzen und dergleichen bekanntgeworden. Sie werden nach erfolgter chemischer Oberflächenreinigung in ein Bad flüssigen Zinks getaucht. Man spricht dann von *Feuerverzinken.* Hierbei entsteht eine sehr widerstandsfähige Zinkhaut, die absolut sicheren Schutz gegen Korrosion bietet. Selbst bei kleinen Beschädigungen der Zinkhaut schützt die

Umgebung den bloßgelegten Stahlteil gegen Korrosion, weil das Zink wie die bekannte Zinkschutzplatte (vergl. Abschnitt 41) wirkt. Diese Art des Verzinkens ist auf unserem Gebiet die dauerhafteste.

Leider kann man sie beim Bau eines ganzen Bootes nicht anwenden. Wenn es auch im Handel feuerverzinkte Bleche und Profile zu kaufen gibt, so würde doch beim Bearbeiten dieser Bauteile die Zinkschicht teilweise beschädigt oder losgelöst werden. Ferner bleiben die Schnittkanten und Nietlöcher unverzinkt. Ein solches Boot müßte vernietet werden (die verzinkten Teile kann man wegen der Entwicklung giftiger Gase nicht schweißen; auch würden im weiten Umkreis von der Schweißstelle zinkfreie oder mit verbranntem Zink bedeckte Stellen bleiben), und auch die Nieten oder doch die geschlagenen Nietköpfe wären unverzinkt.

Man hat Boote in genieteter Bauweise fertig montiert, wobei unverzinkter Baustoff genommen und das ganze Boot nur zusammengeschraubt wurde. Anschließend wurde das Boot wieder auseinander genommen, die Bauteile wurden zu einer Verzinkerei geschafft, verzinkt und anschließend wieder und nunmehr endgültig zusammengebaut. Hierbei bleiben nur die Nietköpfe unverzinkt. Der Aufwand ist aber groß, und es entstehen beim Feuerverzinken durch die Wärmeeinwirkung nicht unerhebliche Verwerfungen oder Verziehungen der verschiedenen Bauteile, die vor dem endgültigen Zusammenbau wieder (auf jeden Fall kalt!) nachgerichtet werden müssen. Auch der Zinküberzug leidet hierunter.

Neuerdings wendet man die Spritzverzinkung an, wenngleich sie nicht denselben Ruf genießt wie die Verzinkung im Bade. Vielleicht hängt dies aber lediglich damit zusammen, daß man zur Zeitersparnis oder Verbilligung zu schnell mit der Spritzpistole arbeitet und dadurch die Schutzschicht zu dünn aufträgt. Da sich die Spritzverzinker wie die galvanischen Verzinker rühmen, daß ein nach ihrem Verfahren verzinktes Gewinde nach dem Verzinken noch gängig ist, während ein feuerverzinktes Gewinde dick verklebt ist und unter Verlust des Zinkes wieder nachgeschnitten werden muß, scheint mir dies ein Beweis dafür zu sein, daß die spritzverzinkte Schicht zu dünn ist.

Beim Spritzverzinken wird zunächst das ganze Boot sandgestrahlt und dann sofort anschließend spritzverzinkt. Die Arbeiten sollen in einem geheizten Raum vorgenommen werden und der eine Vorgang sich an den anderen anschließen, damit sich in der Zwischenzeit kein neuer Rost bilden kann. Offenbar ist der Spritzzink gegen Rost sehr empfindlich.

Man beachte, daß normale Ölfarben, Lacke, Kunstharzfarben und dergleichen auf Zink nicht haften wollen, so daß die weiteren Anstriche über dem Zinkgrund gefährdet sind, wenn nicht als erster Anstrich ein Spezial-Haftgrund verwendet wird. Derartige Grundierfarben gibt es für Leichtmetall und Zink.

In neuester Zeit wurde ein Verfahren entwickelt, das den Zink in Form einer Paste auf das sandgestrahlte Boot aufträgt. Man spricht hierbei von spachtel- oder pinselverzinkt. Ich vermag nicht genau anzugeben, ob es sich hierbei um eine neue Rostschutzfarbe handelt, die anstelle von Blei oder Bleioxyd nunmehr Zink enthält, oder ob das in der Paste enthaltene Zink zu einer Haftung unmittelbar auf dem Stahl gelangt. Tatsache ist, daß trotz des hohen Preises das Verfahren in der Praxis weiter an Boden gewinnt.

Abschließend sei vermerkt, daß in jedem Jahr neue Rostschutzfarben auf den Markt kommen und mit verbesserten Eigenschaften angepriesen werden. Die Erfahrung lehrt hierbei zuerst abwartend zu sein, denn oft ist nach einem Jahr von diesen Farben nicht mehr zu hören.

Wie bereits erwähnt, kann das Glätten der Stahlflächen von Außenhaut, Deck und Aufbauten in einer für Yachten gewünschten Vollkommenheit beim Bau selbst nicht ganz erreicht werden. Hier muß gespachtelt werden, worunter man das Auftragen einer *Spachtelmasse* in die Vertiefungen versteht, bis diese verschwunden sind.

Das Verfahren hört sich einfach an, doch gibt es einige Punkte, die beachtet werden müssen. Die Spachtelmasse (*Lackspachtel* und nicht *Ölspachtel*) ist eine Art Paste, die mit dem Spachtelmesser oder Spachtelblech wie Butter auf der Brotscheibe leicht verstrichen werden kann. Dabei muß die Konsistenz der Masse gut abgestimmt sein; nicht zu dünn, nicht zu dick. - Das Durchhärten der Masse erfolgt nach dem Spachteln wie beim Trocknen von der Oberfläche und nicht vor innen her, wie es beim Erstarren der Fall wäre. Darum darf in einem Arbeitsgang nicht zu dick gespachtelt werden, da sonst die Masse nicht bis zum Innersten durchtrocknen kann. Man muß daher mehrmals und dünn spachteln und jede Schicht mit Sandpapier schleifen. Nach dem Schleifen wird man sehen und fühlen, an welchen Stellen noch etwas Masse aufgetragen werden muß. Das Verfahren benötigt also Zeit und Ruhe sowie warm-trockene Luft, da dann die dazwischenliegenden Trocknungszeiten kürzer sind.

Wenn genügend Glätte erreicht worden ist, kann der Farb- oder Lackanstrich in einem Farbton nach Wahl erfolgen. Die kleinsten Unebenheiten können erst nach der Lackierung erkannt werden, wenn man die Flächen von der Seite betrachtet. Dann ist es eigentlich zu weiterer Spachtelarbeit bereits zu spät. Aber auch tangentialer Lichteinfall kann helfen. Man kann ihn in einer nicht zu hellen Werkstatt leicht mit Hilfe einer Kabellampe erzeugen. Derartige Hilfsmittel sollte man nicht verachten; sie können recht gute Hilfe geben und Mißerfolge oder Unvollkommenheiten vermeiden. Aber das Spachteln will gelernt sein; deshalb sollte ein Fachmann beauftragt werden.

39. Isolationsfragen

Grundsätzliches wurde in Abschnitt 37 gesagt. Hier soll die Herstellung einer guten Isolation besprochen werden, wobei hauptsächlich an Wärme-Isolation gedacht ist. Schall-Isolation wird an zweiter Stelle behandelt werden.

Wärme-Isolation erhält man, wenn man Körper einbaut, die Wärme nur ungern weiterleiten. Sie heißen Isolatoren. Der beste und leichteste Isolator ist die Luft. Besser gesagt: Die wäre es, wenn sie sich wie ein fester Körper verhalten würde. Sie verhält sich aber leider anders: Wird nämlich ein Luftkörper an einer Seite erwärmt, so steigt die erwärmte Luftschicht infolge ihrer Ausdehnung und des nunmehr erreichten geringeren spezifischen Gewichtes nach oben, und ein anderer, bislang noch kühlerer Teil des Luftkörpers tritt an diese vakant gewordene Stelle, um nun ebenfalls erwärmt zu werden. Dieser Kreislauf setzt sich fort, bis der ganze Luftkörper erwärmt worden ist. Man muß die Luft in sehr kleine Zellen einsperren, um sie als Isolator gebrauchen zu können. Die Natur bietet uns derartige Zellengebäude bei den leichteren Holzarten oder bei Kork, deren Zellen im trockenem Zustand mit Luft gefüllt sind. Je leichter der Stoff ist, um so mehr Luft birgt er im Inneren, um so besser isoliert er.

Holz ist als Isolierstoff recht schwer, es wiegt etwa 500 kg je Kubikmeter; selbst Kork wiegt noch 200 kg. Außerdem kann Holz brennen, Wasser aufnehmen, dabei seine Isolierkraft einbüßen und verfaulen. Aus diesen Gründen verwendet man Holz im Schiffbau nicht direkt zum Isolieren, sondern lediglich zum Verkleiden der eigentlichen Isolierung und zur Erhaltung einer schönen, glatten Innenfläche in den Wohnräumen.

Heute stellt man aus Kunstharzen Schaumstoffe her, die weniger als 10 kg/m^3 wiegen und daher eine große Isolationskraft besitzen. Die Zwischenräume zwischen der Außenhaut und der Verschalung werden auch mit leicht geknüllter Aluminium-Folie angefüllt. Bei diesem Verfahren entsteht die Isolierkraft auf zweierlei Wiese: Einmal durch die Bildung kleiner, mit Luft angefüllter Räume, zum anderen durch die Spiegel- oder Reflektier-Wirkung der blanken Oberfläche der Aluminiumfolien. Dies ist auch die Methode, nach der die bekannten Thermos-Flaschen arbeiten. Lange Zeit war diese Isolierart die leichteste und wurde, da sie ja auch unbrennbar ist, gern im Fahrzeug- und Flugzeugbau verwendet.

Für die Verschalung, das heißt die innere Verkleidung der eigentlichen Isolierung, kann man jede beliebige und zur Einrichtung passende Holzart nehmen. Für die Unterseite der Decks, die gern weiß gehalten wird, lassen sich auch einfache Holzarten, die anschließend deckend gestrichen werden, verwenden. Auch Sperrholz und Kunststoffplatten sind sehr gut verwendbar. Bei Sperrholz sollte man aber Marine-Sperrholz wählen, das wasser- und kochfest ist, da an Bord mit starker Luftfeuchtigkeit gerechnet werden muß. - Vielfach werden gute Wirkungen erzielt, wenn helle, weiß lackierte Holztafeln oder weiße Kunststofftafeln auf die einzelnen Felder gelegt und die entstehenden Nähte dann mit naturlackierten Mahagoni-Leisten abgedeckt werden.

Bei der Isolierung gegen Schall kommt es bei einem Stahlboot auf zwei Dinge an. Einmal muß man versuchen, den Schallerzeuger, zum Beispiel den Motor, gegen den Schiffskörper zu isolieren, damit er seine Erschütterungen nicht auf diesen übertragen kann und ihn als Resonanzboden benutzt. Zum anderen muß man den Schall daran hindern, durch die Raumwände hindurch in andere Räume zu gelangen. Beides ist bei einem Stahlboot viel wichtiger als auf einem Holzboot.

Bei der Aufstellung des Motors vermeidet man heute, eine metallische Verbindung, die Erschütterungen und damit Schall überträgt, zwischen Motor und Maschinenfundament herzustellen. Zwischen beide setzt man sogenannte "Schwingmetalle", das sind Gummi-Elemente, die zwar den Motor festhalten, aber metallische Verbindungen vermeiden (Zeichnung 63). Der Motor kann sich nunmehr in gewissem Umfange frei bewegen. Bei Kraftwagen wird die Motorenbefestigung in ähnlicher Wiese ausgeführt. Hieraus ergibt sich aber die Notwendigkeit, sämtliche zum Motor führenden Rohrleitungen (für Brennstoff, Kühlwasser und Abgase) ebenfalls elastisch herzustellen. Bei der Wellenleitung düfte die Vermeidung metallischer Verbindungen am schwierigsten sein. Hier helfen Spezialkupplungen, die gleichzeitig das Ausfluchten von Wellen- und Motorachse bedeutend erleichtern.

Die Raumisolierung macht weniger Umstände. Bekannt ist die isolierende Wirkung von Polsterungen, die man zum Beispiel an den Türen von Telefonzellen anbringt. Auch die Maschienenraumschotte könnte man mit derartigen Polsterungen

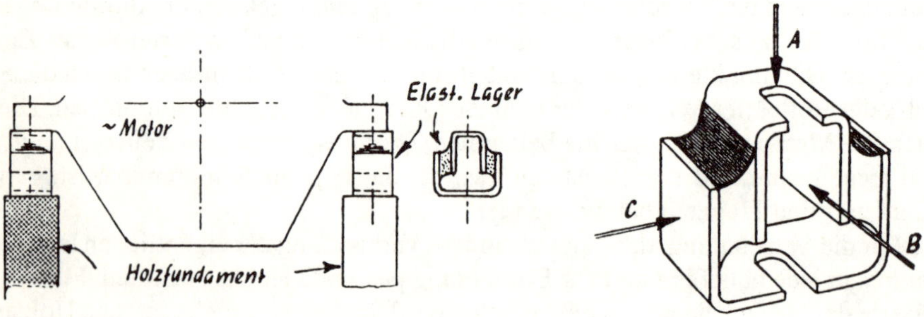

Zeichnung 63: Ein elastisches Zwischenglied (zwischen Maschinenpratze und Maschinenfundament) kann sehr viel von den Schwingungen der Maschinen aufnehmen und vom Rumpf fernhalten. Das gezeigte "META-LASTIK"-Glied hat in Richtung A und B größere Elastizität als in Richtung C

versehen, wobei als Isolierstoff (unbrennbare) Steinwolle oder Isolierschaum gute Verwendungsmöglichkeit bietet. Einfacher ist das Bestreuen der frisch gestrichenen Flächen mit Korkschrot, besser das Aufspritzen eines mit Korkschrot versetzten Speziallacks, der sogar feuerhemmend wirkt. Die auf diese Weise erzielbare Dicke der fest am Blech haftenden Isolierschicht beträgt mehrere Millimeter, und diese Wirkung ist ausgezeichnet. Allerdings ist wiederum eine Apparatur erforderlich, die im allgemeinen nur der Spezialist anschaffen kann. Übrigens wird dieses Verfahren auch im Kraftwagenbau unter dem Stichwort *Entdröhnen* angewandt, doch kommt es offenbar nur auf die Verhinderung des Resonierens der betreffenden Blechfläche an. Dieses Verfahren könnte für uns ebenfalls nützlich sein, und es wäre zu überlegen, ob nicht der gesamte Maschinenraum und seine weitere Umgebung - soweit aus Stahl hergestellt - mit einer solchen Schutzschicht bedeckt werden sollte. Wegen der Feuergefahr bei Benzinmotoren würde ich allerdings vorschlagen, daß die Schotte der dem Maschinenraum abgekehrten Seite isoliert werden, desgleichen die vielleicht im Stahlschott befindliche Türen, Mann- oder Handlöcher.

40. Umfang der Stahlverwendung auf einem Boot

Wird von einem Stahlboot gesprochen, so versteht man darunter ein Boot, dessen Rumpf aus Stahl gebaut ist. Das Deck und die Aufbauten können sowohl aus Holz als auch aus Stahl hergestellt werden. Was ist zu empfehlen?

Wenn es schon schwierig ist, einen hölzernen Bootsrumpf für längere Zeit und verschiedene Jahreszeiten vollkommen wasserdicht herzustellen und zu erhalten, so macht dies beim Deck und bei den Aufbauten eines Bootes noch viel mehr Mühe. Selbst bei der Verwendung bester Hölzer, sorgfältiger Arbeitsausführung und entsprechender Pflege werden gerade bei kleineren und leichteren Booten besonders im Hochsommer Leckstellen entstehen, wenn die Sonnenbestrahlung ein starkes Schrumpfen des Holzes bewirkt. Vielleicht verhindern dies nur die jetzt aufkommenden geleimten Holzkonstruktionen.

Im Gegensatz dazu bleiben Stahldecks und -aufbauten in jedem Fall dicht.

Andererseits sind aber Decks und Aufbauten aus Holz bereits von der stofflichen Seite her schön, während Stahlteile erst durch Anstrich und Lackierung bestenfalls ansehnlich werden. - Ein Deck aus geeignetem Holz kann an seiner Oberfläche roh gelassen werden (Scheuerdeck). Der Fuß findet dann einen recht festen Halt gegen Ausrutschen bei Nässe. Ein Stahldeck, daß eine Farbschicht tragen muß, ist bei Nässe besonders glatt. Auf den Stahl geschweißte Warzen, wie sie in Maschinenräumen und dergleichen üblich sind - oder Farbanstriche mit einem Gleitschutz in Form von scharfem Sand sind eine gute Abhilfe gegen Ausrutschen. das ist zwar zweckmäßig, aber nicht so schön wie ein Holzdeck.

Man hat vielfach versucht, wie im Großschiffbau, das eine mit dem anderen zu verbinden. Dort ist es üblich, auf das Stahldeck, das aus Festigkeits- und Dichtigkeitsgründen gebaut wird und je nach Schiffsgröße eine Stärke von 10 bis 20 mm oder mehr hat, eine Holzschicht von 65 bis 75 mm, möglichst aus Teakholz, aufzulegen. So geschieht es auf Fahrgastschiffen und bei Frachtschiffen in der Nähe der Wohnräume oder über diesen, um zu isolieren und ein angenehmes Gehen auf dem Deck zu ermöglichen. Das war das Vorbild für den Yachtbau.

Hierzu gibt es nun eine Reiche von Einwänden. Nehmen wir an, die Yacht wäre von einer solchen Größe, daß das Holzdeck nur aus 25 mm dickem Teakholz gebaut werden müßte. Gewichtsmäßig würde dies einem Stahldeck von 2,5 cm entsprechen. Wünscht man ein Stahl- plus Holzdeck, so würde man die gleiche Stärke für den Stahl nehmen müssen, allenfalls könnte man sie auf 2,0 mm vermindern. Aber auch das Holz kann man nicht schwächer bauen, weil ein dünneres Holzdeck nicht dicht bleibt. Trotzdem wird auch hier zu sparen versucht und eine Holzdicke von nur 20 mm Stärke genommen. Gewichtsmäßig ergibt sich nun folgende Rechnung: Das Einzeldeck wiegt 20 kg/m^2, das Verbunddeck jedoch 32 kg/m^2 (Stahl mit 16 kg/m^2 für das 2 mm starke Blech gerechnet, Holz davon 1/10). Wir erhalten also einen Gewichtszuwachs von 60%. Trotzdem ist das Verbunddeck ziemlich unbrauchbar, auch wenn man nicht die Materialstärken verringert und ein Mehrgewicht von 100% in Kauf genommen hätte.

Die Unvollkommenheit kommt daher, daß es bei den angegebenen Holzstärken auf die Dauer unmöglich ist, das Deck vollkommen wasserdicht zu halten. Dazu wäre eine Holzstärke von mindestens 50 bis 60 mm bei Teak (bei anderen Holzarten noch mehr!) notwendig. Natürlich ist ein Nur-Holzdeck von 25 mm ebenfalls nicht vollkommen dicht, und das Wasser tropft dann in das Schiffinnere. Bei dem Verbunddeck sammelt sich das Wasser aber unter dem Holz auf dem Stahl. Nach einiger Zeit beginnt der Stahl zu rosten, das Holz saugt sich voll Wasser, quillt auf und beginnt zu faulen. (Selbst bei Teakholz ist das möglich!) Weiterhin wird unser Verbunddeck undicht sein, weil die Holzplanken in dichten Abständen am Stahldeck oder an den unter diesen liegenden Decksbalken befestigt werden müssen. Hierzu werden von unten nach oben durch das Stahldeck gehende Holzschrauben oder Durchbolzen (im Holz verpfropft) verwendet. Es dürfte mithin kaum möglich sein, alle Schrauben- oder Bolzenköpfe auf die Dauer gegen den Stahl wasserdicht abzuschließen. So wird also jeder Kopf eine mutmaßliche Leckstelle sein. Der Großschiffbau arbeitet hier mit stumpf auf das Deck geschweißten Bolzen, darum bleibt sein Holzdeck dicht. Für uns bliebe nur die Möglichkeit, daß uns die Chemie einen Klebstoff liefert, der das Holz auf den Stahl klebt und beim Verlegen etwaige kleine Hohlräume ausfüllt.

Luken, Schiebeklappen und Oberlichter kann man ebenfalls aus Stahl herstellen. Sie können leicht wasserdicht gearbeitet werden. Die hölzernen sind zweifellos schöner, aber sie kosten sehr viel mehr.

Das Schanzkleid wird man auf größeren Fahrzeugen aus Stahl bauen, wobei es oftmals aus dem nach oben verlängertem Schergang besteht. Die obere Garnierung fertigt man bei einfachen Fahrzeugen aus geschweißtem Stahlrohr, im anderen Fall aus Winkeln oder Flacheisen mit aufgelegter Teakholzleiste.

Größere Masten über 14 bis 15 m Länge werden aus Stahl in geschweißter Ausführung leichter und billiger als hölzerne, hohle und geleimte Masten. Bei der Festigkeitsrechnung geht man einfach davon aus, daß man lediglich eine Knick-Beanspruchung annimmt, die ja bei Masten von Segelyachten im allgemein maßgebend ist. Man kommt mit sehr dünnen Blechen aus, die sorgfältig gedrückt werden müssen. Die Montage erfolgt auf langen, gut gerichteten Winkeln. Die üblichen Stahlrohre sind für unsere Zwecke zu dickwandig, da die Masten nach oben hin verjüngt werden müssen. Bei geschweißten Blechen bereitet dies keine Schwierigkeiten. An die Hinterkante wird als Jackstag (Gleitschiene) eine gerade T-Stahl-Schiene geschweißt. Das Nachrichten erfolgt durch punktförmige Erwärmung (vergl. Abschnitt 38). Gegen das Rosten im Innern der Masten schützt man sich durch luftdichte Fertigung. Der Mast rostet dann innen nur so lange, bis der in der eingeschlossenen Luft enthaltene Sauerstoff durch das Rosten verbraucht ist. Die Prüfung auf Luftdichtigkeit ist einfach: Man bringt am Mastfuß eine kleine, verschraubbare Öffnung an, in die das Ventil einer Fahrrad-Luftpumpe paßt. Dann pumpt man den Mast etwas auf. Leckstellen, die besonders an schwierigen Schweißstellen auftreten können, sind leicht zu finden, gegebenenfalls mit Seifenwasser-Pinsel-Methode. Die Generalprobe besteht darin, daß nach dem Dichtschrauben der Mast auch nach vielen Tagen noch unter Druck stehen muß. Beim Einbau an Bord läßt man die Luft ab. Die Verschraubung kann später zum Ablassen von Kondenswasser benutzt werden, das sich im Inneren des Mastes gebildet und unten angesammelt hat. Beschläge für Salings, Blöcke, Wanten und Stage lassen sich leicht und einfach herstellen und durch Schweißung am Mast befestigen. Hierbei dürfen aber nur besonders gute und zuverlässige Schweißer arbeiten.

41. Elektrolyse an Stahlbooten

Wenn auch jede Rosterscheinung heute als eine Art Elektrolyse aufgefaßt wird, bei der der zweite Elementteil im Stahl eingebettet liegt (vergl. Abschnitt 38), muß man auch diejenige Elektrolyse besprochen werden, bei der der zweite Elementteil außerhalb des Stahles liegt, etwa in Form einer Bronzeschraube oder einer Bronzebuchse. Die im Seewasser einsetzende Elementbildung wird die dem Bronzeteil am nächsten liegenden Stahlteile stark zusetzen. Man bemerkt es als Rosten. Besondere Schutzmittel müssen angewandt werden, um schwere Schäden zu verhüten:

Zunächst könnte man überhaupt die Verwendung von Buntmetallen außen am Unterwasserschiff vermeiden. So wäre eine Stahl-Schwanzwelle besser als eine solche aus Bronze oder ein Stahlgußpropeller besser als ein Bronzepropeller. Besonders kleinere Propeller können aber nur in Bronze oder Spezialmessing geliefert werden. Bordflansche und Seehähne, die an der Außenhaut befestigt werden, können demgegenüber leicht durch Stahl (oder auch durch Nirosta-Stahl!) ersetzt werden.

Dann wäre zu empfehlen, die dem Seewasser ausgesetzten Buntmetalle durch einen entsprechenden Anstrich elektrisch zu isolieren. Hierdurch kann keine Elementbildung mehr auftreten. Es muß also die blanke Bronzefläche mit einer Lack- oder Farbschicht bedeckt werden, die auch unter Wasser isolierende Wirkung behält. Solche Lacke gibt es in großer Zahl. Der Verfasser benutzte für diesen Zweck die am gesamten Unterwasserschiff verwandte Rostschutzfarbe *Primocon,* über die wie an den Stahlteilen die gegen Anwuchs schützende Giftfarbe (allerdings keine Kupferbronze!) gestrichen wurde.

Schließlich wendet man die sogenannten *Zinkschutzplatten* (*Zinkanoden*) an. In möglichst großer Nähe der Buntmetallteile werden Zinkstücke (etwa 10 bis 20 mm starke Zinkblechteile) elektrisch leitend am Stahlkörper des Schiffes befestigt. Solange noch Zink vorhanden ist, läuft jetzt der Strom nicht auf den Stahl, sondern auf das Zink, das elektrolytisch zersetzt wird, während der Stahl unberührt bleibt. Etwa nach einem halben Jahr müssen die Zinkstücke erneuert werden. Sie sollen nach außen das blanke Metall zeigen, dürfen also nicht mit Farbe bedeckt werden.

Abschließend sei bemerkt, daß die Verwendung von rostfreiem Stahl für den Bootsrumpf lediglich die Wirkung der *inneren Elektrolyse,* wie ich sie nennen möchte, ausschaltet. Kann aber ein außerhalb des Nirosta-Stahlrumpfes liegender Bronzeteil ein Element bilden, so tritt die *äußere Elektrolyse* auf. Dann rostet der nichtrostende Stahl genauso wie gewöhnlicher Stahl. Bei Booten aus nichtrostendem Stahl müssen also genau die gleichen oben erwähnten Schutzmaßnahmen ergriffen werden.

Elektrische Leitungen, zum Beispiel Lichtleitungen, dürfen auf stählenden Yachten nicht einpolig, wie etwa im Kraftwagenbau üblich, verlegt werden. Es hat sich gezeigt, daß die im Schiff kreisenden Ströme eine starke Elektrolyse hervorrufen können.

Wie bereits angedeutet, können diese Maßnahmen sinngemäß kombiniert werden. Ja wärmer und salzhaltiger das Wasser ist, desto stärker ist der Angriff.

42. Rostfreier Stahl im Bootsbau

Der größte Feind des Stahlbootes ist der Rost. Bei Verwendung von rostfreiem Stahl würde man ihn verhindern (mit Ausnahme der in Abschnitt 41 genannten äußeren Elektrolyse). Zweifelsohne würde man viele, ja, alle Schiffe und Boote aus diesem Stoff bauen, wenn es zu einem annehmbaren Preis zu beschaffen wäre. Das ist aber nicht der Fall, der Baustoff ist sogar sehr teuer. Die Folge ist, daß es praktisch keinen Bootsbau mit Verwendung von rostfreiem Stahl als Haupt-Baustoff gibt. Selbst in Schweden, wo der Preis rostfreien Stahls bedeutend niedriger ist, sieht man keine entsprechenden Fahrzeuge.

Für gewisse Zubehör- und Ausrüstungsteile des Bootesbaues, wie etwa Drahttauwerk, gewinnt allerdings die Verwendung des rostfreien Stahls mehr und mehr an Boden. Bei Drahttauwerk liegt auch die Anrostungsgefahr - besonders in den Spleißungen - besonders hoch, der Zinkschutz ist unzuverlässig, und so ist hier der Anreiz recht stark. Aber auch bei diesem Tauwerk müssen wir feststellen, daß der Preis in Schweden oder in den USA nur etwa halb so hoch ist wie bei uns. Die völlig unverständliche Differenz sollte uns die einschlägige Industrie gelegentlich erklären.

43. Leichtmetall im Bootsbau

Um es vorweg zu sagen: Zur Zeit ist die relativ seltene Verwendung von Leichtmetall im Bootsbau in dem hohen Preis begründet. Er liegt zwar bedeutend unter dem rostfreien Stahl, aber immer noch um ein Mehrfaches über demjenigen des einfachen Stahls.

Ein für den Bootsbau sehr geeignetes Leichtmetall ist eine *halbharte*, seewasserbeständige Aluminium-Legierung. Verlockend sind vor allem die guten Gewichtsverhältnisse. es sei vorausgeschickt, daß man wegen der geringen Festigkeitswerte (sowohl für die Gesamt- als auch für die örtliche Festigkeit) die Stärken der Bauteile mit 150% von Stahl wählt. Es ergibt sich folgender Vergleich für 1m Außenhautfläche für ein bestimmtes Boot:

20 mm Eichenholz, trocken (also nur über Wasser)	16 bis 17 kg/m^2
20 mm Mahagoni, trocken (über Wasser)	13 bis 17 kg/m^2
2 mm Stahl, ohne Farbe und Spachtel	15,7 kg/m^2
3 mm Leichtmetall, ohne Farbe und Spachtel	7,8 kg/m^2

Hier führt also das Leichtmetall. Bedenkt man weiterhin, daß hinsichtlich der absoluten Wasserdichtigkeit die gleichen Vorteile wie beim Stahlboot vorhanden sind, daß das Korrodieren - trotz Seewasserbeständigkeit - zwar vorhanden ist, aber im Vergleich zum Stahl sehr viel geringer auftritt und deshalb entsprechend leichter zu verhindern ist, so müßte uns das Leichtmetall als idealer Baustoff erscheinen. Es müssen deshalb die Gründe untersucht werden, warum seine Verwendung so selten erfolgt.

Der für unsere Zwecke zu hohe Preis wurde bereits genannt. Es dürfte auch kaum zu hoffen sein, daß sich Aluminium oder seine Legierungen in absehbarer Zeit merkbar billiger herstellen lassen, da Arbeitsaufwand, Stromverbrauch und so weiter sehr hoch sind.

Das Schweißen von Leichtmetall ist heute unter Verwendung einer Schutzgashülle möglich. Es ist aber durch die Anlagekosten der notwendigen Apparatur, durch die hohen Betriebskosten infolge des ständigen Verbrauchs des Schutzgases und durch die Notwendigkeit, Spezialisten wirken zu lassen, ebenfalls sehr teuer. Durch die große Ausdehnung der erhitzten Zonen entstehen größere Verformungen als beim Stahlschweißen.

So baut man im allgemeinen Leichtmetallboote in der an sich etwas überholten Niet-Bauweise (vergl. Abschnitt 38). Beim Nieten ist es wegen der Gefahr der Elektrolyse notwendig, daß die Nieten aus genau der gleichen Legierung bestehen wie die Bleche und Profile. Während man aber Bleche und Profile unmittelbar vom Leichtmetallwerk bezieht, kommen die Nieten von einem Nietenhersteller, der nicht alle Nietgrößen in allen (sonst erhältlichen!) Leichtmetallegierungen auf Lager hält oder in absehbarer Zeit herstellen kann. Eine sehr weite und sichere Lagerhaltung ist also auf der Werft notwendig.

Wenngleich schon Metallboote mit der Leichtmetall-Propeller und -Welle gebaut worden sind, wird man wegen der üblichen Lieferungsverhältnisse für Welle und Propeller doch einen anderen Baustoff, zum Beispiel Stahl oder Bronze, nehmen müssen. Die Wanten der Masten werden ebenfalls aus Stahl sein. Es entstehen also Berührungs- oder auch Verbindungsstellen zwischen Leichtmetall und Stahl, und hier besteht die Gefahr der Elementbildung, die das Leichtmetall korredieren ließe. Deshalb schreibt die Leichtmetall-Industrie für derartige Verbindungsstellen elektrische Isolationen vor, zum Beispiel Kunststoff-Unterlegscheiben, Kunststoffhülsen über den Schäkelbolzen und dergleichen. Auch gegen Blei ist Leichtmetall empfindlich. Man kann bei einer Segelyacht also nicht, wie es bei einem Stahlbau üblich ist, den Rumpf vollkommen aus Leichtmetall bauen und dann das flüssige Blei in die dafür vorgesehenen Abteile der Bilge (des sogenannten Kielkastens) gießen.

Eine Merkwürdigkeit des Leichtmetalls sei noch erwähnt: Leichtmetalle gleiten nicht auseinander, und selbst zwischen Bronze und Leichtmetall ist die Reibungszahl sehr hoch, so daß zum Beispiel der Bau von Lagern aus diesem Grunde unmöglich wird. Man hat einmal versucht, die Gleitschiene (Jackstag) an der Achterkante des

Mastes und die Rutscher für das Segel aus Leichtmetall herzustellen. Die Herstellung war kein Problem, die Verwendung aber unmöglich, weil das Segel mit seinen Rutschern weder aufwärts noch abwärts zu bewegen war.

Für Maler und Lackierer bestehen keine Schwierigkeiten, wenn sie vermeiden, bei Leichtmetall mit den üblichen Farben zu arbeiten (vergl. Abschnitt 114).

Hinsichtlich des Decks sind die Verhältnisse ähnlich wie beim Stahldeck, wenn es sich um die Begehbarkeit oder die Isolierung handelt (vergl. Anschnitt 40).

Ein großer Vorteil ist der Umstand, daß Leichtmetall unmagnetisch ist. Es kann also auch in unmittelbarer Nähe von Magnetkompassen eingebaut werden. Aus diesem Grunde verwendet man es auch auf Stahlschiffen für die Ruderhäuser oder deren Teile, die sich in der Nähe des Kompasses befinden.

Schließlich sei vermerkt, daß die Leichtmetallprofile nicht wie Stahl gewalzt, sondern im Strangpreßverfahren hergestellt werden. Dies hat zur Folge, daß man eine sehr große Anzahl der verschiedenen Voll- und Hohlprofile herstellen kann, wodurch sich für den Konstrukteur neue interessante Möglichkeiten bieten.

44. Kunststoff im Bootsbau

Der im Bootsbau verwandte Kunststoff (Polyesterharz mit Glasfasereinlage) muß in vielen Punkten als ein sehr geeigneter Bootsbaustoff erscheinen. Das Gewicht liegt zwar über dem von Holz, aber der Baustoff ist unempfindlich gegen Nässe und Trokkenheit und behält sein Volumen wie seine Form. Da das gesamte Boot oder bestimmte Bauteile des Bootes (wie zum Beispiel das Deck mitsamt den Aufbauten) aus einem Stück hergestellt werden können, kann der Forderung nach Wasserdichtigkeit vollkommen entsprochen werden. Eine Farb- oder Lackschicht ist auf einem Kunststoffboot nicht erforderlich, da die Oberfläche glatt, dicht und wasserabweisend ist und der Stoff in jeder beliebigen Farbe geliefert und verarbeitet werden kann. So entfällt auch der größte Teil der Instandhaltungsarbeiten. Ein Anstrich ist nur außen am Unterwasserschiff bei denjenigen Booten notwendig, die ununterbrochen längere Zeit im Wasser schwimmen, um den Anwuchs zu verhindern. Da die Festigkeit des Stoffes größer ist als diejenige von Holz, kann im allgemeinen mit geringeren Materialstärken gearbeitet werden als bei Holz, wobei allerdings an die Einschränkung hinsichtlich der örtlichen Festigkeit gedacht werden muß, die bei der Besprechung von Stahl im Verhältnis zu Holz erwähnt wurde (vergl. Abschnitt 37). So wird ein kleines Kunststoffboot etwa das Gewicht eines Holzbootes haben, ein größeres dagegen leichter als ein Holzboot werden. Wenn man noch bedenkt, daß nach den bisherigen Erfahrungen Alterungserscheinungen noch nicht festgestellt worden sind*) und Fäulnis- und Insektenschäden nicht auftreten können, daß sich jede noch so merkwürdig erscheinende Form herstellen läßt und der Bau des ganzes Bootes in wenigen Stunden vollführt werden kann, so ist die Frage berechtigt, weshalb wohl überhaupt noch Boote aus anderen Baustoffen gefertigt werden.

Es gibt mehrere Gründe, die ich im einzelnen kurz besprechen will. Ich hoffe, daß sich die Schwierigkeiten im Laufe weiterer Entwicklung doch noch erheblich verringern lassen.

Erstens liegen die von der chemischen Industrie für den Rohstoff geforderten Kosten noch so hoch, daß das Kunststoffboot nicht als ernsthafter Konkurrent des Holzbootes auftreten kann. Dieser Zustand läßt sich aber ändern, wie es das Beispiel der USA zeigt. Berücksichtigt man weiterhin, daß die Amortisation nicht wie bei einem Holzboot auf 15 bis 25 Jahre, sondern auf 50 oder noch mehr Jahre zu verteilen ist, so sieht das Bild noch anders aus. nachteilig ist nur, daß in 50 Jahren das Boot in seinem Typ unmodern geworden ist und aus diesem Grunde bereits seinen Wert verloren hat, selbst wenn es in seinem Bauzustand noch als vollwertig betrachtet werden kann.

Wenn zweitens der Bau des Bootes nur sehr kurze Zeit beansprucht, so setzt er doch das Vorhandensein von kostspieligen Formen und anderen Vorrichtungen voraus, die angeschafft und unterhalten werden müssen. Diese Formen (Innenform, Außenform oder doppelte Form) können natürlich nur für einen ganz bestimmten Bootstyp verwandt werden. Das am Bootskauf interessierte Publikum muß also beachten, daß eine bestimmte Firma nur einen einzigen oder höchstens zwei Typen von Booten herstellen kann. Wünscht man einen anderen Typ oder andere Abmessungen, so muß man eben zu einer anderen Werft gehen, die diesen betreffenden Typ herstellt. Nur auf diese Weise wird es möglich sein, Kunststoffboote rationell herzustellen, das heißt die notwendigen Formen ständig auszunutzen. Auch wird sich die kürzere Arbeitszeit für das Einzelboot so auswirken, daß ein sehr günstiger Preis für das fertige Boot entsteht.

Die Schwierigkeiten in der Erlangung dieses Zieles sind durch die Struktur der meisten Bootsbaubetriebe begründet, die vornehmlich kleine Handwerksbetriebe sind und jeden einzelnen Kunden individuell zu behandeln gewohnt sind. Sie können es nicht übers Herz bringen, denjenigen Kunden, dessen Boot nun einmal 30 cm breiter werden soll, zum Konkurrenten zu schicken. Vielleicht läßt sich diese neue Art von Bootsbau und Bootskauf erst dann durchführen, wenn sich der Gesamtabsatz von Booten um ein Vielfaches erhöht hat. Im Sportsbootsbau gibt es ja bei den Einheitsbooten (wie der Olympia-Jolle oder dem Finn-Dinghy) und im übrigen Bootsbau bei den Rettungsbooten, die die größeren Schiffe an Bord nehmen, feste Typen großer

*\)*Die Korrosion von Kunststoffen, die Osmose, ist erst später festgestellt worden (Der Verlag).*

Serien. In beiden Fällen ist die Typisierung bereits vorhanden. Es bleibt nur noch übrig, den zweiten Schritt zu tun, und die Hersteller der verschiedenen Typen auf die einzelnen Werften zu verteilen. Andernfalls muß damit gerechnet werden, daß die Industrie diese Reihenherstellung von Booten übernimmt. Dieser zweite Schritt ist eine Organisationsfrage, die nicht in den Rahmen dieser Arbeit gehört.

Als dritte Schwierigkeit wird vor allem für kleine Boote angeführt, daß Kunststoff schwerer ist als Wasser uns daher ein vollgeschlagenes oder gekentertes Boot sinken würde (übrigens würde ein vollgeschlagenes Holzboot mit einem Motor ohne besondere Hilfsmittel ja auch sinken!). Solche Hilfsmittel lassen sich bei einem Kunststoffboot verhältnismäßig leicht anbringen; entweder in Form von Kunststoff-Lufttanks, die man mit Leicht-Schaumstoffen ausschäumen kann, damit sie auch Leckfälle noch tragen, oder durch den Einbau fester, aus Leicht-Schaumstoff hergestellter Auftriebskörper an geeigneten Stellen oder hinter einer Verschalung. Ferner können die Außenhaut und das Deck mehrschichtig gebaut werden, so daß zwischen die beiden festen und dichten Außenschichten (gewissermaßen Außen- und Innenhaut) eine den Auftrieb liefernde Leichtschicht aus geschäumten Kunststoff gelegt wird.

Auf eine Eigenart der Kunststoffoberfläche sei nochmals hingewiesen: Die Glätte der Oberfläche ist angenehm bis auf einen Fall: Bei größeren Booten muß man das Deck betreten können, und es besteht dann die Gefahr, daß das Kunststoff-Deck zu glatt ist, besonders bei Nässe. Hier müßte in Zukunft etwas geschehen, um einen unangenehmen Zustand - der auf lackierten Holzdecks in ähnlicher Weise zutrifft - zu beseitigen.

Kapitel D

Baustoffe für den Ausbau die Ausrüstung und das Zubehör

45. Baustoffe für das Zubehör : Stahl und Metalle

Während bislang die Stoffe besprochen wurden, aus denen die Bootsrümpfe, Decks und so weiter unmittelbar gebaut werden können, sollen jetzt jene kurz erwähnt werden, die für den Zusammenbau, den Ausbau und die Ausrüstung der Boote benötigt werden.

Stahl. Bei größeren Booten wird man ohne gewisse Schmiedeteile nicht auskommen. Der Baustoff hierfür wurde früher Schmiedeeisen genannt; heute bezeichnet man ihn als Schmiedestahl oder kurzweg Stahl. Heißhaken und Ruderbeschläge an Rettungsbooten, Stevenbeschläge, Püttings für die Wanten und der größte Teil der Verbolzung werden aus Stahl angefertigt, und fast jede Werft hat eine kleine Schmiedewerkstatt, in der diese Bauteile zum Einpassen an Bord hergestellt werden. Alle diese Stahlteile neigen zur Rostbildung, die in Seewasser auch bei Berührung mit Eichenholz gefährliche Ausmaße annehmen kann (vergl. Abschnitt 28). Hier hilft nur eine gute Verzinkung. Von den meisten Werften müssen die fertig zugepaßten Schmiedeteile in die nächstgelegene Verzinkerei geschickt werden. Trotzdem ist gerade für Bolzen der Zink nur ein unzuverlässiger Schutz, weil Fehler oder beginnende Zerstörung im Zinkbelag unsichtbar bleiben. Deshalb werden wertvolle Boote oftmals ohne Stahlbolzen, nämlich *kupferfest* gebaut. Hierbei sind alle Verbolzungen und Verschraubungen im Schiff aus Kupfer oder einer kupferhaltigen Legierung wie Bronze, Messing oder ähnlichem hergestellt. Statt des Verzinkens wendet man heute auch das Verchromen an und soll gute Erfolge erzielt haben.

Kupfer ist ein verhältnismäßig weiches, aber zähes, korrosions - und wärmefestes Metall. Es korrodiert an der Oberfläche, wobei der bekannte grüne Edelrost, die Patina (Grünspan) entsteht. Dieser Rost hat die unschätzbare Eigenschaft, das darunter liegende Kupfer vor weiterem Angriff zu schützen, während beim Stahl der Rost das weitere Rosten fördert. So ist Kupfer, jedenfall für unsere Zwecke, unzerstörbar durch Korrosion.

Wegen seiner Weichheit wird es für Gewindebolzen nicht verwandt, wohl aber für Nieten (=Klinkbolzen), besonders beim Bau geklinkerter Boote.

Holzboote, die längere Zeit nicht aus dem Seewasser genommen werden können (besonders in den Tropen), werden unter Wasser mit dünnem Kupferblech beschlagen oder *gekupfert*. Man schützt sich auf diese Weise wirksam gegen Bewuchs und auch die Bohrmuschel. Der Schutz ist um so stärker, je kräftiger die Grünspanbildung vorgeschritten ist. Gekupferte Boote müssen übrigens kupferfest gebaut sein, weil andernfalls die Stahlbolzen elektrolytisch zersetzt werden. Dies bezieht sich auch auf verzinkte Bolzen, da ja zunächst der Zinküberzug und dann der Stahl zerfressen wird (vergl. Abschnitt 41).

Lufttanks für Rettungsboote werden ebenfalls aus Kupfer oder einer Kupferlegierung hergestellt.

Die **Kupferlegierungen** (Bronze, Messing und so weiter) sind ähnlich korrosionsfest, aber härter und fester. Deshalb kann man aus ihnen Bolzen herstellen und auf diese Gewinde schneiden. Diese Bolzen werden für *kupferfeste* Boote statt der Stahlbolzen und auch als Ballastkiel-Bolzen verwandt, sofern der Ballast aus Blei besteht. Bei Gußeisenballast darf man wegen der entstehenden Elektrolyse keine Bronzebolzen verwenden.

Holzschrauben, Brennstoff- und Frischwassertanks werden ebenfalls aus Kupferlegierungen hergestellt, weil reines Kupfer zu viel Grünspan ansetzt. Es gibt für diese Tanks Speziallegierungen. Für Rohrleitungen ist dagegen Kupfer besonders gut geeignet, vor allem für Brennstoffleitungen.

Rostfreier Stahl wird, wie bereits angedeutet, gern für das Stahldraht-Tauwerk der Takelage statt des verzinkten Materials verwandt. Trotz der hohen Kosten dürfte sich dieses Verfahren für das stehende Gut durchaus lohnen. Es altert ja nur durch die Witterung und würde, aus rostfreiem Stahl hergestellt, länger als das dazugehörige Boot leben. Bei laufendem Gut liegen die Verhältnisse anders, da dieses Tauwerk über Blockscheiben läuft (die bei Yachten stets einen zu geringen Durchmesser haben), aus diesem Grunde bald brüchig wird und ersetzt werden muß. Deshalb würde sich hier rostfreies Stahltauwerk weniger lohnen.

Beliebt sind ferner Abwaschbecken aus rostfreiem Stahl.

Zink ist bei Fernhalten von Stahl recht korrosionsfest und dazu billig. Hauptverwendung erhält es bei der Verzinkung von Stahlteilen, wobei im Korrosionsfall zuerst das Zink und dann erst der Stahl angefressen wird.

Bei Zink bildet sich, ähnlich wie bei Kupfer, eine Oxydschicht, die das weitere Oxydieren verhindert. Da sie aber eine schmutzig-graue Farbe hat, bietet ein Gegenstand aus Zink keinen sehr schönen Anblick. Als man früher noch anspruchsloser war, wurden aus Zinkblech gern Abwaschbecken, Auskleidungen von Kochtischen sowie Schutzbleche gegen Leck- und Bilgewasser hergestellt. Dieses Gegenstände sind technisch einwandfrei, aber meist wünscht man heute ein gefälligeres Äußeres.

46. Baustoffe für die Ausrüstung: Draht-Tauwerk

Dieses wird hauptsächlich für die Takelung verwandt und aus verzinktem Tiegelgußstahldraht mit Festigkeitswerten (Bruchfestigkeit) von 60 bis 160 kg/mm^2 oder auch aus rostfreiem Stahl hergestellt.

Bei der Machart des verzinkten Stahlseiles müssen wir den Verwendungszweck des Seiles klar unterscheiden. Für stehende Gut (Wanten und Stage) muß dickdrähtiges Tauwerk verwandt werden (am besten wäre massiver Rundstahl!), weil dieses Tauwerk bei gegebenem Außendurchmesser des Seiles am meisten trägt, die Zinkschicht dicker und damit wirksamer sein kann und somit das Rosten erst später einsetzt. Auch geht die Abnahme der Festigkeit des Seiles sehr viel langsamer vor sich als bei dünndrähtigem Tauwerk. Merkwürdigerweise wird dieser letzte Umstand von den Verbrauchern nicht immer richtig erkannt und oft aus Bequemlichkeit beim Einkauf nur eine Sorte Tauwerk für die Takelung verwandt. Das ist aber falsch. Ein kleines Rechenbeispiel soll dies beweisen:

Bei einem Drahtseil von 10 mm Außendurchmesser der Konstruktion 6 x 7 + 2 (= 6 Litzen zu je 7 Einzeldrähten plus einer Hanfseele) beträgt der Durchmesser des Einzeldrahtes 1,1 mm^2. Das Tau hat eine Bruchfestigkeit von 5,18 t bei einem Stahl von 130 bis 140 kg/mm^2 Bruchfestigkeit. Es handelt sich hier um ein dickdrähtiges, steifes Tau, das für stehendes Gut hergestellt wird.

Ein Drahtseil für laufendes Gut muß dagegen weich und *lehnig* sowie aus vielen, sehr dünnen Einzeldrähten hergestellt sein. Ein solches Seil ist zum Beispiel die Konstruktion "6 x 18 + 7", also ein Seil, das aus 6 Litzen zu je 18 Einzeldrähten besteht, wobei jede Litze eine Hanfseele und dann das Seil selbst noch einmal eine Hanfseele hat. Der Durchmesser des Einzeldrahtes beträgt 0,5 mm, die Burchfestigkeit bei Verwendung derselben Stahlsorte wie vorher 2,75 t, also nur 53% des erstgenannten Seiles. Es gibt zwar lehige Seile, die (bei gleichem Außendurchmesser des Seils) noch einige Einzeldrähte mehr besitzen, wobei dann die Hanfseelen dünner sind. Die Bruchfestigkeit ist dann wohl größer, doch das Seil ist weniger lehnig.

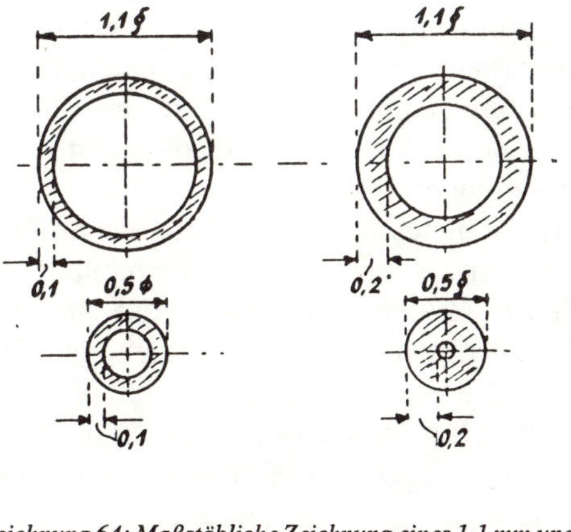

Zeichnung 64: Maßstäbliche Zeichnung eines 1,1 mm und eines 0,5 mm Drahtes. Jeder Draht ist um 0,1 und 0,2 mm abgerostet. Der Rost-Verlust ist (maßstäblich) schraffiert gezeichnet

Die Dauerhaftigkeit gegen Korrosion ist das wesentliche Kennzeichen eines Drahtseils für stehendes Gut. Nehmen wir an, durch Rost hätten die Einzeldrähte beider Seiltypen eine Schicht von zuerst 0,1 mm und dann von 0,2 mm verloren (Zeichnung 64). Es ergibt sich dann ein folgender Verlust an tragendem Querschnitt beziehungsweise bleiben folgende tragende Querschnittsflächen mit entsprechender Tragkraft der Seile erhalten:

		Abrostung 0,1 mm		Abrostung 0,2 mm	
Durchmesser des Einzeldrahtes	Querschnitt des Einzeldrahtes	verbleibende Restfläche		verbleibende Restfläche	
		mm^2	%	mm^2	%
1,1 mm	0,95 mm^2	0,64	67	0,39	41
0,5 mm	0,196 mm^2	0,071	36	0,008	4

Die Tabelle gibt die verbleibenden Flächengrößen an. Die Tragkraft des Seils wird dadurch noch weiter vermindert, daß die der Rostschicht benachbarten Teile des Stahls “mürbe” geworden sind. Hierdurch wird das dünndrähtige Seil noch schwächer, das heißt bei einer Abrostung von 0,1 mm Stärke (Dicke einer Rasierklinge!) würde noch eine Tragkraft von nur 30% (trotz 36% Restfläche) übrigbleiben, und bei einer Rostschicht von 0,2 mm wäre das Seil bereits zerfallen.

Das Verspleißen von Drahtseilen schwächt deren Tragkraft. Man rechnet mit einem Verlust von etwa 10%. Wichtiger ist aber, daß durch den Spleißvorgang die Verzinkung der Einzeldrähte beschädigt wird. Daher kommt es, daß Drahttauwerk stets in den Spleißungen zuerst rostet. Dieser Rostvorgang wird noch dadurch verstärkt, daß durch die Bekleidung des Spleißes mit dünnem Tauwerk (die wie ein feuchter Verband wirkt) die Nässe hier viel länger einwirken kann als am freien, unbekleideten Seil. Hinzu kommt noch bei den Wanten, daß deren untere Spleißung im Bereich von See-Spritzwasser liegt. So ist es leicht verständlich, daß zuerst die Spleißungen rosten und wegen dieses Rostens das Drahttauwerk erneuert werden muß.

Eine gute Abhilfe gegen diese Schwierigkeit bietet die Verwendung von Seilhülsen anstelle der Spleiße. Es gibt einen Typ, die im Großschiffbu seit Jahrzehnten verwandt wird und keine Schwächung der Seiltragkraft bewirkt. Die Hülse ist etwas konisch gearbeitet. Die einzelnen Drahtenden werden alle einzeln umgebogen. Der entstandene Knödel wird dann wieder in die Hülse hineingezogen und dann diese mit einem Spezialmetall (das zur Hauptsache aus Blei besteht) vergossen. Die Hülse selbst besteht aus Stahlguß, der etwa die gleichen Eigenschaften wie Schmiedestahl besitzt. Die ist feuerverzinkt. Ihr einziger Nachteil ist, daß sie für eine Yacht etwas klobig und schwer wirkt. Trotzdem wird sie auf seegehenden Fahrzeugen, auf denen

Festigkeit und damit Sicherheit wichtiger sind als Eleganz, gern verwandt.

Für die Stahlseile aus rostfreiem Material, die sich oftmals wegen ihrer andersartigen Konstruktion (sie bestehen nicht aus mehreren Kardeelen oder Litzen, sondern das ganze Seil ist sozusagen nur ein Kardell) nur sehr schlecht spleißen lassen, hat man Seilhülsen geschaffen, die durch Spezialmaschinen unter Anwendung sehr hoher Drücke an oder besser auf das Seil gepreßt werden. Sie bestehen ebenfalls aus rostfreiem Stahl. Bei korrekter Ausführung tritt kein Verlust an Seiltragkraft ein. Die aufgepreßten Hülen sind nur wenig stärker als das eingelegte Seil.

Wenn auch bei den Seilhülsen für jede Seilstärke eine besondere Hülsengröße bereitgehalten wird und bei den Preßhülsen zudem eine Spezialmaschine vorhanden sein muß, die im allgemeinen nicht die Werft, sondern nur der Seilhersteller oder eine größere Taklerfirma aufstellen wird, und weiter die einzelnen Seile auch bezüglich der Länge nicht mehr an Bord zugepaßt werden können, sondern nach Maß bestellt werden müssen, so hat sich trotzdem die Seilhülse mehr und mehr durchgesetzt. Sie wird wahrscheinlich die bisherige Spleißung einmal ganz verdrängen.

47. Tauwerk aus Faserstoffen

Diese Tauwerksart wird vielfach nach ihrem Umfang, nicht nach dem Durchmesser gemessen, da man mit primitiven Mitteln den Umfang genauer ermitteln kann als den Durchmesser. Die Werte für die Bruchfestigkeit der einzelnen Tauwerksarten schwanken sehr, da es sich um Fasern handelt, die nach ihrer Herkunft und nach ihrer Auswahl sehr verschieden sein können. Bei Kunstfasern liegen die Werte einheitlicher. Die Burchfestigkeit wird in kg/cm^2 angegeben, wobei die Querschnittsfläche die Bruttofläche ist, also der Kreis mit dem Seildurchmesser. Die Nettofläche ist geringer, aber schwieriger bestimmbar. Wird dagegen von der Faser selbst gesprochen, so bezieht man sich auf den Netto-Querschnitt. Folgende Tabelle zeigt die Eigenschaften einiger für uns wichtiger Pflanzenfasern:

	Rohstoff	spezifisches Gewicht	Zellenlänge	Reißlänge	Bruchfestigkeit
		gr/cm^3	mm	km	kg/cm^2
Stengel-Fasern	Flachs/Lein	1,49	4-66	24-53	3500-7600
	europ. Hanf	1,48	5-55	35	8300
Blatt-Fasern	Manilahanf (Banane)	1,3	4-10	35-80	4900-6000
Samen-Fasern	Baumwolle	1,48	10-30	25-28	3900-4200

Hierbei bezieht sich die Bruchfestigkeit auf den Netto-Querschnitt der Faser; nur so ist die Höhe der angegebenen Werte zu verstehen, die teilweise über denjenigen von Stahl liegen. Die Reißlänge gibt eine Anhalt über das Verhältnis von Bruchfestigkeit zu Gewicht. Die gibt die Faserlänge an, die notwendig wäre, um diese Faser allein durch das Eigengewicht zum Zerreißen zu bringen.

Die Festigkeit der Seile hängt von der Qualität des Rohstoffes ab (Festigkeit und Faserlänge), ferner von der Machart des Seiles. Die meisten Seile werden *geschlagen*. Hierunter versteht man das Zusammendrehen (Spinnen) der Fasern zu Garnen, das Zusammendrehen der Garne zu Kardelen oder Litzen und schließlich ihr Zusammendrehen (Schlagen) zum eigentlichen Seil. Besonders im ersten Arbeitsgang müssen die an sich kurzen Fasern durch den Drall so stark aufeinandergepreßt werden, daß die Reibung sie daran hindert, aufeinander zu gleiten. Das Seil wird um so besser, je länger die Einzelfaser ist, denn dann braucht der Drall nicht so stark zu sein. Er macht das Seil steif und vermindert seine Tragkraft. Durch zu starken Drall - hier würde man sagen *zu starkes Wringen* - kann man zum Beispiel ein Wäschestück zerreißen, ohne überhaupt Zugkraft auf das zusammengedrehte Stück gebracht zu haben.

Hanftauwerk war bei uns das erste in der Schiffahrt benutzte Tauwerk, weil es aus einheimischem Rohstoff hergestellt wurde. Erst das Auftreten fremdländischer Fasern hat seine Verwendung als Tauwerk immer mehr eingeschränkt. Das aus Hanf geschlagene Tauwerk ist in trockenem Zustand recht lehnig, saugt aber viel Wasser auf und wird dann hart. Die Widerstandskraft gegen Fäulnis (Rott) ist gering. Deshalb konserviert man gerade Hanf gern mit säurefreiem Teer. Das Tauwerk wird hierdurch ebenfalls recht steif. Da der Teer die einzelnen Fasern etwas aufeinanderklebt und damit die Reibung gegeneinander vergrößert, müßte das geteerte Hanftau eine größere Festigkeit besitzten als das ungeteerte. Dies trifft aber nicht zu, da der Teer die Festigkeit der Faser vermindert. Es kann aber auch sein, daß die Reepschläger für geteertes Tau geringerte Hanfqualitäten (mit kürzeren Einzelfasern) verwenden, weil der Teer den Zusammenhalt des Seils fördert. Man gibt für geteertes Hanftauwerk die auf die Brutto-Seilfläche bezogene Bruchfestigkeit mit 540 bis 560 kg/cm^2 an. Für ungeteertes Hanftauwerk liegend die Werte bei 600 bis 620 kg/cm^2.

Manilatauwerk wird normalerweise nur ungeteert geliefert. Die Bruchfestigkeit beträgt ungefähr, auf die Brutto-Seilfläche bezogen, 670 kg/cm^2. Es gibt aber recht unterschiedliche Qualitäten. Mitunter wird die an sich bräunliche Faser aus ästhetischen Gründen gebleicht. Es ist denkbar, daß hierdurch Festigkeit oder Lebensdauer beeinflußt werden. Manilatau ist heute in der Schiffahrt das gebräuchlichste Tauwerk. Es ist weniger rottempfindlich als Hanf und läßt sich leichter trocknen.

Kokostauwerk hat ein außerordentlich grobes Gefüge und ist deshalb bei Booten und Yachten seltener zu finden. Sein Festigkeitswert ist etwas geringer als derjenige von Hanf. Das Tauwerk hat aber einige Vorzüge: Es ist sehr leicht, so daß es lange

Zeit schwimmt, was beim Verholen und Ausfahren von Leinen von Vorteil ist. Ferner ist es unempfindlich gegen Verrotten. Es wird behauptet, daß die Abnahme seiner Festigkeit im Laufe der Jahre nicht durch Fäulnis entsteht, sondern durch die Einwirkung der Sonnen- und kosmischen Strahlen, die ja jede Pflanzenfaser schädigen. Außerdem nutzt sich jedes Tau im Inneren ab, wenn beim Biegen des Taus die einzelnen Fasern und Garne aufeinander gleiten. Schließlich ist Kokostauwerk recht dehnbar. Es federt gut und hält als Festmach- oder Schlepptrosse Stöße vom Schiff fern.

Baumwolltauwerk hat von allen bislang genannten Arten ohne Frage die größte Festigkeit und Eleganz. Wegen seines hohen Preises verwendet man es jedoch im allgemeinen nur für Schoten, die viel in die Hand genommen werden müssen. Durch die Weichheit der Fasern nimmt es leicht Wasser und auch Schmutz auf, so daß es als Festmachleine weniger empfehlenswert erscheint. Baumwolltauwerk wird in der üblichen geschlagenen und in geflochtener Machart hergestellt. Die Festigkeitswerte dürften etwa gleich sein. Das geschlagene Tau ist meist etwas steifer und neigt zur Kinkenbildung, wenn es aufgeschlossen wird, da das Tau selbst keinen Drall aufnehmen kann. Geflochten ist es weich, kann keinen Drall vertragen und bleibt daher kinkenfrei. Einmal naß geworden, trocknet es schlechter als das geschlagene Tauwerk, bei dem die trockene Luft an den Kardeelen entlang leichter ins Innere dringt. Deshalb rottet das geflochtene Baumwolltau etwas früher.

Nylon- und Perlon-Tauwerk besitzen eine sehr viel größere Festigkeit als die bislang erwähnten Arten. Die Burchfestigkeit liegt etwa zwischen 2200 kg/cm^{2}und 4000 kg/cm^2 hier auf den *Brutto*-Querschnitt des Taues bezogen, je nach Material und Machart, Kunststofftau kann daher schwächer als die übrigen Arten gewählt werden. Hierdurch wird der nicht unerhebliche höhere Preis wieder wettgemacht. Seine Stärke liegt aber in zwei anderen Eigenschaften: Das Tauwerk ist außerordentlich unempfindlich gegen Rott und Sonnenstrahlen, und es ist sehr elastisch. Daher ist es als Schleppleine in der Schiffahrt zu hohem Ansehen gekommen. Die Bruchdehnung beträgt 40 bis 100 %. Das heißt, daß eine Schlepptrosse oder dergleichen bei Belastung bis zum Bruch sich eventuell vorher auf die doppelte Länge dehnt. Läßt man es aber nicht zum Bruch kommen, sondern entlastet vorher die Leine, so zieht sie sich, ähnlich einem Gummiband, wieder auf die ursprüngliche Länge zusammen. Die Unterschiede ergeben sich einmal aus dem Material selbst, sodann aus einer Vorbehandlung (*Imprägnierung*), die eventuell angebracht worden ist, um die Trossen abreibfester zu bekommen. Nylontauwerk wird in mehreren Preis- und Festigkeitsklassen geliefert. Am festesten, aber auch teuersten ist das weiße Tauwerk, das ähnlich weiß wie Baumwolltauwerk ist, sich aber sehr hart anfühlt. Die zweite Qualität ist hellgrau und weicher.

Die Verwendung auf Yachten ist dadurch eingeengt, daß es dort, wo die Länge des unter (schwankender) Last stehenden Taues unverändert bleiben soll - wie etwa bei den Fallen und Schotten - nur bedingt verwendbar ist. Eine zweite, recht nachteilige Eigenschaft ist die Empfindlichkeit gegen Schamfilen (Scheuern, Reiben), was um so merkwürdiger ist, als ja Wirkwaren wie Strümpfe aus Nylon in der Bekleidungsindustrie gerade durch ihre Reibungsfestigkeit bekanntgeworden sind. Offenbar muß das für Tauwerk bislang verwandte Material anderer Art sein. Wir wollen, daß die Zukunft uns in diesem Punkt besseres Tauwerk bringen wird.*)

BAUMWOLLE 8fach geschlagen. Seil-Nenn-: 6, 10, 12, 16 mm. Seilgewicht in kg per 100 m: 1,5, 5,0, 7,5, 12,0 kg.

Mindestbruchfestigkeit: 150, 400, 650, 1100 kg.

LANGHANF 4schäftig. Seil-Nenn-: 6, 10, 12, 16, 20 mm. Seilgewicht in kg per 100 m: 5,3, 8,5, 12,0, 20,0 31,0 kg

Mindestbruchfestigkeit: 520, 880, 1230, 3160 kg.

MANILA 3schäftig. Seil-Nenn-: 12, 16, 20, 24 mm. Seilgewicht in kg per 100 m: 10,8, 19,8, 28,8, 41,4 kg.

Mindestbruchfestigkeit: 945, 1715, 2545, 3585 kg.

MARLOW 3schäftig. Seil-Nenn-: 5, 6, 7, 8, 10 mm. Seilgewicht in kg per 100 m: 5,3, 5,6, 6,4, 8,4, 9,0 kg.

Mindestbruchfestigkeit: 394, 546, 724, 953, 1200 kg.

DIOLEN 3schäftig geschlagen. Seil-Nenn-: 6, 10, 12, 16, 20 mm. Seilgewicht in kg per 100 m: 2,5, 7,6, 11,0, 18,0, 28,5 kg.

Mindestbruchfestigkeit: 580, 1340, 1830, 3100, 4850 kg.

DIOLEN 8fach geflochten. Seil-Nenn-: 6, 10, 14 mm. Seilgewicht in kg per 100 m: 2,2, 6,5, 13,0 kg.

Mindestbruchfestigkeit: 450, 1100, 2700 kg.

POLYPROPYLEN 3schäftig. Seil-Nenn-: 6, 10, 12, 16, 20 mm. Seilgewicht in kg per 100 m: 3,6, 4,5, 6,5, 11,5, 18,0 kg.

Mindestbruchfestigkeit: 980, 1370, 2100, 3500, 5400 kg.

PERLON und NYLON 8fach geflochten. Seil-Nenn-: 4, 6, 10, 12 mm. Seilgewicht in kg per 100 m: 1,3, 2,5, 6,5, 9,0 kg.

Mindestbruchfestigkeit: 200, 600, 1100, 1350 kg.

PERLON und NYLON 3schäftig geschlagen. Seil-Nenn-: 6, 10, 12, 16, 20 mm. Seilgewicht in kg per 100 m: 2.0, 6,0, 9,0, 16,0, 24,0 kg.

Mindestbruchfestigkeit: 880, 1900, 2750, 4500, 7000 kg.

POLYÄTHYLEN 3schäftig. Seil-Nenn-: 6, 10, 12, 16, 18 mm. Seilgewicht in kg per 100 m: 2,1, 5,3, 8,4, 13,2, 17,6 kg.

Mindestbruchfestigkeit: 510, 1320, 1840, 2840, 3700 kg.

ULSTRON 3schäftig. Seil-Nenn-: 10, 12, 14, 16, 18 mm. Seilgewicht in kg per 100 m: 18,0, 25,0, 31,0, 40,0, 50,0 kg.

Mindestbruchfestigkeit: 940, 2000, 2800, 3600, 4570 kg.

*\) *Heute (1990) sind Kunstfasertauwerke der unterschiedlichsten Arten und Festigkeiten erhältlich (Der Verlag).*

Kapitel E

Der Bau hölzerner Boote und Schiffe

48. Vorbereitungen • Spantenplan • Helling

Die Bauweise eines hölzernen Bootes (oder Schiffs) hängt nicht allein von dessen Größe, Typ und Baustoff, sondern noch von vielen anderen Faktoren ab. Gerade bei kleineren Fahrzeugen ist es wichtig zu wissen, wieviel Boote vom gleichen oder nahezu gleichen Typ zu gleicher Zeit oder unmittelbar gebaut werden sollen. Wenn man zum Beispiel 100 gleiche Boote bauen soll, kann man ganz andere Arbeitsmethoden anwenden und die Herstellungskosten erheblich senken. Die Art der Werft, ihre Größe, ihr Maschinenpark, ihre Transportmöglichkeiten im Inneren, ihre Hallen und so weiter können andererseits die Möglichkeiten, ein Boot zu bauen, einengen und bestimmen. Schließlich sei noch das personelle Moment erwähnt, die Einstellung der Werftleitung, die Fähigkeiten und die Gewandtheit der Belegschaft sowie die Tradition der Werft. So wird man verstehen, wenn heute die verschiedenartigsten Baumethoden nebeneinander bestehen.

Außer einem flachbodigen Handkahn dürfte wohl kaum ein Boot ohne Zeichnung mit den genauen Aufmaßen für die einzelnen Querschnitten (die Spanten) gebaut werden. Die Aufgabe der Werft ist es, den Spantenriß und zumeist auch den Längsriß nach den vorliegenden Konstruktionsunterlagen in natürlicher Größe aufzuzeichnen. Nach diesem Riß wird dann der Bau ausgeführt.

Mannigfaltig sind die Möglichkeiten, einen Spantenplan aufzuzeichnen. Auf größeren Werften dient hierzu der Schürboden, eine ebene Fläche in einem besonderen Arbeitsraum, auf die der Spantenriss und auch der Längsriß aufgezeichnet werden. Soll das Schiff oder Boot hinsichtlich der Länge in einem Riß gezeichnet werden, so muß der Schürboden länger sein als die Größe des zu erbauenden Schiffes oder Bootes.

Ist bei kleineren Fahrzeugen der Konstruktionsriß bereits in einem größeren Maßstab und zudem recht genau ausgearbeitet worden, so begnügt man sich vielfach nur mit dem eigentlichen Kernstück der Konstruktionszeichungen, dem Spantenriß. Hieraus ergibt sich dann auch die Möglichkeit, die lästige räumliche Trennung von Spantenplan (auf dem Schürboden) und Bauplatz des Bootes (in einer Werkhalle) zu vermeiden.

Wichtig ist es, daß sich weder der Baustoff des Spantenplanes noch des ganzen Schürbodens durch Luftfeuchtigkeit verzieht. Bei dem früher üblichen und einzig möglichen Massivholz was dies leider der Fall. Die an sich kleiner Fläche des Spantenplanes zeichnet man daher heute auf eine entsprechend große Sperrholz- oder Hartfaserplatte. Bei größeren Spantenrissen kann man sich den Plan auch aus mehreren derartigen Tafeln zusammensetzen. Man hat jetzt die Möglichkeit, den Plan dorthin zu lagen, wo er gebraucht wird. Ist das Fahrzeug fertig gebaut, so kann der Plan so lange auf Lager genommen werden, bis man sicher ist, daß er für einen Nachbau nicht mehr benötigt werden wird. Wäre der Spantenriß auf dem Schürboden, also einer nicht transportablen Fläche, aufgemalt, so müßte er bei Vorbereitung des nächsten Baues dem neuen Riß Platz machen. Er wird dann mit Ölfarbe übermalt.

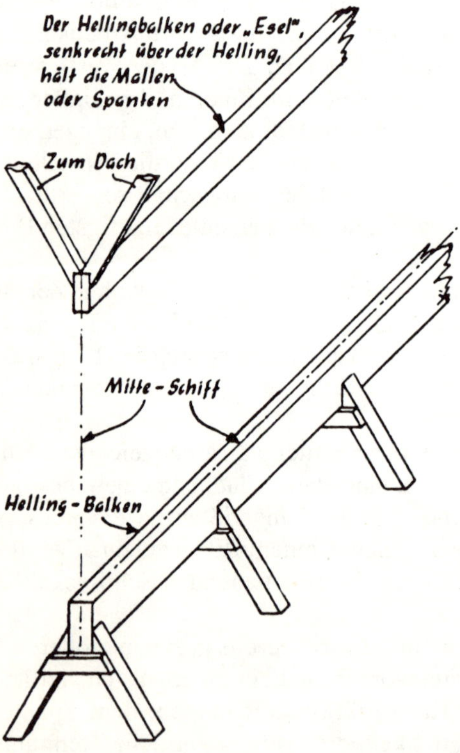

Zeichnung 65: Eine Helling für kleine Boote. - Der Hellingbalken oder "Esel", senkrecht über der Helling, hält die Mallen oder Spanten

Auch der Schürboden ist aus den gleichen Gründen schon vollkommen mit Sperrholzplatten ausgelegt. Heute würde man auf eine Beton-Konstruktion einen Belag aus Litosilo, Steinholz oder Kunststoff legen. Diese Fläche *steht* bei jedem Witterungswechsel. Sie wird wie Holz mit heller Ölfarbe behandelt. Allerdings wird es hier nicht möglich sein, die Straklatten durch kleine Stifte, die in den Plan eingeschlagen werden festzuhalten, und man wird zur Schonung der Plan-Oberfläche ganz auf Strakgewichte angewiesen sein.

Die Helling für normal kielunten gebaute Boote besteht meist aus einer hochkant stehenden Bohle, deren Oberkante (die spätere Unterkante Kiel) etwa einen halben Meter über Flur liegt. Bei sehr kleinen Booten mit breitem und flachem Boden legt man die Helling auch höher, um bequem daran arbeiten zu können (Zeichnung 65). Zweckmäßig ist die Anordnung einer Art *Gegenhelling* etwa 2 m (mehr oder weniger, je nach Boots- und Schuppengröße) über der Helling. Sie kann leichter als die Helling sein; an ihr werden später Mallen oder Spanten (provisorisch) befestigt.

Solange die Boote klein beziehungsweise so leicht sind, daß es möglich ist, sie von der Bauhelling herunterzunehmen und zu transportieren, kann diese waagerecht an jedem beliebigen Ort stehen. Dagegen müssen größere Fahrzeuge, die nicht mehr beliebig verholt werden können, wie im Großschiffbau auf einer geneigten Helling gebaut werden.

Hier können sie später durch ihr eigenes Gewicht von selbst zu Wasser gleiten. Diese Helgen stehen meist im Freien. Der Fall- oder Neigungswinkel solcher Helgen beträgt etwa 4 bis 5 Grad; dies entspricht einem Tangens von 1:14 bis 1:12. Bei sehr kleinen Schiffen baut man sie auch steiler.

Die kleineren, waagerecht gebauten Boote werden mit Hilfe eines Slipwagens zu Wasser gelassen, der auch zum Anlandnehmen der Boote für Reparaturen oder Winterlager dient.

Bei kleinen Booten hat es sich immer mehr eingebürgert, den Bau der Außenhaut kieloben auszuführen, weil sich diese Arbeit so bequemer ausführen läßt. Anschließend werden die Boote gedreht, um den Innenausbau auszuführen. Dieses Verfahren ist seit langem bei Ruderbooten in Gebrauch, die man leicht von Hand umdrehen kann. Größere Boote kann man nur drehen, wenn entsprechende Vorrichtungen und der dazu notwendige Platz vorhanden sind. Bei Anlage einer neuen Werft oder neuen Bootsbauhalle sollte man diesen Umstand bedenken und derartige Hebe- oder Drehvorrichtungen vorsehen oder zumindest deren Einbau für später möglich machen.

49. Der Kiel

Nach alter Vorstellung bildet der Kiel eines hölzernen Schiffes oder Bootes das Rückgrat des ganzen Fahrzeuges. Hiermit sollte wohl ausgedrückt werden, daß von ihm hauptsächlich die Längsfestigkeit des Fahrzeuges abhängt. Dies stimmt nun nach unseren heutigen Erkenntnissen der Mechanik nicht ganz. Man kann diese Einschränkung leicht daran erkennen, daß Boote und Kähne mit vollkommen flachem Boden sehr wohl auch ohne Kiel und nur durch ihren Boden eine gute Längsfestigkeit besitzen können.

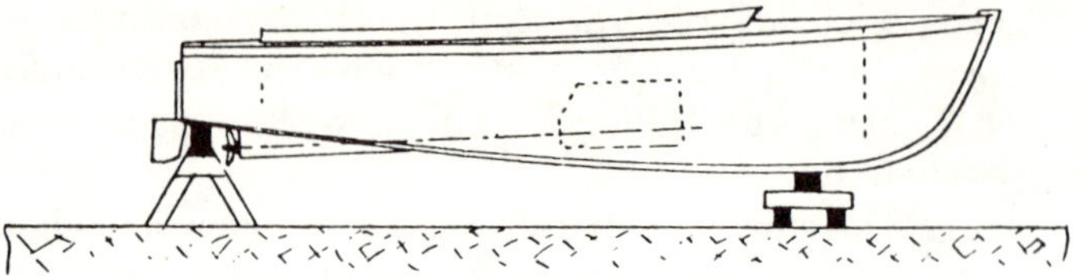

Zeichnung 66: Ein schlecht aufgepalltes Motorboot - Rumpf- und Motorgewicht bewirken ein durchbiegendes Moment

Mit der Längsfestigkeit eines Schiffes meint man im allgemeinen seine Biegefestigkeit (die Festigkeit gegen Durchbiegen), die vorhanden sein muß, wenn zum Beispiel ein Boot im Winterlager ungünstig aufgestellt ist und sich infolge des Eigen- und des Motorengewichtes in der Mitte nach unten durchbiegen will, weil die unterstützende Aufpallung zu weit an den Enden untergesetzt ist (Zeichnung 66). In diesem Fall werden die (durchlaufenden!) Bauteile des Bodens und des Kiels auf Zug, das Deck, der Balkweger und die obersten Plankengänge der Außenhaut hingegen auf Druck beansprucht. Für die Festigkeit des Bootskörpers sind in diesem Falle allein die längs durchlaufenden Bauteile ganz oben und ganz unten wichtig. Hierbei ist es am günstigsten, wenn die Querschnittsflächen dieser durchlaufenden Bauteile oben und unten etwa gleich sind. Bei einem offenen oder nur mit einem schmalen Deck versehenen Fahrzeug ist aber der Querschnitt oben bedeutend kleiner. Die Folge ist, daß die oben liegenden Bauteile ("der Obergurt") viel stärker beansprucht werden als die unten liegenden. Würde man in diesem Fall das Boot hinsichtlich seiner Längsfestigkeit dadurch verstärken, daß man einen stärkeren Kiel oder zusätzlich Kielschwein sowie im Boden oder in der Kimm liegende Stringer einbaut, so würde die Ungleichheit nur noch verstärkt werden. Die oben liegenden Teile

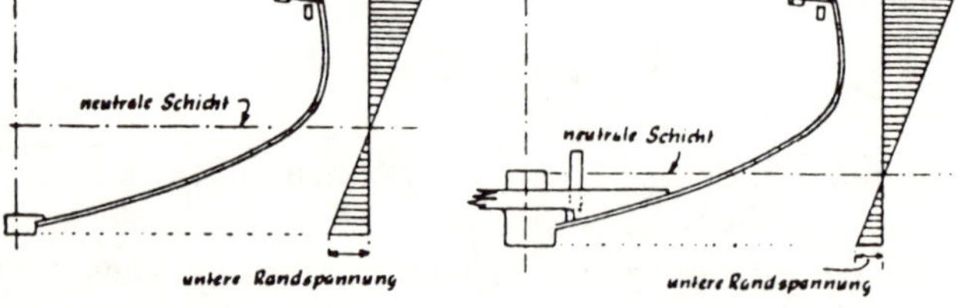

Zeichnung 67: Ein Boot wird auf Biegung beansprucht. Die stärkste Spannung (=Materialbeanspruchung auf Zug oder Druck) tritt an den Stellen auf, die am weitesten von der neutralen Schicht entfernt liegen. Durch Verstärkung des Bootes einseitig unten durch stärkeren Kiel, Kielschwein, durchlaufenden Maschinenträger rutscht die neutrale Schicht nach unten. Die Spannungen unten werden zwar kleiner, aber oben, wo sie sowieso groß sind, noch größer

Zeichnung 68/69: Maßstäbliche Zeichnung der Kiele eines Fischkutters (68) und einer Segelyacht (69), beide für ein Fahrzeug der gleichen Außenhautstärke von 50 mm, nach Germanischem LLoyd. Der Yacht-Kiel ist besser

würden dann noch mehr überbeansprucht, und das Boot wäre nicht stärker, sondern schwächer geworden. Lediglich die örtliche Festigkeit am Boden mag etwas vergrößert worden sein.

Dem Laien wird dieser Umstand merkwürdig erscheinen. Man kann ihn leicht durch das Tieferlegen der neutralen Zone und die hierdurch verursachte ungünstigere Spannungsverteilung erklären (Zeichnung 67). Ähnlich schädlich können sich lang durchlaufende Maschinenträger auswirken, wenn man nicht zum Ausgleich eine Verstärkung der Decksstringer und Balkweger vornimmt.

Der Kiel hat vornehmlich eine andere Funktion. Er soll vor allem die untersten Gänge der Außenhaut bei Grundberührungen oder beim Trockenstellen schützen und durch seine aus dem eigentlichen Rumpf herausragende Form dem Boot Kursstetigkeit verleihen oder (besonders bei Segelbooten und -schiffen) das seitliche Abtreiben (*Abdrift*) vermindern. Für diesen Zweck muß der Kiel allerdings weit aus dem

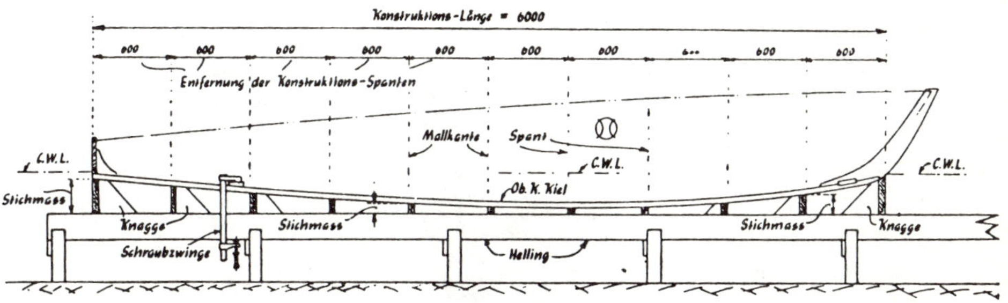

Zeichnung 70: Der (gebogene) Kiel einer Jolle oder eines Jollenkreuzers oder eines Motorbootes wird gelegt oder gestreckt. Auf der Helling werden nach dem Stichmaß des Schürbodens Distanz-Stücke aufgesetzt. Die höheren werden durch Knaggen gesichert. Auf ihre Oberkante wird Unterkante Kiel heruntergebogen

Schiffsrumpf herausragen und dafür durch entsprechende äußere Anbauten nach unten hin vergrößert werden. Auch spielt hierbei die äußere Kontur des auf diese Weise künstlich vergrößerten Lateralplanes eine Rolle.

Der Kiel nimmt die untere Kante der untersten Planke (des Kielganges) in einer zugepaßten Nut (Sponung) auf. Ein größerer, gerade durchlaufender Kiel (Zeichnung

68) ist dabei mit der Kielplanke nicht unmittelbar durch Verbolzung oder Verschraubung verbunden. Dazu ist seine Sponung zu klein, und eine hierfür ausreichende Sponung, wie man sie bei kleineren Kielen anbringt (Zeichnung 69), läßt sich bei größeren Holzschiffen nicht herstellen. So ist also die Kielplanke (außer beim Verleimen) nur mittelbar über die Bodenwrange mit dem Kiel verbunden. Bislang hat man bei größeren Holzfahrzeugen mit Leim noch keine Erfahrungen. Schwierig dürfte es sein, der - infolge der Größe der einzelnen Bauteile - großen Schrumpfwerte Herr zu werden. Gerade deshalb verwendet man auch bei großen Kielen kein durchgetrocknetes Holz, das sich nach heutigen Anschauungen auch nicht für das Verleimen eignet.

Die Bodenwrangen müssen also die Verbindung herstellen, und man wird verstehen, daß sie wegen der ihnen zufallenden Doppelaufgabe besonders kräftig sein und sehr dicht stehen müssen. Bis zu einer gewissen Bootsgröße kann man die Kielsponung so ausarbeiten (Zeichnung 69), daß der Kiel mit der Kielplanke unmittelbar verbunden wird. Es ist dann innen im Schiff bedeutend breiter als außen. Die Verbindung kann mit Hilfe durchgehender Verbolzung oder Vernietung oder mit Holzschrauben erfolgen. Letztere erfüllen ihren Zweck aber nur dann, wenn sie sehr sorgfältig eingeschraubt werden. Die Vorbohrung muß hinsichtlich Tiefe und Durchmesser sehr genau sowohl den Holzschrauben als auch der Härte des Holzes, aus dem der Kiel besteht, angepaßt werden. Für den Handwerker ist es bequem, alle Löcher soweit und tief vorzubohren, daß sich die Schraube leicht hineindrehen läßt. Dann hält sie aber nicht die Belastung, die man von ihr erwarten muß. Andernfalls ist aber ihr Einschrauben eine mühevolle und recht anstrengende Arbeit, besonders beim Bootsbau *kielunten*. Deshalb wird häufig die Vernietung der Verschraubung vorgezogen, besonders bei geringer Aufkimmung und einem ver-

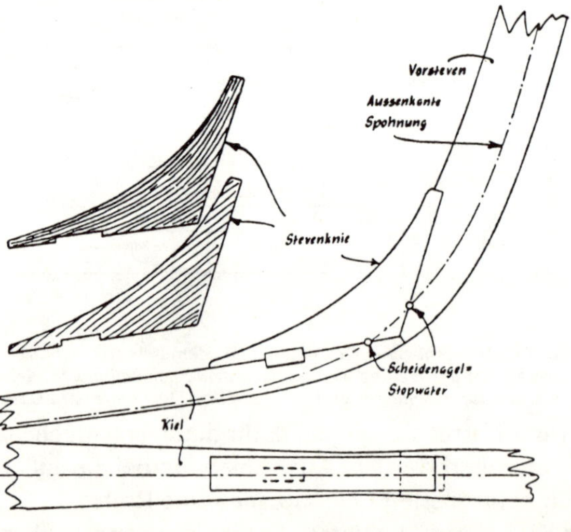

Zeichnung 71: Verbindung von Kiel und Vorsteven mit Bolzen-Entlastung durch Einzapfen. Das Stevenknie ist einmal aus Krummholz und einmal überspohnig ausgeschnitten

hältnismäßig flachen Kiel. Hat der Rumpf des Neubaues eine flache, muldenförmige Form, wie etwa bei einer Segeljolle, bei einem Sport-Motorboot und einigen Kielbooten, so pflegt man den Kiel nicht geradlinig sondern in einer der Krümmung des Bootsrumpfes entsprechenden Kurve herzustellen. Dabei darf diese Krümmung nicht zu kräftig sein, und der Kiel selbst ist breit-flach zu wählen. Anderenfalls kann man ihn nicht in die gewünschte Krümmung bringen. Durch Dämpfen kann man hier etwas nachhelfen. Selten wird man ihn in der Art der Spanten (Abschnitt 12) dämpfen können, weil der auf der Werft befindliche Dampfkasten zu klein sein dürfte. Man wird ihn also partiell durch Erwärmen des Kiels über einem kleinen Holzfeuer unter gleichzeitigem Anfeuchten dämpfen. Die Feuergefährlichkeit dieses Verfahrens ist aber in Innenräumen groß! Zum Anwärmen werden auch Lötlampen, Schweißbrenner und ähnliche Gräte verwendet. - Die Form der Kielkrümmung ergibt sich aus der Helling, die vorher entsprechend aufgestellt worden ist (vergl.Zeichnung 70).

Bei größeren Fahrzeugen mit einem hohen, gerade durchlaufenden Kiel wird es nicht möglich sein, den Kiel aus einem Stück herzustellen, weil die Schiffe länger als die üblichen Holzlängen sind. Gerade die für die Kiel häufig verwandte Eiche wächst selten in den von uns gewünschten geraden Längen. Überseeische Hölzer wachsen wohl länger, sie werden aber für den Transport zu kleineren Stücken zerschnitten. So muß der Kiel aus mehreren Teilen zusammengesetzt werden (vergl. Abschnitt 15 und 16).

Auf die Enden des Kieles werden die Steven aufgesetzt. Auch diese Verbindungen müssen durch Verzapfungen und Keile die Bolzen entlasten, falls eine Belastung längs des Kiels auftritt (Zeichnung 71).

50. Der Ballastkiel

Diesen Bauteil besitzen von den Sport-Segelbooten im allgemeinen nur die sogenannten Kielboote und Kielschwertboote. Zur Vergrößerung der Stablilität bei größeren Krängungswinkeln werden sie mit festem Ballast ausgerüstet. Ursprünglich wurde es im Inneren des Schiffes an möglichst tiefen Punkten (also etwa in der Bilge unmittelbar über dem Kiel) in einzelnen Stücken untergebracht und dort gegen seitliche und andere Bewegungen befestigt. Später ging man dazu über, die Ballast unter den Kiel zu hängen. Aus Gußeisen oder Blei gegossen, erhielt er eine Form, die den Wasserwiderstand möglichst nicht, die für das Segeln notwendige Lateralfläche aber stark vergrößerte. Allerdings mußte eine Vergrößerung des Boots-Tiefganges in Kauf genommen werden. - Hinsichtlich der Lateralfläche lernte man bald, daß ihre Wirkung nur zum Teil von ihrer Größe, zum anderen Teil aber von ihrer Umrißformung abhing. Es ist günstig, die längschiffs klein zu halten, sie aber tief unter den Kiel des Bootes ragen zu lassen. Hier hängt sie nun wie eine Flosse von Rumpf eines Fisches herab. Der unterste Teil dieser Flosse ist der Ballastkiel oder besser gesagt der Außenballast, denn mit dem wirklichen Kiel des Bootes hat dieser Bauteil nichts mehr zu tun.

Je nach Boots- oder Yachttyp ist heute der Außenballast entweder unmittelbar unter den Kiel gebolzt, oder zwischen beiden liegen einige Stücke *Totholz*. Je tiefer der Außenballast sitzt, um so größer ist sein aufrichtendes Moment, wenn die Yacht geneigt ist (die Zeichnung 72 zeigt dies für eine Neigung von 70 Grad an). Wenn man bedenkt, daß der Außenballast im Mittel 1/3 des Gewichtes des gesamten Fahrzeuges beträgt, kann man ermessen, daß die ganze Konstruktion aus Kiel, Totholz, Kielbolzen und Ballastkiel ein starkes Drehmoment auf die geneigt schwimmende Yacht ausübt. Für den Bootsbauer ist es wichtig zu wissen, daß dieses Drehmoment von Kiel und den Bodenwrangen auf das ganze Fahrzeug übertragen werden muß. Würden die Bodenwrangen (und die an ihnen hängenden Spanten) im Bereich des Ballastkiels fehlen, dann würde der Kiel, der jetzt nur noch über die Kielsponung Verbindung zur Außenhaut hat, schnell aus dieser Verbindung herausgedreht werden.

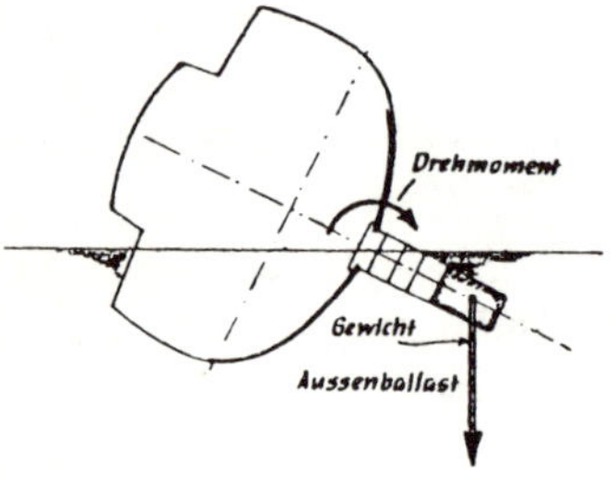

Zeichnung 72: Bei Krängung (gezeichnet ca. 70°) übt das Gewicht des Ballast-Kiels ein Drehmoment auf den Kiel der Yacht aus

Auch die Flosse nach Zeichnung 72 wird auf Biegung beansprucht. Sie wird allein durch die Kielbolzen zusammengehalten. Diese sitzen mittschiffs in der neutralen Zone an ungünstigster Stelle. Ihre Wirkung kann daher nur sein, die Flosse in senkrechter Richtung zusammenzupressen, um auf der Druckseite - in unserem Falle der Unterseite - die erforderlichen Druckkräfte zu ermöglichen. Die dann auftretenden Zugkräfte müssen sie selbst übernehmen. Man sieht, daß es günstig ist, die ganze Flosse vom Kiel über das Totholz bis zum Außenballast relativ dick anzufertigen, ihr also querschiffs ein großes Maß zu geben. Dann wird es auch möglich sein, zwei Reihen aus der Mitte stehender Kielbolzen einzubauen. Bis zu einem gewissen Grade kann man die Dicke dieser Flosse steigern, ohne den Widerstand des Bootes zu vergrößern oder seine Lateralkraft zu vermindern.

Die Umrißform der Flosse und damit des Außenballast ergibt sich aus dem ganzen Entwurf einschließlich des Segelrisses und der Ruderanlage. Das Volumen des Ballastkiels und damit sein Gewicht und sein Gewichtsschwerpunkt wird aus Entwurf und Gewichtsrechnung ermittelt.

Die Gewichtsrechnung eines hölzernen Fahrzeugs läßt sich niemals mit gleicher Genauigkeit wie bei einem Stahlschiff aufstellen. Beim Stahlschiff liegen Materialstärken und deren spezifische Gewichte genau fest. Beim Holz hängt die endgültige Dicke der Außenhaut erst von deren letzter Bearbeitung ab. Außerdem schwankt das spezifische Gewicht des Holzes, das von seiner Feuchtigkeit abhängt. Wie naß und wie schwer ist zum Beispiel eine Außenhaut vier Wochen nach dem Zuwasserlassen des Bootes? Da sich diese Fragen leider nicht genau beantworten lassen, muß man mit einer Ballast-Reserve rechnen, die erst an Bord gebracht wird, wenn das ausgerüstete Fahrzeug schon eine Weile im Wasser liegt. Beträgt zum Beispiel das gesamte Ballastgewicht 35% des Gewichtes des fertig ausgerüsteten Bootes, so sollte man bei einem Holzboot aus den eben erläuterten Gründen in den gegossenen Ballast nur 90% des Ballastgewichtes hineinnehmen und 10% (das wären in unserem Fall 3,5% vom Bootsgewicht) als Trimmreserve belassen.

Diese Trimmreserve wird vielfach, wenn sie einige Zeit nach dem Stapellauf an Bord kommt, in Form von Einzelgewichten in der Bilge (vorn, mittschiffs oder achtern, wie es erforderlich sein sollte) gestaut und hier sorgfältig befestigt, damit sie bei

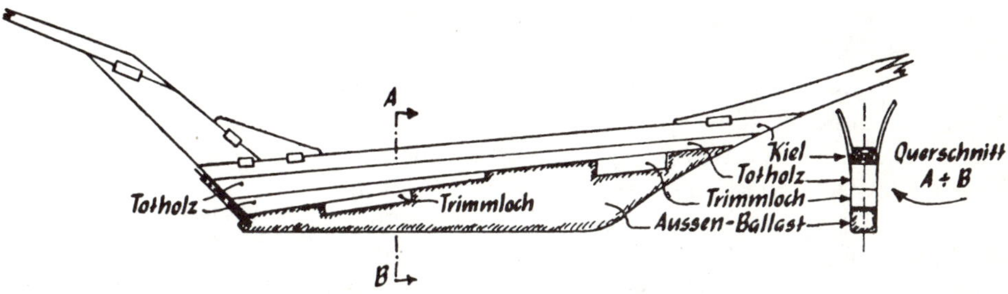

Zeichnung 73: Zwei Trimmlöcher für die Einregulierung des Ballast-Gewichtes einer Segelyacht

Neigungen und sonstigen Bewegungen des Bootes nicht rutschen und Schaden anrichten kann. Dabei läßt es sich nicht vermeiden, daß dieser Ballastteil im Verhältnis zu dem übrigen Ballast ziemlich hoch in Schiff liegt und seine stabilitätsfördernde Wirkung vermindert wird. Bei Yachten, die diesen Verlust nicht tragen wollen, wählt man einen anderen Weg: Man spart an der Oberkante des gegossenen Außenballastes vorn und hinten je ein Stück aus, welches dem Reservegewicht entspricht (vergl. Zeichnung 73). Diese "Trimmlöcher" werden zunächst mit Totholz ausgefüllt, und in dieser Form wird der Außenballast unter den Kiel oder unter das Totholz gebolzt. Sollte sich später herausstellen, daß das eine oder andere der beiden Trimmlöcher mit Ballast ausgefüllt werden muß, so wird die Yacht trocken gestellt, das Totholz aus den Trimmlöchern entfernt und dieses von außen mit Holz und Lehm abgedichtet. Auf der einen Seite versieht man sie dann mit einem Einguß, auf der anderen mit einem

Luftaustritt, und schließlich wird der Hohlraum langsam und vorsichtig mit Blei ausgegossen. (Vorsicht: Das abdichtende Holz muß trocken sein, sonst erfolgt eine gefährliche Dampfbildung!).

Bei Kielschwertbooten erhält der Außenballast meist eine längere, schlankere Form, weil die ganze Lateralfläche des Bootes wegen des geringen Tiegfgangs länger ist und man den Ballast gerade hier möglichst tief legen muß. Ein Schlitz für das Schwert sowie ein Loch für den querschiffs sitzenden Schwertbolzen sind vorzusehen.

51. Der Loskiel

Unter einem Loskiel versteht man im Holzschiffbau eine unter den Holzkiel gesetzte Bohle von Kielbreite und entsprechender Dicke. Diese wirkt als *Sohlenschoner*. Es wird nicht ausbleiben können, daß bei Grundberührungen, beim Trockenfallen des Schiffes in Tidehäfen und beim Trockenstellen des Schiffes im Dock oder auf dem Slipwagen durch den starken, durch das Gewicht des Schiffes erzeugten Anpreßdruck die untere Kielfläche in Mitleidenschaft gezogen wird. Sie wird örtlich eingedrückt, bekommt Dellen und splittert ab. Wollte man sie wieder glätten, so müßte man die *Kielsubstanz* angreifen. Also setzt man den Loskiel darunter, der nach starker Abnutzung oder Beschädigung wieder erneuert werden kann, ohne daß der Kiel selbst abgerissen zu werden braucht (Zeichnung 74).

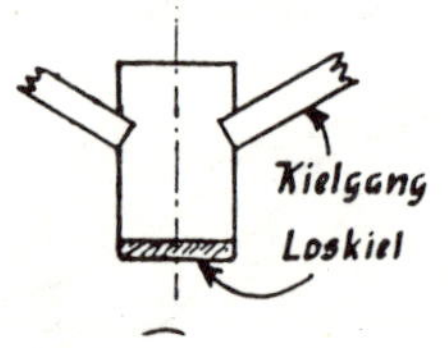

Zeichnung 74: Der Loskiel als Schutz unter einem Kiel. Er ist auswechselbar

52. Schwert und Schwertkasten

Bei flachgehenden Bootsrümpfen wird die zum Segeln notwendige Lateralfläche durch das Schwert geliefert. Es besteht aus einer Stahl-, Leichtmetall- oder Holzplatte, die drehbar angebracht ist und entweder als Seitenschwert in Lee über die Seite oder als Mittelschwert durch einen im Kiel angebrachten Schlitz gefiert oder nur gesteckt wird. Der Schwertschlitz muß durch den Schwertkasten schornsteinartig ausreichend weit nach oben über die Wasserlinie verlängert werden.

Wir unterscheiden bei den Schwertbooten zwei verschiedene Typen: Einmal die reinen Schwertboote, die flach gebaute Jollen sind und außer der Mannschaft keinerlei Ballast tragen. Ihre für das Segeln erforderliche Stabilität wird durch die breit-flache Form und den sich in Luv aufhaltenden *lebenden Ballast* erreicht. Die Anfangsstabilität dieser Boote ist sehr groß, nimmt aber mit zunehmender Krängung (Neigung) ab. Bei einem bestimmten Krängungswinkel kentern diese Boote, sofern sie - was bei geringer seitlicher Eindeckung eintritt - nicht bereits vorher voll Wasser gelaufen sind. Da sie hauptsächlich aus Holz gebaut sind, ist durch ihren Baustoff genügend Auftrieb vorhanden, um ein Sinken der Boote zu verhindern, und sie können leicht geborgen werden. Ihre Verwendung in offenen Gewässern ist deshalb gefährlich und wird von den Sportverbänden nicht zugelassen. Kunststoff- und Sperrholzboote dieser Art haben in vollgelaufenem Zustand keinen ausreichenden Auftrieb und müssen daher mit Luftkästen und Auftriebskörpern gebaut oder ausgerüstet werden.

Die Kielschwertboote sind demgegenüber Boote mit festem Außenballast. Weil sie nach einer Kenterung unbedingt sinken würden, werden sie wie Kielyachten mit Außenballast versehen. Er muß so schwer sein und so tief sitzen, daß das Boot bei 90 Grad Neigung noch ein aufrichtendes Stabilitätsmoment besitzt. Kielschwertboote erhalten darum eine weitreichende Eindeckung und möglichst auch eine wasserdichte Plicht. Ihre Bauweise ähnelt mehr der einer Kielyacht, ist also ebenfalls unkenterbar, doch wird sie durch die zusätzliche Schwert- und Schwertkastenkonstruktion etwas komplizierter und daher auch teuerer. Sie wird aus zwei Gründen gewählt: Einmal ist es für sehr viele Gewässer und kleine Häfen angenehm oder gar erforderlich, ein Boot mit geringem Tiefgang zu haben. So werden Grundberührungen selten, und ein Trockenfallen in Tidegewässern verläuft harmlos, weil das Boot meist ziemlich aufrecht stehenbleibt. Zum anderen wird von vielen Hochseeseglern das Kielschwertboot deshalb als seetüchtiger empfunden, weil man bei ihm die Lateralfläche verkleinern kann, wenn das Boot im Sturm beigedreht treiben soll. Je schneller es treibt, desto sicherer ist es vor den anrollenden Seen, während das schlechter ausweichende Kielboot mit großer Lateralfläche härtere Schläge der See hinnehmen muß.

Bei einem Schwertboot sind Schwert und Ruder relativ groß, da ja hier das Schwert mit dem Ruder die einzige Lateralfläche bildet. Die Seitenprojektion des flachen Rumpfes ist als Lateralfläche unwirksam. Auch muß das Schwert im Schwertkasten Aufnahme finden; daher ist der Kasten recht groß.

Beim Kielschwertboot bildet der flossenähnliche Ballastkiel bereits den Hauptteil der Lateralfläche; somit kann die gefierte Schwertfläche kleiner sein. Ein großer Teil der gehievten Schwertfläche bleibt im Ballastkiel und im Totholz. Deshalb wird der Schwertkasten, der im Inneren des Bootes wertvollen Platz fortnimmt, relativ klein ausfallen.

Die Schwerter werden bei uns zumeist aus Stahlblech angefertigt. Dies ist zweifellos die einfachste Bauweise. Bei kleinen, leichten Booten nimmt man gern seewasserbeständiges Leichtmetall. In anderen Ländern baut man die Schwerter gern aus Massiv- oder Sperrholz, wobei oft mehrere Schichten Holz übereinandergeleimt werden, um die notwenige Fläche zu erhalten.

Die Kanten der Metallschwerter werden vorn abgerundet und achtern zugeschärft. Den sehr viel dickeren Holzschwertern gibt man gern ein stromlinienförmiges Profil. Hier werden die Kanten zum Schutz gegen Beschädigungen mit dünnem Bronzeblech verkleidet. Unter erhalten die Holzschwerter ein eingebautes Gewicht aus Eisen oder Blei, damit sie durch ihren Auftrieb nicht von allein aufschwimmen und im Schwertkastn hochkommen. Man sagt ihnen auch größere Sicherheit nach, da sie etwa im Strandungsfall abbrechen und nicht, wie eine Stahlplatte, nur verbiegen und dann unbeweglich unter dem Schiff hängenbleiben. Wegen ihres stromlinienförmigen Profils müßten sie nach der Strömungslehre beim Segeln wirksamer sein. Wahrscheinlich ist aber die Strömungsgeschwindigkeit zu klein, als daß dieser Vorteil klar erkennbar werden könnte. So bestehen beide Bauarten nebeneinander.

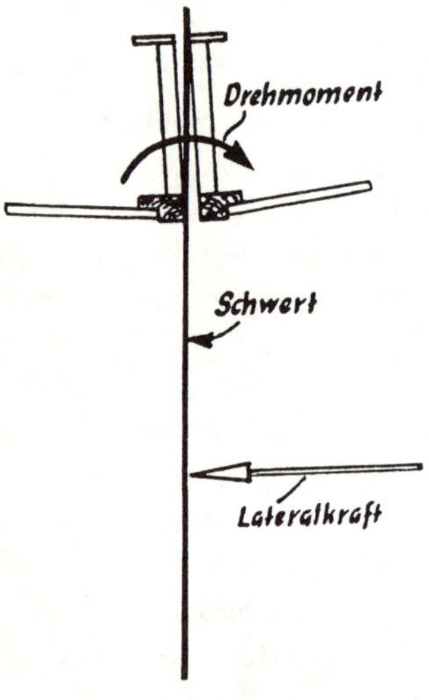

Zeichnung 75: Die beim Segeln erzeugte Lateralkraft übt auf den Kiel ein Drehmoment aus

Das Schwert nimmt die Lateralkraft auf, die von der Größe des Schwertes, dem Anströmwinkel (Abdriftwinkel) und der Geschwindigkeit des Bootes abhängt. Diese Kraft setzt sich aus Überdruck auf der Leeseite und Unterdruck auf der Luvseite zusammen und wirkt etwa senkrecht auf die Schwertfläche. Der Angriffspunkt liegt etwa in der Höhe des Flächenschwerpunktes des Schwertes, längsschiffs aber weiter nach vorn verschoben. Durch diese Kraft entsteht ein kräfiges Drehmoment, das um so stärker ist, je schmaler das Schwert ist und je tiefer es hinabreicht (Zeichnung 75). Dieses Drehmoment muß vom Schwertkasten aufgenommen und durch ihn auf Kiel, Bodenwrangen und Spanten auf das ganze Schiff übertragen werden. Über die Größe dieses Momentes und die hierdurch entstehenden Kräfte machen sich vielfach die Bootsbauer nicht die richtige Vorstellung. Man kann dies aus der Art schließen, in der häufig die Schwertkästen im Schiff befestigt werden. Jedenfalls ist die Folge dieser mangelhaften Befestigungsweise ein Losekommen der Schwertkästen, das mit der Zeit weiter zunimmt und nicht mehr zu beseitigende Leckagen verursacht. Diese Schwertkasten-Leckagen sind bei älteren Schwertbooten sprichwörtlich und mit der Grund dafür, daß viele

Segler sich von Schwertbooten abwenden.

Das Übel läßt sich indessen recht gut meistern, wenn man von vornherein weiß, worauf es ankommt. Ich will daher beschreiben, wie man den Schwertkasten am Kiel, an den Bodenwangen und Spanten und schließlich auch an den Deckenbalken befestigen kann, damit er die an ihm wirksamen Kräfte gut übertragen kann.

Eine Befestigung des Schwertkastens auf dem Kiel allein ist nicht ausreichend. Eine weitere Befestigung muß möglichst hoch am Schwertkasten sitzen. Je höher diese obere Stützkraft am Schwertkasten angreift, um so kleiner wird sie, auch wenn in jedem Fall das gleiche Drehmoment (Zeichnung 75) aufgenommen werden muß. Für die meisten Jollen und Jollenkreuzer besteht die Möglichkeit, den Schwertkasten an einem über ihm durchlaufenden Decksbalken zu befestigen. Dies kann durch zwei

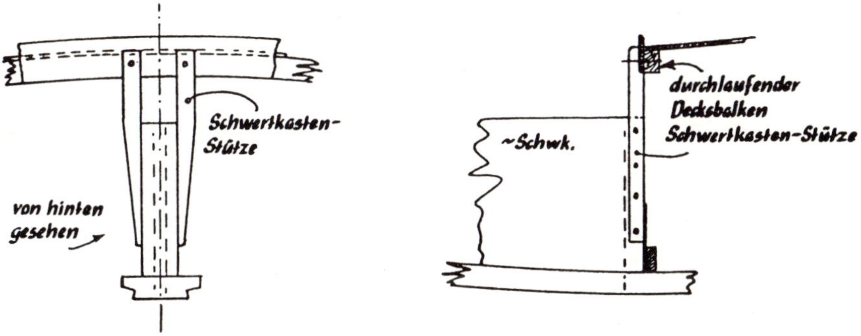

Zeichnung 76: Schwertkasten-Befestigung am Decksbalken

seitlich angebrachte Stützen geschehen, die bis zu den Deckenbalken hinaufreichen (Zeichnung 76). Beim Entwurf des Bootes muß allerdings darauf geachtet werden, daß die vordere Eindeckung so weit nach hinten reicht, daß der hinterste durchlaufende Decksbalken mindestens über der Vorkante des Schwertkastens eingebaut wird. Dies wird sich im allgemeinen ohne große Schwierigkeiten bei halboffenen Jollen und Jollenkreuzern bewerkstelligen lassen. Reicht der Aufbau bis weit vor den Mast, so kann man den Schwertkasten am Mastfuß oder an den Mastbacken befestigen oder ihn zwischen die Mastbacken stellen.

Ungünstiger ist es, wenn man nur die Bodenwangen zur Verfügung hat, da sie in keinem Falle hoch genug an den Schwertkasten heranreichen. Da aber durch den Schwertkasten eine Reihe von normalen Bodenwrangen durchbrochen werden mußte, wird es einleuchten, daß die erste und letzte durchlaufende Bodenwrange vor und hinter dem Schwertkasten ganz besonders verstärkt werden muß, wenn sie ihre Aufgabe voll erfüllen soll. Am leichtesten kann man sie verstärken, wenn man sie soweit wie möglich erhöht. Oft muß ihretwegen noch der Fußboden, bis an dessen Unterkante sie reichen soll, etwas höher gelegt werden. An diesen beiden Extra-Bodenwrangen muß nun der Schwertkasten befestigt werden. Ohne einen speziellen

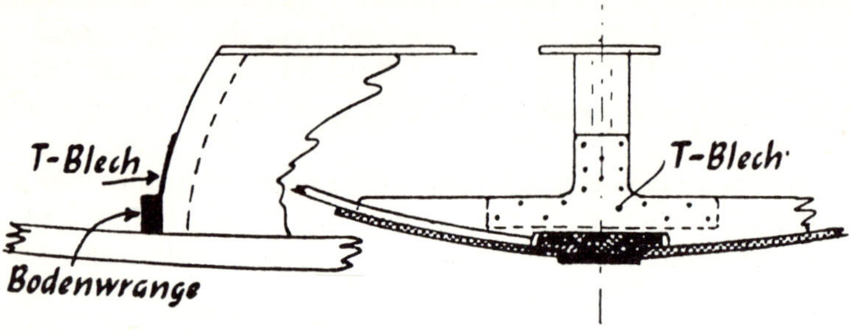

Zeichnung 77: Ein T-förmiges Blech verbindet das hintere Ende des Schwertkastens fest mit der durchlaufenden Bodenwrange. Entsprechend vorn am Schwertkasten

eisernen oder Metall-Beschlag wird man jedoch kaum gute Arbeit leisten können. Es handelt sich um ein T-förmig ausgeschnittenes Stück verzinkten Stahlblechs, das jeweils zwischen Bodenwrange und Schwertkasten gesetzt und mit beiden Teilen fest verschraubt wird (Zeichnung 77).

Für die Befestigung des Schwertkastens am Kiel kann für kleine Boote die von unten nach oben eingeschraubte Holzschraube genügen. Man kann auch zusätzlich leimen. Bei größeren Booten wird es schwieriger, weil die Kräfte größer werden und die Schrumpfungen beim Austrocknen des Holzes anwachsen. Auch werden Holzschrauben nicht in der erforderlichen Größe erhältlich sein. Deshalb empfiehlt es sich,

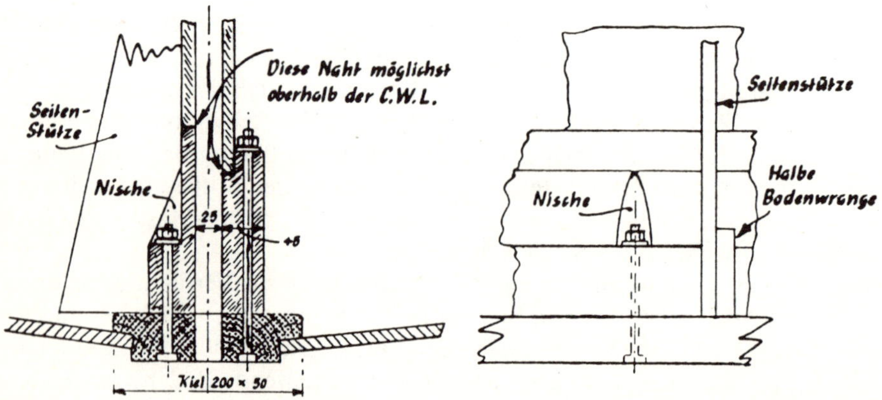

Zeichnung 78: Zwei Arten durchgehender Verbolzung des entsprechend starken Schwertkasten-Sülls

hier mit Durchbolzen zu arbeiten, die vernietet oder von innen verschraubt werden können. Bei dieser Bauweise (Zeichnung 78) wird man den unteren Teil des Schwertkastens besonders stark als Süll ausführen und durch dieses Süll die Durchbolzen stecken. An ihm werden oben die eigentlichen Seitenplanken des Kastens angebracht.

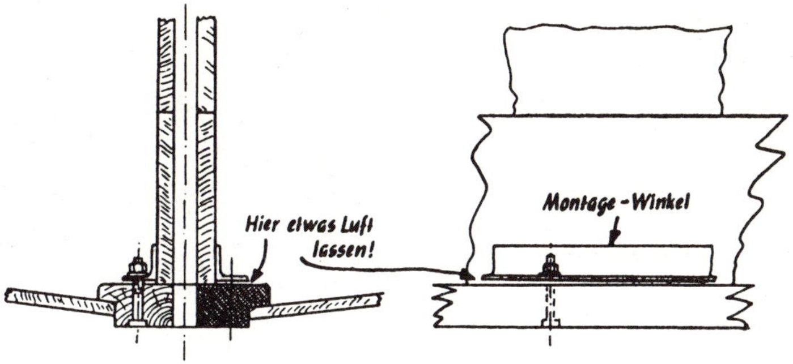

Zeichnung 78a: Schwertkasten-Befestigung mit einem längslaufenden Montage-Winkel. Dieser wird mit etwas Luft gegen den Kiel am Schwertkasten befestigt. Die Luft ermöglicht später starken Anzug durch die Befestigungsschrauben

Werden diese Bolzen und ihre Muttern aus Messing angefertigt und die Muttern gut mit wasserbeständigem Fett (Staufferfett unbrauchbar!) aufgesetzt, so kann man bei auftretenden Leckagen leicht die Muttern etwas anziehen und dadurch den Kasten von neuem auf den Kiel pressen.

Die nicht durchgehenden Bodenwrangen werden mit am Schwertkasten senkrecht stehenden Streben verbunden und damit nach der Schiffsmitte hin einigermaßen gesichert. Man darf allerdings nicht erwarten, daß diese Verbindung allein den Schwertkasten ernsthaft und dauerhaft befestigen könnte (Zeichnung 79).

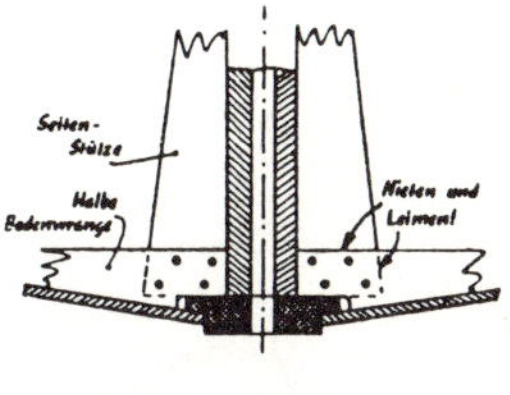

Zeichnung 79: Die Seiten-Stützen alleine können den Schwertkasten nicht auf die Dauer festhalten

Oftmals werden bei größeren Schwertbooten und Kielschwertyachten Schwertkästen aus verzinktem Stahlblech oder aus Bronzeblech verwandt. Wie Zeichnung 80 zeigt, sind diese Kästen nach außen gebördelt oder geflanscht, und man kann sie daher von innen und von oben auf den Kiel schrauben. Eine Zwischenlage von Teerfilz oder einem ähnlichen Stoff dürfte sehr empfehlenswert sein. Auch hier sollten die Bolzen möglichst durchgehen, anderenfalls müssen Schlüsselschrauben verwandt werden. (Dies sind Holzschrauben, deren Vierkantkopf mit einem Schlüssel angepackt werden kann.) Diese Metall-Schwertkästen müssen angenietete oder angeschweißte und gelochte Flansche oder Kniebleche erhalten, an denen die halben Bodenwrangen befestigt werden

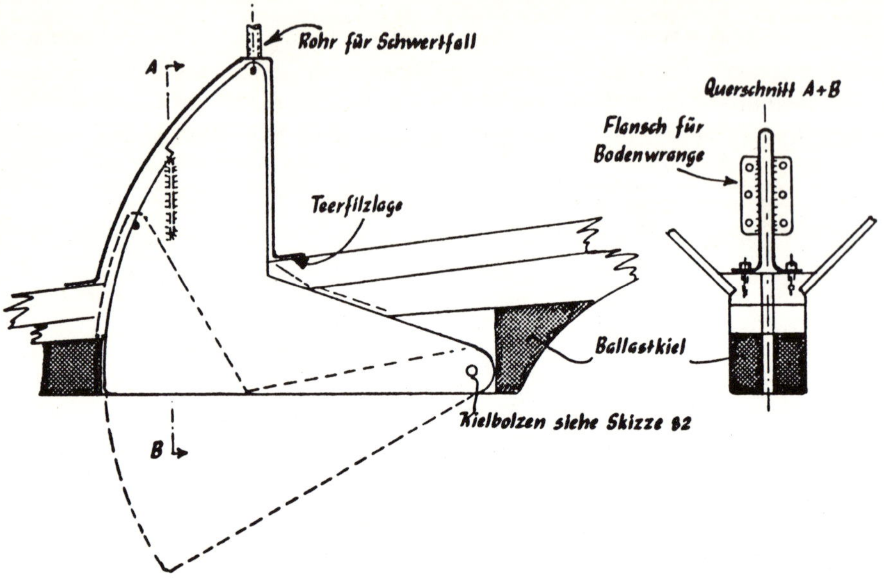

Zeichnung 80: Ein Metall-Schwertkasten bei einer Kielschwert-Yacht

können. Die Notwendigkeit, die durchlaufenden Bodenwrangen zu verstärken, besteht hier ebenfalls (Zeichnung 80).

Die Schwerter ganz kleiner Boote (zum Beispiel Paddelboote) werden parallel nach oben gezogen; man nennt sie Steck-Schwerter. Sie sind meist in der Längsschiffsrichtung kurz, reichen dafür aber tief in das Wasser hinein. Durch diese schmale, schwertartige Form haben sie einen sehr guten Wirkungsgrad, so daß diese Boote mit einer recht kleinen Schwertfläche auskommen (Zeichnung 81). Da sie den Schwertkasten nur in ihrer Längsrichtung passieren, ist der Schwertkasten nur sehr kurz und verbraucht keinen Platz im Boot. Diesen Vorteilen stehen aber Nachteile gegenüber: Der Tiefgang ist relativ groß, bei kräftiger Grundberührung kommt es mit Sicherheit zum Bruch, da sich das Steckschwert nicht wie ein Drehschwert von allein in den Kasten hineinschiebt, und

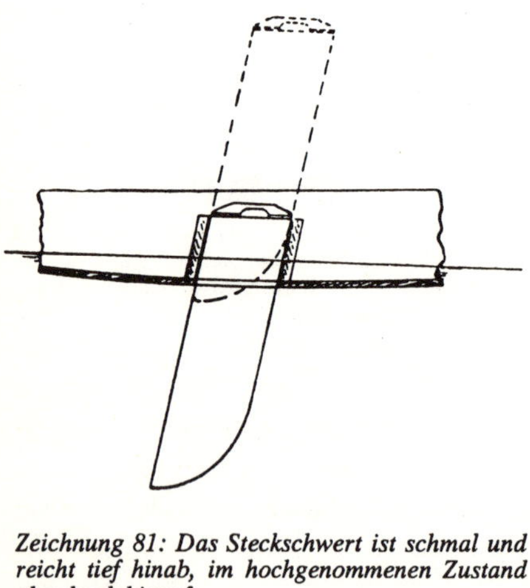

Zeichnung 81: Das Steckschwert ist schmal und reicht tief hinab, im hochgenommenen Zustand aber hoch hinauf

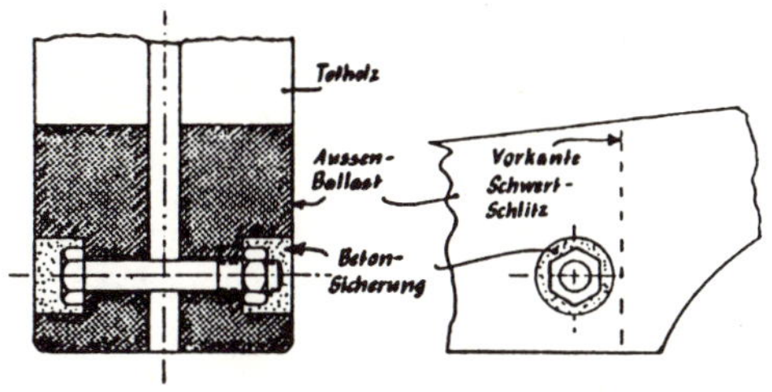

Zeichnung 82: Die Anordnung des Schwertbolzens bei einer Kielschwert-Yacht im Ballastkiel

schließlich ragt das gehievte Schwert hoch über das Boot hinaus und kann sogar mit den Segeln in Berührung kommen.

Alle größeren Schwerter sind daher Drehschwerter und so eingebaut, daß sie sich bei Grundberührung von selbst in den Schwertkasten hineinschieben, es sei denn, daß sie sich durch zu starken Lateraldruck oder durch einen Fehler festklemmen.

Der Schwertbolzen, um den sich das Schwert dreht, liegt beim Kielschwertboot meist außerhalb des eigentlichen Bootes, nämlich im Ballastkiel. Dieser erhält an der Vorkante des Schlitzes ein entsprechendes Loch mit einem Absatz zum Unterbringen des Kopfes und der Mutter des Bolzens (Zeichnung 82). Diese beiden Absätze werden nach der Montage meist mit sehr magerem Beton verschmiert, um eine Sicherheit gegen ein Herausdrehen und -fallen zu haben, um gegen Rost zu schützen und den Ballastkiel von außen wieder zu glätten. Irgendwelche Leckagemöglichkeiten bestehen hier nicht.

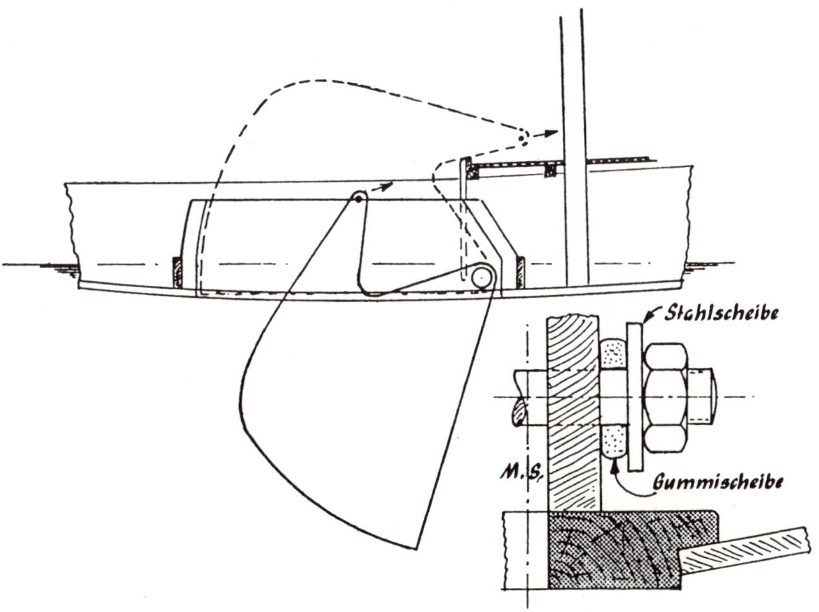

Zeichnung 83: Die übliche Schwert- und Schwertkastenform. - Schwertbolzen mit Gummi-Scheiben. Schwertkasten zwischen zwei verstärkten, durchgehenden Bodenwrangen; außerdem am letzten Decksbalken gehalten

Der Schwertbolzen liegt bei Schwertbooten dagegen innen im Schiff, denn er führt durch den Schwertkasten an dessen vorderer unterer Ecke. Wegen der Hier möglichen Leckagen bei einer Lockerung des Bolzens im Laufe der Zeit werden unter den Kopf und unter die Unterlegscheibe der Mutter dicke, aber stramm passende Gummischeiben gelegt (Zeichnung 83).

Zu scharf darf man aber die Muttern nicht anziehen, da man sonst den Schwertkasten zusammendrücken und beschädigen würde. Abhilfe bringt hier eine Art *Stehbolzen* in der Art, daß man am vergrößerten Bolzenloch des Schwertes ein starkes Rohr anschweißt, das mit seiner Länge genau in den Schwertkastenschlitz paßt. (Das Schwert selbst ist ja wegen seiner Beweglichkeit bedeutend dünner.) So können jetzt die Enden der Rohrstummel - es handelt sich ja eigentlich nur um besonders dicke, auf das Schwert aufgeschweißte Scheiben - den achsialen Anpreßdruck aufnehmen, der durch das Anziehen der Schwertkastenmuttern erfolgen würde, wenn man nicht zu sehr *dichten* will. Das entsprechende Loch im Schwertkasten muß vor dessen Montage gebohrt worden sein (Zeichnung 84). Bei einem stählernen Schwertkasten sind auch Stopfbuchsen oder ähnliche Konstruktionen denkbar, aber es ist sehr fraglich, ob man so etwas Kompliziertes an einer einfachen Sache zu haben wünscht.

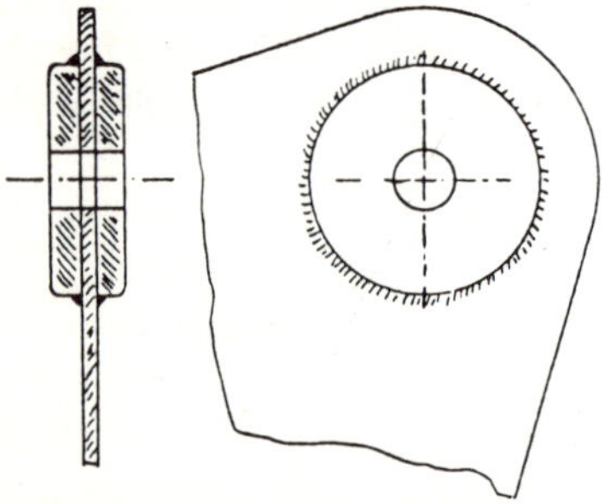

Zeichnung 84: Beiderseits auf das Schwert aufgeschweißte Dopplungen als Paßstücke, die den Schlitz im Kasten ausfüllen und den Zug des Bolzens aufnehmen sollen

Das Schwert wird bei jeder Winterüberholung herausgenommen, um es selbst und den Schwertkasten von innen konservieren zu können. Hierbei muß der Schwertbolzen entfernt werden, wenn am Schwert für ihn lediglich ein passendes Loch vorgesehen ist. Um den Bolzen aber im Schiff belassen zu können, versieht man häufig kleinere Schwerter mit einem Schlitz, über den das Schwert auf den Bolzen aufgehängt wird (Zeichnung 85).

Dann kann der Bolzen für immer mit

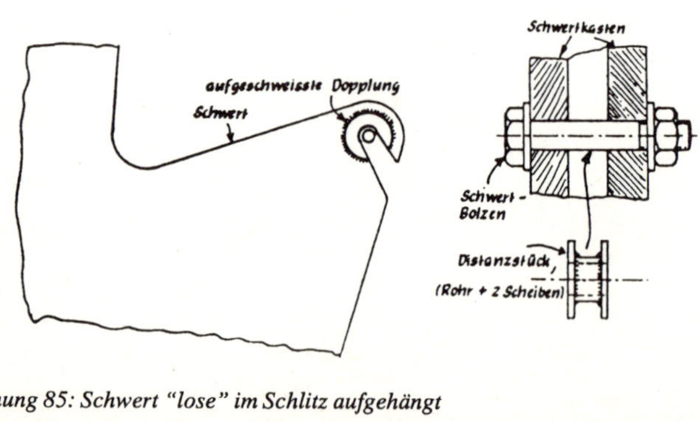

Zeichnung 85: Schwert "lose" im Schlitz aufgehängt

oder ohne Stehbolzen-Rohr fest und dicht im Kasten eingebaut werden. - Bei derartig aufgehängten Schwertern hat man aber das Gefühl, daß sie bei einer stoßenden Grundberührung doch aus ihrem Lager herausspringen könnten. Dieses Gefühl scheint aber zu trügen, denn es sind keine derartigen Unfälle bekanntgeworden.

Bei kleineren Booten wird auch eine Vorrichtung verwandt, die lediglich von oben in den Kasten eingehängt wird und keinerlei Durchbohrung des Kastens benötigt (Zeichnung 86). Die beiden aus Flacheisen hergestellten Träger liegen oben auf dem Schwertkasten auf, reichen bis an den Drehpunkt an der üblichen Stelle des Schwertes in ihn hinein und sind mit diesem durch den Bolzen zu einem Gerät verbunden. Man kann also Schwert und Aufhängevorrichtung wie beim Steckschwert gemeinsam nach oben herausheben. In gleicher Form - und das ist der normale Vorgang - kann man auch das Schwert mit Hilfe des Schwertfalls durch Zug nach vorn hochdrehen. Diese Vorrichtung hat den großen Vorteil, daß das Schwert längsschiffs in seiner Position verschoben werden kann. So wird eine Art Feineinstellung der Lateralflche zur Segelfläche erreicht, wie sie durch andere Mittel auf gleiche einfache Weise nicht möglich ist. Für Rennboote kann daher diese Vorrichtung von Wert sein, sofern die Bauvorschriften ihre Anwendung zulassen.

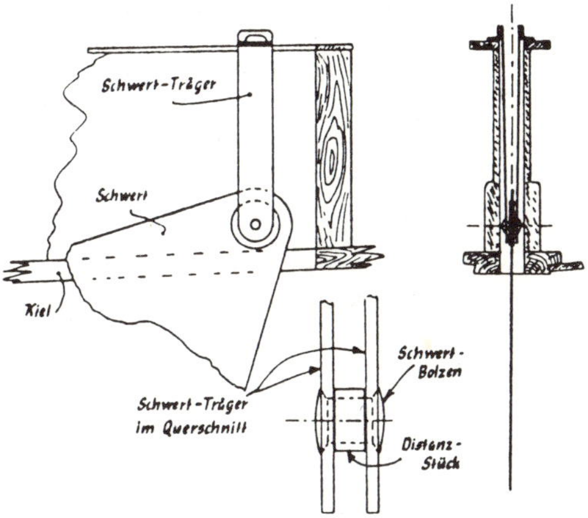

Zeichnung 86: Verschiebbare Schwert-Aufhänge-Vorrichtung

53. Das Ruder

Das Ruder dient dazu, das Boot in den gewünschten Kurs einzudrehen und es auf diesem zu halten. Die hierfür notwendige Ruderkraft ist abhängig von der Größe der Ruderfläche, von ihrem Anstellwinkel und vor allem von der Geschwindigkeit, mit der das Wasser am Ruderblatt entlangströmt. Das Wasser kann aber nur dann die Ruderkraft erzeugen, wenn es das Blatt möglichst unverwirbelt trifft. Deshalb muß dafür gesorgt werden, daß ein glatter Zufluß des Wassers vorhanden ist, der einem guten Wasserabfluß vom Achterschiff entsprechen dürfte. Das Umströmen kann durch stromlinienförmige Querschnitte des Ruders verbessert werden. Auch die Umrißform des Ruders ist von Bedeutung, da ja das Ruder wie eine Tragfläche wirkt und zumindest bei kleinen Ruderlagewinkeln ein schmales, tiefes Ruder stärkere Kräfte zu erzeugen vermag als ein breites, flachgehendes Ruder. Das tief hinabreichendes Ruder hat weiter den Vorteil, daß das erzeugte Schaftmoment, das von der Ruderpinne oder dem Steuermechanismus überwunden werden muß, klein wird (Zeichnung 87). Schließlich sei noch bemerkt, daß der Wasserstrom die Vorkante des Ruder beziehungsweise die Drehachse des Ruders senkrecht treffen muß, wenn das Optimum erreicht werden soll. Das bedeutet, daß auch die Ruderachse etwa senkrecht stehen muß. Wenn die Heckform des Bootes breit-flach ist (wie bei Sportmotorbooten und Jollen), steigt das Wasser etwas von unten nach oben auf, fließt also nicht waagerecht. Bei diesen Booten müßte eigentlich die Ruderachse etwas nach oben vornübergeneigt stehen.

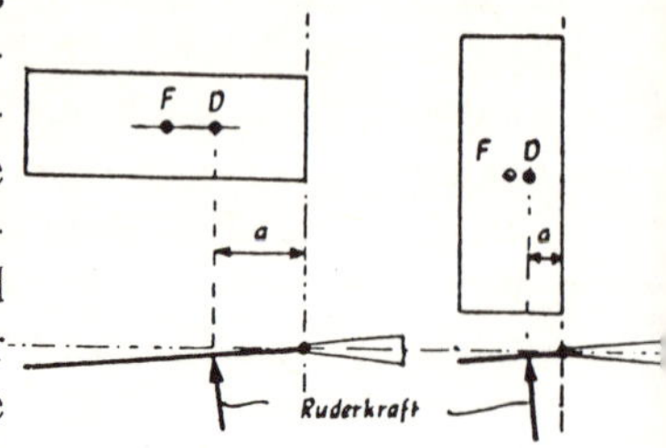

Zeichnung 87: Ein breites und ein schmales Ruder gleicher Flächengröße hinter einem Schiff. Beim schmalen Ruder ist die Ruderkraft etwas größer, der das Schaftmoment erzeugende Hebel "a" aber bedeutend kleiner. F = Flächenschwerpunkt, D = Druckpunkt = Angriffspunkt der Kraft

Zeichnung 88 zeigt die beiden Momente, die die Ruderkraft auslösen. Das kleinere Schaftmoment, das sich auf den Schaft des Ruders bezieht, soll möglichst klein sein, man erzielt es durch einen kleinen Hebel (Abstand von Druckmittelpunkt der Ruderfläche bis zur Achse). Das zweite Moment bezieht sich auf den Drehpunkt des Schiffes selbst. Es bewirkt dessen Drehung, soll also naturgemäß möglichst groß sein. Man nennt es *Steuermoment*. Um es zu vergrößern, muß man entweder eine große Ruderfläche wählen oder aber den Hebel groß machen. Zur Vergrößerung des Hebels (in Zeichnung 88 mit "b" bezeichnet) muß man entweder das Ruder weit nach achtern oder den Drehpunkt weit nach vorn setzen. Man kann auch beide Maßnahmen anwenden. Im allgemeinen wird das Ruder so weit nach achtern gesetzt, wie dieses normalerweise möglich erscheint (mit Ausnahme der meisten Kiel-Segelyachten, bei denen das Ruder weiter vorn angebracht ist). - Die Lage des Drehpunktes ist nicht genau bestimmbar; sie hängt einmal vom Gewichtsschwerpunkt, zum anderen vom

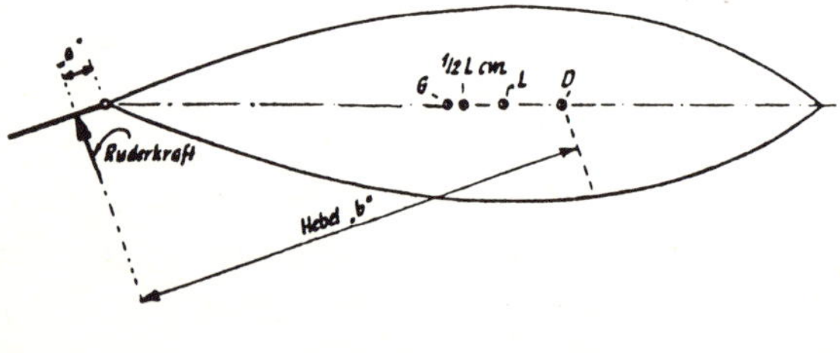

Zeichnung 88: Ein nach Steuerbord gelegtes Ruder hinter einem Schiff. - Die Ruderkraft erzeugt mit dem Hebel "a" das Schaftmoment, mit dem Hebel "b" das Steuermoment. G = Gewichts-Schwerpunkt, 1/2 LCWL = Mitte der Länge in CWL, L = Lateralflächen-Schwerpunkt, D = mutmaßlicher Drehpunkt

Lateralflächen-Schwerpunkt ab, genauer gesagt vom Drehpunkt der Lateralfläche, wenn diese schräg von vorn (unter dem *Derivationswinkel)* angeströmt wird. Jedenfalls erzeugt eine vorn liegende Lateralfläche einen großen Hebel "b" (Zeichnung 89). Leider kann man wegen der Ruderwirkung nicht die Lateralfläche nach vorn drängen, weil dann die Schiffe sehr kurs-unbeständig würden.

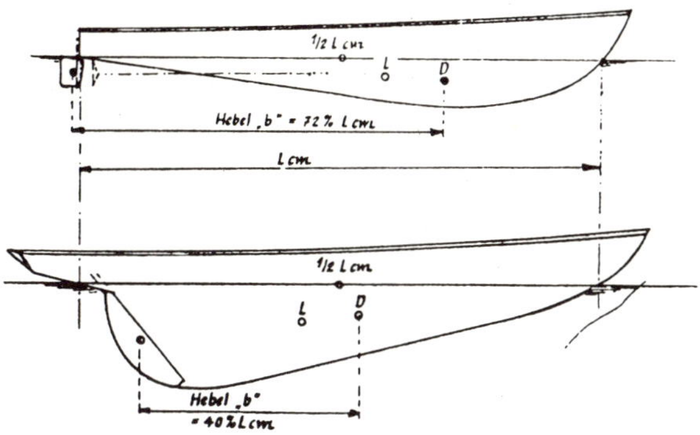

Zeichnung 89: Eine vorlastige Motor- und eine achterlastige Segelyacht, beide gleicher Läge CWL. - Beachte den Unterschied der Hebel "b", die das Steuermoment erzeugen

Kleinere Ruder an Booten sowie Ruder an Segelyachten werden meist aus Holz gebaut. Die notwendigen Beschläge werden aus Schmiedestahl hergestellt, wobei mehr und mehr die E-Schweißung verwandt wird. Die Schwierigkeit, größere starke Ruderflächen aus Holz herzustellen, verleitet auch dazu, das Ruder aus Stahlblech zu bauen. Besonders bei den relativ großen Rudern der Jollenkreuzer, die ja eigentlich ein wesentlicher Bestandteil der Lateralfläche sind, macht sich diese Tendenz bemerkbar. Das hat zur Folge, daß sie auf Am-Wind-Kurs sebst bei gut ausbalancierten Booten stark durch den seitlichen Wasserdruck belastet sind, obgleich sie in Mittschiffslage liegen. Da ihre Fläche schmal und tief ist, ist das Schaftmoment nicht sehr groß, und man täuscht sich daher leicht über die Größe der auftretenden Kräfte. Ein derartiges aufholbares Ruder aus Holz mit den notwendigen Beschlägen fest genug herzustellen, ist sehr schwierig; daher ist eine reine Stahlkonstruktion einfacher. Auch dürfte dann das Ruder leichter werden und nicht so leicht zum Klappern neigen. Die

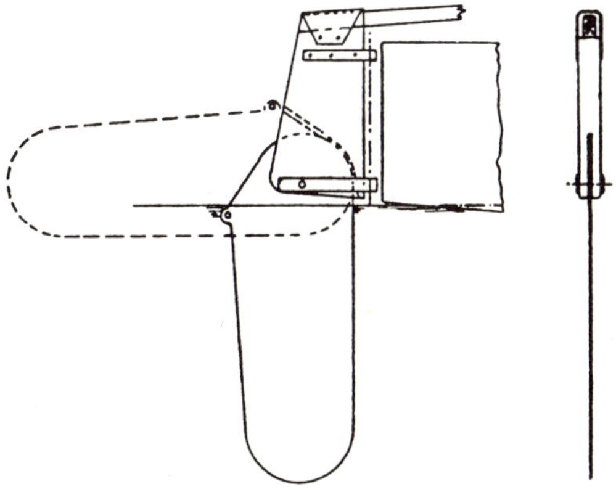

Zeichnung 90 a: Aufholbares Ruder für Jollen und Jollenkreuzer. Ruderholm am Holz. In einem Schlitz ist das stählerne, aufholbare Ruderblatt gelagert

Zeichnung 90 zeigt ein solches Ruder einmal in einer hölzernen Konstruktion, zum anderen, mit Ausnahme der Ruderpinne, ganz aus Stahl hergestellt.

Schiffsrettungsboote erhalten ein relativ kleines Ruder, das unmittelbar über den Achtersteven gelenkt wird und nicht über Unterkante Kiel herausragen darf. Es kann von Bord aus ein- und ausgehängt werden. Die Aufhän-

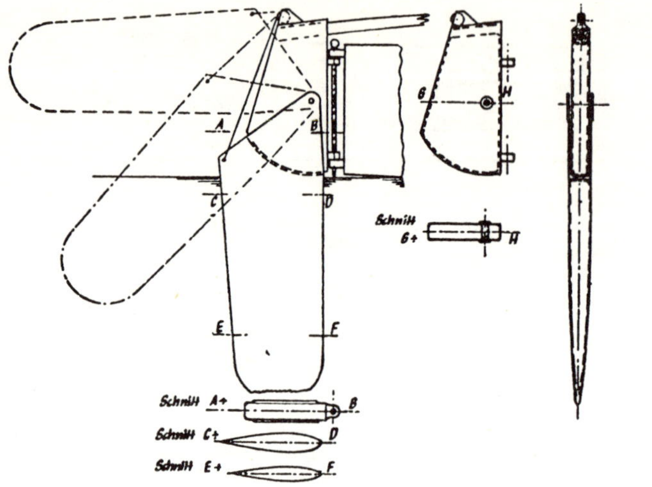

Zeichnung 90 b: Stählernes, aufholbares Ruder für Jollenkreuzer. - Holm sowie Ruderblatt sind luftdicht verschweißte Hohlkörper

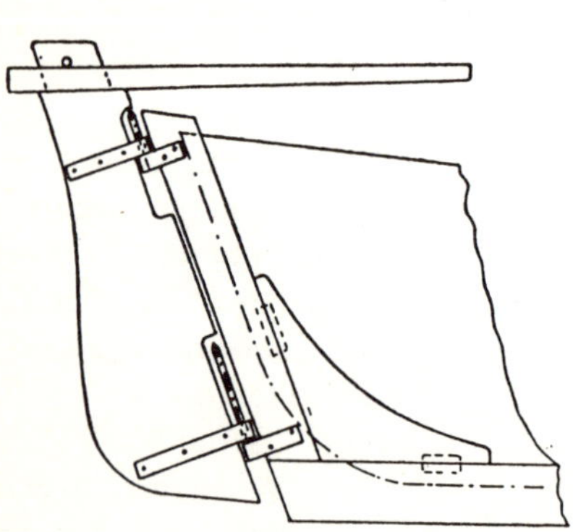

Zeichnung 91: Hölzernes Ruder an einem Rettungsboot, von Bord aus einsetzbar. Sicherung gegen unbeabsichtigtes Herausheben erforderlich

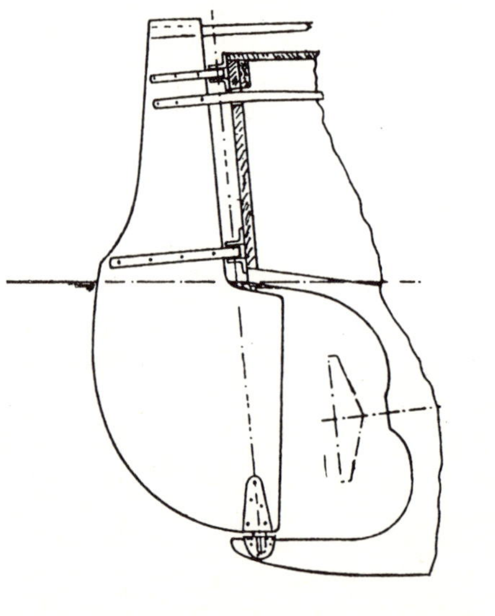

Zeichnung 92 a: Ein hölzernes Ruder hinter dem Spiegel mit Spurlager auf der Hacke. Pinne entweder über Deck oder durch Schlitz im Spiegel unter Deck

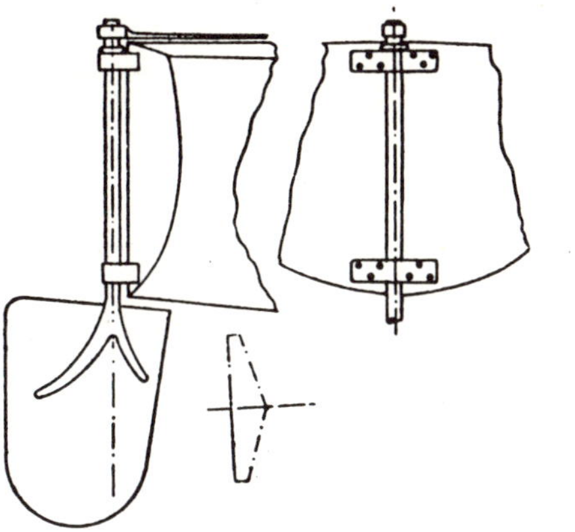

Zeichnung 92b: Ein am Spiegel frei aufgehängtes Ruder. Es bedarf keines Kokers

gevorrichtung muß eine Sicherung bekommen, damit das Ruder bei Grundberürungen von selbst aushaken kann; es darf sich hierbei lediglich etwas anheben. Die ist zu seiner Sicherheit gegen Beschädigung von großen Vorteil (vergl. auch Zeichnung 91).

Motorboote müssen Rücksicht auf die Schraube nehmen. Ihr Ruder hat die beste Wirkung, wenn es unmittelbar hinter der Schraube im vollen Schraubenstrahl steht. Folgerichtig müßte ein Zweischraubenboot auch zwei Ruder bekommen. Je schneller übrigens Motorboote sind, um so kleiner ist ihre Ruderfläche.

Wegen der Schraube pflegen Motorbootsruder weit achtern eingebaut zu werden, was sehr vorteilhaft ist. Am weitesten achtern sitzt das Ruder, wenn es außen auf dem Spiegel angebracht wird. Diese Konstruktion (Zeichnung 92) ist die einfachste und solideste. Alle wichtigen Teile sind von Bord aus zu erreichen, ein Ruderkoker wird vermieden, der Spiegel bietet oben und unten gute Haltemöglichkeit, so daß ein derartiges Ruder auch als frei schwebendes Ruder (eventuell mit Balaceteil) gebaut werden kann. Allerdings wird vielfach der sichtbare Ruderschaft mit seinen beiden Lagern nicht als Verzierung des Spiegels empfunden und deshalb verlangt, das Ruder weiter vorn im Schiff selbst einzubauen. Jetzt wird ein Koker notwendig (Zeichung 93), der außer Kosten bei Holzbooten an der Kieldurchbohrung Leckagen und einen Fäulnisherd, bei Stahlbooten Rostgefahr im Koker und bei beiden Leckagen an der Oberkante des Kokers bringen kann. Vorteilhaft ist es aber, daß das Rudergeschirr (Ruderpinne oder Quadrant) bequem im Schiff untergebracht werden kann und ein Spiegeldurchbruch für die Pinne vermieden wird.

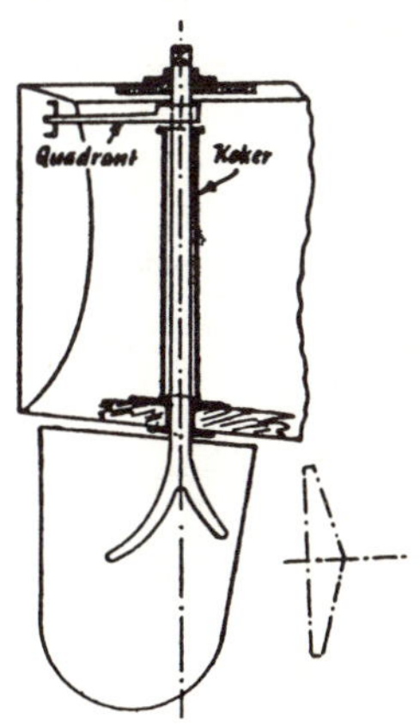

Zeichnung 93: Das Ruder unter dem Heck erfordert einen Koker. Ist dieser lang genug, kann man auch ohne Stopfbuchse auskommen. Aufhängung des Ruders erforderlich; hier durch Quadrant möglich

Am besten wird diese Konstruktion, wenn man den Ruderschaft nach oben durch das Deck hindurchführt. Dann wird das obere Lager nicht an Oberkante Koker, sondern am Deck selbst befe-

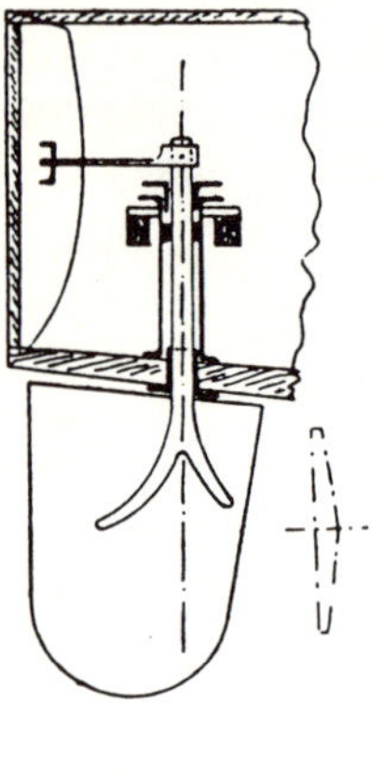

Zeichnung 94: Ein niedriger Koker erfordert eine Stopfbuchse. Diese bildet hier gleichzeitig das obere Ruderlager, da der Schaft nicht im Deck gelagert ist. Deshalb muß der Koker oben durch zwei starke Balken gehalten werden

stigt. Der Ruderschaft erhält dann an seinem oberen Ende kurz über Deck einen Vierkant zum Aufsetzen einer Reservepinne. Dieser Vierkant kann durch einen kappenähnlichen Beschlag leicht verdeckt werden, und nur im Notfall wird die Kappe entfernt.

Der Koker besteht aus einem mit Flansch versehenen Stück Stahlrohr und wird mit einer Dichtung von innen oder außen auf den Kiel (oder Heckbalken) gesetzt. Der Kiel muß hier so breit sein, daß er zu dem Flansch und seinen Schrauben paßt; das untere Lager sitzt als Buchse. Bei einem von innen aufgesetzten Koker wird sie von außen eingesetzt, bei von außen eingesetztem Koker wird die Buchse in diesen eingesetzt. Sie kann auch aus Teak- oderPockholzbestehen.

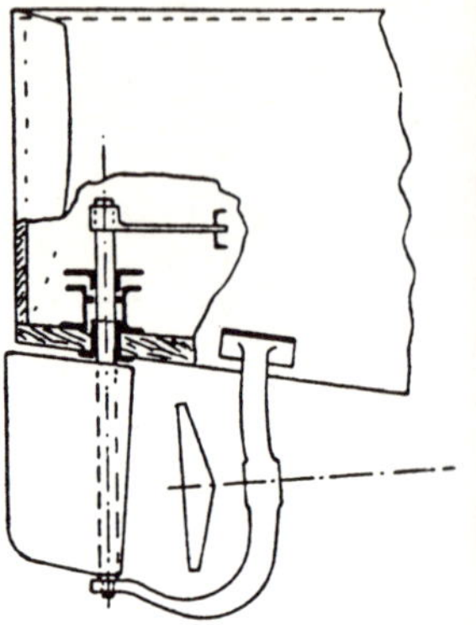

Zeichnung 95: Das Ruder steht auf einer Hacke, die mit einem zweibeinigen Wellenbock eine Einheit bildet. Der Ruder-Koker kann hier sehr niedrig sein, die Ruderleitung kann tief im Schiff liegen

Reicht der Koker weit genug nach oben, so kann auf eine Stopfbuchse an seinem oberen Ende verzichtet werden (Zeichnung 93), da auch im Seegang das Wasser kaum bis an seine Oberkante steigen wird. Ein niedriger Koker bedarf einer Stopfbuchse (Zeichung 94).

Soll das Ruder unten ein Spurlager erhalten, so gibt es die Möglichkeit, die das Lager tragende Hakke mit dem Schraubensteven oder dem Wellenbock zu verbinden (Zeichnung 95). Zwar ist die relativ einfache Konstruktion vorteilhaft, aber bei Grundberührungen werden werden meistens beide Teile, Ruder und Propeller, in Mitleidenschaft gezogen. Etwas sicherer muß daher die Anordnung nach Zeichnung 96 erscheinen, bei der das Spurlager einen Träger für sich allein gekommt, während der Wellenbock (und eventuell ein Schraubenschutz) ein besonderers Bauteil bildet.

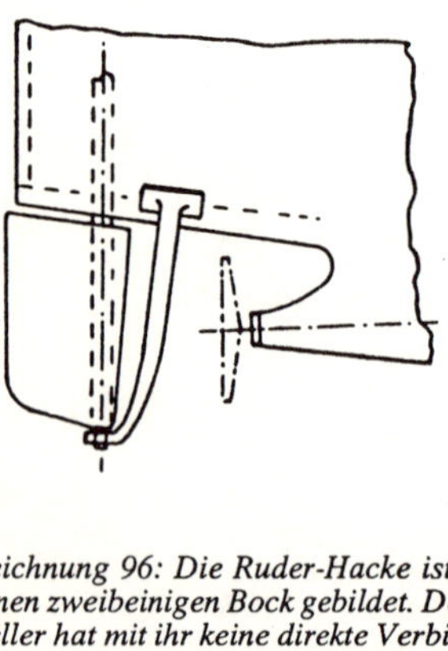

Zeichnung 96: Die Ruder-Hacke ist durch einen zweibeinigen Bock gebildet. Der Propeller hat mit ihr keine direkte Verbindung

Größere Segelyachten fahren ihr Ruder unter

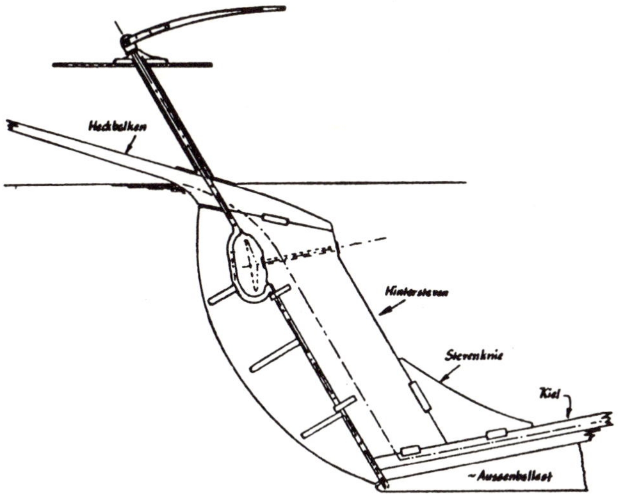

Zeichnung 97: Achtersteven und Ruder einer mittelgroßen Segelyacht. Rudersteven aus Rundeisen mit aufgeschweißten Ruder-Armen. Dazwischen hölzernes Ruderblatt. Zwei Schnallen am Achtersteven. Die unterste verhindert ein unbeabsichtigtes Hochheben des Ruders

dem Heck, wobei der Ruderschaft den Heckbalken durchbricht und, von einem Koker umschlossen, zum Deck führt. Im Deck liegt dann das obere Lager, darüber ist die Ruderpinne oder der Quadrant befestigt. Derartige Ruder sind zumeist an den Achtersteven angelenkt. Zweckmäßig wird der Außenballast so angebracht, daß er bis unter den Achtersteven reicht und hier das Spurlager für das Ruder trägt (Zeichnung 97). Für die Querschnittsform derartiger Ruder ist es am günstigsten, wenn der Ruderschaft möglichst dick ist und aus Holz oder Stahlrohr ausgeführt wird. Dann kann auch der Achtersteven an seiner Hinterkante entsprechend dick sein, und von dort aus läuft das Ruder nach achtern zu scharf aus. Diese Konstruktion hat aber einige Mängel. Einmal widerstrebt es, Holz auf Torsion zu beanspruchen, zumal am oberen Ruderschaftende, wo die Pinne angebracht werden muß, große örtliche Kräfte auftreten werden. Andererseits muß ein entsprechend starkes Loch durch den Heckbalken führen, und dieser muß an seiner Oberkante noch den Kokerflansch aufnehmen können. Es muß also sehr viel breiter werden, als er sonst durch die Größe der Yacht sein müßte. Entsprechend groß muß der Koker werden und das Loch, durch das er im Deck gehalten wird. Aus diesen Gründen bevorzugt man meist dünnere Ruderschäfte entweder aus dickwandigem Stahlrohr oder (bei kleineren Yachten) auch aus massivem Rundstahl. Dann wird es allerdings schwieriger, die eigentliche Ruderfläche, wenn sie aus Holz besteht, an diesen Schaft anzuhängen. Aus Flacheisen hergestellte Ruderarme, die beiderseits an den Schaft angeschweißt werden, sind am besten. Einfacher ist es, wenn derartige Ruder ganz aus Stahl hergestellt werden. Man wählt heute ein Zweiplattenruder, bei dem die bei-

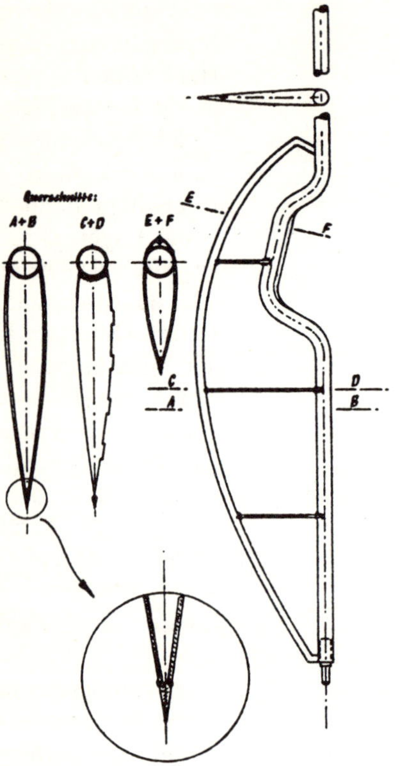

Zeichnung 98: *Ruder einer mittleren Segelyacht. - Schaft aus Stahlrohr, drei eingeschweißte Arme, Achterkante geschmiedetes Profil, doppelte Beplattung, im Schraubenloch Zuschärfung mittels Rundstahl*

den Platten von außen an den Schaft angeschweißt werden. Winklig zum Schaft werden, etwa in der Entfernung des Spantenabstandes des Bootes, Stege beziehungsweise Ruderarme eingebaut (Zeichnung 98). Derartige hohle Stahlruder und hohle Ruderschäfte sind hinsichtlich der Konservierung von innen sehr sorgfältig zu behandeln. Am sichersten erscheint es, diese Bauteile wie stählerne Masten absolut luftdicht herzustellen und die Luftdichtigkeit in jedem Winterlager zu prüfen.

54. Wellendurchführung

Die Wellendurchführung durch den Achtersteven oder durch den Kiel - je nach Bootstyp - erfordert außen und innen am Schiff je eine zur Wellenachse senkrechte Anlagefläche. Sie ist außen für die Sternbuchse, innen für die Stopfbuchse bestimmt. Die Entfernung beider Flächen voneinander entspricht etwa der Länge des Stevenrohres, sofern dies nicht bis zu einem weiter achtern sitzenden Wellenbock durchgeführt sein sollte.

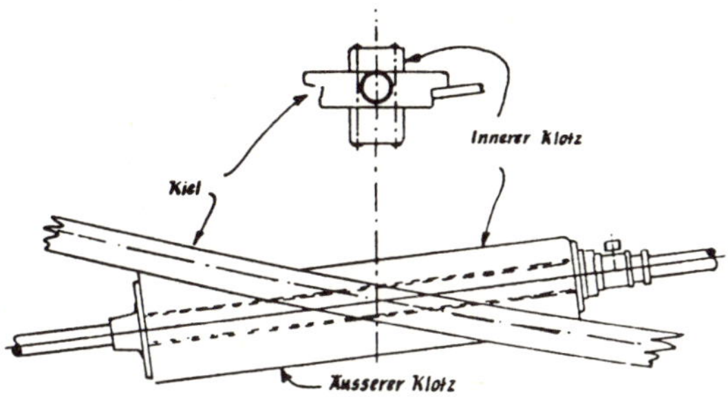

Zeichnung 99: Durchführung der Propellerwelle durch gebogenen Kiel mit aufgesetzten Wellen-Klötzen

Bei kleineren, jollenförmigen Booten mit gebogenem Kiel stellt man diese Anlageflächen dadurch her, daß man innen und außen Klötze auf den Kiel setzt (Durchbolzen und Leimen), deren Stärke ein bequemes Durchführen des Stevenrohres und ein Befestigen der Flansche gestattet (Zeichnung 99). Bei größeren Fahrzeugen mit gebautem Kiel ergeben sich andere Notwendigkeiten oder Möglichkeiten, wie es die Zeichnung 100 andeutet.

Bei Stahlbooten ist die Wellendurchführung einfach, wenn Stevenrohr und Welle aus Stahl bestehen. Dann hat man keine Korrosion aus der Fremd-Elektrolyse zu befürchten und kann das Stevenrohr sehr leicht durch Schweißung am Schiffskörper befestigen.

Bezieht man Welle und Stevenrohr aus der Serie einer Bootsmotorenfabrik, so werden diese Teile mit großer Wahrscheinlichkeit aus Bronze geliefert. Sie sind dann für den normalen Einbau in ein Holzboot bestimmt, und der Stahlbootsbauer hat hier besondere Schwierigkeiten zu überwinden.

Erhalten Segelyachten einen Hilfsmotor, so steht dieser fast immer achtern unmittelbar vor dem Achtersteven. Die intensive Raumausnutzung dieser Fahrzeuge läßt kaum einen anderen Platz zu. Für die Wartung und Bedienung der Motoren ist diese Einbauweise sehr ungünstig, denn ein schlecht zugänglicher Motor wird naturgemäß schlecht gewartet. Am schlechtesten zugänglich wird die Stopfbuchse sein, und der Konstrukteur wie der Bootsbauer sollen daran denken, daß man unter allen Umständen zu ihr gelangen muß. - Die Schmierung der Wellenbuchsen oder der Wellenlager ist einfacher, da hier Kupferrohre verlegt und

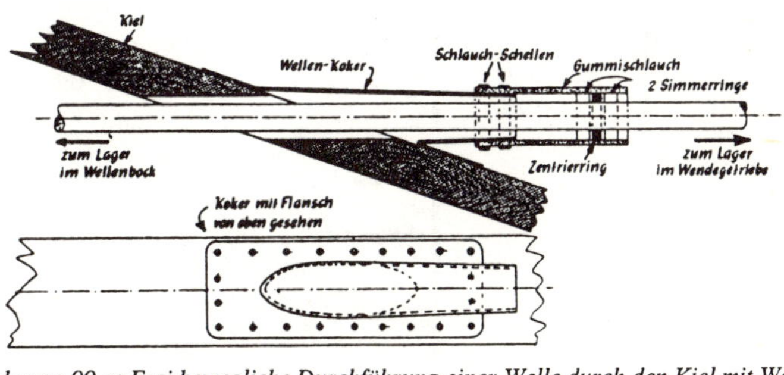

Zeichnung 99 a: Frei bewegliche Durchführung einer Welle durch den Kiel mit Wellenkoker, Gummischlauch und Simmerringen. Die Welle ist nur an zwei Punkten fest gelagert. Ein Festklemmen durch Verziehen des Bootes ist nicht möglich. Entwickelt von W. Empacher-Eberbach/N. Ausgeführt bis 50 PS

die Schmiernippel daher an gut zugänglicher Stelle angebracht werden können.

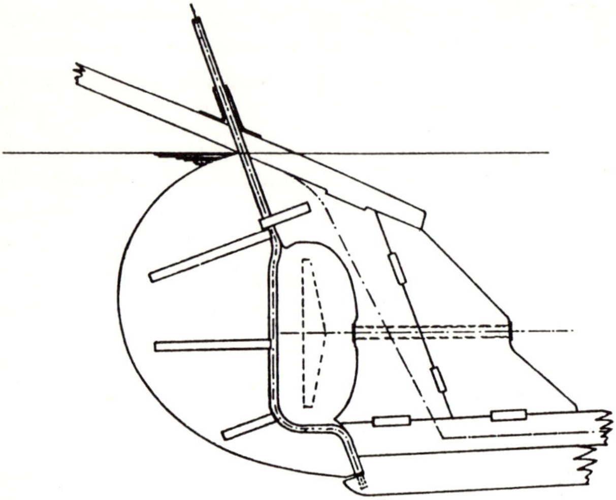

Zeichnung 100: Durchgang der Propellerwelle durch den Achtersteven einer mittelgroßen Motor-Segel-Yacht

55. Der Spiegel

Der Spiegel kleinerer Boote besteht aus einer stärkeren Planke, auf deren Rand die Außenhaut-Planken auflaufen und hier durch Holzschrauben befestigt werden. Übersteigt die Spiegelhöhe die Breite der aufgebauten Planken, so muß der Spiegel aus einzelnen Planken zusammengesetzt werden. Hierbei erscheint eine Verleimung der Nähte sehr zweckmäßig, da der ganze Spiegel über Wasser zu liegen pflegt und daher der Sonnenbestrahlung und Austrocknung ausgesetzt ist. Das Spiegelknie und zwei aufrecht stehende Leisten werden aber, wenn sie stark genug sind, diesen Spiegel auch ohne Leimung zusammenhalten (Zeichnung 101).

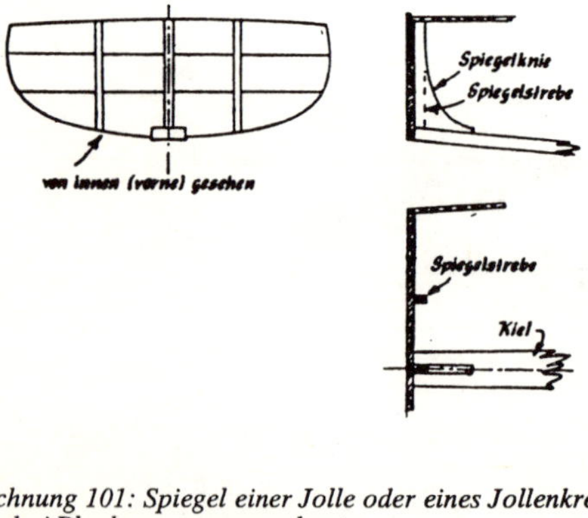

Zeichnung 101: Spiegel einer Jolle oder eines Jollenkreuzers, aus drei Planken zusammengebaut

Schwieriger wird es, wenn der Spiegel wie bei Motoryachten größere Ausmaße erhält und besonders stark ausgeführt werden muß, weil an ihm Außenbordmotoren aufgehängt werden sollen, oder wenn er nicht eben, sondern um eine senkrechte Achse gewölbt ausgeführt werden soll. Diese Wölbung erfüllt mehrere Zwecke. Einmal wird der Spiegel stärker, um so mehr, je kleiner der Krümmungsradius ist. Er kann besser eine Überbelastung bei Kollision oder durch Seeschlag vertragen. Der Seeschlag selbst wird etwas milder ausfallen. Außerdem bietet sich dem Auge ein gefälligeres Bild.

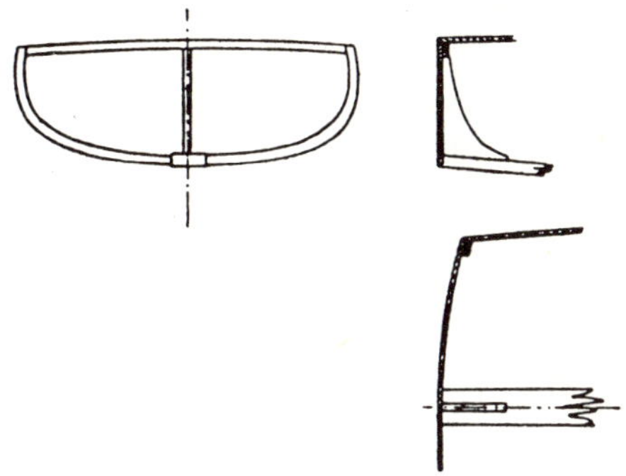

Zeichnung 102: Gebogener Spiegel aus Sperrholz mit Rand-Verstärkung

Bei einem ebenen, stärkeren Spiegel mag bis zu einer gewissen Größe Sperrholz gut verwandt werden können. Allerdings müßte innen ein Rahmen als Kantenverstärkung durch Schrauben und Verleimen angebracht werden, um eine für die Landung der Planken ausreichende Breite zu erhalten. Steht eine passende Dämpf-Vorrichtung zur Verfügung, so kann ein Sperrholzspiegel auch in gekrümmter Form gebaut werden. Für Außenbordmotorboote dürfte ein Sperrholzspiegel von genügender Dicke ebenfalls empfehlenwert sein (Zeichnung 102).

Sehr große Spiegel werden doppelt beplankt, wobei die innere Plankenlage etwa unter 45 Grad Neigung, die äußere waagerecht verläuft. Da hierbei die einzelne Planke dünner ist, läßt sich ein solcher Spiegel auch gewölbt herstellen, ohne das man dämpfen muß. Soll die Krümmung stärker sein, kann man auch in drei Lagen aufplanken. Zum Planken verwendet man ein Modell mit der gewünschten Krümmung. - Bei diesen gebauten Spiegeln pflegt man die äußerste Plankenlage vielfach über die Hirnenden der Außenhautplanken hinüberragen zu lassen, d.h. man baut am Spiegel eine Art Sponung auf. Es dürfte sich in diesem Fall empfehlen, durch Winkeleisen eine Art Eckenschutz herzustellen, damit zum Beispiel beim unfreiwilligen Entlangscheren an einer Kaimauer kein Schaden entstehen kann. Die älteren Holzschiffe hatten für diesen Zweck an der breitesten Stelle des Spiegels einen hölzernen, mit einem Beschlag versehenen Abweiser (Zeichnung 103).

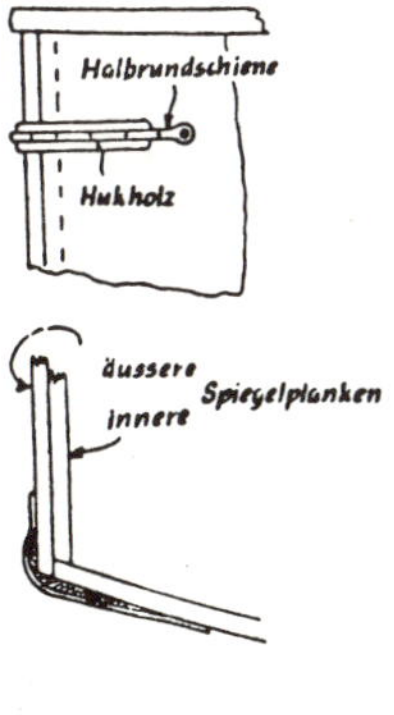

Zeichnung 103: Schutz eines Spiegels mit aufliegender äußerer Beplankung gegen Berührung mit Kaimauern o.ä.

Der Rahmen solcher Spiegel muß aus passendem Krummholz zusammengebaut oder lamelliert werdne. Der Spiegel kann durch Nieten zusammengebaut werden; hierbei sollte zusätzlich geleimt werden (Zeichnung 104).

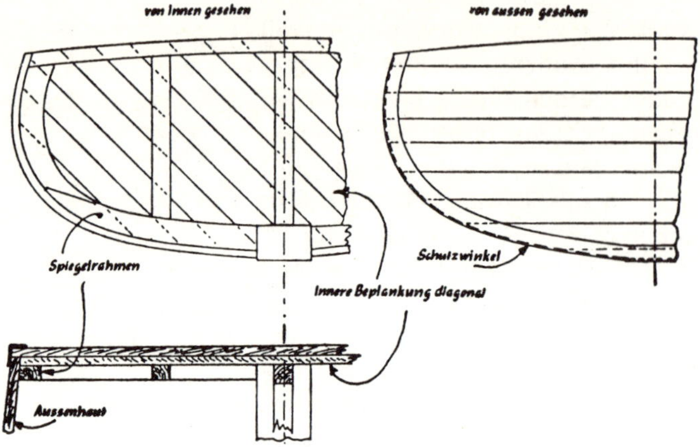

Zeichnung 104: Der Spiegel eines größeren Fahrzeugs

56. Mallen oder Spantmodelle

Vorläufige Spanten, provisorische Spanten, Mallen oder Spantmodelle werden hauptsächlich beim Bau kleinerer Boote mit runder Spantform verwandt, denen nach dem Aufplanken die endgültigen Spanten an Bord selbst eingebogen und befestigt werden. Nach diesem Vorgang werden die Mallen entfernt und können beim Bau eines weiteren Bootes desselben Typs wieder verwandt werden. Diese Bauweise ist besonders bei kleinen Klinkerbooten üblich.

Mallen werden als Rahmen-Spanten aus billigem Fichtenholz nach Maßgabe des Spantenplanes gebaut. Wichtig ist dabei, daß die Oberkante des Balkens, der den Rahmen zusammenhält, bei allen Mallen eines Bootes in einer Höhe und dabei genau waagerecht in einer Wasserlinienebene liegt. Diese Balkenebene benutzt man später beim Aufstellen der Mallen zu ihrem genauen Ausrichten, und zwar gleichgültig, ob das Boot kielunten oder kieloben gebaut wird. Beim Kielobenbau kann man die Mallen mit diesen Balken auf die Helling stellen, deren Mitten

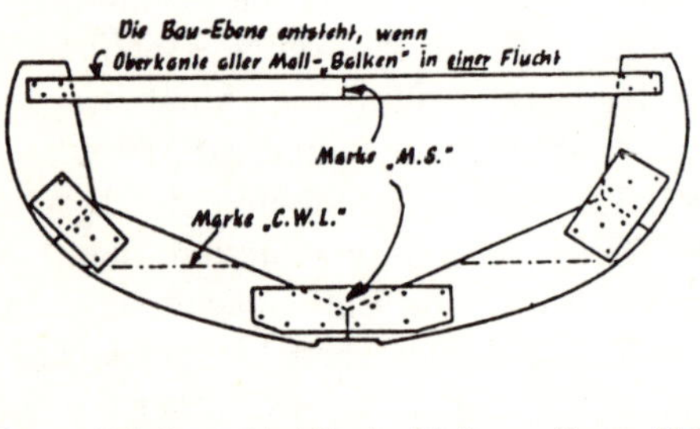

Zeichnung 105: Spant-Modell oder Mall, aus dünnen Fichtenbrettern zusammengesetzt

auf Mitte Helling ausrichten und sie selbst auswiegen. Es muß also auf den Balken die Marke *Mitte Schiff* angezeichnet werden. Bei größeren Mallen wird man wohl auch in Höhe der CWL einen Balken setzen, sonst aber auf dem Mall selbst die CWL beiderseits deutlich markieren. So erhält man später im Boot Marken für die Lage der CWL; sie kann beim Einbau gewisser Teile von Bedeutung sein (Zeichnung 105).

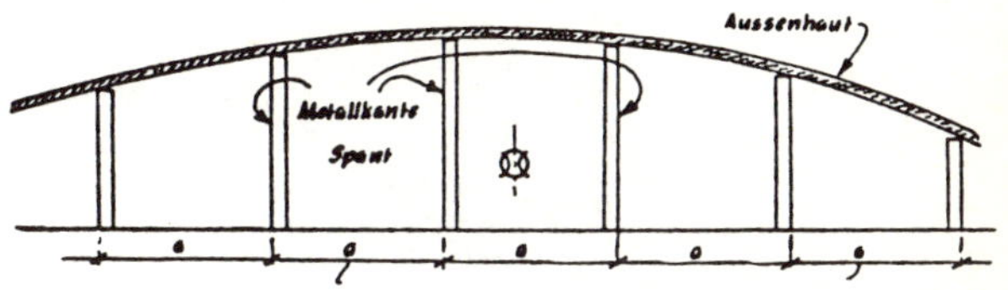

Zeichnung 106: Aufstellung der Mallen mit Rücksicht auf Hauptspant und Mallkante

Beim Ausschneiden der Mallen sei daran erinnert, daß Linienrisse für hölzerne Fahrzeuge durchweg - wenn nicht anders vermerkt - auf Außenkante Außenhaut, für Stahlboote jedoch auf Mallkante Spant gezeichnet werden. So muß also vom Span-

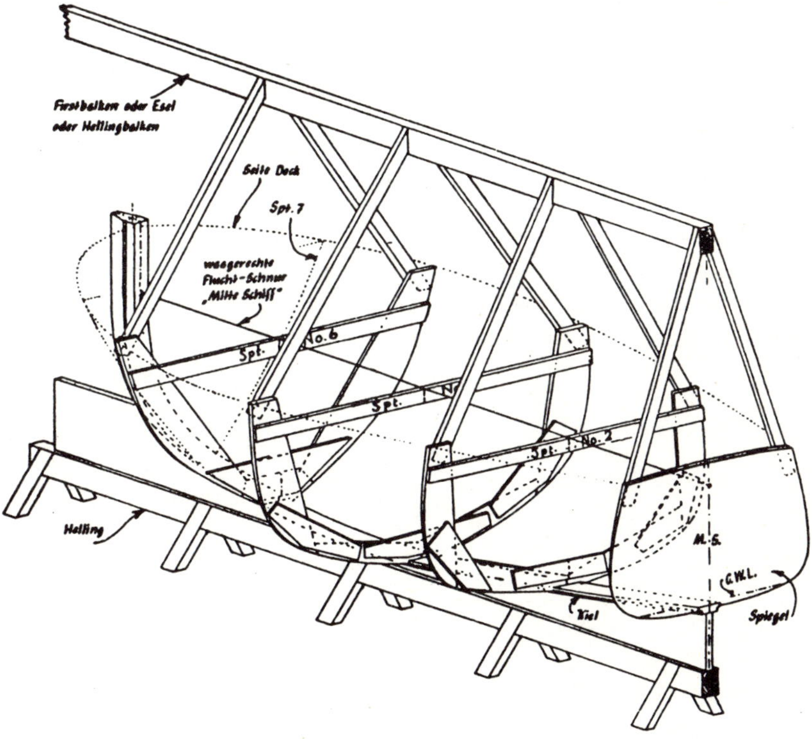

Zeichnung 107: Aufstellen der Mallen auf einer Helling, kielunten für ein kleines Motorboot. Alle Balken der Mallen liegen mit ihrer Oberkante in e i n e r Höhe

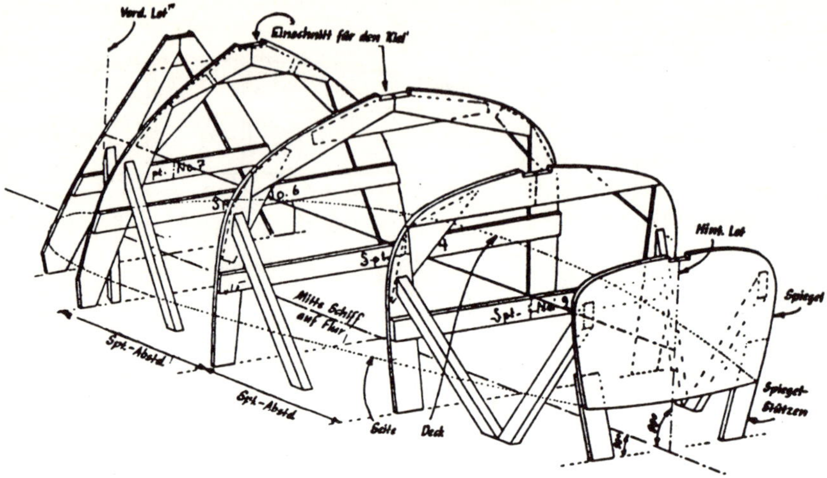

Zeichnung 108: Aufstellen der Mallen für den Bau kieloben. - Auf dem Werkstattflur werden Mitte Schiff und die Spanteinteilung aufgerissen. (Dasselbe Boot wie in Zeichnung 107)

tenriß die Stärke der Außenhaut abgezogen und das Mall entsprechend kleiner gezeichnet und ausgeschnitten werden.

Die Mallen erhalten im allgemeinen keine Schmiege. Daher müssen sie beim Aufstellen stets derart befestigt werden, daß sie, von Mallkante Spant aus betrachtet, in Richtung zum Hauptspant stehen (Zeichnung 106). Das Hauptspant ist *Spantwechsel.* Beim Aufstellen müssen die Mallen an der Helling, an den Balken der Dachkonstruktion des Bauschuppens oder an dem für diesen Zweck über der Helling angebrachten Spezialbalken, dem *Esel* befestigt werden (Zeichnung 107). Beim Kielobenbau müssen andersartige, ebenfalls provisorische Versteifungen angebracht werden, die dem Baugerüst so lange Halt geben, bis die Außenhaut fest angebracht ist und nun die Aufgabe des Haltgebens übernommen hat (Zeichnung 108). Dann ist aber auch der Zeitpunkt nahe, um das Boot für den weiteren Ausbau umzudrehen.

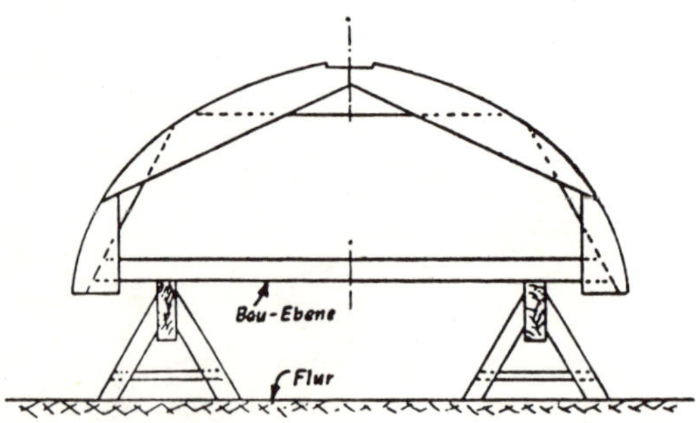

Zeichnung 108 a: Aufstellen der Mallen über Kopf bei kleinen Booten nicht an Deck, sondern auf zwei Helligen

57. Spanten für V-Boden-Boote oder Knickspantboote

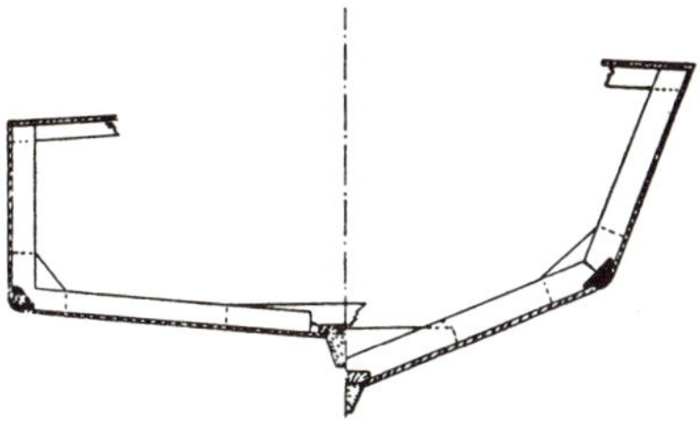

Zeichnung 109 a: V-Spant in einem geleimtem Sperrholzboot. Kimmstringer mit Sponung bietet Kantenschutz für Sperrholzplanken

Diese Boote haben entweder gänzlich gerade Spanten, oder diese sind - wie bei den Motorbooten - im Vorschiff leicht ausgehöhlt und im Achterschiff über Wasser leicht abgerundet. Die Kimm selbst ist kantig oder leicht rund. Die Form dieser Boote wird aus mehreren Gründen gewählt. Bei Ruder- und Segelbooten ist der Gedanke maßgebend, daß sich ein Knickspantboot leichter bauen läßt als ein normales Rundspantboot, besonders auch von Laienhand. Bei Motorbooten handelt es sich darum, daß relativ schnelle Boote eine Form benötigen, die das aus dynamischem Auftrieb beruhende Gleiten ermöglichen. So ergibt sich ein breiter, flacher Boden im Achterschiff und ein scharfes, ausladendes Vorschiff. Diese Form läßt sich am besten mit einer scharfen Kimm erreichen, und so bevorzugt man hier eine Knickspantform, aber auch aus ganz anderen Gründen.

Die Knickspanten werden aus einzelnen geraden Stücken zusammengebaut. Bei den flachen Achterschiffsspanten sind es im allgemeinen drei, bei den schärferen Vorschiffsspanten dagegen fünf Einzelstücke (Zeichnung 109). An den seitlichen Knikken wird der Ausschnitt für den Kimmstringer, an den unteren derjenige für den Kiel angebracht. Wenn die Beplankung von Seiten und Boden nicht aus Sperrholz besteht, muß man in beiden Fällen mit einer Naht oder mehreren Nähten für die Planken rechnen. Die ältere, leimfreie Baumethode erfordert für diese Nähte häufig noch Nahtleisten, und für diese muß ebenfalls ein Spantausschnitt vorgesehen werden.

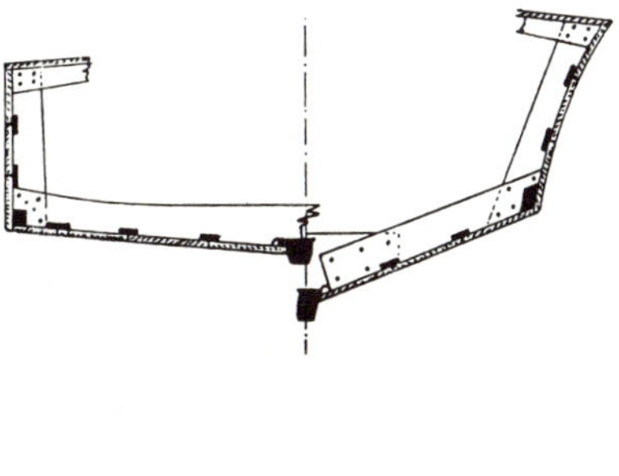

Zeichnung 109 b: V-Spant an einem genieten en Boot. Schmale Planken erlauben leicht gekrümmte Spantform. Nahtstreifen = Nahtspanten. In der Kimm Planken ohne Kantenschutz

Wie die Zeichnung 109 zeigt, liegen die einzelnen Teile des Knickspantes in verschiedenen Spantebenen. Wenn zum Beispiel das Seitenspant hinter die Ebene des Konstruktionsspants (*Mallkante Spant*) gelegt wird, liegt das Bodenspant davor und die mittschiffs querüberlaufende Bodenwrange dahinter. Durch die hier notwendi-

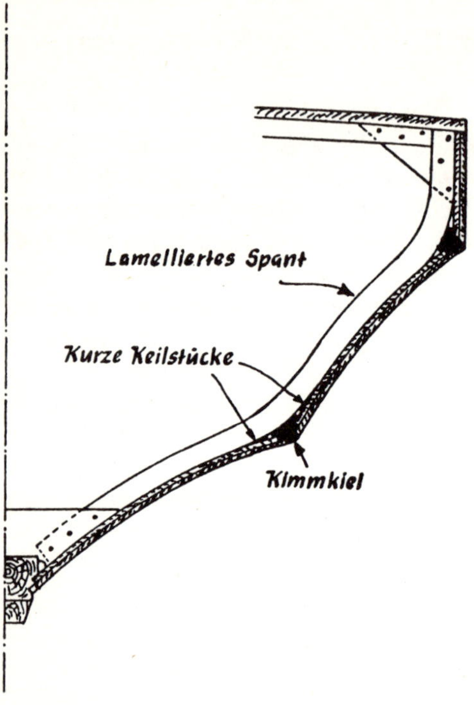

Zeichnung 110

ge Zugabe für die Schmiege derjenigen Spantteile, die von der Mallkante aus gesehen in Richtung zum Hauptspant liegen, muß beim Zupassen derartiger Spanten sehr auf diesen Umstand geachtet werden.

Die vielen Ecken und Ausschnitte des Spants machen es erforderlich, das Spant in der Nähe von Motoren im Querschnitt recht hoch zu bauen. Von einem glatt durchlaufenden Träger, etwa wie bei einem gebogenen Spant eines Rundspantbootes, kann daher nicht gesprochen werden. Eher ähnelt das Spant einem Rahmenspant oder einem Mall. Es nimmt dadurch im Inneren des Bootes mehr Platz in Anspruch als ein normales Spant. Dieser Platz geht dem Nutzraum verloren. Da es sich bei Knickspantbooten der vorliegenden Art zumeist um kleinere, offene Boote handelt, spielt dieser Umstand aber nur eine untergeordnete Rolle.

Die erwähnte Spanthöhe ist aber auch erforderlich, um die einzelnen Teile des Spants gut miteinander verbinden zu können. Diese Verbindung kann durch Nageln, Nieten, Schrauben und neuerdings vor allem durch Leimen hergestellt werden. Durch diese Verbindung ist es möglich, einen von einer Seite des Decks zur anderen durchlaufenden starken, zusammenhängenden Rahmen herzustellen, an den sogar die Decksbalken angeschlossen werden können und sollen. Dies ist ein großer Vorzug der Knickspantbootc, denn bei den meisten Rundspantbooten, zum Beispiel bei den Booten mit den üblichen eingebogenen (nicht vorgebogenen!) Spanten ist es ja gar nicht möglich, Spant und Bodenwrange unmittelbar zu dem erwünschten Rahmen miteinander zu verbinden.

Wenn größere Fahrzeuge, zum Beispiel schnelle, hölzerne Motoryachten, Knickspanten erhalten sollen, geht man anders vor. Bei der soeben beschriebenen Bauweise würde wegen der großen Spanthöhe zu viel Innenraum verlorengehen. Man verwendet dann gern ein vorgebogenes oder lamelliertes Spant, das innen über die

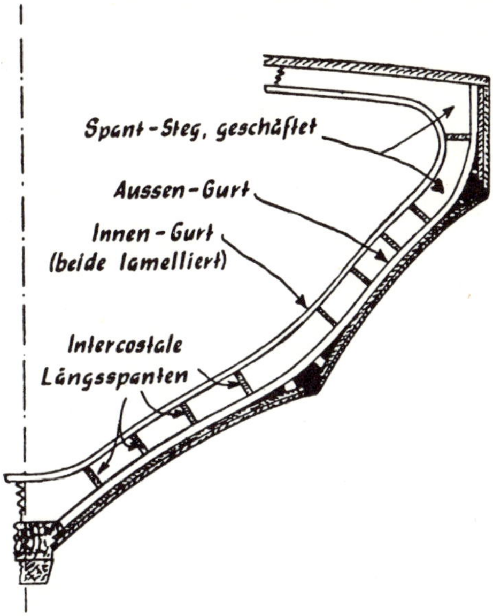

Zeichnung 111

Kimmkiele oder Kimmstringer in einer schlanken Kurve hinwegläuft, wie es die Zeichnung 110 andeutet. Dieses lamellierte Spant ist hoch genug, um an ihm ohne jede Schwierigkeit Balkenknie und Bodenwrange durch Bolzen oder/und Verleimung befestigen zu können, so daß wieder ein *Rahmen* entsteht. Es hat gegenüber dem vorher beschriebenen den Vorzug größerer Elastizität, wird aber etwas schwerer ausfallen. Will man diese Nachteile beseitigen, so muß man diese Spanten in größerer Entfernung voneinander aufstellen. Die Herstellung der Lamellen-Spanten wurde an andere Stelle besprochen (Abschnitt 12). Es sie hier nur erwähnt, daß einfache Modelle für die Spanten gebaut und auf einer waagerechten Fläche aufgestellt werden müssen. Die Lamellen werden kalt gebogen.

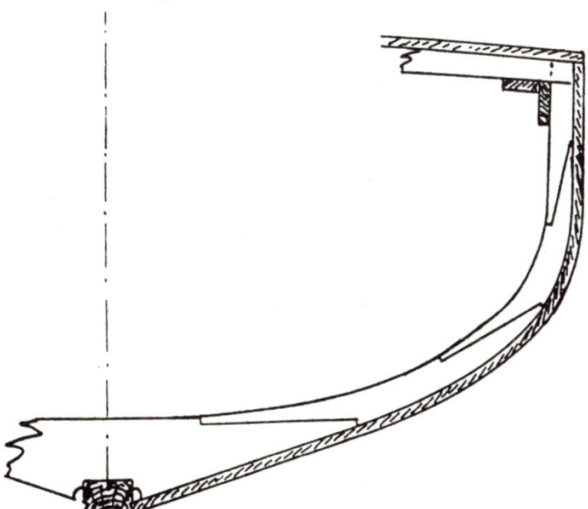

Zeichnung 112: Gebautes Spant in einer Ebene, verbolzt

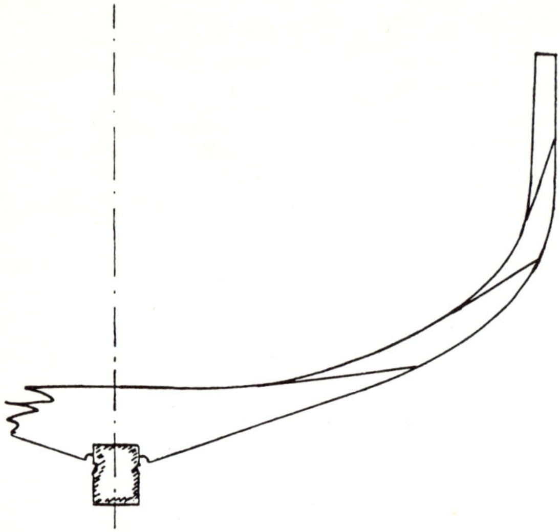

Zeichnung 113: Gebautes Spant in einer Ebene, verleimt

Die Lamellen-Spanten liegen innen an den Kimmstringern an. Über und unter diesen werden noch kleine Keile zwischen den Spant und Außenhaut vorgesehen.

Bei noch größeren Fahrzeugen verwendet man Spanten, die im Querschnitt einem Doppel-T entsprechen, wobei der äußere und innere Gurt aus Lamellenschichten, der Steg dagegen aus hochkant stehendem massivem Holz oder Sperrholz besteht (vergl. Zeichnung 111). Solche Boote werden doppelt geplankt. - Wird die innere Plankenschicht diagonal angebracht, so kann der Außengurt des Spants bedeutend schwächer werden als der Innengurt, weil die innere Außenhautschicht dieser Gurt teilweise ersetzt oder doch verstärkt. Bei normaler Beplankung müssen aber Innen- und Außengurt etwa gleich stark sein. Die einzelnen Teile des Spantstegs bilden den Kern des Rahmens. Sie müssen sorgfältig miteinander verbunden werden; beim Verleimen, durch *Schäftung*, anderenfalls in der Weise, wie die die Zeichnungen 112, 113 und 115 für sogenannte *gebaute* Spanten zeigen.

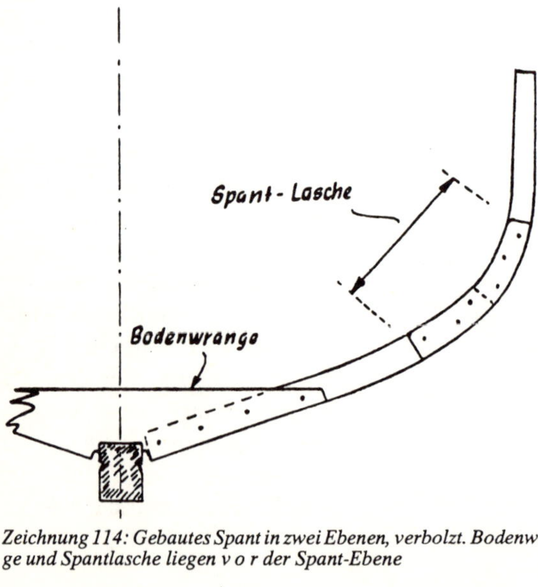

Zeichnung 114: Gebautes Spant in zwei Ebenen, verbolzt. Bodenwrange und Spantlasche liegen v o r der Spant-Ebene

Derartige Spanten werden sehr stark. So liegt es nahe, sie im Schiff in größerem Anstand aufzustellen, etwa wie Rahmenspanten. Dann müssen aber die dazwischenliegenden Außenhautfelder durch Zwischenspanten unterstützt werden. Es liegt nahe, hierfür

Längs-Spanten zu verwenden, die entweder interkostal von Querspant zu Querspant laufen oder mit Ihnen durch Kniestücke verbunden sind. Wenn sie durchlaufen, müssen sie den Steg des Doppel-T-Profils ganz oder teilweise durchbrechen. Dies dürfen sie aber nur, wenn die Lamellen der beiden Gurte besonders stark ausgeführt werden. Dann ist das völlige Unterbrechen des" T"-Stegs bei durchlaufenden Längsspanten nicht tragisch zu nehmen, da die durchlaufenden Lamellen das Hauptstück des Rahmenspants sind. Sind andererseits die Längsspanten nur halb so hoch wie der Steg des "T", wird also der Steg zur Hälfte ausgeklinkt und läuft mit der anderen (inneren) Hälfte durch, so stört die dabei unvermeidliche Kerbe den guten Spannungsverlauf. Ein Verleimen nützt an dieser Stelle nur wenig, da das Hirnholz vom Steg gegen das Langholz des Längsspants verleimt werden müßte, und Hirnholz leimt nicht gut oder überhaupt nicht.

58. Gebaute, gewachsene, feste oder gesägte Spanten

Unter diesen Bezeichnungen verstehen wir Spanten, die aus dem vollem gewachsenen Holz ausgeschnitten worden sind. Diese Bauweise ist sehr alt und liefert eine gute Konstruktion, wenn genügend Krummholz zur Verfügung steht, so daß jedes Spant aus einem Holz geschnitten werden kann, das genau seiner Krümmung entspricht. Es muß also ein großes Lager von Krummholz bereitgehalten werden, die Dikke der gelagerten Hölzer muß der Dicke der zukünftigen Spanten entsprechen, und die Hölzer müssen alle einzeln derart gelagert werden, daß sie vom Zimmermann bei Aussuchen des passenden Stückes leicht und gut überblickt werden können.

Man wird verstehen, daß für die meisten Werften schon die Bereitstellung der Bodenfläche für ein solches Krummholzlager unmöglich sein wird. Zudem wird das Verfahren stets sehr zeitraubend sein. Hinzu kommt noch die Schwierigkeit, überhaupt genügend Krummholz kaufen zu können. Im Abschnitt 4 wurde hierauf bereits eingegangen. Darum ist man heute mehr und mehr von der Verwendung passender Krummhölzer für die Spanten abgegangen.

Trotzdem werden noch hölzerne Fahrzeuge mit gesägten Spanten gebaut. Um die notwendige Festigkeit der Spanten zu erreichen, werden zwei Wege beschritten:

Einmal werden die Spanten aus sehr vielen Teilen zusammengesetzt, so daß der einzelne Teil fast gerade ist und deshalb auch aus gerade gewachsenem oder nur gering gekrümmtem Holz ausgeschnitten werden kann. Es bleibt dann allerdings die Schwierigkeit bestehen, die einzelnen Teile, zum Beispiel durch Verbolzen, genügend fest miteinander zu verbinden.

Zum anderen werden derartige Spanten überdimensioniert und in sehr geringem

Abstand voneinander aufgestellt, so daß also die Belastung des einzelnen Spants von vornherein geringer wird. Hieraus folgt allerdings ein unnütz großer Holzverbrauch und ein hohes Schiffgewicht.

Aus diesen Gründen geht man mehr und mehr zu anderen Bauweisen der Spanten über, die anschließend besprochen werden.

Der Zusammenbau der gebauten Spanten erfolgt auf drei verschiedene Arten. Bei der ersten Methode liegen alle Teile des Spantes und der zugehörigen Bodenwrange in einer Ebene. Dies ist hinsichtlich der Mallkante und der Schmiege ein großer Vorteil (vergl. Zeichnung 112). Als Nachteil muß der Umstand genannt werden, daß an den Laschen eine Schwächung infolge Querschnittsverminderung in der Höhe und Kerbwirkung entsteht. Auch die Bolzenverbindung ist schwierig (vergl. Abschnitt 15). Das richtige Verfahren ist Verleimen bei gleichzeitigem Verbolzen. Hierbei würde man auch die Kerben im Querschnitt vermeiden, wenn man die Laschen spitz auslaufen läßt (vergl. Zeichnung 113). Die Anzahl der einzelnen Teile richtet sich nach dem Maß, in dem Krummholz zur Verfügung steht, und nach den Ansprüchen, die hinsichtlich der Festigkeit des ganzen Spantrahmens gestellt werden.

Bei der zweiten Methode liegen die einzelnen Teile nicht in derselben Spantebene übereinander, sondern in verschiedenen Ebenen hintereinander respektive nebeneinander. So liegt zum Beispiel der unterste Teil, die Bodenwrange, von Mallkante Spant aus gerechnet in Richtung auf das Hauptspant, das anschließende überlappende Bodenspant dagegen in Richtung Schiffsende, und das nach oben anschließende Seitenspant - wenn der Ausdruck hier gestattet ist - wieder genauso wie die Bodenwrange (vergl. Zeichnung 114). In diesem Beispiel ist also mit fünf einzelnen, einander überlappenden Teilen gerechnet worden. Aber auch hier hängt die Anzahl außerdem noch von der Größe des Schiffes und der Größe der zur Verfügung stehenden einzelnen Hölzer ab. Als Überlappungslänge rechnet man etwa das Fünf- bis Sechsfache der Spanthöhe. Hinsichtlich der Bolzenverbindung gilt das bereits Gesagte sinngemäß.

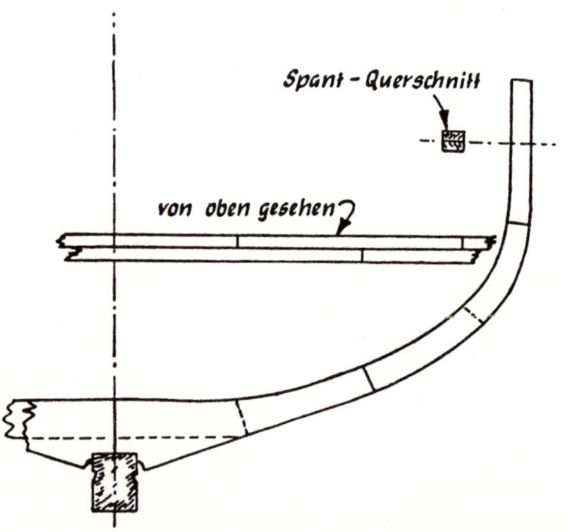

Zeichnung 115: Gebautes Spant als Doppelspant, verbolzt oder verleimt

Es war bereits angedeutet

worden, daß bei größeren Schiffen recht viele Einzelteile für das Spant entstehen können. Mit Rücksicht auf die Überlappungslänge kann es dann vorkommen, daß diejenigen Stellen des zusammengebauten Spants, an denen dieses nur aus einer Lage Holz besteht, beträchtlich kleiner sind als die Stellen mit doppelter Holzlage. Dies führt dann zu der Baumethode, die Spanten zweischichtig, also doppelt, auszuführen (Zeichnung 115). Hinsichtlich der Übersichtlichkeit über Mallkante und Schmiege ist dieses System besser, da man von vornherein weiß, wie das Spant im Schiff stehen muß. Bei größeren Fahrzeugen wird diese Bauweise sehr gern angewandt. Sie hat aber einen bedeutenden Nachteil: Die Stellen, an denen das Holz in zwei Lagen liegt, sind jetzt größer geworden und reichen von Bord zu Bord. Die einzelnen Hölzer können mit diesen großen Anlageflächen nicht so genau aufeinandergepaßt und -gepreßt werden, daß kein Wasser und kein Schmutz in diese Fugen dringen und dort einen Fäulnisherd bilden kann. Deshalb hat man bislang die beiden Holzschichten nicht aufeinander gelegt, sondern einen Zwischenraum von mindestens 5 bis 10 mm geschaffen, damit das Bilgenwasser hindurchspülen oder der Zwischenraum auf andere Weise gereinigt werden kann. Der Abstand wurde durch Einbau von starken Unterlegscheiben an den Bolzen oder hölzerne kleine Zwischenstücke (also Distanzstücke) erreicht.

Es liegt auf der Hand, daß diese Verbindung der einzelnen hölzernen Bauteile sehr mangelhaft ist. Die Übertragung der Kräfte erfolgt jetzt nur über die Bolzen, die ihrerseits auf Schub und Biegung beansprucht werden und deren Ausnutzung durch den ungenügenden Leibungsdruck, den die Löcher im Holz aufnehmen können, sehr begrenzt ist. Da die Hölzer hier nicht aufeinander gepeßt werden, kann die Flächenreibung nicht genutzt werden (vergl. Abschnitt 15).

Durch Aufeinanderleimen der beiden Spantschichten würde man zweifellos eine sehr gute Konstruktion erhalten. Es ist aber eine umfangreiche Paßarbeit notwendig, um zu erreichen, daß wirklich alle Holzteile, die verleimt werden sollen, miteinander in Berührung kommen. Beim Leimvorgang selbst sind zahlreiche starke Schraubzwingen erforderlich. In Idealfall könnte man sogar vollständig auf die Verbolzung verzichten.

59. Eingebogene Spanten

Das nachträgliche Einbiegen von Spanten in eine bereits bestehende Außenhaut hinein ist eine altbekannte Methode, gekrümmte Spanten, deren Maserung mit den Spanten mitläuft, für rundspantige Boote zu erhalten. Sie wird vor allem angewandt, wenn durch die Außenhautkonstruktion bereits der größte Teil der auftretenden, quer zum Schiff gerichteten Kräfte aufgenommen werden kann, so daß die Spanten daher schwach sein können. Bei geklinkerten und diagonal-karweel beplankten Booten ist dies besonders der Fall, wenn die Boote klein sind. Auch soll die Spantform möglichst flach sein und stärkere Spantkrümmungen in der Kimm vermieden werden (Zeichnung 116). Je flacher die Spantform ist, um so stärker kann der Querschnitt des einzubiegenden Spants sein! Das Biegen wurde bereits in Abschnitt 12 behandelt.

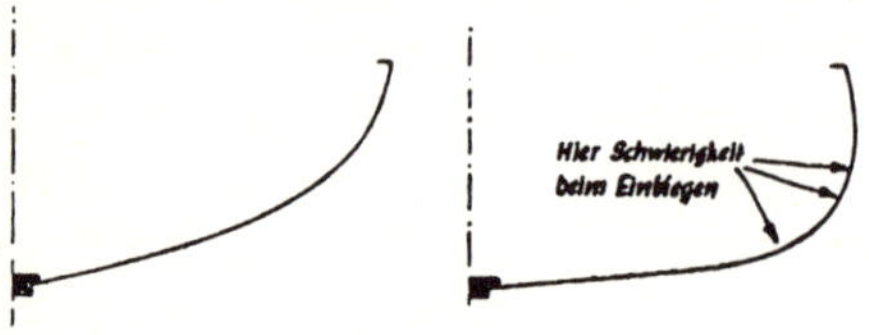

Zeichnung 116: Zum Spanteneinbiegen geeignete und ungeeignete Spantform

Da die Spanten in die bereits auf den Mallen stehende Außenhauthülle hineingebogen werden, legen sie sich auch ohne jede Schmiege an die Außenhaut an und winden sich von selbst in die ihnen gemäße Lage hinein. Ihr flacher Querschnitt liegt hierbei in Querschiffsrichtung, da die mögliche Spanthöhe durch den Biegeradius begrenzt ist (Zeichnung 117).

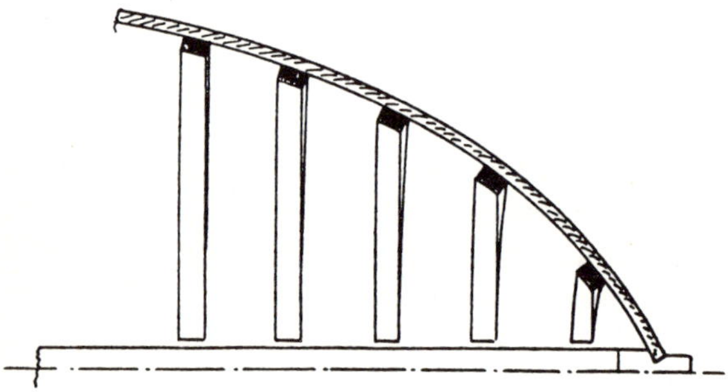

Zeichnung 117: Eingebogene Spanten drehen sich, um sich ähnlich den Kant-Spanten ohne Schmiege an die Planke zu legen

Bei Klinkerbooten ergibt sich der unangenehme Umstand, daß die Spanten glatt über die Innenkanten der Planken laufen und bei jeder Planke ein dreiecksförmiger Hohlraum entsteht, in dem sich Wasser und Schmutz ansammeln können. Hier entsteht dann ein Fäulnisherd. das Sauberhalten dieser Stellen ist zwar schwierig, aber für die Pflege des Bootes außerordentlich wichtig (Zeichnung 118).

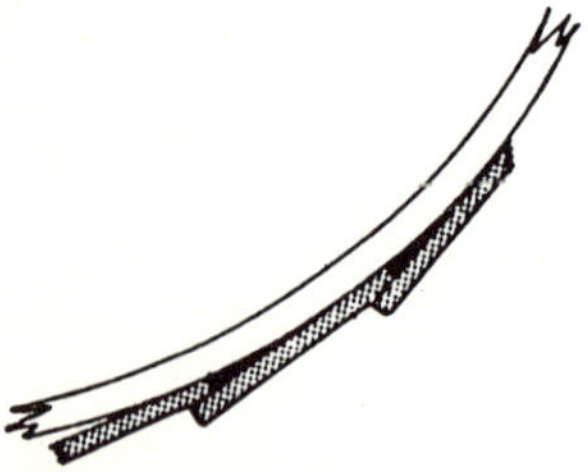

Zeichnung 118: Bei Klinker-Beplankung bilden sich zwischen Spant und Planke Schmutzecken

Der Arbeitsgang beim Einbiegen ist folgender: Mit einer ganz flachen Holzlatte von der Breite der einzubiegenden Spanten wird innen im Boot die Lage der einzelnen Spanten auf der Außenhaut durch zwei parallele Bleistiftstriche gekennzeichnet. Es kann dabei vorkommen, daß dort, wo ein Spant hinkommen soll, noch ein Mall steht. Dieses Spant muß dann später eingebogen werden, wenn die Mallen entfernt worden sind. - Man kann diese Spanten auch dicht neben den Mallen einbiegen und nach deren Ausbau an den vorgesehenen Stellen, allerdings nur nach zusätzlichem Vorbohren, einnieten.

Es werden nunmehr von innen nach außen die Löcher gebohrt, durch die anschließend von außen nach innen die Kupfernieten, die durch die Spanten gehen sollen, so weit hineingesteckt werden, daß die Spitzen innen bündig sind. Der Lochdurchmesser beträgt etwa 75% des Nietdurchmessers. So ist es möglich, das Niet nur wenig in die Planke zu schlagen und es doch an seiner Stelle zu halten.

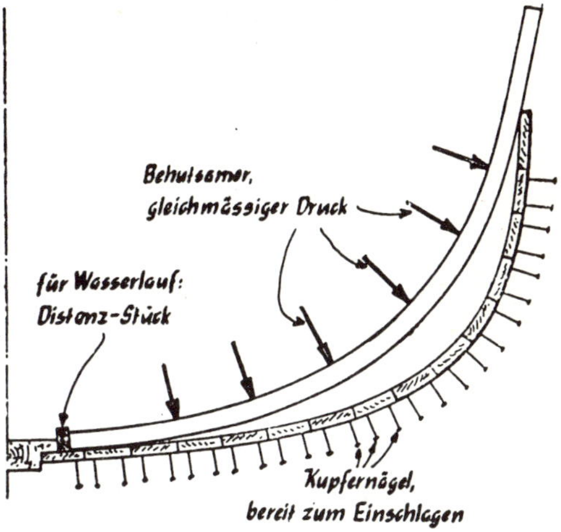

Zeichnung 119 a

Inzwischen werden die Spanten gedämpft, wobei der Dampfkasten möglichst in der Nähe der Helling stehen soll, damit der Transportweg für das heiße Spant nur ganz kurz und die Abkühlung daher nur gering ist. Es empfiehlt sich, die einzelnen Spanten nach ihrer Länge zu ordnen und zu bezeichnen, damit beim Einbiegen das Spant an seine ihm zugedachte Stelle kommt und kein Holz vergeudet wird.

Das Einbiegen des heißen Spantes muß vorsichtig erfolgen, da sich das Holz oft an einer Stelle zu stark einbiegt und dann bricht. Man muß also sorgfältig darauf achten, daß sich das Spant gleichmäßig durchbiegt, was bei schier gewachsenem Holz leichter erreicht werden kann als bei unregelmäßig gewachsenem.

Liegt das Spant innerhalb der aufgezeichneten Bleistift-

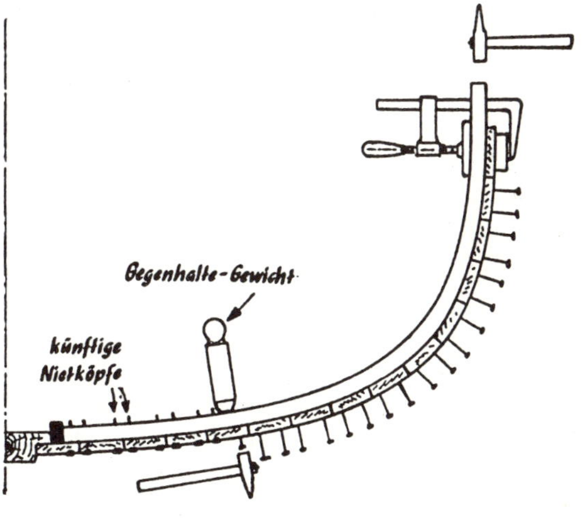

Zeichnung 119 b

striche überall dicht an der Außenhaut an, so kann mit dem Durchnageln der Kupfernieten begonnen werden. Dort, wo gerade genagelt werden soll, wird von innen ein schweres Gewicht gegen das Spant gehalten, und von außen das Niet mit dem Hammer durch das Spant geschlagen. Diese Arbeit läßt sich leicht ausführen, solange das Holz durch die Dämpfung noch warm und weich ist. Ferner muß genau darauf geachtet werden, daß das Spant dicht auf der Außenhaut liegenbleibt und sich nicht aus der ihm zugedachten Position - für die ja auch die Nietlöcher passen - entfernt. Es empfiehlt sich daher, das Spant durch Klampen oder Schraubzwingen in seiner Lage festzuhalten (Zeichnung 119b).

Es wird einleuchten, daß die eben beschriebene Arbeit sehr schnell ausgeführt werden muß, da das Spant schnell erkaltet und dann nicht mehr gebogen und durchgenagelt werden kann. Deshalb nageln bei größeren Booten auch zwei Gruppen das einzelne Spant ein. Sollte man mit der Zeit, in der das Spant warm und weich ist, nicht auskommen, so muß auf jeden Fall das Biegen vollendet werden. Man setzt dann das Spant vorläufig fest, und die noch verbliebenen Nieten schlägt man nach entsprechendem Vorbohren später ein. Sollten Spanten einknicken oder spalten, so müssen sie wieder entfernt und durch andere ersetzt werden. Daher ist ein gewisser Zuschlag zu der erforderlichen Spantenzahl notwendig.

60. Vorgebogene Spanten

Das Vorbiegen von Spanten mit Hilfe einer Biegeschiene ist im Prinzip bereits im Abschnitt 12 beschrieben worden. Auf diese Weise ist es möglich, für die gleiche Krümmung größere Spanthöhen zu verwenden. Darum können wir jetzt auch größere Boote und Schiffe mit *gebogenen* Spanten bauen, und wir können diese höheren Spanten mit Durchbolzen, Schrauben oder Leim mit den Bodenwrangen oder Balkenknie verbinden. Bei den nachträglich eingebogenen Spanten wäre dies wegen ihrer flach-breiten Form unmöglich.

Die vorgebogenen Spanten werden genauso im Schiff eingesetzt wie dic vorerwähnten *gewachsenen* Spanten, denen sie ja in vielem sehr ähneln. Sie stehen daher genau in einer Spantebene und müssen unterschiedliche Schmiegen erhalten (vergl. Abschnitt 58).

Das Bauen von hölzeren Fahrzeugen mit vorgebogenen Spanten bedeutet einen großen Fortschritt gegenüber den bisherigen Baumethoden. Im Vergleich zu den nachträglich eingebogenen Spanten erhält man mehr Festigkeit bei etwa gleichem Gewicht. Gegenüber den *gewachsenen* Spanten erhält man bei gleichem Gewicht ei-

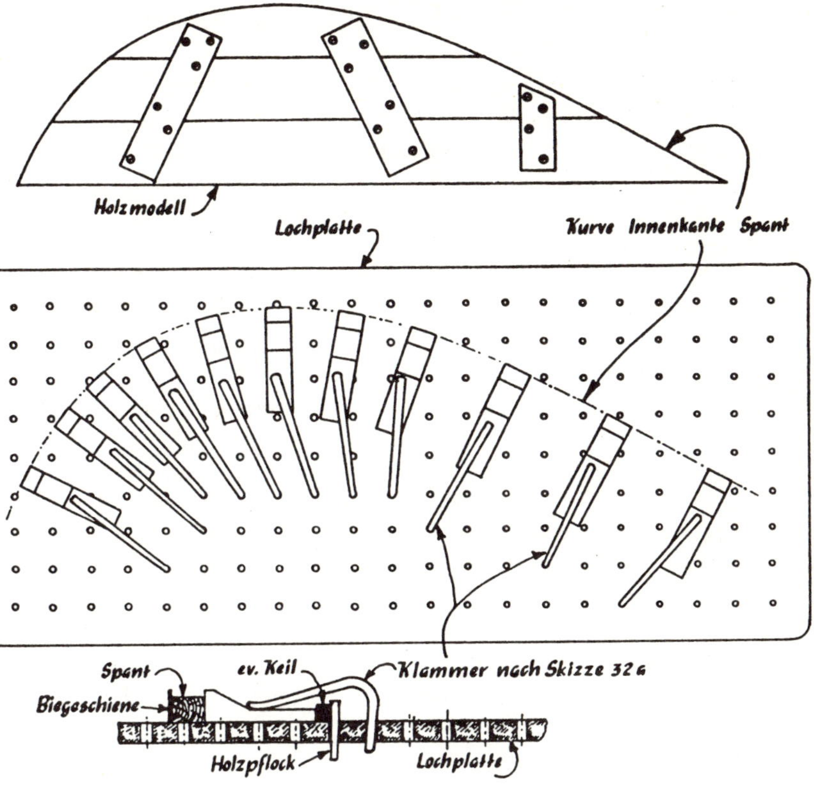

Zeichnung 120: Werden sehr viele Spanten in gleicher Form gebogen, so lohnt sich die Herstellung eines besonderen Holzmodells. Andernfalls werden auf der Spant-Biegeplatte einzelne versetzbare Modellklötze in Flucht der Biegekurve mit Klammern provisorisch festgesetzt

ne bedeutend größere Festigkeit. Bei gleicher Festigkeit wird das Boot oder Schiff erheblich leichter, der Holzverbrauch entsprechend kleiner. Hierdurch macht sich der Mehraufwand an Apparatur (Spantmodelle für das Biegen) recht schnell bezahlt (Zeichnung 120). Über die Schmiege siehe Abschnitt 61.

61. Lamellierte Spanten

Lamellierte Spanten führen zu denselben Vorteilen wie die vorgebogenen Spanten. Sie entstehen in der Weise, daß man Lamellen über Spantmodellen biegt und miteinander verleimt. Man spart das Dämpfen nebst seiner Apparatur. Andererseits sind für das Holz mehr Vorarbeiten notwendig um die Lamellen dafür herzustellen. Durch das Sägen entsteht außerdem ein Verlust an Holzsubstanz. Trotzdem kann der Holzverbauch geringer sein als bei den vorgebogenen Spanten, denn in beiden Fällen muß schieres Holz verwandt werden. So wird manches Stück Holz für ein vorgebogenes Spant nicht mehr verwendet werden können, weil es an einer Seite eine Fehlerstelle besitzt. Aus der verbleibenden Seite lassen sich aber noch einige Lamellen herstellen. Nicht alle Lamellen müssen die volle Länge des Spants haben. Diejenigen, die mehr zur Mitte der Spanten liegen, können ohne Schaden gestoßen werden. Hierbei werden sie zugeschrägt, wie es beim Schäften von Sperrholz geschieht. Auch kann man im Inneren der Spanten Lamellen aus leichterem und weniger festem Holz verwenden, ohne daß das Spant in seiner Qualität und Festigkeit herabgesetzt wird.

Die lamellierten Spanten müssen wie die vorgebogenen vor dem Aufstellen ihre Schmiege erhalten. Sie wird mit Hilfe einer Fräse und einer Schmiegetabelle, die vom Spantenplan genommen wird, angefertigt. In ähnlicher Form wird im Stahlschiffbau die Schmiege an die Winkelspanten gedrückt. Bei sehr kleinen Booten wird es leicht möglich sein, die Schmiege erst mit Hilfe eines Hobels an den aufgestellten Spanten anzufertigen. - Die geschmiegte Außenfläche des Spants ist stets durch eine oder mehrere Leimnähte erkennbar.

62. Stahlspanten (Kompositbau)

Die Verwendung von Stahlspanten bei Holzschiffen oder -booten führt zu der als *Kompositbau* bekannten Bauweise. Sie wurde entwickelt, um die Schwierigkeiten mit den gewachsenen Spanten beim Mangel an Krummholz zu überwinden und stärkere Boote bauen zu können, als es mit den nachträglich eingebogenen Spanten möglich war. Die unter 60. und 61. genannten Methoden waren noch nicht bekannt.

Diese Bauart hat den Vorteil, daß sie, bei gleicher Festigkeit wie die *gewachsenen* Spanten, leichter ist, eine sehr gute Verbindung der Spanten mit den Bodenwrangen ermöglicht wird und in entsprechender Weise auch Balkenknie an den Spanten befestigt werden können. So lag es nahe, auch die Decksbalken aus Stahl herzustellen.

Nachteilig ist die Notwendigkeit für die Werft, sich auf das Bearbeiten (Zuschneiden, Biegen und Schmiegen sowie Bohren) von Blechen, stählernen Winkeln oder

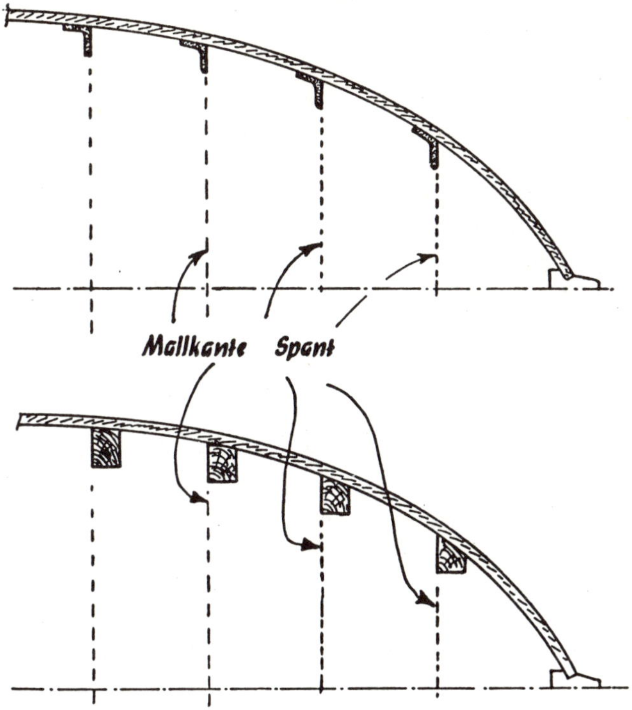

Zeichnung 121: Gewachsene und Winkelspanten liegen zu verschiedenen Seiten von Mallkante Spant

Wulstwinkeln einzurichten. Für das Schiff selbst besteht der Nachteil, daß der an der Außenhaut anliegende Winkelflansch nach dem Bau des Schiffes nicht wieder gegen Korrosion behandelt werden kann. Eine Ausnahme bildet nur ein Reparaturfall, wenn Außenhautplanken an einigen Stellen entfernt werden. Hierbei besteht die Gefahr, daß man nach Zerstörung des Korrosionsschutzes an der Außenseite des Spants gegen einsetzende Korrosion machtlos ist. Deshalb ist es sehr wichtig, daß die Stahlspanten in Holzschiffen vor dem Aufbringen der Außenhaut ganz besonders sorgfältig gegen Korrosion behandelt werden. Man hat deshalb schon die Spantrahmen im Vollbad feuerverzinkt und die hierbei entstehenden Mehrkosten sowie das durch die Wärmeentwicklung kaum vermeidliche Verziehen der fertigen Spanten in Kauf genommen. Mit Rost an der Berührungsstelle von Holz und Stahl im Unterwaserschiff muß aber leider immer gerechnet werden, weil sich dort Feuchtigkeit und Nässe festsetzen. Deshalb darf man für die Beplankung von Kompositschiffen kein Eichenholz verwenden.

Bekanntlich wird die Schmiege von Winkelspanten dadurch hergestellt, daß die Winkel aufgebogen werden. Deshalb müssen Stahlspanten ao aufgestellt werden, daß sie von Mallkante Spant aus zur Schiffsmitte in Richtung auf das Hauptspant stehen (Zeichnung 121).

63. Kombinierte Spantbauweisen

Kombinierte Spantbauweisen werden häufig angewandt. Hierbei stellt man die sogenannten *festen* Spanten (gewachsene, vorgebogene oder Winkelspanten) etwas weiter voneinander entfernt auf und setzt meist zwei nachträglich eingebogene Spanten dazwischen. Bei der Karweelbeplankung haben dann die eingebogenen Spanten den Sinn, die Planken innerhalb der *eigentlichen* Spanten noch einmal miteinander zu verbinden. Wenn die Kombination in der angedeuteten Weise von vorn bis hinten im Schiff durchgeführt wird, ist die Bauweise sehr gut. Sie war in der Zeit, ehe man die vorgebogenen oder lamellierten Spanten kannte, für mittlere und größere Boote sehr verbreitet.

Man beachte bei einer Spant-Kombination aber folgendes: Die (nachträglich) eingebogenen Spanten haben eine geringe Höhe und damit ein geringes Widerstandsmoment. Auch sind sie weich, das heißt sie geben bei Beanspruchung federnd nach. Ein nur mit eingebogenen Spanten gebautes Boot ist daher ebenfalls weich und gibt federnd nach. Diese Eigenschaft muß nicht unbedingt ein Fehler sein, besonders wenn die Außenhaut bereits ohne Spanten eine zusammenhängende, natürlich ebenfalls federnde Hülle darstellt, wie es zum Beispiel bei Klinkerbooten der Fall ist. Ein Boot dagegen, daß nur mit sogenannten *festen* Spanten gebaut wurde, ist dagegen weniger elastisch; es ist eher starr und scheint besser für die Karweel-Beplankung geeignet zu sein, weil sich hier bei entsprechender Belastung die Nähte durch größere Elastizität öffnen und schließen würden.

Bei einer Spant-Kombination würde man ein Boot mit mittleren Eigenschaften erhalten, wenn die verschiedenen Spantsysteme in kurzen und regelmäßigen Abständen wechseln. Das ist eine einwandfreie Bauweise.

Die Klassifikations-Gesellschaften verlangen bei Segelyachten in der Nähe der Masten eine Verstärkung des Spantsystems. Es ist denkbar, daß man das ganze Boot in der *weichen* Bauweise ausführt und nur am Mast *starr* baut.

Diese Bauweise ist aber außerordentlich schlecht, denn das gesamte Boot bleibt zu weich und wird sich verwinden und verbiegen. Nur an einem Punkt, an der starren Stelle, wird es in diesen Bewegungen gehemmt. Dabei entstehen in den Bolzen, die die ersten Spanten mit der weichen Außenhaut verbinden, außerordentlich große Kräfte, die entweder zum Bruch der Bolzen oder zu ihrem langsamen Lösen durch Aufweitung ihrer Löcher in der Außenhaut führen können. Die Folge ist dann eine mehr oder minder starke Leckage, deren Ursache man meist gar nicht erkennt, weil sie hauptsächlich nur dann auftritt, wenn die Yacht durch hartes Segeln beansprucht wird. Ein Dichten gibt es hier nicht, nur ein Umbau kann grundlegende Abhilfe schaffen. Zu ähnlichen Mißerfolgen kann eine kombinierte Spantbauweise führen, wenn die starren Spanten in zu großen Abstand eingebaut oder unregelmäßig auf die Schiffslänge verteilt werden. Sie werden sich auch bemerkbar machen, wenn bei einem Motorboot in der Nähe der Maschinenfundamente verstärkte Spanten (vielleicht gar Rahmenspanten) eingebaut werden, während das übrige Boot *weich* gebaut wird.

64. Bodenwrangen an eingebogenen Spanten

Wie bereits erwähnt, können eingebogene Spanten wegen ihrer geringen Höhe längsschiffs keine Bolzen aufnehmen. Deshalb kann man sie auch nicht mit den Bodenwrangen verbolzen. Ein Verleimen ist schwierig, weil ja die Spanten bereits im Schiff sitzen, wenn die Bodenwrangen eingebaut werden sollen. Diese müßte dann Stück für Stück an die Spanten angepaßt werden - eine schwierige Arbeit -, da ja die eingebogenen Spanten niemals so genau in einer Querschiffsebene stehen, wie es an sich wünschenswert wäre. Die Ursache ist das Einbiegen dieser Spanten in aller Hast und Eile (damit sie sich nicht abkühlen) innerhalb der beiden auf der Innenfläche der Außenhaut angebrachten Bleistiftstriche. Eine Präzisionsarbeit ist hierbei nicht zu erwarten. Da diese Spanten fast niemals von Bord zu Bord durchlaufen, sitzt also an jeder Seite ein besonderes Spant. Es wird nur selten gelingen, daß beide genau in eine Ebene fallen; dies müßte aber der Fall sein, wenn sie durch eine Bodenwrange miteinander verbunden, also in unseren Fall verleimt werden sollen. Auch wird die Her-

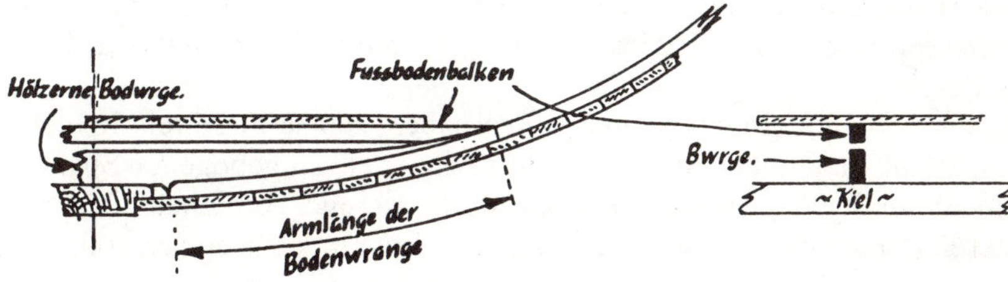

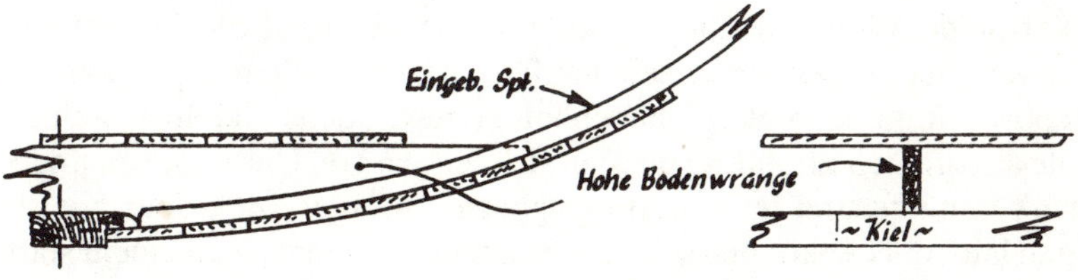

Zeichnung 122 und 123: Es ist aus mehreren Gründen empfehlenswert, statt Fußbodenbalken und Bodenwrangen einzeln anzufertigen (oben), diese aus einem Stück als hohe Bodenwrange auszuführen (unten)

stellung des für die Verleimung erforderlichen Anpreßdruckes nicht gut möglich sein. So kommt es also zu dem einen Stahlschiffbauer unmöglich anmutenden Zustand, daß Spant und Bodenwrange bei dieser Bauart nur mittelbar, nämlich durch die Bodenplanken der Außenhaut, miteinander verbunden werden können. Die Kraweelbeplankung, bei der die Planken auch nur indirekt über Spant- und Bodenwrangen verbunden werden, liefert eine Parallele.

Aus Festigkeitsgründen muß man die Überlappung von Spant- und Bodenwrangen recht lang machen. Hierzu zieht man die Bodenwrangen nach der Kimm recht hoch hinauf, da die Spanten ohnehin so weit wie möglich bis an den Kiel heranreichen und hier nur den erforderlichen Wasserlauf freilassen (Zeichnung 122). Wenn es die Raumverhältnisse zulassen, soll man dabei die Bodenwrange so hoch wie möglich und an ihrer Oberkante geradlinig durchlaufen lassen. Es ist günstig, wenn sie bis an die Unterkante der Bodenbretter reichen, da man dann die sonst erforderlichen Balken für die Bodenbretter sparen kann (Zeichnung 123). Außerdem vermeidet man Ekken, in der sich Schmutz und Feuchtigkeit halten können.

Zeichnung 124: Schmutzecke = Fäulnisherd. - Richtiger und falscher Einbau von Bodenwrange und eingebogenem Spant

Im Hinblick auf die Festigkeit setzt man gern Spant und Bodenwrange dicht nebeneinander. Aber auch hier bildet sich leicht eine Schmutzecke, wie es die Zeichnung 124 andeutet. Deshalb ist es besser, die Bodenwrange etwa um eine Bodenwrangendicke vom Spant wegzurücken, damit das Bilgewasser durch diesen Zwischenraum spülen und ihn reinigen kann (Zeichnung 124).

Bei Booten, die nur eingebogene Spanten haben, stehen diese relativ dicht beieinander. Deshalb benötigen nur größere Boote an jedem eingebogenen Spant innerhalb der Wasserlinienlänge des Bootes eine Bodenwrange. Außerhalb dieser Länge (bei kleineren Booten überall) setzt man diese Bodenwrangen in etwas größerem Abstand.

Man vermeide, kleine, leichte Boote mit Rücksicht auf die Bodenwrangen zu leicht zu bauen. Gerade sie werden sehr häufig an Land gezogen und an Land gelagert. Der Transport erfolgt dann über Unebenheiten des Bodens und über Steine. Liegen diese Boote am offenen Strand, so werden sie vielfach von Unberufenen und Kindern als Sitzbank benutzt, und jetzt muß der ganze Auflagerdruck über Kiel und Bodenwrangen laufen. Hier können schwere Schäden entstehen, wenn nicht stark genug gebaut worden ist.

65. Bodenwrangen bei kombinierter Spantbauweise

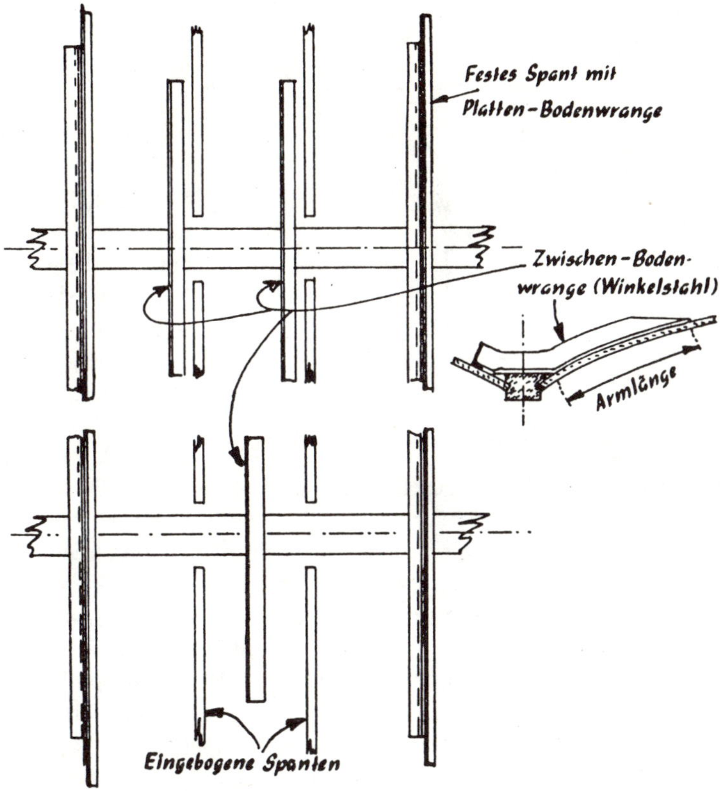

Zeichnung 125 und 126: Statt an jedem eingebogenen Spant eine "Zwischenbodenwrange" einzubauen (Zeichnung 125), empfiehlt es sich beim kombinierten Spant-System, nur eine verstärkte Zwischenbodenwrange zu nehmen (Zeichnung 126), gezeichnet für feste stählerne Spanten und zwei eingebogene Spanten

Bei der kombinierten Spantbauweise erhalten die eigenbogenen Spanten ebenfalls Bodenwrangen; sie sind aber stärker. Besonders bei Kompositbauweise werden oft Winkeleisen für diese sogenannen *Zwischenbodenwrangen* verwandt. Diese Konstruktion ist aus Zeichnung 125 zu ersehen, die eine Kompositbauweise mit zwei eingebogenen Spanten darstellt. Vielfach vereinfacht man diese Bauweise in der Art, wie es die Zeichnung 126 andeutet: Man stellt zwischen die *festen* Spanten nur eine Zwischenbodenwrange, die nach dem Germanischen Lloyd den doppelten Querschnitt haben soll. Indessen müßte doch das doppelte Widerstandsmoment genügen. Diese Spar-Bauweise wird häuftig angewandt; sie ist aber zweifellos nicht so gut wie die Original-Bauweise, weil die Bodenwrangen weiter auseinandergedrückt sind und der Abstand zu den zugehörigen eingebogenen Spanten noch viel größer geworden ist.

66. Bodenwrangen an gebauten Spanten

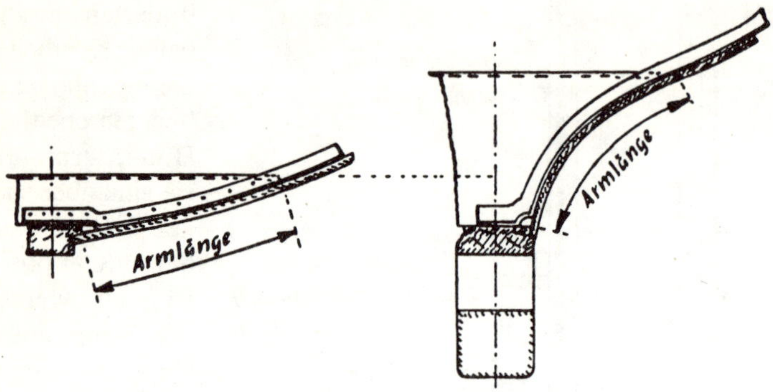

Zeichnung 127: Um die nötige Armlänge zu erreichen, muß bei einer tiefen Bilge oder hohen Aufkimmung die Bodenwrange wesentlich höher sein

Bodenwrangen an *festen* Spanten (gesägten, gewachsenen, vorgebogenen, lamellierten und Stahlspanten) sind naturgemäß stärker als die unter 64. und 65. beschrieben.

Bei den hölzernen Spanten kann auf die Zeichnungen 112, 113 und 114 verwiesen werden. Die Klassifikationsgesellschaft schreibt dabei die Dicke, die Höhe über dem Kiel und die Armlänge vor. Bei Segelyachten liegt der Kiel oft sehr tief in der Bilge (Zeichnung 127). Die Höhe der für *normale* Schiffsformen vorgeschriebenen Bodenwrangen würde hier keinesfalls ausreichen, da diese Bodenwrangen viel zu klein würden. Man muß sie deshalb erheblich erhöhen. Es muß ja auch die erforderliche *Armlänge* erreicht werden. Bei Yachten des angedeuteten Typs ist dies ohne Nachteil möglich, denn die tiefe Bilge ist als Stauraum im allgemeinen nutzlos. Bei einer stählernen Yacht könnten hier nur feste Bodentanks eingebaut werden, in denen die erhöhten Bodenwrangen nicht stören würden. Das Mehrgewicht spielt keine Rolle, da es ja in der Nähe des Ballastes tief im Schiff liegt. Deshalb wird empfohlen, die Bodenwrangen in diesen Fällen ebenfalls bis zum Fußboden heraufragen zu lassen. Die hierbei erreichte Verstärkung ist von großer Bedeutung, da ja das meist auf kurze Länge unter den Kiel gehängte Ballastgewicht (ungefähr 1/3 bis 1/2 des Gesamtgewichts) bei Krängung und im Seegang eine hohe Belastung für diese Bauteile der Yacht bedeutet. Yachten, die hier schwach gebaut sind, können niemals richtig dicht bleiben.

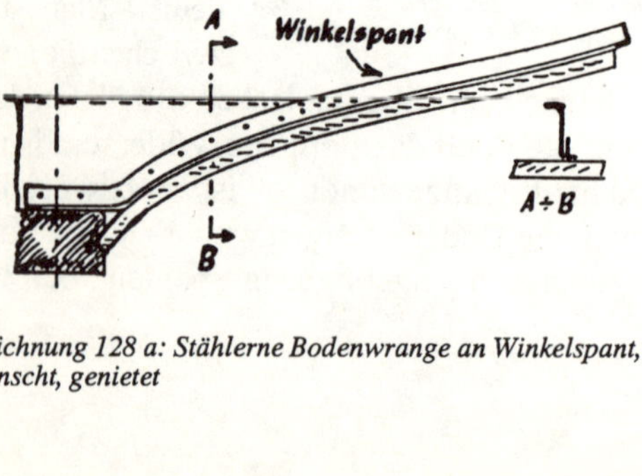

Zeichnung 128 a: Stählerne Bodenwrange an Winkelspant, geflanscht, genietet

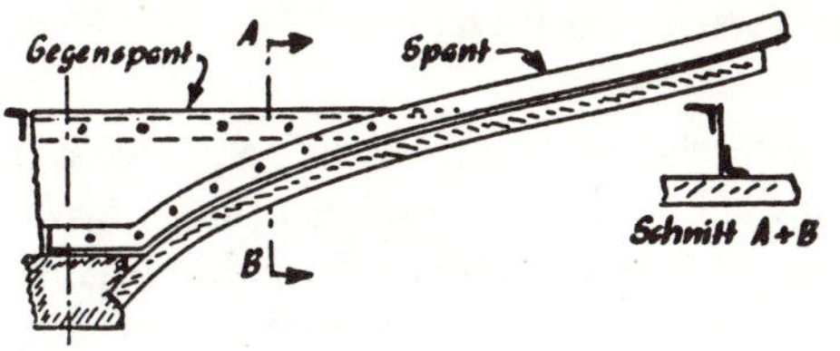

Zeichnung 128 b: Stählerne Bodenwrange, genietet mit Gegenspant

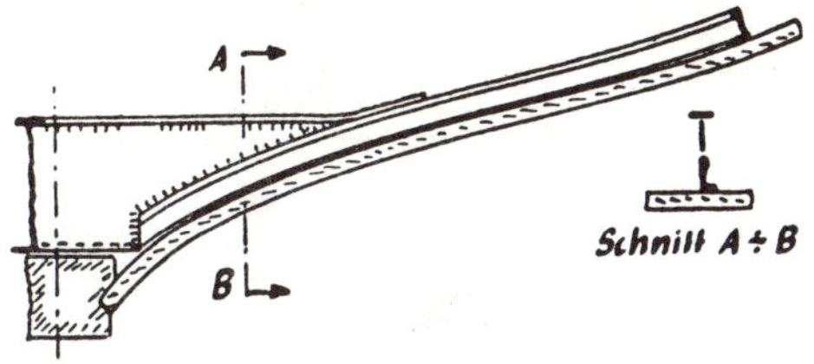

Zeichnung 128 c: Stählerne Bodenwrange am Wulstwinkelspant, geschweißt

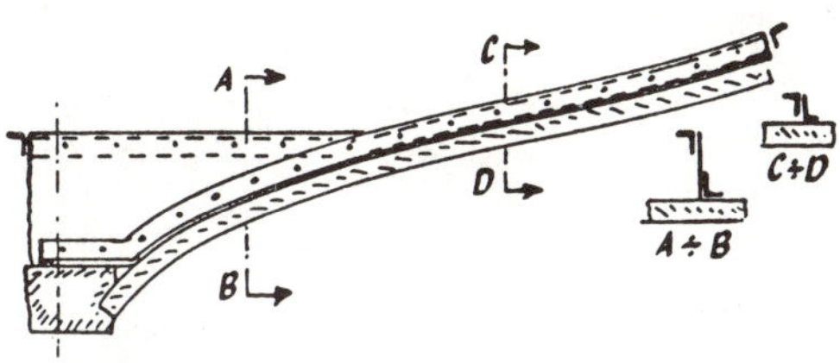

Zeichnung 129 a: Verstärktes Spant, genietet

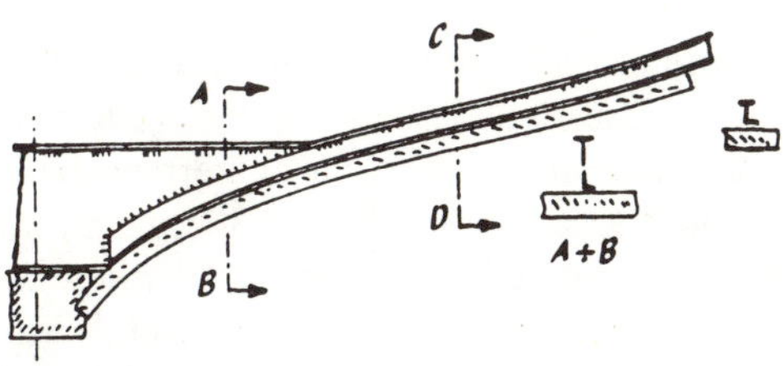

Zeichnung 129 b: Verstärktes Spant, geschweißt

Bei stählernen Spanten bestehen die Bodenwrangen aus den aufrecht stehenden Bodenwrangenplatten, die mit dem Spantprofil (Winkel oder Wulstwinkel) vernietet oder verschweißt sind. Die Oberkante der Platte muß garniert, das heißt mit dem sogenannten *Gegenspantwinkel* verstärkt oder abgekantet, gebördelt oder geflanscht werden. Die Flanschbreite gleicht derjenigen des ersetzten Winkels. Die geflanschte Platte soll allerdings 1 mm stärker sein als die mit Gegenspant versehene Platte (Zeichnung 128).

Ein *verstärktes* Spant bei der Stahlbauweise (es wird vielfach an den Masten, Wanten und dergleichen gefordert) entsteht dadurch, daß das Gegenspant der Bodenwrange an der Innenkante des Spants bis zum Deck, Balkweger oder Balkenknie, je nach Bauart, hochgeführt wird. Bei einer geschweißten Konstruktion läßt man das Flacheisen ab Oberkante Bodenwrange ebenfalls an Innenkante Spant hochlaufen (Zeichnung 129). Verstärkte Holzspanten erhält man am einfachsten dadurch, daß die Spant-Querschnitte etwas erhöht oder die Spanten in geringerem Abstand aufgestellt werden. Hinsichtlich der Wirkung von verstärkten Spanten verweise ich auf Abschnitt 63.

67. Speigatten an Bodenwrangen

Spei- oder Nüstergatten (Wasserdurchlauflöcher) müssen an allen Spanten oder Bodenwrangen angebracht werden. Durch diese Löcher soll das eingedrungene Wasser mühelos dem Saugkorb der Lenzleitung an der tiefsten Stelle der Bilge zulaufen können. Diese Speigatten sind sehr wichtig für das Fahrzeug, da sie die Voraussetzung für das Funktionieren des Lenzapparates sind. Sind die Speigatten verstopft, so sammelt sich das Wasser in den höheren Abteilungen an und steigt hier so hoch, bis es über die Bodenwrangen - und damit auch meist über die Bodenbretter - läuft. Hieraus braucht sich nicht unmittelbar eine Gefahr für das Schiff zu ergeben, doch kann im Seegang und beim harten Segeln das angesammelte Bilgewasser an den Seiten des Schiffes hochspülen und hierbei Wohneinrichtung, Kojenzeug, Kleider, Proviant und Bücher vollkommen durchnässen.

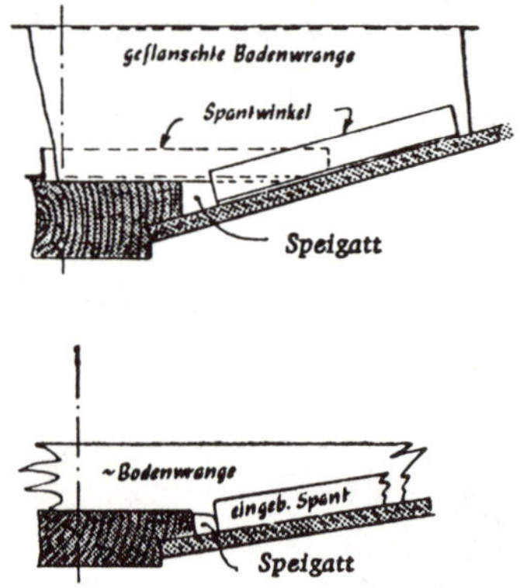

Zeichnung 130: Speigatt oder Nüstergatt an stählerner und hölzerner Bodenwrange

Deshalb sollten die Speigatten von vornherein recht groß ausgeführt werden. Je kleiner sie sind, desto leichter verstopfen sie, weil es sich nicht vermeiden läßt, daß sich in der Bilge der Boote und Yachten Staub, Fasern von Tauwerk und Kleidern sowie Holzspäne ansammeln. Wird im Winterlager die Bilge nicht sorgfältig gereinigt, so trocknet der Schmutz an. Zum Frühjahr wird dann hierüber noch Farbe gestrichen, und das Speigatt ist im Querschnitt abermals um ein Stück verkleinert worden.

Bei tiefen und langen Bilgen empfiehlt es sich, die Speigatten aller Bodenwrangen genau in einer Flucht anzuordnen und durch diese eine kleine verzinkte Kette laufen zu lassen. Durch kurzes Anziehen und Loslassen dieser Kette, die achtern nach oben geführt wird und vorn an einer starken Feder befestigt ist, werden die Speigatten während des Lenzens gereinigt, ohne das die Bodenbretter aufgenommen werden müssen. Die Zeichnung 130 zeigt derartige Speigatten für Stahl- und Holz-Bodenwrangen.

68. Kielschwein, Bilge- und Kimmweger oder -Stringer

Das Kielschwein ist ein Vierkantholz, das auf Oberkante Bodenwrange mittschiffs so weit wie möglich von vorn nach achtern durchläuft (Zeichnung 131). Sein Einbau setzt voraus, daß die Oberkanten aller Bodenwrangen in seinem Bereich in einer Flucht liegen.

Dies ist bei Fischkuttern oder hölzernen Frachtschiffen immer, bei bestimmten Motorbootstypen meist, bei Segelbooten aber nur selten der Fall (s. Abschnitt 66). Deshalb läßt sich bei diesen Typen das Kielschwein nicht oder nur selten einbauen.

Man darf wohl sagen, daß nach neueren Anschauungen ein Kielschwein vollkommen überflüssig ist, wenn man es als *Verstärkung* des Kiels und als *Verstärkung* der Längsfestigkeit betrachtet (s. Abschnitt 49). Anders ist es bei stählernen Fahrzeugen mit flachem Boden, etwa bei Binnenkähnen oder Jollenkreuzern. Hier soll das aus durchlaufenden Profilen bestehende, eventuell auch mit zusätzlichen interkostalen Blechen versehene Kielschwein verhindern, daß eine überbeanspruchte Bodenwrange in Längsschiffsrichtung ausweichen kann (vergl. Zeichnung 132). Hier kommt es also mehr auf die Wirkung als versteifendes Knie an. Bei breiten, flachen Böden werden gegebenenfalls mehrere Kielschweine nebeneinander eingebaut.

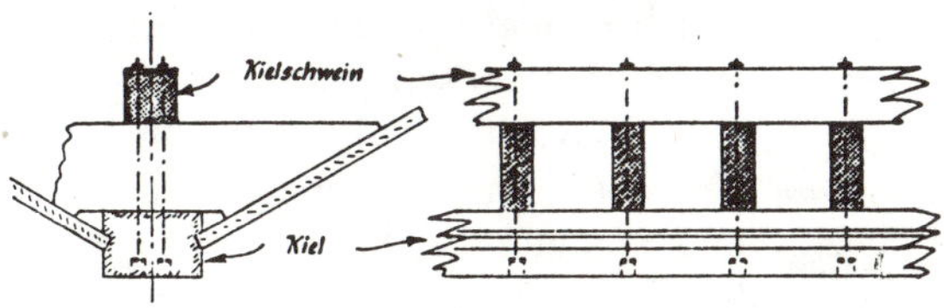

Zeichnung 131: Ein über den Bodenwrangen glatt durchlaufendes Kielschwein

Bei Segelbooten kann ein partielles Kielschwein als Fundament für den Mast notwendig werden, um die vom Mast ausgehenden Druckkräfte auf eine größere Länge des Kiels zu verteilen. Hier liegt also das Pendant eines Maschinenfundamentes vor uns. Dieser Bauteil ist durchaus sinnvoll.

Hinsichtlich der Kimmweger oder -stringer sein zunächst erwähnt, daß im englischen Sprachgebrauch *Bilge* genau dasselbe ist, was wir unter *Kimm* verstehen, was also die Stelle der stärksten Krümmung des Spants zwischen Kiel und Deck bezeichnet, genauer gesagt der stärksten konvexen

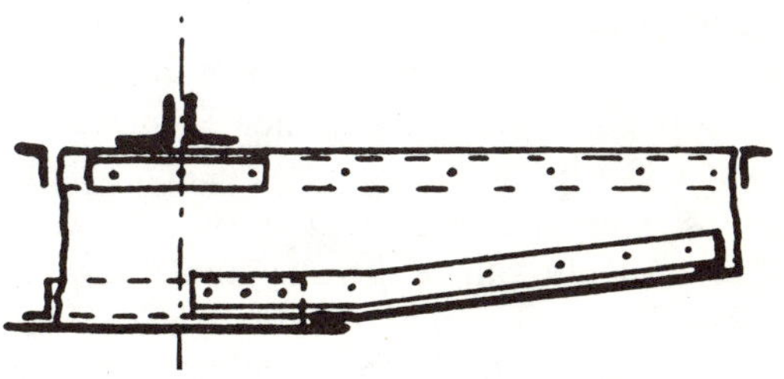

Zeichnung 132: Stählernes Kielschwein, bestehend aus zwei über den Bodenwrangen durchlaufenden Winkeln

Krümmung. So ist also ein Bilge- oder ein Kimmstringer in diesem Sinne dasselbe.

Wahrscheinlich war der ursprüngliche Gedanke beim Bau solcher Stringer (oder *Weger*, wie man im Holzschiffbau meist sagt) ebenfalls der Gedanke, die Längsfestigkeit des Schiffes zu verstärken. Aber dafür ist der Kimmweger noch mehr ungeeignet als Kiel oder Kielschwein, weil er noch dichter an der neutralen Faser des Schiffes liegt (vergl. Abschnitt 49). Bei Stahlkonstruktionen kann er indessen einen Einfluß hervorrufen, der die Spanten vor dem Ausweichen in die Längsschiffs-Richtung schützt.

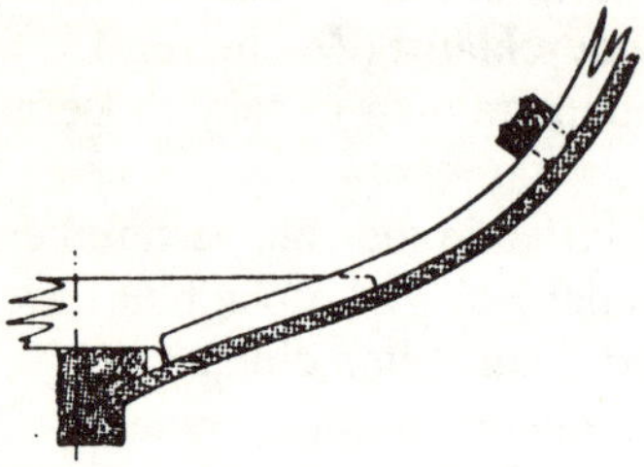

Zeichnung 133: Ein Kimmweger in einem hölzernen Boot. Er läuft auf der Innenkante der Spanten durch

Bei Fahrzeugen, die in Tidengewässern verkehren und damit rechnen müssen, daß sie trockenfallen und sich dabei auf die Seite legen, hat der Kimmweger eine besondere Aufgabe: Die Kimm wird an der Auflagestelle, die ja einen großen Teil des Schiffsgewichts auf die Unterlage übertragen muß, verstärkt; die Planken und Spanten werden dadurch geschont. So kann für derartige Boote ein durch die Kimm laufender Weger empfohlen werden. Es braucht aber nicht bis in die äußersten Schiffsenden hineinzulaufen, vor allem kann sein Querschnitt nach den Enden hin auf 25% verkleinert werden. Die Kanten seines Rechteck-Querschnitts werden hierzu um 50% verkleinert.

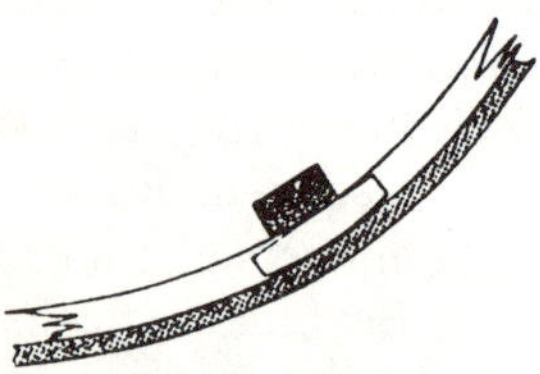

Zeichnung 134: Ein Kimmweger ist an der breitesten Stelle des Bootes durch hintergelegte Holzkeile d i r e k t mit der Außenhaut zwecks Aufnahme von Druckkräften verbunden

Die Verbindung des Kimmwegers mit dem Schiffsrumpf erfolgt über die Spanten. Es ist nicht ratsam, die hierbei verwandten Bolzen durch das Spant und die Außenhaut zu ziehen. Darum müssen die Stringer eingebaut werden, ehe die Außenhaut in ihren Bereich auf den Spanten befestigt wird.Bei eingebogenen Spanten und bei kombinierter Spantbauweise lassen sich Kimmweger oder Bilgestringer überhaupt nicht einbauen. Bei Booten mit eingebogenen Spanten sind sie ebenfalls nicht notwendig, weil es sich hier nur um leichtere Bootstypen handelt (Zeichnung 133).

Bei größeren Fahrzeugen ist es oft schwierig, den Stringer im Hinblick auf die Länge und den Querschnitt in einem Stück herzustellen. Er muß dann zusammengebaut werden, wobei das Nebeneinanderlegen der einzelnen Teilquerschnitte mit Rücksicht auf die örtliche Verstärkung der Außenhaut besser ist als das Aufeinanderlegen. Hierbei wird ein größerer Teil des Spantenumfanges unmittelbar erfaßt. Wird in der Längsrichtung zusammengebaut, so sind Hakenlaschen oder besser Verleimungen am Platz; auch sollen derartige Stöße mehrerer Stringerquerschnitte gut gegeneinander abschließen.

Legt sich ein Boot in seinem Heimathafen bei jeder Tide auf die Seite, so empfiehlt sich eine weitere lokale Verstärkung an der relativ kurzen Auflagestelle: Man setzt zwischen Außenhaut und Außenkante Stringer interkostale, etwas keilförmig gehaltene Holzstücke, die den Druck von der Planke unmittelbar auf den dahinter liegenden Stringer übertragen (Zeichnung 134).

Als Baustoff für die Stringer wird im allgemeinen Weichholz verwandt.

69. Maschinenfundamente

Sie werden auf hölzernen Fahrzeugen meist aus Holz hergestellt. Stahl wählt man, wenn wenig Raum zur Verfügung steht und das Fundament viele Querverbindungen erfordert.

Im einfachsten Fall - wenn man nach jeder Dimension genügend Platz hat - besteht das Fundament aus einem hölzernen Rechtkant, der auf den fluchtenden Oberkanten der Bodenwrangen ähnlich wie ein Kielschwein längsschiffs durchläuft. Seine Länge ist begrenzt und sein Querschnitt nicht nur von Maschinengewicht und der Maschinenleistung sondern auch von Typ der Maschine abhängig. Es leuchtet ein, daß ein Einzylinder-Glühkopfmotor mit 300 Umdrehungen je Minute ein in jeder Hinsicht stärkeres Fundament verlangt als ein Vierzylinder-Benzinmotor gleicher Leistung mit 2000 Umdrehungen je Minute.

Einen Anhalt für die erforderlichen Längen- und Querschnittsabmessungen zu geben, ist meines Wissens bisher nicht möglich gewesen. Es ist aber wünschenswert, daß diese Arbeit einmal vorgenommen wird. Bei hölzernen Yachten wünscht die Klassifikationsgesellschaft lediglich die Vorlage einer Zeichnung des Fundaments, um selbst entscheiden zu können, ob dieses stark genug ist. Für stählerne Yachten liegen zwar Vorschriften vor, doch beziehen sie sich nur auf die Motorleistung und nicht auf Drehzahl und Zylinderzahl. Auch die Länge des für erforderlich gehaltenen Fundaments wird nicht erwähnt, so daß der Konstrukteur wieder ganz auf sein eigenes Verständnis angeweisen ist. So sagt diese Vorschrift zum Beispiel für einen 15-PS-Motor lediglich aus, daß die Topplatte einen Querschnitt von 110 x 5,5 mm und der Längsträger eine Stärke von 4 mm haben müssen. Da bleibt dem Konstrukteur viel Freiheit!

Es leuchtet ein, daß ein solches Fundament gar nicht lang genug sein kann und man es recht lang machen wird, wenn es die örtlichen Verhältnisse zulassen. Als Mindestlänge sehe ich für mehrzylindrige Motoren etwa die doppelte Länge des Motors an, gemessen an Unterkante Fundament, während die Oberkante die Länge des Motors nur wenig überschreiten muß.

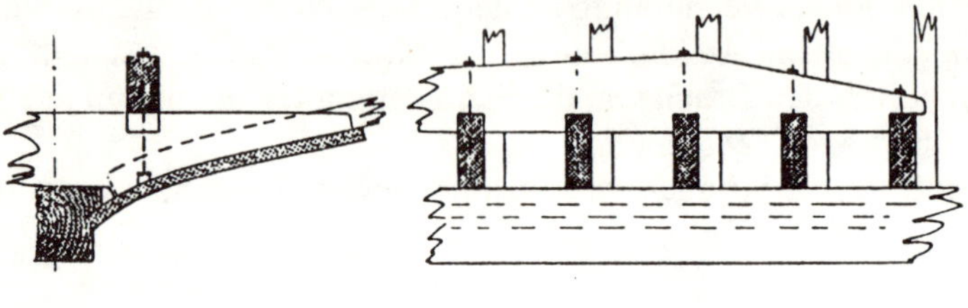

Zeichnung 135: Ein Maschinenfundament, das an seiner Unterkante zwischen die Bodenwrangen greift

Man kann das Fundamentholz entweder glatt über die Bodenwrangen laufen oder an seiner Unterkante auskragen lassen, so daß es teilweise in den Zwischenraum zwischen den Bodenwrangen hineingehängt und gegen Längsverschiebungen gesichert ist (Zeichnung 135). Diese Sicherung hat allerdings nur Wert, wenn genaue Paßarbeit geleistet wird damit später durch Eintrocknung des Holzes (vor allem der Bodenwrange) nicht ein Abstand entsteht und von der Sicherung nicht mehr viel übrigbleibt. Leider wird der Längsträger durch diese Auskragungen an seiner Unterkante etwas geschwächt.

Bei stärkeren Motoren, die ein relativ hohes Fundament verlangen, kann man auch neben das kurz gehaltene Fundament einen Maschinenstringer oder Fundamentstringer setzen, der seinerseits über eine größere Länge verläuft. Es wird, wie Zeichnung 136 zeigt, wieder innerhalb des eigentlichen Fundaments verlegt und mit diesem verbolzt oder verleimt, solange beide nebeneinander herlaufen. Diesen Stringer sollte man unten nicht auskragen, sondern glatt über die Bodenwrange laufen lassen. Das Fundament kann hierbei allmählich seine Höhe nach vorn und hinten verringern.

Die Verbolzung von Fundament und Stringer erfolgt ebenfalls gut durch die Bodenwrangen oder Spanten, aber nicht durch die Außenhaut wegen der Möglichkeit von Leckagen. Sie müssen eingebaut werden, ehe die Außenhaut an diesen Stellen

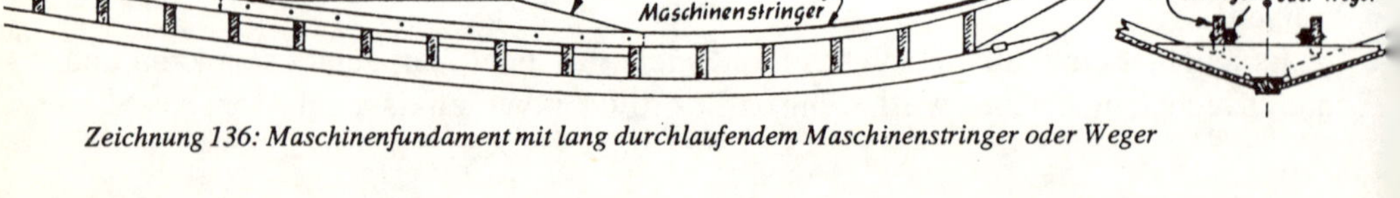

Zeichnung 136: Maschinenfundament mit lang durchlaufendem Maschinenstringer oder Weger

angebracht worden ist (vergl. Zeichnung 136).

Mitunter wird die Ansicht vertreten, Maschinenfundament oder Maschinenstringer müßten bis an die Schiffsenden durchlaufen, um die Längsfestigkeit des Schiffes zu erhöhen. Diese Ansicht ist irrig (vergl. Abschnitt 49 *Kiel*).

Bei Hilfsmotoren von Segelyachten hat man Schwierigkeiten, da diese Motoren fest stets in eine Ecke der Achterpiek verbannt werden, die einmal nach der Fertigstellung des Schiffs sehr schwer zugänglich ist, andererseits aber auch ein längeres Fundament oder gar Stringer kaum zulassen. Man muß sich nun damit trösten, daß Hilfsmotoren im Vergleich zu Hauptmotoren von Motorbooten schwächer sind, nur selten benutzt werden und aus diesem Grunde weniger beansprucht werden. Man kann aber dem erwähnten Umstand auch dadurch begegnen, daß man hart arbeitende Motoren, wie zum Beispiel langsamlaufende Einzylindermotoren, hier vermeidet. Wegen der erwähnten Platzverhältnisse hat es sich als ratsam erwiesen, solche Mo-

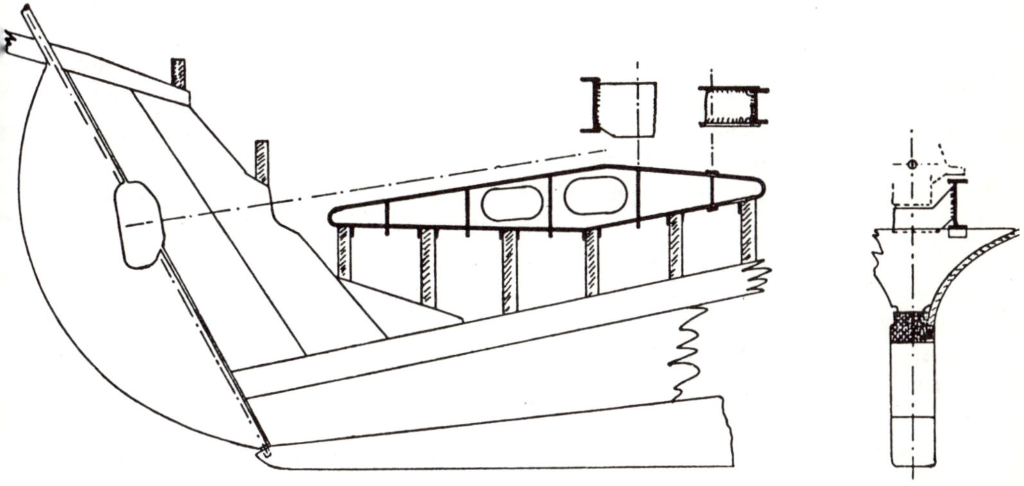

Zeichnung 137: Kurzes stählernes Fundament für den Hilfsmotor einer Segelyacht. Die beiden Längsträger sich durch eingeschweißte Quer-Platten miteinander verbunden, tragen an ihrer Unterkante Lappen zum Halt an den Bodenwrangen und sind achtern wegen des Raummangels etwas nach innen eingeknickt

toren sofort nach der Fertigstellung der Außenhaut und allenfalls des Decks, auf jeden Fall aber vor dem Einbau der Plicht fix und fertig mit sämtlichen Rohrleitungen einzubauen.

Stählerne Fundamente haben in hölzernen Booten den Vorteil, daß sie starke Querverbindungen innerhalb des Fundamentes zulassen. Dies ist wichtig, wenn die Lage des Motors dazu zwingt, Bodenwrangen zu unterbrechen oder andersartig zu schwächen. Wenn der Motor sehr tief im Bootsrumpf untergebracht werden muß,

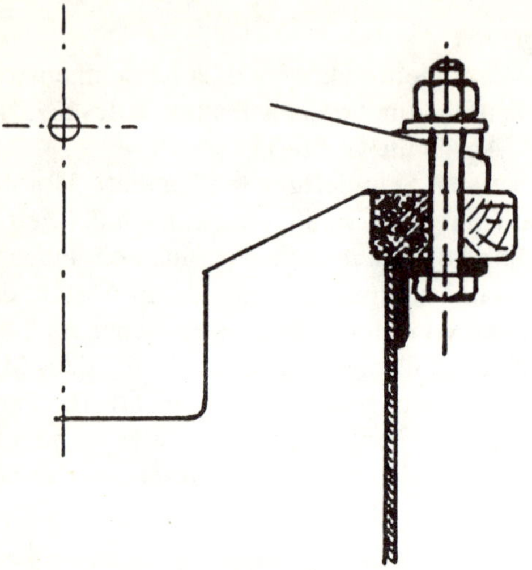

Zeichnung 138: Ein Holzklotz zwischen Motoren-Pratze und Fundament erleichtert die Montage, kann aber Erschütterung und Körperschall n i c h t isolieren, da durch den Bolzen eine metallische Verbindung besteht

wird dies oft erforderlich sein. Solche Fundamente werden aus Blechen und Profilen genietet oder geschweißt, mit den notwenigen Löchern versehen und dann vor den Einbau als Ganzes feuerverzinkt (vergl. Zeichnung 137).

Bei Komposit-Booten liegt es nahe, ein stählernes Fundament an das stählerne Spant-Bodenwrangen-System anzuschließen. Eine solche Konstruktion ähnelt der im Stahlschiffbau üblichen und wird an anderer Stelle besprochen werden (vergl. Abschnitt 101 bis 103). Indessen ist zu bedenken, ob es zur Schalldämpfung nicht günstiger ist, zwischen Motor und Stahlkonstruktion des Bootsrumpes eine größeren hölzernen Bauteil einzuschalten, wie es ein Maschinenfundament ist. Das Zwischenlegen eines 1 Zoll starken Holzstücks zwischen Motorpratze und Topplatte oder Topwinkel des stählernen Maschinenfundaments kann den erwüschten Zweck nicht erreichen, da der Körperschall ziemlich ungehindert über den Fundamentbolzen von der Pratze zum Stahlfundament herüberläuft (Zeichnung 138). Hier ist eine Fundamentierung aus Schwingmetall besonders am Platze, denn Schwingmetall kann man auch am hölzernen Fundament benutzen.

Hinsichtlich der Dauerhaftigkeit von hölzernen oder stählernen Maschinenfundamenten wird häufig die Ansicht vertreten, daß stählerne Fundamente länger leben als hölzerne. Das triff zu, weil sie sich vielfach von allein gut gegen Rost schützen, da das von den Motoren in ihre Umgebung verteilte Schmieröl einen gewissen Rostschutz bietet. Andererseits muß gesagt werden, daß Mineralöle jeder Art auch für Holz den besten Fäulnisschutz darstellen, den wir kennen. Das erwähnte Schmieröl wird das Holz langsam, aber sicher, durchtränken. Bei Dieselmotoren tritt noch das Gasöl hinzu, das nicht so schnell wie Benzin verfliegt. Es ist eine bekannte Tatsache, daß zum Beispiel alte Fischkutter, die wegen allgemeiner Fäulnis abgewrackt werden müssen, in der Umgebung des Motors im Holz zwar außerordentlich fettig und ölig, aber kerngesund geblieben sind. Allerdings muß zugeben werden, daß sehr lange Maschinenfundamente oder -stringer zweifellos aus der erwähnten Schutzzone herausragen werden. Ferner wird sich bei Benzin-Hilfsmotoren moderner, gekapselter Bauart, die obendrein selten benutzt werden, eine solche Schutzzone auf einer peinlich sauber gehaltenen Yacht gar nicht bilden. - So ist also die Frage der Dauerhaftigkeit nicht generell zu entscheiden.

Das für Fundamente verwandte Holz dürfte zumeist Hartholz sein, während man für die Maschinenstringer (besonders diejenigen von besonders großer Länge) meist Weichholz verwendet.

70. Balkweger

Das Balkweger hat bei Holzbooten zweifache Funktion. Einmal stellt er einen wichtigen Teil des Längsverbandes dar, da er hoch im Bootsrumpf liegt und daher die neutrale Zone nach oben zu verschieben imstande ist (vergl. Abschnitt 49). Besonders bei Booten mit schmalem Deck beziehungsweise breiten Deckseinschnitten (Luken, Plicht, Aufbauten) ist diese Verschiebung wichtig, da hier der Obergurt durch die erwähnten Ausschnitte etwas schwach ausgefallen ist. Deshalb empfiehlt es sich immer, bei Bootskonstruktionen ohne Balkweger für den ausgefallenen Querschnitt einen Ersatz zu suchen. Man kann diesen entweder in Form von Verstärkung der obersten Außenhaut-Plankengänge (*Schergang, Bergholz*) oder von verstärkten Decksplanken beziehungsweise Schandecks wählen, aber auch eine als durchgehenden Verband verwendbare starke Scheuerleiste außen an der Außenhaut anbringen.

Eine zweite Funktion des Balkwegers ist, wie es der Name andeutet, die Auflage für die Decksbalken zu bilden. Bei Holzschiffen ist es selten üblich und bei kleineren Booten (vor allem Booten mit eingebogenen Spanten) selten möglich, alle Balken durch entsprechende Balkenknie mit den Spanten zu verbinden, wie es im Stahlschiffbau grundsätzlich üblich ist. Hierin besteht ein großer Nachteil bei einem hölzernen Fahrzeug, der meines Erachtens nur dann entschuldbar ist, wenn es unter gar keinen Umständen anders zu machen geht (zum Beispiel bei den vorerwähnten eingebogenen Spanten, an denen kein Balkenknie zu befestigen ist). Wenn aber das Schiff oder Boot hauptsächlich mit festen Spanten gebaut wird, dann sollte man versuchen, alle wichtigen Balken durch Knie mit den ensprechenden Spanten zu verbinden. Sie müssen dann in der gleichen Querschnittsebene wie die mit ihnen zu verbindenden Spanten liegen. Trifft dieses für alle Balken zu, dann müssen die Balken in gleichem Abstand wie die Spanten voneinander angeordnet werden. Gerade dieses ist im Holzschiffbau sonst nicht üblich, da dann die zweite Aufgabe des Balkwegers hinfällig geworden wäre und er nur noch Stringer ist.

Beim Stringer, der innerhalb der Spanten und unterhalb der Balken verläuft, darf die Verbolzung nur durch die Spanten erfolgen. Eine Verbolzung durch die Außen-

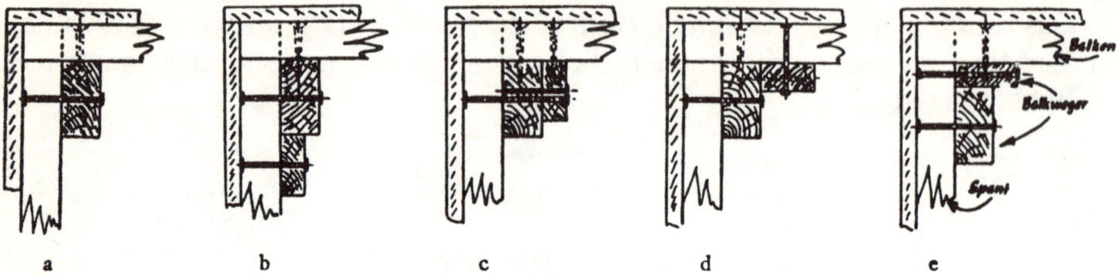

a b c d e

Zeichnung 139: Balkweger-Kontruktionen. Zeichnung 139 a: Der einfache Balkweger, am Schiffsende verjüngt, mit den Spanten verbolzt, mit den Balken verschraubt. Zeichnung 139 b: Der Balkweger bekam zur Verstärkung einen Unter-Balkweger. Zeichnung 139 c: Der Balkweger bekam zur Verstärkung einen Neben-Balkweger, hochkant. Zeichnung 139 d: Der Balkweger bekam zur Verstärkung einen Neben-Balkweger, flachkant (hochkant baut sich besser ein, flachkant trägt besser). Zeichnung 139 e: Eine sehr gute, aber schwierig auszuführende Konstruktion

haut würde leicht zu Leckstellen führen, die zwar an dieser Stelle bei Motorbooten harmlos, bei Segelbooten aber unangenehm sein würde.

Ist es nicht möglich, die ganze Länge des Balkwegers aus einem Stück herzustellen, so müssen die Stöße sorgfältig als Hakenlaschen ausgeführt werden. Besser ist allerdings eine Verleimung.

Der Weger muß der Krümmung des Decks folgen. Er darf also in Querschiffsrichtung nicht zu dick sein, da man ihn sonst nicht biegen kann. Besonders bei völligen Motorboot-Vorschiffsformen entstehen hier Schwierigkeiten. Ein Dämpfen bringt kaum Erleichterung, da im allgemeinen Weichholz verwandt wird und dieses sich durch Dämpfen wenig beeinflussen läßt (vergl. Abschnitt 12). Man hilft sich dadurch, daß man den Balkweger in mehreren Teilen nebeneinander verlegt und hierbei unter *Hauptbalkweger* und *Nebenbalkweger* unterscheidet (vergl. Zeichnungen 139a-e). Auf diese Weise ist es leicht möglich, eine begrenzte, örtliche Verstärkung des Hauptbalkwegers zu erreichen, zum Beispiel neben dem Hauptmast. Hat das Schiff an dieser Stelle keine zu starke Deckskrümmung, so kann der Nebenbalkweger, statt wie üblich hochkant, nunmehr flachkant eingebaut werden.

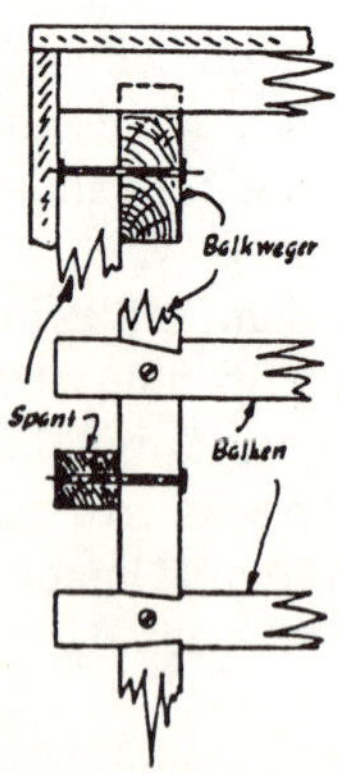

Zeichnung 140: Balken und Balkweger, auf zweierlei Weise verzapft

Zu ihren Enden hin werden die (nicht durchlaufenden) Nebenbalkweger so stark im Querschnitt vermindert, daß ein sanfter Übergang in den verbleibenden Hauptbalkweger stattfindet. Die durchlaufenden Weger werden nach den Enden hin auf etwa 70% des ursprünglichen Querschnitts verkleinert.

Manchmal werden die Enden der Decksbalken mit einem Schwalbenschwanz in den Balkweger eingelassen. Hierbei wird vielfach vergessen, daß bei diesen Konstruktionen der Querschnitt des Balkwegers verringert wird. Selbst wenn man diese Verringerung durch Vergrößerung des ganzes Querschnitts wettmachen wollte, so bliebe noch immer die Kerbwirkung bestehen. Ferner bedenke man, daß bei nicht so genauer Einpaßarbeit die eingezapften Balkenenden durch späteres Schwinden des Holzes mehr oder minder Lose erhalten. Verwendet man jedoch Leim, dann braucht man nicht einzuzapfen, sondern leimt den Balken auf den Weger auf, wobei die sonst hier übliche Verschraubung lediglich zur Herstellung des Leimdrukkes dient. Übrigens läßt sich an dieser *Baustelle* der Leimdruck auch recht leicht durch Schraubzwingen herstellen. Auf jeden Fall rettet man so den ungeschwächten Balkweger-Querschnitt und bleibt bei einer einfachen Arbeit. Bei dieser Konstruktion solle man indessen den Balkweger wie auch den Balken möglichst breit lassen, um einen größere Auflage- beziehungsweise Leimfläche zu erhalten (vergl. Zeichnung 140).

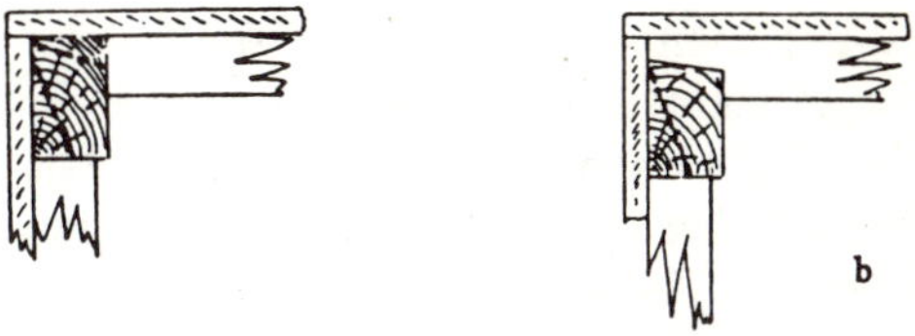

a b

Zeichnung 141: Hochstehende Spanten und Balken (evtl. Sperrholz) ermöglichen es, den Balkweger ganz in die Ecke zu legen. a: Balkweger berührt Außenhaut u n d Deck und ist mit beiden verleimbar. Schwieriges Einzapfen von Spant und Balken. b: Weger berührt nur Außenhaut, Verzapfung einfacher

Man hat vielfach versucht, die Wirkung des Balkwegers dadurch zu erhöhen, daß man ihn unmittelbar an die oberste Planke der Außenhaut, an die äußerste Decksplanke oder an beide legte und mit beiden entweder durch Verschraubung oder Verbolzung oder zusätzlich durch Verleimung verband. Sind gleiche Querschnitte verbaut, so erhält man auf diese Wiese einen Träger, der - für sich betrachtet - in der senkrechten oder in der waagerechten Ebene sein größeres Widerstandmoment gegen Biegung besitzt. Es kann als örtliche Verstärkung bedeutsam sein, wenn das Fahrzeug gerammt, gegen eine Kaimauer oder einen Pfahl gedrückt oder ganz auf die Seite gelegt wird. Im Hinblick auf die Gesamtfestigkeit des Bootsrumpfes dürfte sich aber nichts ändern, so daß der Mehraufwand an Arbeit sich kaum lohnen dürfte. Es bereitet nämlich Schwierigkeiten, die Spantköpfe und die Enden der

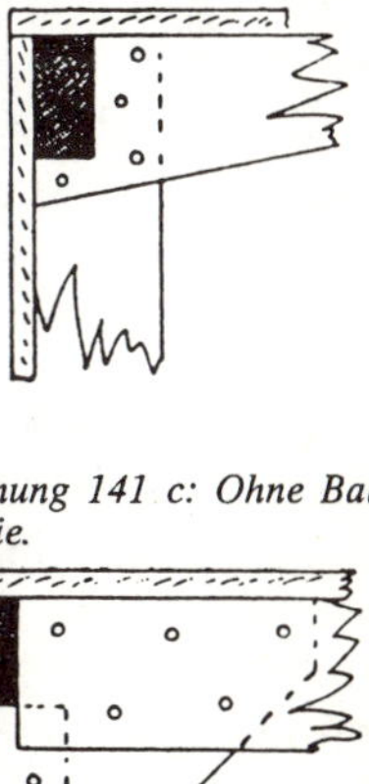

Zeichnung 141 c: Ohne Balkenknie.

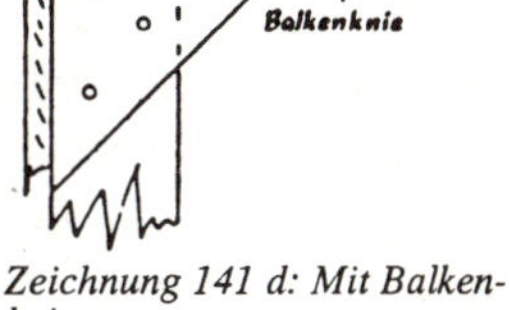

Zeichnung 141 d: Mit Balkenknie

Decksbalken unterzubringen (vergl. Zeichnungen 141 a und b). Auch Einzapfungen sind an diesen Stellen nicht ratsam. So erklärt es sich wohl auch, daß solche Konstruktionen selten geblieben sind.

Anders liegen die Verhältnisse bei Fahrzeugen, die mit relativ weitstehenden, hohen Rahmenspanten gebaut werden. Die Balken gelten als Teil dieses Rahmens, den sie mit den Spanten und Bodenwrangen zusammen bilden. Diese Spantrahmen verwendet man bei Booten mit Außenhaut aus geformtem Sperrholz oder aus schmalen Leisten und mitunter auch bei leichten Klinkerbooten. Dann allerdings empfiehlt es sich, den Balkweger ganz nach außen-oben zu rücken und das Spant unten anstoßen zu lassen, den Balken innen; Spant und Balken werden unmittelbar oder durch das den Rahmen schließende starke Balkenknie miteinander verbunden (vergl. Zeichnung 141c und d). Auch hier dürfte durch Verleimung des Beste zu erreichen sein.

71. Weger in offenen Booten

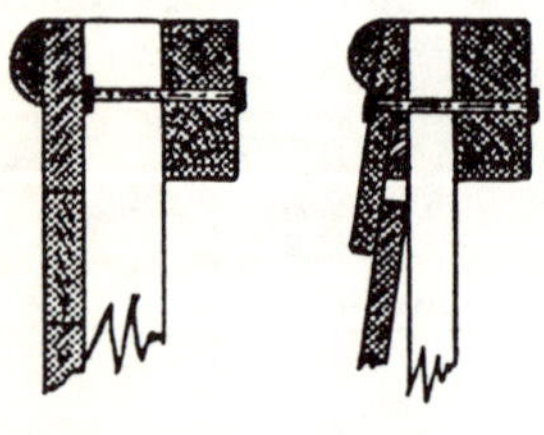

Zeichnung 142: Der Dollbaum als "offene" Konstruktion

Gerade bei Booten ohne Deck ist die Verstärkung der oberen Rumpfkante besonders wichtig. Der an dieser Stelle liegende Weger - ein Balkweger ohne Decksbalken - führt den Namen Dollbaum oder Dollbord. Naturgemäß kann er so hoch gerückt werden, daß seine Oberkante in Höhe von Oberkante Außenhaut liegt. Die Zeichnung 142 zeigt die einfachste und solideste Form eines Dollbaumes für ein offenes Arbeits-, Rettung- oder Beiboot. Der Weger läuft auf der Innenkante der Spanten entlang und wird mit diesen verbolzt, wenn die Spanten ausgestellt und die Planken noch nicht befestigt sind. Bei Booten mit nachträglich eingebogenen Spanten muß die oberste Planke zunächst fortgelassen und erst eingebaut werden, nachdem der Balkweger angebracht und verbolzt ist. Man kann aber den Dollbaum auch *durch und durch*, also durch Spant und durch Außenhaut, nach dem Aufplanken verbolzen. Ein zusätzliche Verleimung, die keine Schwierigkeiten bereitet, ist hier zu empfehlen.

Neben der einfachen Bauweise hat dieser Dollbaum den Vorteil, daß das Boot gereinigt beziehungsweise entleert werden kann, indem man es umdreht oder auf die Seite legt. Das Wasser und der mitgeführte Schmutz können bis auf den letzten Tropfen herauslaufen. Nachteilig ist allerdings das Zutageliegen der Hirnholzkanten der Spantköpfe. Da sich Hirnholz schlecht unter Lack und Farbe halten läßt, wird der Anblick gegenüber dem anderen Holz stets etwas unsauber sein. Bei mangelnder Pflege wird hier das Wasser zuerst in das Holz eindringen und es dunkeln oder gar verderben lassen. Aber derselbe Umstand besteht ja auch an der Oberkante des Stevens, und man nimmt hieran keinen Anstoß.

Ist das Boot nach dem kombinierten Spantsystem gebaut, also mit abwechselnd festen hölzernen und eingebogenen Spanten unterschiedlicher Höhe, so müßte man die höheren festen Spanten an ihrem oberen Ende, soweit der Dollbaum das Spant überdecken wird, wie beim Einbau eines Balkwegers etwas ausklinken. Bei festen Winkelspanten wird man ohne kleine Füllklötze nicht auskommen.

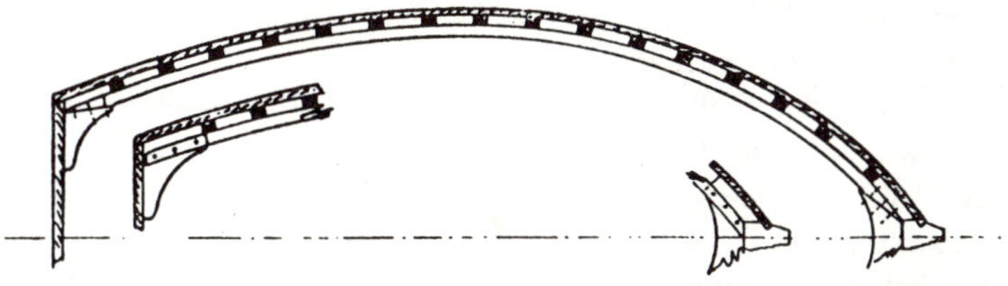

Zeichnung 143: Die "offene" Konstruktion nach Zeichnung 142 mit den Möglichkeiten, die End-Knie anzubringen

An den Schiffsenden müssen die Dollbäume durch Knie abgefangen werden. Sie sitzen entweder auf dem Spiegel, an dem der Weger mit ihrer Hilfe befestig wird, oder an Innenkante Vorsteven, wo ein Knie die Weger beider Schiffsseiten verbindet (Zeichnung 143). Knie können übrigens ihren Zweck nur erfüllen, wenn sie aus gut passendem Krummholz ausgeschnitten worden sind. Anderenfalls muß Sperrholz passender Qualität und Stärke verwandt werden. Zusätzlich sollten auch diese Knie verleimt werden.

Die Zeichnung 142 zeigt an der Außenkante der obersten Planke die Scheuerleiste. Diese dient außer als Schutz gegen Scheuern dem gleichen Zweck wie der Dollbaum: Verstärkung der oberen Kante des offenen Bootsrumpfes, das heißt Bildung eines Obergurtes. Deshalb sollte man diese Scheuerleiste so stark machen, wie es die Krümmung zuläßt. Sie muß entweder durchlaufend von vorn bis hinten aus einem Stück bestehen oder vor dem Einbau durch Verleimung (ähnlich der Plankenschäftung) auf die erforderliche Länge gebracht werden. Da man für die Scheuerleiste zumeist Hartholz verwendet, läßt sich hier mit Erfolg die Dämpfung anwenden, um stärkere Krümmungen zu erreichen.

Durch das gleichzeitige Wirken von Dollbaum und Scheuerleiste entsteht ein recht starker Stringer (besonders bei Verleimungen), der dem Boot auch bei örtlicher Beanspruchungen von großem Nutzen ist. Zu diesen gehören Kräfte, die die Breite des Bootes mit Gewalt zu ändern versuchen, aber auch die Belastung, die die Dollen beim Pullen des Bootes ausüben. Die Dollenbuchsen werden bei der einfacheren Ausführung mitten auf den Dollbaum gesetzt, so daß der Schaft der Dolle senkrecht durch den Dollenbaum geht. Will man die hierdurch bewirkte Schwächung des Dollbaumes vermeiden, so verwendet man an der Innenkante des Dollbaumes angesetzte Dollenbuchsen. Ganz einfache Boote bekommen statt der (drehbaren) Dollen zwei feste Holzpflöcke, die ebenfalls im Dollbaum befestigt werden (vergl. auch Zeichnung 144).

Wünscht man die Zwischenräume zwischen den Spantenköpfen nicht zu sehen und eine glattere, elegante Oberkante des Bootes zu erhalten, so ergeben sich mehrere Möglichkeiten. Sie sind allerdings im Hinblick auf einfache Ausführung und leichte Reinigung des Bootes mangelhaft:

Einmal kann man den Dollbaum unmittelbar an die Innenkante der obersten Planke setzen, wie es Zeichnung 145 zeigt. Die Spanten müssen am oberen Ende entsprechend ausgeklinkt werden. Eine gewisse Spanthöhe ist erforderlich, um diese Ausklinkung zuzulassen. Es kann sich also nur um Boote mit *festen* oder mit Rahmenspanten handeln, die vor dem Beplanken aufgestellt werden. Auch der Dollbaum muß vor dem Beplanken angebracht werden. Diese Konstruktion erfordert eine Verleimung, besonders beim Anbringen der obersten Planke. Auch die Scheuerleiste sollte angeleimt werden, obwohl damit die spätere Erneuerung der (abgenützten) Scheuerleiste erschwert wird.

Dann ist es möglich, wie Zeichnung 146 darstellt, die Spanten von unten in den Dollbaum zu stecken, oder den mit entsprechenden Aussparungen versehenen Dollbaum von oben über die Spantköpfe zu legen. Die Spanten reichen also nicht ganz bis zur Höhe der Außenhaut; ihre Köpfe sind abgeschrägt. Von oben sieht die Oberfläche nun glatt aus. Es gibt aber Einwendungen gegen diese Konstruktion. Einmal wird der Dollbaum durch Kerbwirkung geschwächt. Sodann dürfte es niemals mög-

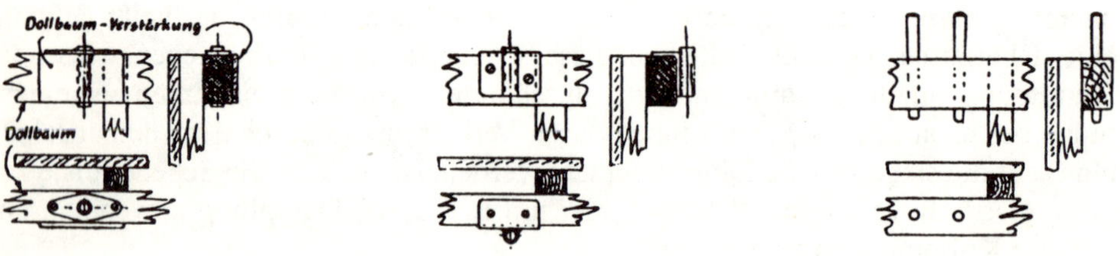

a b c

Zeichnung 144 a: Dollen-Buchse a u f und i m Dollbaum. In diesem Fall sollte der Dollbaum seitlich, vielleicht auch unten, eine Verstärkung erhalten. Zeichnung 144 b: Dollenbuchse n e b e n dem Dollbaum. Zeichnung 144 c: Zwei hölzerne Knaggen statt der Dolle lich sein, die Spantköpfe so einzuzapfen, wie es etwa ein Tischler bei seiner Arbeit gewohnt ist. Weiter stehen die eingebogenen Spanten nicht in gleicher Entfernung voneinander. Also kann von einer Paßarbeit keine Rede sein. Wenn dieses Boot einmal über Kopf geleert werden soll, wird sich Wasser und Schmutz in den Einzapfungen niederlassen. Das Boot sollte in diesem Falle kielunten gelagert und gereinigt werden.

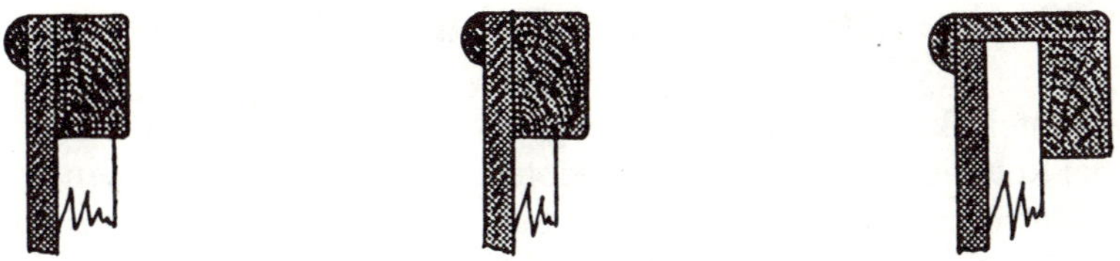

Zeichnung 145: Geschlossene Dollbaum-Konsturktion, Spant ganz eingezapft. Zeichnung 146: Geschlossene Dollbaum-Konstruktion. Spant teilweise eingezapft. Zeichung 147 a: Geschlossene Dollbaum-Konstruktion mit Schandeck

Eine bessere Bauart zeigt die Zeichnung 147 a. Hier wird auf den an der Innenkante des Spantes durchlaufenden Dollbaum ein schmaler Schandeckel gelegt, der bis über die oberste Planke greift. Der Schandeckel muß nun entsprechend der Bootsform ausgeschnitten werden. Er kann hochkant nicht gebogen werden. Da er nicht in einem Stück durchlaufen kann, muß er zusammengesetzt werden. Dabei sollen die Stöße, wie es die Zeichnung 147 b zeigt, von vorn nach hinten übergreifen. Werden diese Stöße kunstgerecht verleimt, so erhält man praktisch doch wieder ein Stück, und das Boot ist nicht nur schöner, sondern auch fester geworden. Die höhere Festigkeit gilt sowohl hinsichlich seiner Längs-Biegefestigkeit als auch gegen querschiffs gerichtete Kräfte.

Noch mehr würde man allerdings erreichen, wenn man den Schandeckel auch mit dem Dollbaum und der Scheuerleiste verleimen würde. Es ist aus Schönheitsgründen auch bei Booten aus Weichholz üblich, den Schandeckel aus Hartholz (vorzugsweise Mahagoni) herzustellen und naturlackiert zu lassen.

Auf dem Spiegel wird der Schandeckel mit einem Knie aus gleicher Holzart befestigt. Am Steven führt das Knie den Dollbaum der einen in denjenigen der anderen Seite über. Den Steven läßt man bei einem Beiboot nicht nach oben überstehen. So werden also Stevenoberkante und Schandeckel in einer Flucht liegen. Dollenbuchsen werden bei die-

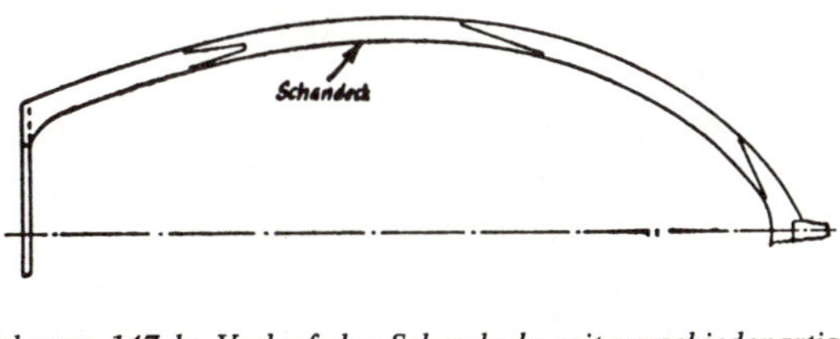

Zeichnung 147 b: Verlauf des Schandecks mit verschiedenartigen Stößen

ser Bauweise auf dem Schandeckel oder an seiner Innenseite angebracht.

Diese an dritter Stelle beschriebene Bauweise ist fraglos die eleganteste. Sie liefert auch bei geleimter Ausführung ein starkes Boot. Nachteilig ist gegenüber Bauweise 1 nur die schwierige Reinigung des Bootes.

72. Duchtweger, Duchten und Duchtstützen

Diese Bauteile kommen besonders bei ganz offenen Booten zur Verwendung, zum Beispiel bei Rettungs-, Arbeits- und Beibooten. Die Querduchten dienen als Sitze für diejenigen Personen, welche Riemen oder bei modernen Rettungsbooten die Propeller-Antriebshebel bedienen. Sie sind ferner die Halslager für den oder die Masten, und schließlich sind sie für die Erhaltung der Querfestigkeit bestimmt. Sie sind ja die einzigen Verbandteile, die oberhalb der Bodenwrangen von der einen zur anderen Seite des Bootes laufen. Ihre Konstruktion muß also diesen verschiedenartigen Belastungsmöglichkeiten Rechnung tragen.

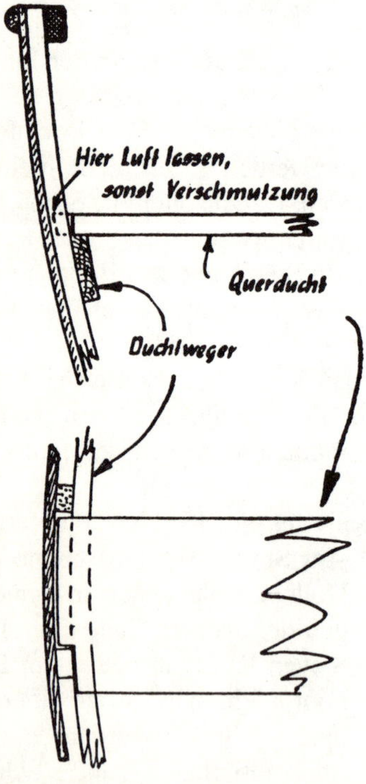

Zeichnung 148: Die Lagerung der Querducht auf dem Duchtweger

Als Querverband wird die Ducht lediglich dann beansprucht werden, wenn äußere Gewalten das Boot seitlich zusammendrücken. Dabei wird die Ducht auf Knickung beansprucht. Sie muß aus diesem Grunde in ihrem Querschnitt ein starkes Flächen-Trägheitsmoment aufweisen.

Das bedingt, daß sie im quadratischen Querschnitt mit dem geringsten Holzverbrauch beziehungsweise Gewicht herstellbar wird. Da sie aber als Sitzbank verwandt werden muß, ist eine gewisse Breite erforderlich, die mindestens 250 mm, bei ganz kleinen Beibooten für Yachten 200 mm betragen muß. Hieraus ergibt sich dann eine Dicke von etwa 1/10 dieses Wertes.

Wenn die Ducht seitliche Drücke aufnehmen soll, muß sie an der Bootsseite stark befestigt werden. Dazu dient der Duchtweger, der die Kräfte auf eine größere Fläche verteilt. Er läuft an der Innerkante der Spanten wie ein Kimmweger entlang. Auf ihm wird die Ducht befestigt (Zeichnung 148).

Für die Querfestigkeit des Bootes wäre es am günstigsten, wenn die Ducht in der Höhe der Oberkante Außenhaut läge. Dann wäre der Duchtweger (der übrigens nicht bis in die Bootsenden hindurchzulaufen pflegt) überflüssig, da ja bereits der Dollbaum vorhanden ist. Die Ducht liegt aber mit Rücksicht auf die Besatzung tiefer im Boot. Auch müssen die am Dollbaum befestigten Dollen ein bestimmtes Maß über der Ducht liegen, wenn man bequem pullen will. Wird aber ein Boot seitlich gedrückt, so geschieht dies an seiner breitesten Stelle, der Oberkante, an der die Scheuerleiste sitzt. Gestützt wird die Außenhaut aber durch die tiefer eingebaute Ducht, und es entsteht ein drückendes Moment gegen Außenhaut und Spanten (Zeichnung 149). Es muß also die Spantpartie oberhalb der Ducht verstärkt werden, und dazu dienen die (vertikal stehenden) Duchtknie. Sie werden meist aus Holz gefertigt und benötigen gut ausgesuchtes Krummholz, wenn sie wirksam sein sollen. Anderfalls muß man Sperrholz verwenden (Zeichnung 150).

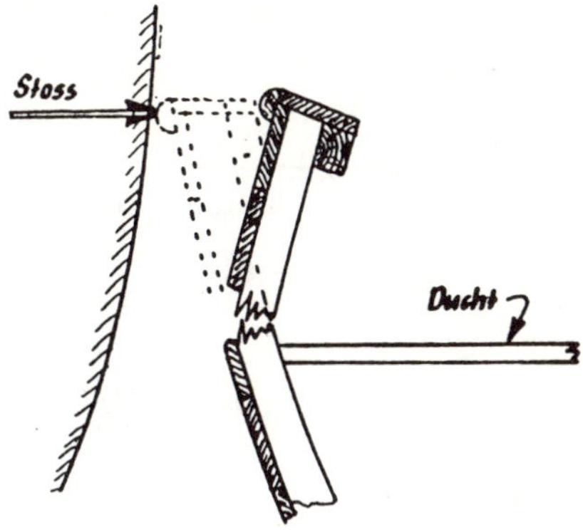

Zeichnung 149: Bei einem offenen Boot kann durch einen Stoß von außen die Bordwand einknicken, wenn sie kein senkrechtes Duchtknie als Stütze hat

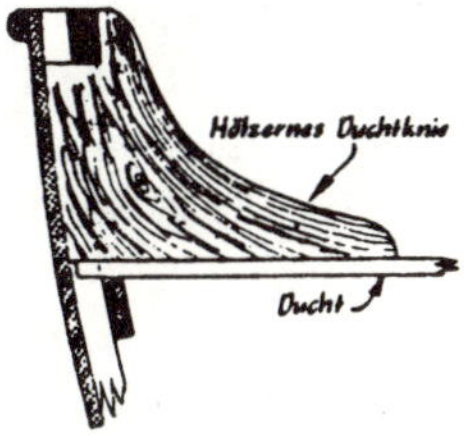

Zeichnung 150: Vertikales Duchtknie aus Holz. Es hat nur dann Sinn, wenn seine Maserung parallel zur Krümmung läuft

Bei Rettungsbooten, auf denen jeder Sitzplatz auf Quer- und Längsducht benötigt wird, führt die Verwendung von Holzknien zu Schwierigkeiten, da an der Bordwand ein großer Teil der Duchtfläche als Sitzmöglichkeit verlorengeht. So ist man dort zu einer anderen Lösung gekommen: Ein aus geschmiedetem Flacheisen hergestelltes Knie (Zeichnung 152) wird mit seinem senkrechten Arm über ein Futterholz gelegt, während der waagerechte Arm auf der Oberkante der Ducht liegt und hier nicht so hoch wie ein Holzknie aufragt.

Das Stahlknie hat gegenüber dem Holzknie den

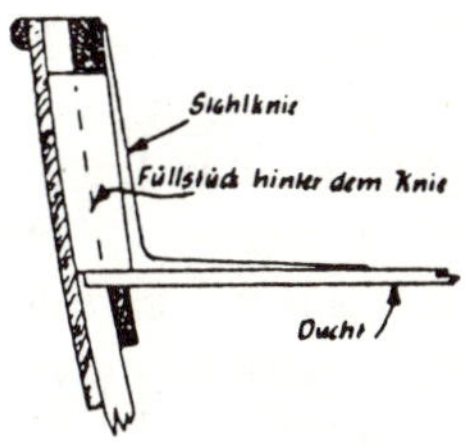

Zeichnung 151: Ein stählernes senkrechtes Duchtknie ersetzt ein hölzernes und versperrt nicht den Sitzplatz auf der Ducht

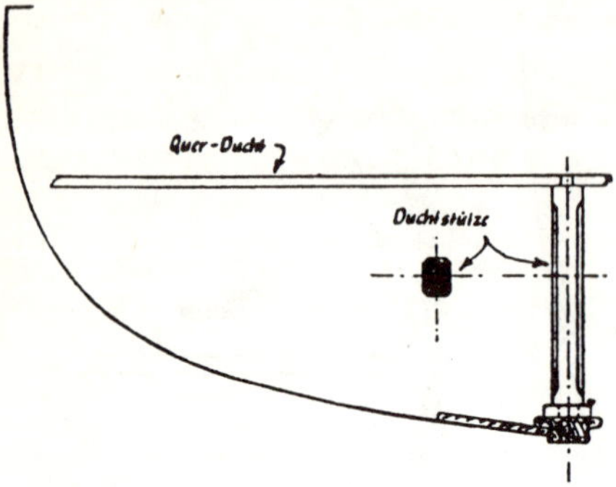

Zeichnung 152a: Querducht und Duchtstütze in einem offenen Boot

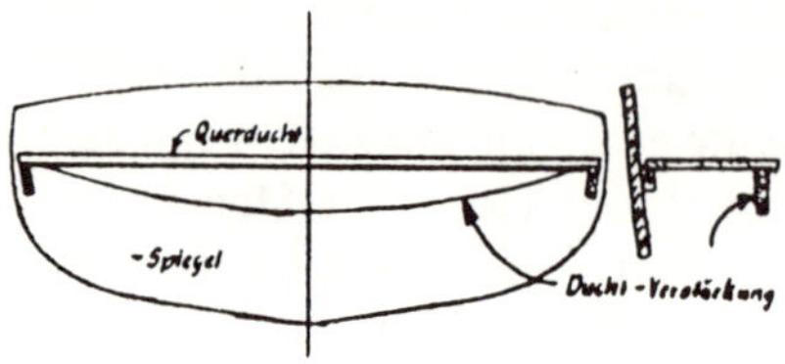

Zeichnung 152b: Die Querbucht am Spiegel erhält an ihrer Vorkante oft eine hochkante stehende Verstärkung

Vorteil, daß es stark federt.

Bei längeren Duchten besteht die Gefahr, daß sie durch die Sitzbelastung zu stark durchbiegen. Es werden daher Stützen untergesetzt, die in Ducht und Kiel etwas eingezapft sind. Bei den Heckduchten kann eine Stütze leicht den Zugang zum dahinter liegenden Raum versperren. Daher wird an dieser Stelle die Ducht vielfach an ihrer Unterkante mit einer hochkant stehenden Verstärkung versehen (Zeichnung 152b). Diese hat allerdings nur Sinn, wenn sie mittschiffs an der Stelle des stärksten Biegemoments am höchsten ist. Zu den Seiten kann die Höhe dieser Verstärkung bis auf Null zurückgehen (s. Zeichnung), aber nicht umgekehrt.

Bei den Rettungsbooten tragen die Längsduchten nicht weiter zur Festigkeit des Bootes bei. Sei werden an den Querduchten befestigt. Der Raum unter ihnen dient zum Einbau der vorgeschriebenen Luftkästen, die hinter einer (senkrechten) Verschalung befestigt sind.

73. Knie am Balkweger

Sie werden von den Klassifikationsgesellschaften vorgeschrieben. Wir kennen zwei verschiedene Arten. Einmal die aufrecht stehenden Knie, *Hängeknie* genannt, welche die sonst im Schiffbau bekannten Balkenknie ersetzten sollen. Ein vollwertiges Balkenknie wird aber erst dann aus einem Hängeknie entstehen, wenn das Knie mit seinem aufrechten Schenkel nicht mit einem kurzen Unterlegstück auf der Außenhaut, sondern unmittelbar mit einem Spant verbunden wird. - Andererseits werden noch Horizontalknie verlangt, die das Balkenende in der Decksebene mit dem Balkweger verbinden. Diese Knie sollem dem Bootskörper Festigkeit gegen Verdrehungen geben. Eine Segeljolle wird zum Beispiel stark auf Verdrehung beansprucht, wenn sie bei Brise am Wind segelt und durch den über den Mast auf das Boot wirkenden Winddruck gekränkt wird. Dieses krängende Drehmoment wirkt in der Mast-Querschnittsebene vorn im Bootskörper, während das rückdrehende, stabilisierende Moment dagegen weiter achtern auf den Bootskörper, einwirkt, wo die Wasserlinie breit ist, die Auftriebskraft weit nach Lee auswandert und die Besatzung mit ihrem Gewicht in Luv an Deck sitzt. Das krängende und das rückdrehende Moment wirken gegeneinander und versuchen, den Bootsrumpf zu verdrehen. Besäße der Bootsrumpf keine Festigkeit gegen Verdrehung, so würde er sich, wie in Zeichnung 153 gezeigt wird, verdrehen: Die Decksbalken, die vor der Verdrehung rechtwinklig zur Mittschiffslinie lagen, würden nunmehr die Mittschiffslinie unter einem Winkel von 85 Grad schneiden. Man mache mit einem länglichen Radiergummi, auf den man solche *Decksbalken* gezeichnet hat, einen solchen Verdrehungsversuch. Man wird feststellen, daß sich alle quer aufgezeichneten Linien schräg stellen.

Auch die Spanten werden sich in gleicher oder ähnlicher Weise schräg zu stellen versuchen, wenn der Bootsrumpf zu *weich* ist. Bei karweel beplankten Booten, deren Planken nicht durch Verleimung miteinander verbunden oder durch harte Kalfaterung stark aufeinander gepreßt sind, muß man mit einem gewissen Maß von Weichheit rechnen. Die einzelnen Planken rutschen dann geringfügig aufeinander, wie es die Zeichnung 154 andeutet.

Gelingt es, die Balken und Spanten in ihrer ursprünglichen Lage im Bootsrumpf festzuhalten, so erzeugt man Verdrehungsfestigkeit. Bei kleineren hölzernen Fahrzeugen bedient man sich hierzu der Horizontalknie; bei größeren verwendet man die wirkungsvolleren stählernen Diagonalschienen, die in einem Winkel von 45 Grad zwischen den Planken und Balken, beziehungsweise Spanten verlaufen.

Diese Diagonalschienen bestehen aus Flacheisen etwa vom Profil der anliegenden Winkelflanschen (wenn das Boot Stahlspanten hätte) oder etwas schwächeren. Sie werden nach dem Bohren für die Schraublöcher verzinkt und ihrer Stärke entsprechend - also 2 bis 5 mm etwa - in die Oberkante der Decksbalken eingelassen, damit die Planken glatt auf den Balken aufliegen können. Sie laufen in der schrägen Richtung entweder von Bord zu Bord quer über das ganze Deck oder enden mittschiffs an Lukenecken oder an quadratischen Blechen, durch die ein Mast geführt wird. - Es wird einleuchten, daß derartige Diagonalschienen eine ungleich stärkere Wirkung haben müssen als die an den Bal-

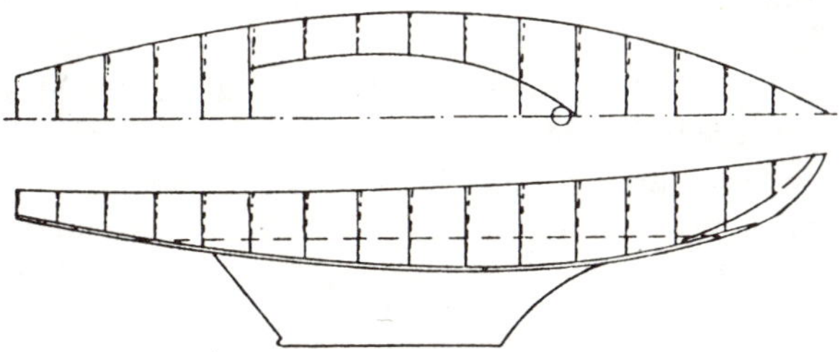

Zeichnung 153/154: Die Zeichnungen zeigen die Balken und Spanten einer Segelyacht und deren Schräg-Ausweichen bei Torsions-Beanspruchung des Rumpfes

kenenden sitzenden Horizontalknie.

Man wird verstehen, daß die Knie die ihnen zugedachte Aufgabe nur übernehmen können, wenn sie selbst fest genug sind und mit den angrenzenden Bauteilen, vor allem den Balken und Balkweger, so stark verbunden werden, daß ein Lösen nicht möglich ist. Genügend fest sind sie nur, wenn sie aus sorgfältig ausgesuchtem Krummholz ausgeschnitten, lamelliert oder aus starkem Bootsbausperrholz hergestellt sind. Werden diese Knie aber nur durch Nägel, Schrauben oder Bolzen im Schiff befestigt, so wird dieses Ziel nicht erreicht werden, weil sich die Verbindungsorgane zu leicht in das Holz eindrücken, die ganze Verbindung auf diese Weise lose bleibt und bei Beanspruchungen arbeitet. Diese Umstände wurden ausführlich im Abschnitt 15 besprochen.

Bei hölzernen Knien wird man meist die Möglichkeit haben, statt der Verbolzung oder Verschraubung die wasserfeste Verleimung anzuwenden. Für stählerne Knie in Holzbooten kann keine Lösung angegeben werden; man sollte sie daher besser vermeiden. Eine Ausnahme bildet der Kompositbau, wenn nicht nur stählerne Bodenwrangen und Spanten, sondern auch (und das ist gerade das Wichtigste!) stählerne Decksbalken eingebaut werden. Dann wird man natürlich Spanten und Balken auf die gleiche Entfernung setzen und jedem Balken ein stählernes Knie geben, das am zugehörigen Spant befestigt ist. Diese Lösung gilt allerdings nur für Hängeknie. Vertikalknie wird eine derartig gebaute Yacht nicht erhalten können, weil kein Balkweger vorhanden ist. Eine seiner Funktionen übernehmen verstärkte Planken; eine andere ist nicht vorhanden (vergl. Abschnitt 69). In unserem Falle wird man die Vertikalknie durch die erwähnten Diagonalschienen ersetzen.

Die vorstehende Bemerkung über die Befestigung der Balkenknie erschien notwendig, weil es keinen Sinn haben kann, über Anzahl, Art und Größe dieser Knie zu sprechen, wenn sie nicht in der erforderlichen Weise mit den angrenzenden Bauteilen verbunden werden können.

Für Fischkutter, die im Gegensatz zu Yachten fast alle durchgehende Decksbalken haben, weil sie nur sehr kleine Decksausschnitte besitzen, sieht der Germanische Lloyd gar keine Hängeknie, sondern nur Horizontalknie vor (für einen Kutter von der Größe des bekannten Kriegsfischkutters an jeder Seite acht Stück). Sie sollen an den stärker beanspruchten Balken angebracht werden, also an den Luken, am Mast und unter den Winden; sie liegen auf dem Balkweger und werden mit diesem, mit den Balken, mit den Außenplanken und mit dem Leibholz des Decks verbunden.

Besonders die kleineren Yachten erhalten relativ größere Decksausschnitte (Luken), also weniger durchlaufende Balken; ihr Deck ist deshalb schwieriger zu befestigen. Hier finden wir Hängeknie, deren vorgeschriebene Anzahl sich nach der größten Decksbreite des Bootes richtet. So soll nach den Vorschriften des Germanischen Lloyd ein Boot von 2,50 m Breite an jeder Seite 6, ein Boot von 4 m Breite aber an jeder Seite 11 Hängeknie erhalten. Auch hier sollen die Knie zunächst an den verstärkten Balken (also an den Lukenenden, vor und hinter dem Mast, unter der Ankerwinde) angebracht werden; bei längeren Luken gehören Hängeknie in den Bereich dieser Luken, also von dort vorhandene Stichbalken oder sogenannte *halbe Balken.*

Es war bereits gesagt worden, daß diese Knie nur Sinn haben, wenn sie auf feste Spanten treffen. Bei hölzernen Konstruktionen muß vor der Anlegung des Decksplanes auf dieses Zusammentreffen genau geachtet werden, während es sich bei der Voll-Kompositbauweise von selbst ergibt. Zunächst müssen die Hauptbalken festgelegt werden, die Knie erhalten sollen, dann die Stichbalken. Die übrigen Balken können so verteilt werden, wie es der erlaubte Balkenabstand, die Inneneinrichtung oder sonstige Umstände zulassen. Beim späteren Einbau dieser Balken muß darauf geachtet werden, daß deren Mallkante gut mit der Mallkante des zugehörigen Spantes zusammenfällt, da sonst ein zeitraubendes Anpassen vor dem Befestigen der Hängeknie notwendig wird. Leider lassen sich bei diesen Booten die zusammengehörigen Spanten und Balken nicht vorher zusammenbauen, weil ja der Balkweger eingesetzt werden muß, der nach den Spanten, aber vor den Balken angebracht wird. Man kann also nur bei einer balkwegerlosen Konstruktion mit vorher angefertigten, geschlossenen *Rahmen* arbeiten.

74. Decksbalken

Sie erhalten auf Booten meist eine sehr viel stärkere Balkenbucht als auf großen Schiffen, bei denen man für das Stichmaß des Bogens 1/50 der größten Decksbreite annimmt. Bei kleineren Schiffen wählt man etwa das Doppelte, bei Yachten und Booten vielfach sogar bis zu 1/20 oder auch 1/15 der Breite. Auch die hier gewählte Form ist meist anders als im Großschiffbau. Er verwendet die Parabelform mit der stärksten Krümmung in der Mitte des Schiffes. Der Yachtbau wählt die stärkste Krümmung oft ganz außen, besonders bei Aufbauten, die eine noch viele größere Bucht erhalten. So entsteht der *Korbbogen.* Zwischen beiden Extremen liegt der Kreisbogen mit gleichmäßiger Krümmung an jeder Stelle (vergl. Zeichnung 155).

Obgleich die folgenden Bemerkungen mehr in das Kapitel über das Zeichnen und Aufreißen des Bootes gehören, sei schon jetzt darauf hingewiesen, daß die Sprungkurve an Seite Deck von der Sprungkurve Mitte Deck und der überall gleichen Balkenbucht abhängig ist.

Wegen der starken Bucht ist es schwierig, die hölzernen Balken immer aus Krummholz herzustellen. Da die Balken an ihren Enden niedriger sind als mittschiffs, ergibt sich an ihrer Unterseite eine andere Kurve als an der Oberseite. Der Balken hat unten eine geringere Krümmung. Das erleichtert seine Herstellung, denn es wird für die Balken mit üblicher Balkenbucht nicht so viel Krummholz benötigt. Wird aber die Bucht stärker gewählt, so muß man entweder Krummholz nehmen oder die Balken lamellieren (vergl. Abschnitt 17).

Die Balken haben hauptsächlich drei Aufgaben zu erfüllen: Einmal sollen sie die einzelnen Decksplanken zu einer Decksfläche zusammenhalten, denn die Decksplanken sind nur mäßig stark miteinander verbunden. Zweitens sollen die Balken die Belastung, die auf das Deck kommt, auf den Rumpf übertragen. Drittens geben sie dem Boot Querfestigkeit.

Zur Belastung des Decks gehört nun einmal sein Eigengewicht, das gleichmäßig auf alle Balken verteilt ist. Ebenfalls ist die Belastung durch Wasserdruck gleichmäßig verteilt, wenn Wasser an Deck gelangt, und wenn man schwer erfaßbare dynamische Kräfte hierbei nicht berücksichtigt. Zu ihnen kommen dann Einzellasten wie das Gewicht der an Deck stehenen Menschen. Alle diese bisher genannten Lasten können überall an Deck und an den Balken auftreten. Anders ist es bei den Einzellasten, die durch Winden, Leuwagen, Masten und dergleichen auftreten. Sie treffen immer nur einen bestimmten Balken, den man daher besonders dimensionieren kann.

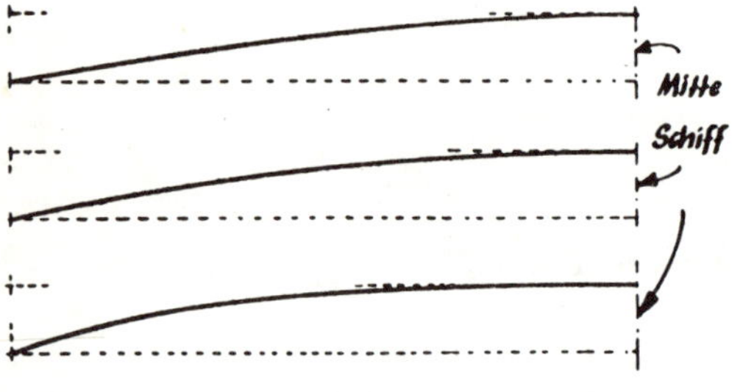

Zeichnung 155: Drei verschiedene Arten einer Balkenbucht. - Oben parabel-ähnlicher Bogen mit stärkster Krümmung mittschiffs, im Großschiffbau üblich. - Mitte Kreisbogen. - Unten Korbbogen mit stärkster Krümmung an Seite Deck, im Boots- und Yachtbau üblich

Die deutsche Klassifikationsgesellschaft unterscheidet drei Typen von Decksbalken auf einer Yacht: Einmal die sogenannten Hauptbalken, die an Lukenenden, vor und hinter den Masten und unter den Winden einzubauen sind. Sie müssen aus Hartholz gefertigt werden. Da sie Hängeknie erhalten sollen (vergl. Abschnitt 73), müssen sie im Schiff in einer Spantebene angeordnet werden, damit die Hängeknie als richtige Balkenknie eingebaut und mit dem Spant verbunden werden können. Die Einteilung der übrigen Balken geschieht nach eigenem Ermessen, da sie in einem Boot normaler Bauweise keine Verbindung mit den Spanten bekommen. Für sie gilt lediglich der zugelassene Abstand voneinander und die Anordnung der Inneneinrichtung.

Der zweite Balkentyp ist der Normalbalken. Es ist ein durchgehender Balken innerhalb 3/4 der Länge in der CWL. Zum dritten Typ gehören die durchgehenden, meist kürzer ausfallenden, Decksbalken an den Schiffsenden und die sogenannten *halben* Balken oder *Stichbalken* neben den Luken und den Decksausschnitten für Aufbauten. Es ist bei den meisten Segelyachten merkwürdig, daß *normale* Balken überhaupt nicht oder nur wenig vorhanden sind und alle Balken in die Klasse der schweren oder die der ganz leichten Balken fallen.

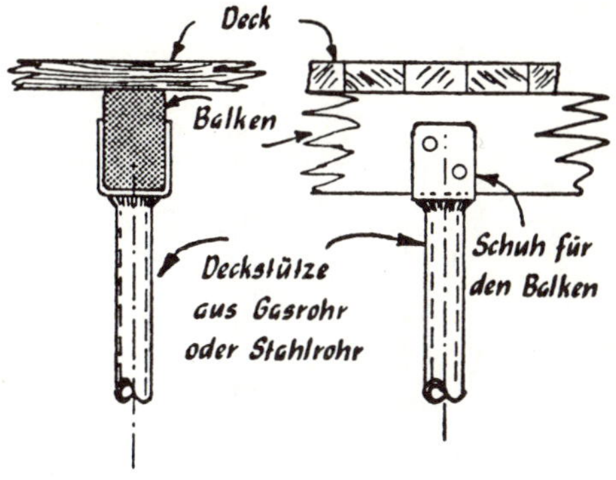

Zeichnung 156: Deckstütze mit Schuh zur Aufnahme des Decksbalkens

Da die durchlaufenden Balken an ihren beiden Enden auf dem Balkweger aufliegen, tritt da stärkste Biegemoment durch Belastung bei gleichmäßiger Last mittschiffs, bei Einzellast unter dieser und bei zusammenwirkenden Lasten in der Nähe von Mitte Schiff auf. Deshalb ist es richtig, daß die Balken mittschiffs am kräftigsten, ihr Rechteckquerschnitt also hier am höchsten, und bei gleichbleibender Dicke an ihren Enden am niedrigsten sind. Hier beträgt die Höhe etwa 70% der Mittschiffhöhe.

Die Decksbalken von Fischkuttern werden häufig flachkant eingebaut. Der Grund ist, daß auf diese Weise Raum gespart wird, der anderenfalls der Isolierung zugute käme.

Immerhin wird auf diese Weise bei gleicher Festigkeit im Vergleich zu hochkant stehenden Balken Holz vergeudet und zudem mehr Gewicht eingebaut (vergl. Abschnitt 58 *Spanten*).

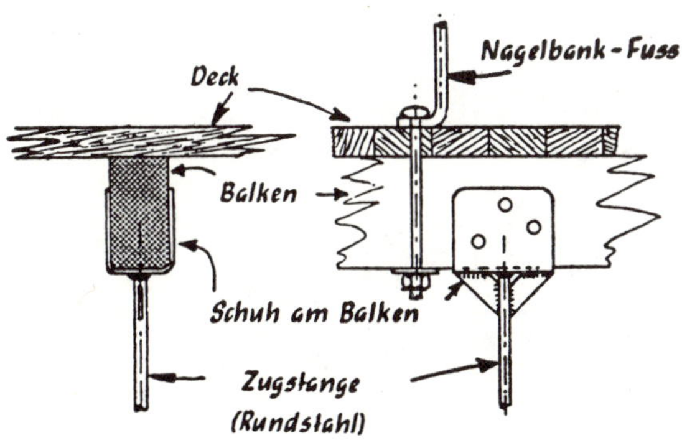

Zeichnung 157: Zugstange unter einem Balken, auf dem der Fuß einer Nagelbank steht

Es gibt verschiedene Möglichkeiten, die Decksbalken zu entlasten. Da sind zunächst die Hängeknie zu nennen. Ihre Wirkung ist jedoch nur dann voll befriedigend, wenn sie wie bei der vollständigen Komposit-Bauwese mit den festen Spanten zuverlässig verbunden sind. Zweitens müssen die Decksstützen genannt werden, die die Last unmittelbar auf die Bodenwrangen übertragen. Sie werden im Yachtbau im allge-

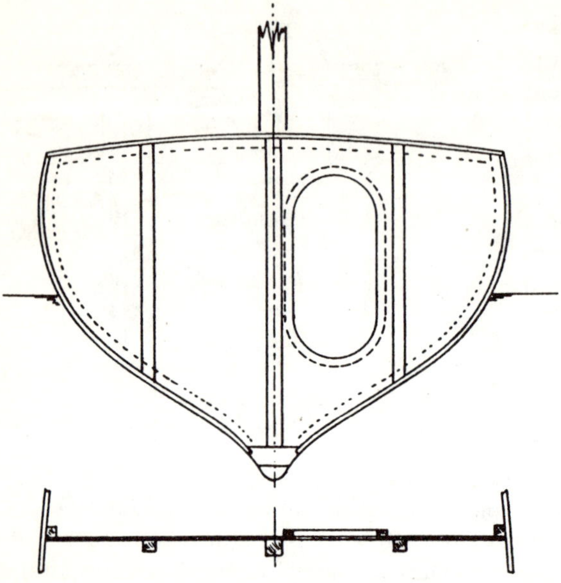

Zeichnung 158: Ein tragendes Schott einer Segelyacht unter dem Mast. Es kann auch als wasserdichtes Schott ausgeführt werden

meinen aus Gasrohr hergestellt und erhalten oben und unten einen Schuh, der den Balken oder die Bodenwrange in sich aufnimmt (vergl. Zeichnung 156). Rohr ist deshalb zu empfehlen, weil es ein großes Trägheitsmoment relativ zu seinem Gewicht besitzt. Dieses Trägheitsmoment wird benötigt, weil die Stütze auf Knickung beansprucht wird. Bei kleineren Fahrzeugen verwendet man auch Holz; nur ist hier die Verbindung mit Balken oder Bodenwrange schwieriger.

Diese Decksstützen lassen sich nur selten unterbringen, weil sie stark den inneren Raum des Bootes beeinträchtigen. Man findet sie daher nur auf größeren Fahrzeugen oder an besonders beanspruchten Balken, zum Beispiel unter einer Deckswinde oder unter einem Mast, der nur auf Deck gestellt ist und nicht bis zum Kiel oder Kielschwein durchläuft.

Eine besondere Art von Decksstützen für Segelyachten mit bis zum Kiel durch-

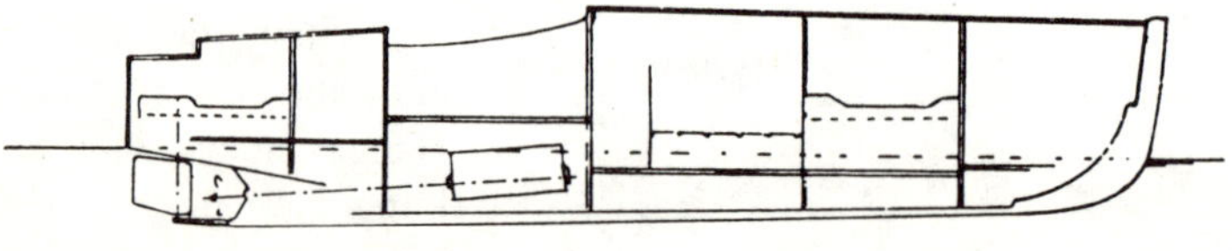

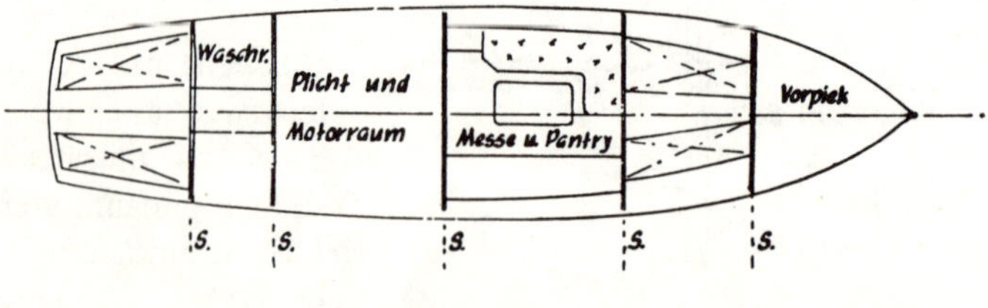

Zeichnung 159 a: Fünf tragende, gegebenenfalls auch wasserdichte Schotten auf einer 12,50 m - Motoryacht

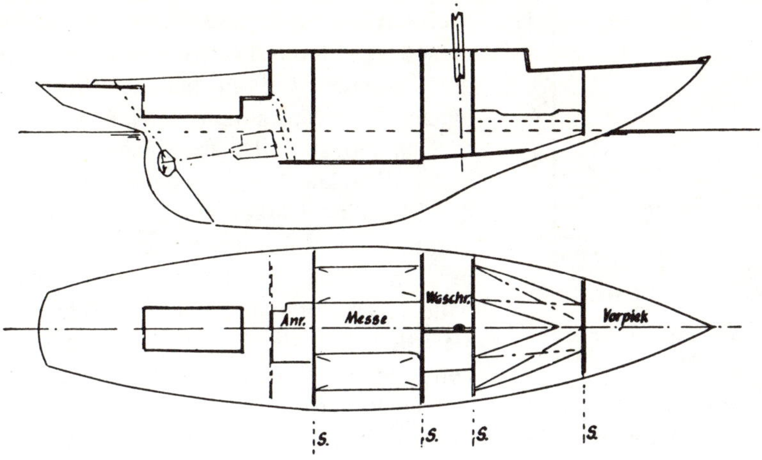

Zeichnung 159 b: Segelyacht, 12,2/8,5 m lang, mit vier tragenden, gegebenenfalls auch wasserdichten Schotten

laufenden Masten sind die sogenannten Zugstangen. Sie dienen dazu, den Zug der Fallen auf die Nagelbank aufzufangen. Darum werden sie zweckmäßig neben dem Mast und unter der Nagelbank eingebaut (Zeichnung 157). Da sie normalerweise nur auf Zug beansprucht werden, genügt hier ein Rundeisen.

Die Balken können noch durch Schotte unterstützt werden. Diese müssen natürlich ausreichend tragfähig sein, aus genügend starkem Holz bestehen und einen möglichst großen Teil der zugehörigen Spantfläche bedecken. Da sie den Innenraum des Bootes unterbrechen, müssen sie von vornherein bei der Anordnung der Inneneinrichtung berücksichtigt werden. Bei modernen Konstruktionen, die großen

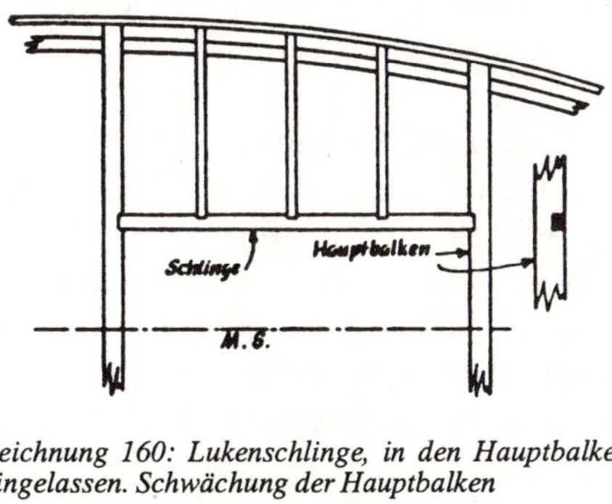

Zeichnung 160: Lukenschlinge, in den Hauptbalken eingelassen. Schwächung der Hauptbalken

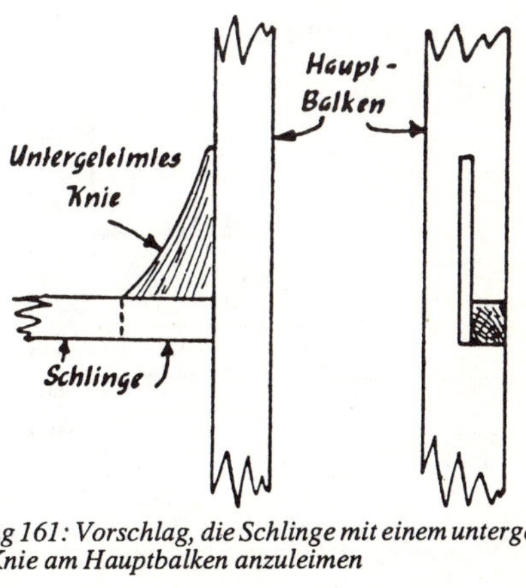

Zeichnung 161: Vorschlag, die Schlinge mit einem untergeleimten Knie am Hauptbalken anzuleimen

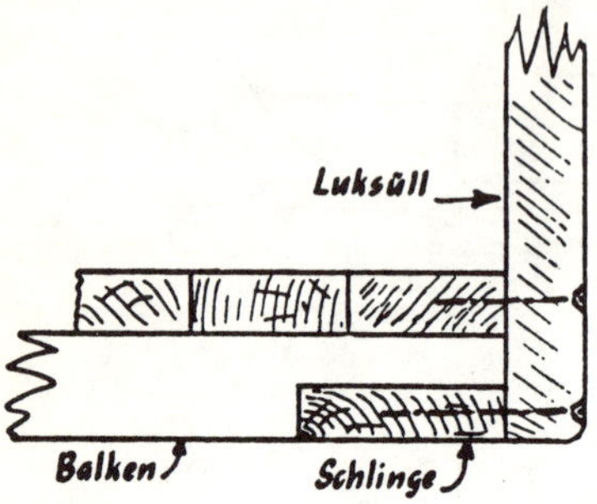

Zeichnung 162: Schlinge an Unterkante Balken. Für offene Boote gute Befestigung des Sülls, aber nicht dicht

Wert auf leichte Bauausführung legen, findet man diese tragenden Schotte häufig. Sie dienen neben der Raumunterteilung auch der Verstärkung des ganzen Schiffskörpers und machen den Balken ihrer Spantebene völlig überflüssig.

Als Decksstütze müssen diese Schotte genügend Knicksteifigkeit besitzten, um die von oben kommenden Belastungen aufnehmen zu können, müssen also dick genug sein. Will man aber leicht bauen, so wählt man dünnere Schotte und verstärkt sie örtlich unter den Punkten des Decks, die die Einzellasten aufnehmen müssen. Schwierig ist es, diese Schotte fest mit Deck und Außenhaut zu verbinden.

Man wird für ein derartiges Schott zweckmäßig Bootsbau-Sperrholz verwenden. Die Öffnungen werden mit großem Abrundungsradius eingeschnitten (Zeichnung 158). Die Verbindung mit dem Rumpf erfolgt am sichersten über Spant und Balken, mit denen es verleimt wird. Es ist aber gut, wenn Spant und Balken auch mit Außenhaut und Deck verleimt würden.

Nun ist aber zu bedenken, daß ein Schott einen je nach Bauart mehr oder minder weichen Holzrumpf ganz ungemein versteift. So gilt auch hier sinngemäß, was in Abschnitt 63 gesagt worden ist. Daher sollte mann niemals nur ein Schott vorsehen, sondern mehrere einbauen, so daß der (weiche) Rumpf an mehreren Stellen versteift wird. Bei einer Segelyacht von 8 bis 9 m Länge CWL gibt es vier Punkte, an denen ein soches Schott vorgesehen werden kann. Bei einer gleich langen Motoryacht wird es die gleiche Zahl sein (Zeichnung 159). Diese Schotte können entweder als durchlaufende, ununterbrochene, wasser-, öl- und gasdichte Schotte ausgebildet (Piek- und Maschinenraumschotte) oder mit Öffnungen versehen werden. Sie können ebenfalls nach Wunsch lediglich einen Durchgang darstellen oder mit Tüten versehen werden, die als wasserdicht ausgeführt werden können (Piekschotte).

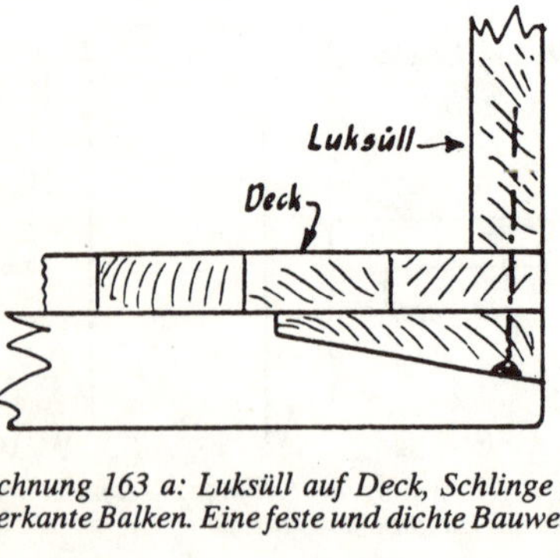

Zeichnung 163 a: Luksüll auf Deck, Schlinge an Oberkante Balken. Eine feste und dichte Bauweise

Der Einbau der halben oder Stichbalken (dritter Balkentyp) erfordert an deren Innenseite ein besonderes Auflager, das dem Balkweger an seinem äußeren Ende entspricht. Dieser Bauteil heißt Lukenstringer; im Bootsbau wird er oft als Schlinge bezeichnet. Dieser innere Balkweger läuft vom vorderen bis zum achteren Lukenendbalken durch, an diesem verstärkten Balken ist er zu befestigen. Das geschah vielfach so, daß er etwas in die Lukenendbalken eingelassen wurde. Diese Bauweise (Zeichnung 160) ist jedoch schlecht, denn der Balken wird durch die Kerbwirkung mehr geschwächt, als die Querschnittsverminderung vermuten läßt. Deshalb muß man hier andere Bauweisen anwenden und kleine Horizontalknie (Sperrholz) und Leim (Zeichnung 161) verwenden.

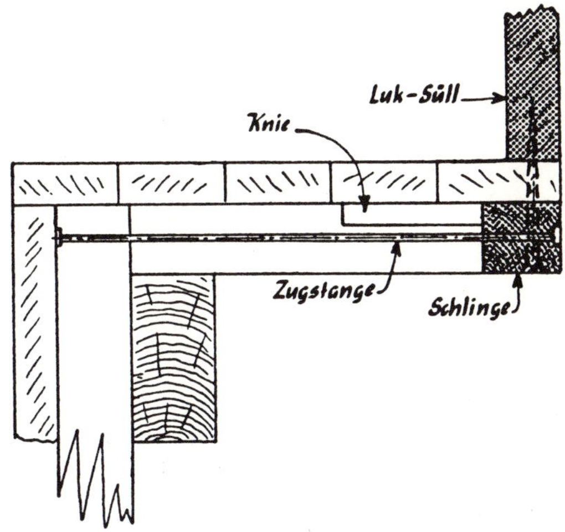

Zeichnung 163 b: Eine feste und dichte Bauweise. Luksüll auf Deck. Starke Schlinge unter dem Süll. Schlinge mit Balken über Knie (ähnlich wie in Zeichnung 161) verleimt. Außerdem zwischen jedem zweiten oder dritten Spant eine Zugstange zwischen Schlinge und Spant

Bei offenen Booten, in denen das Lukensüll (oder die Kumming) lediglich den Abschluß des offenen Sitzraumes des Bootes darstellt, wird die Schlinge meist an Unterkante Balken eingebaut (Zeichnung 162). Das Süll läßt sich gut an den Decksplanken und an der Schlinge befestigen; der leicht zugängliche Hohlraum stört nicht. Es hat bei offenen Booten keine große Bedeutung, daß diese Konstruktion nicht unbedingt wasserdicht ist. Die Balken lassen sich leicht einbauen.

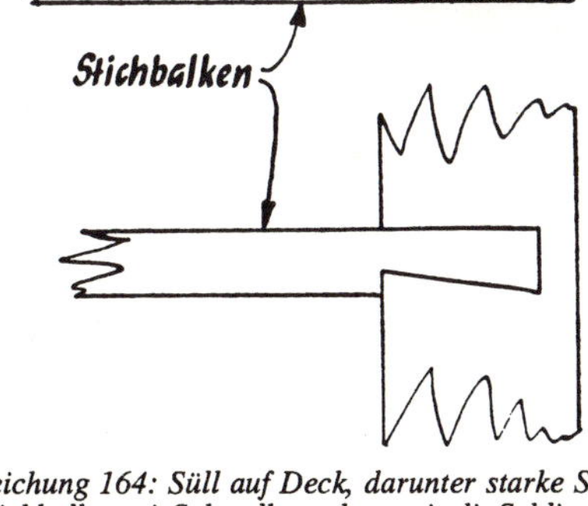

Zeichung 164: Süll auf Deck, darunter starke Schlinge. Stichbalken mit Schwalbenschwanz in die Schlinge eingelassen

Bei gedeckten Booten dagegen, bei denen das Lukensüll die Aufbauseitenwand ist und auf Wasserdichtigkeit der größte Wert gelegt werden muß, legt man die Schlinge unmittelbar unter das Deck an Oberkante Balken und stellt das Lukensüll auf das Deck (Zeichnung 163). In diesem Fall empfiehlt es sich, die Schlinge etwas kräftiger auszuführen. Eine zusätzliche Verleimung ist zweckmäßig.

Für die Verbindung von Schlinge und Stichbalken gibt es noch eine Reihe anderer Möglichkeiten, bei denen stets in ir-

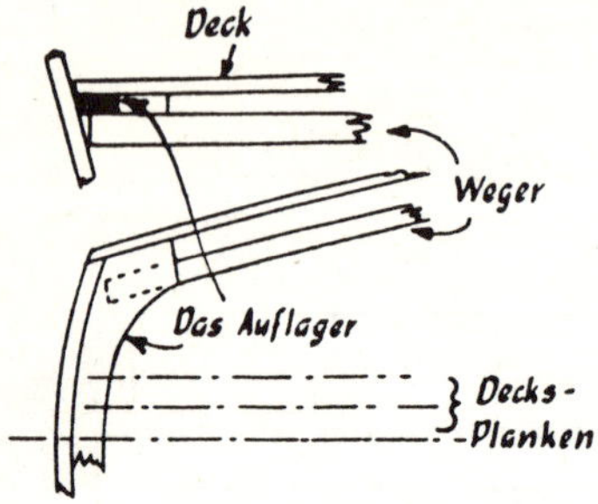

Zeichung 165 a: Das Abfangen der Decksplanken am Spiegel durch besondere Auflager, die oberhalb der Balkweger liegen und mit dem Spiegel verbunden sind

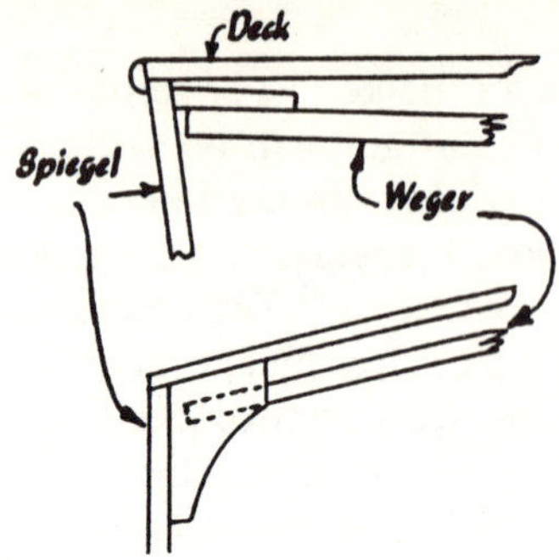

Zeichnung 165 b: Planken-Auflagerung auf dem Spiegel bei kleineren Booten

gendeiner Form eingezapft wird (Zeichnung 164). Wenn das Boot stark ausgetrocknet ist, bleibt die Festigkeit nur gering. Bei einer Verleimung kann man das Einzapfen von vornherein sparen.

Die Decksbalken dienen zur Auflage der Decksplanken. An den Schiffsenden (Steven, Spiegel) liegen keine Balken. Die hier endenden Planken müssen sorgsamer gelagert werden als dort, wo sie durchlaufen. So entsteht die Notwendigkeit, hier besondere Auflager zu schaffen.

Am Spiegel wird in Flucht von Unterkante Decksplanken ein besonderes Auflagerholz angebracht, daß mit seiner Oberkante mit Oberkante Balkweger fluchten muß. Seine Ausdehnung in Längsschiffsrichtung sollte mindestens das Doppelte der Plankenstärke betragen.

Dieses Holz kann leicht als Knie mit dem Ende des Balkwegers verbunden werden (Zeichnung 165 a). Nur bei einem nicht nach oben überstehenden Spiegel erübrigt sich diese Arbeit. Denn bei ihm laufen die Planken durch und haben eine natürliche Auflage (Zeichnung 165 b). So ist es bei kleineren Booten üblich.

In entsprechender Weise wird ein Knie oder ein Füllstück am Steven zwischen die beiden hier endenden Balkweger geseztzt. Ich erinnere auch hier an die Möglichkeit zum Leimen (Zeichnung 166).

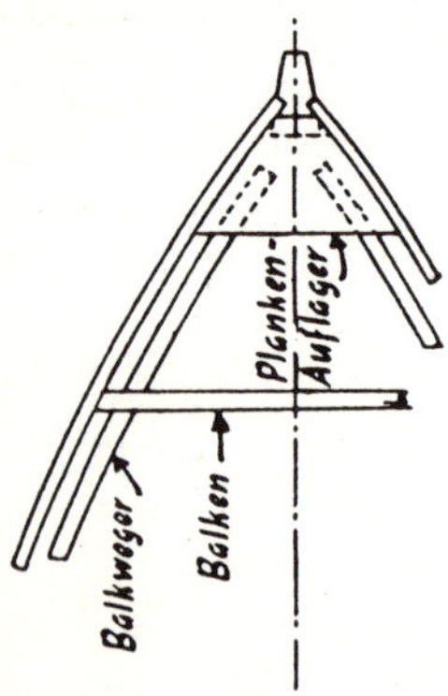

Zeichnung 166: Auflagerung der Decksplanken von Vordersteven

75 a. Klinker-Außenhaut

Die hölzerne Außenhaut kann auf verschiedene Weise hergestellt werden. Wir kennen die Klinker-Bauweise, die einfache und mehrschichtige Karweel- (oder Kraweel-)Bauweise, die Nahtspanten-Bauweise, das Zingeln, die Leistenbauweise, das Planken mit fertigem Sperrholz und schließlich das Aufbauen einer verformten Sperrholzschicht auf einem Blockmodell oder auf Mallen aus einzelnen Furnieren (*vorgeformtes Sperrholz*). Hinzu kommen noch einige Bauweisen aus dem Bau von Kanus und Rennruderbooten, die an anderer Stelle behandelt werden.

In unserem Lande ist die Klinkerbauweise wahrscheinlich die älteste. Bei ihr überlappen ein einzelnen Plankengänge dachziegelartig. Alle Planken sind längs ihrer Naht unmittelbar miteinander verbunden. Ein gleiche Festigkeit wie in dieser einfachen, natürlichen Weise wird bei kaum einer anderen Bauweise erreicht. Diese Nähte werden heute durchweg mit Kupernieten auf Klinkscheiben verbunden (Zeichnung 167).

Das Klinkern liefert ein leichtes, bei Verwendung von eingebogenen Spanten (wie es üblich ist) ein elastisches und besonders dichtes Boot. Das Aufplanken ist recht einfach, da es beim Ausschneiden und Einpassen der Planken nicht auf den Bruchteil eines Millimeters ankommt und ein Unter- oder Übermaß ohne jeden Schaden von der Breite der Überlappung getragen werden kann, ohne daß die spätere Dichtigkeit des Bootes hierunter leidet.

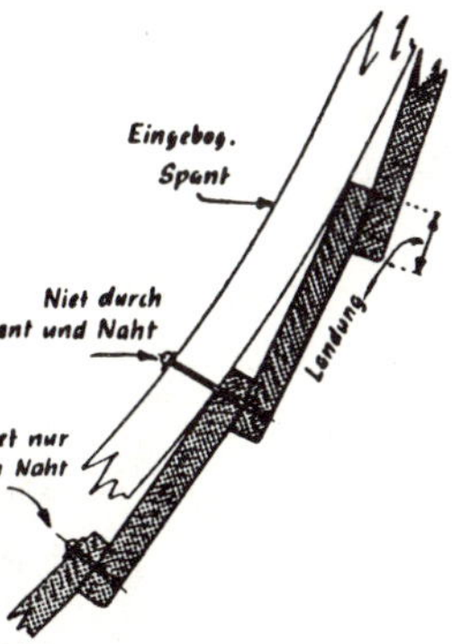

Zeichnung 167

Die Wikingerschiffe besaßen bereits eine geklinkerte Außenhaut. Hierbei hat vor einiger Zeit F. Timmermann, technischer Leiter des durch seine Holzschiffbau-Sammlung bekannten Altonaer Museums, die merkwürdige Entdeckung gemacht, daß die Wikingerboote, speziell das Nydam-Boot*, aus parallelen Planken gebaut sind. Er hatte durch einen Nicht-Bootsbauer ein Modell des Nydam-Bootes anfertigen lassen. Zuerst stellte ein Fachmann den Kiel, die Steven mit ihrer Sponung und das Mall für das Hauptspant auf. Dann fertigte ein des Bootsbaues völlig unkundiger Tischler die Außenhaut aus parallel gesäumten Planken an. Hinterher nahm Timmermann die Aufmaße des entstandenen Bootes ab und fertigte danach einen Linienriß an. Und siehe da, es war das Nydam-Schiff mit sämtlichen Schnitten, Wasserlinien, Spanten und dem Sprung!

Übrigens mußten unsere Vorfahren beim Verbinden der Planken untereinander

** Das Nydam-Boot entstand etwa 500 n.Chr. und zählt daher nicht zu den Wikingern, sondern zu den Germanen.*

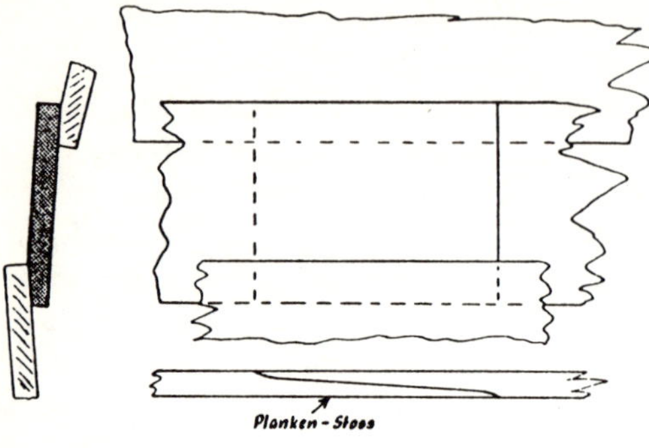

Zeichnung 168: Der Stoß einer Klinkerplanke (genietet)

und bei der Befestigung der Spanten bedeutend mehr Arbeit aufwenden, denn alle Teile wurden mittels besonderer, aus vollem Material geschnitzter Klampen aneinander gebunden.

Leider ist das Klinkern zur Zeit etwas in den Hintergrund gedrängt worden, obgleich diese Bauweise gerade für den Laien und den Selbstbauer sehr brauchbar ist. Natürlich hat sie einige Nachteile, die kurz erörtert werden sollen. - So ist die Außenhaut außen nicht glatt. Die Fischer schätzen dies nicht, weil sich die Netze nicht so leicht binnenbords holen lassen wie bei einer Karweel-Außenhaut. Auch dürfte der Wasserwiderstand des Bootes etwas größer sein, weil die benetzte Oberfläche größer ist und das Wasser nicht frei und glatt an den vorstehenden Kanten der Außenhaut entlangströmen kann. Im Inneren des Bootes bilden die Kanten Ablagerungsstellen für Schmutz und Staub. Unter jedem Spant entsteht an jeder Planke ein schwer zugängliche Schmutzecke (vergl. Zeichnung 118). Das Einpassen eines Querschottes ist schwierig. Werden beim Bau nicht sorgfältig vorbehandelte (entsaftete und getrocknete) Hölzer verwandt, so können breite Planken beim scharfen Auftrocknen des Bootes längs der Reihe der Nietlöcher aufreißen. Die entstehende Risse können von bedeutender Länge sein und zum Einbau neuer Planken zwingen.

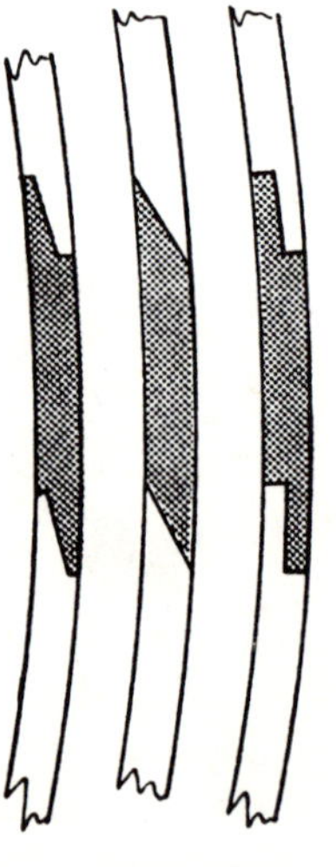

Zeichnung 169: Klinkerplatten werden an Steven und Spiegel auf die eine oder andere Weise bündig zueinander gebracht

Eine Erschwerung beim Bau entsteht, wenn die Planken nicht in einem Stück durchlaufen können und gestoßen werden müssen. Die Ausführung eines Stoßes ohne Lasche ist schwieriger als bei einem Karweelboot, doch kann hier Leimen eine gute Hilfe sein (Zeichnung 168). Bei einem sauber gebauten Boot pflegt man die Plankenenden so aneinander zu legen, daß sie außen und innen glatt sind und doch überlappen, wie es Zeichnung 169 andeutet. Die Planken lassen sich dann besser in die Stevensponung einpassen oder am Spiegel befestigen.

Wie die Zeichnung 170 zeigt, muß jede Planke zur Aufnahme der nächsten Planke abgeschrägt werden. Das Abschrägen erfolgt innerhalb der Überlappung, die 150 bis

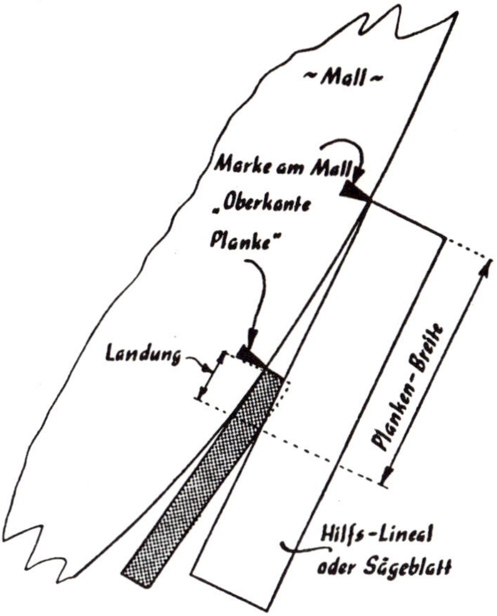

Zeichnung 170: Das Zupassen der Planken an ihrer Landung (Überlappung) beim Aufplanken. Das Sägeblatt schneidet so tief ein, wie es die Zeichnung zeigt. Die Planke wird dann soweit abgehobelt, bis der Sägeschnitt verschwindet

200% der Plankenstärke beträgt. Die Abschrägung ist von der Spantkrümmung an der betreffenden Stelle und von der Plankenbreite abhängig. Da beides von Spant zu Spant wechselt, ist der Arbeitsgang folgender: Oberhalb der bereits provisorisch angebrachten Planke ist an jedem Spant eine vorher mit Hilfe der Straklatte angebrachte Marke angezeichnet, die die Breite der nächsten Planke an dieser Stelle angibt. An der bereits befestigten Planke wird außen die Breite der Überlappung durch einen Bleistiftstrich markiert. Nunmehr wird an jedem Spant mit einem kleinen Lineal, das etwas länger als die Plankenbreite ist, die Schräge an der bereits (provisorisch) angebrachten Planke mit einem Beitel oder dergleichen angestochen. Die Anlagefläche für die neue Planke kann auch durch einen senkrechten Einschnitt mit der Feinsäge markiert werden. Begrenzungen der Säge sind oben Mallkante an der Planken-Breitenmarkierung, unten die Breitenmarkierung der Überlappung. Wenn dies an der Planke in Höhe jedes Spantes geschehen ist, wird sie wieder losgenommen, und die noch stehengebliebenen Strecken werden innerhalb der einzelnen Spanten nach Maßgabe der bereits vorhandenen "Probestellen" auf der Bank angearbeitet. Für das provisorische Festklemmen der zu bearbeitenden Planke an ihrer Vorgängerin bedient man sich zweckmäßig einer speziellen hölzernen Klampe, wie sie die Zeichnung 171 zeigt. Durch das Eintreiben des Keils läßt sich eine genügend haltbare und leicht lösbare Verbindung herstellen.

Die geklinkerten Boote werden meist auf Mallen gebaut. Die relativ leichten Spanten werden erst eingebogen, wenn schon alle Planken miteinander vernietet worden sind. Es ist

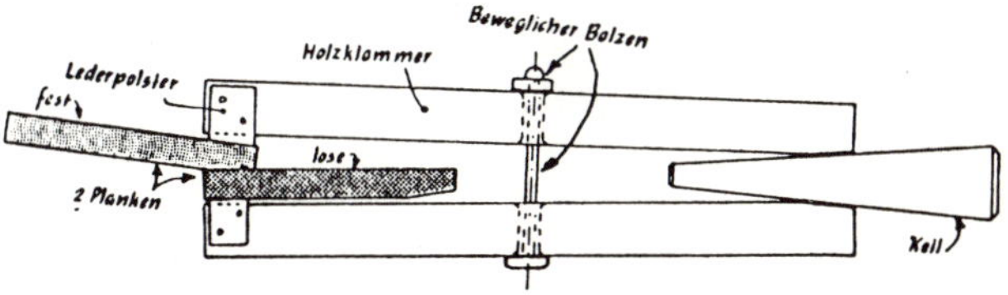

Zeichnung 171: Eine einfache Holzklammer, die das Anbringen einer neuen Klinkerplanke erleichtert

durchaus möglich, die Mallen zu entfernen, ehe die Spanten eingesetzt werden - ein Beweis dafür, daß die Hülle *in sich steht.* Trotzdem sollte man beim Bau die Spanten Zug um Zug gegen die Mallen auswechseln, da auf diese Weise die im Spantenplan festgelegte Form genauer übertragen wird.

Man wird verstehen, daß die gute Verbindung von Planke zu Planke ein gegen Verdrehung festes Boot ergibt, da sich die Planken ja nicht längs aufeinander verschieben können, wie es bei Verdrehung unter Schrägstellen der Spanten geschieht. Abschliessend sei noch bemerkt, daß sich ein modernes Einheitsboot, das skandinavische Volksboot (Folkeboot), der Klinkerbauweise bedient. Dieses Boot wird mit sehr schmalen Planken gebaut. Man wollte hier ein gesundes, leicht dicht zu haltendes und preisgünstiges Boot haben. Es ist zu hoffen, daß sich die deutschen Segler wieder an das Klinkerboot gewöhnen werden.

75 b. Karweel-Außenhaut

Bei der einfachen Karweelbauweise werden die Planken nur mittelbar über die Spanten und Bodenwrangen miteinander verbunden, außer wenn die Nähte verleimt werden.

Ohne Verleimung ist das Karweelboot nur bedingt verdrehungsfest, da sich die Planken aufeinander verschieben können. Nur der gegenseitige Anpreßdruck und die Reibung können das Gleiten der Nahtkanten aufeinander verhindern. Der Anpreß-

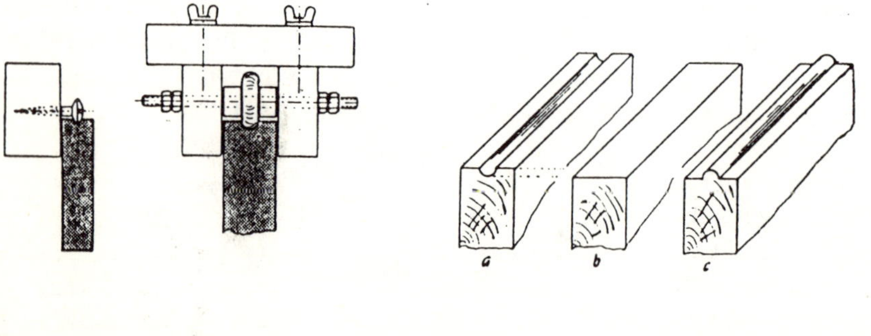

Zeichnung 172: Links: Ein Holzklotz mit einer Linsenkopfschraube dient zum Eindrücken der Rille in eine leichte Planke. Mitte: Ein verstellbares Gerät mit einer Rolle wird bei stärkeren Planken verwandt. Rechts: a) Planke mit eingedrückter Rille, die den Dichtungsfaden aufnehmen kann: b) man kann aber auch die gerille Planke wieder bündig hobeln und einbauen; c) wird diese letzte Planke feucht, so quillt die "gewesene" Rille auf und bildet eine dichtende, vorstehende Lippe

druck kann durch Kalfaten gesteigert werden. Hierunter verstehen wir das Einschlagen von Dichtmaterial in die Nähte zur Erreichung besserer Wasserdichtigkeit. Leider entstehen durch dieses Kalfaten von außen sichtbare Fugen, die wiederum mit Füllmaterial ausgespachtelt werden müssen. Wird das Boot anschließend deckend gestrichen, so werden diese Nähte unsichtbar. Bei Booten, die naturlackiert bleiben sollen, setzt der Bootsbauer seinen Ehrgeiz darein, unsichtbare Nähte in der Außenhaut zu erhalten; er muß also ohne Kalfatern auskommen. Daß das Boot trotzdem dicht sein soll, ist die Kunst des *Bootbauers*.

Eine Möglichkeit besteht darin, das Holz so stark vorzutrocknen, daß es trockener ist, als es später jemals wieder sein wird. Es wird also später etwas feuchter sein als beim Einbau und dadurch aufquellen. Hierdurch werden die Planken etwas breiter und erzeugen somit den erwünschten Anpreßdruck, der durch den Einbau allein kaum zu erreichen ist. Vielfach werden die Planken auch vor dem Einbau mit einer eingedrückten (nicht eingehobelten!) kleinen Nut versehen, die einen Baumwollfaden aufnehmen soll, der mit dickem Lack kurz vor der Montage eingeklebt wird. Später wird das Quellen des Holzes gerade an dieser Preßstelle erfolgen und so über den Baumwollfaden für Dichtung gesorgt werden (Zeichnung 172).

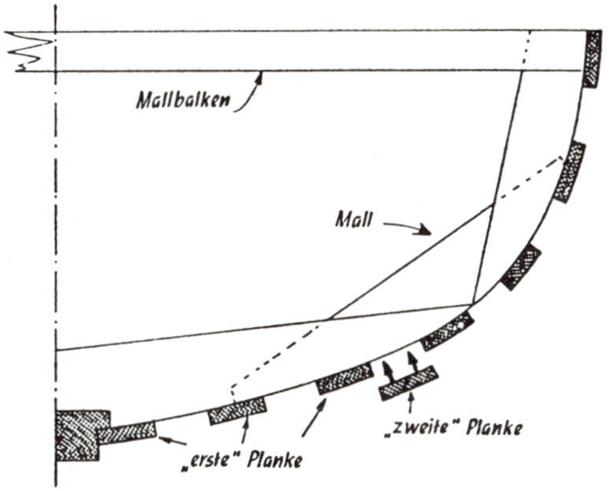

Zeichnung 173: Die "französische" Karwell-Beplankungs-Methode. Die "zweite" Planke wird leicht keilförmig gehalten

Während gewöhnlich die Planken nacheinander von unten nach oben angebracht werden (mit Ausnahme etwa einer oder zweier Planken aus Montagegründen), läßt die sogenannte *französische Beplankungsweise* jede zweite oder dritte Planke aus. Die fehlenden Planken werden erst zu einem späteren Zeitpunkt eingebaut, wenn man hoffen kann, daß die bereits eingebauten Planken nochmals etwas aufgetrocknet sind. Der zweite Satz Planken wird dann in der Weise eingebaut, daß die *Fuge*, die sie Füllen soll, außen etwas breiter ist als innen. Die Planke wird dann entsprechend keilförmig oder konisch zugearbeitet (vergl. Zeichnung 173) und mit Gewalt von außen nach innen eingetrieben. Bei dieser Bauweise ist es wichtig, daß an beiden Schiffsseiten gleichmäßig gearbeitet wird, da man sonst ein schiefes Fahrzeug erhält. Der in Mallen oder auf Spanten stehende halbfertige Rumpf muß hierbei sehr stark gegen Verschieben und Verdrehen

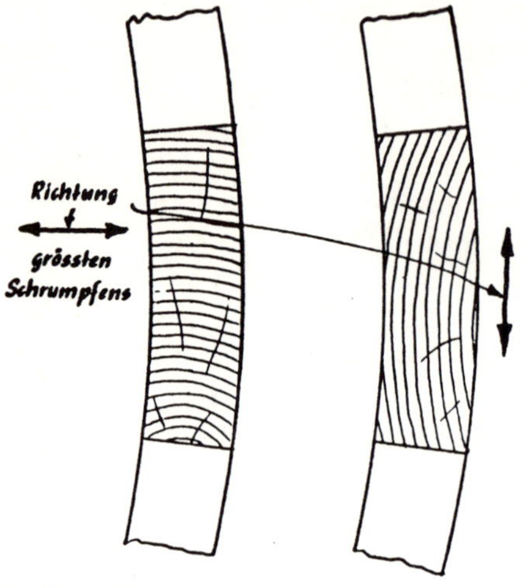

Zeichnung 174: Zwei Karweel-Planken. - Die linke ist radial aus dem Stamm geschnitten ("wagenschott"); sie arbeitet in ihrer Breite am wenigsten. Die rechte Planke ist unbrauchbar, da sie in der Breite am stärksten arbeitet; sie ist tangential geschnitten und hat blumige Maserung

abgestützt sein.

Schließlich besteht noch die Möglichkeit, die ganze Außenhaut zu verleimen. Doch zunächst mußten zahlreiche Fehlschläge hingenommen werden, bis man diese Arbeitsweise zu beherrschen gelernt hatte. - Wie bereits in Abschnitt 2 erwähnt, arbeitet das Holz in den drei Dimensionen längs, radial oder tangential zur Faser sehr verschieden. Die Planke liegt längs des Spantes entweder radial (gut) oder tangential (schlecht) (vergl. Zeichnung 174). Sie arbeitet also bedeutend stärker als das Spant, das die Planken in seiner Längsrichtung berührt. Beginnt nun das Schrumpfen, so werden die Planken um ein Mehrfaches schmaler, als die Spanten kürzer werden. Würden Spant und Planke genau gleich schrumpfen, so bestände keine Gefahr. So aber ist die Gefahr groß, weil die durch Schrumpfen auftretenden Kräfte zur Zerstörung des Verbandes führen können: Entweder geht die geleimte Naht auf, oder die Planke reißt, oder sie löst sich vom Spant.

Übrigens können auch beim Quellen des Holzes Zerstörungen auftreten, da ja der Umfang der Außenhaut (bei konvexer Spantform) größer wird als der Außenumfang des Spantes. So wird es beim Quellen hauptsächlich zum Lösen der Planken vom Spant kommen.

Abhilfen sind auf folgende Wiese möglich: Einmal darf für die Außenhaut nur Holz mit sehr kleinem Schwind- oder Quellmaß verwandt werden, zum Beispiel bestimmte Mahagonisorten. Auch Teakholz wäre geeignet, doch läßt es sich leider nicht durch Kauritleim verleimen. Für Teakholz muß ein anderer Leim verwandt werden, zumal Kauritleim auch sonst nicht alle Erwartungen erfüllt. Sodann muß das Holz durch entsprechende Vorbereitung (Entsaften, Dämpfen, langes Trocknen, vergl. Abschnitte 3 und 6) auf seinen geringstmöglichen Schrumpfwert gebracht werden. Ferner wähle man die Planken sehr schmal, da sich bei der Leisten-Bauweise (siehe Abschnitt 75 j) das

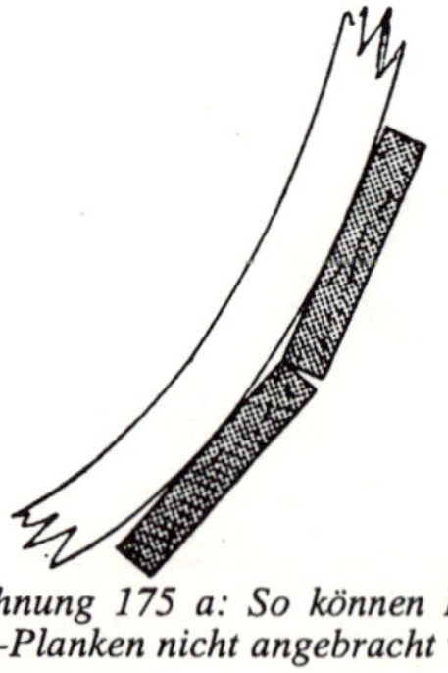

Zeichnung 175 a: So können Karweel-Planken nicht angebracht werden

Verleimen gut bewährt hat.

Wie bereits gesagt, muß das Ausarbeiten der Karweelplanken sorgfältiger erfolgen als beim Klinkern. Die Planken müssen genau aufeinander passen. Da sie, im Querschnitt betrachtet, beim Aufbringen Rechtecke darstellen, im fertigen Zustand aber Teile von Kreissegmenten bilden, ist Paßarbeit auch am Querschnitt notwendig. Das bedingt, daß die Planken um einige Prozent stärker hergestellt werden müssen, als sie im Fertigungszustand sein sollen (Zeichnung 175). Dabei braucht allerdings nur die innere Seite der Planken vorher konkav bearbeitet zu werden, da sie sonst nur an einem Punkt am Spant anliegen würde. Die Außenseite wird erst hinterher bearbeitet, wenn alle Planken angebracht und vernietet worden sind.

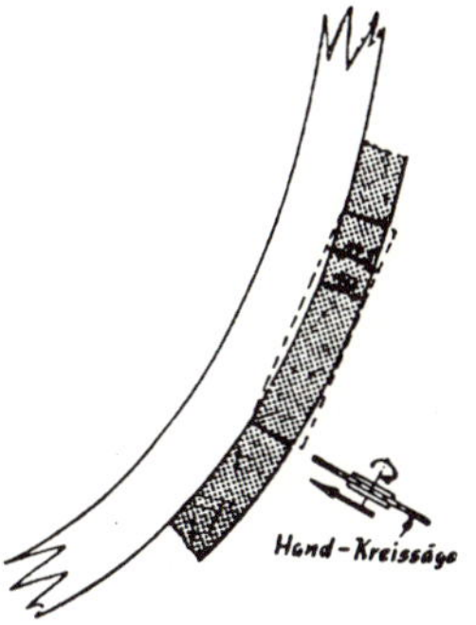

Zeichnung 175 b: Karweel-Planken müssen rund gearbeitet werden. Dazu muß das Holz ca. 25% stärker sein, als die endgültige Planke sein soll. - Hand-Kreissäge oder Fräse kann benutzt werden, um die anzubringende und provisiorisch befestigte Planke an die vorhergehende, bereits feste Planke genau anzupassen

Das Karweel-Planken ist zur Zeit die am weitesten verbreitete Bauweise; in ihr werden auch größere Fahrzeuge erbaut. Es ist erklärlich, daß hier selten die Planken in voller Länge durchlaufen können, wenngleich dieses natürlich wünschenswert wäre. Die Stöße werden stumpf mit hintergelegter Lasche ausgeführt. Der Stoß muß genau mitten zwischen zwei Spanten sitzen. Die Lasche füllt dann den Raum von Spant zu Spant entweder ganz aus (wobei aber ein kleiners Speigatt in der Ecke zwischen Spant und Außenhaut zu lassen ist) oder es bleibt genügend Platz an beiden Spanten, um eine Schmutzecke zu vermeiden (Zeichnung 176). Die Laschen werden etwas breiter als die Planken ausgeführt, so daß sie innen über die benachbarte Planke reichen. Sie sollen aus Hartholz sein, auch wenn die Planken Weichholz sind. Im Hinblick auf die Verbolzung ist es sehr praktisch, wenn ihre Dicke der Höhe der Spanten entspricht. Dann kann man Bolzen, Nieten oder Schrauben von der gleichen Länge wie bei den Spanten verwenden. Bei eingebogenen Spanten ist das leicht möglich, bei ausgesägten Spanten würden aber die Laschen wohl zu dick werden.

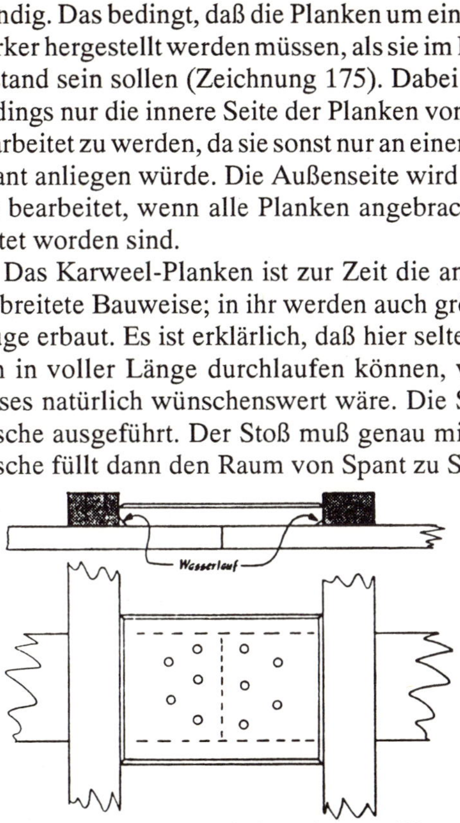

Zeichnung 176 a: Stumpfer Plankenstoß mit Stoßblatt oder Laschblatt, das bis an die Spanten reicht

Man muß bestrebt sein, die Hirnholzflächen der Planken, besonders bei naturlak-

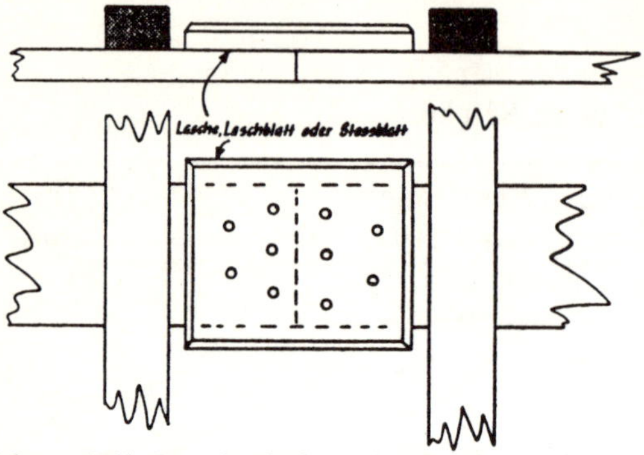

Zeichnung 176 b: Stumpfer Plankenstoß mit Lasche, die Abstand von den Spanten hält

kierten Booten, wirklich dicht aufeinander zu setzen. Hier erfolgt nämlich die Wasseraufnahme durch das Hirnholz. Die Folge ist eine Verfärbung und schließlich Zerstörung. Da Hirnholz kaum zu verleimen ist, sollte man die Hirnflächen vor dem Zusammenbau immer und immer wieder mit einem porenfüllenden, widerstandsfähigen Stoff behandeln. Die Bootsbauer nehmen meist Bootslack. Er ist zwar besser als Firnis, aber zweifellos gibt es noch geeignetere Mittel wie zum Beispiel das Tränken mit Kunstharzleim.

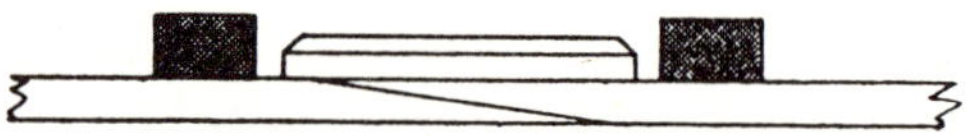

Zeichnung 177: Hirnholzfreier Plankenstoß mit Laschblatt; Nieten und Leimen möglich

Wahrscheinlich ist es besser, vom Stumpfstoß mit Lasch überhaupt abzugehen und wie beim Klinkerbau vorzugehen, also eine schräg verleimte Lasche (eine *Schäftung* wie man bei Sperrholz sagt) zu nehmen (Zeichnung 177) und eine weitere Lasche dahinter zu setzen, die genietet und geleimt sein kann. Jetzt wird man das Eindringen von Wasser in das Hirnholz mit Sicherheit vermeiden, und der Stoß wird korrekt bleiben. Besonders bei sehr dünnen Planken könne derartige Stöße auch in angerundeter Form ausgeführt werden (Zeichnung 178).

Zeichnung 178: Variante von Zeichnung 177. - N o c h besser: nur geleimter Stoß nach Zeichnung 177 von doppelter Länge und ohne Laschblatt

Bei gröber gebauten Fahrzeugen, zum Beispiel Fischkuttern, wird der Stoß meist als Stumpfstoß auf das Spant selbst gelegt (Zeichnung 179) und sodann genagelt. Es bedarf keiner längeren Erklärung, daß ein solcher Stoß minderwertig ist. Für Yachten ist er darum vom Germanischen Lloyd nicht, für Fischkutter nur bedingt zugelassen. Daß bei Fischkuttern und ähnlichen Fahrzeugen durch diese Stoßart keine besonderen Schäden auftreten, liegt vermutlich daran,

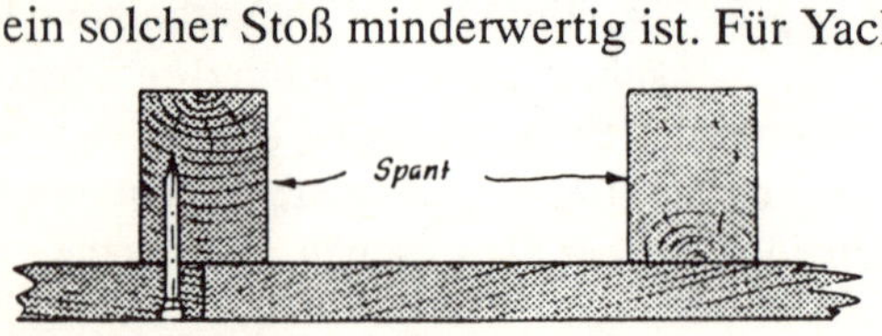

Zeichnung 179: Genagelter Stumpfstoß auf einem Spant; eine sehr minderwertige Ausführung

daß hier die Spanten, die Planken und die Bodenwrangen sehr viel stärker sind und der Spantabstand kleiner als im Yachtbau ist. So ist sehr viel Baustoff vorhanden, der nicht voll ausgenutzt wird und sich auch einmal eine schwache Stelle gestatten kann. Man behalte aber im Auge, daß ein korrekter, baustoffgerechter Stoß, der wirklich die unterbrochene Planke zu überbrücken vermag, anders aussieht.

Da bei der normalen, leimfreien Karweelbauweise die Planken nur unmittelbar miteinander verbunden sind, ist auf ihre Befestigung an Spant und Bodenwrange besondere Sorgfalt zu verwenden. Für kleinere und mittlere Fahrzeuge ist die Kupfernietung allgemein üblich, insbesondere dann, wenn relativ flache, eingebogene Spanten verwandt werden. Bei höheren gesägten oder vorgebogenen Spanten wird aber mehr und mehr zur Verschraubung übergegangen. Bei mittleren Fahrzeugen werden Holzschrauben von außen nach innen angebracht, bei größeren und bei komposit gebauten Schiffen werden Gewindeschrauben mit innenliegender Mutter verwandt.

Naturlackierte Boote erfordern eine glatte, ununterbrochene Außenhaut. Dazu gehört eine einheitliche Färbung und Maserung des Holzes nebeneinander liegender Planken. Sie ist durch entsprechende Auswahl der Hölzer zu erreichen. Nun bleibt aber noch die Behandlung der Köpfe der Nieten und Schrauben, die außen in den

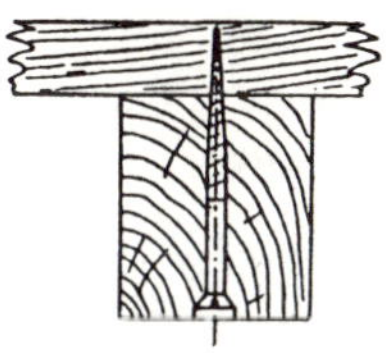

180

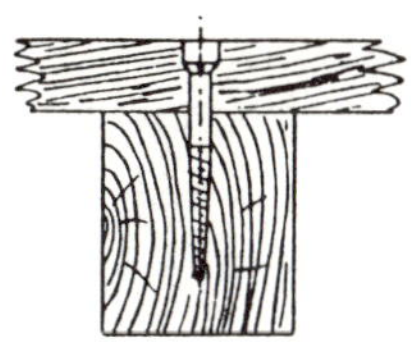

181 a

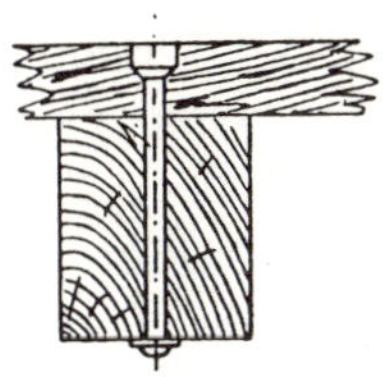

181 b

Zeichnung 180: Befestigung einer Planke am Spant. Die Zeichnung zeigt, wie es n i c h t geht, da die Schraube von der Planke zu wenig erfaßt. Sie schwächt außerdem das Spant. Zeichnung 181 a: Die beste Lösung: von außen schrauben. Zeichnung 181 b: Niet oder Durchbolzen. Das starke, durchgehende Niet schwächt das Spant. Wird das Holz naß und quillt, so ist die Verbindung zu starr, der Nietkopf wird noch tiefer in die Planke hineingezogen

Planken stecken. Bei der Verwendung von Holzschrauben würde es naheliegen, diese von innen nach außen zu schrauben, wie es Zeichnung 180 zeigt. Bei dieser Bauweise wäre man aller Sorgen ledig. Man kann aber leider nicht so bauen, weil nur die Spitze der Schraube die Planke halten würde, also der schwächste Teil der Holzschraube. Sie kann ja die Planke nur in einer Tiefe erfassen, die bestenfalls 75 bis 80% der Plankenstärke entspricht. Bei der Verwendung von Holzschrauben ist es Grundsatz, vom dünneren Teil zum dickeren Teil zu schrauben; in unserem Fall also von der schwächeren Planke her zum stärkeren Spant, wie es Zeichnung 181 zeigt. Dann wird aber die Planke an der Außenseite ihrer Oberfläche durchbrochen, und der Schraubenkopf wird genauso sichtbar wie ein Niet- oder Bolzenkopf.

Allgemein ist es üblich, diese Köpfe zu versenken und das entstandene Loch später durch Kitt oder Spachtelmasse auszufüllen. Für Fahrzeuge, die einen deckenden Anstrich erhalten, ist diese Bauart ausreichend. Die Besteller von naturlackierten Booten haben aber andere Vorstellungen von der Schönheit einer Außenhaut. Die schimmernde Mahagonifläche darf nicht durch getönte Kittflecke unterbrochen werden. So kommt man notgedrungen zum Pfropfen, wie es die Zeichnung 182 zeigt. Es handelt sich übrigens um genau dasselbe Verfahren, das beim Verlegen von stärkeren Decksplanken angewandt wird, um Schraubenköpfe unsichtbar zu machen. Die Köpfe werden beim Pfropfen relativ tief versenkt. Hierzu ist ein sauber und genau zylindrisch gebohrtes Versenkloch notwendig. Sein Durchmesser ist etwa 5 bis 10% größer als der Durchmesser des zu versteckenden Schraubenkopfes. Nach dem Einbringen der Schrauben wird ein stramm passender zylindrischer Holzpfropfen in der Loch geschlagen. Dieser Pfropfen wird mittels spezieller Bohrer oder besser Fräser aus dem Plankenmaterial (aus Abfallstücken) so hergestellt, daß seine Längsachse quer zur Holz-Längsachse steht, also je nach der Plankenschneidart radial oder tangential. Beim Einsetzen des Pfropfens in das Loch muß darauf geachtet werden, daß die Längsmaserung des Pfropfenholzes zur Längsmaserung der Planke paßt.

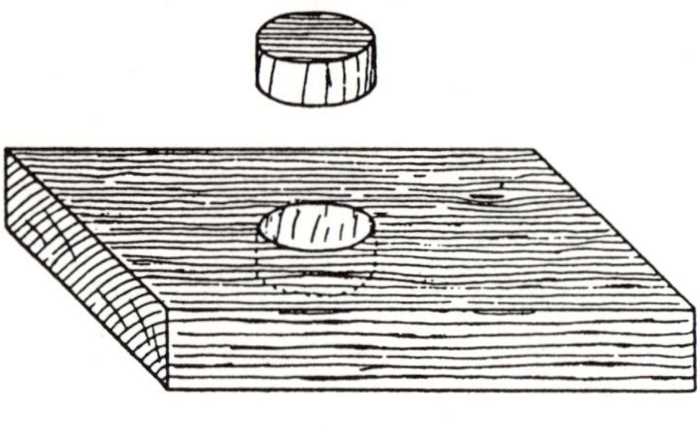

Zeichnung 182 a: Der Pfropfen muß die gleiche Holzart und die gleiche Maserungs-Richtung wie die Planke haben, in die er gepfropft werden soll

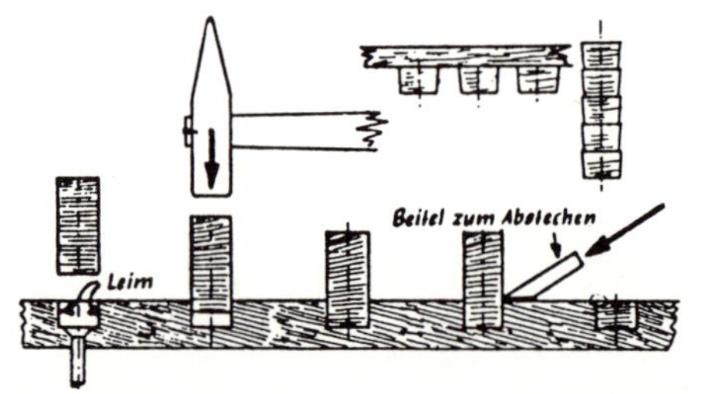

Zeichnung 182 b: Die einzelnen Phasen des Einsetztens eines Pfropfens in eine Planke. Neuerdings werden auch statt der zylindrischen Pfropfen solche verwandt, wie in der Skizze oben rechts angedeutet

Für das Versenken kann man Spezialbohrer benutzen, die sowohl das Loch für die Holzschraube vorbohren als auch gleichzeitig das über doppelt so starke Pfropfenloch anfertigen. Mit einem Anschlag kann man die als richtig festgelegte Tiefe der Löcher jedesmal erreichen. Bei der Verwendung gewöhnlicher Bohrer muß zweimal gebohrt werden. Auch hierbei erleichtert die Verwendung von Anschlagvorrichtungen und Distanzstücken die Arbeit.

Die Pfropfen haften in ihrem Loch einmal infolge des Anpreßdruckes, der entsteht, wenn der Pfropfen einen größeren Durchmesser als das Loch hat. Nachgeholfen wird aber gern mit einem Klebemittel. Die Bootsbauer benutzen hierzu Reste von Bootslack, der ja vielfach etwas eingedickt ist. Aber auch Kaltleim ist brauchbar. Die Pfopfen werden später in passender Höhe mit dem Beitel abgeschnitten und mit der Außenhaut verputzt.

Das soeben beschriebene Verfahren hat leider den Nachteil, daß die Festigkeit der Außenhaut durch die notwendige tiefe Versenkung der Schraubenköpfe (etwa 1/3 der Plankenstärke) leidet. Das muß leider in Kauf genommen werden. Ferner kann es bei unsauberer und unsachgemäßer Arbeit vorkommen, daß später neben den Pfropfen im Plankenholz und in den Pfropfen selbst dunkle Stellen entstehen, weil das Wasser in das Hirnholz eindringen konnte. Deshalb klebe man die Pfropfen ein, weil hierdurch die Adern im Hirnholz geschlossen werden und somit die Wasseraufnahme lange Zeit abgestopt wird. Auf jeden Fall muß der Pfropfen recht sorgfältig ausgeführt werden, wenn kein Schaden für den Bau entstehen soll. Da durch das Propfen ein Opfer für die Schönheit auf Kosten der Festigkeit gebracht wird, pfropfe man keine Yacht, die für besonders harte und lang andauernde Beanspruchung gebaut wird (zum Beispiel für eine Erdumseglung), sondern versenke die Schrauben und Bolzen nur so weit, daß die Köpfe im Holz verschwinden und unter einer dünnen Schicht Kitt oder Spachtelmasse versteckt werden können. Diese Yacht müßte dann einen deckenden Farbanstrich erhalten, der weniger empfindlich als eine Naturlackierung ist.

Als Baustoff für die Holzschrauben nahm man bislang Messing, weil er im Gegensatz zu verzinkten (feuerverzinkten!) Stahlschrauben gegen Korrosion wirklich sicher ist. Bei verzinkten Schrauben kann es leicht passieren, daß der Zinküberzug während des Einschraubens eine schadhafte Stelle bekommt und abplatzt, ohne daß man von außen zunächst etwas davon bemerken kann. Die Folgen sind bald spürbar, wenn Nässe in das Bauwerk gelangt. Dann beginnt das Rosten, und man wundert sich, warum die schneeweiße Außenhaut hier und da rostbraune Tränen zeigt. Diese häßlichen Streifen sind nicht die harmlosesten Anzeichen. Viel schlimmer ist das Wissen, daß jetzt unerreichbar im Inneren des Schiffes die Zerstörung ihr Werk betreibt. Wenn die Außenhaut aus Eichenholz besteht, verschwindet ja nicht die Schraube an der Roststelle, sondern es bildet sich im Holz ein immer größeres Loch mit Nachteilen für die Dichtigkeit des Bootes.

Messingschrauben sind nicht sehr viel teurer als verzinkte Schrauben. Nachteilig ist ihre geringe Festigkeit, die sich gerade beim Eindrehen der Schrauben bemerkbar macht. Bohrt man im Hartholz der Spanten zu weit vor, so läßt sich die Schraube zwar gut und gefahrlos einschrauben, aber sie hat nicht die Haltekraft, die man von ihr fordern muß. Bohrt man aber etwa geringer vor, so besteht die Gefahr, daß die Schraube überdreht wird und infolge Torsion abbricht. Die Bruchstelle liegt meist dort, wo das

Gewinde am Schraubenschaft beginnt. Die steckengebliebene Schraubenspitze kann nicht wieder entfernt werden. Man versucht nun, schräg neben dieser Spitze unter Verwendung des alten Bohrloches ein neues zu setzten. Wenn man geschickt ist, viel Mühe und Zeit aufgewendet und auch Glück hat, kann man die Ersatzschraube einlassen.

Dort, wo man mit hohen Löhnen rechnen muß, verwendet man teurere Schrauben aus festerem Stoff. So verwenden die Amerikaner die Speziallegierung *Everdur*, die viel fester ist als Messing oder Bronze, obwohl sie fast so rötlich wie Kupfer aussieht. Diese Schrauben kann man nicht so leicht überdrehen wie Messingschrauben. Rostfreier Stahl wäre ein guter Baustoff, ist aber sehr viel teuerer.

Die Hauptschwäche des Karweelbaues - das *lose* Nebeneinanderliegen der Planken - versucht man durch andere Bauweisen zu überwinden.

75 c. Gezingelte Außenhaut

In Ostpreußen war es üblich, die bekannten flachbodigen Fischerei- und Transportfahrzeuge des Kurischen Haffs (nicht des Frischen Haffs) in ihrer Außenhaut zu *zingeln*. So nennt man das karweelartige Aufeinandersetzen relativ starker Weichholz- oder Eichenplanken an geraden oder nur leicht gekrümmten Spanten, wobei die Planken durch schräg in Nischen eingeschlagene schmiedeeiserne Nägel miteinander verbunden werden. Wie die Zeichnung 183 zeigt, sieht die Nische von außen gesehen spitzbogenförmig aus. Sie wird mit großer Sorgfalt mittels eines Spezial-Stemmeisens, das *Götze* genannt wird, hergestellt. In ihr sieht man den Kopf des Nagels, da die Nische offen bleibt. Das Ganze erinnert etwas an die Nischen, die man an mittelalterlichen kirchlichen und profanen Bauwerken angebracht hat, um Standplätze für Statuen und Heiligen zu erhalten. An der Grundfläche dieser Nische sitzt der schmiedeeiserne Nagelkopf.

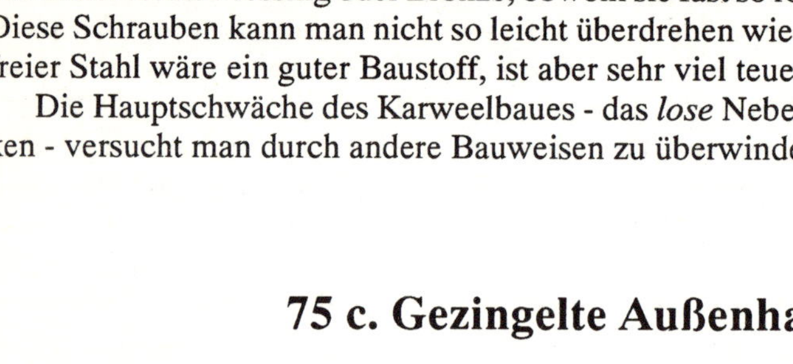

Zeichnung 183: Das Zingeln ist nur bei sehr starken Planken möglich

Es leuchtet ein, daß dieser Bauweise Mängel anhaften, da die Außenhaut außen nicht mehr glatt ist und an den Kanten der Nischen Verletzungen erleiden kann. Auch muß darauf geachtet werden, daß sich am Boden der Nische hinter dem Nagelkopf kein Schmutz ansammelt, weil sich sonst hier ein Fäulnisherd bilden würde. In der Tat wurden auch die gezingelten Fahrzeuge recht gut gepflegt und das Holz nach der Reinigung mit einer Drahtbürste sorgfältig mit Holzkohlenteer konserviert.

Übrigens wird bei den Seitenplanken des gezingelten Kahnes auch von innen genagelt, obgleich viele Stellen im Inneren schwer zugänglich sind. Das Nageln in der gewüschten Richtung wird dadurch erleichtert, daß die Nägel vor dem Einschlagen der konkaven oder konvexen Krümmung angepaßt und vorgebogen werden.

Ergänzend zu dieser Bauweise, die vermutlich mit dem Bau hölzerner Kähne aussterben dürfte, sei noch bewerkt, daß zwischen zwei Planken eine Schicht eines Spezialfilzes gelegt wurde, den man aus Kuhhaaren herstellte. Man sagte diesem Filz eine große Widerstandkraft gegen Fäulnis nach, ohne daß er besonders konserviert zu werden brauchte.

75 d. Nahtspanten-Bauweise

Diese Bauweise ist recht alt. Sie wurde im größerem Umfang von Max Oertz beim Bau mittlerer Motoryachten mit (damals!) stärkeren Motoren angewandt. Diese schüttelten die Bootsrümpfe und erzeugten Undichtigkeiten, weil die normalen Karweelplanken praktisch nur lose nebeneinander lagen. Man legte nun von innen schmale Leisten auf die Nähte und verband sie durch Nietung oder Schraubung mit den beiden Planken.

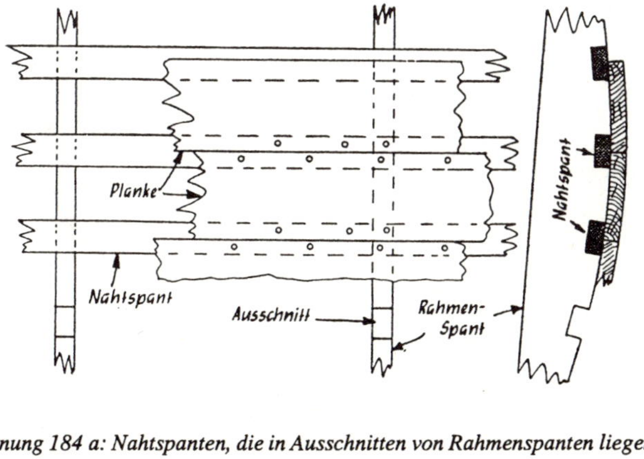

Zeichnung 184 a: Nahtspanten, die in Ausschnitten von Rahmenspanten liegen

Man hat böswilligerweise die Nahtspantenbauweise mit jenen primitiven Bretterzäunen verglichen, bei denen die Ritzen ebenfalls mit Leisten vernagelt werden. Das ist aber nicht richtig, weil unsere Nahtstreifen sehr erfolgreich zur Versteifung einer leichten Außenhaut dienen

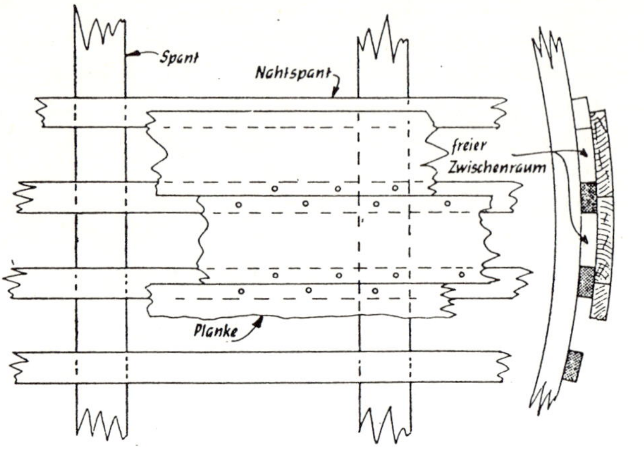

Zeichnung 184 b: *Bei eingebogenen oder vorgebogenen Spanten liegend die Nahtspanten flach auf diesen Spanten auf. Es bilden sich freie Zwischenräume, in denen die Planken nicht gestützt werden*

können. Wenn man sie als durchlaufende Träger ausbildet, hat man sehr schöne Stringer oder, wie es der Name sagt, ein Längs-Spant. In diesem Fall müssen die Leisten ununterbrochen von vorn bis hinten durchlaufen. Es ergeben sich dann aber Schwierigkeiten mit den (normalen) Querspanten. Die Zeichnung 184 zeigt einige lichkeiten.

Sind die Querspanten in der Art von Rahmenspanten gebaut, so können sie Ausschnitte erhalten, in die die Nahtleisten oder Nahtspanten hineingelegt werden (Zeichnung 184a). Man erreicht dadurch, daß das Querspant überall an der Planke anliegt. Bei den sonst üblichen Querspanten kann man aber derartige Ausschnitte nicht anbringen. Sie laufen mithin an Innenkante Nahtspant glatt durch. Dann liegt die Planke auf der Strecke von Unterkante oberer bis Oberkante unterer Nahtleiste frei (Zeichnung 184b). Hier können kleine Füllstücke eingebaut werden, so daß die Planke wiederum vollkommen auf dem Querspant oder dem Füllstück aufliegt (Zeichnung 184c). Abgesehen von Mehrarbeit kann man zu dieser Bauweise nur raten, wenn die Füllstücke an die Spanten geleimt werden, da sie anderernfalls mehr oder minder lose aufliegen und sich an den Fugen Nässe und Schmutz ansammeln würden. Das gleiche gilt übrigens auch für die Nahtspanten selbst und ihre Lagerung an oder in den Querspanten. Hier kann Leim recht segensreich wirken.

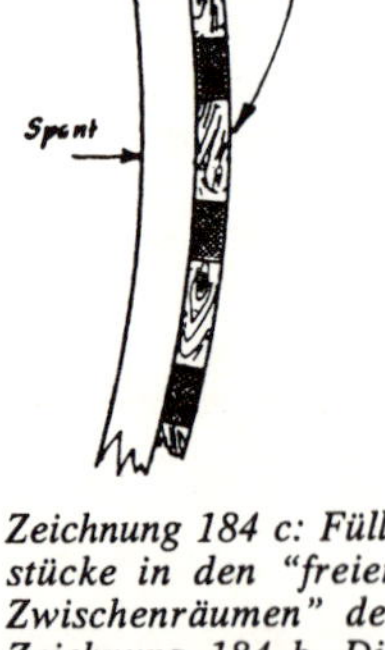

Zeichnung 184 c: Füllstücke in den "freien Zwischenräumen" der Zeichnung 184 b. Die Füllstücke stützen die Planken außerhalb der Nahtspanten

Es sei noch erwähnt, daß man auch schon leichte und feste Boote gebaut hat, bei denen relativ starke durchlaufende Längsspanten zur Aufnahme der eingebogenen Spanten ausgeklinkt wurden (Zeichnung 185). Eine Bedeutung hat diese Bauweise jedoch nicht erlangen können.

Bisher ist nur von Rundspantbooten mit Nahtspanten gesprochen worden. In den letzten Jahrzehnten hat sich aber die Geradspant-Bauweise (Flachboden-Scharpie und V-Boden-Scharpie, auch Knickspanter genannt) wegen der für den Selbstbauer einfacheren Bauweise weiter verbreitet. So ist eine Reihe von Einheits-Typen mit geraden Spanten entstanden. Alle diese Boote verwenden mit großem Erfolg das Nahtspantensystem, das hier doch noch eine Bedeutung erlangt hat. Als Beispiel sei hier die Piratjolle erwähnt.

Diese Boote werden aus Vollholz ohne Verleiung erbaut und erhalten eine Spantkonstruktion ähnlich der Zeichnung 184a, denn sie besitzen praktisch keine anderen Spanten als Rahmenspanten.

Noch größere Bedeutung würden die Nahtspanten bei den modernen geradspantigen Leichtbaukonstruktionen aus fertigen Sperrholzplatten erlangen, wenn diese Platten nicht so breit wären, daß man sie von der Kimm bis zum Deck oder bis zum Kiel aus einem einzigen Stück herstellen könnte. Bei sehr leichten Sperrholzbooten, insbesondere kleinen Motorbooten, baut man Nahtleisten trotzdem zur örtlichen Verstärkung von Seiten und Boden ein.

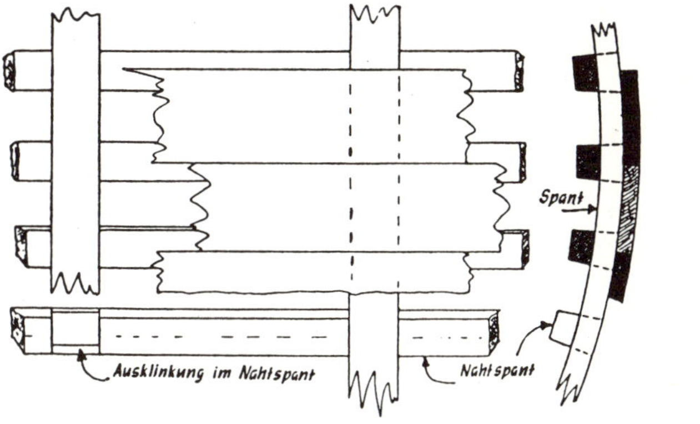

Zeichnung 185: Starke Nahtspanten, innen durchlaufend, mit Ausklinkung für das Spant

75 e. Doppelte Beplankung

Bei den Nahtspanten war das Einklinken in die Querspanten schwierig, wenn man die Planke in ihrer ganzen Breite an das Querspant anlegen wollte. Fertigt man die Nahtspanten genau so breit wie die Planken, würde sich unsere Sorge erübrigen. Wie es die Zeichnung 186 zeigt, kann sich jetzt die Planke in ganzer Breite an den Querverband anlehnen, das Nahtspant unmittelbar oder primär, die *eigentliche* Planke sodann auf das Nahtspant, also sekundär. Diese Bauweise nennt man aber doppelte Beplankung, denn es entsteht ja in der Tat eine doppelte Außenhaut, von der jede Hülle für sich eine geschlossene *Haut* bildet.

Diese Bauweise hat im amerikanischen Holzschiffbau und Yachtbau eine sehr große Bedeutung gewonnen, während sie in unserem Land recht unbekannt geblieben ist. (Es wird hier nicht von der bekannten Diagonal-Beplankung gesprochen, sondern von der Beplankung mit doppelten, parallel liegenden Planken!) Sie liefert ohne Frage eine feste und dichte Außenhaut, die auch beim Arbeiten des Holzes dicht zu bleiben verspricht, wenn das Holz nicht infolge der wirkenden Kräfte aufreißt. Dazu dürfte aber weniger Veranlassung vorliegen als bei der geklinkerten Haut, da man die einzelnen Nieten (oder auch Schrauben) nicht, wie beim Klinkern, genau in Reihe setzen muß.

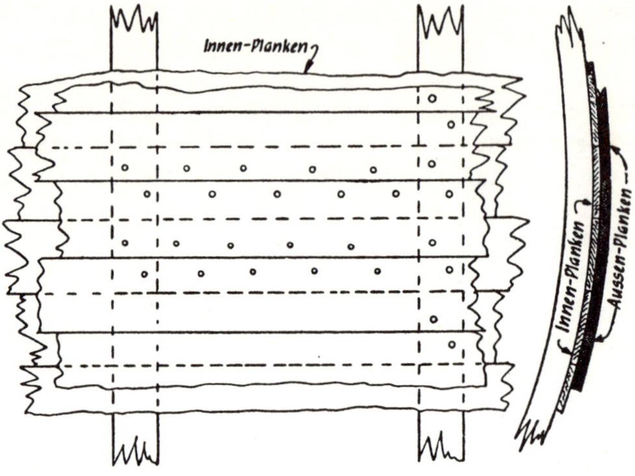

Zeichnung 186: Sehr breite Nahtspanten bilden eine innere Plankenschicht, auf die die Außenplanken als eigentliche Außenhaut gelegt werden. So entsteht die doppelte Karweel-Beplankung

Gegen doppelte Karweelplanken sprechen mehrere Punkte:

Zunächst muß erwähnt werden, daß diese Bauweise teurer wird, weil mehr Arbeitszeit und mehr Holz verbraucht werden. Sodann werden Bedenken gegen die Hohlräume geltend gemacht, die sich sicherlich zwischen den beiden Plankenschichten bilden werden, ohne daß man es von außen sehen oder fühlen kann. Vermeiden könnte man diese Hohlräume nur dann, wenn man die beiden Holzschichten mit

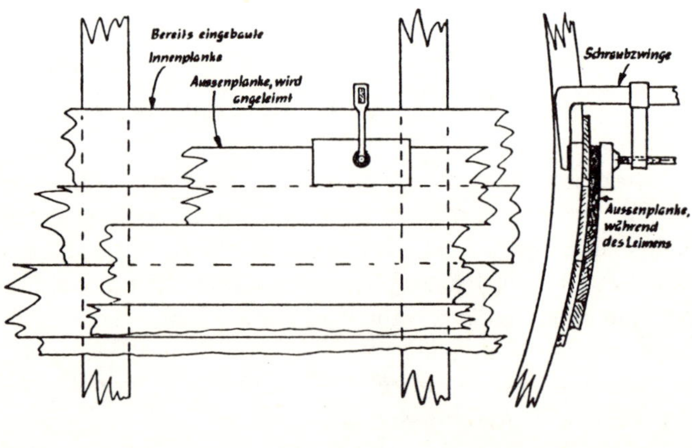

Zeichnung 187: Doppelte Karweel-Beplankung im Aufbau mit Verleimung

dicht an dicht stehenden Nieten verbindet und sie am besten auch noch zusätzlich verleimt. Das Verleimen allein würde vollkomen genügen, wenn es nicht so schwierig wäre, den notwendigen Leimdruck herzustellen. Jedenfalls ließe er sich mit Hilfe von Schraubzwingen nur dann herstellen wenn man beim Aufplanken auf jede innere Planke sofort die um eine halbe Plankenbreite zurückgebliebene äußere Planke einbauen würde (vergl. Zeichnung 187).

Diese Hohlräume sind gefährlich, weil sich in ihnen Wasser und Schmutz ansammeln kann. Diese Gefahr gilt übrigens für alle doppelten Beplankungsweisen, also auch für die verschiedenartigen Diagonal-Bauweisen. Verschlimmert wird die Gefahr der Hohlräume noch durch die oftmals zwischen beiden Plankenschichten gelegten Leinwandstreifen, die man einlegt, um die Boote noch dichter zu bekommen. Bei dieser Methode wird die innere Plankenschicht hergestellt und hierauf eine Textilschicht gespannt, die mit leichten Kupfertäksen befestig wird. Bevor man die äußere Plankenschicht auflegt, wird die Textilschicht dick mit Ölfarbe getränkt und an den Planken angeklebt. Es ist aber zu bedenken, daß diese Farbpaste früher oder später einmal durchtrocknet und spröde wird, wobei Klebkraft und Wasserundurchlässigkeit stark nachlassen. Von einem Schutz gegen Fäulnis soll man sich bei derartigen Farben nichts versprechen. Will man der Fäulnis wirklich begegnen, so muß man wirksame Konservierungsmittel verwenden.

Hinsichtlich der Holzarten sei bei der doppelten Beplankungsweise gesagt, daß man die innere Schicht durchaus nach anderen Gesichtspunkten als die äußere auswählen kann. So ist es denkbar, innen leichtere, weichere Hölzer zu verwenden, die man wegen ihrer Verletzbarkeit nicht nach außen legt. Wegen der geringeren Festigkeit dieser Hölzer wählt man sie etwas dicker, als man es bei Hartholz tun würde. Außen verbleibt Hartholz. So ergibt sich eine örtlich feste Gesamthaut mit relativ geringem Gewicht.

Werden innen und außen gleiche Holzarten verwandt, so verhalten sich ihre Stärken bei größeren Fahrzeugen zueinander wie 1 (innen) zu 2 (außen); bei kleineren nähern sie sich mehr einander an.

75 f. Diagonal-Außenhaut

Bei der Diagonalen-Beplankung kennen wir zwei verschiedene Systeme. In der gewöhnlichen Bauweise haben die innere und die äußere Plankenschicht eine schräge Lage von etwa 45 Grad zur Waagerechten (Zeichnung 188). Beide Planken laufen also zur Hälfte längsschiffs, zur Hälfte querschiffs und geben somit dem Boot eine außerordentliche große Querfestigkeit. Wenn die Planken stark genug sind, werden gar keine Innenhölzer benötigt. Lediglich bei größeren Booten werden Bodenwrangen gesetzt, die hauptsächlich dazu dienen, das auf dem Trockenen stehende oder über Land transportierte Boot zu stützen, das heißt den vom Kiel ausgehenden Stützdruck auf eine größere Fläche zu verteilen.

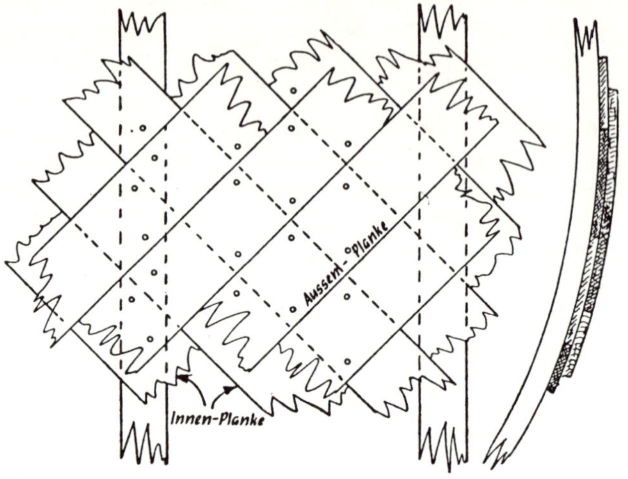

Zeichung 188: Die Diagonal-Beplankung, vernietet

Trotz der großen Festigkeit, welche derartig gebaute Boote besitzen, findet man im Yachtbau die Diagonalbauweise nicht. Die wird hauptsächlich bei Schiffsbooten, Rettungsbooten und anderen Fahrzeugen benutzt, die unter Umständen eine harte Behandlung erleiden müssen, bei der es sehr auf die Querfestigkeit ankommt; man denke an den Anprall eines Bootes an das Schiff, von dem es längsseits in stürmischer See absetzen soll! Die Abneigung mag im Yachtbau damit zusammenhängen, daß die schräg beplankte Außenhaut nie so glatt werden wird, wie man es auf Yachten wünscht. Bei naturlackierten Booten kommt hinzu, daß auch die schräg laufende Maserung des Holzes dem Auge mißfällt. Lediglich deckend gestrichene Boote dieser Bauart lassen sich mit Hilfe von Spachtelmasse einigermaßen glatt herstellen.

Das über die unerwünschten Hohlräume in Abschnitt 75e Gesagte gilt hier ganz besonders. Auch ein Verleimen der beiden Schichten dürfte dieses Übel nur schwer beseitigen, da das Ansetzten von Schraubzwingen zum Zusammendrücken der verleimten Planken nahezu unmöglich ist. Auf andere Weise ist der Druck, der einmal die Hohlräume verhindern und zum anderen den Leimdruck erzeugen soll, ohne Niete und Schrauben kaum herstellbar.

Da die Krümmung der Planken verhältnismäßig stark ist, kann man sie oft nicht kalt biegen, sondern muß sie im Dampfkasten behandeln. Bei Bau des Bootes werden sie zunächst provisiorisch über die Mallen gebogen und angeheftet, wobei die Planken möglichst gleich breit und parallel gesäumt sind. Nach den Erkalten werden sie abgenommen, sorgfältig aneinandergepaßt und endgültig in die Kielsponung, am Dollbaum, an den Mallen oder an den Spanten befestigt. Man wird verstehen, daß mit dieser Bauweise sehr viel

Arbeit verbunden ist.

Ein weiterer großer Nachteil liegt in den Schwierigkeiten, die bei einer Reparatur entstehen. Wenn eine Außenhautseite des Bootes ein handgroßes Loch bekommen hat und in einer Länge durchlaufende Planken wie bei einem Neubau verlangt werden, dann könnte es sein, daß die gesamte Außenhautseite mit Ausnahme eines kleinen unwesentlichen Restes am Vorsteven und am Spiegel erneuert werden müßte. Trotzdem hat das betroffene Boot wegen der Verschiedenartigkeit der beiden Seiten kaum Vorteile davon. Man behilft sich deshalb meist mit primitiverem Flickwerk unmittelbar an der Schadstelle.

75 g. Diagonal-Karweel-Bauweise

Bei dieser Bauweise verläuft die innere Plankenschicht wie bei der gewöhnlichen Diagonalbauweise, also unter 45 Grad Neigung gegen die Waagerechte, während die äußere Schicht wie bei einem normal karweelgeplankten Boot liegt (vergl. Zeichnung 189). Der Laie wird einem derartigen Boot von außen kaum seine innere, diagonal liegende Plankenschicht ansehen. Man kann sie nur an den zahlreichen, versetzt liegenden Nieten und Schrauben erkennen.

Was in Abschnitt 75f über das mangelhafte Äußere der Diagonalbauweise gesagt wurde, fällt hier weg (wenn man von den zahlreichen Nieten zunächst absieht). Bei einer deckend gestrichenen Außenhaut, bei der die Nietköpfe durch Spachtelmasse verdeckt werden, kann man die im Yachtbau gewohnte Glätte der Außenhaut erreichen. Bei naturlackierten und an den Niet- oder Schraubköpfen gepfropften

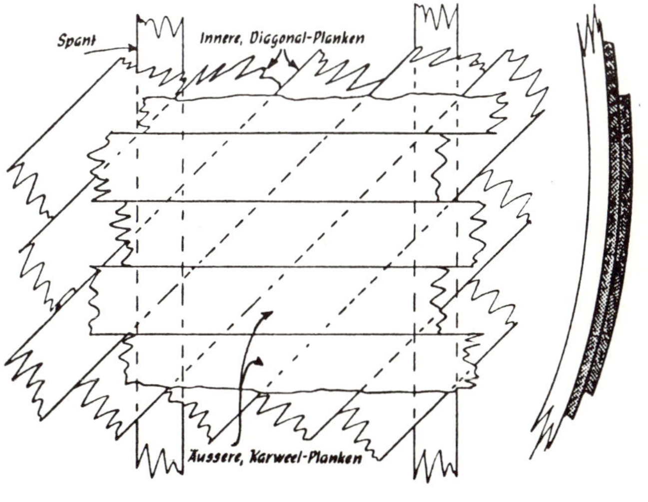

Zeichnung 189: Diagonal-Karweel-Beplankung

Booten wird dies ebenfalls möglich sein. Die sehr zahlreich vorhandenen Pfropfstellen sind aber für die Festigkeit der Außenplanken nicht günstig, und wegen des Aussehens muß die Holzauswahl für die Pfropfen ganz besonders sorgfältig vorgenommen werden.

Immerhin ist das Endprodukt festigkeitsmäßig viel besser als die normale Karweelbauweise. Trotzdem findet man die meist nur bei Motorbooten, obgleich sie für seegehende Segelyachten durchaus zu empfehlen ist, wenn man die Hohlräume zu vermeiden sucht.

75 h. Die Kreuz-Karweel-Bauweise

Sie ist ein weiterer Versuch, der Schwäche des normalen Karweelbaus zu begegnen. Diese Methode wurde von der Lürssen-Werft in Vegesack für größere Motoryachten entwickelt und ist eine Art Kombination von Quer- und Längsspanten sowie Quer- und Längsplanken.

Die Hauptspanten sind eine Stahlkonstruktion, so daß wir einen Kompositbau erhalten. Die Konstruktion besteht aus ziemlich weit voneinander entfernt stehenden starken, als Rahmenspanten ausgebildeten und aus Winkeln, Profilen und Blechstreifen - je nach der Größe des Fahrzeuges - zusammengesetzten und mit den Bodenwrangen zusammenhängenden oder besser aus den Bodenwrangen herauswachsenden

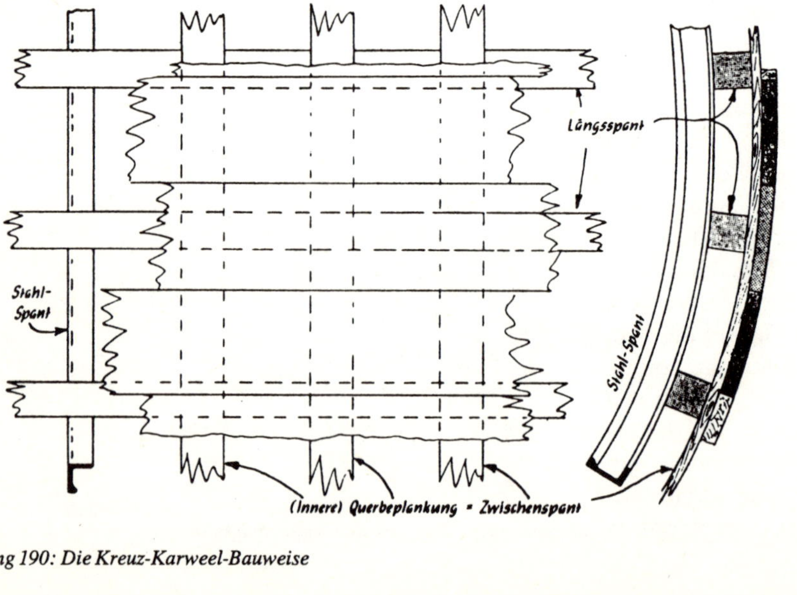

Zeichnung 190: Die Kreuz-Karweel-Bauweise

Querträgern. Auf ihnen laufen parallel zur späteren äußeren Karweel-Plankenschicht hölzerne Weger oder Längsspanten entlang. Diese stehen in etwa 15 cm Abstand voneinander und sind aus Weichholz hergestellt. Auf den Längsspanten liegt genau querschiffs die innere, verhältnismäßig dünne Plankenschicht. Diese Querbeplankung ähnelt mehr einer Wegerung, die querschiffs liegt, oder einem System engstehender, sehr flacher eingebogener Spanten. Der Zwischenraum zwischen den Querplanken entspricht etwa ihrer Breite. - Die äußere oder *eigentliche* Plankenlage wird in der üblichen Karweelbauweise aufgebaut. Durch die sehr dicht stehenden Querplanken (oder eingebogenen Zwischenspanten) werden die Planken aber recht gut miteinander verbunden (vergl. Zeichnung 190).

Aus dem zuletzt erwähnten System haben sich noch einige Varianten entwickelt, die teilweise das Verleimen benutzen. Diese Bauweisen sind zweifellos gut, aber doch recht teuer und deshalb wahrscheinlich nicht sehr verbreitet.

75 i. Außenhaut aus geformtem Sperrholz

Zur Außenhaut aus geformtem Sperrholz gelangt man zwangsläufig, wenn man den Gedanken des Doppelns weiter fortsetzt. Die Einzelschichten werden immer dünner und zahlreicher, ihre Verbindung miteinander immer schwieriger - es sei denn, man verzichtet vollkommen auf das Nieten und vertraut sich ganz dem Leimen an. Die Einzelschicht wird dann nicht mehr aus gesägten Brettern, sondern auch geschälten oder gemesserten Furnieren (vergl. Abschnitt 9) hergestellt. Je dünner diese Furniere sind, desto mehr Schichten und Leimfugen sind notwendig und desto fester wird das ganze Gebilde. Da die einzelnen Furnierschichten kreuzweise zueinander liegen - etwa im Sinne der Diagonal-Beplankung -, entsteht in der Tat Sperrholz, aber eben *geformtes* Sperrholz, das die Form des zu bauenden Bootes besitzt. Die so gewonnene Bootsform ist in sich so fest, daß sie kaum noch Spanten benötigt, um die erforderliche Querfestigkeit zu erhalten. Einige Rahmenspanten oder tragende Querschotte (vergl. Abschnitt 74) genügen vollkommen.

Soweit bekannt, ist diese Bauweise zuerst in den USA entwickelt worden. Indessen hat schon 1923 die Werft *Lürssen* ein derartiges Boot gebaut. Aber mein Freund Ernst Lehfeld meint dazu, daß wohl die damals zur Verfügung stehenden *wasserfesten* Leime doch für diesen Zweck nicht ausgereicht hätten und man deshalb dieses Verfahren wieder aufgegeben hätte. Man hatte ja noch keinen Kunststoff-Leim. Heute wird diese Bauweise *formverleimtes Sperrholz* in vielen Ländern angewandt.

Da ein Modell des Bootes aus sehr eng stehenden Mallen und sogar ein richtiges Blockmodell für den Bau erforderlich ist, also erhebliche Vorarbeiten und Vorbereitungen zu treffen sind, liegt es auf der hand, daß diese Bauweise nur bei einer Serienfertigung am Platze ist. Auf diese Weise wird zum Beispiel die *Flying-Dutchman-Jolle* gebaut.

Andererseits stellt die amerikanische Yachtwerft *LUDERS* Yachten der verschiedensten Größe und der verschiedensten Typen auch im Einzelbau aus Sperrholz her. Sie kann hierbei offenbar mit den Preisen für Yachten, die in der üblichen Weise hergestellt sind, durchaus konkurrieren. Dieser Umstand läßt darauf schließen, daß *LUDERS* ohne Blockmodell arbeitet.

Schließlich sei noch erwähnt, daß auch Einzelbauten von Amateuren bekanntgeworden sind. Die Nachkalkulation erfolgt jedoch bei Amateurbauten im allgemeinen nicht so korrekt wie bei einem gewerblichen oder industriellen Unternehmen. Es ist daher schwierig, über die entstehenden Kosten bei Einzelbauten Genaues auszusagen. Bei den Serienbooten liegen in diesem Punkt die Verhältnisse günstiger, da man die Verlaufspreise erfragen und mit den Preisen normaler Boote vergleichen kann.

Bei dieser Baumethode ist man vom Nageln, Nieten und Schrauben vollkommen abgegangen und wendet lediglich das Verleimen an. Zum Leimen benötigt man Anpreß- oder Leimdruck. Neben der Herstellung des Modells, über dem gebaut werden soll, ist die Herbeiführung des Leimdrucks das Hauptproblem des ganzen Baus. Bei Bootsformen, deren Spanten nur in einer einzigen Richtung gekrümmt, also lediglich *rund* sind (Jollen und Dingis), ist die Sache noch einfacher als bei doppelt gekrümmten Spanten, die bei Segelyachten unterhalb der Kimm und bei Motoryachten im Vorschiff unterhalb des Decks auftreten.

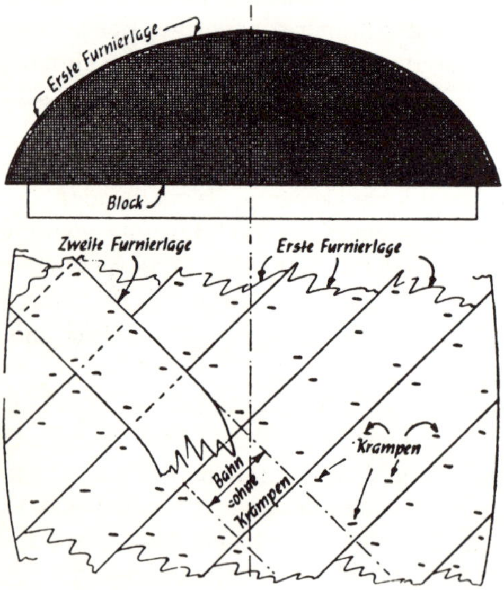

Zeichnung 191: Das Aufbringen der Furnier-Lagen auf den Block durch Nagelung

Man kann den Leimdruck auf verschiedene Weise herstellen:

a) **Leimdruck durch Nageln.** Ein Blockmodell ist erforderlich. Die erste Furnierschicht wird mit Kupfertäksen an den Block geheftet. Kupfertäkse werden genutzt, weil ein großer Teil dieser Stife im Boot verbleiben muß. Ihre Spitzen müssen beim Abheben der Form vom Modell aus diesem herausgerissen werden. Sie dürfen deshalb nicht zu tief oder zu fest im Modell stecken und werden später umgeschlagen. Hofft man, alle Stifte der ersten Furnierschicht vor dem Aufbringen der zweiten Schicht entfernen zu können, so verwendet man besser Krampen (Zeichnung 191). Diese Krampen lassen sich gut wieder aus dem Holz entfernen.

Die zweite Schicht wird nunmehr Streifen neben Streifen aufgetragen, wobei innerhalb des einen Streifens die Krampen, die in der ersten Schicht sitzen, entfernt werden und dafür der Leim aufgetragen wird. Diese zweite Schicht wird durch Krampen auf der ersten befestigt. Hierbei müssen die Krampen so dicht stehen, daß überall der erforderliche und gleichmäßige Leimdurck entsteht. Um den Druck jeder Krampe auf eine größere Fläche zu verteilen, lassen sich auch kleine Holz- oder Pappstücke als Scheiben unterlegen.

Das Auflegen der dritten Schicht erfolgt in gleicher Weise, nachdem man wiederum die Bahnen der zweiten Schicht von Krampen befreit und mit Leim versehen hat. Die durch das Herausziehen der Krampen entstehenden und im Holz verbleibenden Löcher sind belanglos und werden durch Leim ausgefüllt.

Nur bei der äußeren Planke bereitet das Verfahren Schwierigkeiten, wenn ein naturlackiertes Boot abgeliefert werden soll. Die kleinen Löcher im Holz können dann nicht durch Spachtelmasse verdeckt werden, wie es beim farbig gestrichenen Boot leicht möglich ist. Das Verkitten mit einem Kitt von der Farbe des Holzes ist eine unvollkommene Lösung, und so verbleibt die Frage, ob für die äußerste Furnierschicht nicht besser eine andere Methode der Leimdruck-Erzeugung anzuwenden sei.

b) **Leimdruckerzeugung durch Luftsäcke** wie beim Bau vn Kunststoffbooten. Hier wird Luft-, Dampf- oder Wasserdruck angewandt, um den Leimdruck zu erzeugen. Das den Druck erzeugende Medium wirkt hinter einer Gummiwand auf die anzuleimenden Furniere ein. Vielfach wird dieses Verfahren auch *hydraulisch* genannt, wenngleich dieses ja nur zutrifft, wenn Wasser verwandt wird.

Man bedenke, daß, wie bei der Herstellung von ebenen Sperrholz, große Flächen zu verleimen sind. Es ist daher zu überlegen, ob und bis zu welchem Ausmaß die gleiche Herstellungsmethode angewandt werden kann; in unserem Fall handelt es sich gewissermaßen um eine Einzelanfertigung von geformtem Sperrholz.

Der ebene Sperrholzbau arbeitet mit so hohen Drücken, wie wir sie hier kaum oder nur unter großen Mühen und Kosten erreichen können. Er wendet ferner Wärme an, deren Erzeugung und Transport an die Klebestelle ebenfalls nicht einfach ist. Auf jeden Fall wird bei der unter a) beschriebenen Nagelmethode beides unmöglich sein. Dort müssen wir mit geringeren Drücken und normalen Raumtemperaturen arbeiten, was sich auf den Leim und die Härtezeit auswirkt.

Bei der jetzt behandelten hydraulischen oder pneumatischen Methode liegen die Dinge günstiger. Der höhere Druck ist leicht herzustellen; es müssen nur die Vorrichtungen vorhanden sein, die an der der Bootsform angekehrten Seite des Drucksacks die entstehenden Kräfte aufnehmen. Diese Vorrichtungen benötigen wir aber ohne-

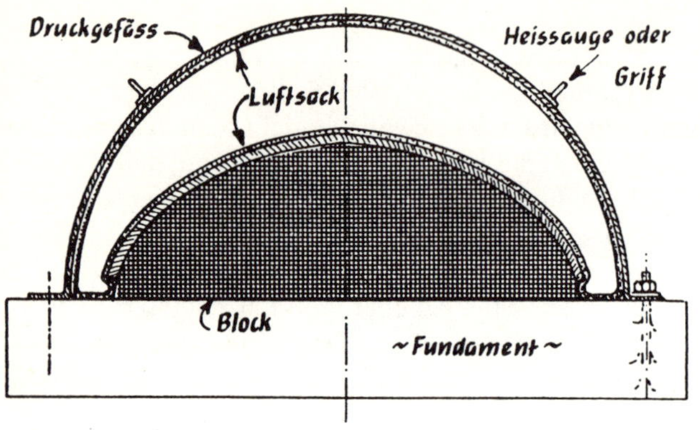

Zeichnung 192: Erzeugen des Leimdruckes mittels Luftsack und eines halbzylindrischen Druckgefäßes

hin; bei Anwendung höherer Drücke müssen sie lediglich stärker gebaut werden. Im Hinblick auf die erforderliche Wärme ist es empfehlenswert, als Druckmittel Dampf oder heißes Wasser zu verwenden. Zusätzlich müßten sowohl die Form als auch die Vorrichtung so gebaut sein, daß die zugeführte Wärme nicht so schnell wieder nach außen entweichen kann. Der Apparat muß um so stärker wärmeisoliert werden, je höher die erwünschte Temperatur ist und je länger sie auf eine Furnierschicht einwirken soll.

Es sei noch bemerkt, daß verschiedentlich auch mit Unterdruck gearbeitet wird. Hierbei muß man mit nur einer Seite des Apparates, die die Kräfte aufzunehmen hat, rechnen. Es ist aber zu bedenken, daß bei Unterdruck der erzeugte Unterdruck maximal 1 atü

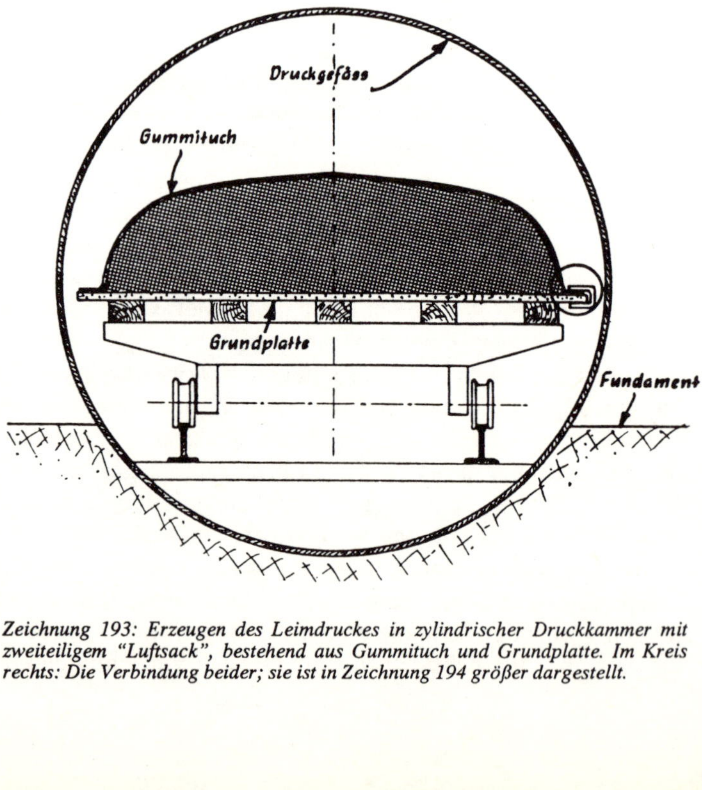

Zeichnung 193: Erzeugen des Leimdruckes in zylindrischer Druckkammer mit zweiteiligem "Luftsack", bestehend aus Gummituch und Grundplatte. Im Kreis rechts: Die Verbindung beider; sie ist in Zeichnung 194 größer dargestellt.

beträgt, während bei den üblichen Überdruckverfahren je nach der Leimart mit 2 bis 9 atü Druck gearbeitet wird.

Von den verschiedenen Möglichkeiten, den Drucksack anzuwenden, seien zunächst zwei gezeigt. Sie arbeiten mit einer Innenform, die unserem Blockmodell entspricht, aber so stark gebaut ist, daß sie dem benutzten Druck standhalten kann. Zeichnung 192 zeigt Modell und Block auf einer starken Platte. Über ihr wölbt sich die abnehmbare, aus Stahlblech und zweckmäßig halbzylindrisch geformte Druckkammer. Diese Schale muß über den Block, die aufliegende Furnierschicht und den übergelegten Luftsack gestülpt werden. Nach der Befestigung auf der Grundplatte kann das Druckmittel eingeblasen werden. Hierzu ist am besten in der Stirnwand der Druckkammer eine Öffnung vorhanden, durch die der Druckschlauch zum Drucksack führt. Die Grundplatte muß sehr stark sein und durch Traversen von unten verstärkt werden, da sie viel ungünstiger als der Halbzylinder beansprucht wird. Sie dürfte zweckmäßig aus Stahlbeton hergestellt werden.

Die Zeichnung 193 zeigt eine vollkommen geschlossene, zylindrische Druckform, die nicht bewegt zu werden braucht. Durch eine druckfeste Tür in einer Stirnwand wird der Block mit aufgelegtem Furnier sowie aufgelegtem Drucksack mit Hilfe eines Wagens eingefahren. Anschließend wird die Druckkammer mit einer ebenfalls fest eingebauten Druckleitung unter Druck gesetzt. Da der Block hier allseitig vom Druck umgeben ist, muß er allerdings eine kleine Entlüftungsmöglichkeit nach außen bekommen, damit in seinem Inneren kein Druck entstehen und und sich der Sack überall gut auf die Furniere legen kann. Bei der Methode nach Zeichnung 192 war diese Blockentlüftung nicht notwendig, weil der Block über die (nicht luftdichte!) Grundplatte mit der Außenluft in Verbindung stand.

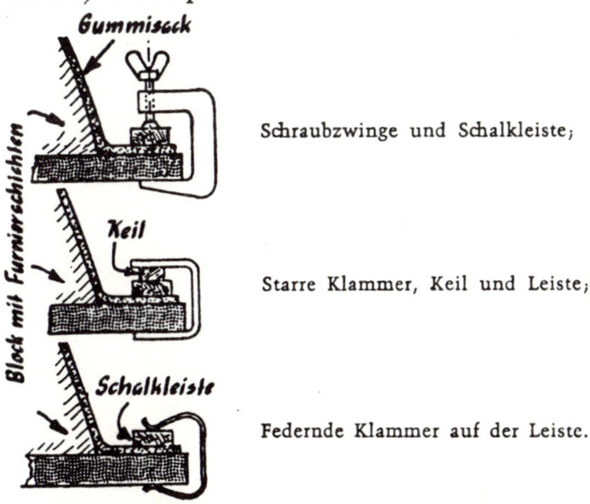

Zeichnung 194: Drei Möglichkeiten für die Verbindung von Gummituch und Grundplatte der Zeichnung 193

Der Drucksack wird in unserem Fall zweckmäßig zweiteilig ausgeführt. Zuerst wird eine aus dickem Gummi bestehende Grundplatte gefertigt, auf die der Block gelegt wird. Hierbei muß der Grundriss des Blocks kleiner sein als die Grundplatte. Sodann wird ein Gummituch geschnitten, der über den Block und die Furniere gelegt und an seinem Rand mit dem Rand der Gummiplatte verbunden wird. Diese Verbindung muß schnell angebracht und abgenommen werden können (Zeichnung 194).

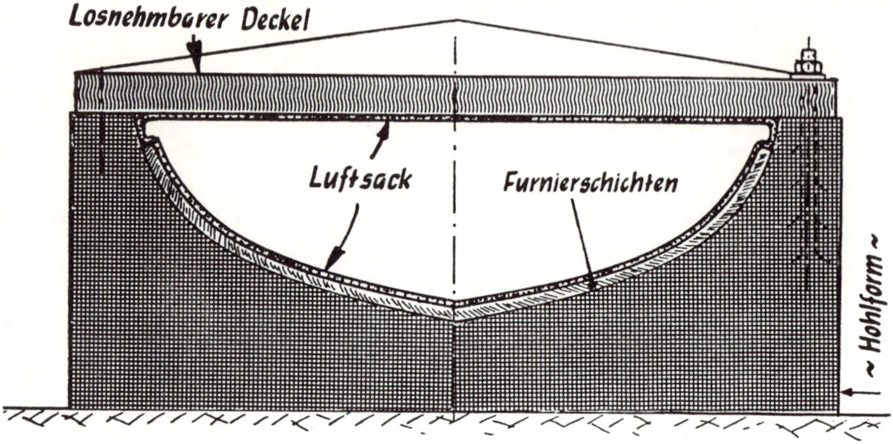

Zeichnung 195: Erzeugung des Leimdruckes mittels Luftsack und Hohlmodell

Auch hier muß der Block große Kräfte aufnehmen könne. Sehen wir von Gewicht und Kosten ab, so ist ein massiver Holzblock am besten. Eine druckfeste Grundplatte wird aber nicht benötigt, da die Auflageplatte auf dem Wagen wie der ganze Wagen selbst von allen Seiten her Druck bekommt.

Mit einem Hohlmodell arbeitet das Verfahren, das Zeichnung 195 darstellt. In das muldenförmige Modell kann das Boot kielunten eingeformt werden. Der Drucksack besteht wieder aus einem Stück. Der Deckel, durch den der Drucksack seine Zufuhr an Dampf oder dergleichen erhalten muß, entspricht etwa der Grundplatte von Zeich-

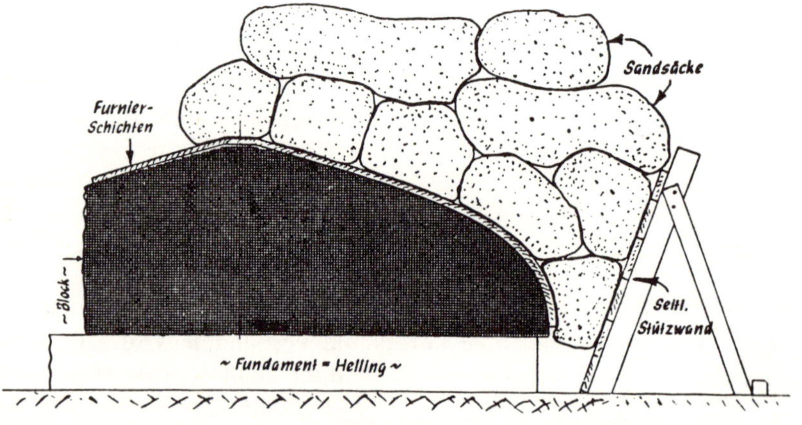

Zeichnung 196: Erzeugung des Leimdruckes durch Auflegen von Sandsäcken

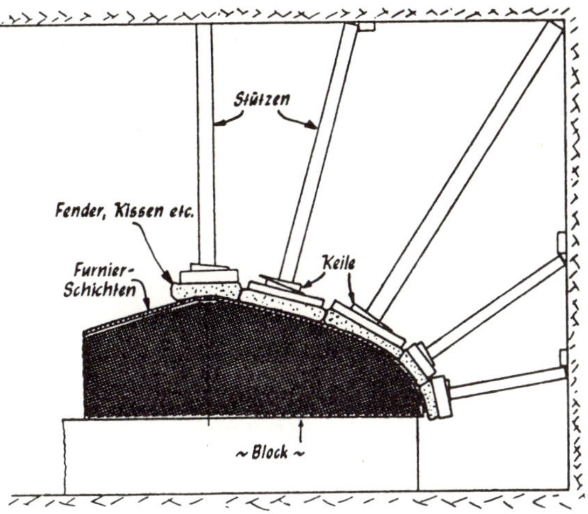

Zeichnung 197: Erzeugung des Leimdruckes durch Stützen und Keile auf untergelegte Kissen u. ä.

nung 192.

Es muß also sehr stark gebaut sein. Andererseits muß er aber beweglich sein, denn er muß abgenommen werden, wenn man an der Form arbeiten will. So ist diese Methode ungünstig, weil ein schweres Teil beweglich sein muß. Ob es günstiger ist, die einzelnen Furniere *rund* oder *hohl* einzulegen, vermag ich nicht anzugeben. Das Hohlmodell nach Zeichung 195 muß wiederum sehr stark sein, weil es große Kräfte aufnehmen muß. Es erscheint empfehlenswert, die Furniere dort, wo es die Bootsform zuläßt quer von einer Seite zur anderen laufen zu lassen, also keinen Kiel mit Sponung vorzusehen. Außen- und Innenkiel sowie Kielschwein werden später eingeleimt, nachdem die Hülle fertiggestellt worden ist. Wenn im Vorschiff eine starke Aufkimmung vorhanden ist, wird sich die soeben erwähnte vereinfachte Bauweise kaum durchführen lassen.

c) **Leimdruck durch aufgelegte Gewichte**. Durch gefüllte Sandsäcke kann man mit verhältnismäßig primitiven Mitteln den erforderlichen Leimdruck erzeugen - um so besser, je plattbodiger das Boot ist. Bis zu einem gewissen Grad kann man auch die Bootsseiten unter Druck setzen, wenn man mehr oder minder provisorische Stützwände errichtet, gegen die sich die Sandsäcke anlehnen können (Zeichnung 196) - hier wird man wieder zweckmäßig kieloben bauen.

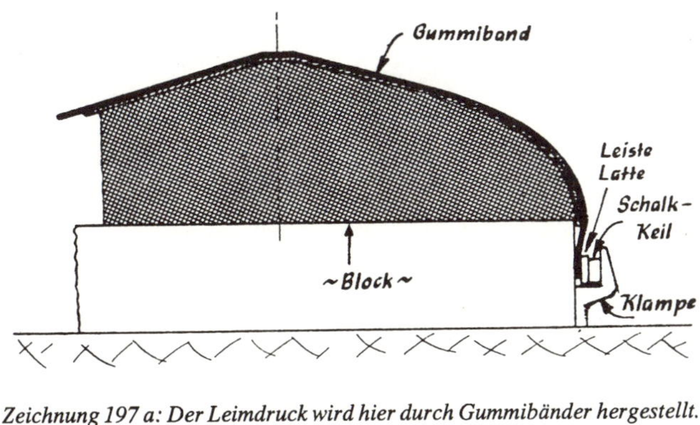

Zeichnung 197 a: Der Leimdruck wird hier durch Gummibänder hergestellt. Diese Bänder werden über die Furniere gespannt und am festen Ende mit Haken, am losen Ende nach Art der Luken-Persenninge (oder ähnlich) befestigt

d) **Leimdruck durch Keile und Stützen**. Wenn der Arbeitsraum eng und niedrig ist, kann man nach oben und nach den Seiten hölzerne Stützen anbringen, die mit Keilen abgestützt werden (Zeichnung 197). Auf der Bootsseite muß dafür gesorgt werden, daß die erzeugte Stützkraft auf eine größere Fläche der im Anbau befindlichen Außenhaut verteilt wird. Hierzu sind wiederum Sandsäcke gut geeignet. So ergibt sich leicht eine Kombination der unter c) und d) erwähnten Methoden, die mehr den Charakter von Behelfsmethoden tragen. Sie sind für Einzel- und Amateurbauten gut geeignet, zumal die erzeugten Drücke klein sind und man mit einem schwachen Druck oder auch ohne Block auskommen kann, wenn man die für geringere Drücke geeigneten Leimarten verwendet.

Hinsichtlich der druckfesten Formen, wie sie besonders beim hydraulischen Verfahren notwendig sind, sei noch bemerkt, daß bei der konkaven Form nach Zeichnung 195 außer Holz auch noch Stahl verwandt wird. Es ist dann jedoch niemals möglich, mit Hilfe eines Nagels oder einer Krampe ein Furnier in seiner Lage provisorisch anzuheften.

Die Bootshüllen, die nach erfolgter Abbindung des Leims (nach der genau vorgeschriebenen Zeit) die Formen verlassen, sind vollkommen weiche Gebilde, die sich nach jeder Dimension verbiegen und verdrehen lassen, weil noch kein Spiegel eingebaut ist. Zum Ausbau ist es erforderlich, sie noch einmal kielunten in ein konkaves, außen anliegendes Lehrgestell zu setzen, das genau nach den Konstruktionsspanten auf Außenkante Außenhaut gebaut worden ist (Zeichnung 198). Hier erhält die Hülle wiederum ihre richtige Form und kann nunmehr durch den Einbau von Spiegel, Spanten, Bodenwrangen, tragenden Schotten, Stringern und Deck steif gemacht werden.

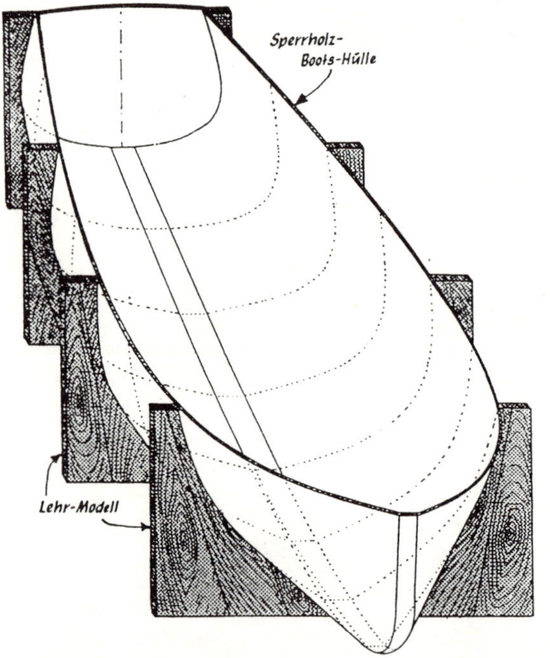

Zeichnung 198: Die fertige, geformte Sperrholz-Hülle wird für den Ausbau in ein System von Lehr-Modellen gesetzt

Der Einbau dieser Teile erfolgt bei geleimten Booten zweckmäßig ebenfalls mittels Leimung. Es muß zugegeben werden, daß die Herstellung des Leimdrucks bei recht vielen Bauteilen nicht einfach ist, und der Bootsbauer muß schon ein findiger Mann sein, um in allen Fällen mit möglichst einfachen Mitteln zum Ziel zu gelangen.

Beim Bau von Segelyachten mit tief unter dem eigentlichen Rumpf hängendem Außenballast treten besondere Probleme auf. Einmal möchte man die Flosse gern hohl bauen und das Totholz zwischen Kiel und Außenballast einsparen und durch Außenhaut ersetzen. Man erhält dann eine sehr tiefe Bilge, in der sich das Bilgewasser gut sammeln kann, ohne im Schiff selbst lästig zu werden. Unangenehm ist es allerdings, wenn ein versehentlich in die Bilge gefallener Gegenstand wieder zutage gefördert werden soll. Diese Bilge muß sehr starke Kräfte aufnehmen, wenn die Yacht gekrängt wird. Man vergleiche die Abschnitte 49 und 50, in denen die Teile Kiel-Totholz-Bodenwrange bei normal gebauten Segelyachten behandelt wurden. Zumindest für die Kielbolzen brauchen wir einen starken Kiel, der seinerseits wieder mit Außenhaut und Bodenwrangen gut verbunden sein muß. Bei Segelyachten aus geformtem Sperrholz sollte man die Außenhaut nach unten hin verstärken und hier einige zusätzliche Lagen von Furnieren einlegen und einleimen. Das an dieser Stelle zusätzlich eingebaute Gewicht ist nicht schädlich, die größere Festigkeit für die Kielhalterung aber bedeutend.

75 j. Die aus Leisten aufgebaute Außenhaut

Zum Bau kleiner, billiger und volkstümlicher Selbstbau-Segelboote wurde sie zuerst von den Holländern verwendet. Indessen bestand schon im Jahre 1922 ein deutsches Patent für diese Bauweise, aber in unserem Lande machte man keinen Gebrauch davon. Der Bau von geradspantigen V-Boden-Booten mit oder ohne Verwendung von Sperrholz ist für den Amateur nicht so einfach, wie es aussehen mag, weil die Anfertigung der Kimmstringer mit ihrer Sponung einen geschickten Bootsbauer voraussetzen. Auf der Suche nach einer einfachen Bauweise von Rundspantbooten kam man daher zur Leistenbauweise.

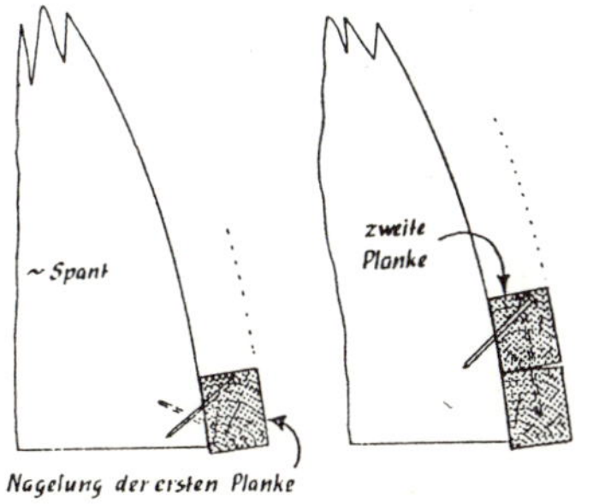

Zeichung 199: Das Befestigen der ersten und der zweiten Planke durch Nageln bei der Leistenbauweise

Normale Planken müssen bekanntlich von dem in Spanten oder Mallen stehenden Boot *abgewickelt* werden. Je nach der Form des Bootes ergeben sich dann mehr oder minder S-förmig gekrümmte Planken, welche aus den vorhandenen meist parallel geformten Brettern ausgeschnitten werden müssen. Bei der

Leistenbauweise sind die Planken so schmal (ihre Breite beträgt etwa 1,5 mal ihre Dicke), daß man sie ohne Schwierigkeiten auch in der zweiten Dimension biegen kann. Es erübrigt sich also das Abwickeln, da sich die Planken leicht in diejenige Form biegen lassen, die ihnen die Außenhaut vorschreibt.

Die holländischen Originalklassen, die in dieser Leistenbauweise hergestellt werden, benutzen relativ weit voneinander entfernt stehende *feste* Spanten, die man auch als Rahmenspanten oder im Schiff verbleibende Mallen bezeichnen kann. Sie werden

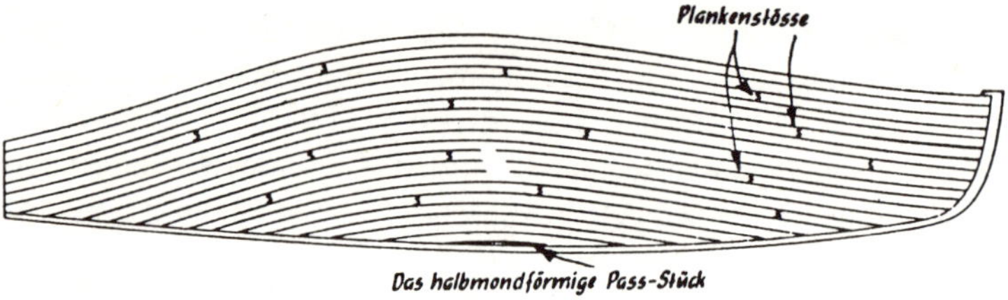

Zeichung 200: Anbringung der Planken bei der Leistenbauweise an einem jollenähnlichen Bootsrumpf. Die Planken können gestoßen werden, wenn die Leisten nicht lang genug sein sollten

über Kopf aufgestellt. Beim Aufplanken beginnt man mit der Planke, die sonst den Schergang bildet, also an Deck. Sie wird an die Spanten angenagelt. Die nächste Planke wird nunmehr, wie es die Zeichnung 199 zeigt, sowohl an der ersten Planke als auch am Spant vernagelt. So geht es weiter. Kiel und Steven besitzen eine Sponung, in die die Leisten-Planken schräg hineinlaufen. Die Herstellung dieser Schräge (das *Anspitzen*) ist eigentlich die einzige Paßarbeit, die an den Planken auszuführen ist. Da der Spantumfang am Hauptspant bedeutend größer ist als vorn oder hinten, laufen die Bodenplanken bei einer Jolle nicht parallel zum Kiel, sondern ebenfalls schräg auf diesen zu. Zum Schluß bleibt dann ein halbmondförmiges Plankenstückchen übrig, das von Hand leicht zugepaßt werden kann. Die Zeichnung 200 zeigt die Abwicklung einer derartigen Außenhaut, wobei die Spantumfänge gestreckt, also gerade gezeichnet sind.

Die erwähnte Vernagelung kann mit Ausnahme des Halbmondstückes verdeckt von der Naht her ausgeführt werden, bei der Schergangsplanke sogar von beiden Seiten her. So wird man am fertigen Boot keinen Nagel entdecken können. Die Nägel müssen aus rostfreiem Material bestehen. Verzinkte Stahlnägel haben sich nicht bewährt, weil der Zinküberzug beim Einschlagen oft unsichtbaren Schaden nimmt. Sehr brauchbar sind Messing- oder Bronzenägel, weil sie härter sind als Kupfer; leider werden sie im Handel kaum geführt. So nehmen die meisten Bootsbauer Kupferstifte; wegen der Weichheit des Stoffs müssen sie aber tiefer vorbohren.

Der Querschnitt der Planken ist rechteckig. Diese Leisten werden von Spezialmaschinen hergestellt. Der Verschnitt an Holz ist bedeutend geringer als beim Abwickeln der normalen Planken, da es sehr leicht möglich ist, auch kürzere Leisten zu verbauen. Die Stöße werden als Stumpfstöße ausgeführt oder wie bei einer Schäftung von Sperrholz schräg verleimt und gut miteinander verschließend verteilt, wie es die Zeichnung 200 zeigt.

Dadurch, daß die Spanten konvex gekrümmt sind, entstehen außen an den Planken Fugen, auch wenn die Leisten innen dicht aufeinanderliegen (Zeichnung 201). Diese Fugen sind um so größer, je stärker die Spantkrümmung an der betreffenden Stelle ist. Damit die Fugen klein und überall gleichmäßig werden, bevorzugen die Einheitsboote, für die die Leistenbauweise gedacht war, eine Spantform mit ziemlich gleichartiger, mäßiger Krümmung vom Kiel bis zum Deck. Werden die Boote anschließend deckend gestrichen, so werden die Fugen verspachtelt. Bei naturlackierten Booten bleibt nur übrig, die Leisten durchweg im Querschnitt trapezförmig herzustellen, das heißt also ihre Breite auf der künftigen Innenseiten etwas kleiner zu halten als auf der Außenseite.

Zeichung 201: Leistenbauweise. Streng rechteckig gehaltene Planken-Querschnitte verursachen bei starker Spantkrümmung ein Klaffen

Der Verfasser hatte einmal Gelegenheit, Boote der soeben beschriebenen genagelten Bauweise in einem sehr rauhen Segelschulbetrieb kennenzulernen, wo es täglich mehrmals Kollisionen und entsprechende Havarien gab. Die dort tätigen Bootsbauer konnten sich anfangs mit diesem Bootstyp nicht anfreunden, wenn Außenhautreparaturen erforderlich waren. Dann aber wurde es bald besser. Sie hatten sich aus einer kleinen Feinsäge eine Eisensäge hergestellt, mit der sie längs den Nähten die in diesen steckenden Nägel durchschnitten, um die beschädigten Planken herausnehmen zu können. Es zeigte sich, daß auch die Reparaturen an diesen Booten sehr viel einfacher auszuführen waren als an Booten der herkömmlichen Beplankungsart. Es ist wohl zu erklären, daß es in Holland tausende von diesen Booten gibt, die größtenteils von Laien, teils auch auch von Werften gebaut werden. Man darf annehmen, daß sich diese Bauweise weiter verbreiten wird, da sie auch für andere Bootsformen und -größen geeignet erscheint, insbesondere wenn man sich die Vorteile, die das Leimen bietet, zunutze macht; denn durch das Leimen erhält man ein absolut festes und wasserdichtes Boot. Diese Vorteile vermag eine andere Bauweise auf die Dauer nicht zu bieten.

Aus den USA hört man, daß sich einige Werften bereits ganz auf den Leistenbau von Booten eingerichtet haben, wobei manche Werften besondere Methoden zum Bau größerer Boote entwickelten. So werden größere Fahrzeuge kielunten erbaut.

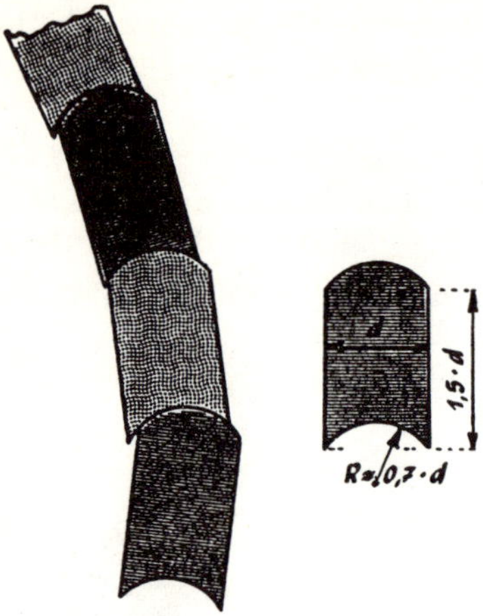

Zeichung 202: Leistenbauweise. Das Klaffen der Planken kann durch Verwendung eines besonderen Querschnittes der Planken vermieden werden

Beim Beplanken wird nicht mit dem Schergang, sondern in der Kimm begonnen. Aus diesen Andeutungen ist zu sehen, daß dem findigen Geist hier ein gutes Betätigungsfeld gegeben ist.

Das Wichtigste an diesen Neuerungen scheint mit indessen eine Methode zu sein, die das Entstehen des Klaffens der (im Querschnitt) rechteckigen Planken an der Krümmung vermeidet. Wie Zeichnung 202 zeigt, werden die Planken nicht geradkantig, sondern mit einem Kreisbogen gesäumt; es läßt sich durch Fräsen leicht herstellen. Jetzt kann man die Planken auch geknickt gegeneinander setzen, und es entsteht keine Fuge. Wenn die facettenförmige Außenhaut nach beendetem Planken gehobelt wird, hat man wirklich eine glatte Außenhaut.

Wenn es ohne Umstände möglich wäre, durch Schraubzwingen, Klampen und Keile den notwendigen Leimdruck zu erzeugen, bräuchte man beim Leistenbau überhaupt nicht mehr zu nageln. Das nagelfreie Leimen ist aber doch mühsam, und wenn man nicht unbedingt ein absolut nagelfreies Boot zu bauen wünscht, wird man doch beim Nageln bleiben. Sollen die Nägel aber nur den Leimdruck erzeugen, so kommt man mit bedeutend weniger Nägel aus als beim reinen Nageln.

Wichtig erscheint es, daß beim geleimten Boot ein stärkeres Spantsystem als beim genagelten vorgesehen wird. Die Planken müssen nicht nur durch eine größere Leimfläche mit den Spanten verbunden werden, sondern die Spanten sollen auch an sich stärker sein.

Bei genagelten Boot haben alle Planken gegeneinander wenig Luft. Diese Luft wird zum Arbeiten der Planken beim Wechsel von trocken und feucht benutzt. Auch auf dem Spant wird die (angenagelte) Planke etwas nachgeben können, wenn es die durch das Arbeiten des Holzes entstehenden Kräfte erfordern. Beim geleimten Boot ist die Leimung selbst als absolut starr anzusehen; ein Wandern des Holzes gegeneinander ist unmöglich. Deshalb muß die Leimkraft, die die Planken auf dem Spant festält, so stark sein, daß sie den durch das Arbeiten des Holzes entstehende Kräften auf jeden Fall überlegen ist und das Holz wie einen Schraubstock festhält. Das bedeutet, daß das Holz beim Quellen etwas gestaucht, beim Schwinden etwas auseinandergezogen wird.

Den erstgenannten Vorgang wird jedes Holz ohne Schaden überdauern. Beim Ziehen ist es dagegen fraglich, ob die Planke nicht aufreißen wird, wie es bei der Klinker-Außenhaut (Abschnitt 75 a) beschrieben wurde. Beim Klinkerboot ist die Planke durch eine Reihe der Nietlöcher gewissermaßen wie eine Briefmarke perforiert, so daß das Reißen recht gut gefördert wird, während wir beim geleimten Boot eine unverletzte Planke vor uns haben. Auf diesem Umstand muß hingewiesen werden.

Gegenmaßnahmen gegen das Reißen sind folgende: Erstens die Verwendung von sehr schmalen Leisten, die im Querschnitt etwa quadratisch erscheinen; zweitens die Wahl einer Holzart, die von sich aus geringe Schwindmaße besitzt; drittens Einschnitt des Holzes in der Weise, daß wir längs des Spantenumfanges Radialschnitt (Wagenschott, Spiegelschnitt) haben; viertens besondere Sorgfalt hinsichtlich des Entsaftens oder Auslaugens des Holzes; und letztlich eine besonders gute Trocknung des Holzes. Diese Maßnahmen sind in den Abschnitten 3,9 und 11 ausführlich behandelt worden.

75 k. Außenhaut aus Furnier

Bei sehr leichten Booten (zum Beispiel Rennruderbooten) wird Furnier in nur einer Schicht oder auch sehr dünnes Spezialsperrholz für die allseitig gekrümmte Außenhaut verwandt. Diese Bauweise wird hier nicht besprochen, desgleichen die Bauweise sehr leichter Kanus.

75 l. Die Wurmhaut über der Außenhaut

Unter einer Wurmhaut versteht man eine Schutzschicht, die den Unterwasserteil einer hölzernen Außenhaut gegen den Angriff der Bohrmuschel (terero navalis) schützen soll, die in wärmeren Gewässern den hölzernen Fahrzeugen sehr zusetzt. Es kommt darauf an, die frei im Wasser schwimmenden sehr kleinen Larven vom Eindringen in das Holz abzuhalten. Dazu hat sich das Überdecken der Unterwasser-Außenhaut zunächst mit einer Schicht von Teerpappe als zweckmäßig erwiesen. Sie muß aber sehr sorgfältig und dicht aufgebracht werden. Über der Pappe befestigt man dann eine Schutzschicht aus dünnem Kupferblech oder Spezialbronze. Diese Blechschicht verhindert auch weitgehend den Anwuchs von Algen, Seepocken und anderen fahrthemmenden Lebewesen. Die Schutzschicht über der Pappe kann auch aus einer weiteren Holzhaut bestehen, die allerdings aus weniger wertvollem Holz als die eigentliche Außenhaut gefertigt wird. Diese Haut wird sozusagen *dem Wurm zum Fraß vorgeworfen*. In gewissen Zeitabschnitten, die je nach Gewässer oder Jahreszeit schwanken, wird diese hölzerne Schutzhaut erneuert und hierbei die Teerpappe und richtige Außenhaut inspiziert.

Auch der Steven, der Kiel, das Totholz und so weiter müssen geschützt werden. Befindet sich kein Außenballast unter dem Kiel, wie zum Beispiel bei Fischkuttern, so kommt der Kiel mit den Pallhölzern oder den Balken des Slipwagens in unmittelbare Berührung. Die Schutzhaut muß die hierbei auftretenden Kräfte aufnehmen können, ohne zerstört zu werden. Gleichgültig, ob sie aus Metall oder Holz besteht, muß sie besonders kräftig ausgeführt werden. Trotzdem bleibt hier stets ein Feld von besonderer Gefahr bestehen, denn die Larven der Bohrmuschel dringen durch eine noch so kleine, durch eine Verletzung entstandene Lücke ein und beginnen ihr Zerstörungswerk sogleich an einem recht schwierig auswechselbaren Bauteil, dem Kiel.

Ergänzend sei noch bemerkt, daß statt der Teerpappe auch geteerter Filz verwandt und die hölzerne Schutzschicht wie die eigentliche Außenhaut mit Schutz- oder Abwehrmitteln getränkt wird. Ich erinnere daran, daß Holz, das von einer oder gar beiden Seiten durch irgendwelche Schichten gegenüber der umgebenden Luft oder dem umgebenden Wasser abgeschlossen wird, hinsichtlich Fäulnis besonders anfällig ist. So wird durch die Wurmhaut die eigentliche Außenhaut gefährdet, wie auch die hölzerne Wurmhaut selbst gefährdet ist. Die empfohlenen Schutzmittel, mit denen diese Hölzer gegen die Bohrmuschel getränkt werden, sollen auch gleichzeitig die Fäulnis bekämpfen. Auch die Holzauswahl soll auf die durch die Wurmhaut erhöhte Gefahr Rücksicht nehmen.

Die Befestigung der Wurmhaut auf der Außenhaut erfolgt je nach der Größe des Fahrzeuges oder der Stärke der Wurmhaut durch Nageln, Schrauben oder Durchbolzen. Es muß hierbei im Auge behalten werden, daß die Wurmhaut erneuert werden kann. Diese Notwendigkeit spricht gegen das Nageln. Außerdem darf der Stoff, aus dem die Nägel, Schrauben und Bolzen bestehen, kein galvanisches Element gegen andere Bauteile bilden.

75 m. Die Eishaut über der Außenhaut

Unter der Eishaut versteht man eine meist metallische, mitunter aber auch hölzerne Schutzhaut über der Außenhaut, die etwa über der Ladewasserlinie beginnt und vom Vorsteven bis zum Hauptspant bis unter die Leerwasserlinie reicht. Der Abrieb durch Eis würde beim hölzernen Steven und bei der hölzernen Außenhaut zu stark sein, weil die Hölzer gegenüber den scharfen Kanten des Eises zu weich sind. Deshalb muß man dem Eis einen härteren Stoff entgegensetzen. Bei Fischkuttern ist es üblich, verzinkten Stahl von etwa 2 mm Stärke zu verwenden; die Platten werden angeschraubt. Hierbei müssen die Schraubenköpfe gut versenkt werden, damit sie nicht vom Eis abgerissen werden können. Am Vorsteven wird das Blech schuhartig um den

Steven geführt oder beiderseits an der halbrunden Stevenbeschlag-Schiene angeschweißt (Zeichnung 203). - Die zuerst genannte Methode gestattet leichter ein Abnehmen der Eisschutz-Platten bei ihrer Erneuerung oder bei Inspektion der darunter liegenden Außenhaut. Die Platten müssen von vorn nach achtern sorgfältig überlappend angebracht werden. Die Kanten werden als Schutz gegen das Abreißen durch das Eis bei Vorwärts- und Rückwärtsfahrt etwas abgeschrägt.

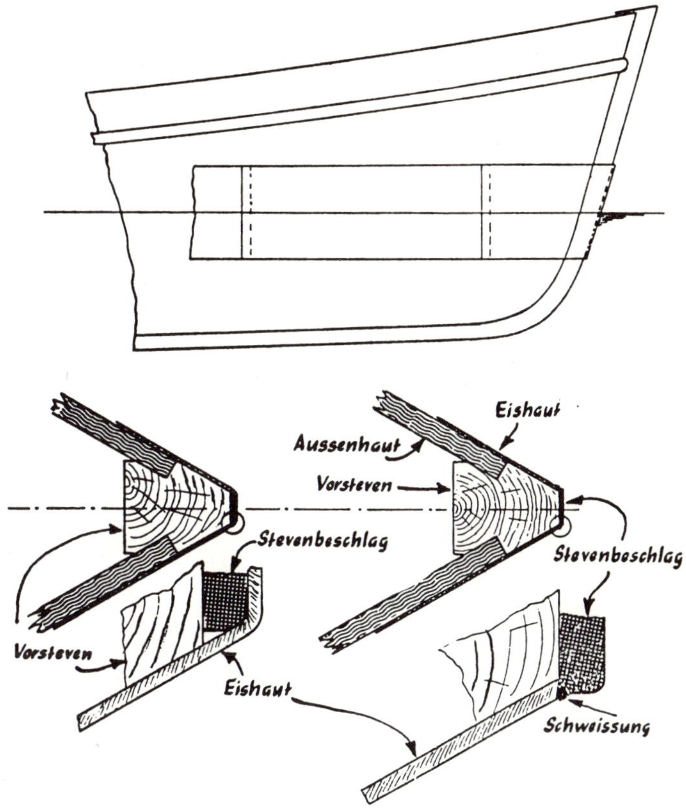

Zeichnung 203: Eishaut am Vorschiff und Vorsteven. Links: Um den Stevenbeschlag herumgeführt; Rechts: Am Stevenbeschlag verschweißt. Die durch einen kleinen Kreis bezeichnete Ecke ist darunter größer dargestellt worden

76. Das Deck

Über die Decksbalken wurde in Abschnitt 74 gesprochen. Wenn jetzt das Deck selbst behandelt werden soll, so sei im Hinblick auf seine Belastung auf den Anfang des Abschnitts 74 verwiesen. Hinsichtlich des Wasserdrucks sei ergänzend bemerkt, daß je Quadratmeter Decksfläche bei einem größeren Boot eine ungleich größere Belastung durch das Wasser auftreten kann. So kann das Wasser, besonders bei geschlossenem Schanzkleid, an Deck höher stehen. Hieraus ergibt sich ein größerer statischer Wasserdruck. Bei einem größeren Fahrzeug muß man aber annehmen, daß auch bei bewegter See mehr Wasser auf das Deck stürzen kann. So ergeben sich zusätzliche dynamische Kräfte, deren Größe sich kaum bestimmen läßt. Man muß daher annehmen, daß sich die Klassifikationsgesellschaften bei der Festlegung der Deck-Stärken auf ihren Erfahrungsschatz verlassen. Kleine Boote erhalten eine schwächere Decksbeplankung als größere. Sie ist bei der geforderten Wasserdichtigkeit des Decks von großer Bedeutung. In den Bauvorschriften des Germanischen Lloyd sind die geforderten Plankenstärken für Deck und für Außenhaut gleich, doch wird für die Außenhaut Hartholz gefordert, während für das Deck Weichholz zugelassen ist.

Es wird gern Weichholz für das Deck verwandt, da es leichter und billiger als Hartholz ist. Da die Decksplanken nicht wie der Unterwasserteil der Außenhaut unter Wasser liegen, kann man das geringere Gewicht des Weichholzes genau in seine Berechnung einsetzen. Das Decksholz kann sich nicht voll Wasser saugen und an Gewicht zunehmen, wie es bei dem Unterwasserteil der Außenhaut üblich ist. Besonders diejenigen Decks, die unter Lack und Farbe oder unter Leinwand- und Kunststoffbezügen gehalten werden, baut man gern aus Weichholz, sie bleiben dann besser wasserdicht. Läßt man ein Deck dagegen ohne Schutz und fährt es als Scheuerdeck, das wegen seiner Griffigkeit dem Fuß einen sicheren Halt bietet und deshalb bei seegehenden Fahrzeugen sehr beliebt ist, so muß während feuchter Tage mit einer gewissen Wasseraufnahme gerechnet werden. Aus diesem Grunde wird für Scheuerdecks am besten ostindisches Teakholz verwandt. Leider ist ein solches Deck schwer und teuer.

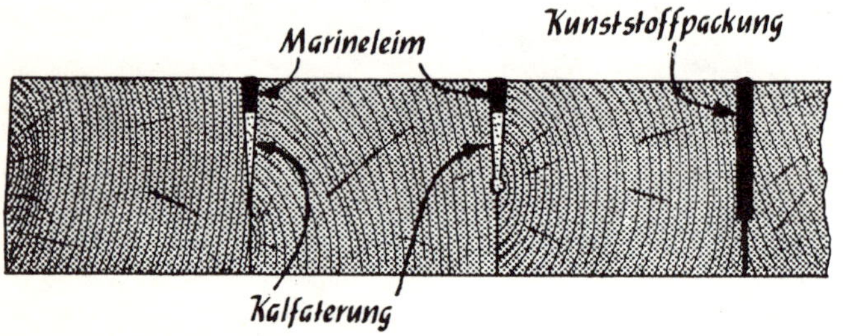

Zeichnung 204: Verschiedene Planken-Querschnitte und Dichtungsarten

Dem Arbeiten der Planken - genauer gesagt: dem dauernden Variieren in ihrer Breite - begegnet man mit den Mitteln, die in Abschnitt 75 i noch einmal zusammengefaßt worden sind. Am wichtigsten ist hier der Vorschlag, schmale Planken zu verwenden. So besteht ein gutes Deck aus einer Lage schmaler Planken. Ausnahmen bilden lediglich die seitlichen Randplanken, der Schandeckel oder das Leibholz, die Mittschiffsplanke, wenn sie als Fischplanke ausgebildet wird, und die Planken an den Lukenrändern.

Die Wasserdichtigkeit wird durch Kalfaterung und durch Vergießen der Nähte mit

Marineleim erreicht (Zeichnung 204). Mit Rücksicht auf den für das Vergießen notwendigen Spalt von 3 bis 5 mm Breite (je nach Plankenstärke) werden die Planken vor dem Einbau durch Fräsen auf den gewünschten trapezförmigen Querschnitt gebracht. Vielfach wird dabei für die Einbettung des eingeschlagenen Dichtungsmaterials eine Riefe mit eingefräst. Bei kleinen Booten wird Dichtbaumwolle verwandt, bei größeren geteertes Werg, das den Vorteil hat, keinen Fäulnisherd bilden zu können.

Der in warmem Zustand eingegossene Marineleim darf in keinem Fall in kaltem Zustand hart und spröde werden, auch nicht im Winter. Er darf in tropischer Sonnenglut auch nicht flüssig werden, denn er hat die Aufgabe, den Ausgleich für die wechselnde Plankenbreite zu bilden. Bei nassem Wetter und engen Nähten quillt er über die Naht hinaus, bei trockenem Wetter und weiten Nähten sinkt sein Spiegel unter die Oberkante der Planke. Er soll zäh an den Planken anhaften (Zeichnung 205).

Es ist nicht so einfach, einen Marineleim zu erhalten, der den oben genannten Forderungen entspricht. Bei größeren Objekten lohnt es sich, vorher Proben in einen Wärme- und Kühlschrank zu legen. Der Verfasser hat vor vielen Jahren einmal Marineleim, der in der Kälte zu spröde wurde, durch Zusatz von schwedischem Holzteer geschmeidiger machen können. Aber es ist nicht sicher, ob jeder Marineleim derartige Zusätze und Mischungen verträgt. Die Hersteller hüllen sich hinsichtlich der Zusammensetzung ihrer Fabrikate verständlicherweise in Schweigen. Jedenfalls ist die Konsistenz des Stoffes in den beiden Grenztemperaturen bedeutend wichtiger als seine Farbe. Diese wird heute in Schwarz, Dunkelbraun und Weiß (oder *fast Weiß*) geliefert.

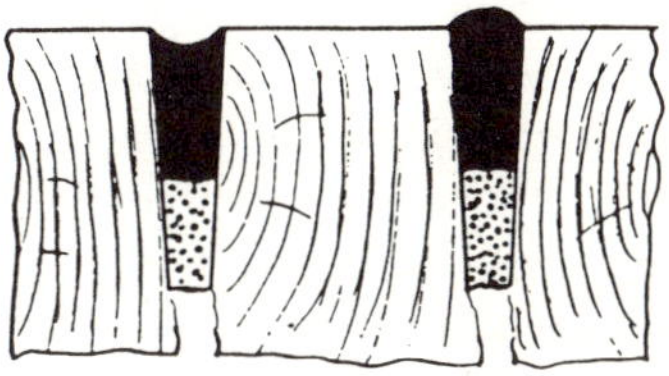

Zeichnung 205: Bei trockenem Wetter und weiter Fuge sinkt der Marineleim-Spiegel, bei nassem Wetter steigt er

In neuster Zeit werden Marineleime angeboten, die aus Naturgummi oder aus Kunststoff hergestellt werden. Sie sollen die Forderung gleichbleibender (oder annähernd gleichbleibender) Weichheit und guter Klebekraft recht gut erfüllen. Auch das Eingießen in die Fugen ist vielfach einfacher und sauberer. Es ist anzunehmen, daß in unserer kunststoffreudigen Zeit zu diesem Punkt noch nicht das letzte Wort gesprochen worden ist.

Der Marineleim wird heiß mit einem Gießlöffel in die Fugen gegossen. Diese Arbeit ist mühsam und erfordert Geschicklichkeit und Ruhe. Der Gießer befindet sich mit seinem Gesicht hierbei dicht über dem Gießlöffel. Dabei gerät er in die Rauchwolke, die bei manchen Leimarten beim Erhitzen entsteht. Dieser Rauch kann giftig sein und vor allem die Augen angreifen. Darum ist Vorsicht geboten.

Bei den nicht bezogenen Scheuer- und Plankendecks - die Berliner Bootsbauer

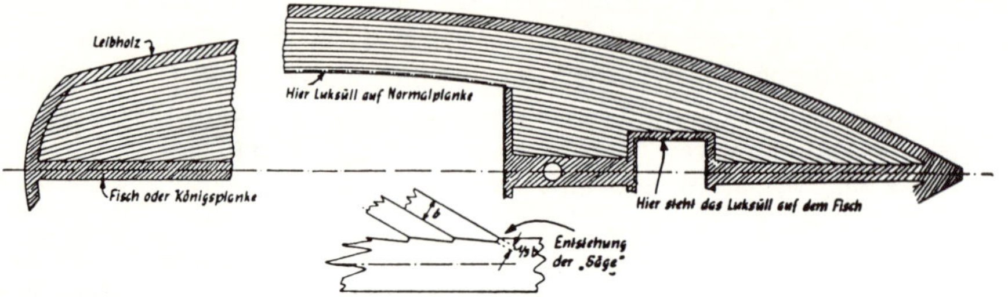

Zeichung 206: Verlegung von Decks-Planken parallel zum Leibholz. - Darstellung zweier Möglichkeiten, den Luken-Ausschnitt einzufassen oder das Luksüll zu fundamentieren

nennen es auch *Stabdeck* - gibt es im allgemeinen zwei Arten, die schmalen Decksplanken auf der Decksfläche zu verlegen. Die Zeichnung 206 zeigt den Weg, den man meist bei Segelyachten wählt, deren Deckskurve (im Grundriss) auch im Vorschiff mäßig gekrümmt verläuft. Man läßt hier die schmalen Planken parallel zu dieser Deckskontur, also auch parallel zum Leibholz verlaufen. So wird also jede Decksplanke gekrümmt, was bei ihrer geringen Breite keine Schwierigkeit bereitet. Das Verfahren erinnert etwas an die Leistenbauweise der Außenhaut (vergl. Abschnitt 75i), die hier zweifellos ihr Vorbild gesehen hat. Auch die Nagelung der Planken - sofern diese nicht, wie bei größeren Fahrzeugen üblich, mit den Balken verschraubt oder verbolzt werden - entspricht der Leistenbauweise.

Die Planken laufen nunmehr alle schräg zur Mittschiffslinie oder der hier liegenden Fisch- oder Königsplanke (kurzweg auch nur Fisch genannt), von der sie aufgenommen werden müssen. Wie bereits erwähnt, bestehen Leibholz und Fisch aus Hartholz, am besten Teakholz. Man vermeidet die Spitzen in den Plankenenden dadurch, daß man die Enden winklig abschneidet, bis man einen Hirnschnitt von etwa 1/4 bis 1/3 der Plankenbreite erhält. Entsprechend sieht der Ausschnitt im Fisch aus, der seinerseits das Aussehen einer Säge, einer *Doppelsäge* hat oder wie das Schwert des Sägefisches aussieht. Die Ausarbeitung dieser Planke bereitet einige Mühe.

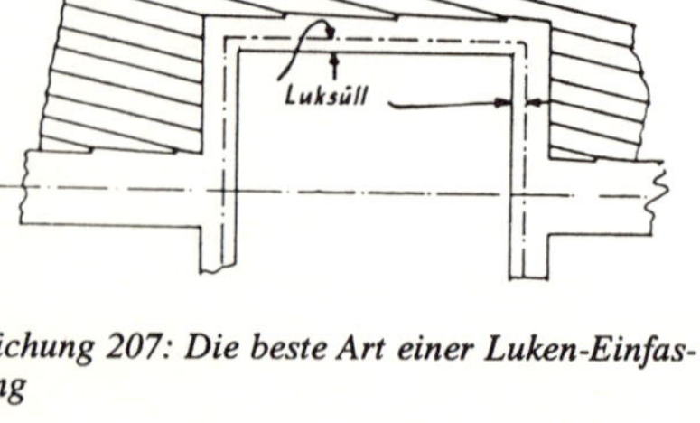

Zeichung 207: Die beste Art einer Luken-Einfassung

Es ist günstig, wenn die Luken oder Aufbauseiten parallel zu den Decksplanken laufen. Dann ist es nur erforderlich, die innerste Planke breiter und eventuell aus Hartholz anzufertigen. Sie wird das Fundament für das Lukensüll oder die Aufbauseitenwand (Zeichnung 206). Läuft aber die Lukenseite parallel zu Mitte Schiff, so entsteht hier - wenn man sehr gut arbeitet - ebenfalls eine Fischplanke (Zeichnung 207). Andererfall muß man die

Planken, spitz zulaufend, auf einer Schlinge enden lassen. Dies sollte man aber nur bei Vor- oder Achterschiffsluken tun, nicht aber bei Luken über Wohnräumen, denn die Sicherheit gegen Wasserdurchtritt ist hier geringer (Zeichnung 208).

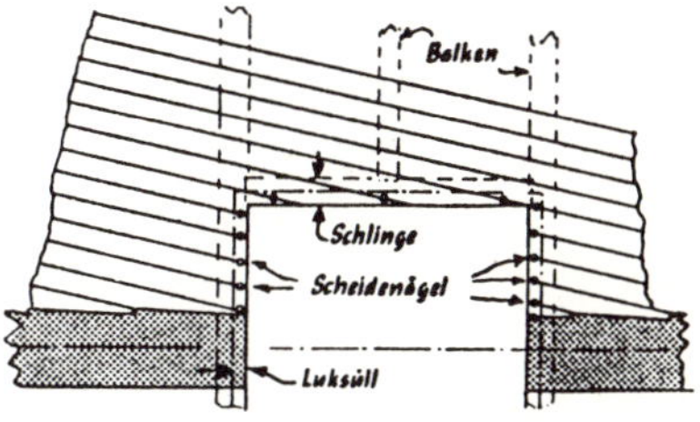

Zeichung 208: Einfachere Art einer Lukeneinfassung mit Schlinge und durchlaufenden Planken - Beachte: Jede Planken-Naht bekommt unter dem Luksüll einen Weichholz-Scheidenagel, der verhindern soll, daß Wasser i n d e r Naht in die Luke läuft

Das Leibholz ist zwar nicht ausgezahnt, muß aber der Decksumrißform entsprechend ausgeschnitten werden. Wegen seiner großen Breite kann es nicht wie eine Planke in die erforderliche Form gebogen werden. Es muß aus mehreren Teilen zusammengelascht werden, während die Planken größtenteils in einer Länge durchlaufen können. Diesen Laschen soll man die größte Sorgfalt widmen; man mache sie möglichst lang und verleime sie sorgfältig, denn sie bilden einen Hauptbestandteil des Obergurts des Längsverbands unseres Bootes.

Leibholz und Fischplanke werden auf den Balken meist durch Schrauben befestigt, deren Köpfe versenkt und gepfropft werden.

Verläuft die Deckskontur im Grundriß völliger, wie es bei Motorbooten vielfach im Vorschiff üblich ist, so wird es schwierig, die schmalen Planken in diese starke Krümmung hineinzubiegen. Man verzichtet in solchen Fällen auf das Biegen der Planken, legt sie parallel zur Mittschiffslinie und läßt sie im Leibholz enden. Dieses wird nunmehr sägezahnartig ausgearbeitet (Zeichung 209). Mittschiffs liegt dann entweder eine normale Planke, von der ausgehend die Einteilung der andern Planken vorgenommen wird, oder eine breitere Hartholzplanke mit der gleichen Funktion.

Die Luken, Decksöffnungen, Aufbauten und dergleichen sowie der Spiegel werden in jedem Fall durch ein Leibholz eingefaßt, an das die eigentlichen Planken herangeführt werden.

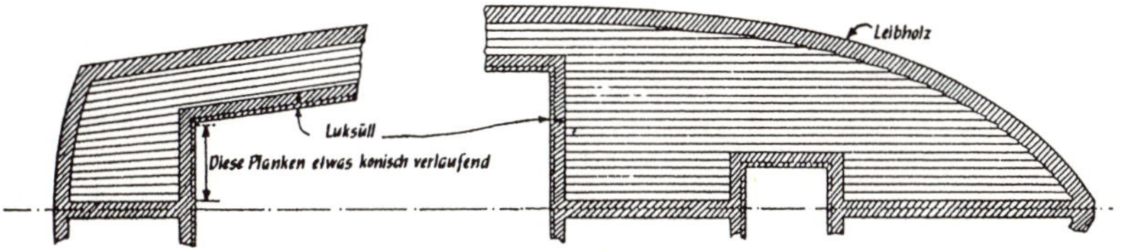

Zeichung 209: Verlegung der Decksplanken parallel zu Mitte Schiff. Mittschiffs glatte Königsplanke (wie gezeichnet) oder Normalplanke. Leibholz erhält sägeförmige Einschnitte. Am Heck hier einfachere Lösung möglich. Zur Mitte verlaufen die kurzen Planken etwas konisch

Bei den Scheuerdecks ist es üblich und zweckmäßig, lediglich die eigentlichen Planken unlackiert zu lassen, das Leibholz dagegen sowie die Fischplanke oder die Mittschiffsplanke unter Lack zu bringen. Nur wenn die Mittschiffsplanke eine normale Weichholzplanke ist, wird auch diese unlackiert gelassen.

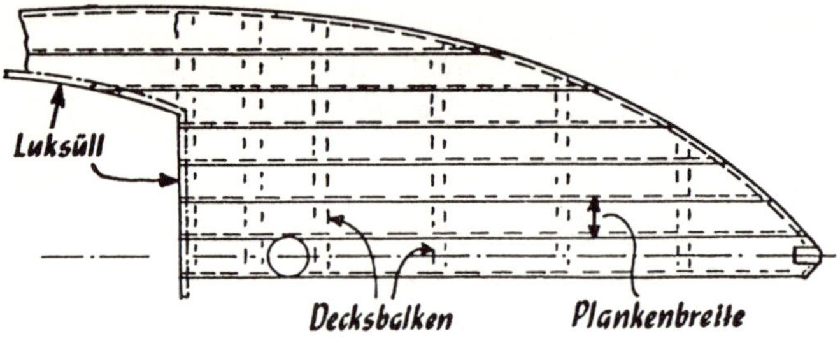

Zeichnung 210: Ein bezogenes Deck wird billig, wenn es mit breiten Nut- und Feder-Planken verlegt wird

Die Praxis hat leider ergeben, daß ein nach dieser Art verlegtes Plankendeck nur dann auf die Dauer wasserdicht bleibt, wenn es nicht zu dünn ausgeführt wird. Die Mindeststärke, die erforderlich erscheint, ist umstritten. Sie liegt bei 30 bis 40 mm.

Zahlreich sind die Möglichkeiten, auch ein dünneres Deck mit Sicherheit wasserdicht zu bekommen. Zuerst ist die Bauweise zu nennen, bei der das Deck vollständig oder bis zum Schandeck mit Segeltuch bespannt wird, das durch einen Farbanstrich wasserdicht gemacht wird. Diese Methode schützt die unter der Bespannung liegenden Decksplanken vollständig vor dem Einfluß der Witterung. Für das Plankenholz kann man daher billigere, weniger widerstandfähige und leichtere Holzarten verwenden. Da es sich hauptsächlich um kleinere oder leichtere Yachten handelt, deren Deck mit Segeltuch überzogen wird, liegt es nahe, daß wir das bezogene Deck besonders bei Binnenyachten vorfinden. Bei ihnen ist die Rutschfestigkeit nicht von so großer Bedeutung wie bei seegehenden Yachten. Der Germanische Lloyd läßt bei Leinwandbespannungen ein um 2 mm schwächeres Deck zu, wodurch das Gewicht der Leinwand reichlich ausgeglichen wird.

Wenn auch das bezogene Deck hinsichtlich Holzart und Bauweise einfacher gehalten werden kann, darf nicht vergessen werden, daß auch bei ihm eine sorgfältigere Bauart zur Qualitätsverbesserung des ganzen Bootes beiträgt.

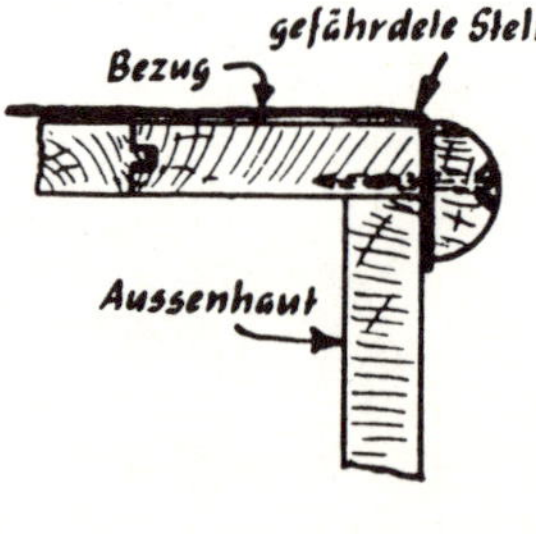

Zeichung 211: Der Decks-Bezug reicht bis über die Außenhaut und wird von der Scheuerleiste gehalten. Er hat eine Stelle, an der leicht (durch Tauwerk etc.) durchgescheuert werden kann

Bei einer einfacheren Art, das Leinwanddeck zu legen, wird man vor allem die Planken breiter wählen, weil dadurch die Arbeit beschleunigt wird. Man darf dabei aber nicht zu große Breiten wählen, denn breite Planken bedeuten breite Nähte, die bei trockenem Wetter zwischen den Planken entstehen und dann durch die Leinwand hindurch sichtbar und fühlbar werden. Es können dabei Kanten entstehen, an denen die Leinwand stark abgenutzt wird, bis sie hier einmal reißt.

Bei einem wohlfeil verlegten Deck wird man die Planken parallel zu Mitte Schiff legen und bis auf die oberste Außenhautplanke laufen lassen, mit der sie vernagelt werden (Zeichnung 210). Diese Methode bedarf keines Leibholzes. Die Leinwand reicht dann bis über die Außenhaut herüber und wird durch die Scheuerleiste abgedeckt. Bei Leinwanderneuerung muß die Scheuerleiste abgenommen werden. Darum wird sie nicht angenagelt, sondern angeschraubt (Zeichung 211).

Da die Decksbalken relativ weit voneinander entfernt stehen und gerade bei kleinen Booten die Last eines auf Deck stehenden Menschen relativ groß ist, würde die Deckplanke bei einer Belastung nach unten durchbiegen, wenn man diese Planke nicht mit ihren beiden Nachbarplanken verbinden würde. Dann ist nicht eine einzelne Planke, sondern eine aus zusammenhängenden Planken bestehende Fläche belastet. Bei breiteren Planken kann man diese Fläche nicht durch Quer-Nageln erreichen. Es bliebe die Möglichkeit, es wie bei Fußbodendielen - die es übrigens aus dem gleichen Grunde tun - mit Nut und Feder zu versuchen (Zeichnung 212). Bootsbauer haben eine begründete Abneigung gegen das Nut- und Feder-System. Sie befürchten mit Recht, daß sich Schmutz und Wasser hier ansammeln könnten. Unser Fall mag eine Ausnahme bilden. Immerhin achte man darauf, daß die Feder ganz leicht in die Nut paßt und einigermaßen *Luft* bleibt. Sonst quillt die Verbindung bei unerwarteter Nässe auf und treibt die darüber liegende Leinwand hoch, wie es Zeichnung 213 zeigt. - Muß eine Planke gestoßen werden, so verfahre man auch hier wie bei einer Außenhautplanke und lege eine Lasche unter. Hierbei kann vielleicht das Nieten durch Nageln und Umschlagen der Nägel auf der Unterseite ersetzt werden. Keinesfalls soll man den Stoß auf einen Balken legen. Dieses gilt besonders bei Stößen, die Planken neben Decksausschnitten in der Gegend des Hauptspantes betreffen, da hier das Boot die größten Biegemomente erleiden wird, das Deck das Hauptstück des Obergurtes darstellt und deshalb durchlaufen muß.

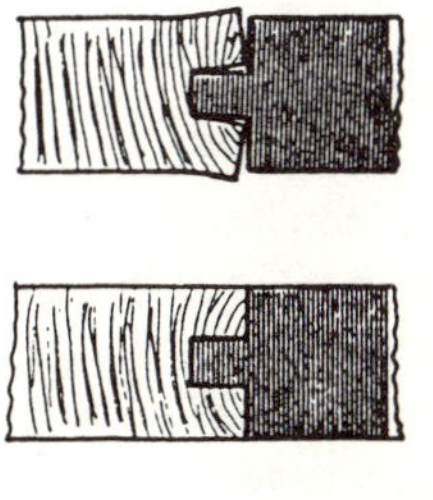

Zeichung 212/213: Nut- und Federplanken, trocken und naß, oder: "Vor Gebrauch" und "Nach Gebrauch"

Eine bessere Beplankungsart für ein bezogenes Deck zeigt die Zeichung 214. Zuerst wird man an das Plankendeck nach Zeichung 206 erinnert. Die schmalen Planken liegen auch hier im Prinzip genauso wie dort. Aber wir haben die Sache vereinfacht: Statt des (breiten)

Leibholzes liegt hier ebenfalls ein schmale, gebogene Planke, die mit der obersten Außenhautplanke vernagelt ist. Die mittschiffs aufgelegte Königsplanke hat keinen Fisch, die Decksplanken stoßen schräg gegen sie und werden quer vernagelt. Man beginnt also hier im allgemeinen mit der Beplankung neben den Luken und nicht außen an der Außenhaut. Durch Quernagelung werden alle Planken miteinander verbunden. Man erhält so die vorerwähnte gewünschte Fläche, die Lasten zu tragen imstande ist. Da alle Nägel verdeckt genagelt werden, kann dieses Deck nach dem Verlegen glattgehobelt werden. Es ergibt sich eine sehr gute und glatte Unterlage für die Leinwand. Über die Vernagelung und die dazu verwandten Nägel gelten die Bemerkungen, die

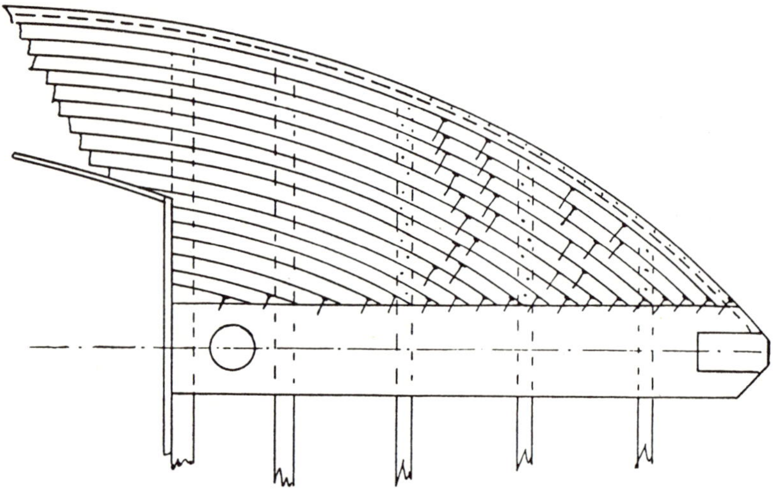

Zeichung 214: Ein einfach verlegtes, vernageltes Deck aus schmalen Planken für den Bezug mit Leinwand

über die Leistenbauweise der Außenhaut und über das Plankendeck gesagt wurden. Hier sind jedoch verzinkte Nägel harmloser, weil ein Fehler im Zinküberzug nicht unverzüglich zum Rosten und zu einem sichtbaren Schadfleck führt. Der Leinwandbezug muß auch bei dieser Bauweise bis unter die Scheuerleiste geführt werden.

Wird ein aus Mahagoni hergestelltes und naturlackiertes Leibholz gewünscht, das das Leinwanddeck einrahmt, so muß man in Richtung auf das *richtige* Plankendeck noch einen Schritt weiter gehen und ein entsprechend breites Leibholz vorsehen. Die Zeichung 215 zeigt mehrere Möglichkeiten, die äußere Kante des Leinwandbezuges am Deck zu befestigen. Man kann die Leinwand zwischen das Leibholz und die nächstinnere Planke klemmen. Das bedeutet, daß das Leibholz als letzte Planke aufgelegt werden muß, nachdem die Leinwand bereits eingespannt ist; beim Erneuern des Bezuges muß das Leibholz wiederum entfernt werden. Das Wasser kann aber frei abfließen (Zeichnung 215a) und bleibt nicht an dieser kritschen Stelle stehen. Eine

Reling oder Fußleiste wird auf der Mitte oder an Außenkante des Leibholzes angebracht und erhält Speigatten oder Unterbrechungen für den Wasserablauf.

Die Zeichung 215b zeigt eine Bauart, bei der das Leibholz außerhalb des Bezuges einige Millimeter stärker gehalten ist. Eine Holzleiste, die gleichzeitig Fußleiste ist, deckt die Leinwandkante ab. Sie wird verschraubt und kann bei Erneuerung des Bezuges leicht abgenommen werden. Leider bleibt aber der Rest des Wassers an Deck dort stehen, wo der niedrigste Freibord des Bootes liegt, und muß hier auftrocknen. Ein derartiges Boot sollte unter einer großen Persenning gelagert werden.

Ähnlich liegen die Verhältnisse beim System nach Zeichung 215c. Das Leibholz ist außen und innen gleich stark; die Decksleiste ist oben aufgesetzt. - Leider kann man für den Ablauf des letzten Wassers nicht die Decksleiste unterbrechen, da an diesen Stellen die Leinwandkante frei liegen würde. Nach Zeichnung 215d wird die Decksleiste ganz versenkt. Diese Bauart setzt eine gewisse Stärke des Leibholzes voraus, denn die Decksleiste darf nicht zu schwach sein, wenn sie ihre Zweck erfüllen soll. Man hat es daher an dieser Stelle auch mit Metalleisten versucht. Das Wasser kann zwar abfließen, aber die Nut im Leibholz ist zweifellos vollgelaufen. Sie sollte daher sehr knapp bemessen und vor dem Zusammenabu ausgiebig mit wasserabstoßenden Konservierungsmitteln behandelt werden.

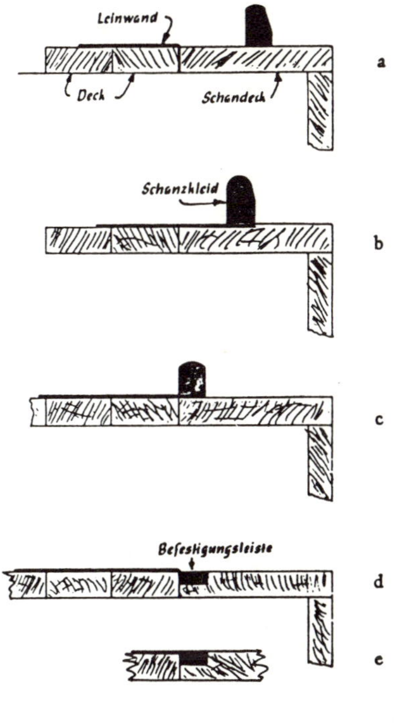

Zeichung 215: Befestigung der Leinwand im Schandecka Zwischen Decksplanken und Schandeck eingeklemmt; b unter der Fußleiste (Schanzkleid); Schandeck außen stärker; c ähnlich wie bei b, Schanzkleid innen und außen gleich stark; d mit im Schandeck versenkter Leiste; Deck und Schandeck gleich stark; Schanzkleid kann beliebig angebracht werden; e ähnlich wie bei d, Schanzkleid stärker als Deck.

An den Decksausschnitten (Luken, Aufbauten, Plicht) muß die Leinwand ebenfalls befestig werden. Am einfachsten ist dies bei kleinen, halboffenen Booten möglich. Das Lukensüll oder die Kumming wird von innen gegen das Deck und gegen die Decksverstärkung (Schlinge) gesetzt. Die Leinwand wird vorher über die Deckskante gelegt und die Kumming erst dann dagegengesetzt, wie es Zeichnung 216 zeigt. Bei Erneuerung des Bezuges wird die Kumming wie die Scheuerleiste an der Außenseite abgenommen. Man darf nicht erwarten, daß diese Bauweise unbedingt wasserdicht ist oder bleibt. Bei offenen Booten spielt das aber keine große Rolle.

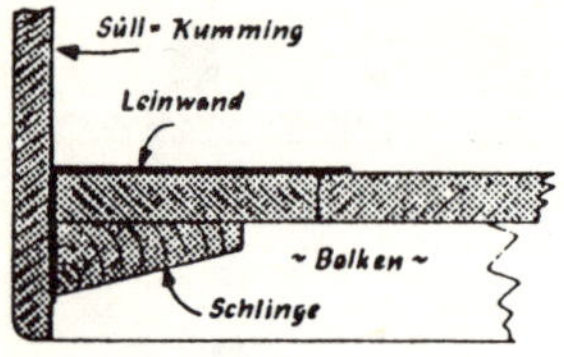

Zeichung 216: Befestigung der Leinwand am Süll bei einem offenen Boot

Bildet das Lukensüll aber die Wand eines Aufbaues oder einer (wasserdicht verschließbaren!) Luke, so muß man anders vorgehen, denn in diesen Fällen wird unbedingte Wasserdichtigkeit gefordert. Wichtig ist es dabei, das Lukensüll auf das Deck zu stellen. Die Leinwand kann dabei unter das Süll gelegt, innen hochgeführt und hier durch eine kleine Abdeckleiste gehalten werden. Diese Bauweise (Zeichung 217) ergibt sehr gute Dichtigkeit, besitzt aber nur den großen Nachteil, daß eine spätere Erneuerung der Leinwand sehr kostspielig wird, wenn man nicht die Leinwand kurzerhand an Außenkante Lukensüll über dem Deck abschneidet und den zweiten Bezug nach Zeichung 218 ausführt. Bei dieser Bauweise wird der Bezug außen am Lukensüll hochgeführt und in dieser Lage durch eine Viertelrund-Leiste festgehalten. Bei der Befestigung dieser Leiste muß darauf geachtet werden, daß sie dicht gegen das Lukensüll liegt. Erst in zweiter Linie ist die Befestigung am Deck wichtig.

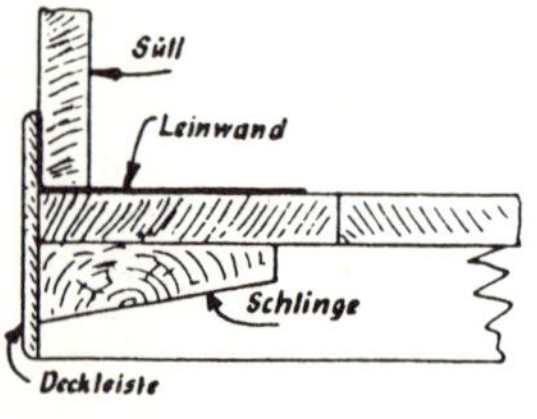

Zeichung 217: Befestigung der Leinwand am Süll. Dichtigkeit möglich

Hat man ein starkes Lukensüll zur Verfügung, so kann man die vorerwähnte Leinwand-Befestigungsleiste auch in eine Nut verlegen, die das Lukensüll an seiner Unterkante erhält (Zeichung 219). Wird diese Konstruktion sorgfältig ausgefürt, so erzielt man einen hohen Grad von Dichtigkeit. Da diese (Vierkant-) Leiste eingeschraubt wird, ist sie auch leicht abzunehmen, wenn später einmal der Bezug erneuert werden muß.

Für den Bezug selbst verwendet man meist Segeltuch aus Baumwolle in mittlerer Stärke. Aber auch billiger Nessel wird verwandt. Offenbar kommt es mehr auf Zerreißfestigkeit und Dauerhaftigkeit an, denn die Wasserdichtigkeit wird durch Farbanstrich erreicht. Am günstigsten ist es, wenn

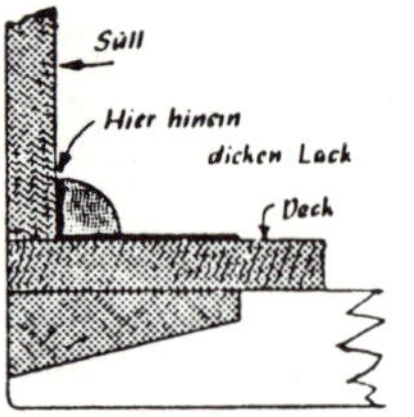

Zeichnung 218: Befestigung der Leinwand mittels eines Viertelstabes

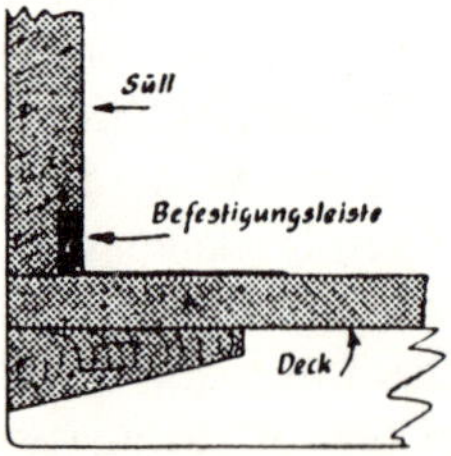

Zeichung 219: Befestigung der Leinwand am Süll mit einer eingelassenen Leiste. Nur bei sehr starkem Süll möglich

das Tuch über das ganze Boot reicht, einschließlich der wenigen Zentimeter, die es eventuell über das Deck nach außen oder innen überstehen muß. Es ist sehr günstig, wenn das verwandte Tuch etwas breiter gewebt wurde, als das Boot selbst breit ist. Dann kommt man ohne jede Naht aus. Liegt das Tuch schmaler, so ordnet man eine Mittelnaht an, die man am besten von einem Segelmacher herstellen läßt. Die Naht sieht im Querschnitt wie in Zeichung 220 aus. Sie wird später genau auf Mitte Schiff gelegt.

Man kann das Tuch mit Hilfe von Spezial-Klebstoffen auf das Holz kleben. diese Bauweise ist vorteilhaft, da das Tuch auch nach längerer Zeit noch fest mit dem Deck verbunden ist. So kann es nicht so leicht verletzt werden; eingetretene Verletzungen bleiben begrenzt und können sich nicht weiter über das ganze Deck ausdehnen, wenn erst einmal der Wind unter den Bezug faßt. Nachteilig ist dagegen, daß beim Arbeiten besonders breiter Planken das Tuch die Bewegung mitmachen muß. Es kann dann passieren, daß sich bei gequollenen Planken das Tuch aufwölbt, dadurch an Deck sichtbare und leicht verletzliche Kanten entstehen und sich bei geschrumpften Planken Risse im Tuch bilden. Nur bei sehr schmalen Planken werden derartige Schäden vermieden.

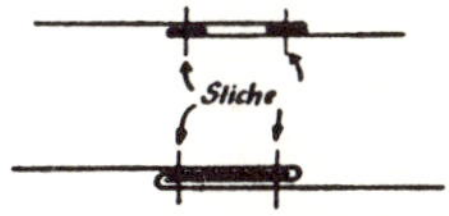

Zeichung 220: Zwei verschiedene Nähte für die Deck-Leinwand

Deshalb wird bei Decks, die zur Verbilligung der Baukosten aus breiten Planken gelegt worden sind, vielfach völlig auf jede Art von Klebung verzichtet. Das Tuch liegt dann lose, aber straff gespannt auf dem Holz und wird nur an den Rändern unter den vorher beschriebenen Leisten durch dichte Nagelung gehalten.

Eine Art Mittelweg hat sich bis heute gehalten. Hierbei wird dicke Ölfarbe, die auf das vorher geglättete Deck gestrichen wird, als Klebemittel verwandt. Die Klebkraft läßt im Laufe der Zeit nach, und die oben erwähnten Schäden sind kaum zu befürchten.

Das Verlegen des Tuches erfolgt in der Weise, daß es zunächst längs des Bootes so straff wie möglich ausgeholt und provisorisch gesichert wird. Hierzu wird das Tuch an seinen beiden Enden durch starke Vierkanthölzer befestigt, die nun ihrerseits in

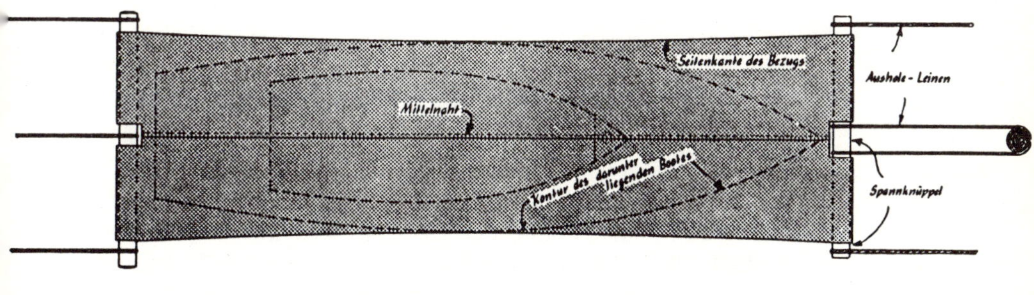

Zeichung 221: Ausspannen der Leinwand beim Beziehen des Decks eines offenen Bootes

der richtigen Lage gehalten werden (Zeichnung 221). Anschließend wird das Tuch von zwei aneinander gegenüberstehenden Männern über die Seiten des Decks gezogen und hier vernagelt. Zum Abschluß wird am Spiegel ebenfalls das Tuch über die Kante geholt und vernagelt, nachdem das achtere Querholz von seiner Halterung gelöst worden ist. Sodann kann das vordere Querholz abgenommen, die Luken oder die Plicht eingeschnitten und das Tuch hier ebenfalls vernagelt werden.

Beim Beziehen eines Decks mit Aufbauten hat man mehr Mühe, da Öffnungen für diese Aufbauten nunmehr vorher vorgesehen werden müssen.

Zum Vernageln verwendet man am besten Kupfertäksen. Die Mehrausgabe gegenüber den Blaupinnen lohnt sich auf jeden Fall. Auch verzinkte Blaupinnen ergeben keine erstklassige Arbeit.

Als Farbe für das Leindeck, die nunmehr in mehreren Schichten aufgetragen wird, empfiehlt sich eine für diesen Zweck hergestellte Spezialfarbe. Sie hat die Eigenschaft, nicht brüchig zu werden, sondern immer ein wenig geschmeidig zu bleiben, was bei der Art und Weise unseres Decks von Wichtigkeit ist.

Indessen ergeben alle diese Farben wie jede Lackfarbe eine glatte, glänzende Oberfläche die gut aussieht und leicht sauber zu halten ist. Aber wenn das Deck in nassem Zustand begangen werden soll, erweist es sich als sehr gefährlich glatt. Bei seegehenden Yachten ist es daher üblich geworden, bezogene wie auch naturlackierte Decks bei ihrem letzten oder vorletzten Anstrick mit feinem Sand auf den antrocknenden Lack zu bestreuen. Dieser klebt dann mit dem Lack oder der Lackfarbe an und bildet einen ausgezeichneten Gleitschutz. Man kann auch nach dem Trocknen noch einen Anstrich darüber geben, um den Sand auch von oben zu lackieren und ihn besser an Deck zu kleben. Den Sand siebt man in der gewünschten Körnung durch feine Drahtgaze und streut ihn auch mit dieser Gaze auf. Einige Farbfirmen liefern auch heute Decksfarbe und Deckslack, dem der notwendige Sand bereits beigemischt ist. Diese Farbe muß bei ihrer Verarbeitung stetig umgerührt werden, da sich der Sand recht schnell absetzt. - Die Farbenfabriken sprechen übrigens nicht von *Sand,* sondern *Quarz*, aber das schadet weiter nichts.

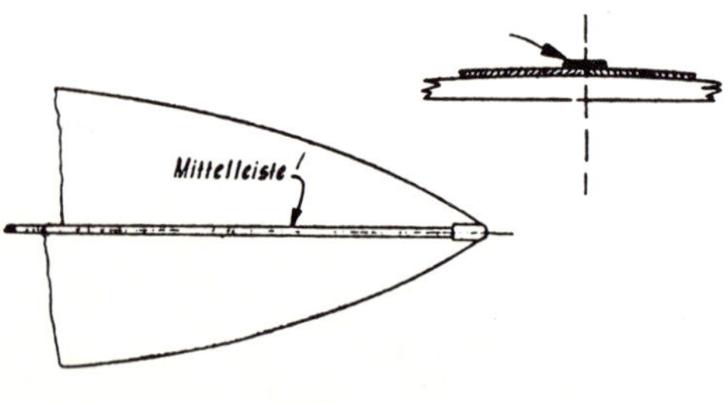

Zeichung 222: Deck an zwei Planken mit verbindender Mittelleiste

Bei kleineren Booten erhält man wasserdichte Decks dadurch, daß man das Deck - zumindest der Breite nach - aus einem Stück Holz herstellt. Allenfalls verwendet man noch eine Mittelnaht, benutzt also zwei Planken für die ganze Decksbreite. Es ist klar, daß man wirklich nur kleine Boote auf diese Weise eindecken kann. Außerdem muß man Holz verwenden, das den geringsten Schrumpfwert aufweist, also Mahagoni oder Teak. Trotzdem ist man nie ganz sicher, ob es nicht einmal bei starker Sonneneinstrahlung zu einem Riß im Holz kommt. Die erwähnte Mittelnaht wird durch eine Decksleiste abgedeckt, wie es Zeichnung 222 zeigt. Wird auch diese Naht wirklich dicht gewünscht, so muß sie verleimt werden. Derartige Decks dürfen keinen starken Sprung bekommen. Ideal ist ein Deck, bei dem die Linie "Mitte Deck" ohne Sprung durchläuft, da dann das Deck selbst nur in einer Richtung gebogen werden muß.

Es liegt nahe, das soeben erwähnte System der sehr breiten Decksplanke für ein Sperrholzdeck anzuwenden. Dieses Deck wäre dicht und könnte sich nicht verziehen oder reißen. Bootsbau-Sperrholz ist den den verschiedensten Holzarten erhältlich, leider aber nicht in Teakholz. Wichtig ist dabei eigentlich nur die oberste Holzschicht. Es hängt wohl damit zusammen, daß viele Bootsbauer immer noch eine Abneigung gegen Sperrholz haben, weil sie schlechte Erfahrungen mit Normalsperrholz gemacht haben, so daß man außer bei Sperrholzbooten selten Decks aus Sperrholz zu sehen bekommt. Ich halte das für recht schade, denn man verzichtet auf eine technisch gute Möglichkeit.

Das Sperrholzdeck wird man breitseits in einem Stück verlegen können. Hinsichtlich der Länge wird geschäftet, so daß das ganze Sperrholzdeck gewissermaßen ein Stück Holz ist (Zeichung 223). Dies ist sowohl bezüglich der Dichtigkeit des Decks als auch der Festigkeit des ganzen Bootes von großer Bedeutung. Allerdings muß dieses Deck sehr gut mit dem Rumpf verbunden werden. Hierbei ist wiederum zusätzliche Leimung wertvoll.

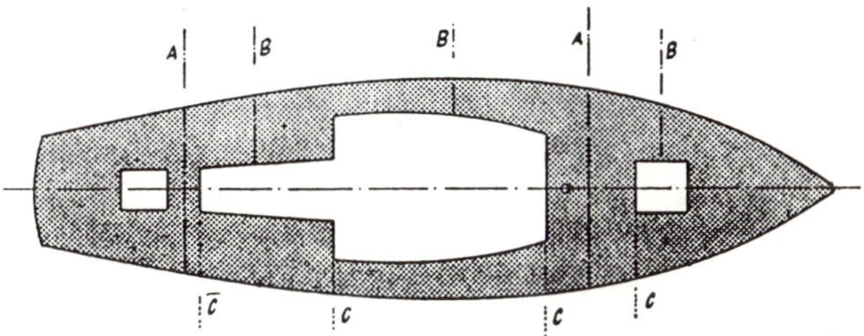

Zeichung 223: Möglichkeiten der Anbringung von Stößen bei einem Sperrholz-Deck. a) beste, b) brauchbare, c) schlechte, unbrauchbare Ausführung

Doppelte Decks verwendet man bei größeren Yachten, um die Wasserdichtigkeit zu erreichen. Die gebräuchlichste Bauweise sieht zunächst eine relativ dünne Sperrholzschicht vor, die nach der soeben beschriebenen Weise verlegt wird. Darauf kommt sodann das Plankendeck in schmalen Planken. Auch hier dürfte außer der verdeckten Vernagelung der Planken untereinander und mit den Balken sowie einer Verschraubung von unten nach oben die Verleimung eine gute Lösung darstellen. Dieses Deck wird dicht werden, ohne daß man es kalfaten und Marineleim zu vergießen braucht.

Die dunklen oder hellen Steifen im Deck, die der Marineleim oder deren moderne Kunststoffnachfolger bilden, geben dem Deck gewissermaßen das *Gesicht*, das viele Bootseigner nicht missen mögen, selbst wenn diese sichtbaren Nähte bei einem Sperrholzdeck mit oder ohne Plankenauflage technisch nicht notwendig wären. So werden im letztgenannten Falle die Nähte noch oftmals ausgegossen, wozu den Planken etwa im oberen Drittel eine Phase angefräst wird (Zeichnung 224). Auf den Sperrholzdecks kleiner Motorboote werden mit Pinsel und Farbe die dunklen oder hellen vergossenen Nähte imitiert, oder es werden intarsienartig helle Furnierstreifen eingelegt; doch von vielen werden derartige Imitationen mit Recht nicht geschätzt.

Dort, wo die Unterseite des Decks unsichtbar bleibt, läßt man es am besten ohne jeden Anstrich. So kann von oben eingedrungene Nässe am besten auftrocknen.

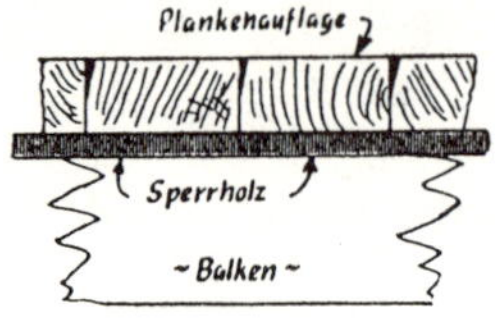

Zeichnung 224: Ein doppeltes Deck: Unten Sperrholz, oben Planken mit vergossenen Nähten

77. Die Scheuerleiste

Sie soll einem Boot bei Berührung mit einer senkrechten Wand oder einem senkrechten Pfahl Schutz geben. Für diesen Zweck kann sie gar nicht weit genug ausladend sein; bei einfallender Spantenform muß sie noch ausladender sein als bei gerader oder ausfallender Spantform (Zeichung 225). Boote und Yachten, die oft an Pfählen oder Wänden liegen müssen, werden gern mit starken Scheuerleisten ausgerüstet. Ihre Außenkante wird oft mit einer Halbrundschiene aus Messing oder verzinktem Stahl beschlagen.

Derartige Scheuerleisten können aber für die betreffenden Yachten eine große Last werden. Liegen die Boote nämlich längsseits nebeneinander im *Päckchen*, so sind die Scheuerleisten hinderlich. Sie erschweren das Ausbringen von Fendern, und so können sich die Yachten beim Schlingern gegenseitig aufhängen und beschädigen. Deshalb verzichten gerade Segelyachten auf stärkere Scheuerleisten. Rennyachten benutzen sie vielfach überhaupt nicht, da sie Gewicht sparen und keinen vergrößerten Widerstand bei Krängung in Lauf nehmen wollen.

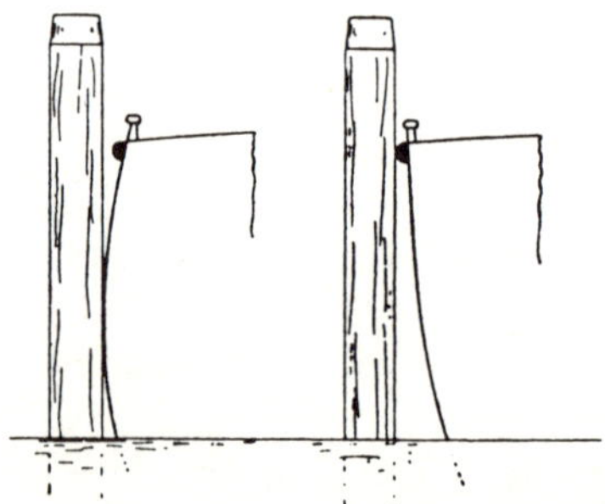

Zeichnung 225: Dieselbe Scheuerleiste bei ein- und ausfallender Spantform

Die normale Boots-Scheuerleiste besteht aus einer Halbrundleiste, deren Radius etwa gleich der Plankenstärke oder etwas kleiner ist. Zeichnung 226 zeigt, daß diese Scheuerleiste gleichzeitig die Naht zwischen Schergang und Deck überdeckt.

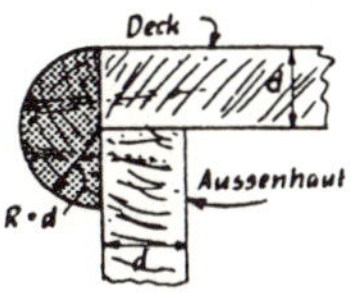

Zeichnung 226: Eine gewöhnliche Scheuerleiste ohne Beschlag

Man hat vielfach die Scheuerleisten mit einer Art Tropfrinne versehen, damit das von Deck abfließende Wasser nicht über die Außenhaut laufen, sondern von der Scheuerleiste frei abtropfen kann (Zeichung 227).

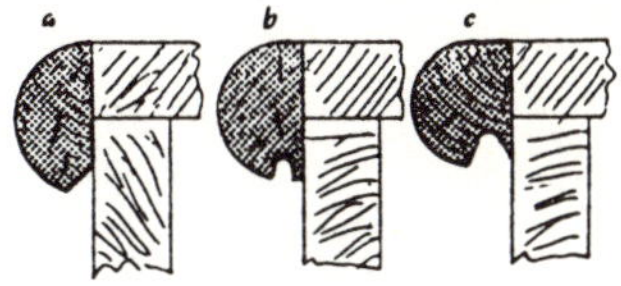

Zeichnung 227: Verschiedene Formen der Abtropfrinne an einer Scheuerleiste; a und c brauchbar, b zu klein

Auf diese Weise können häßliche Schmutzstreifen, die das von Deck kommende Wasser hinterläßt, auf der sauberen Außenhaut vermieden werden. Diese Tropfscheuerleiste funktioniert aber nur dann richtig, wenn die eingearbeitete Rinne groß genug ist. Anderenfalls kehrt sich das Wasser nicht an die Rinne, sondern überbrückt sie mit jähem Sturz, und nur die letzten Tröpfchen folgen der Idee des Erfinders. Die Rinne der Scheuerleiste hat den Nachteil, daß sie das Aufhängen des Bootes auf einem anderen Deck oder einer Brückenkante erleichtert.

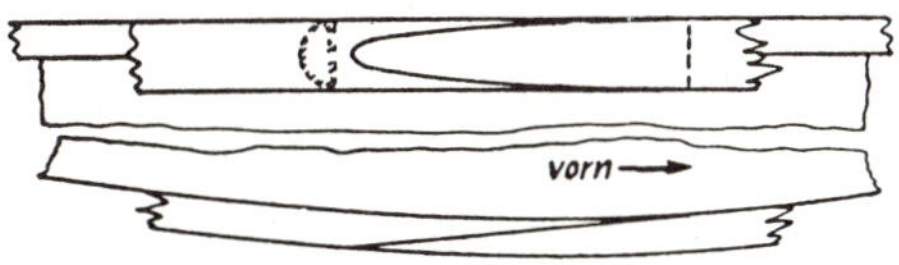

Zeichnung 228: Geleimter Stoß einer Scheuerleiste Oben: von der Seite gesehen; unten: von oben gesehen

Derartige *leichte* Scheuerleisten werden durch Nägel oder Schrauben mit Deck und Außenhaut verbunden. Gerade bei weißen Yachten sollte man an dieser Stelle auf jeden Fall verzinktes Material vermeiden und Bronze oder Messing verwenden, da anderenfalls zu leicht Roststellen mit den entsprechenden Schmutzstreifen entstehen.

Die Stöße der Scheuerleiste sollen derart angeordnet werden, daß beim Entlangschlieren des Bootes keine Möglichkeit des Hinterhakens entsteht, sie sollen also von vorn nach achtern überlappen (Zeichnung 228). Am besten ist es, wenn jeder Stoß recht lang ausgeführt und dann verleimt wird.

Ganz leichte Scheuerleisten entstehen auch dadurch, daß man den (naturlackierten) Schandeckel etwa um die halbe Plankenstärke überstehen läßt (Zeichnung 229). Auf Rennyachten findet man diese Bauweise häufiger. Derart gebaute Yachten sind aber etwas empfindlicher, weil bei dem erwähnten *Aufhängen* sehr leicht

Zeichnung 229: Sehr kleine Scheuerleiste durch überstehendes Schandeck

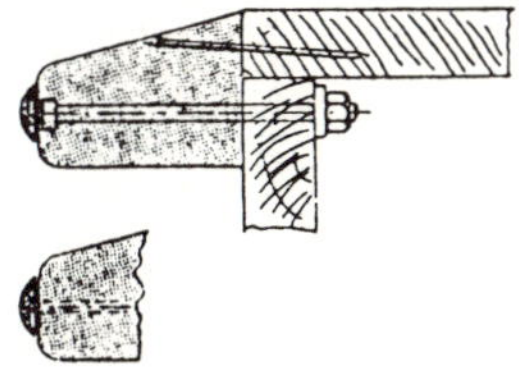
Zeichnung 230: Starke, mit einer Metallschiene beschlagene Scheuerleiste; an Motorbooten üblich

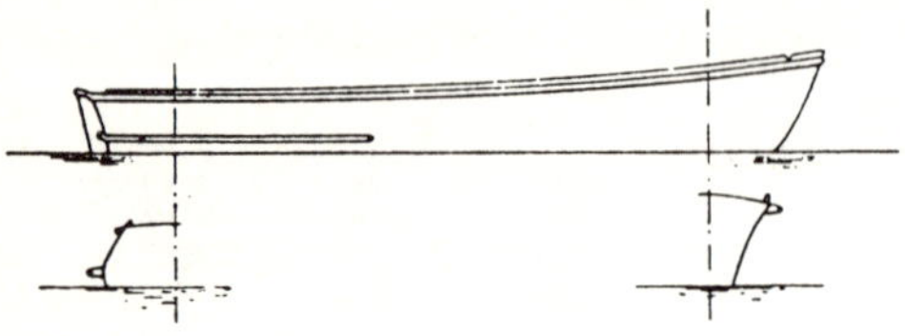

Zeichnung 231: Dieses Motorboot hat am Heck stark einfallende Spanten und muß daher achtern eine zweite, tief sitzende Scheuerleiste erhalten

das Schandeck beschädigt oder von seiner Verbindung mit der Außenhaut gelöst werden kann.

Schwere, beschlagene Scheuerleisten sind breiter (Zeichnung 229). Da bei Beanspruchung größere Hebelarme wirken, müssen sie selbst stärker sein und auch stärker mit dem Schiff verbunden werden. Ohne Durchbolzen wird man hier kaum auskommen. Die Beschlagschiene sollte ebenfalls in einer Länge durchlaufen; die wird nachträglich auf der Scheuerleiste befestigt.

Motoryachten haben häufig im Vorschiff stark aus- und am Heck stark einfallende Spanten. Im Vorschiff würde die Scheuerleiste in Deckshöhe an der richtigen Stelle sitzen, nicht aber so am Heck. Deshalb erhält das Heck eine zweite, an der breitesten Stelle sitzende, niedrige Scheuerleiste. Beide Scheuerleisten überlappen ein entsprechendes Stück (Zeichnung 231). - Die erwähnte Beschlagschiene soll am Vorsteven nach Möglichkeit in einem Stück von der einen zur anderen Seite laufen, am Spiegel kann sie eventuell über einen Huk-Klotz auf diesen geführt werden (Zeichnung 232).

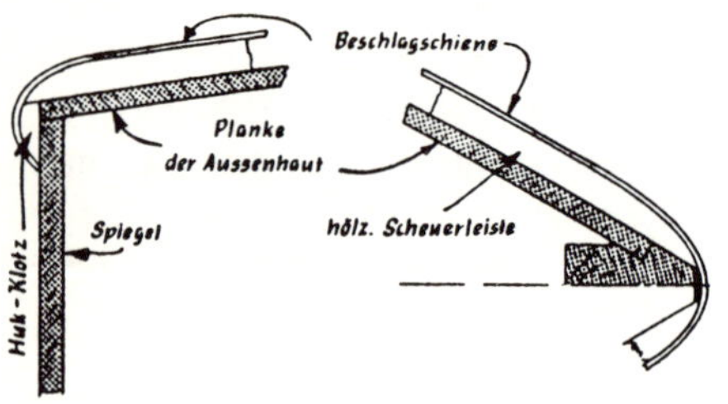

Zeichnung 232

78. Das Schanzkleid

Es besteht bei kleinen Booten nur aus einer auf das Deck genagelten oder geschraubten Holzleiste aus Hartholz und dient dazu, dem Fuß einen Schutz gegen das Abrutschen nach außen zu bieten. An der Stelle des geringsten Freibordes sowie an der breitesten Stelle des Bootes müssen Öffnungen im Schanzkleid angebracht werden, damit das Wasser bei aufrecht und geneigt schwimmenden Boot vom Deck abfließen kann. Diese Öffnungen oder Speigatten können einmal aus Unterbrechungen

Zeichnung 233: Speigatten oder Pforten im Schanzkleid sollen s c h r ä g eingeschnitten sein

bestehen. Dies ist bei einem sehr kleinen Schanzkleid empfehlenswert, also bei Schanzkleidhöhen unter 20 mm. Bei einem höheren Schanzkleid werden an dessen Unterkanten kleine Speigatten oder *Schanzkleidpforten* eingeschnitten (Zeichnung 233). Um zu verhindern, daß das Wasser an Deck schießt, wenn das Schanzkleid beim Segeln gerade eintaucht, empfiehlt es sich, die Einschnitte für das Speigatt im Holz schräg auszuführen.

Bei Rennyachten wird das relativ niedrige Schanzkleid vielfach etwas zurückgesetzt, so daß es etwa auf Mitte Schandeck oder an Innenkante Schandeck steht. Bei Tourenyachten legt man mehr Wert auf die betretbare Decksfläche und setzt das Schanzkleid nach außen (Zeichnung 234).

Bei einem Schanzkleid bis zum 50 mm Höhe wendet man die Bauweise nach Zeichnung 235 an. Auf die hochkant stehende Leiste wird eine flachkant stehende

Zeichnung 234: Die einfache Schanzkleid-Leiste kann weiter binnenbords (an Innenkante Leibholz), weiter außen oder ganz außen angebracht werden

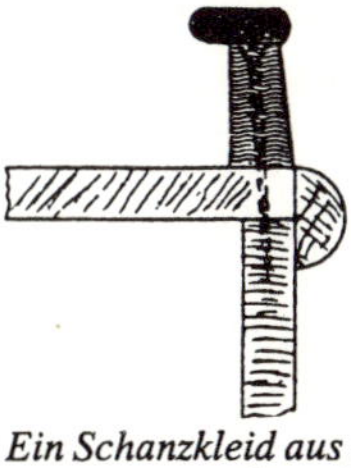

Zeichnung 235: Ein Schanzkleid aus einer senkrechten und einer waagerechten Leiste. Die senkrechte ist meist vorn etwas höher als achtern. Die waagerechte (= die Relingskappe) soll aus ausgesuchtem Holz bestehen

Leiste aufgelegt. Der Baustoff ist für beide Teile Hartholz, am besten Teak. Bei dekkend gestrichenen Yachten wird der Hochkantteil vielfach mit der Außenhaut gleichfarbig gehalten oder naturlackiert. Die Flachkantleiste bleibt auf jeden Fall Natur, bei geeignetem Holz (Teak) oft sogar unlackiert wie das Deck.

Aus ästhetischen Gründen wird auch die Flachkantleiste - im Gegensatz zur dunklen Hochkantleiste und zum Schandeck - aus sehr hellem Eschenholz gefertigt. Nachteilig ist allerdings, daß Esche leicht verwittert und verfault. So muß man damit rechnen, die Flachkantleiste von Zeit zu Zeit zu erneuern; sie sollte deshalb nicht genagelt, sondern geschraubt werden.

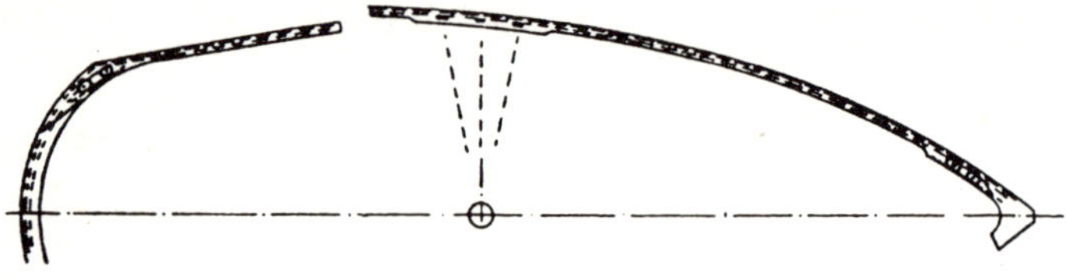

Zeichnung 236: Schanzkleid und Relingskappe, von oben gesehen

An den Schiffsenden sowie dort, wo Lippklampen angebracht werden sollen, wird die Flachkantleiste mit entsprechender darunterliegender Verstärkung des Hochkantteils des Schanzkleides verbreitert. Der Übergang vorn von einer Seite zur anderen und zum Spiegel bietet die Möglichkeit, durch schöne Ausrundungen das Bild des Decks zu verbessern (Zeichnung 236).

Soll das Schanzkleid noch höher werden, so bereitet es Schwierigkeiten, den senkrechten Teil allein durch Schrauben oder Nägel ausreichend an Deck zu befestigen. Bis zu einer Höhe von etwa 100 mm mögen winkelförmige Schanzkleidstützen genügen, die aus Stahl hergestellt und verzinkt sind, oder aus Bronze gegossen und an Deck und am Schanzkleid verschraubt werden. Bei der Befestigung an Deck ist zu überlegen, ob nicht wenigstens für eine der beiden Schrauben ein durchgehender Bolzen gewählt werden kann. Da der Horizontalflansch der Winkelstütze auf Deck liegt - ein Einlassen würde eine Schwächung des Schandecks bedeuten sowie einen Angriffspunkt für Nässe und Fäulnis entstehen lassen -, wird sich jetzt eine Schmutzecke mit allen ihren Folgen bilden. Denn das Wasser und der mitgeführte Schmutz bleiben vor dem Horizontalflansch stehen; deshalb muß die Stütze selbst ein Speigatt bekommen (Zeichnung 237). Es kann gar nicht groß genug sein,

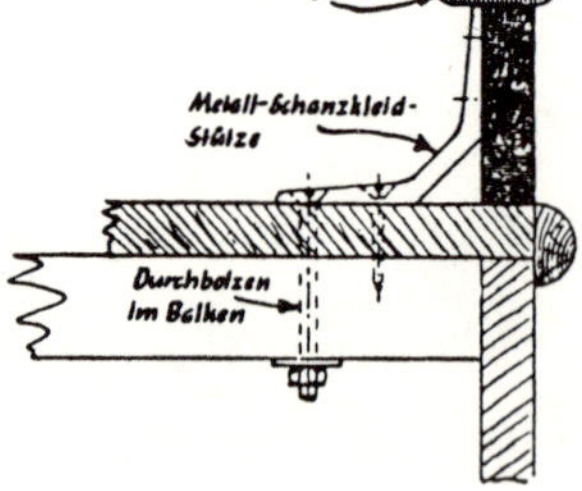

Zeichnung 237

weil es sonst leicht durch Tauwerk verstopfen kann.

Vielfach wird dem Schanzkleid auf Segelyachten vorn eine größere Höhe gegeben als mittschiffs oder am Heck. Vielleicht erscheint die Schanzkleidhöhe auf dem Vorschiff wichtiger, oder man will einen größeren Sprung vortäuschen. Ein Schanzkleid kann, im Querschnitt betrachtet, mit der Spantform straaken, also in Flucht der Außenhaut liegen oder es wird mit seiner Außen- oder Innenkante genau senkrecht auf das Schandeck gesetzt oder mit seiner Außenkante etwas einfallend angebracht. Die zuletzt genannte Bauweise schützt das Schanzkleid gut vor Beschädigungen; die erste hingegen sieht am besten aus.

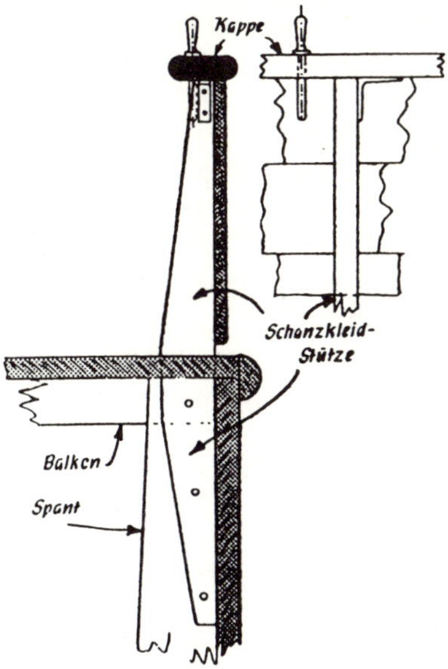

Zeichnung 238: Hohes, auf Stützen aufgeplanktes Schanzkleid

Ein noch höheres Schanzkleid wird meist mit hölzernen Schanzkleidstützen gebaut, die durch das Deck hindurchgeführt und an der Außenhaut befestigt werden; sie stellen gewissermaßen nach oben verlängerte feste Spanten dar. Dies ist die Bauweise des alten Holz-Schiffbaues. Das Spant selbst wird jedoch selten nach oben durchgeführt, sondern es wird an jedes zweite oder dritte Spant eine Schanzkleidstütze angelascht. Diese Bauweise hat den Vorteil, daß der Bauteil *Spant* selbst nicht zu groß wird, alle Spanten in der Höhe gleich sind und Reparaturen, die bei Beschädigungen des Schanzkleides auftreten, leichter ausgeführt werden können. So entsteht dann eine Konstruktion nach Zeichnung 238. Das Verlegen des Schandecks ist nunmehr recht schwierig geworden, denn es muß für jede Stütze passende Ausschnitte bekommen, die schließlich durch Kalfaterung wasserdicht gemacht werden müssen.

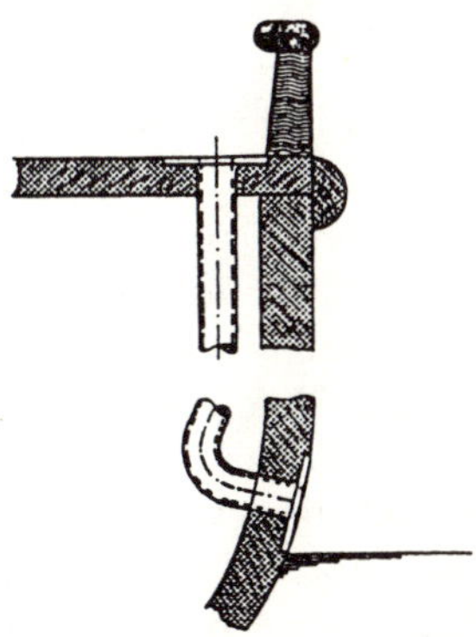

Zeichnung 240: Rohr-Speigatt führt den letzten Wasserrest bis unter den Wasserpaß hinab

Das Schanzkleid selbst wird auf die Stützen von außen regelrecht aufgeplankt, wobei die Holzstärken nur 30 bis 50% der Stärke der Außenhaut- oder Decksplanken betragen.

Für den Ablauf des an Deck befindlichen Wassers wird nach der alteren (und einfachsten) Methode in der Weise gesorgt, daß die Beplankung erst einige Millimeter oder Zentimeter oberhalb des Decks beginnt (Zeichnung 238) und das Wasser durch den entstandenen Schlitz überall frei ablaufen kann. Bei einem höheren Schanzkleid werden an Deck unter Umständen größere Wassermengen gefangen, die ablaufen müssen. Da man den Schlitz nicht beliebig erweitern kann, müssen derartige Schanzkleider noch mit nach außen von allein aufklappenden Pforten versehen werden, um dem Wasser zum Abfließen genügend Ablaufmöglichkeit zu geben; an Deck stehendes Wasser ist sehr gefährlich. Die Mindestgröße dieser Schanzkleidpforten ist durch die Klassifikationsgesellschaft festgelegt; die Pforten selbst dürfen nicht zu verriegeln sein.

Eine Art Sicherheitsventil bildet vielleicht die Beplankung der Schanzkleidstützen, die ja verhältnismäßig leicht und auch leicht an den Stützen befestigt ist. Wird der (statische oder dynamische) Wasserdruck gegen das Schanzkleid von innen zu groß, so birst die Beplankung, das Wasser hat freien Abfluß, und dann ist an der betreffende Stelle ein freies Deck entstanden. Stehengeblieben sind nur die Stützen und die obere Querleiste (Relingskappe), sofern sie mit Stützen stark und mit der obersten Schanzkleidplanke nur leicht verbunden gewesen ist. Also hat man immer noch eine Art offenes Geländers. Die Relingskappe dient übrigens an vielen Punkten als Nagelbank (Zeichnung 238).

Zeichnung 239: Speigatt im Schanzkleid reicht nicht bis zum Deck hinab

Die erwähnte Schlitzmethode zur Deckentwässerung hat den Nachteil, daß kleinere Gegenstände ungewollt über Bord rollen und die letzten erfahrungsgemäß schmutzigsten Wassertropfen über die Außenhaut laufen und dort häßliche Streifen hinterlassen können. Will man dies vermeiden, so muß man dafür Sorge tragen, daß das letzte Wasser nicht dieses Weg durch den Schlitz oder die früher erwähnten Speigatten im niedrigen Schanzkleid nehmen kann (Zeichnung 233). Der Schlitz muß dann ungefähr 10 mm über Deck beginnen, und das Speigatt muß ebenfalls erst über Deck sitzen (Zeichnung 239) oder ganz fehlen. Das verbleibende Wasser muß nunmehr durch Rohre nach unten abgeführt werden (Zeichnung 240), wobei es günstig ist, den Austritt aus der Außenhaut erst unterhalb des Wasserpasses anzubringen. So bleibt die Außenhaut oberhalb des Wasserpasses auf jeden Fall sauber. Dieses Rohr-Speigatt muß genau an der tiefsten Stelle der Sprungkurve angeordnet werden, wenn kein Restwasser an Deck stehenbleiben soll. Da man damit rechnen muß, daß der Trimm des Bootes nicht immer genau der CWL entspricht, erscheint es notwendig, mehrere derartige Speigatten kurz hintereinander anzubringen.

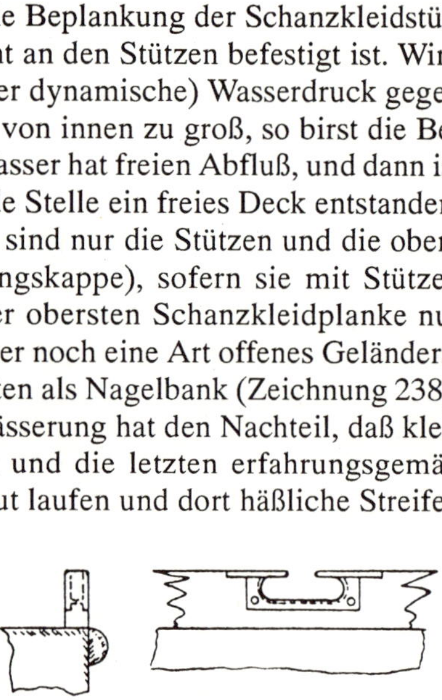

Zeichnung 241: In der Schanzkleid eingelassene Lippklampe

Sollen Lippklampen oder Tauwerksklüsen auf oder im Schanzkleid angebracht werden, muß dieses entsprechend verstärkt werden. Beim normalen, niedrigen Yacht-Schanzkleid geschieht dies in der Form, daß die Horizontalleiste (die Relingskappe) an der betreffenden Stelle verbreitert oder verdoppelt wird. Die Zeichnung 236 deutet dieses Verfahren an.

Man hat aber gern eine glatte Oberkante im Schanzkleid. Dieses Ziel ist erreichbar, wenn die Lippklampe nicht auf, sondern in das Schanzkleid eingebaut wird. Entsprechende Modelle von Lippklampen sind erhältlich. In diesem Fall muß die Schanzkleidstärke an der betreffenden Stelle dem einzubauenden Beschlagteil genau angepaßt werden (Zeichnung 241). Es leuchtet ein, daß eine Anordnung dieser Art eine gewisse Schanzkleidhöhe voraussetzt, für ganz kleine Fahrzeuge daher nicht möglich ist.

79. Die Aufbau-Seitenwand (Luksüll)

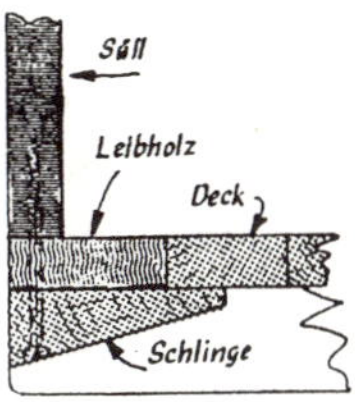

Zeichnung 242: Bei leichteren Booten steht das Süll auf einem normalen Leibholz, Befestigung durch Holzschraube von unten oder (besser) Durchbolzen

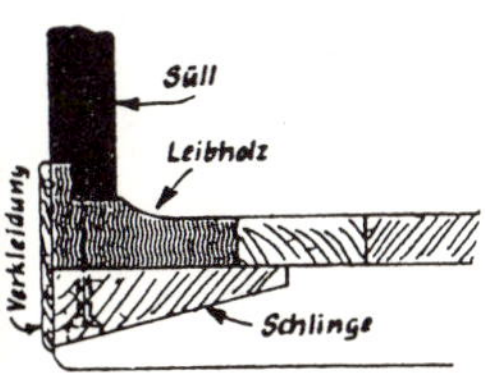

Zeichnung 244: Das Süll steht auf verstärktem Leibholz mit Falz

Sie muß fest und dicht mit dem Deck verbunden werden, was bei leichten, kleinen Fahrzeugen nicht einfach ist. Andererseits würden Leckagen das Zentrum des Wohnraumes treffen und deshalb besonders unangenehm sein. Immerhin läßt sich durch Sorgfalt und durch Leimen befriedigende Dichtigkeit erreichen. Das Leimen muß deshalb erwähnt werden, weil der Decksausschnitt für den Aufbau (schiffbautechnisch *die Luke*) gerade bei kleinen Fahrzeugen relativ groß ist. Es treten daher an den Lukenkanten, besonders an den Ecken, durch die bereits früher (Abschnitt 73) erwähnte Verdrehung des Bootskörpers, erhebliche Spannungen und als Folge davon Bewegungen der einzelnen Bauteile gegeneinander auf, die durch die übliche Verschraubung und Verbolzung nicht aufgehoben werden können - jedenfalls nicht bei einem mehrere Jahre alten Boot (daher auch der Vorschlag Leim anzuwenden). Aber auch der Leim kann nur dann die Bewegung verhin-

Zeichnung 243: Das Süll steht auf einem innen verstärkten Leibholz

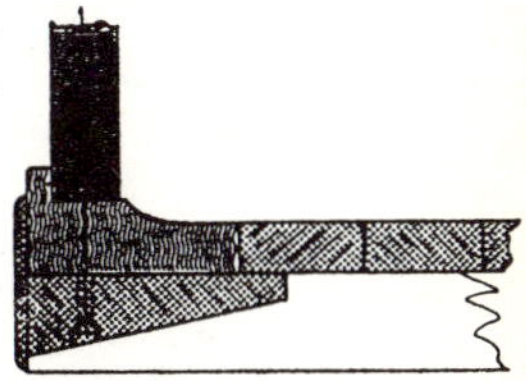

Zeichnung 245: Das Süll steht auf einem verstärkten Leibholz, das innen selbst noch ein kleines Süll besitzt. Der Bolzen sollte ein Durchbolzen sein

dern, wenn das Boot entsprechend konstruiert worden ist, das heißt bereits an anderer Stelle entsprechende Gegenmaßnahmen getroffen worden sind.

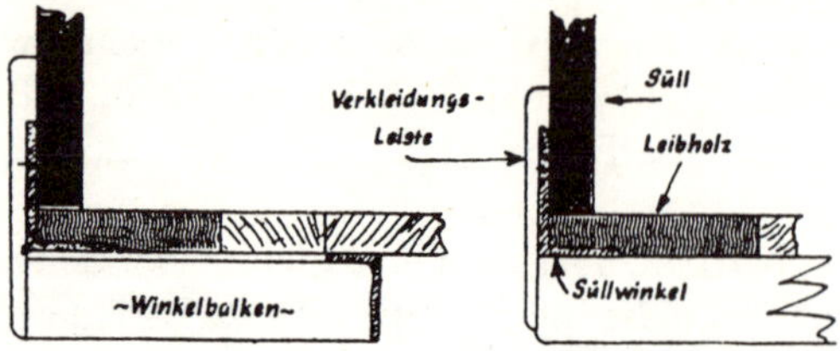

Zeichnung 246: Ein Winkeleisen, das auf dem Balken befestigt wird, verbindet das Süll mit dem Deck. Links Decksbalken aus Winkeleisen, rechts aus Holz

Auf der Skizze 216 wurde gezeigt, wie man es bei einem gedeckten Boot nicht machen darf, wenngleich sich bei dieser Konstruktion die Verschraubung gut und einfach anbringen läßt. Dichtigkeit ist nicht zu erreichen, gleichgültig, ob das Deck mit Leinwand bezogen wird oder nicht und in der entstehenden Ecke eine Viertelrund-Leiste angebracht wird, wie es die Zeichnung 218 zeigt. Diese Leiste kann nichts zur Wasserdichtigkeit beitragen.

Wenn sie nicht die Leinwand befestigen soll, dient sie lediglich der Zierde oder der Vermeidung einer schwierig zu reinigenden Ecke an Deck.

Das Süll soll also nicht seitlich am Deck, sondern auf dem Deck sitzen. Die Verschraubung muß dann von unten her erfolgen; bei einem nicht zu hohen Süll (bei stärkeren Booten) sollte man ganz durchbolzen (Zeichnung 242).

Die Fundamentierung des Luksülls wird besser, wenn bereits die innere Planke des Decks (das Leibholz) verstärkt wird. Dieses Fundament soll daher aus Hartholz bestehen. Noch besser ist es, das Leibholz nach innen zu verstärken, so daß die Unterkante des Luksülls bereits einige Millimeter oberhalb der Decksflucht steht (Zeichnung 243). Ist das Luksüll selbst stark genug, so kann man an seiner Unterkante einen Falz anbringen (Zeichnung 244). Anderenfalls kann man dem Leibholz nach innen eine zweite Verstärkung geben, so daß es an der Innenkante Leibholz selbst ein kleines Süll bildet, wie es Zeichnung 245 zeigt. Arbeitszeit und Holzverbrauch steigen natürlich bei diesen Bauweisen, aber die Ergebnisse sind doch recht gut, besonders wenn man zusätzlich leimt. Fest und dicht wird die Verbindung Luksüll-Deck bei Verwendung eines Stahlwinkels (Winkeleisen). Sie ist bei Komposit- und reinem

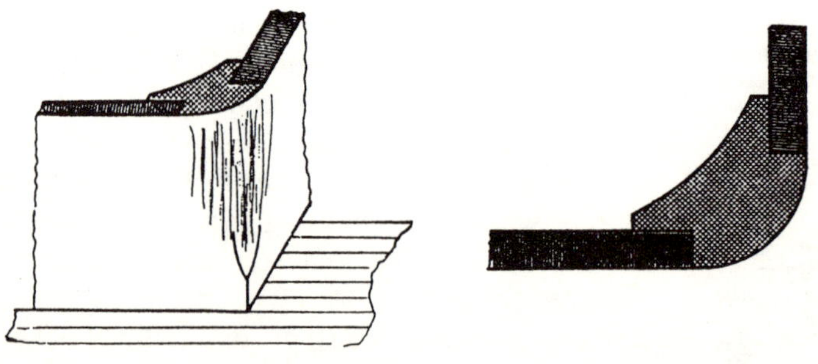

Zeichnung 247: Die Ecke eines Aufbausülls wird mit Sponung gearbeitet. Sie soll oberhalb des Decks r u n d sein

Holzbau möglich (Zeichnung 246).

Eine gutgebaute Yacht kennt aus ästhetischen wie aus praktischen Gründen keine scharfen Kanten oder Ecken, denn man kann sich an ihnen stoßen und verletzen. Beim Aufbau rundet man die Ecken in der Weise ab, daß ein Pfosten aus Hartholz mit ausgearbeiteten Sponungen aufgestellt wird, in die die Süllplanken hineinlaufen (Zeichnung 247). Je größer der Abrundungsradius gewünscht wird, um so größer wird der Eckpfosten und somit der Holzverbrauch und Arbeit.

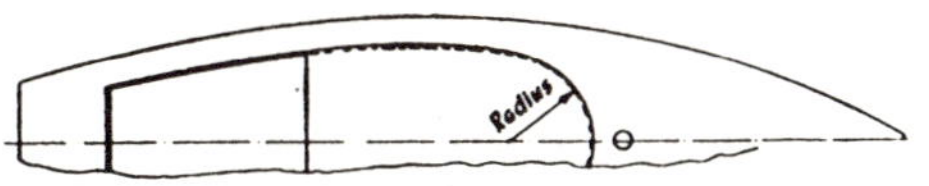

Zeichnung 248: Ein Aufbausüll, das vorn halbkreisförmig verläuft

Bei kleinen Booten führt man auch das Süll halbkreisförmig von einer Seite auf die andere (Zeichnung 248). Dies ist im allgemeinen nicht ohne Dämpfen der betreffenden Planke möglich.

80. Das Aufbaudeck

Das Aufbaudeck oder -dach weist fast stets eine viel stärkere Balkenbucht als das Hauptdeck auf. Durch diese Maßnahme erreicht man, daß der Ausbau nicht so hoch erscheint, weil als Höhe lediglich die Höhe des Sülls empfunden wird. Eine normale Bucht wird dann gewählt, wenn das Aufbaudeck zum Bedienen des Bootes oder seiner Takelage betreten werden muß.

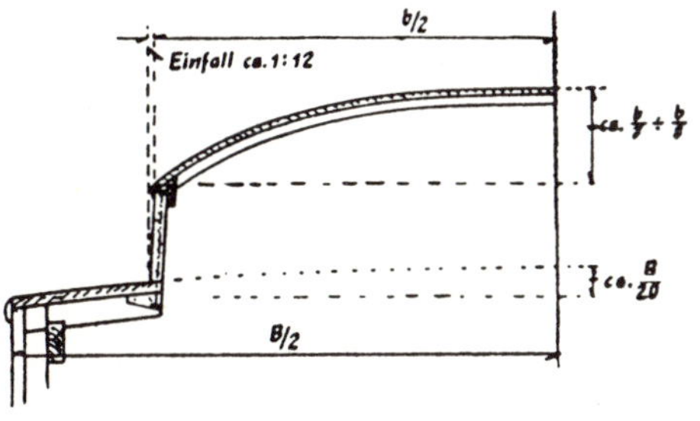

Zeichnung 249: Konstruktion des gewöhnlichen Aufbaues. Maße für die Balkenbucht des Haupt- und des Aufbau-Decks. Passend für Boote von 5 bis 10 m Länge in der Wasserlinie

Aber auch das stark gewölbte Aufbaudeck muß so kräftig ausgeführt werden, daß es das Gewicht eines Menschen tragen kann. Der hier erstrebten Leichtigkeit sind daher Grenzen gesetzt. Für den Bau der Aufbaubalken mit ihrer starken Bucht gibt es drei Möglichkeiten: Aussägen unter Verwendung von passendem Krummholz, Dämpfen und Biegen, wobei man wiederum nachträglich einbiegen oder auch über Modelle vorbiegen kann, und Lamellieren der Balken. Bei dem heutigen Stand der Technik wird man mehr und mehr zum lamellieren übergehen. Hierüber wurde bereits in früheren Abschnitten (17 und 61) berichtet.

Die Aufbaubalken enden am Süll in einer Art Balkweger. Das Deck wird mit Leinwand bespannt, da die leichten Planken anderenfalls keine Dichtigkeit geben können

(Zeichnung 249). Statt der Leinwand wird hier auch Kunststoff verwandt, der keinerlei Anstrich oder Lackierung benötigt. Bedauerlicherweise sind die bisher erhältlichen Kunststoffe als Bezug für das Hauptdeck unbrauchbar, weil ihre Oberfläche zu glatt ist; dies kann sich aber in Zukunft ändern.

Mitunter wird auf die Leinwand zu Dekorationszwecken noch ein zweites Plankendeck aufgelegt, wozu man Teak- oder Mahagoniholz verwendet. Ein Arbeitsdeck mit unlackiertem Teak ist besonders praktisch. Leider ist diese Bauweise, wie bereits in Abschnitt 76 besprochen, schwerer und teurer als das einfache Deck.

81. Seitenfenster und Oberlichter

Seitenfenster sind im Aufbausüll erforderlich, um den unter Deck liegenden Wohnräumen Licht zuzuführen. Will man außerdem durch diese Fenster Lüften (in den Tropen sehr angenehm), so müssen sie zum Öffnen eingerichtet sein. Ein Einbau wird dann sehr teuer, besonders wenn die Fenster nicht rund, sondern oval oder vierkantig mit abgerundeten Ecken sein sollen. Diese Fenster müssen aus Bronzeguß hergestellt werden; sie erhalten Gummidichtungen und Verschraubungen mit Korbmuttern. Diese Zubehörteile sind schwer und teuer, und deshalb verzichtet man meist auf die Möglichkeit, Seitenfenster zu öffnen und begnügt sich mit festen Fenstern. Lediglich bei Motorjachten werden größere Fenster häufig zum Öffnen eingerichtet. Hinsichtlich der Lüftung der Yachten sei bereits an dieser Stelle bemerkt, daß man bei Trennung der beiden Gebiete *natürliche Beleuchtung* und *Lüftung* sehr viel vorteilhafter verfährt und zudem die Möglichkeit bekommt, das Eindringen von Regen- und Seewasser zu vermeiden (über Lüftung s. auch Abschnitt 88).

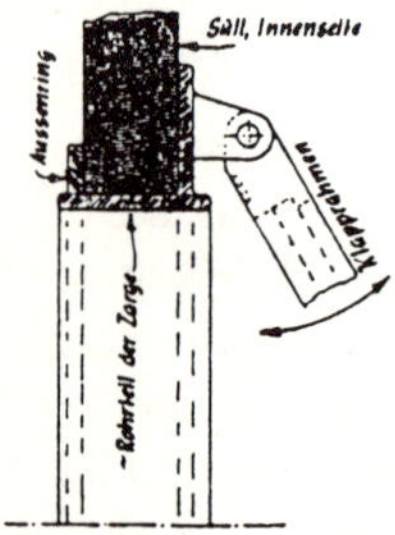

Zeichnung 250: Klappbares, rundes Schiffsseitenfenster. Ovale Fenster sind entsprechend zu denken.

Die klappbaren Seitenfenster bestehen im allgemeinen aus einem gegossenen Rahmen, der von innen an das Süll gesetzt wird. Durch die Holzöffnung ragt nach außen ein rohrförmiger Teil, dessen *Rohrlänge* der Stärke des Süllholzes derart angepaßt ist, daß das Rohr zur Aufnahme des Außenrahmens nach außen genügend weit vorsteht (Zeichnung 250). Kleinere Fenster haben den Außenrahmen oder -ring am Grundkörper angebaut und müssen von außen eingesetzt werden. Für die Lager der Verschraubungen müssen entsprechende Ausschnitte im Holz vorgesehen werden.

Für Binnen-Motorboote baut man auch hölzerne Fensterrahmen, die zum Aufklappen eingerichtet sind (Zeichnung 251). Die einfachste Ausführung dieser Rahmen ist rechteckig mit scharfen Ecken. Um deren *Schärfe* zu mildern, hat man vielfach die Rahmen oben mit einem Bogen versehen und erhielt so eine häßliche Form. Es bleibt dann nur noch übrig, alle Ecken des rechteckigen Rahmens abzurunden (Zeichnung 252). Dadurch entsteht zwar noch mehr Arbeit, aber das Ergebnis ist durchaus annehmbar. Das Verleimen wird empfohlen.

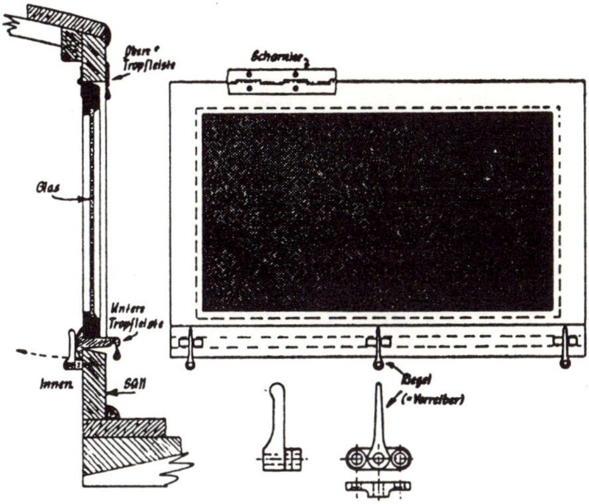

Zeichnung 251: Hölzernes Klappfenster für Motorboote. Obere Tropfleiste fest am Süll, untere fest an Unterkante Rahmen. Scharnier kann ein- oder aufgesetzt werden. Wird dafür das durchlaufende, sogenannte "Klavierband" genommen, so muß auch der Stift aus Messing oder dergleichen sein. Zahlreiche Riegel (auch an den Seiten) erhöhen Dichtigkeit und verhindern das Klappern

Das Verkitten der Glasscheiben in den Holzrahmen ist eine unvollkommene Glasbefestigung. Glaserkitt trocknet im Laufe der Zeit ein, die Scheibe wird lose und undicht und klappert infolge der Erschütterungen, die das Boot durch den Motor erhält. Deshalb setzt man die Scheiben mit einem U-förmigen Gummistreifen ein. Auch die klappbaren Holzrahmen klappern leicht. Man sieht am einfachsten an den vier Ecken starke Vorreiber (Riegel) vor, die über keilförmige Auflager auf die Rahmen drücken und sie in ihrem Bett festhalten (Zeichnung 251).

Da die Drehachse dieser Klappfenster waagerecht liegt, öffnen sie nach innen oben. In geöffnetem Zustand werden sie durch passende Riegel oder Aufhängevorrichtungen festgehalten.

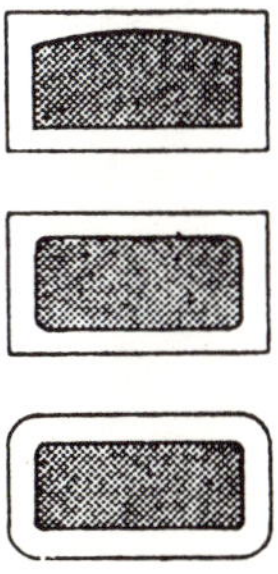
Zeichnung 252: Drei verschiedene Formen für hölzerne Klappfenster.

Für die Tropen und manche anderen Gebiete werden Moskito-Blenden verlangt. Bei den Holzfenstern werden dafür besondere Holzrahmen hergestellt, die in den Rahmen der geöffneten Fenster eingeklemmt werden. Für diese Rahmen muß daher genügend Platz vorgesehen und die Bronzegase sehr sorgfältig auf dem Rahmen befestigt werden.

Feste Fenster werden im allgemeinen in der Form eingebaut, daß die Gläser unmittelbar in das Süll-Holz eingesetzt und verkittet werden. Es gibt hierzu Kittsorten, die nicht hart auftrocknen, sondern immer ein wenig geschmeidig bleiben. Sie werden vermutlich in der Weise hergestellt, daß statt des (trocknenden) Firnisses ein nichttrocknendes Mineralöl verwandt wird. Nach außen werden die festen Fenster durch eine aufgesetzte Blende abgeschlossen, die aus Metall oder Holz besteht (Zeichnung 253). Im Handel erhältlich sind runde und ovale Blenden sowie solche, die aus zwei auseinandergerückten Halbkreisen entstanden sind. Zu warnen ist vor einer elliptischen Form, weil nur eine wirkliche Ellipse gut aussieht. Diese ist aber nur eine Linie, während die sichtbare Blende aber ein Metallband von 20 bis 40 mm Breite ist, von dem man die Innen- und Außenkante sieht.

Die Metallblenden sind aus Messing gegossen, poliert und verchromt. Man vermeidet dadurch das Putzen des Messings. Außergewöhnliche Formen erhält man bei den Blenden, die man aus Messingblech ausschneidet. Auf diese Wiese kann man wie bei Holz *nach Maß arbeiten.* Holzblenden können zum Beispiel bei einem hellem oder weißen Aufbau sehr reizvoll aussehen, wenn sie aus Teak oder Mahagoni angefertigt sind.

Vom Kraftwagenbau her kommt die Möglichkeit, die Fenster ganz in Gummi einzusetzen. Der Gummistreifen ist dabei so breit, daß er gleichzeitig die *Umrahmung*, also die Blende des Fensters darstellt. Es handelt sich um ein mit einem Riegel oder einem *Füller* versehenes Gummiprofil (ein sogenanntes *Füllerprofil*), das ursprünglich für in Stahlwände einzusetzende Fenster entwickelt worden ist (vergl. Zeichnung 254). Die für die Stahlwand vorgesehene Riefe ist auf etwa 8 oder 10 mm erweitert worden. Auf dieses Maß muß man nun das Süßholz um die Fensteröffnung abfräsen, denn das Süßholz ist ja - außer vielleicht bei ganz leichten Sperrholzbooten - stärker. Die dabei entstehende Kante entspricht genau der Fensterform und kann entweder nach innen oder nach außen oder auch nach beiden Seiten gelegt werden (Zeichnung

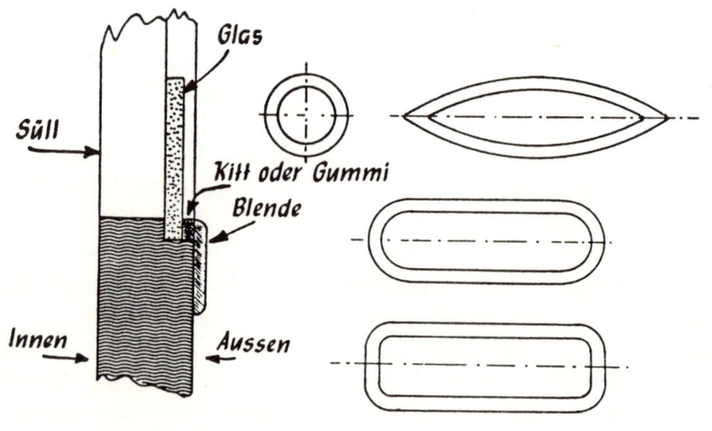

Zeichnung 253: Einfaches festes Fenster im Süll mit Metall-Blende sowie verschiedene Formen der vorgesetzten Blenden

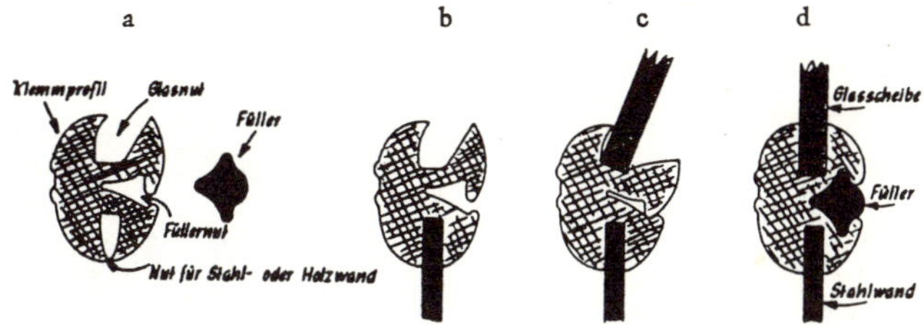

Zeichnung 254: a) Das Klemmprofil und der Füller, b) Das Einsetzen des Profils an die (feste) Wand, c) Das Einsetzen der (losen) Glasscheibe; dabei Herunterbiegen des oberen Profillappens, d) Das fertig montierte Klemmprofil mit eingebrachtem Füller. Füllerseite = Innenseite. Bemerkungen zu d): Soll das an sich feste Fenster im Notfall als Notausgang benutzt werden, so wird von innen der Füller herausgerissen, wozu er mit einer oder zwei Schlaufen versehen werden kann

255). Das fertige Fenster kann sehr reizvoll aussehen. Es kann jede beliebige Fensterform hergestellt werden, sofern der Minimal-Radius des betreffenden Gummiprofils nicht unterschritten wird. Zur Zeit liegt er unseres Wissens bei 60 mm. Denjenigen Wassersportlern, die gern besonders merkwürdig geschwungene Fenster lieben, ist hier jede Möglichkeit gegeben. Wesentlich ist, daß die Fenster einfach einzubauen, daß sie wasserdicht sind, nicht klappern und sehr billig sind. Übrigens lassen sich die vorerwähnten hölzernen Motorbootsklappfenster ebenfalls als Gummifenster herstellen, wobei als hölzerner Fensterrahmen (Bootsbau-) Sperrholz empfohlen wird (Zeichnung 256).

Das Einbauen der Gummifenster ist recht einfach; die Glasscheiben werden passend für die betreffende Öffnung und nur um das Maß der inneren Breite des Gummiprofils verkleinert zugeschnitten.

Oberlichter werden in Räumen verlangt, die durch Seitenfenster nicht genügend natürliches Licht erhalten. Hier unterscheiden wir ebenfalls feste und aufklappbare Oberlichter.

Auch hier sind die zum Öffnen eingerichteten Oberlichter teurer als die anderen. Sie besitzen darüber hinaus noch zwei weitere große Nachteile: Die Schwierigkeit, sie wasserdicht herzustellen (und zu halten), und die Empfindlichkeit gegen unachtsame Behandlung sowie gegen zu starke einseitige Belastung. Müssen auf einer Yacht plötzlich Segel geborgen oder gerefft werden und tritt hierbei ein Mann unabsichtlich auf die Ecke eines geöffne-

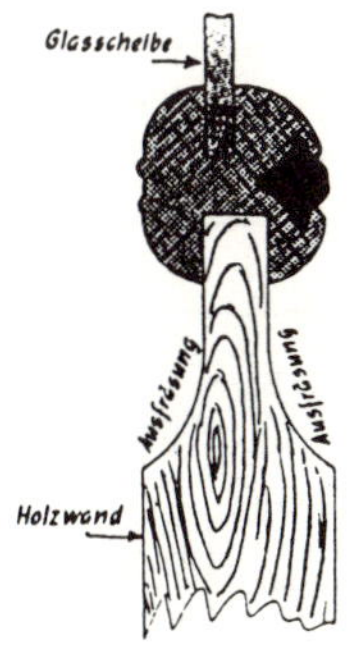

Zeichnung 255: Ein Klemmprofil mit weiter Nut für Holzwände

ten Oberlichtes, so wird es fast immer beschädigt werden. Deshalb wird dringend empfohlen, zuvor streng zu prüfen, ob nicht auch ein festes Oberlicht genügt. Die Lüftung muß dann durch spezielle Lüfter erfolgen, was dann allerdings auch bei schlechtem Wetter möglich ist, wenn das Klapp-Oberlicht längst geschlossen sein muß. Ein Punkt spricht allerdings für das Klappoberlicht: Man kann es als Notausgang verwenden, wenn seine Öffnung groß genug ist. Deshalb sollte man ein festes Oberlicht nach Möglichkeit auch so konstruieren, daß es im Notfall von innen her gelöst und hochgehoben werden kann, um die Luke freizugeben.

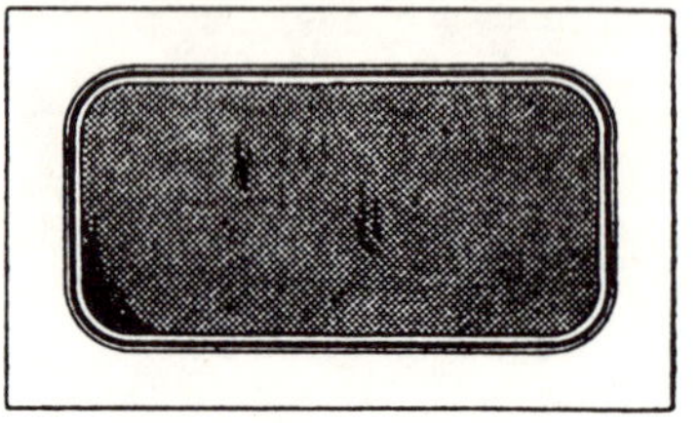

Zeichnung 256: Ein (klappbarer) Fensterrahmen aus Sperrholz. Ein Gummi-Klemm-Profil hält die Glasscheibe

Das einfachste feste Oberlicht ist ein rundes Schiffsfenster, wie es unter dem Namen Bulleye bekannt ist. Es wird auf das Deck, den Lukendeckel oder das Aufbaudeck aufgeschraubt. Auf das Aufbaudeck könnte man auf jeder Seite eine Reihe derartiger Fenster hintereinander setzen, um den Raum ausreichend zu beleuchten (Zeichnung 258).

Man kann das Aufbaudeck (wenn es nur einseitig gekrümmt ist) ganz oder teilweise aber auch aus durchsichtigem, starkem Kunststoff bauen und erhält somit eine Art Glastempel, in dem es an Licht nicht mangelt und von dem aus ein großer Teil des Himmels oder der Takelage beobachtet werden kann. Leider sind zur Zeit die hierfür erforderlichen Kunststofftafeln noch recht teuer; obendrein ist ihre Oberfläche im Gegensatz zu Glas nicht kratzfest. So muß ein derartiges Deck oder Oberlicht sehr schonend behandelt werden. Immerhin würde es durch Betreten lediglich Schrammen erhalten, nicht aber zerbrechen können. Für Lukendeckel, Schiebekappen und dergleichen scheint indessen die durchsichtige Kunststoffplatte sehr geeignet zu sein (vergl. Abschnitt 82).

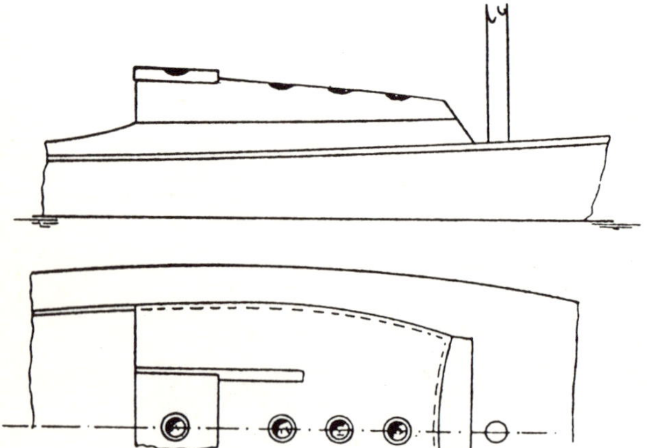

Zeichnung 257/ 258: Einfaches Oberlicht durch auf das Aufbaudeck und die Schiebekappe aufgesetzte runde, feste Fenster

Ein festes, im Notfall abwerfbares hölzernes Oberlicht

zeigt die Zeichnung 259. Es sitzt wie eine Käseglocke über einem starken und möglichst hohen Süll, das die Decksöffnung umschließt. An diesem Süll ist es innen durch Verriegelung befestigt.

Es liegt nahe, die ganze *Käseglocke* in einem Stück aus durchsichtigem Kunststoff herzustellen. Abgesehen von dem Gedanken des Notausganges und der dafür notwendigen Mindestgröße der Luke von etwa 400 x 350 mm könnte man die Kunststoffglocke bei gleicher Lichtwirkung etwa halb so groß wie das Holzoberlicht anfertigen. Beim Holzoberlicht bleibt dann für die Lichte Glasdurchsicht bestenfalls auch nur die Hälfte der Fläche übrig, die die Luke einnimmt. Bei der Kunststoffglocke gibt es keinen Abzug (vergl. Zeichnung 259 und 260).

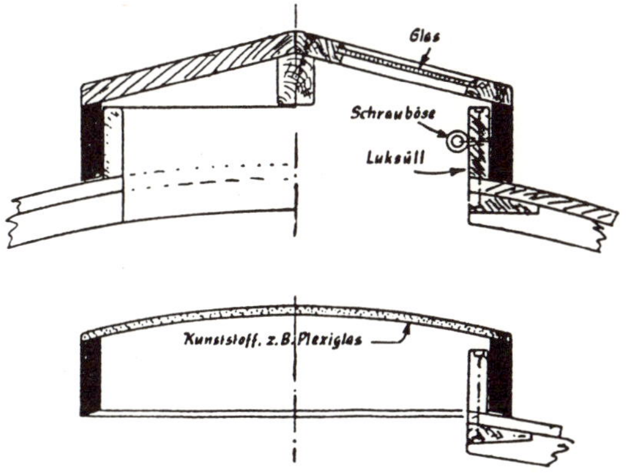

Zeichnung 259: Festes, also nicht aufklappbares, aber abnehmbares Oberlicht. Oben: die altbekannte Holz-Konstruktion mit eingesetzten Glasscheiben. Unten: Oberlicht mit durchsichtigem Kunststoffdeckel. Bei gleicher Grundfläche hat die untere Version eine etwa 60% grössere Lichtfläche

Die Herstellung einer derartigen durchsichtigen Glocke dürfte denjenigen Werften, die glasfaserverstärkte Kunststoffboote bauen, keine Schwierigkeiten bereiten. So dürfte es möglich sein, einen Hersteller für diese Glocken zu finden. Ein oder zwei Größen oder Formen müßten genügen; nach ihnen könnten sich die Werften oder Konstrukteure beim Entwurf der Boote richten.

Bei den klappbaren Oberlichtern, die im allgemeinen nach Zeichnung 261 gebaut werden, macht es Schwierigkeiten, dem Wasser den Weg durch das Scharnier zu verbauen. Es wird zwar eine Längsrinne eingebaut, die nach vorn und achtern durch das Quersüll hindurchläuft und hier entwässern kann; aber die Wassertropfen haben selten die Absicht, in diese Rinne hineinzutropfen. Sie laufen vielmehr an der Unterkante des (klappbaren) Fensterrahmens entlang bis zu dessen tiefstem Punkt, und dort tropfen sie ab. Dieser

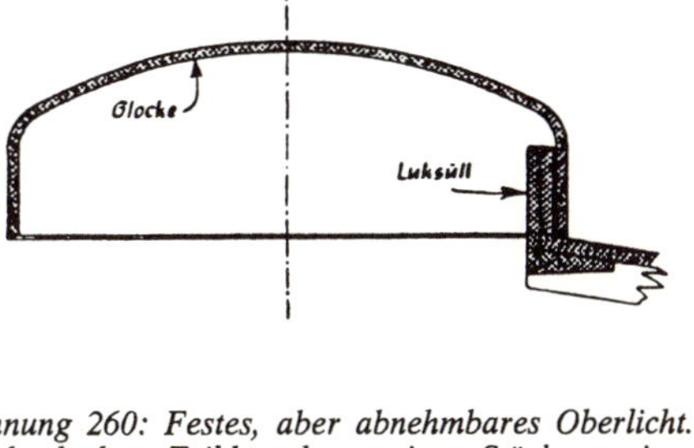

Zeichnung 260: Festes, aber abnehmbares Oberlicht. Der abnehmbare Teil besteht aus einem Stück, aus einer aus durchsichtigem Kunststoff hergestellten Glocke

Punkt liegt aber bereits neben der Rinne.

Merkwürdigerweise findet man nur selten Oberlichter, bei denen den Gewohnheiten der Wassertropfen Rechnung getragen und an dem (klappbaren) Rahmen über der Rinne eine Leiste angebracht ist, um an dieser den Tropfen zum Verlassen des Rahmen zu zwingen. Die Zeichnung 262 zeigt einige Möglichkeiten, eine *Abtropfleiste* anzubringen.

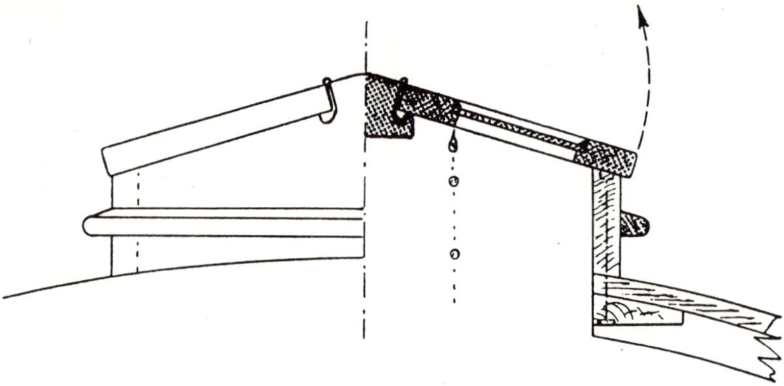

Zeichnung 261: Das übliche, aufklappbare Oberlicht in Ansicht und Querschnitt. Die Rinne für Leckwasser ist nutzlos, da Wasser stets an der tiefsten Stelle des nassen Körpers abtropft

Werden die Rahmen in der üblichen Weise verglast, so bleibt immer ein Rest Wasser auf dem Glas und dem Kitt stehen und bewirkt an dieser Stelle ein Verwittern der Baustoffe (Zeichnung 263). Die unausbleibliche Folge ist eine Leckage, für die es keine Abtropfleiste und keine Wasserrinne gibt. Max Oertz hatte vor vielen Jahren vorgeschlagen, kleine, mit dünnen Kupferrohren ausgefütterte Speigatten in die Rahmen oberhalb der Gläser einzubauen, um das letzte Wasser abzuführen (Zeichnung 264). Der Gedanke ist sehr gut, läßt sich aber nur bei größeren Oberlichtern und auf größeren Fahrzeugen durchführen, da man nur hier die für die Konstruktion nötigen Holzstärken vorfinden wird. Zudem ist sorgfältige Pflege notwendig, denn durch kleine Staubteile setzen sich die engen Bohrungen schnell dicht.

Es bliebe noch übrig, an einen witterungsbeständigen Kitt-Ersatz zu denken oder Gummiumrandungen zu verwenden, die in Abschnitt 80 erwähnt sind.

Verzichtet man darauf, Glas für die Fenster zu nehmen, so kommt man zu einer anderen Konstruktion (Zeichnung 265). Die durchsichtige Kunststoffplatte

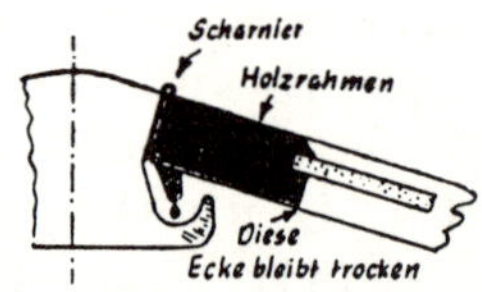

Zeichnung 262: Die Abtropfleiste zwingt den durch das Scharnier eingesickerten Wassertropfen, an ihr selbst abzutropfen und in die Wasserrinne zu fallen. Die Unterkante des Holzrahmens bleibt trocken

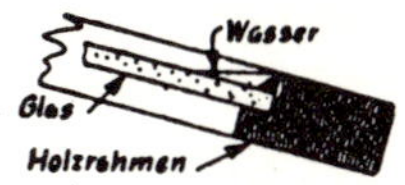

Zeichnung 263: Über dem Glas bleibt etwas Wasser stehen und zerstört den Kitt und damit die Wasserdichtigkeit

Zeichnung 264: Ein kupfernes Lenzrohr durch den Rahmen soll das stehenbleibende Wasser abführen

wird nicht in einen Falz, sondern oben auf den glatten Rahmen und durch Holzschrauben an ihm befestigt. An dieser Stelle läßt sich leicht eine wasserdichte Packung dazwischensetzen.

Einen andere Möglichkeit besteht darin, die Platte durch einen rundherum angeklebten Rand zu einer kleine *Glokke* auszubilden, die über den hölzernen Rahmen gestülpt und dann nur von außen verschraubt wird. Man kann aber auch ganz auf das Schrauben verzichten und statt dessen kleben (Zeichnung 266).

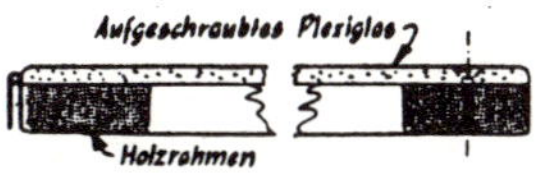

Zeichnung 265: Oberlichtrahmen aus Holz mit aufgeschraubter Platte aus durchsichtigem Kunststoff

Aufstellvorrichtungen für klappbare Oberlichter sollen eigentlich so schwach gebaut sein, daß sie beim Betreten auf jeden Fall sofort zerbrechen und auf diese Weise den Rahmen des Oberlichts selbst retten. Deshalb werden oft als Aufsteller nur leichte, klappbare Holzstäbe vorgeschlagen, die sehr schnell ersetzt werden können (Zeichnung 267). Ob ein Aufsteller in der Mitte der Luke oder zwei an den Ecken vorgesehen werden, ist Ansichtssache.

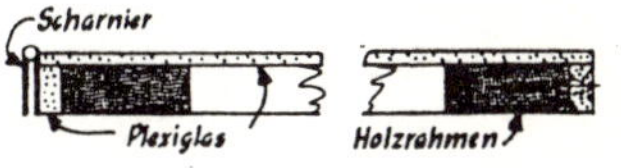

Zeichnung 266: Ähnlich wie Zeichnung 265. Aus dem Kunststoff ist eine Art Glocke angefertigt worden, die über den Holzrahmen gestülpt wird

Aufsteller aus Metall sind im allgemeinen so fest, daß sie das Gewicht eines Menschen tragen können; sie sollten zu zweit an den Ecken des Rahmens angebracht werden. Es gibt verschiedene Modelle von unterschiedlicher Größe, die teilweise gleichzeitig zum Verschließen des Oberlichtes eingerichtet sind, so daß dieses von außen nicht geöffnet werden kann. Wichtig ist bei diesen Aufstellern, daß der Aufstellarm bei geschlossenem Oberlicht nicht nach unten in den Raum hineinragt. Nur bei größeren Deckshöhen oder inneren Oberlichtschächten (größere Süllhöhe) ist dieser Arm ungefährlich.

Die Scharniere für die Rahmen müssen derart eingebaut werden, daß sie von außen nicht abgeschraubt werden können, wenn das Oberlicht geschlossen ist. Daher müssen von außen aufgelegte Scharniere (die früher mit vielen *verzierenden* Schnörkeln versehen wurden) mit Durchbolzen und innen angebrachten Sicherungen versehen werden. - Oft werden die mit Glas versehenen Rahmen durch

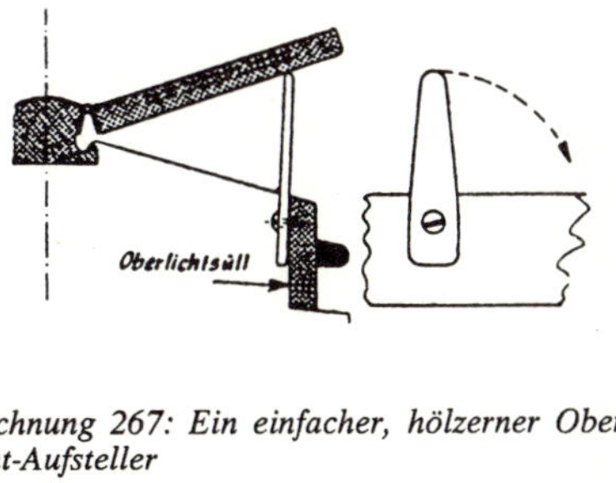

Zeichnung 267: Ein einfacher, hölzerner Oberlicht-Aufsteller

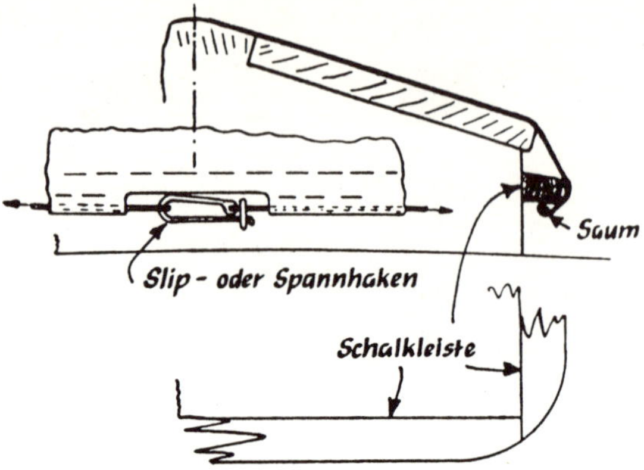

Zeichnung 268: Oben: Luke mit Persenning in Ansicht und Querschnitt. Unten: Die Schalkleisten an einer Lukenecke, von oben gesehen

Schutzgrätinge armiert, um die Gläser gegen Bruch zu schützen. Leider nehmen diese Grätinge bedeutend mehr Licht weg, als der Verkleinerung der Durchsicht-Fläche durch die Stäbe entspricht.

Gegen Seeschlag ist ein Oberlicht nur schwierig zu schützen. Man hat die Auflageflächen für die klappbaren Rahmen mit weichen Gummistreifen versehen und den Rahmen sodann durch entsprechende Verschraubungen auf dieses Gummi heruntergedrückt. Man bedenke aber, daß der obere Teil des Rahmens durch die Scharniere gehalten wird und sich nur herunterpressen läßt, wenn man sich Spezialscharniere mit auf- und niederstehenden Langlöchern anfertigt.

Der Seemann schalkt gern Luken ein, um sie gegen Seeschlag zu schützen. Hierzu verwendet er passende Persenninge, die über die Luke gezogen und dort befestigt werden. Dazu ist aber eine Befestigungsmöglichkeit notwendig, die sich nur an einem Lukensüll von angemessener Höhe anbringen läßt. Demgegenüber steht das bestreben, Oberlichter, sofern sie nicht gerade auf dem Hauptdeck angebracht sind, möglichst niedrig zu halten, weil ein hohes Oberlicht nicht so elegant aussieht und einen größeren Luftwiderstand bildet. In unserem Fall muß das Süll so hoch sein, daß eine Schalkleiste vorgesehen werden kann (Zeichnung 268). Diese Leiste läuft wie eine Scheuerleiste um das ganze

Oberlicht, steht an den Ecken etwas vor und bietet einer Persenning sicheren Halt. Die Persenning erhält in ihrem Untersaum ein zugepaßtes rostfreies Stahlseil, daß mit einem Spannhaken möglichst fest durchgesetzt wird.

82. Luken

Luken sind Decksöffnungen, die zum Betrieb des Fahrzeuges notwendig und mit mehr oder minder dicht schließenden Deckeln versehen sind. Im Prinzip tauchen hier dieselben Probleme auf, die im vorangegangenen Abschnitt 81 behandelt wurden. Die Abwehrmaßnahmen gegen das Eindringen von Regenwasser und Seeschlag müssen deshalb

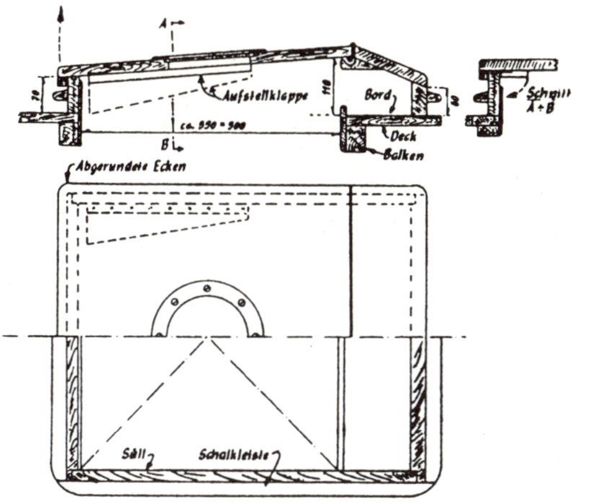

Zeichnung 269

durchaus ähnlich sein. Seeschlag ist bei diesen Luken stärker zu erwarten als bei Oberlichtern, da sie oft auf dem Hauptdeck und auf dem Vorschiff liegen. Eine Vorschiffsluke ist eine bootsbauliche Spezialität und muß daher eingehend besprochen werden.

Sie dient dem Menschen als Durchgang. Daher beträgt ihre Mindestgröße etwa 50 x 50 cm. Bei größeren Fahrzeugen wird man über das Mindestmaß hinausgehen müssen, weil durchzugebende Gegenstände, zum Beispiel Seesäcke, größer sind.

Die Vorschiffsluke muß nach vorn aufklappen, damit sie eine von vorn kommende See schließen und nicht öffnen kann. Für den festen Teil des Scharniers erhält die Luke einen kleinen Vorbau, der meist ein kleines Bord - nämlich das Deck - birgt, das gern zum Ablegen von Werkzeugen benutzt wird (Zeichnung 269). Am hinteren Ende des Vorbaus sitzt oben eine Rinne, die das durch den Scharnierschlitz eingedrungene Wasser auffangen soll. Auch hierher gehört eine Abtropf-Vorrichtung wie beim Oberlicht.

Gern wird diese Luke zu Lüftungszwecken verwandt. Sie bleibt dabei etwa 10 cm an der Hinterkante geöffnet, so daß Regenwasser kaum nach unten gelangen kann. Um den Deckel an dieser Lage festzuhalten, erhält er an seiner Unterseite zwei Kehlstücke, die mit Scharnieren befestigt und durch Vorreiber gehalten werden.

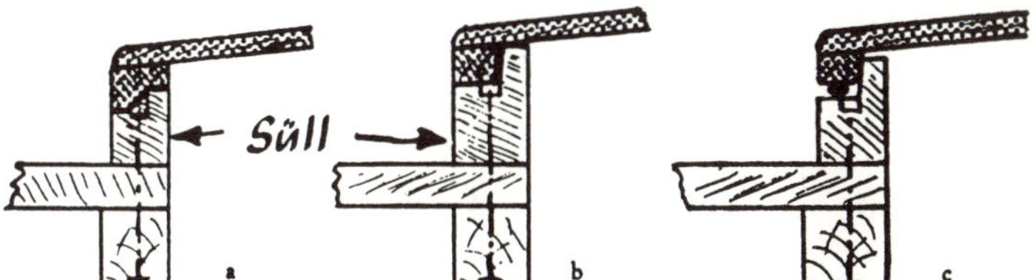

Zeichnung 270: Eine Luke mit niedrigem Luksüll. Verschiedene Möglichkeiten, die Luke nicht zu undicht werden zu lassen: a) Süll abgeschrägt; b) Süll abgesetzt; c) wie bei b), jedoch mit weicher Packung, auf die der Deckel mit seinem Rand heruntergepreßt werden soll. Vorrichtungen hierzu siehe Zeichnung 271

Für die Beleuchtung des Vorschiffs setzt man gern ein rundes festes Fenster in den Vorschiffslukendeckel. Der ganze Deckel kann aber auch aus starkem durchsichtigen

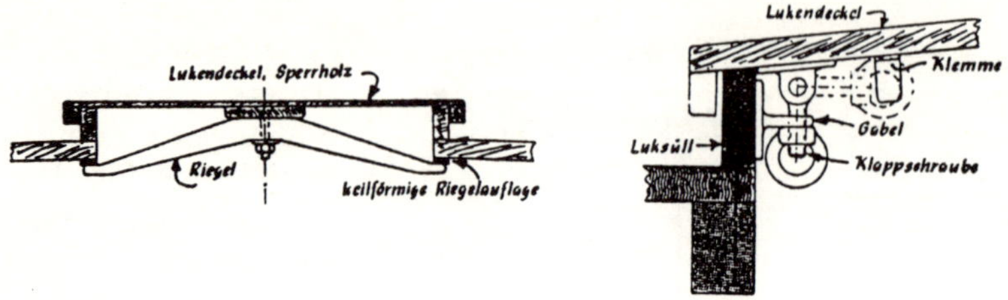

Zeichnung 271 a und b: Querschnitte durch eine Luke, die durch einen großen hölzernen Quer-Riegel auf Anzug verschlossen wird. - Hintere Ecke einer Luke im Längsschnitt. Am Lukensüll ein gabelförmiger Beschlag, in den die Klappenschraube hineingeschwenkt wird. Klappschraube (mit Korbmutter) fest am Deckel. Hochgeschwenkt wird sie in einer Klemme gehalten

Kunststoff oder aus Sperrholz in passender Holzart hergestellt werden.

Wasserdichtigkeit gegen Seeschlag wird auf verschiedene Weisen angestrebt. Die Zeichnung 270 zeigt mehrere Möglichkeiten, wobei hinsichtlich der Gummipackung auf den Abschnitt 81 hingewiesen wird. Am sichersten wird das Ziel erreicht, wenn man das Süll so hoch aufbaut, daß eine Schalkleiste um die Luke mit ihrem Vorbau herumgeführt und eine passende Lukenpersenning darübergespannt werden kann.

Der Verschluß wird im allgemeinen innen durch Riegel aus Holz oder Metall abgebracht. Hierbei können die hölzernen Riegel auch auf Anzug wirkend gebaut sein oder durch Beschläge mit klappbarer Schraube ersetzt werden (Zeichnung 271b).

Heckluken sind wegen ihrer gesicherten Lage einfacher zu bauen. Man soll aber auf den Verwendungszweck des Bootes Rücksicht nehmen und sie diesem anpassen.

Bei Segelyachten befindet sich sehr oft eine Luke im Deck vor dem Ruderschaft oder hinter der Plicht (Zeichnung 272). Diese Luke kann man im Ganzen nicht aufklappen, da die Ruderpinne dieses verhindert. Nur eine Notlösung wäre es, den Deckel lose aufzulegen und durch Bügel und Haken gegen Überbordfallen zu sichern. Soll die Luke benutzt werden, so muß der Deckel umständlich entfernt und *irgendwohin* gelegt werden.

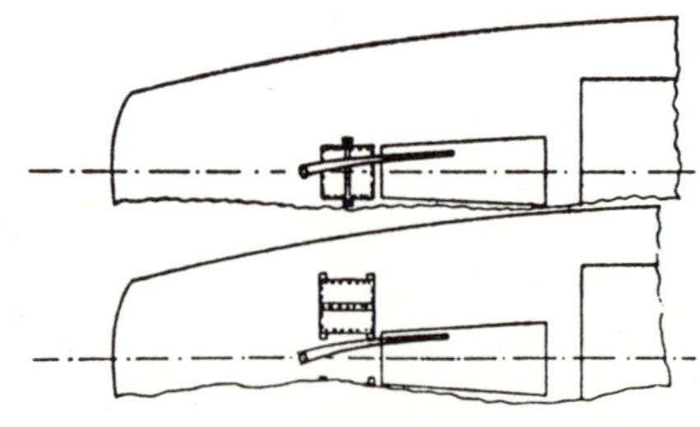

Zeichnung 272: Eine Segelyacht mit einer Heckluke unter der Ruderpinne. - Diese Luke ist schlecht zugänglich, der Deckel kann nicht in Scharnieren gehalten werden.

Zeichnung 273: Dieselbe Yacht mit 2 Heckluken, die gut zugänglich sind. Lukendeckel geteilt, in Scharnieren fest; sie müssen wegen der See stark und dicht schließend gebaut sein

Besser ist es, den Deckel einer solchen Luke zweiteilig zu machen und die beiden Hälften zur Seiten klappen zu lassen (Zeichnung 273). Das Anbringen der Scharniere muß dabei aber in der Weise erfolgen, daß die flach an Deck liegende Deckelhälfte betreten werden kann, ohne daß es Bruch gibt.

83. Schiebekappen und Außentüren

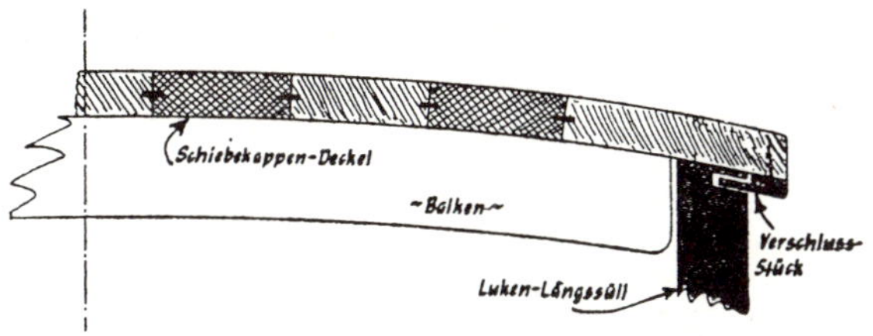

Zeichnung 274: Schiebekappe mit 2 flachen Metall-Leisten, von außen aufnehmbar. Deckel Massivholz, Planken durch Nut- und Metallfeder miteinander verbunden. Unten liegende Balken

Schiebekappen aus Holz über den Niedergängen finden wir auf allen gedeckten Booten. Sie sollen vor allem von vorn gegen Regen und Seeschlag dicht und leichtgängig sein. Zudem sollen sie einen gefälligen Anblick bieten und keine Kanten und Ecken aufweisen, an denen man sich stoßen oder an denen Tauwerk hängenbleiben kann. Wegen der erforderlichen genauen Arbeit wird Mahagoni- oder Teakholz verwandt.

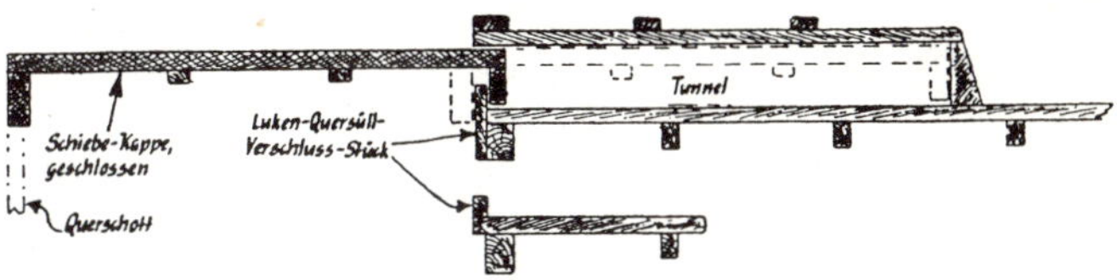

Zeichnung 275: Schiebekappe mit Tunnel. Das Luken-Quersüll dient als Verriegelung; es ist auf verschiedene Weise losnehmbar

Die Schwierigkeit bei der Konstruktion von Schiebekappen liegt in zwei Gründen: Einmal muß die Kappe mit ihren Gleitschienen montiert werden können, wobei ein vorderer und ein hinterer Begrenzungsanschlag für ihre Bewegung vorhanden sein muß. Sodann ist Seeschlag von vorn und damit ein Wassereintritt nur schwer zu verhindern. Dieser zweite Umstand hat dazu geführt, daß vielfach für die aufgeschobene Kappe ein vorn geschlossener Tunnel gebaut wird, in den die Kappe beim Öffnen hineingeschoben wird (Zeichnung 275 und 276).

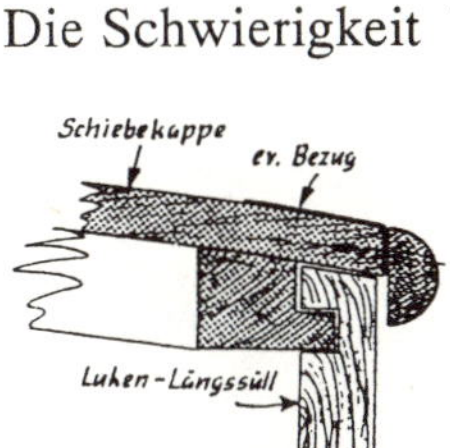

Zeichnung 276: Schiebekappe ganz aus Holz. - Außen aufgesetzte Halbrundleiste, die gleichzeitig einen Leinwandbezug halten könnte

Im Hinblick auf die Gleit*mimik* ist es am günstigsten,

wenn Metall auf Metall und nicht Holz auf Metall gleitet. Unter diesem Gesichtspunkt sollen die verschiedenen Möglichkeiten beurteilt werden. Zwar geht das Gleiten von Metall auf Holz geräuschloser vonstatten, doch ist die Abnutzung des Holzes relativ groß, und so muß es gelegentlich erneuert werden.

Die Zeichnung 276 zeigt eine Schiebekappenkonstruktion, die mit Ausnahme der Messingschrauben ganz aus Holz besteht. Bei der Ausführung muß aber sehr sorgfältig gearbeitet werden, denn das Holz wird bei Nässe quellen, und dann kann die Kappe nur schwer oder überhaupt nicht bewegt werden. Es ist also erforderlich, hier Hölzer zu verwenden, die durch ihre Art und ihre Vorbehandlung ein sehr geringes Arbeiten erwarten lassen.

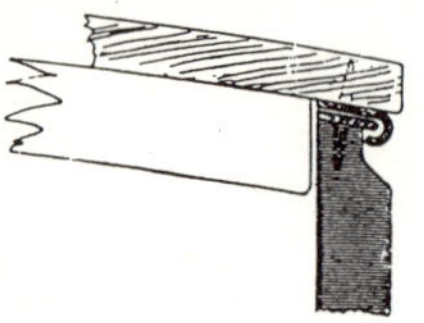

Zeichung 277: Schiebekappe mit einer festen und einer beweglichen Messing-Schiene

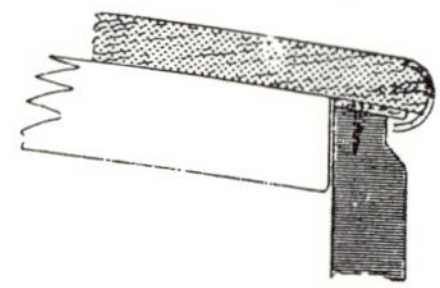

Zeichnung 278: Eine einfache Schiebekappen-Konstruktion. - Die Kappe ist von außen nach Entfernen der Halbrohr-Schiene abnehmbar

Die gleichen Forderungen für das Holz bestehen bei einem Kappendeckel. Er kann ja nicht so dick sein wie ein Deck, um dann kalfatert zu werden, soll aber trotzdem wasserdicht sein und bleiben. Vielfach wird ein Kappendeckel deshalb mit Nut und Feder gearbeitet, wie es die Zeichnung 274 zeigt. Ob aber die gewünschte Wasserdichtigkeit erreicht wird, ist trotzdem fraglich. Yachteigner mit größeren Erfahrungen ziehen daher mit Leinwand bezogene Deckel vor; sie stellen das Praktische über das Schöne.

Es liegt nahe, den Deckel in seinen Nähten und mit den ihn tragenden Balken zu verleimen. Diese Verleimung führt aber nur dann zum Erfolg, wenn das Deckelholz von sich aus nicht zu stark arbeiten wird und die innen oder außen liegende Balkenkonstruktion sehr stark ist, sowie gute Leim-Verbindungen mit den Deckelplanken aufweist, damit die Leimkraft größer als die Sprengkraft der arbeitenden Decksplanken sein kann.

Zeichnung 279: Schiebekappe mit zungenartiger Leiste unten. Diese wirkt als Verschlußstück. Das Entfernen der Halbrund-Metalleiste, die gegen Seeschlag sichern soll, macht allein die Kappe nicht abnehmbar

Die Zeichnung 277 zeigt eine Variante zu Zeichnung 274, mit der sie auch die erwähnten Montage-Schwierigkeiten gemein hat.

Leicht zu montieren ist die Kappe nach Zeichnung 278, die durch eine halbrunde

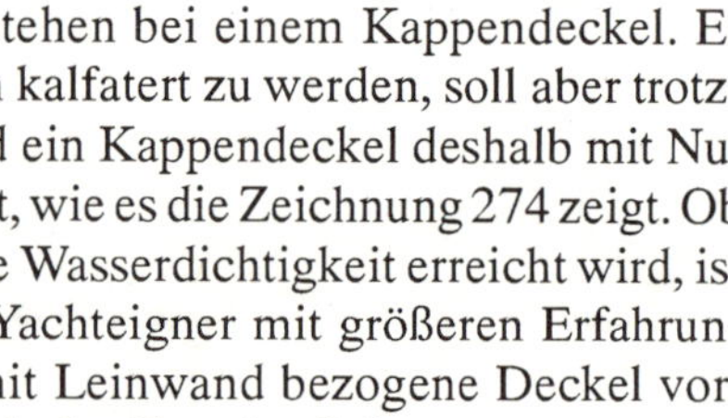

Zeichnung 280: Eine glatte Schiebekappen-Konstruktion. Das Verschluß-Stück wird von a u ß e n aufgesetzt. Sicher gegen seitlichen Seeschlag

Schiene von außen gehalten wird. Diese Schiene stellt man sich am einfachsten durch das Aufsägen eines Messingrohres in Längsrichtung her. Die von oben auf ihre Unterlage gesetzte Kappe kann von außen befestigt werden. Solche Einrichtung ist aber nicht diebessicher.

Sicherer ist die Konstruktion nach Zeichnung 279. Sie setzt allerdings Unter-Balken voraus, an denen eine in eine Rille greifende Zunge sitzt, die das Anheben des Deckels verhindert. Diese Zunge liegt im allgemeinen nur auf den Balken, ihre Breite entspricht also der Balkendicke. Natürlich gibt es hier wieder Montageschwierigkeiten, weil man die am vordersten Balken sitzende Zunge im Gegensatz zu den anderen nicht von unten befestigen kann. Man müßte dann darauf verzichten, gerade den vordersten Balken - der ja viel höher ist als die anderen und gegen Seeschlag von vorn Schutz bieten soll - mit einer Zunge zu versehen. Oder man müßte das Luken-Quersüll von unten losnehmbar anfertigen, wie es Zeichnung 279 zeigt.

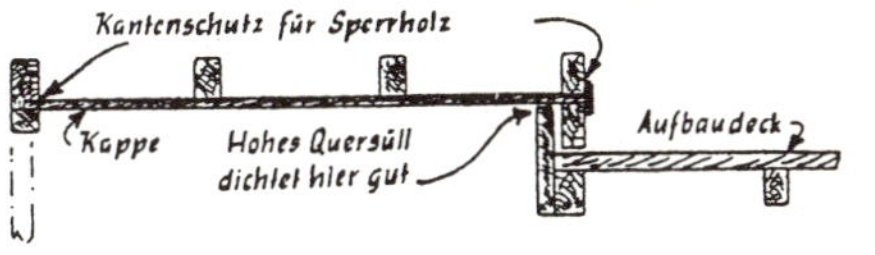

Zeichnung 281: Schiebekappe mit außen liegenden Balken. Sie kann ein sehr hohes Luken-Quersüll erhalten. Deshalb bessere Dichtung gegen Seeschlag von vorn. Vergleiche Zeichnung 275, bei der die Kappe unten liegende Balken und ein niedriges Süll hat

Eine sehr elegante Konstruktion zeigt Zeichnung 280; die hier dargestellte Kappe kann von oben geöffnet werden. Sie liegt an Bord an exponierter Stelle und erscheint rundherum vollkommen glatt und kantenlos, so daß keine Leine haken, kein Segel zerreißen und kein Ellbogen gestoßen werden kann. Allerdings wird viel Holz verbaut.

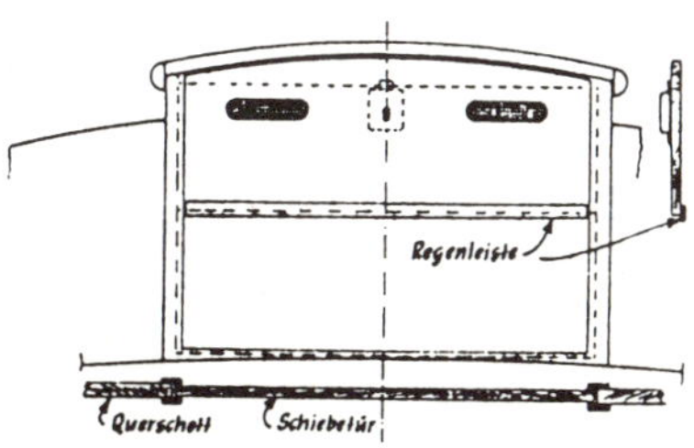

Zeichnung 282: Zweiteilige Vertikal-Schiebetür,; Oberteil mit Kastenschloß, das vor den Kappenbalken faßt, und mit zwei Luftschlitzen, die durch Metall-Gaze gesichert sind. Von außen gesehen

Wie bereits erwähnt, macht die Abdichtung an der Vorkante der Schiebekappe Schwierigkeiten. Werden die Balken unter den Deckel gelegt, so kann das den Lukenausschnitt vorn abschließende Lukenquersüll nicht hoch genug sein, um gegen Seeschlag sichern zu können, denn die Balken müssen ja noch über dem Süll Platz haben. In diesem Fall empfiehlt sich der eingangs erwähnte *Tunnel*. Ohne diesen kommt man zur Not aus, wenn man die Balken oben auf den Deckel legt. Dann ist die Unterkante des Deckels glatt und das Quersüll kann bis zu ihm hochgeführt werden (Zeichnung 281). Die oben auf dem Deckel liegenden Balken nehmen der Konstruktion aber wieder die erwünschte Glätte; sie müssen deshalb nach jeder Richtung gut abgerundet werden. Vielfach wird bei sonst unten liegenden Balken an der Hinterkante Kappe zusätzlich noch ein Balken auf die Kappe gesetzt. Dieser kann als Griff beim Aufschieben der Kappe verwandt werden; er bildet auch einen kleinen »Wellenbrecher« gegen von vorn überkommendes Wasser und gegen auf der Kappe stehende Regentropfen bei deren hastigem Aufschieben.

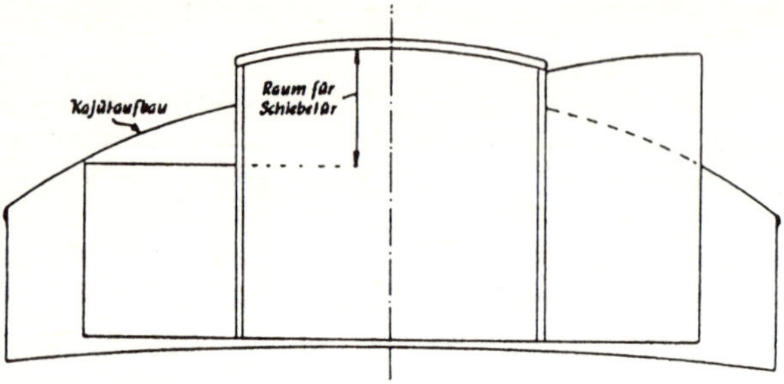

Zeichnung 283: Die Skizze zeigt einen Kajütaufbau mit Niedergang und offenen Türen, von achtern gesehen. Rechte Hälfte: Die Klapptür reicht bis oben unter die Schiebekappe. Geöffnet ragt sie über den Aufbau hinaus. Linke Hälfte: Die Klapptür verschließt nur etwa 2/3 der Öffnung. Sie wird nach oben durch ein von oben einzuschiebendes Brett ergänzt. Geöffnet stört sie nicht

Ergänzend sei noch bemerkt, daß als Baustoff für den Deckel Sperrholz recht geeignet ist, da es dicht bleibt. Besonders die Konstruktion nach Zeichnung 280 ist für Sperrholz sehr geeignet, da sie die Längskanten automatisch schützt. Die Querkanten müssen auf andere Weise geschützt werden, zum Beispiel durch den erwähnten oben sitzenden und nach hinten etwas übergreifenden Querbalken (Zeichnung 281).

Eine Schiebekappe schließt fast stets an eine senkrechte Wand an, meist an ein Querschott. In diesem Schott entsteht eine Öffnung, die durch eine Tür verschlossen werden muß. Bei den meisten Segelyachten liegt diese Tür wie die Schiebekappe im Hauptverkehrszentrum des Fahrzeugs und steht zumindest während der Tageszeit bei normalem Wetter offen. Die Tür muß daher so konstruiert sein, daß sie im geöffneten Zustand nicht im Weg ist.

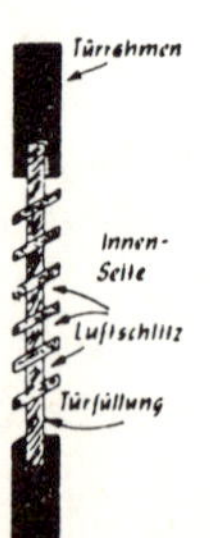

Zeichnung 284: Eine Tür mit jalousieartigen, schräg gestellten Schutzleisten in den Lüftungsschlitzen, die mit Erfolg den Regen abhalten

Am einfachsten ist die von oben nach unten eingeschobene Schiebetür (Zeichnung 282).

Wird dabei die in Nuten fahrende Tür in Querrichtung mehrfach unterteilt, so lassen sich über Tage die einzelnen Teile sehr leicht in einer Koje oder Segelkoje verstauen; zur Nacht oder bei schlechtem Wetter können sie nach Belieben eingefahren werden.

Bei Türen, die um eine senkrechte Achse klappen, wird man sie in der Mitte unterteilen. Dabei wird die aufgeklappte Türhälfte etwas Platz von der Plichtlänge wegnehmen und auch ein wenig die Aussicht nach vorn stören, besonders, wenn die Balkenbucht im Aufbau stark ist (Zeichnung 283). Man kann hier abhelfen, indem man die Halbtür am Tage aushängt und verstaut oder sie nur etwa 3/4 der ganzen Türhöhe ausfüllen läßt und den obersten Teil durch einen von oben her eingesetzten Einschiebteil ergänzt. Dieser Einschiebteil dient als Querbalken, läßt leicht eine Verriegelungs- oder Verschlußmöglichkeit für Schiebekappe und Klapptür anbringen und kann leicht verstaut werden.

Es empfiehlt sich, in diesen (senkrechten) Türen Ventilationsmöglichkeiten vorzusehen, die das verschlossene Boot lüften können. Dafür genügen schon einfache Löcher in der Füllung der Tür oder im Türholz. Man muß aber auch damit rechnen, daß Regen gegen die Tür schlägt. Deshalb ist es besser, die Öffnungen als Luftschlitze auszubilden. Hierbei stehen die einzelnen Leisten etwas schräg, und das Regenwasser kann nach außen ablaufen (Zeichnung 284). Mitunter kann es recht zweckmäßig sein, von innen aus Bronzedraht hergestellte Gaze vor diese Luftöffnungen zu setzen, um das Eindringen von unerwünschtem tierischem Besuch (Insekten, Mäuse) zu verhindern.

84. Die offene Plicht

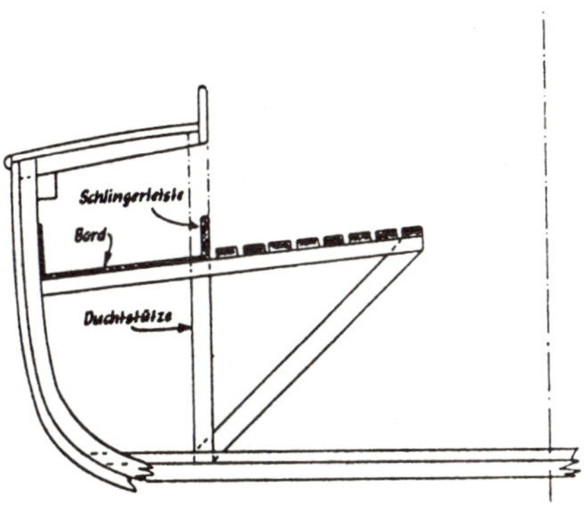

Zeichnung 285: Eine aus Latten gebaute Längsducht in einem offenen Boot. Die Duchtstütze kann leicht als Deckstütze verwandt werden. Unter Deck ergibt sich ein wertvoller kleiner Ablageraum

Unter einer offenen Plicht wird der Sitz- oder Aufenthaltsraum eines halbgedeckten Bootes verstanden, wenn dieser Raum zum Bootskörper hin nicht wasserdicht abgeschlossen wird. Jollen und offene oder halboffene Motorboote seien als Beispiel genannt.

Vielfach handelt es sich bei diesen Booten nur darum, über den Bodenwrangen eine gut begehbare Fläche sowie in der Plicht oder an Deck Sitzplätze zu schaffen.

Als Auflage für den Fußboden müssen besondere Fußbodenbalken vorgesehen werden, wenn nicht - wie es im Abschnitt 64 empfohlen wurde - die Bodenwrangen bis an den Fußboden oder die Bodenbretter heranreichen. Besondere Fußbodenbalken sind unerwünscht, weil ihre Befestigung am Boot schwierig ist und sich an den Befestigungsteilen leicht Feuchtigkeit mit entsprechenden Folgen bildet.

Die Bodenbretter werden leider oft recht stiefmütterlich behandelt. Hier wird auch bei Booten, die sonst an anderer Stelle hochwertige Hölzer aufweisen, aus falscher

Sparsamkeit nur minderwertiges Holz verwandt. Man bedenke aber, daß die Plicht der am meisten begangene Teil eines Boote ist und hier am ehesten Lack oder Farbe vom Holz abgetreten wird. Das Holz muß diese rauhe Behandlungsweise vertragen und darf sich auch bei Nässe in seinem Äußeren nicht verändern. Kiefernholz ist hierfür ungeeignet, selbst wenn es deckend gestrichen wird. Es würde durch die Wasseraufnahme von oben und unten so stark aufquellen, daß es nicht mehr an die ihm zugedachte Stelle paßt. Man bedenke, daß die Bodenbretter gerade auch bei nassem Wetter leicht aufnehmbar bleiben müssen, denn die darunterliegende Bilge muß gelenzt werden. Deshalb führe man die einzelnen Teile der Bodenbretter in kleinen, handlichen Tafeln aus, besonders diejenigen über der tiefsten Lenzstelle der Bilge. Bodenbretter dürfen nicht von einem Tischler angefertigt werden, weil dieser sie, trotz aller Mahnungen, zu genau aneinanderpassen und zu wenig Luft lassen würde. Die Folge wäre, daß die nassen Bodenbretter mit der Handspake ausgebrochen werden müßten.

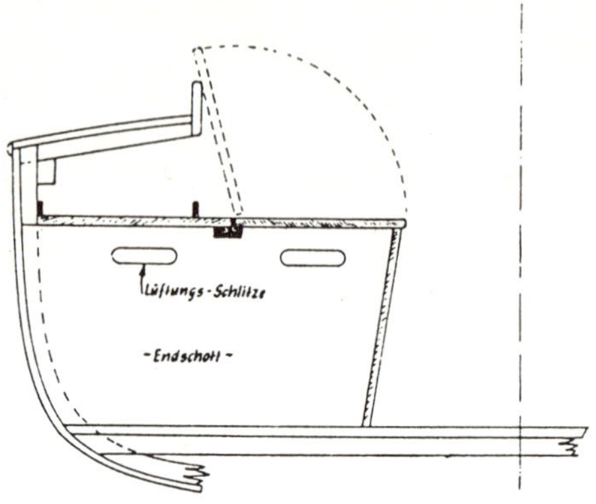

Zeichnung 286: Längsducht in einem offenen Boot, z.B. einem Jollenkreuzer, als Backskiste ausgebildet. Unter dem Scharnierschlitz ist eine Sicherung gegen Wasser anzubringen

Wegen der Glätte lackierten Holzes richtet man auch mitunter eine offene Plicht mit einer Gräting ein. Besonders eine Teakholzkreuzgräting ohne Lack verfügt über eine gute Standsicherheit. Dabei entsteht aber der Nachteil, daß jeder kleine Gegenstand, der aus der Hand fällt, in der Bilge landet und nur sehr umständlich wieder geborgen werden kann.

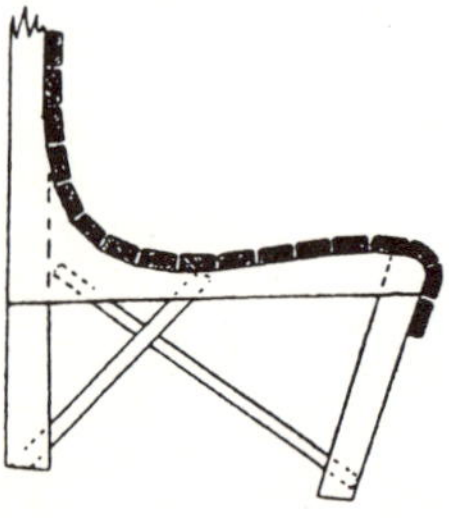

Zeichnung 287: Eine Lattenbank im Querschnitt

Die Sitzbänke auf Segelbooten sind überwiegend längsschiffs angeordnet. Bei Sportbooten sitzt man meist an Deck; hier ist bestenfalls eine kleine Gräting vorgesehen, und der Plichtrand darf nicht zu hoch sein. Auf größeren Sportbooten (zum Beispiel Jollenkreuzern) und Mietbooten werden in der Plicht selbst Bänke eingebaut. Diese Bänke liegen etwas tiefer als das Deck. So bietet sich die Möglichkeit, neben der meist als Lattenbank ausgebildeten Bank unter Deck ein kleines Bord zum Ablegen von Gebrauchsgegenständen vorzusehen (Zeichnung 285). Bei Segelbooten muß das Bord gegen Mitte Schiff mit einem hohen Süll gesichert sein.

Bei Jollenkreuzern, die viel Inventar an Bord fahren, sind Kastenbänke im vorderen Teil der Plicht sehr beliebt. Die mit Scharnieren versehenen Klappdeckel schlagen nach außen und müssen unter den Scharnieren die üblichen Sicherungen gegen Wasser erhalten. Das die Kastenbank nach hinten abschließende Querschott führt bis an die Außenhaut; man lasse hier nach Möglichkeit etwas Luft. Für Lüftungszwecke eignet sich dieses ebenfalls; über und unter Deck lassen sich geschützt liegende Luftöffnungen vorsehen (Zeichnung 286).

Motorboote sind mit ihren Sitzgelegenheiten, die querschiffs in der Plicht angebracht werden, sehr viel anspruchsvoller. Aus quer liegenden Latten lassen sich recht gut Holzsessel herstellen. Allerdings muß die Kurve, auf der die Latten befestigt werden (Zeichnung 287), sehr gut der Körperform des Menschen angepaßt werden. Werden die Bänke mit Polstern belegt, so ist die Arbeit für den Bootsbauer einfacher; er baut nur die Auflage für einen Polstersitz oder ein Schaumstoffkissen.

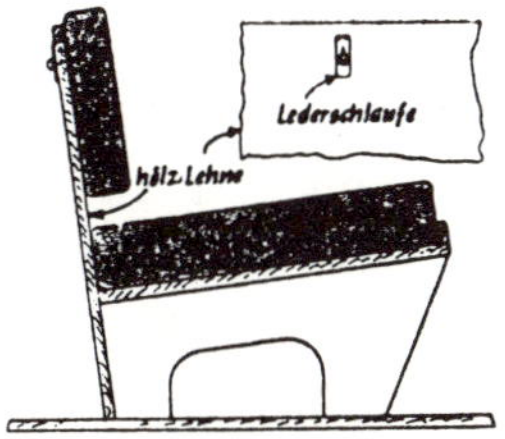

Zeichnung 288: Sitz mit aufgelegten und angehängten Polsterkissen

Richtige Polster sind mit stählernen Federn versehen, die leicht rosten und damit das ganze Polster zerstören können. Auch in den Nähten waaserdichte Polsterbezüge sind selten. Deshalb verwendet man heute auf offenen Booten gern ein Polstermaterial, das gegen Nässe umempfindlich ist. Hierzu gehört Schaum-Kunststoff, nicht aber Schaumgummi; man vergewissere sich aber, ob das Material wirklich nicht wie ein Gummischwamm Wasser aufsaugt. Eine solche Polsterung wird lediglich wie ein Kissen aufgelegt; man hat nur dafür zu sorgen, daß Sitz- und Rückenkissen durch Leisten ein genau zugepaßtes Bett erhalten. Steil- oder senkrecht stehende Rückenpolster sind durch Lederschlaufen zu befestigen (Zeichnung 288).

An der Innenkante des Plichtrandes (Lukensüll) wird auf manchen Booten eine Kunststoffpolsterung angebracht; sie ist besonders stark der Nässe ausgesetzt. Dies beachte man bei der Auswahl des Stoffs für die Polsterung, Bezug und für die Befestigungsnägel.

85. Die wasserdichte, selbstlenzende Plicht

Eine wasserdichte Plicht liegt in ihrem Deck oder Fußboden so hoch über der CWL, daß Wasser aus ihr durch eine entsprechende Rohrleitung nach außenbords ablaufen kann. Den Querschnitt einer solchen Plicht für ein Segelboot zeigt Zeichnung

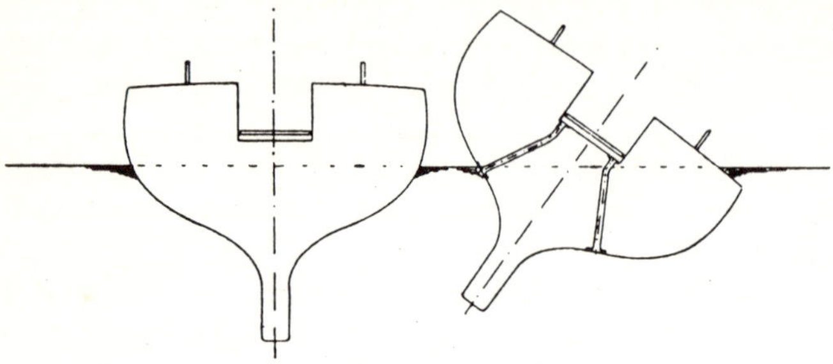

Zeichnung 289: *Eine wasserdichte, selbstlenzende Plicht in einer Segelyacht. Direkt verlaufende Lenzrohre. Bei mäßigen Neigungen bleibt der Plichtboden über dem Wasserspiegel. Es kann also Wasser, das von oben hereingekommen ist, abfließen*

289. Man sieht in der Zeichnung, daß auch bei Schlagseite die Plicht mit ihrem tiefsten Punkt höher als der Wasserspiegel liegt; nur dann kann Wasser aus ihr abfließen.

Der wasserdichte Plichtboden wird längsschiffs mit etwas Gefälle gebaut, damit kein Restwasser auf ihm stehenbleiben kann. Man kann ein Gefälle nach vorn oder nach achtern wählen. Nach achtern erscheint es vorteilhafter, weil der Nutzraum unter der Plicht dann an seinem Zugang ein wenig größer ausfällt.

Bei beiden Lenzrohre werden in den beiden gegenüberliegenden Ecken der tiefsten Stelle der Plicht angebracht; das Wasser muß auf dem kürzesten Weg nach außenbords gelangen können. Das (gerade) Rohr wird an beiden Enden mit Flanschen versehen, die mit Packungen an Plichtboden und Außenhaut befestigt werden. Bei Segelbooten wähle man verzinkte Stahlrohre mit einem möglichst großen Durchmesser, damit das Wasser im Bedarfsfall schnell ablaufen kann. Am Rohreingang sollte ein eingeschweißtes Kreuz aus 5 mm Rundstahl das Verstopfen verhindern (Zeichnung 290).

Mitunter werden die Lenzrohre über Kreuz eingebaut, wie es Zeichnung 291 zeigt. Dabei ist wohl der Gedanke maßgebend, daß bei sehr harter Schlagseite, wenn (bei einer Plicht die nicht hoch genug im Schiff sitzt) die Leekante der Plicht tiefer liegt als der Wasserspiegel, kein Wasser von außen in die Plicht laufen kann. In diesem Augenblick befindet sich das äußere Rohrende oberhalb des Wasserspiegels. Die Ansichten über den Wert dieser Bauweise sind indessen geteilt, denn im gezeichneten Fall kann ja auch kein Wasser aus der Plicht herauslaufen, das vielleicht als Spritzwasser hineingelangt ist! Außerdem verbaut die gekreuzte Rohrleitung den Raum unter der Plicht, der als

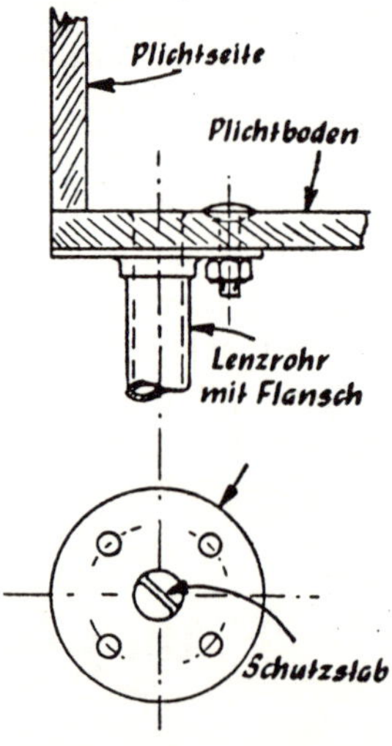

Zeichnung 290: *Lenzrohr einer Plicht aus zölligem Gasrohr. Auf den Flansch wurde ein Schutzstab geschweißt, der Fremdkörper fernhalten soll*

Stauraum oder Motorraum wertvoll ist. Zudem wird die Rohrleitung teurer und schwerer und verstopft leichter. Das beste bleibt daher immer, den Plichtboden möglichst hoch zu legen.

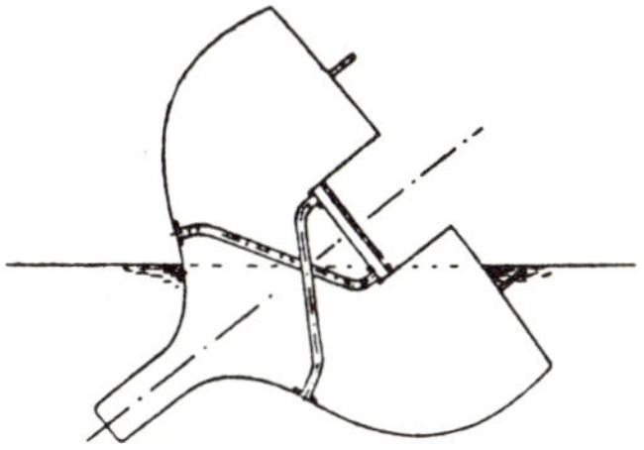

Zeichnung 291: Eine wasserdichte Plicht mit über Kreuz liegenden Lenzrohren. Bei starker Krängung kann der Plichtboden in Lee tiefer liegen als der Wasserspiegel. Es kann durch die Lenzrohre aber hier kein Wasser hineinlaufen. - Allerdings kann auch kein Wasser, das von oben hereingeschlagen wurde, herauslaufen

Bei Plattgattbooten kann man ohne die im Holzboot nicht sehr angenehmen Lenzrohre auskommen, wenn man die Plicht bis an den Spiegel führt und hier in Höhe Oberkante Plichtboden zwei Löcher bohrt (Zeichnung 292), durch die die Plicht entwässert. Der einzige Nachteil ist die mögliche Verschmutzung des Lackes am Spiegel unterhalb der Speigatten. Der Einwand, daß durch diese Lenzlöcher Wasser in die Plicht eindringen kann, wenn der Spiegel im Seegang einmal tiefer eintaucht, ist nicht stichhaltig; denn in diesem nur kurzen Augenblick würde das Wasser auch durch das übliche Lenzrohr in die Plicht gelangen.

Für das Boot ist es am besten, wenn der Plichtboden auf querschiffs bis zu den Spanten durchlaufenden Balken - die übrigens keine Balkenbucht bekommen würden - liegen kann. Wie es Zeichnung 293 zeigt, wird hierbei einmal recht viel Holz verbaut, vor allem aber der unter dem seitlichen Hauptheck befindliche Stauraum *unterteilt* werden und dadurch bedeutend an Wert verlieren. Man hilft sich deshalb meist auf die Weise, daß man die Plichtbalken nur unter der Plicht selbst einbaut und sie auf Stützen stellt, die ihrerseits mit den Bodenwrangen verbunden sind (Zeichnung 293).

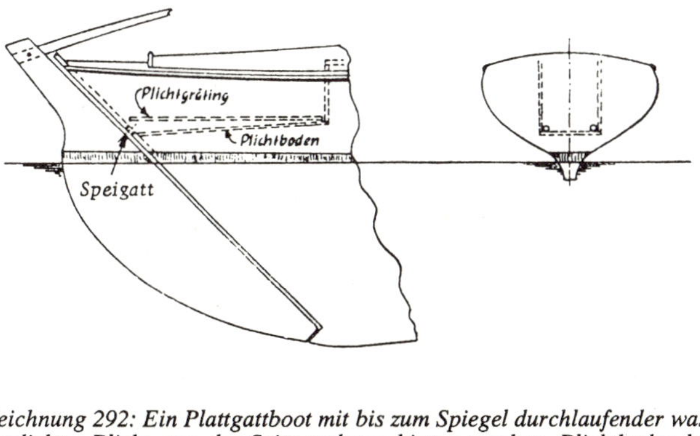

Zeichnung 292: Ein Plattgattboot mit bis zum Spiegel durchlaufender wasserdichter Plicht, von der Seite und von hinten gesehen. Plichtboden hat Gefälle nach achtern. Statt der Lenzrohre zur Außenhaut hat der Spiegel zwei Speigatten, durch die die Plicht lenzt

Auf dem Plichtboden liegt waagerecht die bereits erwähnte Gräting. Der Boden selbst wie die Plichtwände - diese speziell in ihrem unteren Teil - müssen wasserdicht ausgeführt werden. Will man den Boden in der üblichen Decksbauweise herstellen, so wird diese Arbeit recht schwierig. Ein Leinwandbezug verbietet sich, weil er durch die Auflage der Gräting bald durchgescheuert werden und ihm die lang andauernde

Feuchtigkeit auch schaden würde. Vielfach wird daher die Plicht mit Metall ausgekleidet, daß zu einer Art von Wanne zusammengelötet wird (Blei, Kupfer, Messing). Nachteilig ist hierbei, daß der Flanschanschluß für das Lenzrohr von unten einen schlechten Anschluß an die Blecheinlage bekommt. Ferner kann man nicht mit Sicherheit verhindern, daß von oben Wasser hinter den Wannenrand gelangt, wo dieser an die hölzerne Plichtwand angeschlossen ist. Dieses Wasser würde für die betroffenen Holzteile sehr nachteilig sein, da sie nur von einer Seite Luft zum Trocknen bekommen.

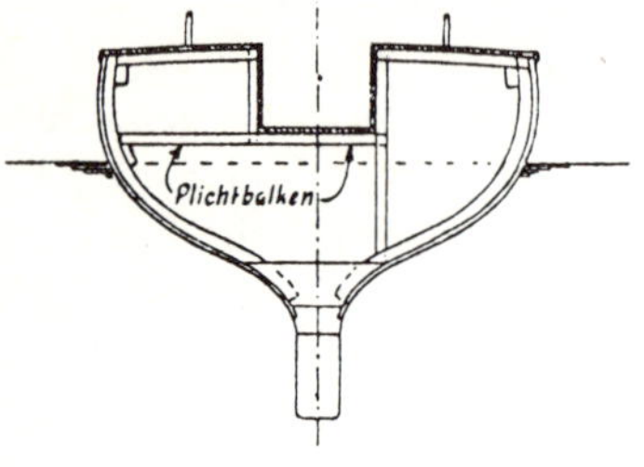

Zeichnung 293: Linke Skizzenhälfte: Der Plichtbalken läuft quer bis zu einem Hilfsbalkweger durch. Rechte Hälfte: Der Plichtbalken ist kurz und steht auf Stützen, die an den Spanten befestigt sind

Man sollte daher die ganz wasserdichte Plicht unter Mithilfe von Eckleisten aus Sperrholz zusammenleimen; dies ist die leichteste und sicherste Bauweise.

Bei der Plicht nach Zeichnung 293 kann man dem erwähnten seitlichen Unterdecks-Stauraum einen Zugang geben, wenn man sich entschließt, in das als Sitzgelegenheit dienende Plichtdeck eine Luke einzubauen. Die Plichtsitze sind ca. 50 cm breit, und so könnte die Luke eine ausreichende lichte Breite von etwa 45 cm erhalten. Damit ist der darunter liegende Raum sehr gut als Stauraum für Segel brauchbar. Aber diese Luke muß unbedingt wasserdicht sein. Dies läßt sich erreichen, wenn auf dem Plichtdeck eine Sitzgräting liegt und die aus Sperrholz mit angeleimter Umrandung gefertigte Luke unter dieser Gräting verschwinden würde. Beim Aufklappen dieser Luke müssen dann aber zwei Teile aufgeklappt werden: Der entsprechend zugepaßte Grätingsteil und der Deckel selbst (Zeichnung 294). - Ohne Luke wäre der erwähnte Stauraum, der häufig für die Aufnahme einer Koje oder die Unterbringung von Tanks benutzt wird, nur von vorn her unter Schwierigkeiten zugänglich.

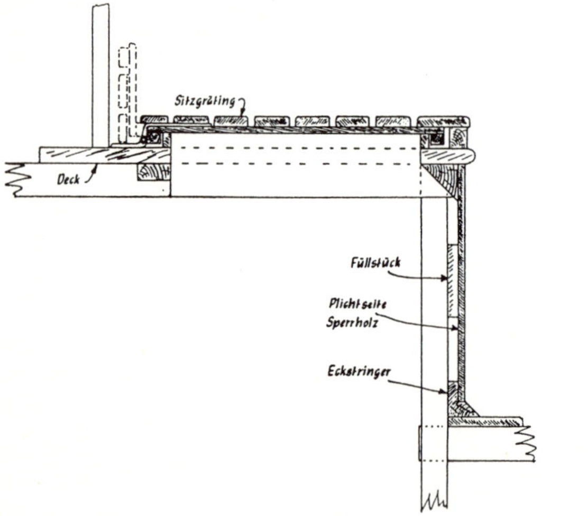

Zeichnung 294: Eine wasserdichte Sperrholzplicht mit Luke im Deck. Auf die Länge dieser Luke ist die Sitzgräting unterbrochen und am Lukendeckel (Sperrholz) befestigt. Andere Glattdeck-Lukendeckel siehe Zeichnungen 300 und 301

Als Tankraum ist der genannte schwer zugängliche Raum gut

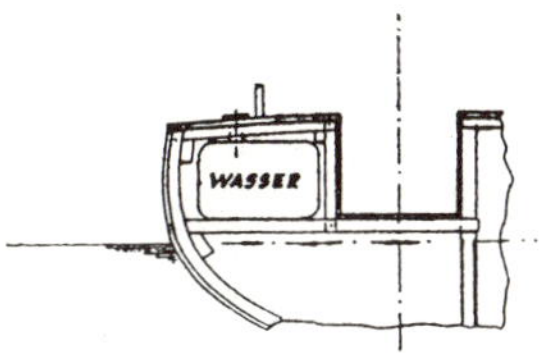

Zeichnung 295: Eine Prinzipzeichnung für den Einbau einer wasserdichten Plicht. Rechteckiger Querschnitt. Plichtbalken läuft durch bis zum Spant (Backbord) oder steht auf Stützen (Steuerbord gezeichnet). Der Tank unter Deck neben der Plicht eignet sich nur für Wasser; er liegt auf dem Balken

verwendbar. Wird von einem Wassertank ein natürliches Gefälle zum Kajütraum gewünscht, so darf sein Boden nicht tiefer als die Zapfstelle liegen; folglich muß der Tank hoch eingebaut werden. Für diesen Fall empfiehlt es sich, die erwähnten durchgehenden Plichtbodenbalken vorzusehen, auf die dann der Tank gesetzt wird. Soll nur an einer Seite ein Tank stehen, so wird das Balkensystem unsymetrisch ausgeführt, und die Balken reichen nur an der Tankseite von Unterkante Plicht bis zu den Spanten (Zeichnung 295). Man vergewissere sich aber, wie und wann die Tanks eingebaut werden sollen; sie werden nur von vorn an ihren Standort gebracht werden können. So müßte in dem dort befindlichen Querschott, das an der Vorkante Plicht liegt, eine leicht abnehmbare Klappe vorgesehen werden, durch die der Tank hinein- und herausgeschoben werden kann. - Wird der Tank zu groß und zu lang, so muß er unterteilt werden. Beide Teile müssen dann durch kurze Rohrleitungen (oben und unten je eine!) miteinander verbunden werden.

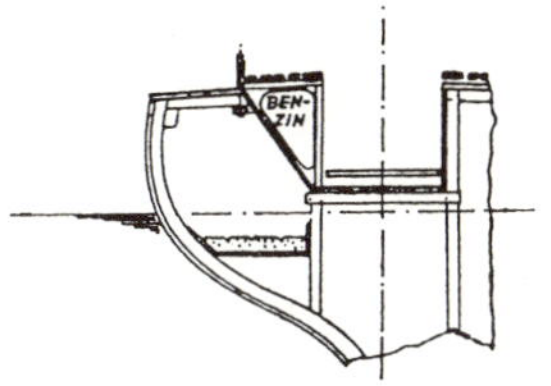

Zeichnung 296: Trapezförmiger Querschnitt. Plichtbalken und Stützen gestatten den Einbau einer Hundekoje. Unter dem Sitz ergibt sich Platz für einen Benzintank. Leckbenzin von Tank, Absperrhahn oder Rohrleitung gelangt nur in die Plicht, desgleichen Gas aus dem Tank beim Tankfüllen

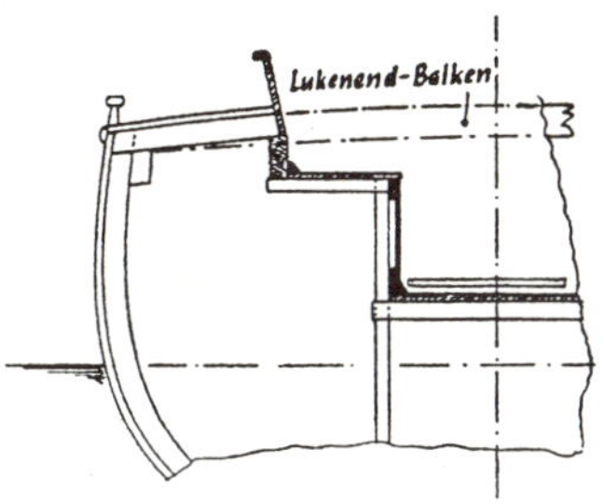

Zeichnung 297: Eine versenkt eingebaute wasserdichte Plicht. Ein starker Unterzug verbindet die Lukenend-Balken. An ihm hängen die Stichbalken und die Plichtbankbalken. Die Plichtbalken stehen auf Stützen; sie bis zu den Spanten durchlaufen zu lassen, würde den wertvollen Stauraum zu sehr unterteilen. Plichtboden und -seiten Sperrholz, verleimt

Für Brennstoff ist dieses Einbausystem nicht zu empfehlen. Wenn es sich um Benzintanks handelt, darf man unter keinen Umständen dulden, daß diese Tanks unter Deck eingebaut werden. Denn jede noch so kleine Leckage am Tank, Absperrhahn oder Rohr kann zur tötlichen Gefahr für Schiff und Besatzung werden. Hinzu kommt noch die Gefahr des Eindringens der im leeren Tank befindlichen Gase in das Schiff beim Auffüllen des Tanks.

Benzintanks dürfen nur an Deck vorgesehen werden, wo Leckbenzin und Leckgas gefahrlos nach außen abfließen können. Zum Deck gehört in diesem Sinne auch die wasserdichte Plicht. Wohl jede wasserdichte Plicht kann so gebaut und vergrößert werden, daß in ihr der Brennstofftank aufgestellt werden kann. Die Zeichnung 296 zeigt eine der vielen Möglichkeiten für eine Segelyacht von etwa 8 m Wasserlinienlänge. Diese Yacht hat eine sogenannte Hundekoje unter dem Deck neben der Plicht. Über der Koje wird die Plichtwand schräg statt senkrecht eingebaut; diese Schräge verengt den Wohnraum unter Deck nur ganz unwesentlich, schafft aber in der Plicht Platz für einen im Querschnitt dreieckigen Tank. Jegliches Leckbenzin oder Benzingas gelangt von Tank in die Plicht und nicht in die Bilge - das ist der Kern dieser Bauidee. Benzingas wird allerdings nur dann aus den Lenzrohren der Plicht ausfließen, wenn diese oberhalb der Wasserlinie nach außen münden. Im gewünschten Sinn wirken die Speigatten im Spiegel des Plattgattboots. Anderenfalls würde das Benzingas zwar in der Plicht bleiben, aber doch vom nächsten Luftzug hinweggewirbelt werden. Vorteilhaft ist bei dieser Bauweise ferner, daß das Absperrorgan zum Motor zwischen Tank und Rohrleitung sowie ein an dieser Stelle befindlicher Wasserabscheider bequem zugänglich, nämlich in der Plicht, sind. Die Brennstoffleitung braucht nur so lange mit dem Tank in Verbindung zu stehen, wie der Motor läuft. Auch kann dieser Tank jederzeit leicht ausgebaut und überholt werden. Wie es die Zeichnung 296 zeigt, kann er zur Plicht durch eine Holzverschalung verkleidet werden. Die Brennstoffleitung wird durch die Plichtseiten in das Bootsinnere geführt und in der Wand durch Gummimuffen abgedichtet.

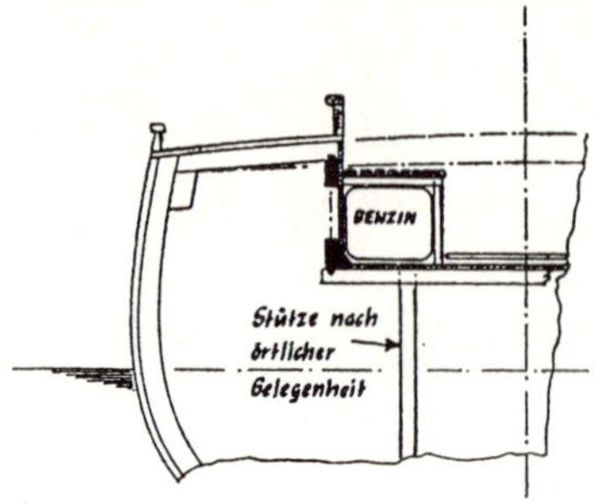

Zeichnung 298: Versenkte Plicht mit Benzintank, der unterhalb der in der Plicht stehenden Sitzbank eingebaut ist. Plicht selbst Sperrholz, verleimt oder auf andere Weise gebaut

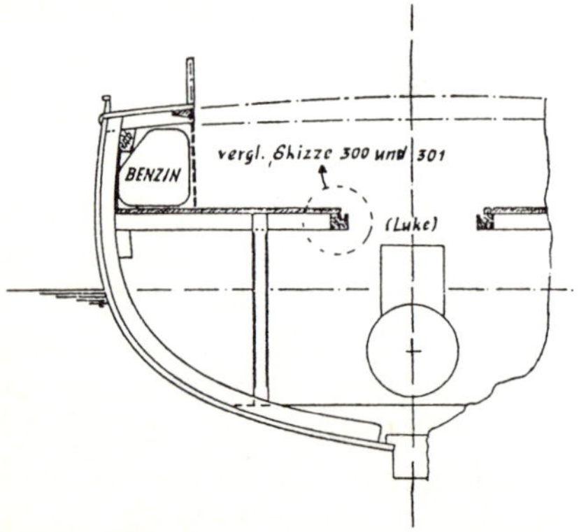

Zeichnung 299: Die wasserdichte Plicht auf einem Motorboot. Durchgehende und zudem auf Stützen stehende Plicht-Decksbalken. Über und/oder neben dem Motor eine Glattdecksluke. Für Benzintanks seitlich Platz unter dem Hauptdeck. Gasöltanks können auch im Schiff unter dem Plichtdeck aufgestellt werden

Auf größeren Yachten wird die Plicht oftmals tiefer gelegt, man sitzt dann auf Bänken, die 20 oder 40 cm tiefer als das Deck liegen (Zeichnung 297). Wie man sieht, ruht die längsschiffs liegende Sitzbank auf zwei Längsbalken, die an die beiden (verstärkten!) Hauptdecksbalken (Lukenendbalken) angehängt wurden. Die Zeichnung 298 zeigt eine Ausführung, die einen Raum für einen Benzintank freigibt; die Bank ist als leichter Bauteil in die allseitig wasserdichte Plicht hineingestellt.

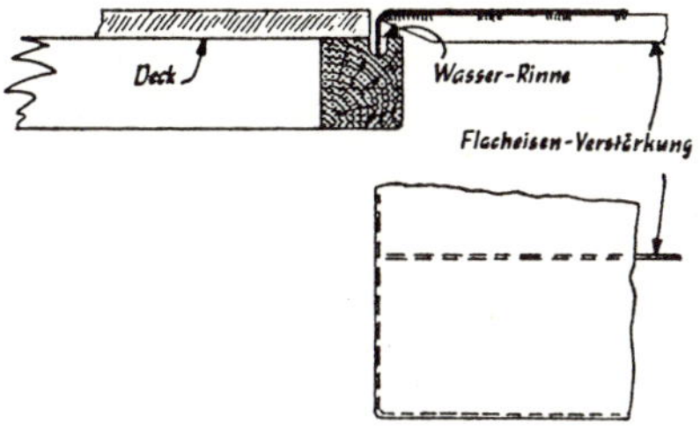

Zeichnung 300: Eine Glattdeckluke mit Deckel aus Stahl oder Leichtmetall. Die Wasserrinne erhält an ihrem Enden Lenzrohre nach außenbords

Bei der vertieft eingebauten Plicht lassen sich sehr leicht Polsterungen für Sitz und Lehne anbringen.

Bei gedeckten Motoryachten bauen wir ebenfalls eine wasserdichte Plicht ein. Zum Unterschied gegenüber Segelyachten liegt sie im allgemeinen hoch im Schiff, das einen größeren Freibord besitzt. Sie liegt ferner weiter vorn, meist kurz hinter dem Hauptspant, und über dem Motorenraum, der an Vor- und Achterkante Plicht durch zwei wasserdichte Schotte begrenzt ist. Der Plichtboden reicht meist von der einen bis zur anderen Bordwand und kann daher aus *richtigen* durchlaufenden Deckbalken verlegt werden (Zeichnung 299). Benzintanks werden sinngemäß gut zu beiden Seiten unter dem relativ schmalen, aber hoch liegenden Streifen des Hauptdecks untergebracht und verschalt. Gasöltanks können auch unter Deck im Maschinenraum aufgestellt werden.

Eine Besonderheit gegenüber den meisten Plichteinbauten auf Segelyachten ist die wasserdichte im Deck fluchtende Luke, die bei Motorbooten verlangt wird, um den Motor ein- und ausbauen und bei größeren Reparaturen gut von oben an den Motor gelangen zu können. Diese Glattdeck-Luken sind im Stahlbau einfach herzustellen, und so wird es verständlich, daß dieser Bauteil auch in einer hölzernen Yacht mitunter aus Stahl oder Metall gefertigt wird. Es mag hierbei auch der Gedanke mitsprechen, daß diese Luke bei einem Motorenbrand dem Feuer sehr stark ausgesetzt ist. Zeichnung 300 zeigt eine derartige Luke mit Metalldeckel, während Zeichnung 301 eine hölzerne Luke darstellt.

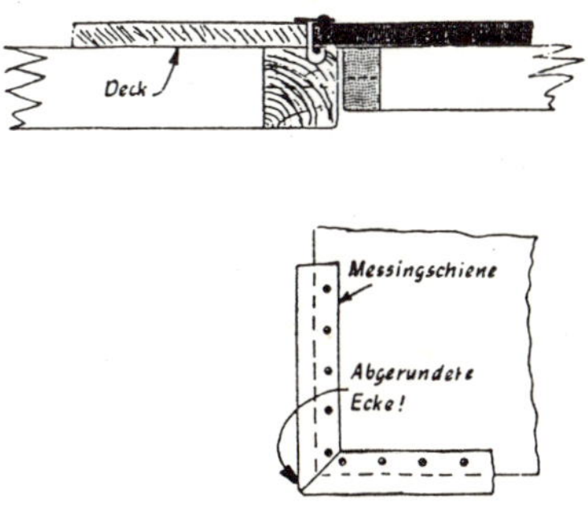

Zeichnung 301: Glattdecks-Luke in Holzausführung. Man vergesse nicht die Abtropfleiste am Deckel über der Wasserrinne

86. Wegerung

Die Wegerung hölzerner Fahrzeuge dient mehreren Zwecken. Sie soll die Ladung - oder bei Booten die unter Deck gestauten Vorräte, Ausrüstungs- und Einrichtungsteile - vor Berührung mit der Außenhaut schützen, die im Unterwasserschiff stets innen feucht sein wird. Bei Segelfahrzeugen spült bei Krängungen und Schlingerbewegungen das in der Bilge befindliche Wasser bis weit über die Höhe der Bodenwrangen und Fußbodenbalken hoch und kann in die Wohn-, Stau- und Lagerräume eindringen, wenn keine Wegerung vorhanden ist. Für diesen Fall sollte die Wegerung eigentlich wasserdicht ausgeführt werden. Zum dritten kann eine Wegerung, die in ihrem Material stark genug gewählt wurde, die örtliche Festigkeit des ganzen Schiffes, wie die früher erwähnten Weger und Stringer, verstärken. Eine derartige Wegerung wird beinahe so stark gewählt wie die Außenhaut, und ihre Planken werden ähnlich denen der Außenhaut verlegt und kalfatert. Hierbei erfüllt das Kalfatern wiederum zwei Aufgaben: Es dichtet und verwandelt die lose nebeneinander liegenden Planken in eine Fläche, so daß diese bis zu einem gewissen Grade auch Schubkräfte aufnehmen kann.

Im Holzschiffbau wurde eine Wegerung aus diesen Gründen auch *Innenhaut* genannt. Sie lief von Balkweger bis hinunter auf die Bodenwrangen und wurde wasserdicht gegen Kimmstringer, Kielschweine und dergleichen angeschlossen, die dann ihrerseits einen Teil der Innenhaut bildeten (Zeichnung 302). Im Stahlschiffbau hat die alte Innenhaut im heutigen Doppelboden, wenigstens in ihrem untersten Teil, eine

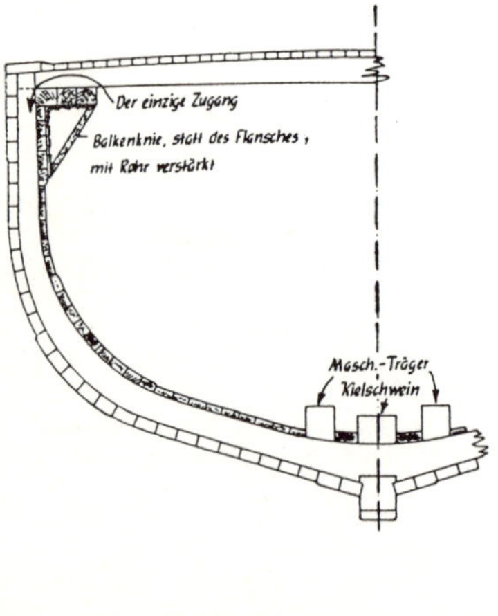

Zeichnung 302: Dichte, möglichst wasserdichte Wegerung in einem hölzernen Frachtschiff, an mehreren Stellen verstärkt

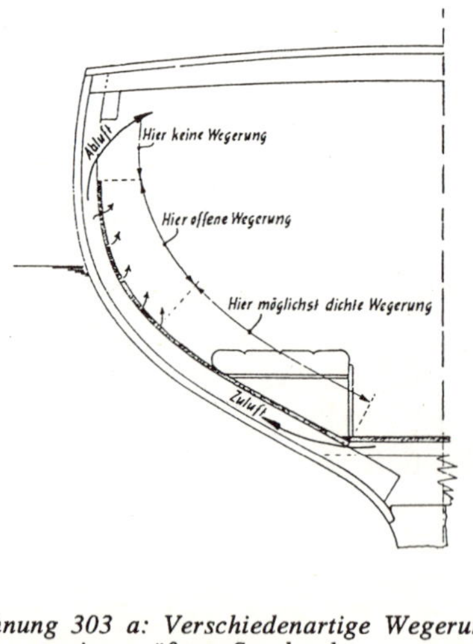

Zeichnung 303 a: Verschiedenartige Wegerung im Wohnraum einer größeren Segelyacht

Wiederentstehung gefunden.

Bei einer derartigen Wegerung ergeben sich Schwierigkeiten in Bezug auf Reparaturen an der Außenhaut und der uns notwendig erscheinenden Ventilation des entstehenden Zwischenraumes. Es ist deshalb notwendig, die Wegerung abnehmbar durch Holzschrauben einzubauen, also keinesfalls anzunageln, und auf Wasserdichtigkeit bis vielleicht auf die unterste Partie zu verzichten. Fernerhin führt man die Wegerung nicht ganz bis an Deck oder zum Balkweger hinauf, sondern läßt dort oben einen breiten Spalt oder führt den weiter oben liegenden Teil nur als Lattenwegerung aus (außer wenn es sich um ein Frachtschiff handelt, das Schüttladung fahren soll). Wichtig ist es aber, daß der Zwischenschicht von unten neue Luft zuströmen kann, denn sonst kann aus den oberen Schlitzen keine Luft entweichen. Deshalb muß dem Raum, an den die Unterkante der Wegerung anschließt, auf irgendeine Weise Frischluft zugeführt werden. Dieses kann am einfachsten geschehen, wenn der Fußboden ein gutes Stück oberhalb der Bodenwrangen auf eigenen Balken liegt (Zeichnung 303a). In diesem Fall läuft der Luftraum oberhalb der Bodenwrangen längsschiff durch, und man kann ihm an einer bequemen Stelle Luft zuführen, z.B. eine Kreuzgräting (statt Fußbodenbrettern) unter dem Niedergang.

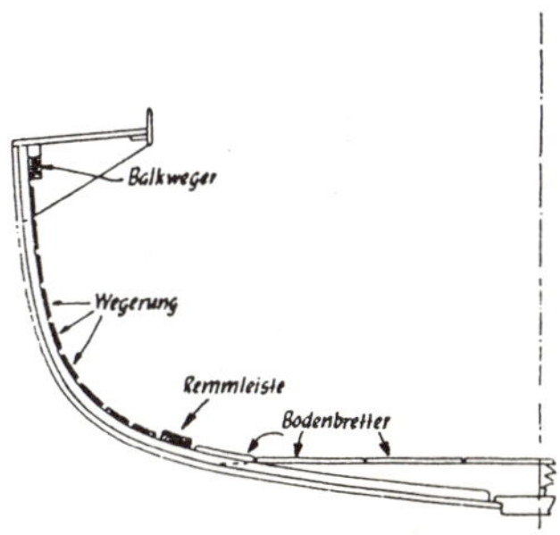

Zeichnung 303 b: Offene Wegerung in einem halbgedeckten Motor- oder Segelboot. Die Wegerung verdeckt Spanten und Außenhaut. Trotzdem kann durch die Öffnungen die Luft zirkulieren

Wichtig ist bei Yachten die Wegerung dort, wo die Polsterung und der Inhalt eines Kleider-, Wäsche- oder Proviantschrankes an die Außenhaut stößt. Bei Schlagseite steigt nämlich nicht allein das Bilgewasser hoch, es rutscht auch der Schrankinhalt der tiefer liegenden Seite zu.

Bei kleineren und offenen Booten erübrigt sich meist die Wegerung, es sei denn, man wünscht sie wegen eines besseren Aussehens. In derartigen Fällen wird man aus Gewichtsgründen leichtes und dünnes Mahagoniholz verwenden und dieses in Form der erwähnten Lattenwegerung mit gleichmäßigen Zwischenräumen dort verlegen, wo es wirklich zu sehen ist. 6 bis 7 mm Holzdicke mag genügen (Zeichnung 303b). Auch hier darf nur geschraubt werden.

87. Grätinge, Bodenbretter, Fußböden

Grätinge oder Grätings werden dort an Deck verlegt, wo man entweder ohne Rutschgefahr sicher an Deck stehen oder wo man trocken sitzen oder stehen möchte. Denn es ist ein alte Erfahrung, daß sich Wasser auf schmalen Planken nicht so stark ansammelt wie auf einer größeren Fläche, weil es durch die Zwischenräume nach unten abfließen kann. So legt man Grätings auf die Sitze in der Plicht oder baut die Sitzbänke von vornherein als Lattenbänke mit schmalen Latten. So legt man sie auch in die Plicht, um hier besser stehen zu können. Auch in geschlossenen Ruderhäusern hat man gern für den Rudergänger eine Gräting, weil er einmal ein wenig höher stehen kann, dann aber auch auf einer unlackierten Teakholz-Kreuzgräting einen festeren *Standpunkt* erhält.

Einfachere Grätinge, vor allem aber auch Sitzgrätinge, werden als Lattengrätinge hergestellt. Wie Zeichnung 304 zeigt, laufen quer zur Bank in größerem Abstand Verbindungslatten, auf denen die eigentlichen Sitzlatten mit nur geringen Zwischenräumen (15 bis 18 mm) befestigt sind. Diese Sitzlatten wähle man nicht zu leicht, sie biegen sich sonst zu stark durch, außerdem wird ihre Befestigung durch versenkte und gepfropfte Schrauben schwierig. Wird hierauf aber verzichtet, so erhält man keine glatte Sitzfläche und zerreißt sich die Kleidung. Allerdings erhält man durch Leimen eine Möglichkeit, auch bei der Verwendung von schwachen Hölzern (bei denen man die Verbindungslatten dichter legen sollte!) ohne Schrauben eine saubere Verbindung herzustellen.

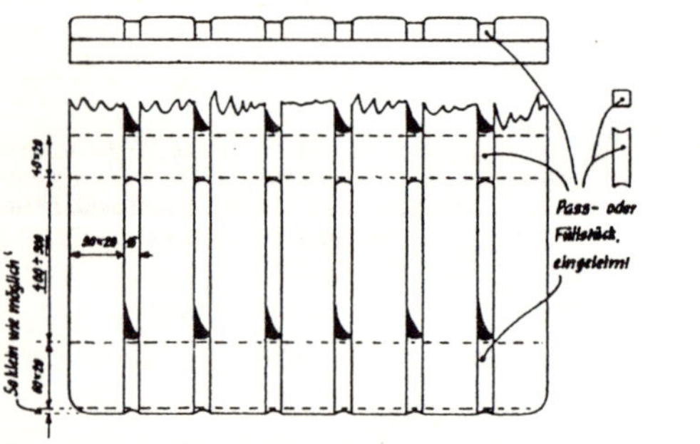

Zeichnung 304: Eine Latten-Sitzgräting. Verbindungslatten - 40 x 20 mm, am Ende 60 x 20 mm. - Sitzlatten 50 x 20 mm in 15 mm Abstand

Die kleinen Zwischenräume über den Verbindungslatten sollten durch kleine eingeleimte Paßstücke ausgefüllt werden. Diese Lücken sind andernfalls beim Lackieren recht schwer zu behandeln und bilden beim Gebrauch des Bootes leicht Schmutzecken, die sich nur schwer reinigen lassen. Weiterhin müssen die erste und die letzte Verbindungslatte eines derartigen Grätingsteils ganz am Ende der Gräting angebracht werden. Anderenfalls klappt die Gräting hoch, wenn man mit einem Fuß auf dieses Ende tritt, um anschließend mit entsprechender Lärmentwicklung wieder zurückzufallen. Ist man beim Zusammenschrauben der Grätinge in Sorge, die vorgeschlagene Endbefestigung könnte ein Aufspalten der Latten zur Folge haben (was beim Verleimen nicht möglich ist), so muß man unter die Enden der inneren und äußeren Sitzlatte ein kleines Holzstück von der Dicke der Verbindungslatte anbringen.

In einer wasserdichten Plicht pflegt immer eine Gräting zu liegen. Ihre Oberkante wird waagerecht und parallel zur CWL verlegt, während der Plichtboden bekanntlich ein Gefälle hat. So müssen die Verbindungslatten oder Verbindungshölzer von einem

Ende der Plicht zum anderen höher werden. Schöner und besser als eine Lattengräting ist eine Kreuzgräting, die aber sehr viel mehr Arbeit macht, mehr Holz zum Bau verbracht und nicht unerheblich schwerer ausfällt.

Eine Kreuzgräting besteht, wie es Zeichnung 305 zeigt, aus einem starken Rahmen, der sich der zu bedeckenden Fläche nach Größe und Form anpassen muß. In ihm sind Latten eingehängt oder befestigt, die sich in sorgfältig hergestellten Ein-

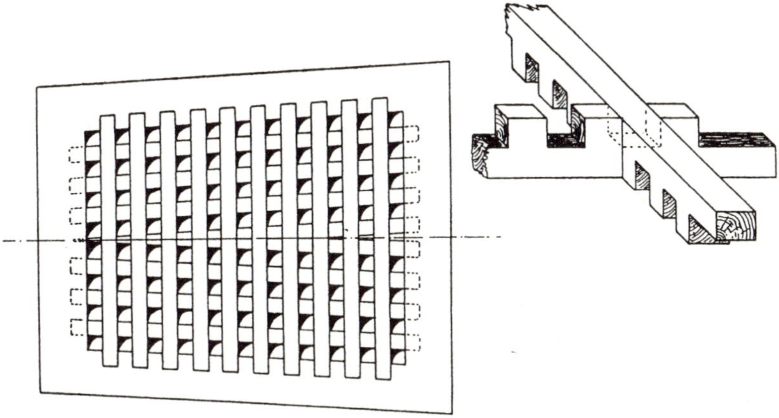

Zeichnung 305: Eine Kreuzgräting für eine Plicht. Rechts die Einzelheiten der Kreuzlatten

schnitten kreuzweise überschneiden. Ihre Oberfläche liegt in der Ebene der Oberkante des erwähnten Grätingrahmens. Hinsichtlich des Befestigens der Kreuzlatten am Rahmen gibt es verschiedene Möglichkeiten, die hier nicht alle erwähnt werden können.

Selbst bei sorgfältigster Arbeitsausführung wird es nicht ausbleiben können, daß Wasser in die zahllosen Verbindungsstellen eindringt und sich an diesen Stellen Fäulnisherde bilden. Als Gegenmittel kommen einmal die Verwendung von fäulniswiederstehendem Holz (ostindischem Teakholz) und sodann Verleimung in Betracht (Leim verwenden, der sich für Teakholz eignet!) Hierbei dient der Leim nicht so sehr der Festigkeit der Verbindung, sondern mehr der Ausfüllung der vielen Ritzen und Lücken, in die sonst das Wasser eindringt.

Es ist noch erwähnenswert, daß auf größeren Schiffen gern über dem Ruderquadranten an Deck eine Kreuzgräting angebracht wird, die vorzugsweise zum Lagern und Trocknen von Festmachern verwandt wird.

Sitzgrätinge werden meist lackiert, Deckgrätinge aus Teakholz, die von Zeit zu Zeit gescheuert werden, bleiben roh. Andernfalls wird der Grätingrand unter Lack gehalten.

Unter Bodenbrettern versteht man auf kleineren Booten die Bilgen-Abdeckung. Für die Hygiene des Bootes wäre es zweifellos am günstigsten, wenn diese Bodenbretter durchweg als (Latten- oder Kreuz) Gräting ausgeführt würden, weil dann am besten die Luft an alle Stellen der Bilge gelangen kann. Der Nachteil ist aber, das jeder kleinere Gegenstand, der den Bootsbenutzern unversehens aus der Hand fällt, in die Bilge gerät und erst mit Mühen aus dem Bilgewasser geborgen werden kann. Deshalb werden die Bodenbretter als dichte Tafeln verlegt.

Der äußere Teil der Bodenbretter besteht aus einer durch das ganze Boot hindurchlaufenden, wegerähnlichen schmalen Leiste, die *Remmleiste* genannt und an den Spanten oder Bodenwrangen festgeschraubt wird. An ihr halten sich die Bodenbretter seitlich fest. Sie müssen ja leicht aufgenommen werden können, da von der Bilge aus das Boot gelenzt werden soll. Der oft aufgenommene Teil der Bodenbretter soll klein sein; aber auch die übrigen Teile sollen nicht zu groß angefertigt werden, da sie dann das Aufnehmen und Ablegen erschweren.

Es muß damit gerechnet werden, daß die Bodenbretter durch Regen und Bilgewasser völlig durchnäßt werden und quellen. Man fertige sie daher aus wenig quellendem Bootsbauholz, eventuell auch Sperrholz, an und setze die einzelnen Tafeln aus schmalen Planken mit ganz wenig Luft gegeneinander. Das Einpassen der Tafeln gegeneinander und gegen die Remmleiste erfordert sehr viel Luft. Bei kleinen Booten werden die Bodenbretter gern durch Riegel befestigt (Zeichnung 306).

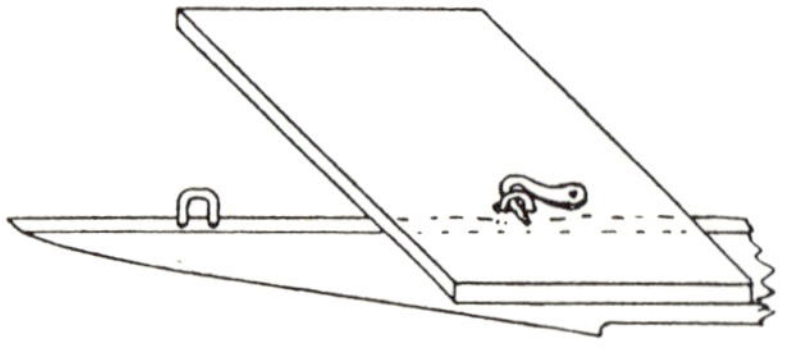

Zeichnung 306: Ein Bodenbrett paßt mit einem Schlitz über eine in der Bodenwrange feste Öse.

Unter dem Fußboden verstehen wir den Bodenbelag in gedeckten Wohnräumen, Kajüten und dergleichen. Auch hier wäre es im Prinzip am besten, Grätinge wie im offenen Teil der Boote zu verwenden. Aus den gleichen Gründen wie dort läßt sich dies nicht durchführen. Wegen der Wohnlichkeit erwartet man vom Fußboden eine gewisse Solidität. Dies schließt aber nicht aus, daß auch er leicht aufnehmbar sein soll.

Hinsichtlich Baustoff und Arbeitsausführung rechne man auch hier grundsätzlich mit der Möglichkeit von Nässe. Unlackiertes Teakholz ist das beste Material; es ist standfest, ein aufliegender Teppich rutscht nicht, man hat keine Sorge wegen angetretenen Lackes und daraus folgender Unansehnlichkeit.

Bei kleineren Fahrzeugen soll oft die größtmögliche Fußbodenbreite ausgenutzt werden. Dann wird der Fußboden bis an die Innenkante der Außenhaut herangeführt, und für die Spanten werden Ausschnitte vorgesehen (Zeichnung 307). Leider können diese Ausschnitte nicht immer so genau ausgeführt werden, daß es keine Ritzen gibt, in denen sich Staub fängt. Auch brechen von den Fußbodenbrettern leicht an diesen

Ausschnitten Ecken ab, weil das Holz übersponig ist. Wo die Fußbodenbretter an die Außenhaut stoßen, bildet sich ein sehr gefährliches Feuchtigkeits- und Schmutznest. Die Fäulnis an dieser Stelle greift aber sofort lebenswichtige Teile des Schiffes an: Außenhaut und Spanten in der Bilge.

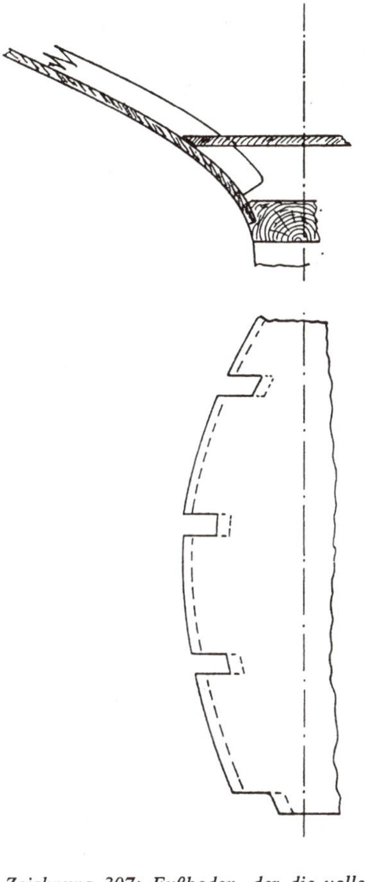

Zeichnung 307: *Fußboden, der die volle Breite des Bootes ausnützt. Er ist an den Spanten ausgeklinkt und stößt an die Außenhaut*

Deshalb ist eine Fußbodenanordnung nach Zeichnung 308 wesentlich besser, wenn auch die verbleibende Fußbodenfläche kleiner, das heißt schmaler geworden ist. Auf Innenkante Spant wird eine Wegerung gelegt, und an diese und nicht an die Außenhautplanken stößt der Fußboden an. Für die Hygiene des Bootes ist es dabei wichtig, daß der abgewegerte Raum zwischen Wegerung und Außenhaut Verbindung zur Bilge bekommt, beziehungsweise behält. Wie bereits in Abschnitt 86 erwähnt, muß dieser Zwischenraum oben offen bleiben. Unter dem Einfluß der Temperaturdifferenz bildet sich im Zwischenraum ein Luftzug von unten nach oben (Schornsteinwirkung), der aber nur erhalten bleiben kann, wenn der Bilge, aus der dieser Luftstrom gespeist wird, die verbrauchte Luftmenge an einer anderen Stelle wieder zugeführt wird. Eine Stelle genügt ja, da die Bilge aus diesem Grunde längsschiffs nicht weiter unterteilt ist - oder sein sollte. Es fragt sich nun, wo man im Fußboden die erforderliche Öffnung lassen will oder kann. Vielleicht ist es auch empfehlenswert, der Bilge Frischluft durch einen Drucklüfter (Windhutze) zuzuführen.

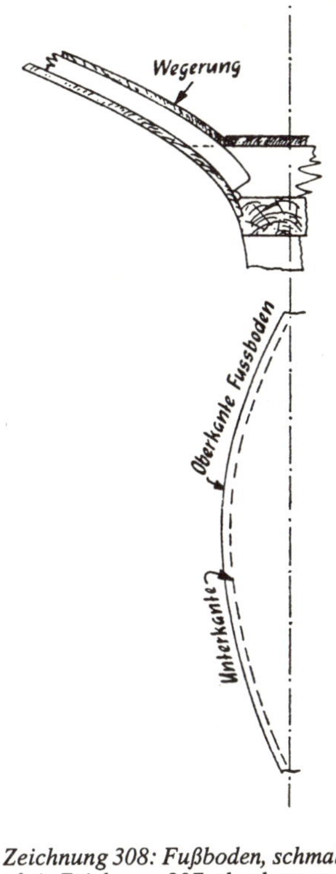

Zeichnung 308: *Fußboden, schmaler als in Zeichnung 307, aber besser und sauberer. Er stößt an die Innenkante der Wegerung*

88. Lüftung

Sie gehört an sich erst zur Ausrüstung der Schiffe. Aber gerade beim Bau von hölzernen Fahrzeugen muß bereits während des Entwerfens auf die Lüftung Rücksicht genommen werden. Im Abschnitt 10 wurde dargelegt, daß Fäulnis nur gedeihen kann, wenn Feuchtigkeit vorhanden ist und stehende Luft das Holz umgibt. Somit ist also kräftige Lüftung das beste Schutzmittel gegen Fäulnis. Besonders diejenigen Teile des Bootes, die von Natur aus feucht sind oder abgeschlossen liegen (Bilge, Piekräume und ähnliche), auch wenn das Boot benutzt wird, müssen belüftet werden. Es darf in einem Holzboot keinen abgeschlossenen, unzugänglichen und ungelüfteten Raum geben.

Hinsichtlich der Räume hinter der Wegerung und in der Bilge vergleiche die Abschnitte 86 und 87. Unter der Voraussetzung, daß der Hauptraum des Bootes oder der Yacht genügend gelüftet ist (s. weiter unten), kann man den Innenraum von Schränken im allgemeinen dadurch gut lüften, daß man die Türfüllungen oben und unten mit Öffnungen für die Ab- und Zuluft versieht. Die Zeichnung 309 zeigt einige Möglichkeiten, derartige Öffnungen in der Türfüllung oder - bei glatten Türen - in der Tür selbst anzubringen. Größere Öffnungen werden mit Messinggaze oder mit speziell für derartige Zwecke hergestellten gelochten Messingblechen versehen. Man kann auch gazeartige Stoffe (etwa Flaggentuch) in passenden Farben oder Mustern verwenden. Eine sehr gute Lösung ist es, dem Türrahmen überhaupt keine Holzfüllung zu geben, sondern die ganze Fläche als Lüftungsfläche zu benutzen. Sie wird dann mit dem vorerwähnten Blech versehen oder mit Rohrgeflecht bespannt.

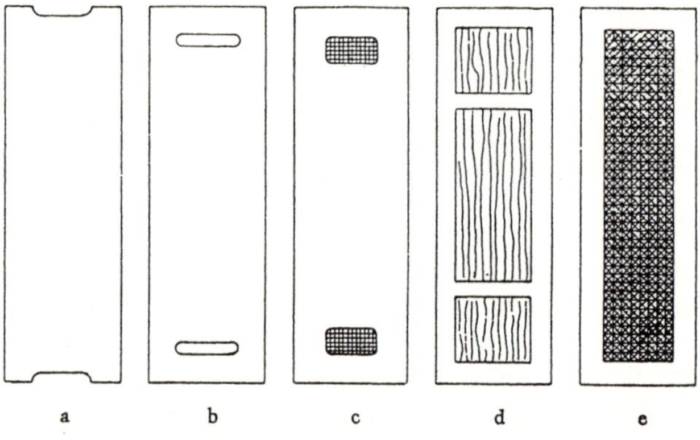

Zeichnung 309: Fünf verschiedene Schranktüren mit Lüftungs-Vorrichtungen. a) Sperrholztür mit Ausschnitten oben und unten; b) dieselbe mit Luftschlitzen; c) dieselbe mit Öffnungen, die mit Bronze-Gittern ausgefüllt sind; d) Rahmentür, statt der Füllungen farbiger, gazeartiger Stoff. e) Rahmentür, mit Stuhlrohrgeflecht ausgeflochten

Auch Türen (oder Wände), die einem Raum wie die Vor- oder Achterpiek abschotten, kann man auf diese Weise mit Erfolg behandeln, ebenfalls Türen zu einzelnen Schlafkammern im Schiff, obgleich diese außerdem noch eine besondere Lüftung

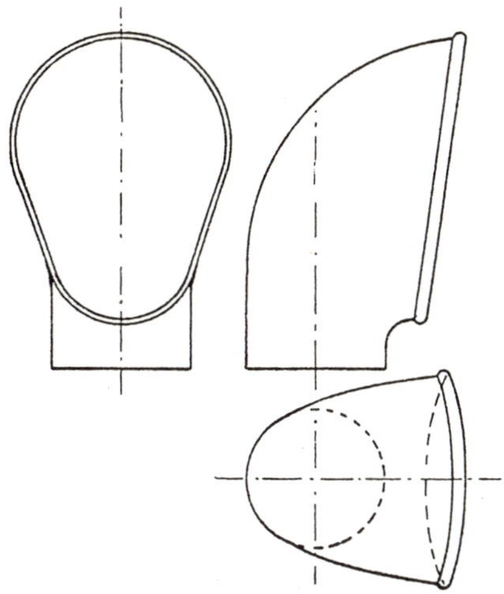

Zeichnung 310: Die "Windhutze", der bekannteste Lüfterkopf für Zuluft. Er hat den hohen Wirkungsgrad 1,0 d.h. die anströmende Luft (der "Wind") wird ohne Geschwindigkeitsverlust nach unten umgelenkt. Nachteil: Der Lüfter muß stets mit dem Maul gegen den Wind gedreht werden; er schluckt Wasser

Für die Lüftung der Wohnräume genügen in keinem Fall Niedergangstüren, Fenster oder Oberlichter. Diese haben andere Funktionen zu erfüllen und sind bei schlechtem Wetter oder bei nicht bemannter Yacht geschlossen. Aber gerade dann muß gelüftet werden. Dies wird bei Bau der Yachten oft vergessen.

Am häufigsten trifft der Wind eine Yacht von vorn oder schräg von vorn. Fast stets bildet sich dann unter Deck eine Luftströmung in entgegengesetzter Richtung, also von achtern nach vorn. Bringt man nun auf dem Heck und dem Vorschiff je eine Decksöffnung an, so ventiliert der Unterdecksraum bereits recht gut, indem achtern Frischluft ein- und vorn Abluft ausströmt. Diese Strömung kann man invon Deck her erhalten sollten.

Über die Einbeziehung der Bilge in das Lüftungssystem wurde bereits im Abschnitt 87 gesprochen. Ist die Bilge so ausgeführt, daß die möglichst glatt durchläuft und bequem gereinigt werden kann, wird fernerhin das Bilgewasser regelmäßig gelenzt - wobei bei einem sehr dichten Schiff von Zeit zu Zeit von außenbords Wasser zugesetzt werden muß (wegen der Reinigung) - so hat die Bilge stets sauberes (oder kein) Wasser und kann ohne weiteres zum allgemeinen Lüftungsraum hinzugenommen werden. Für die Zuluft kommt eine entsprechende Öffnung zur Bilge im Vorschiff, etwa beim Mast, sowie unter dem Niedergang in Betracht. Hier könnte eine Kreuzgräting angeordnet werden, auf die man nach Verlassen der Treppe tritt. Hier kann nasses Regenzeug abtropfen, ohne Schaden zu machen.

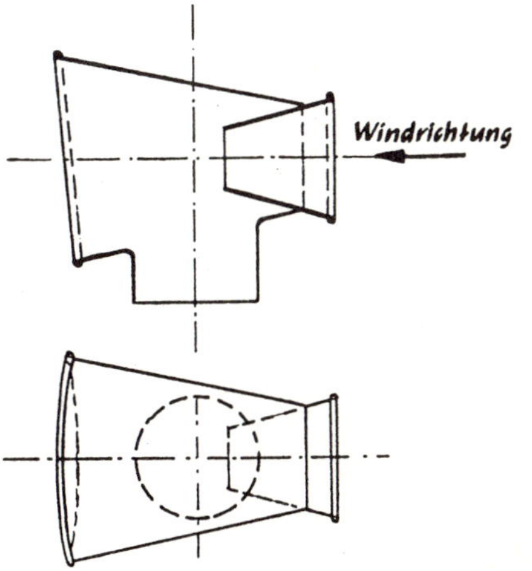

Zeichnung 311: Drei verschiedene Typen von Saug-Lüfterköpfen: a: Ältester Typ, muß in den Wind gedreht werden. Wenig regensicher, Wirkungsgrad 0,52; bei b) und c): oben: linke Hälfte Schnitt, rechte Hälfte Ansicht

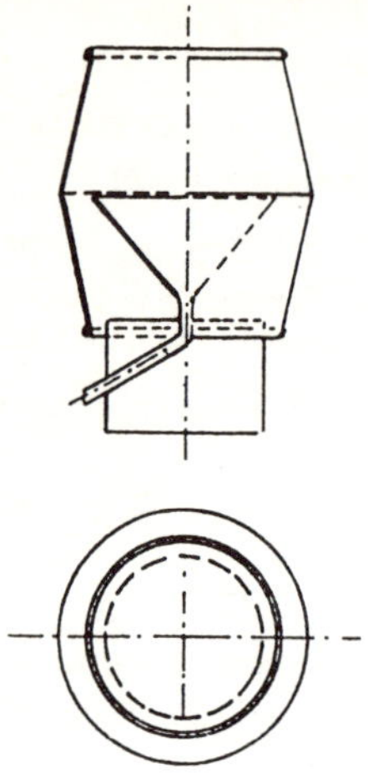

Zeichnung 311 b: Neuester Typ, wirkt bei jeder Windrichtung, aber nur mit Wirkungsgrad 0,40. Regensicher

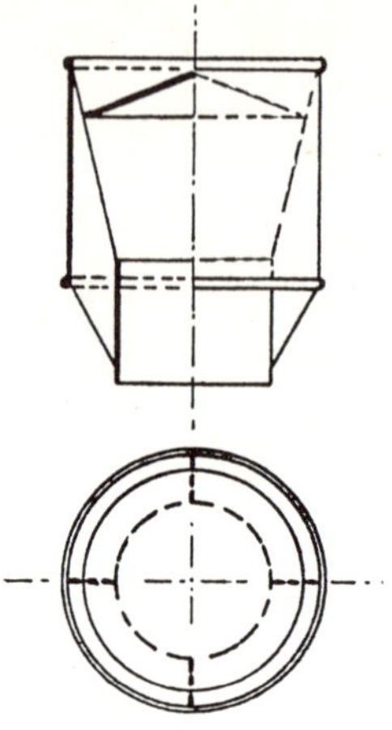

Zeichnung 311 c: Ähnlich 311 b, etwas klobiger. Wirkungsgrad 0,47. Regensicher

tensivieren, indem man auf die erwähnten Decksöffnungen Lüfterköpfe setzt, die mit Hilfe des vorbeistreichenden Windes in ihrem Innenteil eine Saug- oder Druckwirkung erzeugen. So unterscheiden wir Saug- und Druckköpfe oder Saug- und Drucklüfter. Unter diesen sind die sogenannten Windhutzen die bekanntesten. Dies sind Drucklüfter nach der Zeichnung 310. Sie besitzen einen recht guten Wirkungsgrad und können zudem auch als Sauglüfter (mit allerdings vermindertem Wirkungsgrad) benutzt werden, wenn man sie um ihre Hochachse um 180 Grad dreht, also rückwärts gegen den Wind stellt. Diese Lüfter haben aber zwei große Nachteile: Sie wirken nur, wenn sie in der *richtigen* Stellung zum Winde stehen, und sie lassen Wasser unter Deck gelangen, besonders bei Verwendung als Drucklüfter. Deshalb sollte man diese Lüfter nur dann vorsehen, wenn eine besondere Wasser-Abscheide-Anlage eingebaut wird.

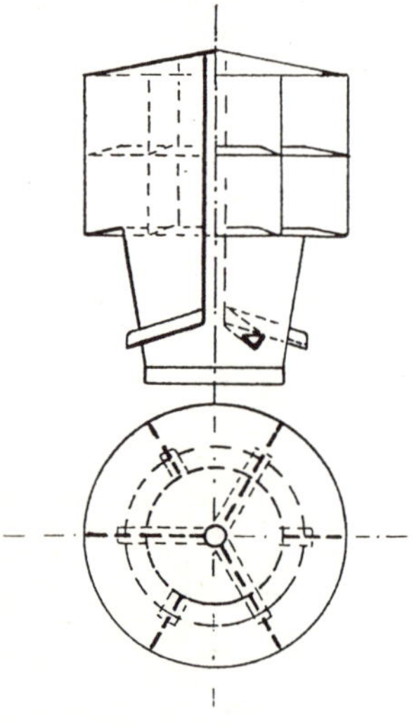

Zeichnung 312: Ein bei jeder Windrichtung wirkender Lüfterkopf. Wirkungsgrad 0,72, sehr gut regensicher. - Oben: Linke Hälfte: Schnitt, rechte Hälfte: Ansicht

Lüfter, die bei jeder einfallenden Windrichtung wirken, wurden zuerst als Sauglüfter entwickelt. So ist seit langem ein Modell bekannt, wie es die Zeichnung 311 c zeigt. Dieser Saugkopf wirkt bei Luftströmungen aus allen Richtungen, so daß man ihn auch als Rauchrohrkopf - also als Abschluß eines Schornsteinrohres - benutzen kann, zumal er auch in hohem Grade regenwasserdicht ist.

Windrichtungs-unabhängige Drucklüfter gibt es erst seit einigen Jahren. Wie die Zeichnung 312 zeigt, handelt es sich um eine ziemlich komplizierte Blechkonstruktion, die aber auch das Regenwasser abhält. Leider ist diese Lüftertype wegen des hohen Arbeitsaufwandes nicht billig.

Bei Bestellung von *eisernen, verzinkten* Lüftern, die von Spezialfirmen hergestellt werden, achte man darauf, ob es sich bei solchen Angeboten um Lüfter handelt, die aus verzinktem Stahlblech durch Zusammennieten hergestellt wurden oder aus schwarzem Blech zusammengeschweißt und dann erst im Vollbade verzinkt wurden. Nur die zweite Ausführung kann als vollwertig angesehen werden. Für anspruchsvolle Kunden werden messing-verchromte oder kupfer-verchromte Lüfterköpfe hergestellt.

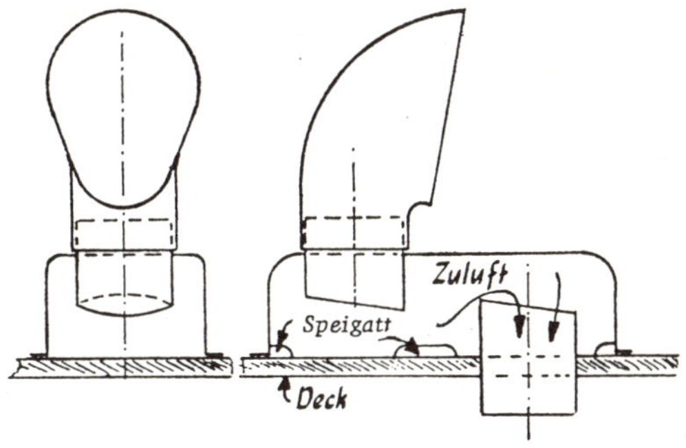

Zeichnung 313 a: Der Dorade-Lüfter als Drucklüfter mit einem Wasser-Abscheider aus Blech, auf Deck aufgesetzt

Eine Wasservorlage soll das in den Lüfterkopf oder das anschließende Rohr gelangte Wasser herausfiltern, ehe es unter Deck gelangt. Die meisten der hierbei angewandten Methoden gehen auf die Type zurück, die von Stephens auf der Hochseeyacht Dorade eingebaut wurde. Das Prinzip dieses *Dorade-Lüfters* zeigt die Zeichnung 313. Man kann den kastenförmigen Teil aus Blech oder aus Holz herstellen. Weiter kann man den Kasten entweder frei auf das Deck oder das Aufbaudeck stellen oder an den Aufbau selbst oder eine Niedergangskappe anschließen, wie es die Umstände ergeben oder der Konstrukteur es ausgedacht hat (Zeichnung 314).

Auf Yachten, die Wert auf ein gutes Äußeres legen, wird man den Kasten aus dem gleichen Holz herstellen, das für die Deckeinrichtung genommen wurde. Die Holzkonstruktion hat dabei den Vorteil, daß man den Deckel des Kastens abschrauben kann, um seinen Innenraum zu reinigen und zu konservieren. Man hat diesen Deckel auch schon aus Plexiglas ausgeführt. Das nach unten führende Lüfterrohr wirkt dann als Decksglas und gibt ein wenig Licht nach unten (Zeichnung 315).

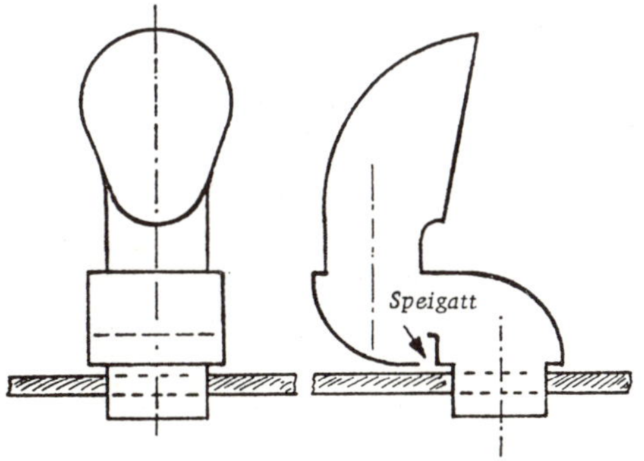

Zeichnung 313 b: Hier ist der Wasser-Abscheider mit dem Drucklüfter zu einem Stück verbunden

Der Dorade-Lüfter bewältigt normalen Seeschlag. Wenn allerdings der Lüfter längere Zeit völlig unter Wasser gerät, dann versagt er. Deshalb sollte man Lüfter möglichst

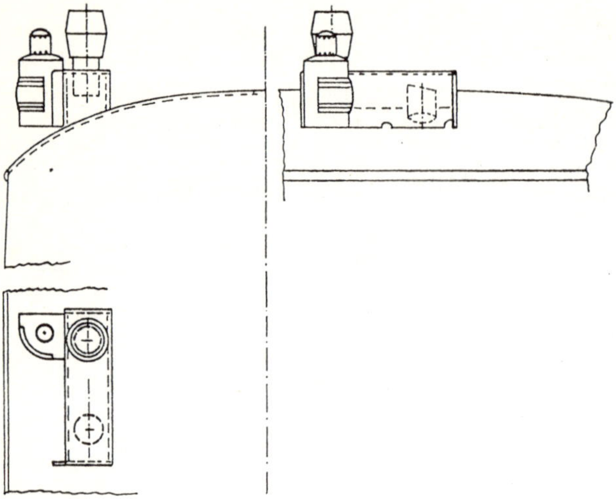

Zeichnung 314 a: Ein Wasser-Abscheider an einem Sauglüfter. Der hölzerne Kasten auf dem Deckshaus (Aufbau) dient als Halter für die Seitenlaterne und als Laternenbrett

hoch am Deck anbringen.

Beim Dorade-Lüfter wird das Wasser durch kleine Speigatten aus dem Kasten abgeleitet. Tritt aber hier kein Wasser aus (dies dürfte der normale Zustand sein), so verschwindet hier ein Teil jener Luft, die unter Deck gefördert werden soll. Zudem ist der Weg der Luft durch den Kasten mit einigen Umwegen und Ecken versehen. Daher dürfen wir nicht erstaunt sein, wenn der Wirkungsgrad der Anlage geringer ist als bei einem Lüfter ohne eine kastenförmige Wasservorlage. Als Gegenmittel kann nur empfohlen werden, den Querschnitt der Lüfter größer zu wählen.

Zu der Frage, ob man besser Druck- oder Sauglüfter einbauen soll, ist zu sagen, daß in irgendeiner Form beides vorhanden sein muß. Denn man kann aus einem Raum nur soviel Luft heraussaugen, wie ihm an einer anderen Stelle wieder zuströmt, und umgekehrt. Es empfiehlt sich, das Aufsteigen warmer Luft zu benutzen und auf dem Aufbaudach Sauglüfter anzubringen. Drucklüfter sitzen vorteilhaft tiefer (zum Beispiel Hauptdeck achtern) und reichen mit einem Rohr möglichst tief in das Innere des Schiffes. Bei kleinen Booten braucht man keinen Drucklüfter, wenn man in der Niedergangstür die erwähnten Luftschlitze (vergl. Zeichnung 284) anbringt. Allerdings liegen dann die Piekräume außerhalb des Luftstromes.

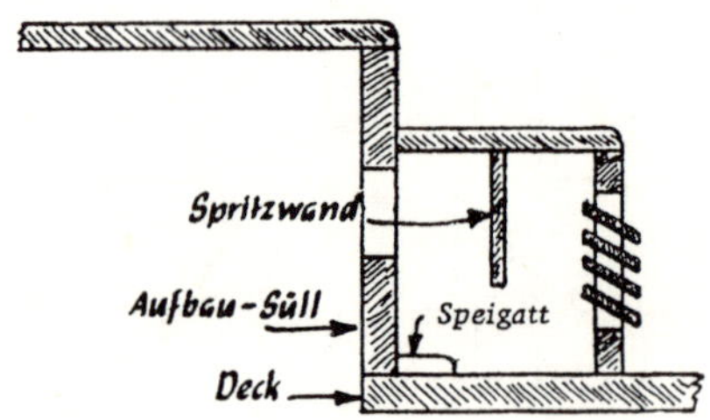

Zeichnung 314 b: Ein Nur-Holz-Drucklüfter, vor den Aufbau oder Niedergang gesetzt.

Die Bilge unter einem Benzinmotor bedarf einer speziellen Sauglüftung. Da Benzingas schwerer ist als Luft, würde es sich in der Bilge sammeln, wenn es sich auf kleinen Leckagen an der Rohrleitung, den Hähnen, aus dem Überlaufen eines Vergasers und so weiter bilden sollte. Mit diesem Bilgegas muß man immer rechnen, da man es nicht riechen kann, weil es von sich aus (leider!) unten bleibt. Eine Saug-Lüfterleitung sollte deshalb bis unten in die Bilge geführt werden, um das Gas abzusaugen. Der wirksamste Saugkopf oben auf dieser Leitung wirkt nur dann, wenn er von einem kräftigen Luftstrom bei mindestens drei Windstärken umspült wird. Bei Flaute ist er wirkungslos, ebenfalls dann, wenn er an Deck aus irgendeinem Grund im Windschatten liegt, zum Beispiel wenn das Schiff an einem hohen Kai liegt. In diesem Fall hilft nur künstliche Lüftung. Hierunter verstehen wir eine durch einen Elektromotor angetriebene Ventilationsmaschine (meist ein gekapseltes Flügelrad), die an passender Stelle in die Saugleitung eingebaut wurde. Der E-Motor muß funkensicher sein und zum Bordnetz passen. Für Motorboote gibt es Spezialschalter, die das Anlassen eines Benzinmotors nur dann gestatten, wenn vorher die erwähnte Sauglüftung in Betrieb gesetzt wurde und eine gewisse Zeit gelaufen ist.

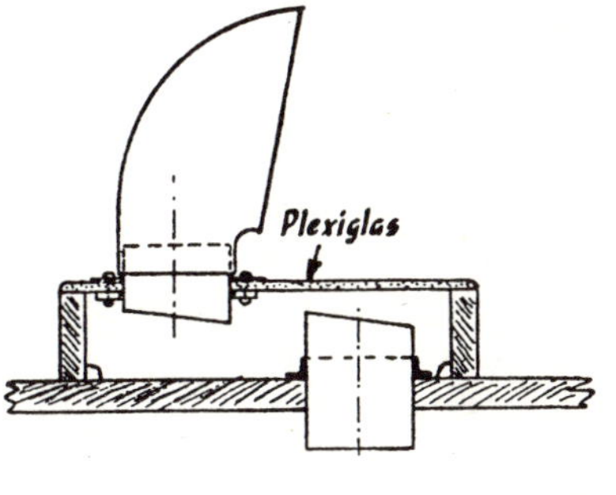

Zeichnung 315: Ein Dorade-Drucklüfter mit Holzkasten und lichtdurchlässigem Deckel

Wünscht man bei einem Benzinmotor vollkommene Sicherheit, so wird man eine solche Anlage einbauen müssen. Eine andere Möglichkeit, das schwere, kalte Gas aus der Bilge herauszusaugen, gibt es meines Wissen nicht. Beim Einbau von Propangas-Koch- oder Heizanlagen sieht man sich ähnlichen Problemen gegenüber, da ja das Progangas ebenfalls schwerer als Luft und zudem meist geruchlos ist.

Ein besonderes Problem ist die Entlüftung eines WC-Raumes. Bekanntlich kann nicht mehr Luft aus dem Raum abgesaugt werden, als gleichzeitig an anderer Stelle wieder zuströmt. Daher kann ein Sauglüfter allein nicht helfen. Immerhin kann man annehmen, daß die Ritzen in der Tür oder in den leichten Holzwänden so groß sind, daß durch sie das Einströmen der Zuluft erfolgt. In diesem Falle würden wir mit einem Sauglüfter auskommen, wenn er immer gut absaugen würde. Jeder Saugkopf ist aber vom Wind abhängig. Darum lasse man zu dem üblichen Sauger zusätzlich eine mechanische Entlüftung wie für die Motorbilge, mit *Fünf-Minuten-Schalter*, einbauen. Diese wird dann benutzt, wenn die natürliche Lüftung nicht ausreicht.

89. Motoreneinbau

Der Motoren-Einbau wurde bereits in den Abschnitten 54 und 69 gestreift.

Vom Standpunkt eines Maschinisten wird beim Einbau von Motoren in kleinere Fahrzeuge, besonders aber beim Einbau von Hilfsmotoren in Segelyachten, fast stets gesündigt, weil zuwenig Platz gelassen wird, um die Motoren ausreichend überwachen zu können. Schuld daran tragen Besteller wie Konstrukteure, die ein billiges und daher möglichst kleines Fahrzeug anstreben, in dem alle Ecken und Winkel bis auf das äußerste ausgenützt werden. In einen solchen unzugänglichen, engen und dunklen Raum wird der Motor gesetzt. Es sei zugegeben, daß moderne Motoren gegenüber den älteren Typen recht wenig Wartung erfordern. Aber ganz ohne diese geht es nun doch nicht. Die Praxis beweist zur Genüge, daß gerade die Hilfsmotoren, die räumlich so beengt eingebaut sind, auch am störanfälligsten sind und oft ganz ausfallen. Da ein *reines* Motorfahrzeug sich unbedingt auf seinen Motor verlassen können muß, billigt man hier einen größeren Motorenraum zu - mit durchaus positivem Erfolg. Man soll daher für den Motor, auch für den Hilfsmotor, mehr Platz bewilligen als bisher üblich war. Der Gewinn wird nicht ausbleiben.

Im Abschnitt 69 wurden bereits Möglichkeiten erwähnt, den Körperschall durch Einbauen von elastischen, den Schall nicht weiter leitenden Gliedern zwischen Motorenpratze und Fundament zu mindern. Noch aus einem anderen Grunde wird eine weiche Aufstellung des Motors empfohlen, obgleich sie teurer wird (durch bewegliche Rohr- und Wellenanschlüsse und dergleichen).

Bekanntlich müssen die Lager einer Wellenleitung genau fluchten, da sich anderenfalls die sich drehende Welle fortgesetzt biegen müßte, was die Lager übermäßig belastet und dadurch schädigt. Das Ausrichten der Lager erfolgt bei einem neuen Boot vor dem Stapellauf. Gerade ein Holzboot ist aber wenig starr, sondern biegt sich in der Längsrichtung leicht elastisch durch, sobald sich das Spiel von Eigengewicht und Stützkräften ändert. Zumindest die Stützkräfte liegen aber beim schwimmenden Fahrzeug vollkommen anders als beim an Land stehenden. Daher wird ein Durchbiegen nicht ausbleiben. Die Wellenlagerung stimmt nicht mehr; je länger die Wellenleitung im Boot ist, um so mehr verändert sie sich. Sie muß dann neu ausgerichtet werden; doch dies ist nicht einfach und führt nicht immer vollkommen zum Ziel. Durch das allmähliche Vollsaugen der unterhalb der CWL liegenden Holzteile des Bootes ändert diese aber wiederum sein Gewicht und seine Form, und die Wellenlagerung stimmt nicht mehr. Durch Zuladung oder Abgabe schwerer Gewichte (Ladung, Treibstoff, Wasser) kann ebenfalls ein Verbiegen des Rumpfes auftreten, wobei das Maß der Durchbiegung vom auftretenden Biegemoment und dem Widerstandsmoment des Bootskörpers abhängig ist.

Allen diesen Schwierigkeiten wird man entgehen, wenn man den Motor nicht starr am Schiff und an der Welle befestigt. Bei kurzen Wellenleitungen genügen elastische Kupplungen. Ich erinnere hier auch an die elastische Stopfbuchse nach Zeichnung 99 a. Bei langen Wellen sind kardanische Gelenke notwendig. In diesem Fall erscheint es wichtig, den Schraubenschub in einem speziellen Drucklager kurz vor der Stopfbuchse aufzufangen (vergl. Zeichnung 316).

Es ist wünschenswert, den Motorenraum gegenüber den sonstigen Räumen an Bord, vor allem den Wohnräumen, abzuschotten. Der Bau dieser Schotte ist außerordentlich schwierig, denn die sollen gas- und geräuschdicht, feuerfest, wasser- und öldicht, leicht, klein, im ganzen oder in Teilen ausbaubar und schließlich billig sein. Es wird also zu einer Kompromißlösung kommen.

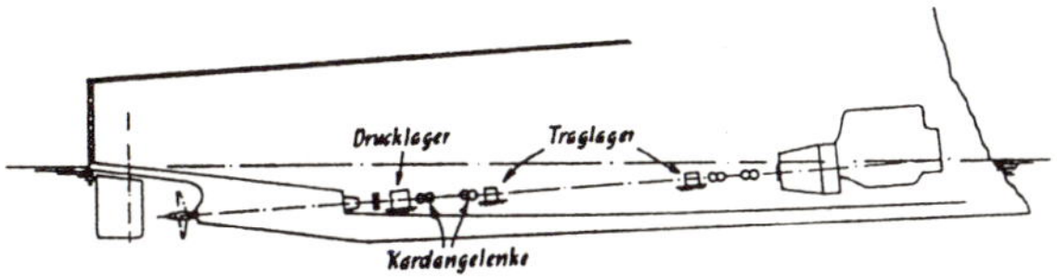

Zeichnung 316: Eine lange Wellen-Leitung in einem Holzboot bereitet wegen der Durchbiegungen des Bootes Schwierigkeiten. Hier wird deshalb die Welle durch Kardan-Gelenke unterbrochen

Bei Motoryachten ist die Maschinenraum-Umschottung am einfachsten. Die Zeichnung 179 zeigt eine übliche Anordnung, bei der vor und hinter dem Motor je ein richtiges, von Bord zu Bord und vom Kiel bis zum Deck reichendes Schott steht. Dieses Schott baut man wasserdicht, sichert es durch Isolierung gegen die Weiterleitung von Raumschall und Wärme; auch schützt man das Holz und die Isolierung durch dünnes Blech oder Asbest vor Flammen. Das Schott wird nicht losnehmbar, sondern fest im Schiff stehen und keine Öffnungen aufweisen. Rohrleitungen und Kabel sind mit guten Abdichtungen oben unter Deck durchzuführen. Eine Tür im Schott sollte möglichst vermieden werden oder nur als Notdurchgang nach Art eines dicht verschraubbaren Mannloches vorgesehen werden. Die Muttern zum Dichtschrauben sollten Flügel- oder Korbmuttern sein, da man diese ohne Schlüssel und allein schon mit einem Marlspieker lösen kann.

Andererseits wird von der Umschottung eines Segelyacht-Hilfsmotors verlangt, daß die leicht losnehmbar ist, da man anderenfalls an den im engen Raum aufgestellten Motor zum Anlassen oder zur Reparatur gar nicht herankommen kann. Die hierbei benutzten Holzteile sollten nach der Motorseite hin mit Asbestpappe bekleidet sein. Von einer Dichtigkeit in irgendeinem Sinne kann bei dieser Art von Schott leider nicht die Rede sein.

Überglücklicherweise stehen diese Hilfsmotoren auf mittelgroßen Segelyachten meist unter dem Hauptniedergang. Wenn am Motor gearbeitet wird, ist dadurch der Niedergang blokkiert, denn die Treppe muß ganz oder teilweise ausgebaut werden. Auch Feuer kann an dieser Stelle besonders unangenehm sein. So muß ein Notausgang, zum Beispiel durch ein Oberlicht, vorgesehen werden. Die Konstrukteure sollten daher bestrebt sein, den Hilfsmotor an einer andere Stelle unterzubringen.

90. Sanitäre Einrichtung und Rohrleitungen

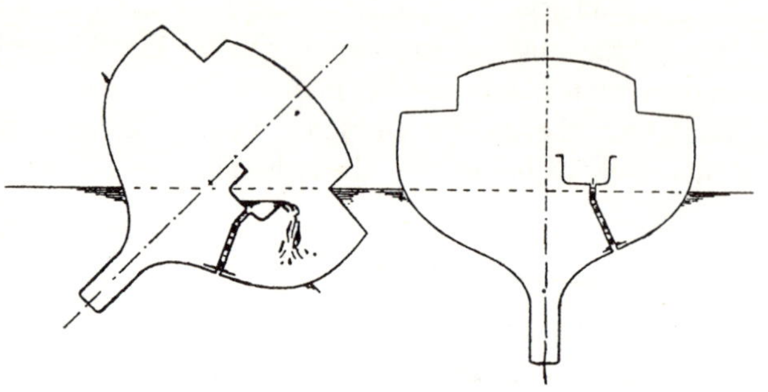

Zeichnung 317: Abwaschbecken in einer Segelyacht. 317 a: Die Yacht gekrängt, sie kann durch das Becken vollaufen. 317 b: Die Yacht in aufrechter Lage. Das Becken liegt gut über der Wasserlinie

Bei großen Schiffen gilt Umfang und Art der sanitären Einrichtungen und der dazugehörigen Rohrleitungen als ein Qualitätsmaßstab für das ganze Schiff. Bei Booten und Yachten kann man ähnlich argumentieren, denn kaum ein anderer Teil der Einrichtung eines Schiffes vermag so nachhaltig auf das Wohlbefinden der Besatzung einzuwirken, und nirgends können Fehler in der Anlage so peinliche Folgen haben.

Auch hier ist das Einfache in der Herstellung billig und im Betrieb sicher, das Komplizierte teuer und störanfällig. Einfach lassen sich sanitäre Anlagen bauen, wenn es gelingt, die Abwässer durch natürliches Gefälle über Bord zu geben. Es ist dazu notwendig, die entsprechenden Becken so hoch über der CWL einzubauen (dies hängt von der Schiffsgröße ab), daß auch bei starker Schlagseite ihre Unterkante noch möglichst hoch über dem Wasserspiegel liegt (Zeichnung 317). Wird dann am Ausfluß des Beckens in die Abflußleitung ein Hahn oder ein Ventil eingebaut, so ist für die Sicherheit genug getan worden.

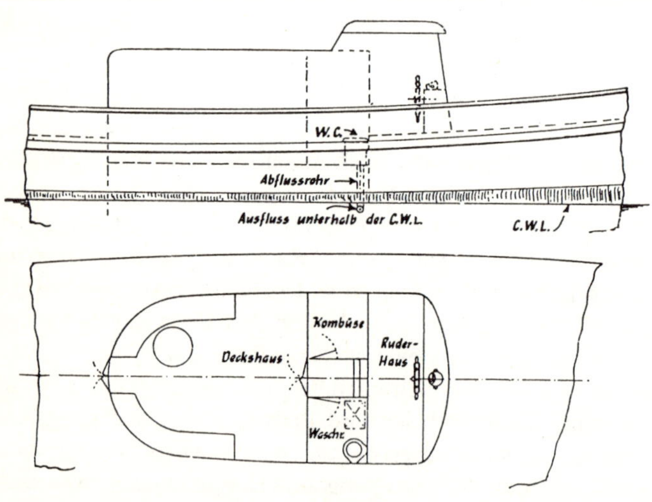

Zeichnung 318: Kombüse und Waschraum im Deckshaus einer größeren Yacht. - Sie liegen so hoch über der CWL, daß die Abwässer durch natürliches Gefälle nach außenbords fließen können

Leider sind auf den meisten Yachten und Fahrzeugen ähnlicher Art und Größe die Raumverhältnisse so, daß Küchen und Waschräume nicht genügend hoch gelegt werden können. Dies ist erst bei einem Fahrzeug von der Größe eines etwa 20 m langen Fischkutters mit einem Deckshaus möglich. In dieses Deckshaus - es kann auch etwas versenkt aufgebaut werden - würden die fraglichen Räume gehören. Auf einer Yacht wird man aber schwerlich in einem Deckshaus, das einen geschützten Aufenthalt an Deck mit Sicht nach außen bietet, Platz für die erwähnten Nebenräume bereitstellen wollen. Unter Deck ist es aber recht schwierig, das notwendige Gefälle zu erhalten (Zeichnung 318).

Indessen ergibt sich bei Motor- und Segelyachten mittlerer Größe, die im Vorschiff genügend Freibord haben, doch die Möglichkeit, im Vorschiff ein selbstlenzendes WC einzubauen (Zeichnung 319). Allerdings sollte man in diesem Falle den verwendeten Piekraum durch ein wasserdichtes Schott nach achtern absichern, damit sich bei Wasseraufnahme durch starkes Stampfen des Bootes und nicht geschlossenem Seehahn nur Wasser in der Vorpiek ansammeln kann, von wo es durch eine Lenzleitung schnell wieder nach außenbords befördert werden kann. Man müßte also diesen Raum nur von Deck her zugänglich machen. Dies kann zwar manchmal unbequem sein (im Hafen oder unterwegs bei schlechtem Wetter), ist aber am sichersten. Es ist auch denkbar, in das erwähnte wasserdichte Schott - auf einem größeren Schiff würde es *Kollisionsschott* heißen - eine wasserdicht schließende Tür einzusetzen, die zum Betreten des Vorschiffes benutzt werden kann. Dieser Tür gebe man ein sehr hohes Süll, so daß die Unterkante noch über der CWL liegt. Da die Vorpiek in den meisten Fällen nur wenig Wasser aufnehmen kann, bis sie zur Höhe der Wasserlinie gefüllt ist, wird kaum vorlicher Trimm entstehen und die Tür im Schott völlig über dem Wasser bleiben (vergl. auch Abschnitt 103, Querschotte).

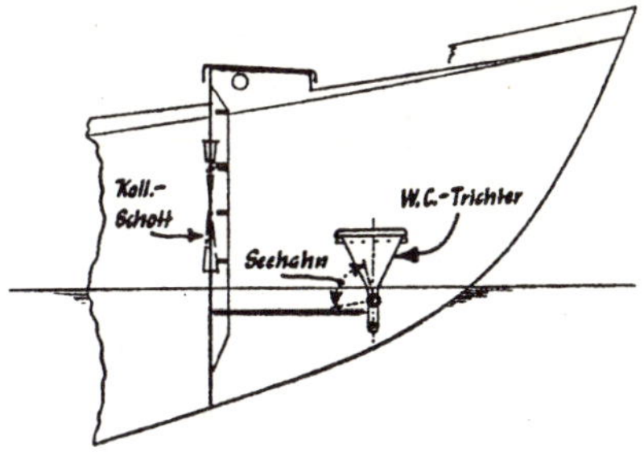

Zeichnung 319a: Einfaches, selbstlenzendes WC im Vorschiff einer Segelyacht. Sicherung durch Seehahn und Kollisions-Schott

Wie die Zeichnung 319 zeigt, kann ein normales WC-Becken oder eine trichterförmige Spezialkonstruktion, emailliert oder verzinkt, am besten verwandt werden. Die Spülung erfolgt durch eine Flügelpumpe mit Anschluß von außenbords. Diese Pumpe kann über einen Dreiwege-

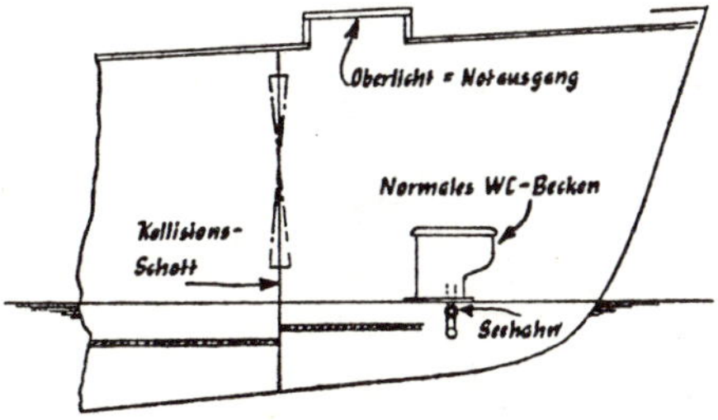

Zeichnung 319b: Im Vorschiff einer Motoryacht eingebautes normales WC mit natürlichem Abfluß. Spülung durch kleine Handpumpe, die von See saugt, aber auch über Dreiwegehahn als Lenzpumpe wirken kann

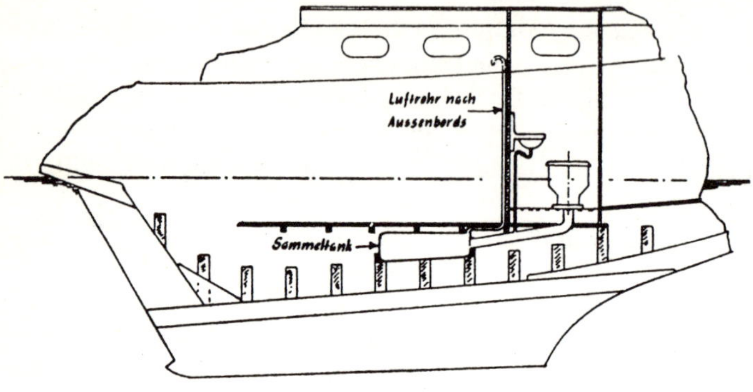

Zeichnung 320a: Waschraum mit Schmutzwasser-Sammeltank auf einer hölzernen Segelyacht

hahn auch zugleich Lenzpumpe für das Schiff und die Vorpiek sein.

Meist sind indessen auf Yachten die Waschräume weiter achtern im Schiff und dann so tief eingebaut, daß ein selbsttätiger Wasserabfluß nicht mehr möglich wird. Vor dem Einbau eines sanitären, tief gelegenen Sammeltanks, der die verschiedenen Abwässer aufnimmt und von Zeit zu Zeit gelenzt wird, möchte ich dringend warnen. Er müßte von Zeit zu Zeit ausgebaut werden, um seinen Erhaltungszustand zu prüfen und ihn neu zu konservieren. Denkbar wäre ein solcher Einbau (Zeichnung 320) allenfalls noch auf einer kräftig gebauten stählernen Yacht, bei der die Außenhaut eine Tankwand bildet. Man spricht dabei von einem *festen Tank.* Im Gegensatz dazu wird in eine hölzerne Yacht der Tank sozusagen *lose* hineingesetzt. Er liegt dann oberhalb oder innerhalb von Bodenwrangen und Spanten, und unter ihm entsteht in der Bilge ein unzugänglicher Raum. Jedenfalls bietet der feste Tank eine größere Sicherheit gegen Leckage, auch an seinen Rohranschlüssen. Er wird größer und kann für die notwendige Inspektion Mann- oder Handlöcher bekommen.

Normalerweise wird man eines der bekannten Unterwasser-Pump-WCs einbauen müssen, wobei Gewicht und Kosten nicht gering sind. Sicherheit gegen Vollaufen des Schiffes über die infolge Verschmutzung nicht ganz dicht schließenden Ventile erhält man nur, wenn Zufluß und

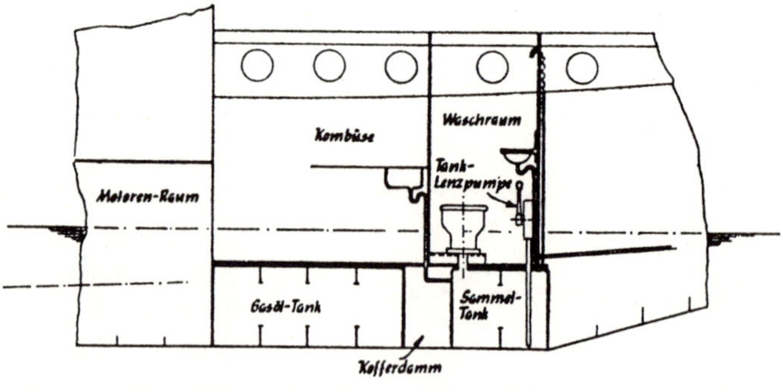

Zeichnung 320 b: Kombüse und Waschraum auf einer stählernen Motoryacht, mit großem, fest im Schiff sitzendem Sammeltank

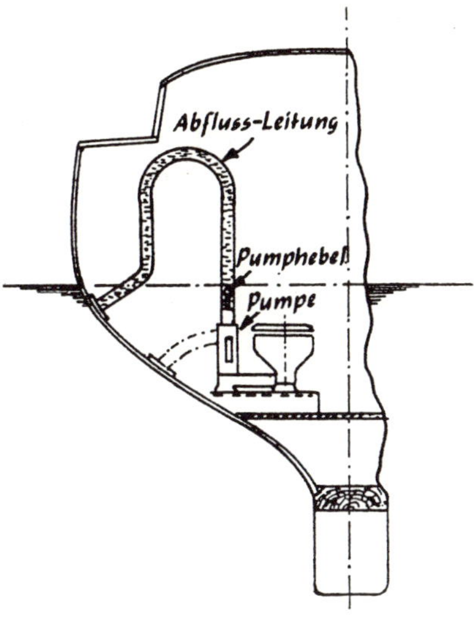

Zeichnung 321: Unterhalb der CWL liegendes WC mit angebauter Spül- und Lenzpumpe. Das Abflußrohr ist in einem hohen Bogen geführt, in der irrigen Annahme, daß bei undichten Ventilen oder Hähnen kein Wasser in das Schiff laufen könne. Da das Abflußrohr aber gefüllt bleibt, wirkt es wie ein Saug-Heber, der Bogen ist zwecklos. Es wäre einfacher gewesen, das Abflußrohr auf dem kürzesten Wege zur Außenhaut zu führen, wie strichpunktiert gezeichnet

Abfluß mit speziellen Seehähnen (3/4 und 2 Zoll) abgesichert sind und diese Hähne bei Benutzung sorgfältig bedient werden. Das ist besonders für Gäste nicht einfach.

Um der Gefahr des Vollaufens durch das Lenzrohr zu entgehen, hat man vielfach das Lenzrohr - meist ein Bleirohr mit 2 Zoll lichtem Durchmesser - in hohem Bogen bis über die CWL hinauf geführt, um es dann wieder bis unter die CWL hinabzuleiten und hier mit dem Außenbordstutzen zu versehen (Zeichnung 321). Es wird dabei aber übersehen, daß das Lenzrohr ja gefüllt bleibt. Besteht dann über undichte Ventile eine Verbindung zum Inneren des Schiffes, so wirkt es nunmehr als Saugheber und läßt das Wasser sozusagen *über den Berg* in die Bilge des Schiffes hineinfließen. Dies kann man verhindern, wenn es gelingt, den absteigenden Ast der Lenzleitung von oben bis zum Austritt aus der Außenhaut zu entleeren. Dann ist die Saugleitung des Saughebers unterbrochen.

Das Entleeren kann auf zweierlei Art erreicht werden. Die Zeichnung 322 zeigt, daß die Abflußleitung nicht unter, sondern über der Wasserlinie mündet. Da das Rohr so stark ist, daß Luft eindringen kann, läuft es nun bis zu seinem höchsten Punkt leer. Man vermeidet diese Bauweise aber, weil die nunmehr sichtbar gewordene Rohrmündung keinen erfreulichen Anblick bietet.

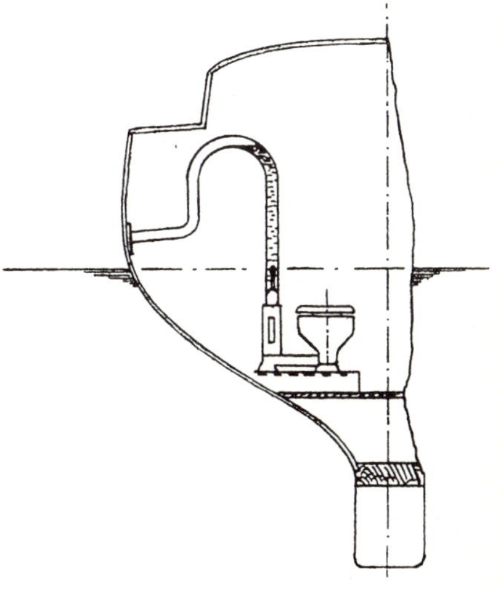

Zeichnung 322: Ähnliche Anlage wie in Zeichung 321, aber das Abflußrohr mündet oberhalb der CWL und kann deshalb bis zum höchsten Punkt des Sicherheitsbogens leerlaufen. Dadurch wird die Saugeheber-Wirkung aufgehoben. Die Anlage ist sicher, solange die Rohrmündung über Wasser bleibt

Zudem funktioniert sie nicht bei Schlagseite, da dann die Rohrmündung unter Wasser geraten kann (zum Beispiel wenn sie beim Segeln an der Leeseite liegt). Die andere Methode vermeidet beide Mängel: Bei ihr wird an der höchsten Stelle der Rohrleitung ein kleines Luftrohr aufgesetzt (Zeichnung 323), durch das Luft in die Lenzleitung eintritt, so daß sie sich entleeren kann. Es ist zweckmäßig, das Luftrohr an Bord so hoch wie möglich zu führen, am besten bis auf das freie Deck hinauf. Man muß nämlich damit rechnen, daß in ihm bei zu forschem Pumpen Wasser aufsteigt und auch austritt. Wenn von Deck Wasser eintreten sollte, so läuft es harmlos nach außenbords ab. Wer ganz vorsichtig sein will, versieht die Öffnung zum Schutz gegen Fremdkörper und gegen Verstopfung in irgendeiner Form mit einer Gaze.

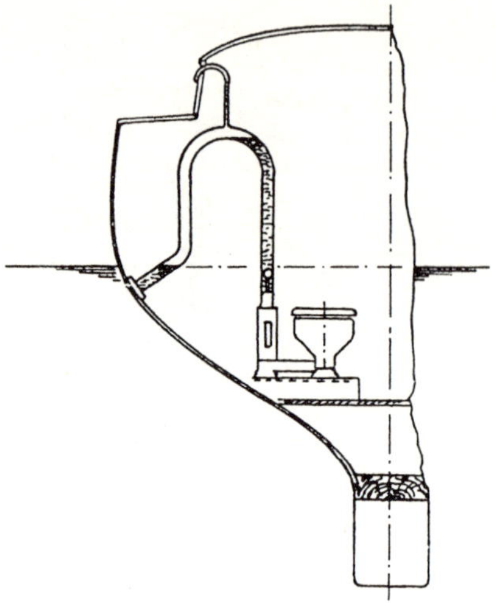

Zeichnung 323: Ähnliche Anlage wie auf Zeichnung 321. Dem Abflußrohr wird durch ein Luftrohr oben Luft zugeführt, so daß das Abflußrohr im unteren Teil leerlaufen kann, mit sicherster Wirkung wie in Zeichnung 321

Ein im WC-Raum befindliches Waschbecken kann man auf einfache Weise dadurch lenzen, daß man es durch eine Rohr- oder Schlauchleitung mit dem WC-Becken verbindet und dann dieses über die angebaute Pumpe lenzt.

91. Rüsteisen

Sie sollen den Zug der Wanten aufnehmen und auf eine größere Fläche der Außenhaut sowie auf das Spantsystem verteilen. Sie wurden früher in Höhe der Spanten von außen auf die Außenhaut gesetzt und mit dieser und den Spanten verbolzt. Diese Bauweise ist sehr gut, weil man einmal ohne Schwierigkeit eine gute Befestigung am Schiff erhält, zum anderen aber auch deshalb, weil jetzt die Wanten am breitesten Teil des Schiffes angreifen und damit die kleinstmögliche Kraft erhalten. Werden sie weiter binnenbords angebracht, wird der Spreizwinkel gegen den Mast geringer und dadurch die Zugkraft im Want und die auf Knickung wirkende Druckkraft im Mast größer. Deshalb wurden früher sogar bei Segelschiffen mit einfallender Spantform die Rüsteisen über die Rüsten nach außen gespreizt (Zeichnung 324).

Im heutigen Yachtbau stört man sich am häßlichen Aussehen der außen aufgesetzten Rüsteisen, die gerade bei naturlackierten Booten sehr stark auffallen. Sie werden deshalb auf die Innenseite der Außenhaut gesetzt und durch das Deck (den Schandeckel) hindurchgeführt. Wegen der Reihenfolge der einzelnen Arbeiten wird es deshalb selten möglich sein, die Rüsteisen zwischen Spant und Außenhaut zu legen. So werden sie auf die Außenhaut allein, aber möglichst dicht an einen Spant, geschraubt. Ihre Lage ist durch den Segelriß genau vorgeschrieben. Es wird einleuchten, daß die übliche Karweel-Außenhaut die hohe Beanspruchung durch die Rüsteisen nur tragen kann, wenn die Eisen weit genug nach unten geführt werden, möglichst bis an den Kiel (Zeichnung 325).

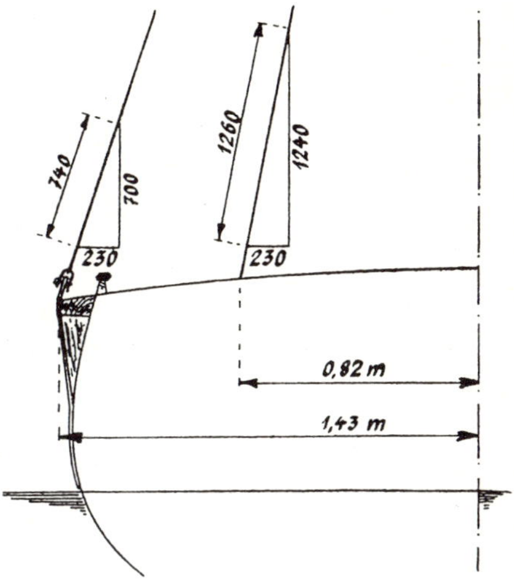

Zeichnung 324: Die Bedeutung der Wantspreizung wird dadurch sichtbar, daß beide Wanten die gleiche waagerechte Zug-Komponente (230 kg) haben, die alleine den Mast stützt. Aber das äußere Want hat dabei nur etwa die halbe Zugkraft aufzunehmen

In den meisten Fällen sitzen mehrere Rüsteisen nebeneinander (Unterwant, Mittelwant und so weiter). Es empfiehlt sich dann, die Rüsteisen durch zwischengeschweißte Bleche zu einer Einheit zu verbinden (Zeichnung 326). Das Verbindungsblech versehe man aber mit großen Luftlöchern, um Gewicht zu sparen und die Außenhaut nicht von der Luft abzuschließen.

Die Rüsteisen werden aus Schmiedestahl hergestellt und im Feuer verzinkt. Ihr Querschnitt - (auch neben Löchern für die Schäkelbolzen und Spannschrauben!) - muß der Tragkraft der Wanten entsprechen. Der Querschnitt der Stahlbolzen müßte wegen ihrer Belastung auf Abscheren um 25% größer sein. Da aber diese Bolzen im Holz festsitzen sollen, genügt dieser Querschnitt nicht, wenn man vermeiden will, daß sie sich quer zur Faser in das Holz eindrücken sollen. Man verstärke sie deshalb. Die Zeichnung 327 zeigt ein Rüsteisen, bei dem zur Gewichts-Einsparung der Querschnitt an den möglichen Stellen verkleinert wurde.

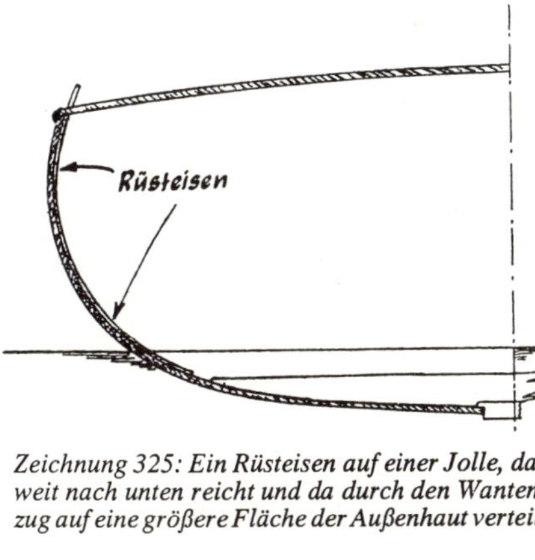

Zeichnung 325: Ein Rüsteisen auf einer Jolle, das weit nach unten reicht und da durch den Wantenzug auf eine größere Fläche der Außenhaut verteilt

Rüsteisen für Backstagen oder anderes schräg . verlaufendes Drahttauwerk sollen sorgfältig in der vom Draht vorgeschriebenen Richtung eingebaut werden. Bei Beschlägen für ein ständiges Achterstag am Spiegel sind besondere Überlegungen erforderlich, da hier die Zugkraft etwa rechtwinklig zum Spiegel gerichtet ist (Zeichnung 328). Es muß ein entsprechender Teil der anfallenden Kraft vom Deck aufgenommen werden. Deshalb sollte das Deck hier aus Hartholz bestehen oder verstärkt werden, denn von sich aus ist weder das Deck noch der Spiegel für solche Kräfte vorgesehen gewesen.

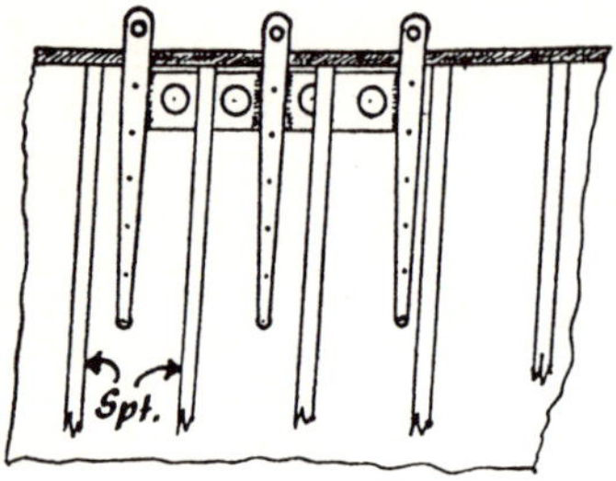

Zeichnung 326: Drei miteinander verbundene, dicht beieinander liegende Rüsteisen, von binnenbords gesehen

Endet das Vorstag auf dem Deck, so wird man den betreffenden Beschlag in der Richtung des Zuges unter Deck fortführen und am Vorsteven befestigen. Um hier eine mühsame Paßarbeit zu sparen, kann man in das Rundeisen eine Spannschraube einschalten, die nach dem Einbau angezogen und gesichert wird (Zeichnung 329).

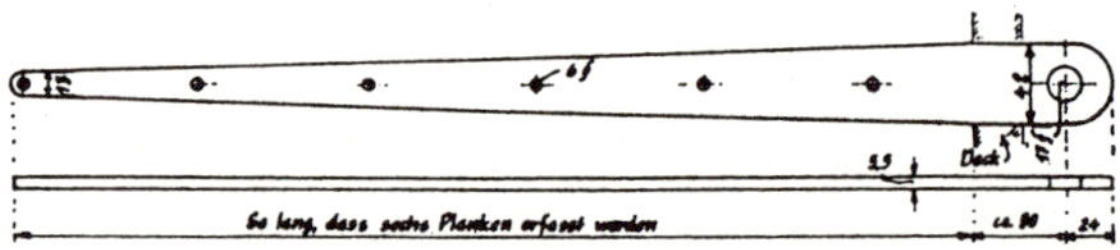

Zeichnung 327: Beispiel eines Rüsteisens für ein Want von 8 mm Durchmesser, 6 x 7 mm und mit einer Bruchfestigkeit von 3470 kg. Passende Spannschraube aus Stahl mit 40000 kg/cm² hat 5/8" Gewinde bzw. 1,31 cm² Kernquerschnitt. Danach sind die Querschnitte des Rüsteisens festgesetzt

Der Vorstevenbeschlag, der notwendig wird, wenn Fock- oder Klüverstag zum Vorsteven führen, ist nicht einfach herzustellen, wenn er gut sein soll. Die Aufnahme der Kraft durch den Vorsteven selbst bereitet keine Schwierigkeiten, da dieser als Bauteil kräftig genug ist und auch größere örtliche Kräfte aufnehmen kann. Im Prinzip wird der Beschlag so ausgeführt, daß er nach außen-unten um den Vorsteven herumgeführt wird und hier in die bis unter die Wasserlinie reichende Stevenschiene übergeht, die den Steven vor härteren Berührungen von außen schützen soll (Zeichnung 330).

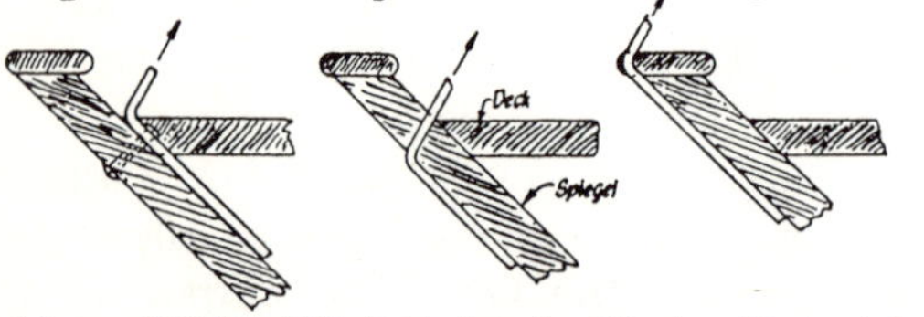

Zeichnung 328: Drei Möglichkeiten, das Rüsteisen für das Achterstag am Spiegel zu befestigen. a) Elegant, weil unsichtbar, aber schlecht, weil der oberste Bolzen den ganzen Zug des Achterstags bekommt; b) unelegant, weil sichtbar, aber sehr gut; c) unelegant, weil sichtbar, es besteht aber die Gefahr, daß der Spiegel oben abgeknickt wird

Verschiedentlich werden auf kleineren Segelyachten die Spannschrauben der Wanten vollständig von Deck verbannt und unter Deck angebracht. Hier sind folgende Vorteile maßgebend: Die Spannschrauben und ihr gegen Rost empfindliches Gewinde wird dem Wetter und der See ferngehalten; ihre Gewichte liegen tiefer im Schiff; sie bieten an Deck keinen

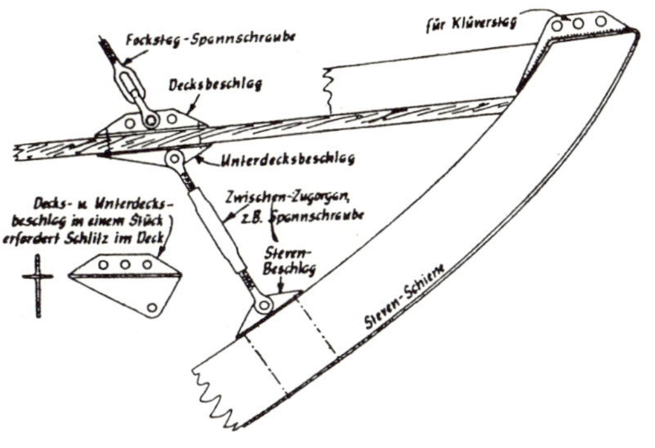

Zeichnung 329: Befestigung eines Fockstages auf (und unter) Deck
Zeichnung 330: Befestigung von Klüver- oder Fockstag am Vorsteven

Windwiderstand; die Vorsegelschoten oder die Vorsegel selbst können an ihnen nicht schamfilen. Demgegenüber stehen aber Nachteile: Das Want muß durch eine kleine Deckdurchführung (etwa nach Zeichnung 331) durch das Deck geleitet werden. Hier ist trotz Dichtung mit Werg, Fett und Kitt nicht immer die gewünschte Wasserdichtigkeit erzielbar. Wenn man mit einer kleinen Bohrung in der Decksdurchführung auskommen will, muß der Wantendraht ohne Spleißung hindurchgeführt werden. Dann darf das Want erst unter Deck in der erforderlichen Länge gespleißt oder muß mit Klemmschrauben statt mit Spleißen gehalten werden, da man sonst beim Abtakeln nicht die Wanten vom Boot entfernen kann, es sei denn, daß man jedesmal die Deckdurchführung vom Deck löst und oberhalb der Spleiße an den Wanten hängen läßt. Nach mehrmaligem Los- und Festschrauben werden diese kleinen Beschläge aber nicht mehr sehr fest und dicht auf Deck sitzen.

Allerdings kann man mit dieser Methode (Zeichnung 332) sehr gut die empfindliche Außenhaut von den Kräften der Takelage frei halten, indem man die Spannschraube an Kiel, Kielschwein oder Bodenwrange befestigt. Durch die waagerechte Komponente der im Want wirkenden Zugkraft wird aber nunmehr das Deck etwa zweimal so stark zum Mast hin zusammengedrückt. Dieser Belastung muß man durch die Deckkonstruktion (Decksbalken) von vornherein entgegenwirken. Übrigens muß die mehrfach erwähnte Decksdurchführung die Gesamtheit dieser waagerecht auftretenden Kräfte vom Want her auf das Deck übertragen, also entsprechend fest im Holz sitzen.

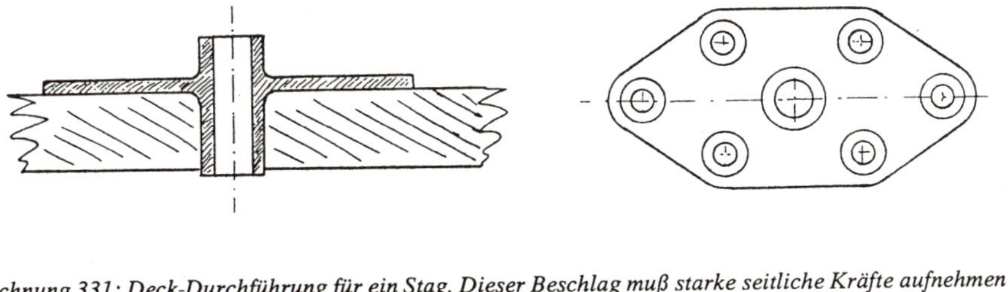

Zeichnung 331: Deck-Durchführung für ein Stag. Dieser Beschlag muß starke seitliche Kräfte aufnehmen und deshalb sicher im Deck befestigt werden

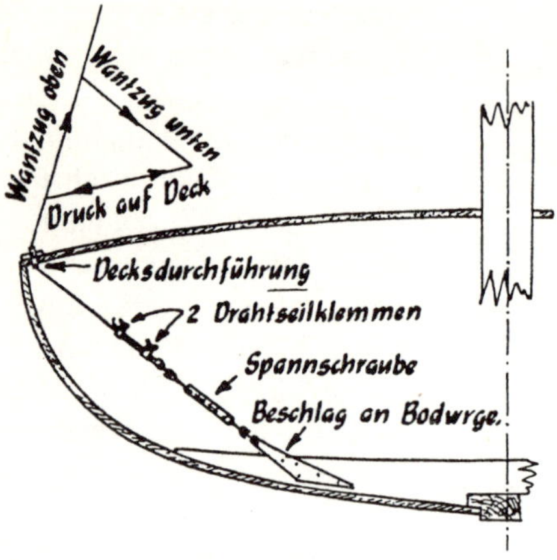

Zeichnung 332: Anbringung einer Want-Befestigung "ganz unter Deck". - Das Kraft-Dreieck zeigt, daß die seitliche Druckkraft auf dem Deck größer ist als der im Want auftretende Zug. Das Want wird in der Decksdurchführung stark abgebogen

Am Klüver- oder Fockstag wählt man die (über Deck) spleißfreie Methode gern, weil die Lögel (Stagreiter) der Segel und damit die Segel selbst nunmehr bis an Deck hinuntergeholt werden können. Das ist vom seemännischen Standpunkt aus sehr wichtig. Bei kleineren Booten sitzt die Spannschraube hier ebenfalls unter Deck (Zeichnung 333 a), bei größeren Yachten bleibt man aber mit ihr wegen der zu erwartenden Undichtigkeiten lieber über Deck (Zeichnung 333 b). Bei einer solchen Anbringung kann aber auf den Beschlag, der die Rolle oder Leitöse für das Stag trägt, fast das doppelte der Kraft kommen, die das Stag selbst aufzunehmen hat. Daher müssen dieser Beschlag und der dazugehörige Schäkel besonders stark ausgeführt werden. Da ein Stag als Teil des *stehenden Gutes* aus steifem Drahttauwerk besteht, ist er nicht geeignet, über Rollen zu laufen, selbst wenn sie einen besonders großen Durchmesser haben (vergl. auch Abschnitt 46).

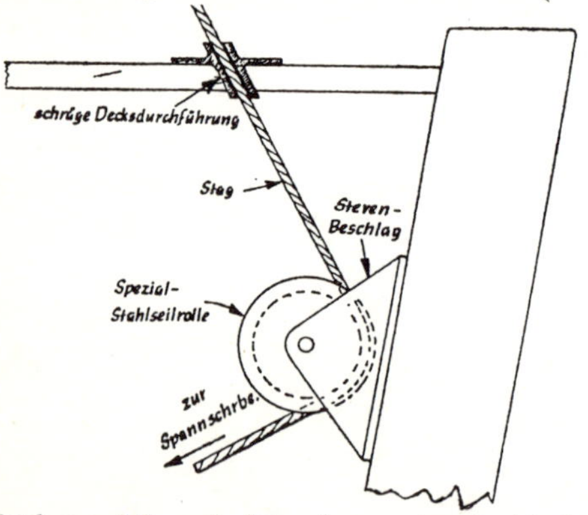

Zeichnung 333 a: Fockstag "ganz unter Deck". Der Steven-Beschlag muß sicher am Steven befestigt werden

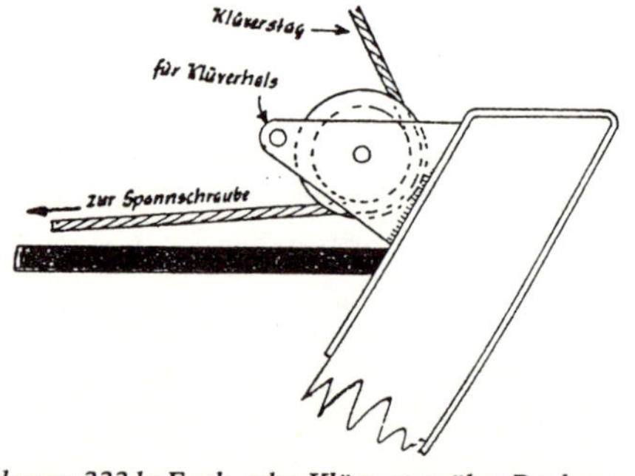

Zeichnung 333 b: Fock- oder Klüverstag über Deck am Vorsteven. - Man beachte aber, daß auf den Rollenbeschlag gut die doppelte Zugkraft nach links oben kommt, als im Stag selbst sitzt. Dazu kommt noch der Zug im Klüverhals mit Hebelwirkung

92. Mastfuß und Mastspur

Sie sollen den Druck, den der Mast auf die Yacht und besonders auf den Kiel ausübt, möglichst weit auf den Schiffskörper verteilen. Dieser Druck setzt sich zusammen aus dem Eigengewicht und der Gesamtheit der Zugkräfte in den Wanten und Stagen, die während des Segelns auftreten.

Diese Mast-Druckkraft wirkt in Längsrichtung des Mastes nach unten und muß von seinem Fundament, dem Mastfuß, aufgenommen, weitergeleitet und dabei verteilt werden. Es wäre das Einfachste, den Kiel selbst als Mastfuß zu betrachten, den Mast auf den Kiel zu stellen und ihn hier lediglich mit Hilfe einer Spur gegen Verrutschen zu sichern. Man kann dies aber nur bei kleinen, relativ stark gebauten Booten tun, zum Beispiel bei Rettungsbooten. In allen anderen Fällen wäre der Kiel für die Aufnahme der ihm jetzt zufallenden Kräfte viel zu schwach; er würde sich örtlich durchbiegen und dabei das ganze Boot in Mitleidenschaft ziehen. Deshalb ist es besser, zunächst auf die Bodenwrangen einen starken Längs-Träger zu legen und erst auf diesen den Mast zu stellen. *Stark* soll hier Widerstandsfähigkeit gegen Durchbiegung bedeuten. Daher soll ein Vierkantholz an dieser Stelle hochkant eingebaut werden.

Bei leichten Booten mit einem relativ schwachen Kiel (zum Beispiel Jollenkreuzern), wird man diesem Träger eine große Länge geben. Hierdurch wird er zu einem Kielschwein (Zeichnung 334). Da der Mast bei diesen Booten meist kurz vor dem Schwertkasten steht und man nach achtern nicht die erforderliche Länge für den Träger bekommt, setzt man ihn etwas aus Mitte Schiff zur Seite und baut ihn mit der un-

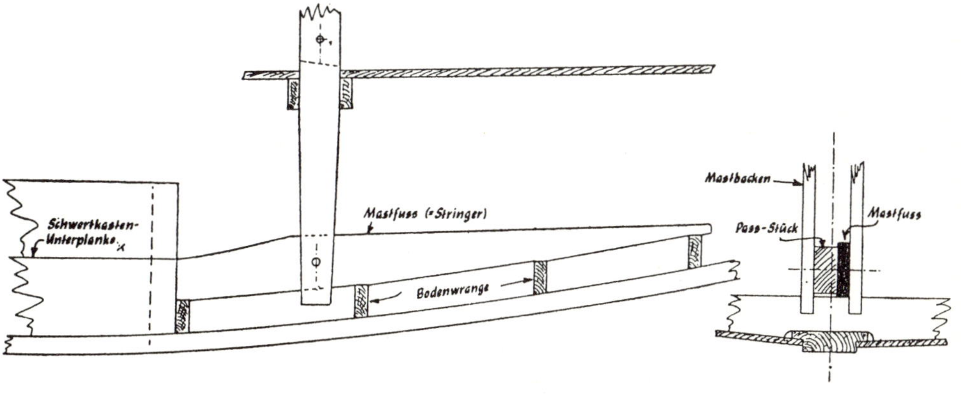

Zeichnung 334: Mastfuß auf einer Jolle. Die Schwertkasten-Unterplanke ist als Kielschwein oder Stringer nach vorn verlängert. Auf ihr stehen die Mastbacken

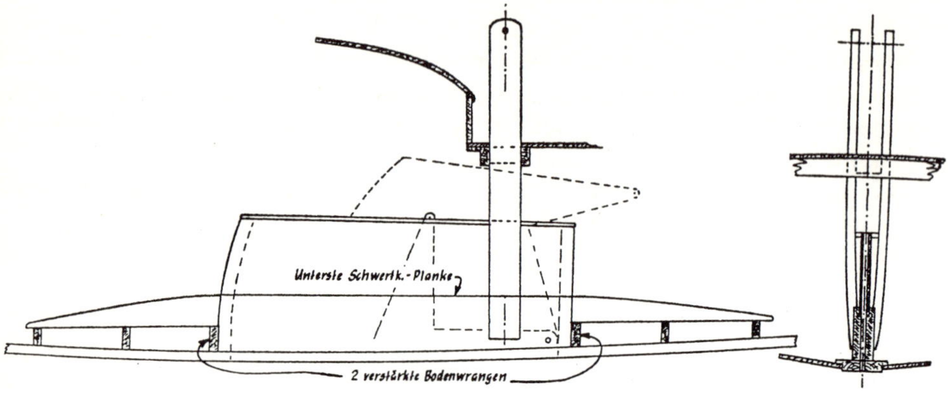

Zeichnung 335: Mastfuß auf einer Jolle, deren Mast sehr weit achtern oder deren Schwertkasten sehr weit vorn steht. Die Mastbacken stehen auf dem Schwertkasten, dessen unterste Planke nach vorn und achtern kielschweinartig verlängert ist

tersten Planke des Schwertkastens aus einem Stück. Da Jollen und Jollenkreuzer meist Klappmasten haben, muß man die Mastbalken (statt des Mastes selbst) mit dem eventuell ausmittig stehenden Kielschwein verbinden. Dies geschieht mit Hilfe von Passtücken. Für das Boot wäre es am günstigsten, wenn der Mast zu weit nach achtern (oder der Schwertkasten soweit vorn) stände, daß die Mastbalken zu beiden Seiten des Schwertkastens eingebaut wären. Man könnte dann die eine oder andere (oder auch beide) der untersten Schwertkastenplanken nach vorn und nach achtern über die Bodenwrangen als Kielschwein herausragen lassen (Zeichnung 335). Für den Schwertkasten selbst ergibt sich der unschätzbare Vorteil, durch die Mastbalken gegen den seitlichen Schwertdruck gehalten zu werden (vergl. Abschnitt 52).

Bei Kielbooten mit längeren Überhängen steht der Mast auf dem Vorsteven. Deshalb ist gerade hier ein starker und dabei langer Mastfuß erforderlich. Er liegt (Zeichnung 336) auf den Bodenwrangen und ist durch entsprechende Einschnitte gegen Verrutschen in Längsrichtung gesichert. Trotz dieser Verteilung des Mastdruckes auf eine größere Länge des Vorstevens sollte man es nicht unterlassen, den Vorsteven selbst an dieser Stelle etwas zu verstärken (zum Beispiel durch Erhöhung nach innen) und außerdem die hier liegenden Bodenwrangen kräftiger, also höher im Querschnitt und mit längeren Armen, auszuführen.

Günstiger für das Boot wird es in jedem Falle, wenn der Mast im Verhältnis zum Vorsteven weiter nach achtern rückt. Dies kann dadurch geschehen, daß er tatsächlich im Boot weiter achtern steht oder daß der Vorsteven nicht so weit nach achtern, der Kiel aber dafür weiter nach vorn reicht (Zeichnung 337). Je weiter der Mast nach ach-

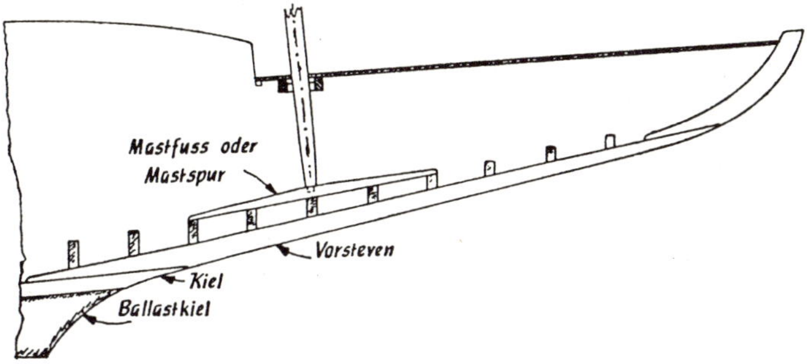

Zeichnung 336: Der Mast steht hier auf dem Vorsteven. Der Mastfuß muß deshalb besonders lang sein, um seine Last auf zahlreiche Bodenwrangen zu verteilen

tern rückt, desto mehr wird sein Druck vom Kiel, vom Totholz und vor allem vom Ballastkiel aufgenommen; dann kann dem Boot nichts mehr passieren. Dann wäre es sogar möglich, den Mastfuß unmittelbar auf den Kiel zu stellen, auch wenn dies aus anderen Gründen nicht gerade empfehlenswert wäre. Das Mastfuß hat dann nur noch die Aufgabe, das untere Mastende zu fixieren.

Beim Bau des Mastfußes denke man an die Möglichkeit der Einwirkung von Nässe, die nicht nur aus der Bilge kommt, sondern den Mast auch von Deck aus erreichen kann. Hat der hölzerne Mastfuß die übliche Spur, so wird sich in dieser Wasser ansammeln, und der Mast wird von unten her, an seinem Hirnholz, wie eine Blume in einer Vase feucht gehalten. Da der Mast aus weichem, aufsaugfähigem, nicht sehr wetterbeständigem oder fäulnissicherem Holz besteht, wird er hier schnell verrotten.

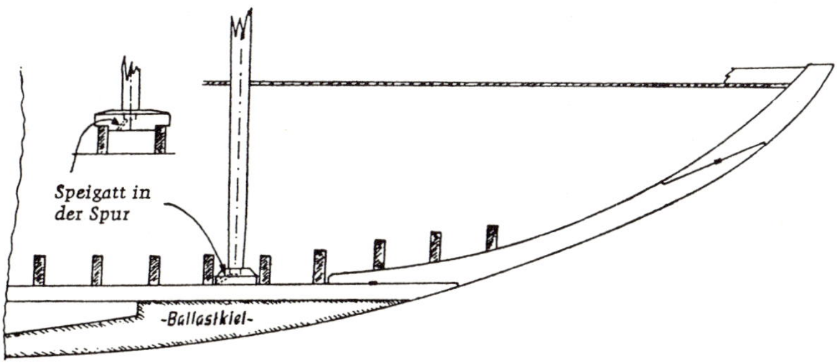

Zeichnung 337: Hier steht der Mastfuß nicht auf dem Vorsteven, sondern auf dem Kiel, der sogar noch vom Ballastkiel verstärkt wird. Der Mastfuß oder die Mastspur kann daher kurz sein; sie kann sogar auf dem Kiel selbst stehen. Besser ist es allerdings, wenn sie (luftig!) auf den Bodenwrangen steht (oben links)

Zur Abhilfe muß die Mastspur ein Speigat nach unten erhalten, durch das jenes Wasser immer wieder ablaufen kann, obgleich der Mast hierdurch allein sicher noch nicht *trocken gestellt* wird. Vor dem Masteinsetzen im Frühjahr und laufend im Sommer muß dieses Speigat sorgfältig gereinigt werden, da es leicht verstopft.

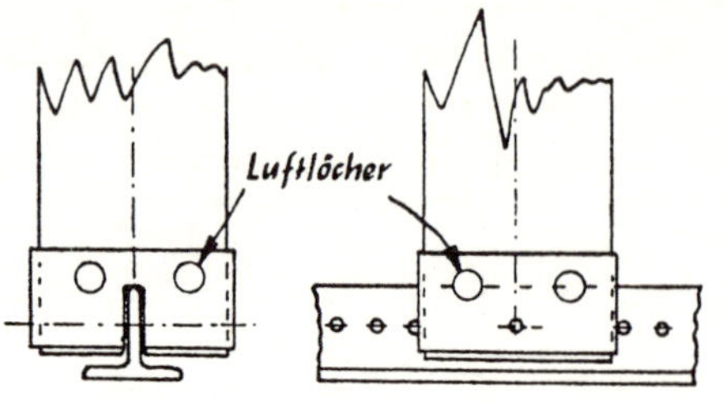

Zeichnung 338: Mastfuß aus einem T-förmigen Stahlträger. Der Mast wird mit einem Ring verstärkt, der einen passenden Schlitz erhält. Der Mast ist längsschiffs versetzbar

Besser ist ein Mastfuß nach Zeichnung 338. Er besteht aus einem T-Eisen, das hochkant auf den Bodenwrangen (oder auch auf dem Kiel) in Längsschiffs-Richtung liegt. Es besitzt querschiffs eine Reihe von Löchern. Der am unteren Ende stark verjüngte Mast erhält einen starken Stahlring, der querschiffs ein zum Mastende passendes Loch besitzt und längsschiffs an seiner Unterkante zwei Schlitze erhält, in die der Mastfuß hineinpaßt. Es ist bei der Montage darauf zu achten, daß der Mastdruck nicht allein auf dem querschiffs sitzenden Bolzen liegt, sondern zu gleichen Teilen von Oberkante T-Eisen durch den Ring aufgenommen wird.

Diese Konstruktion bietet viele Vorteile. Einmal steht der Mast trocken, wenn die Bilge trocken gehalten und gut gelüftet wird. Sodann kann man den Mast sehr viel leichter trimmen, das heißt seinen Fall verändern. Schließlich kann man ihn auch in Grenzen längsschiffs verschieben, wenn die Decksöffnung entsprechend lang ausgeführt wurde und die Rüsten passen. In den Fällen, in denen eine Yacht hinsichtlich Luv- und Leegierigkeit nicht gut ausbalanciert ist, bleibt das Verschieben des Mastes eine wirksame Maßnahme. Leider läßt sie sich bei Klappmasten nicht in gleich einfacher Weise einrichten.

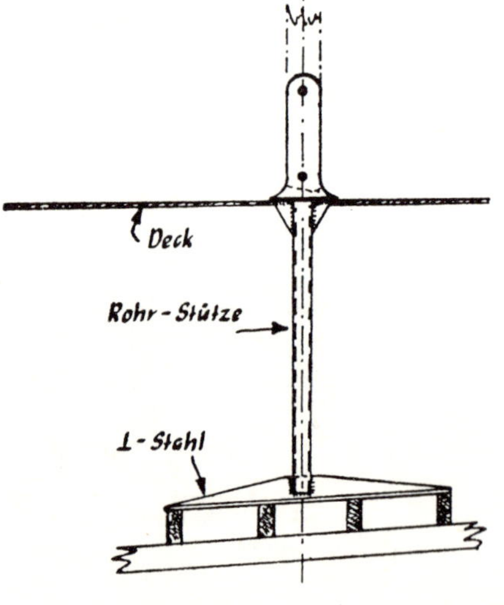

Zeichnung 339 a: Stählerne Mastbacken an Deck, unter Deck einzelne Deckstütze

Die hölzernen Mastbacken der Klappmasten wurden bereits erwähnt. Sie beanspruchen unter Deck viel Raum, so daß man dort, wo Raum knapp oder begehrt ist, gern eine Stahlkonstruktion einbaut,

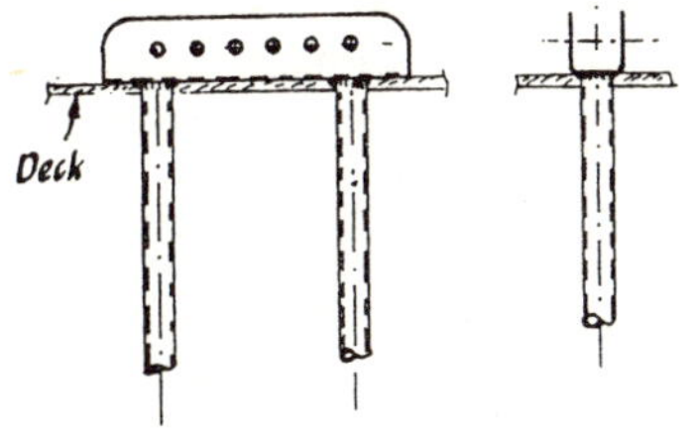

Zeichnung 339 b: Mastschuh auf 2 Stützen an Deck. Der Mast kann leicht versetzt werden

wie sie die Zeichnung 339 a zeigt. Eine Stahlplatte überdeckt das Deck. Sie steht in ihrer Mitte auf einer Rohr-Stütze, die nun ihrerseits ihre Last auf dem Kiel oder der kielschweinförmigen Mastspur absetzt. Es ist einfach, den über Deck befindlichen Teil der stählernen Mastaufstellung in Längsschiffsrichtung größer zu bauen und dort mehrere Löcher für den Mastbolzen vorzusehen, so daß der Mast leicht versetzt werden kann. Dazu eignet sich aber nur derjenige Typ, der nur einen Mastbolzen verwendet (Zeichnung 339 b), der also niedrig genug ist, um an Deck nicht zu stören. Der Mast wird also im aufgerichteten Zustand nur durch Wanten und vor allem Stage gehalten werden. Unangenehm ist aber, daß bei längsschiffs verschobenen Mast die erwähnte Rohrstütze jetzt nicht mehr genau unter Mitte Mast steht. Wir müssen dann Stützen vorsehen, die in passendem Abstand hintereinander angeordnet werden und dazwischen eine Art Brückenkonstruktion tragen müssen.

93. Masten und Spieren

Sie werden oder wurden bei einfacheren Fahrzeugen aus dem vollen Holz gearbeitet. Hierbei muß jedoch darauf geachtet werden, daß das verarbeitete Stück Holz schier und gleichmäßig gewachsen ist. Verschiedenartiger Wuchs im Holz bedeutet immer verschiedenes Schrumpfen beim Trocknen (oder auch nur Nachtrocknen) des Holzes, und das würde bedeuten, daß der Mast oder die Spiere krumm wird. Etwas Ähnliches wird auch passieren, wenn der Mast aus einem Baum gefertigt wird, dessen Durchmesser nur wenig größer als der gewünschte Mast-Durchmesser ist. Beim Abarbeiten des Überschusses wird es sich nicht erreichen lassen, daß die einzelnen Querschnitte (der gewachsene und der endgültige) genau konzentrisch zueinander liegen. Vielmehr werden sie mehr oder weniger exzentrisch zueinander liegen (Zeichnung 340), und die restliche Randschicht umschließt nicht mehr gleichmäßig den verbleibenden Kern. Das Trocknen vollzieht sich nun in den von außen nach innen verschieden feuchten Schichten (vergl. Abschnitt 2) unterschiedlich, und das Holz wird krumm.

Diesen Mißstand vermeidet man, wenn man den Mast oder die Spiere aus mehreren oder möglichst vielen Einzelteilen zusammensetzt. Zeichnung 341 zeigt einen vollen Mastquerschnitt, der aus sehr vielen Einzelteilen zusammengesetzt ist. Alle verschiedenen Leisten sind aus einem größeren Stück Holz (einer Bohle) ausgeschnitten worden und wurden nur verwandt, wenn sie bei ihrem Zuschnitt gerade blei-

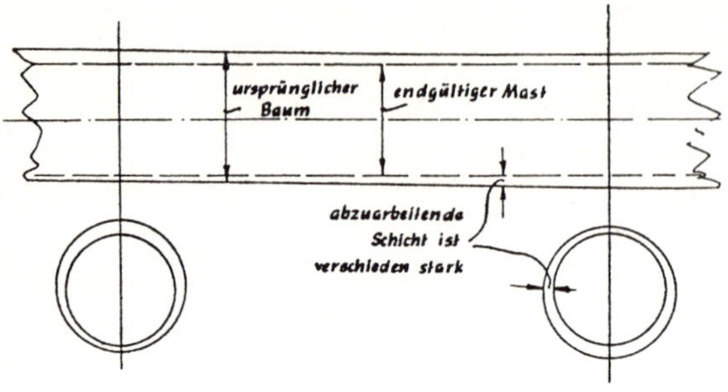

Zeichnung 340

ben, also nicht durch Schrumpfungsspannungen beim Trocknen gekrümmt wurden. Leimt man sie nunmehr zu einem Stück, so wird auch das Endprodukt, der Mast, gerade werden und gerade bleiben. Auf ähnliche Wiese hat man schon in alter Zeit Masten gebaut, als man noch keine wasserfesten Leime kannte, und die einzelnen Teile nur durch Bandagierung zusammengepreßt hatte.

Zeichnung 341: Ein massiver, aus vielen Teilen zusammengebauter Mast

Wenn indessen heute Masten und Spieren aus einzelnen Teilen zusammengebaut werden, so hat das noch einen weiteren Grund: Man macht sie hohl, um Gewicht einsparen zu können. Diese Hölzer werden ja auf Biegung und Knickung beansprucht. Beim Querschnitt kommt es nicht auf die Querschnittsflächen, sondern auf das achsiale Trägheitsmoment der Querschnittsfläche an, das man bekanntlich erhält, wenn man die Flächenelemente mit dem Quadrat ihre Abstandes von der Achse multipliziert. So kommt es, daß die innersten Teile der Querschnittsfläche nur geringen Einfluß auf die Tragfähigkeit des Querschnitts haben und ohne Schaden fehlen können. Zeichnung 342 zeigt die Wirkung, die durch das Weglassen des inneren Kreisquerschnitts vom halben Durchmesser entsteht. Die Restfläche beträgt nur 75% der ursprünglichen Querschnittsfläche, das Restträgheitsmoment aber 94% des ursprünglichen. Beim Biegen (und Knicken) bleiben die innersten Querschnittsteile praktisch unbelastet, während die am Rande liegenden die Hauptlast tragen müssen.

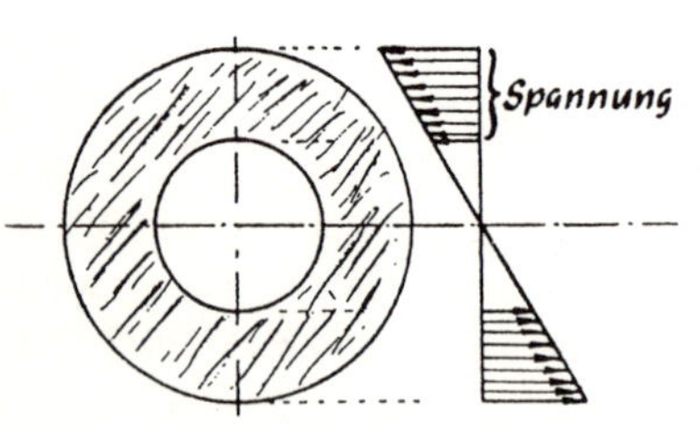

Zeichnung 342: Ein runder, hohler Mast. Die "Ausbohrung" liegt dort, wo nur sehr kleine Spannungen auftreten würden

So sind also hohle Masten und Spieren zwangsläufig - das heißt wenn sie fachmännisch aufgeführt worden sind - besser, nämlich leichter bei gleicher Festigkeit oder fester bei gleichem Gewicht, zudem in jedem Falle weniger anfällig gegen Verziehen beim Nachtrocknen des Holzes. Seitdem man wasserfest leimen kann, macht man sich im Yachtbau diese Erkenntnis zunutze.

Die modernen Hochtakelungs-Masten werden neben der Knickung infolge des Wanten- und Stagen-Zuges noch auf Biegung beansprucht, und zwar vornehmlich

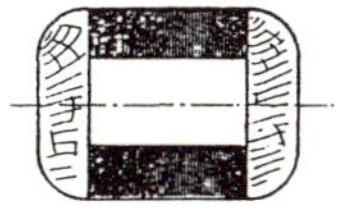

Zeichnung 343: Rechteckiger Mast mit abgerundeten Ecken

durch den Zug des hinter dem Mast auf einer Schiene (Jackstag) fahrenden Segels. Diese Beanspruchung tritt hauptsächlich längsschiffs auf. Daraus folgt, daß der Mastquerschnitt längsschiffs etwas stärker sein muß als querschiffs. Dies trifft gut mit unserer Vorstellung vom Windwiderstand zusammen, der ebenfalls längsschiffs etwas stärker auftreten wird als querschiffs. So wäre die Idealform unseres Mastes ein Oval, wenn der Wind stets genau von vorn einkäme und das Segel genau hinter dem Mast stände. Dies ist aber nur einen kurzen Augenblick während des Wendens der Fall. Es zeigt sich nämlich in der Praxis recht bald, daß Yachten mit rechteckigen Masten und gut abgerundeten Kanten nicht schlechter waren als jene mit ovalen Masten. Diese Erkenntnis war sehr wichtig, weil die vierkantigen Masten sich sehr viel billiger herstellen lassen. So hat sich der Rechteckmast das Feld erobert.

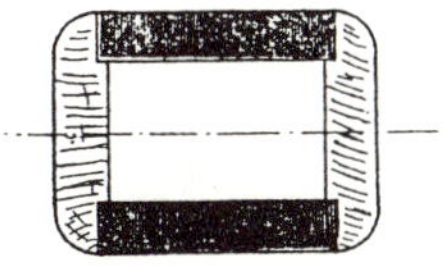

Zeichnung 344: Wie Zeichnung 343, jedoch durch die Nuten verbessert

Bei den Spieren (Bäumen, Gaffeln, Spinnakerbäumen) liegen die Verhältnisse ähnlich. Besonders beim Großbaum ist durch die Strömungsverhältnisse im Sinne der *Endscheibe* der angeströmten Fläche eine kantige Form sogar erwünscht. Man fertigt die Bäume daher meist quadratisch mit abgerundeten Ecken.

Spinnakerbäume werden gern rund gesehen. Hierfür gibt es teils ästhetische, teils praktische Gründe, weil beim Hantieren mit diesen Spieren die sanften Rundungen des Rundholzes nicht so leicht Schaden nehmen oder anrichten können wie die schäferen Ecken des kantigen Holzes.

Kleinere Masten oder Spieren in Vierkantform werden nach Zeichnung 343 hergestellt, wobei die Plankenstärke etwa 20% des äußeren Durchmessers zu betragen pflegt. Bei größeren Stücken wählt man gern die Bauweise nach Zeichnung 344. Hierbei spricht wohl der Gedanke an ein besseres Zusammensetzen beim Leimen mit. Erst bei recht großen Stücken, bei denen man die Wandstärken (Plankenstärken) noch weiter herabsetzen möchte, kommt man zu schwierigeren Konstruktionen (Zeichnung 345), bei denen die notwendigen Leimflächen (trotz der dünnen Planken) durch eingesetzte Eckstükke erreicht werden. Bei größeren Masten ist man zu derartigen Konstruktionen gezwungen, weil sie anders zu schwer ausfallen würden. Dies hängt mit dem Ähnlichkeitsgesetz zusammen, wie an folgendem Ver-

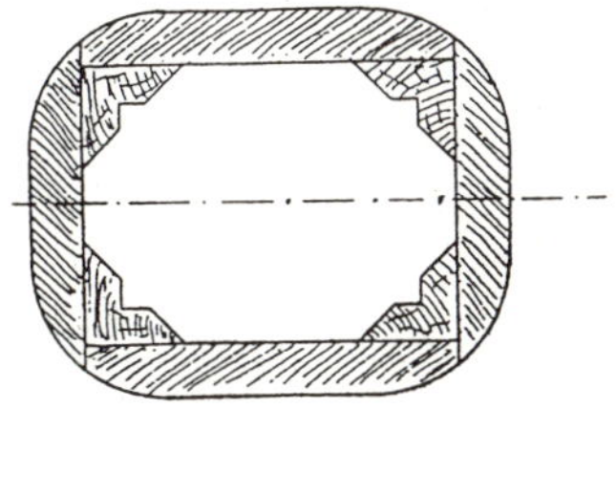

Zeichnung 345: Ein größerer Mast mit relativ geringer Wandstärke. Die Ecken müssen wegen der Leimflächen verstärkt werden

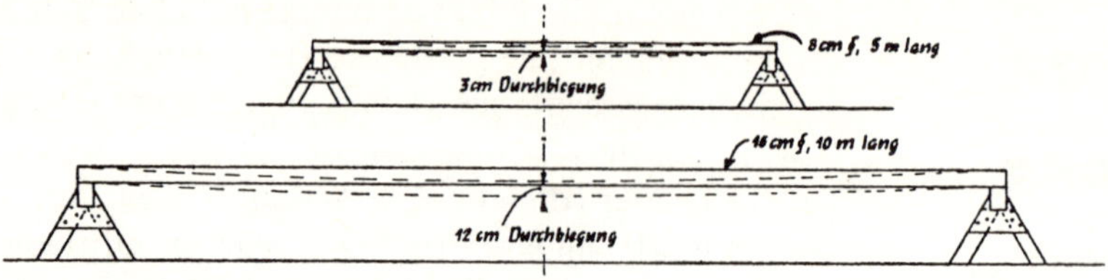

Zeichnung 346: Modell-Versuch für die Durchbiegung nur durch Eigengewicht. Eine Verdoppelung der linearen Masse der Spiere bedeutet Vervierfachung der Durchbiegung

such dargestellt wird. Legen wir ein massives Rundholz von 5 m Länge und 8 cm Durchmesser an seinen Enden auf zwei Böcken auf (Zeichnung 346), so wird sich das Holz infolge seines Eigengewichtes nur so wenig durchbiegen, daß man es kaum bemerkt. Verdoppeln wir nun sämtliche Maße des Rundholzes, so daß es also eine Länge von 10 m und einen Durchmesser von 16 cm bekommt und lagern es wiederum an seinen Enden, so wird sich die Durchbiegung nicht ebenfalls verdoppeln, wie man es erwarten sollte, sondern sie wird viermal so groß werden. Die Durchbiegung steigt also nicht im Verhältnis der linearen Vergrößerung des Rundholzes, sondern im Quadrat dazu. So müssen wir zum Beispiel bei zehnfacher linearer Vergrößerung die hundertfache Durchbiegung erwarten, bei zehnfacher Vergrößerung der Beanspruchung des Stoffes, also der Spannung. Die Folge davon ist, daß größere Masten sehr viel schwieriger zu verstagen sind als kleine, oder man müßte sie im Verhältnis zu allen übrigen Gewichten so viel schwerer bauen, daß die Stabilität der Yacht sehr übel beeinflußt würde. Daher ergibt sich also die Notwendigkeit, größere Masten (oder sonstige Spieren) mit dünnerer Wandung, aber größerem Durchmesser zu bauen.

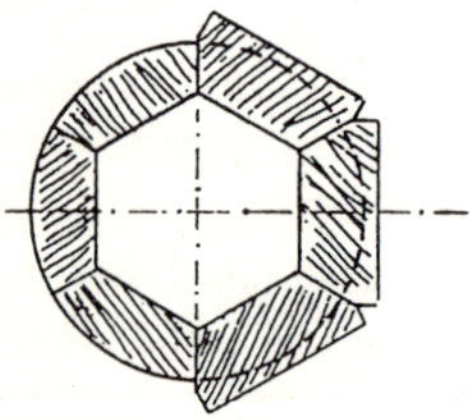

Zeichnung 347 a: Eine aus sechs Teilen zusammengesetzte runde hohle Spiere

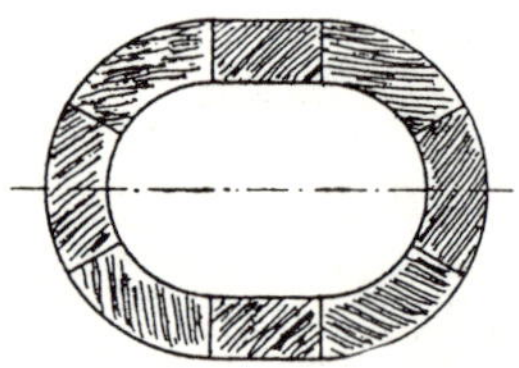

Zeichnung 347 b: Ein aus acht Teilen zusammengesetzter ovaler Mast

Runde und ovale Masten (oder Spieren) haben einen Querschnitt, wie ihn Zeichnung 347 darstellt. Wenn man bedenkt, daß der Querschnitt ja nicht über die Länge des Stückes konstant bleibt, sondern zu- und abnimmt, wird man leicht erkennen, daß ein Bau nach Zeichnung 347 doch erheblich mehr Mühe be-

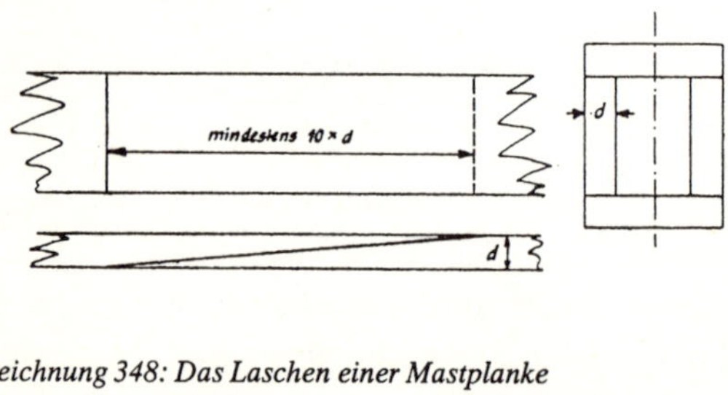

Zeichnung 348: Das Laschen einer Mastplanke

reitet als nach Zeichnung 343.

Das Einbauen von soliden Teilen (Querschotten) an Stellen, an denen man besonders starke Beanspruchungen vermutet - etwa an den Salings - hat sich als unzweckmäßig erwiesen. So werden also unsere Hölzer nur an den Enden durch Einsetzen entsprechender Paßstücke einen vollen Querschnitt bekommen.

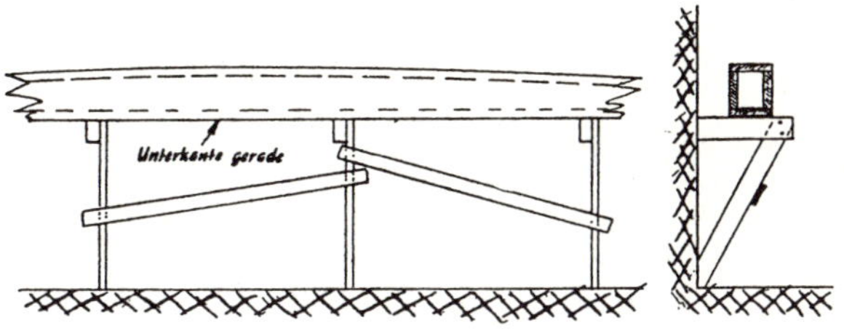

Zeichnung 349: Werkbank zum Leimen von Masten

Reicht das zur Verfügung stehende Holz in der Länge nicht aus, so müssen die einzelnen Planken gelascht werden. Die Zuschärfung erfolgt auf der breiten Seite und sollte mindestens 10mal der Plankendicke entsprechen (Zeichnung 348). Wegen der Festigkeit einer gut geleimten Lasche haben wir keine Sorge. Sie macht aber durch ihre große Festigkeit die Planke an dieser Stelle etwas steifer. Deshalb empfiehlt es sich, die Laschen an einem Mast nicht in einen Querschnitt zu legen, sondern sie zu staffeln und gegeneinander verschließen zu lassen.

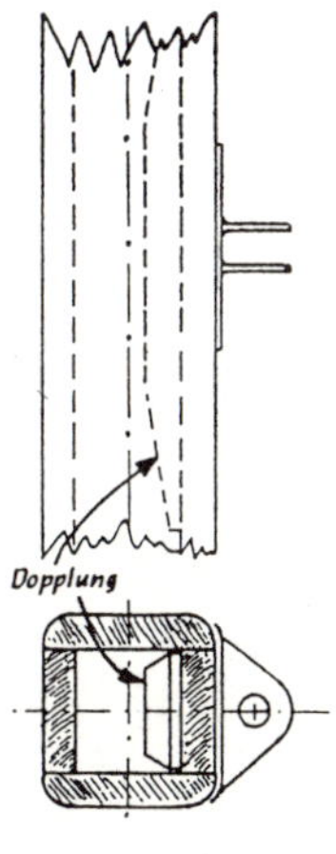

Zeichnung 350: Statt massiver Füllstücke im hohlen Mast nur Verstärkungen (Dopplungen) dort, wo außen Beschläge sitzen

Für den Zusammenbau braucht man eine Art Helling, die längs einer Wand des Arbeitsraumes eingerichtet werden kann, ihre Länge muß dem fertigen Werkstück entsprechen. Die Oberkante der einzelnen Träger (Zeichnung 349) muß genau waagerecht ausgefluchtet werden, denn auf ihr soll derjenige Teil des Werkstückes liegen, der gerade werden soll; Hinterkante Mast oder Oberkante Baum. Nur Spinnakerbäume und Bootshaken haben keine gerade Außenkante, dafür aber eine gerade Mittellinie. Für sie muß man sich mit Hilfe von kleinen Klampen an den Trägern eine Auflage schaffen, die der äußeren Form der Spiere entspricht.

Ein einzelnen Teile müssen genau rechtwinklig gearbeitet werden, ehe mit dem Leimen begonnen werden kann. Anderenfalls erreicht man nicht überall die notwendige Berührungsfläche in der Leimnaht, mit der ja gerechnet worden war.

Glaubt man, bei dünnwandigen, größeren Masten örtliche Verstärkungen einbauen zu müssen, so verstärke man lediglich die Wandung (Zeichnung 350). Zwischen zwei gegenüberliegenden Verstärkungen muß innen genügend Luft bleiben, um dem

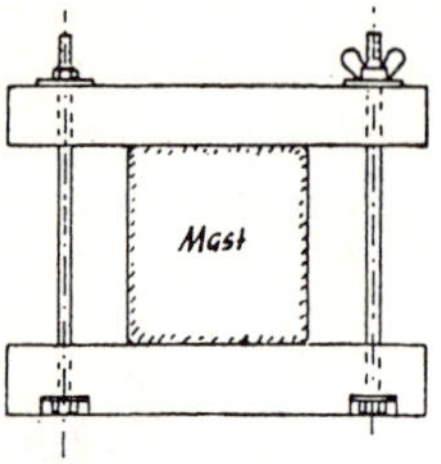

Zeichnung 351 a: Hilfsklampen zum Verleimen von Masten. - Klampe mit Zugschrauben

Holz Gelegenheit zur Schrumpfung zu geben. Eine solide, den ganzen Innenraum ausfüllende Verstärkung könnte beim Schrumpfen des Holzes zu einem Sprengen des Holzprofiles führen.

Lediglich die Top-Verstärkung muß den Mast dicht abschließen, damit kein Regenwasser eindringen kann. Sie sollte aber möglichst kurz sein und von ihrem unteren Ende her keilförmige Einschnitte oder aber nur einfache Sägeschnitte bekommen, die sie elastischer macht und die Hauptnähte schützt. Ähnlich verfahre man mit dem unteren Ende des Mastes. Hier erhalte die eingeleimte Verstärkung ein durchgehendes Speigatt, damit in den Mast eingedrungenes Wasser oder Kondenswasser ungehindert nach unten abfließen kann. Das anschließende Speigatt in der Mastspur wurde bereits in Abschnitt 92 erwähnt.

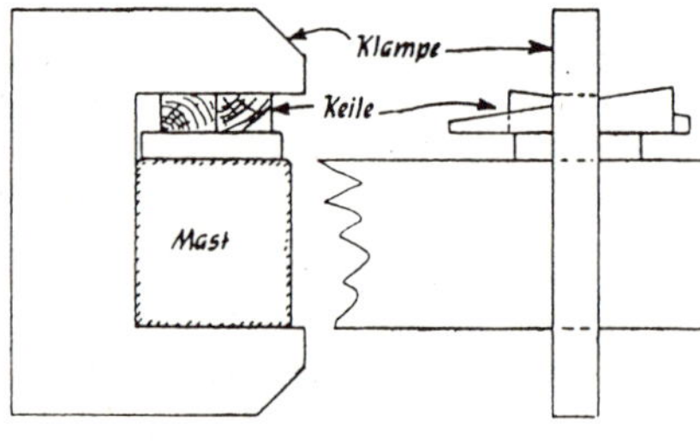

Zeichnung 351 b: Klampe mit Keilen

Da die verarbeiteten Hölzer nicht sehr dick sind und es sich um Weichholz handelt, muß der Leimdruck durch recht dicht beieinander sitzende Schraubzwingen, die zunächst auf zwischengelegte Schutzklötzchen drücken sollen, erzielt werden. Hierzu benötigt man eine sehr große Anzahl von Schraubzwingen. Rechnet man alle 15 cm der Spierenlänge eine Schraubzwinge, so kommen auf einen Meter bereits sieben Schraubzwingen, auf einen Mast von nur 10 Meter Länge aber bereits siebzig.

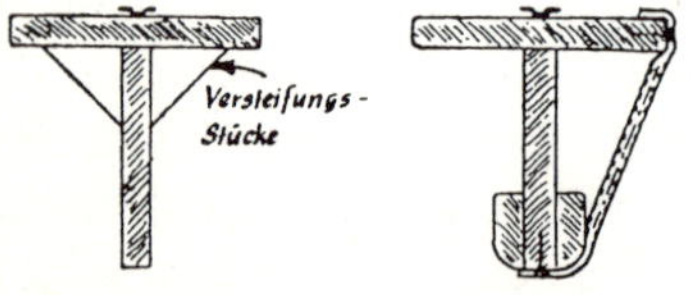

Zeichnung 352: T-förmige Bäume. Links: einfachste Form. Versteifung gegen Verkanten der beiden Teile gegeneinander durch in Abständen zwischengesetzte Dreiecks-Stücke. Rechts: Baum unten durch aufgesetzte Wulst verstärkt. Verkanten durch Messingrohr-Teile verhindert, die an den Befestigungsstellen flach gedrückt und durchbohrt sind

Man kann sich mit Hilfsklampen behelfen, wie sie in Zeichnung 351 dargestellt werden. Die rahmenförmige Klampe benutzt zwei Zugschrauben (etwa 1/2" oder M 10) mit gewöhnlichen oder Flügelmuttern. Die offene Klampe aus Hartholz oder starkem Sperrholz arbeitet mit Keilen. Bei ihrer Benutzung werden zunächst die vorhandenen Schraubzwingen in gleichmäßigen Abständen angesetzt. In die verbleibenden Zwischenräume setzt man dann die Hilfsklampen.

Bei Bäumen (Fockbaum, Großbaum, Besanbaum) ist die Gewichtsersparnis nicht so wichtig wie bei Masten, denn das Gewicht der Bäume streckt das betreffende Segel in abgefiertem Zustande nach unten. Da man aber auf einer Yacht grundsätzlich Gewicht sparen möchte, baut man auch die Bäume hohl. Das Strecken der Segel muß auf andere Weise erreicht werden.

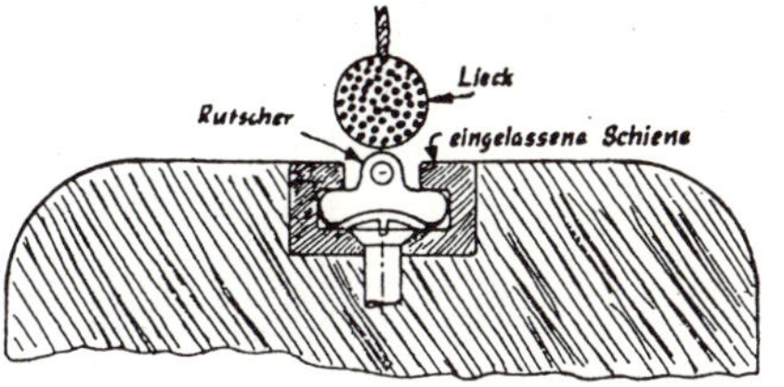

Zeichnung 353: Hohlschiene im Baum

Er wurde schon erwähnt, daß unter dem Segel ein flacher Abschluß erwünscht ist. Da auf Yachten die Bäume im allgemeinen in ihrer ganzen Länge mit dem Unterliek des Segels verbunden sind, kann man die *Endscheibe* am einfachsten durch den Bau eines T-förmigen Baumes erreichen. Dies schließt allerdings die Verwendung eines Roll-Reffs (Patentreff) aus. Für das Bindereff gibt es aber wohl kaum eine einfachere Baumkonstruktion (Zeichnung 352). Eine bessere Stoffausnutzung bringt übrigens eine Verstärkung der hochkant stehenden Planke an ihrer Unterkante, die sich durch Anleimen zweier Halbrundleisten leicht erreichen läßt. Man kommt so etwas dem Ideal, dem Doppel-T-Profil, näher und erreicht gleichzeitig, daß die Unterkante des Baumes nicht so scharfe Kanten bekommt. Denn diese sollen auf einer Yacht immer und überall vermieden werden, weil an ihnen Verletzungen nicht nur für das Werkstück, sondern auch des Deckspersonals eintreten können.

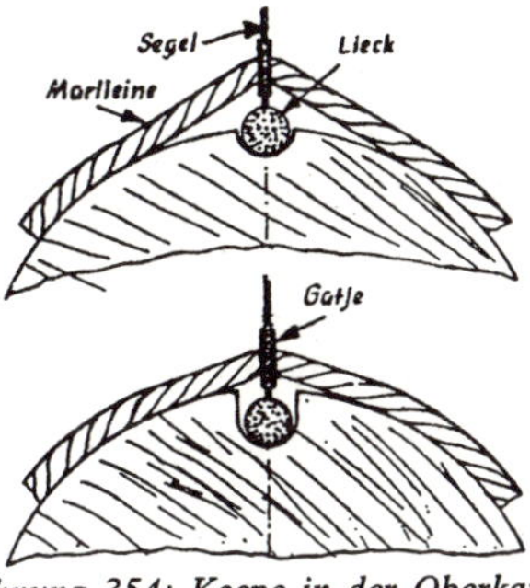

Zeichnung 354: Keepe in der Oberkante Baum. Oben zu flach für Patentreff; unten besser

An einem T-Baum wird das Segel stets mit einem Jackstag (Gleitschiene) und auf Rutschern befestigt. Wird ein Rollreff verlangt, werden also runde, ovale oder vierkantige Bäume mit abgerundeten Ecken verwandt, so darf die normale Gleitschiene mit ihren Rutschern nicht benutzt werden, sondern man muß eine außen glatte Hohlschiene mit innenliegenden Rutschern wählen (Zeichnung 353). Das Segel kann auch nach altem Brauch mit der Marlleine angeschlagen werden. Hierbei wird das Unterliek in eine Keep gelegt. Hier muß der Fehler vermieden werden, die Keep für ein 10 mm breites Liek als halbrund mit 6-mm-Radius in die Oberkante des Baumes einzuarbeiten, da beim Reffen mit einem Rollreff das Liek sicher-

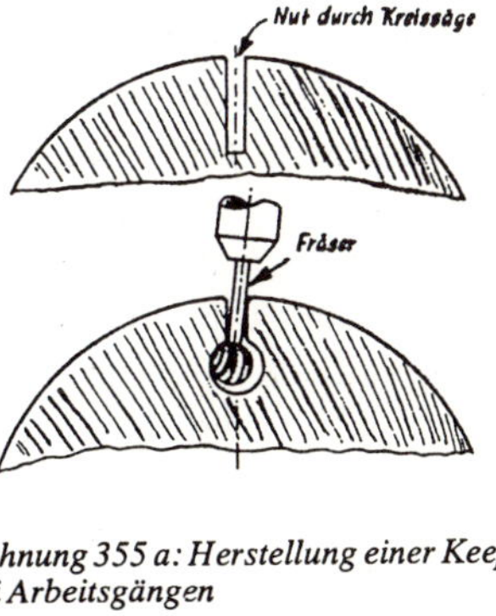

Zeichnung 355 a: Herstellung einer Keep in zwei Arbeitsgängen

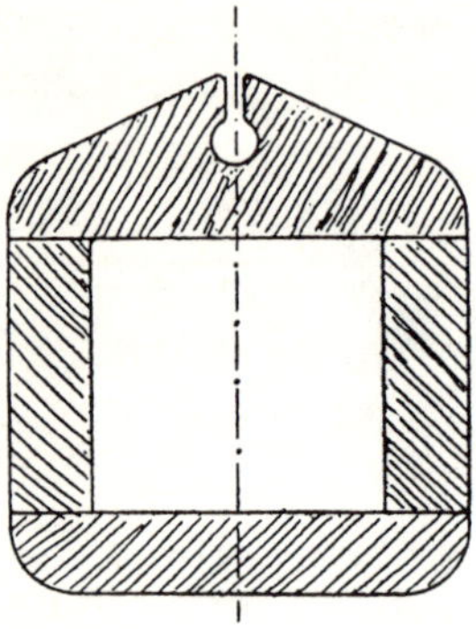

Zeichnung 355 b: Baum oder Gaffel mit eingefräster Keep

lich aus der Keep herausspringt, wenn auch die Marlleine noch so steif durchgesetzt ist. Die Keep muß etwa 12 mm tief eingearbeitet werden (Zeichnung 354). Bei einem massiveren Baum bereitet dies keine Schwierigkeiten, bei einem hohlen Baum ist aber Vorsicht hinsichtlich der oberen Planke am Platze.

Beliebt ist bei kleineren und mittleren Booten mit Rollreff das Einziehen des ganzen Unterlieks in eine dafür vorgesehene Keep. Die Herstellung dieser Keep kann auf verschiedene Wiese vor sich gehen. Zeichnung 355 a zeigt den Vorgang an einem massiven Baum (oder einer Gaffel), bei dem man zuerst mit einer entsprechend eingestellten Kreissäge eine rechteckige Nut einschneidet, die anschließend mit einem Fräser in die gewünschte Endform gebracht wird. Dieses Verfahren eignet sich auch für einen hohlen, rechteckigen Baum (Zeichnung 355 b), bei dem die aus einem stärkeren Holz gefertigte Oberplanke in der angegebenen Weise bearbeitet wird. Zeichnung 355 c zeigt die Möglichkeit, die sich bei einer aus zwei (oder mehr) Teilen zusammengesetzten massiven oder hohlen Spiere bietet. Die Nut erscheint jetzt in einem Stück nur zur Hälfte und kann auch ohne Fräser leicht eingearbeitet werden. Zeichnung 355 d zeigt die Nut, die durch aufgesetzte Hartholzleisten hergestellt wurde, wobei Leim und Schrauben zusammen wirken. Diese Bauweise ist insofern gut, als erfahrungsgemäß die Kanten der Nuten besonders an ihrem Anfang und Ende durch den Zug des Segels leicht ausbrechen. Deshalb sei die Verwendung von Hartholz empfohlen, da dieses besser hält als Weichholz.

Es seien noch einige Bemerkungen gestattet: Gerade beim Baum (im Gegensatz zu einer Gaffel) sammelt sich das Wasser in der Rille und dringt von hier aus in das Holz und in die Leimung ein. Das bedeutet, daß die Leimung in oder an der Rille ganz besonders sorgfältig ausgeführt und die Rille von innen her durch Bootslack gegen Wasseraufnahme geschützt werden muß. Ferner muß dem Wasser nach unten eine Drainage (Speigat) gegeben werden. Vor dem Lackieren muß die Keep von innen außerordentlich glatt geschliffen werden, damit das Segel und sein Liek leicht in der Keep bewegt werden kann.

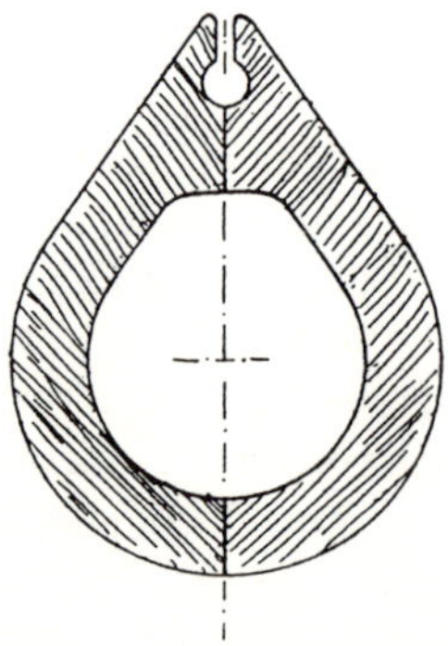

Zeichnung 355 c: Ein aus zwei Teilen zusammengesetzte Hohlspiere. Diese Bauart gestattet die Nut einzuhobeln statt zu fräsen. Beliebt für den Bau von Gaffeln

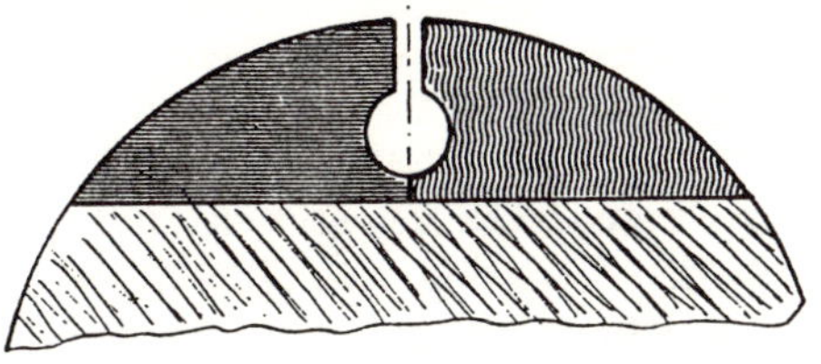

Zeichnung 355 d: *Eingehobelte Keep in zwei aufgesetzten Hartholzleisten*

Bei der Befestigung des Segels am Mast verwendet man bei kleinen und mittelgroßen Rennyachten (zum Beispiel Starbooten) gern die Keep, die den Wind strömungstechnisch gut vom Mast in das Segel überleitet. Hier wird meist eine Hartholzkeep aufgeleimt, deren unteres Ende verstärkt werden muß. Vom seemännischen Standpunkt ist dieses Verfahren aber schlecht, weil während des Setzens das Segel in die Keep eingeführt werden muß. Auch liegt es nach dem Segelbergen mit seiner ganzen Vorliekslänge lose auf dem Baum und kann vom Wind leicht weggenommen werden. Deshalb verwendet man auf seegehenden und auf größeren Yachten ausschließlich die Gleitschiene, die es in mehreren guten Modellen aus einer speziellen, harten Metallegierung im Handel gibt. Die Gleitschiene wird auf einer Holzleiste befestigt, die es erleichtert, die verschiedenen Mastbeschläge zu überbrücken. Besondere Aufmerksamkeit schenke man eventuellen Stößen der Schiene, die man vielfach hart lötet, um ein Festhaken der Rutscher zu vermeiden. Zwischen Schraubenkopf und Rutscher müssen für den Fall, daß sich doch einmal ein Schraubenkopf lockern sollte, einige Millimeter Luft bleiben. Das sorgfältige Anschrauben übertrage man dem zuverlässigsten Handwerker der Werft. Auch hier sind schon *Sicherungen* durch punktförmiges Hartlöten an jedem Schraubenkopf mit Erfolg angewandt worden.

Die Mastschiene darf nicht bis zur Oberkante des Baumes heruntergeführt werden, und die erwähnte tragende Holzschiene muß am unteren Ende verstärkt werden, so daß die Schiene in sanfter Kurve etwas vom Mast entfernt wird. Dies gilt besonders für ein Rollreff (Zeichnung 356).

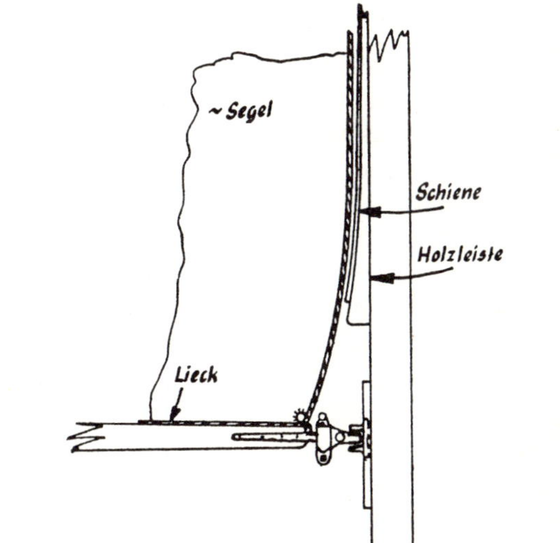

Zeichnung 356: Besonders bei einem Patentreff muß die Mastschiene (Jackstag) am unteren Ende etwas vom Mast weggeführt werden

Viele Masten erhalten heute elektrische Installation: An den Salingen wird eine Decksbeleuchtung, auf dem Top eine Morselampe angebracht. Es empfiehlt sich, die notwendigen Kabel in das Innere des Mastes zu verlegen, das heißt sie müssen vor der Verleimung an den betreffenden Planken befestigt und geprüft werden. Hierzu dürfen nicht die billigsten Kabel genommen werden. Ihre Befestigung an der Mastplanke muß solide sein. Jede Lampe muß für sich zweipolig bis an ihre Sicherungen verlegt werden. Alle Armaturen sollen wasserdicht und seewasserbeständig sein.

94. Blitzschutz

Ein Blitzschutz läßt sich auf Yachten relativ einfach einbauen. Es ist empfehlenswert, weil Yachten meistens auf weiter Wasserfläche und nur selten im Schutz hoher Ufer und Gebäude liegen.

Es kann hier nur das Wesentliche gesagt werden. Wer mehr zu wissen wünscht, lese die in der Zeitschrift *Die Yacht*, 1953, Nr. 16 u. 18; 1954, Nr. 3 u. 8; 1959, Nr. 14 erschienenen Abhandlungen.

Zum Blitzschutz müssen alle elektrisch leitenden Teile in senkrechter Richtung miteinander verbunden werden. Nach oben sollen die Leiter dabei möglichst bis über Oberkante Flaggenkopf hinausragen. Am besten ist hier ein metallener Standerstock, der leitend mit Wand, Stag oder Mastschiene verbunden wird.

Für die Rüsteisen ist es gut, wenn sie unter Deck miteinander verbunden werden (s. Abschnitt 91). Sie sollen so weit bis unter die Wasserlinie geführt werden, daß viele Bolzen durch die Außenhaut mit dem Wasser Berührung haben. Noch besser ist es, wenn sie leitend mit den Kielbolzen, die den Ballastkiel tragen, verbunden werden. Dies gilt auch für sämtliche Stage, für die Mastschienen (Jackstage) und für die Nagelbänke und Mastwinden, sofern Stahlfallen zu diesen geführt werden. Die Verbindungs-Leiter sollen reichlichen Querschnitt haben, möglichst etwas mehr als derjenige Teil, an den sie angeschlossen werden.

Metall- oder Stahlyachten haben es hinsichtlich Blitzschutz besser, insbesondere dann, wenn auch Mast und Deck aus Metall oder Stahl gefertigt sind. Dann ist die gesamte Yacht ein einziges leitendes System; unter Deck würde man sich absolut sicher befinden.

95. Ballast

Soll eine Yacht unkenterbar sein, so benötigt sie Ballast. Hier soll nur das Prinzip erläutert werden.

Je geringer die Ballastmenge ist, die zur Erreichung der Kentersicherheit benötigt wird, um so besser. Hierbei ist es vorteilhaft, den Ballast möglichst tief unterzubringen, und so gelangte man zum Außenballast. Ist der Tiefgang begrenzt oder will man das Optimum der Leistung erreichen, so soll der Stoff, aus dem der Ballast besteht, ein hohes spezifisches Gewicht besitzen. Deshalb ist Gold besser als Blei, dieses besser als Gußeisen, und dieses wiederum noch besser als Eisenschrott mit Beton. Je schwerer der Stoff ist, um so kleiner ist bei gleichem Gewicht sein Volumen, um so tiefer liegt sein Schwerpunkt im Schiff und um so größer ist der Hebel bei der Bildung des aufrichtenden (Stabilitäts)-Momentes.

Schrottballast ist der schlechteste und billigste. Es wird im allgemeinen nur im Stahlschiff und Stahl-Yachtbau verwandt, aber auch dort nur dann, wenn ein billiger Bau gewünscht wird (vergl. Abschnitt 97). In Einzelfällen findet er auch im Holzyachtbau Verwendung. Hier wird ein Kasten aus Stahlblech hergestellt und nach dem Füllen unter den Kiel des Fahrzeuges gehängt (Zeichnung 357). - Wegen des notwendigen großen Volumens wird die erwähnte kastenförmige Hülle meist recht dick. Der Kiel muß dann mindestens so breit sein, wie der Stahlkasten dick ist, wenn die Verbolzung Kastenkiel oder Kasten-Totholz querschiffs erfolgen soll. Bei senkrechter durchgeführter Verbolzung wird der Kasten an seiner Oberkante nach außen gebördelt. Dann muß der Kiel um die Bördelung breiter sein als der Kasten (Zeichnung 357).

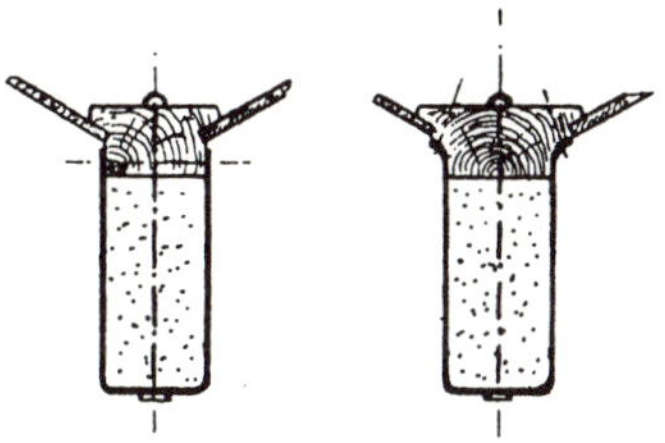

Zeichnung 357: Die zwei Möglichkeiten, einen Stahlkasten mit Schrott-Ballast an einen Holz-Kiel zu hängen. Links bei schmalem, rechts bei breitem Kiel

Hinsichtlich des erreichbaren spezifischen Gewichtes sei noch bemerkt, daß man selbst im besten Fall (stählerne Lochputzen von starken Blechen plus Beton für den notwendigen verbleibenden Zwischenraum) nicht an 5,0 herankommen kann. Bei Verwendung von normalem Gußeisenschrott wird man kaum die Hälfte erreichen. Hierbei ist immer vorausgesetzt, daß wirklich alle Zwischenräume zwischen den Eisenteilen mit Beton ausgefüllt werden.

Gußeisenballast kann auf der Werft nicht hergestellt werden, sondern nur das für den Ballastkiel erforderliche Holzmodell. Es wird mit Kernmarken versehen, nach dem Schwundmaß des Gußeisens von einem Fachmann hergestellt und dann einer Eisengießerei übergeben. Dies alles ist etwas umständlich, und so werden viele Vorteile, die der niedrigere Preis des Gußeisens im Vergleich zu Blei bietet, wieder aufgezehrt. Man muß auch bedenken, daß die Kosten für den Gußeisenballast praktisch verlorene Kosten sind, denn für Gußeisenschrott erhält man nicht einmal die Transportkosten. Blei hingegen behält immer seinen Metallwert, der allerdings Schwankungen unterworfen ist.

Bleiballast kann dagegen auf jeder Werft mit den einfachsten Mitteln in die benötigte Form gebracht werden. Die Gußform kann auf der Werft selbst aus Holz hergestellt werden, denn sie brennt nicht an, da der Schmelzpunkt von Blei nur bei 327 Grad C liegt. Das Blei kann in kleinen Stücken zur Werft gebracht und leicht in kleinen oder größeren Eisengefäßen geschmolzen werden, da seine spezifische Wärme gering ist. Möglicherweise fertigt die Werft nur das übliche Modell (statt der Form) an und überträgt den Guß einer Gießerei.

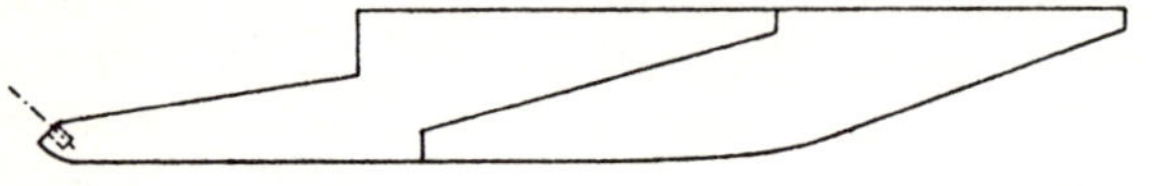

Zeichnung 358: Einen sehr großen, schweren Ballastkiel stellt man gern in mehreren Teilen her

Das Anfertigen der Gußform - also des Trogs, in den hineingegossen wird - kann durch die Wahl eines rechteckigen Querschnittes mit unten abgerundeten Ecken vereinfacht werden. Daran sollte der Konstrukteur denken. Sehr große Ballastkiele, also auch solche aus Gußeisen, sollten in mehreren Teilen, die miteinander verlascht werden (Zeichnung 358), hergestellt werden. Einmal wird das Transportieren und Montieren vereinfacht, zum anderen ist das Gießen leichter und mit geringerem Risiko verbunden. Denn wenn auch das Schmelzen des Bleies nicht schwierig ist, muß doch das bereits in die Form gegossene Metall solange flüssig bleiben, bis die Form vollkommen bis zu ihrer Marke (Oberkante Ballastkiel) gefüllt ist. Anderenfalls besteht die Gefahr, daß sich Schichten bilden. Man muß also dafür sorgen, daß das Schmelzen flott vonstatten geht, und eventuell mit zwei Schmelzfeuern arbeiten, wenn nur kleine Gefäße zur Verfügung stehen.

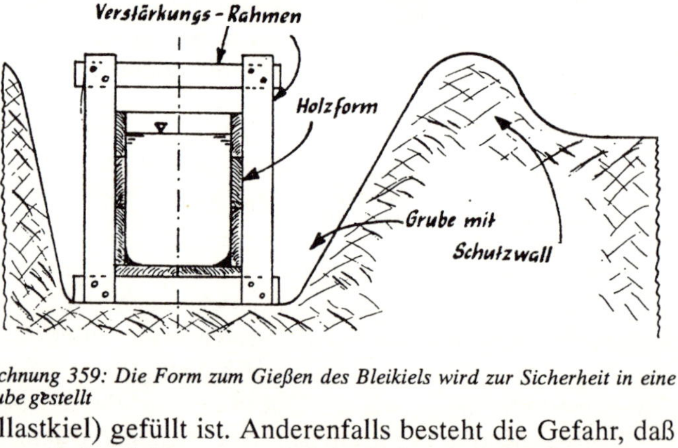

Zeichnung 359: Die Form zum Gießen des Bleikiels wird zur Sicherheit in eine Grube gestellt

Die Form selbst (Zeichnung 359) muß stark genug sein, um dem Flüssigkeitsdruck und dem Gewicht widerstehen zu können. Auch die Unterlage, auf der die genau waagerecht aufgestellte Form ruht, muß das Gewicht tragen können. Sicherheitshalber kann man die Form auch im Erdreich versenkt aufstellen oder mit Erdwällen umgeben.

Zum Glätten und Dichten und auch als Schutz gegen Feuer kann man die Form von innen mit Gips behandeln. Gips läßt sich recht leicht glätten. Es ist leichter, die Holz/Gips-Form innen, als später den gegossenen Bleikiel außen glätten.

Vor dem Eingießen muß die Form vollkommen trocken sein (auch das Holz und der Gips!). Anderenfalls kommt es durch das Blei zu Dampfbildung mit explosionsartiger Wirkung, wobei das Blei weit herausspritzen und schweres Unheil anrichten kann. Die Forderung nach Trockenheit bezieht sich auch auf das Eingießen in Stahlformen oder in stählerne Kiel-Kästen beim Bau von stählernen Yachten. Allein die Feuchtigkeit, die an nebligen Tagen auf den Stahlplatten haftet, hat zu Explosionen der oben geschilderten Art geführt! Es ist deshalb erforderlich, die Stahlform unmittelbar vor dem Gießen rundherum mit einem Schweißbrenner zu erwärmen, um die Feuchtigkeit zu vertreiben.

Beim Gießen selbst brauchen nicht alle Bleibarren geschmolzen zu werden. Man kann in das flüssige Blei der Gußform auch nach und nach einige Barren Blei hineinlegen. Hierdurch wird allerdings die Abkühlungs- oder Erstarrungszeit abgekürzt.

Die Löcher für die Kiel- und gegebenenfalls den Schwertbolzen können nachträglich gebohrt, aber auch durch Einbau von hölzernen Kernen eingegossen werden. Der Schwertkastenschlitz wird auf jeden Fall durch einen (hölzernen) Kern eingegossen.

Lästig ist beim Schmelzen die Bildung von Schlacke. Sie schwimmt oben und muß von Zeit zu Zeit mit einer Art Feuerhaken abgezogen werden, damit sie nicht mit in das Gußstück gelangt. Durch die Schlackenbildung geht ein gewisser Prozentsatz an Blei verloren. Er muß beim Beschaffen der Gesamtmenge berücksichtigt werden. Ein Überschuß muß besonders dann vorhanden sein, wenn nicht sauberes Blei in Barrenform, sondern Altblei in kleinen Stücken verwandt werden soll.

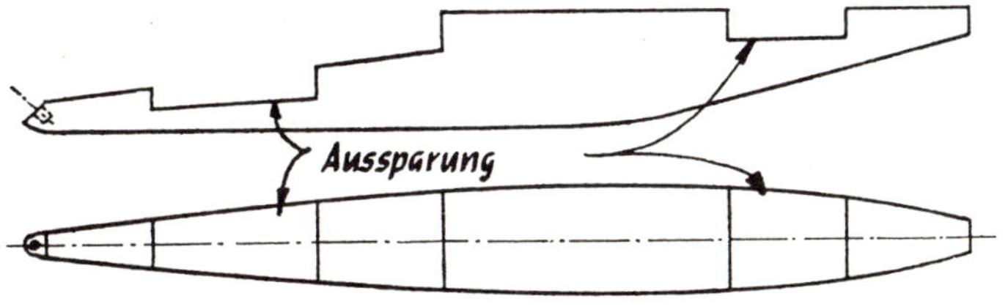

Zeichnung 360: Aussparungen an der Oberkante eines Blei- oder Eisenkiels können für Trimm-Zwecke verwandt werden

Es ist zweckmäßig, beim Bau hölzerner Yachten das durch Rechnung festgelegte Ballastgewicht nicht vollständig in den Ballastkiel zu vergießen, sondern für Trimm- und Ausgleichs-Zwecke eine kleine Reserve von 5 bis 10% zu lassen. Diese Reserve kann einmal in der Bilge, je nach Trimmlage, sorgfältig gelagert und gehaltert werden, damit sie keinen Schaden anrichten kann. Besser ist es indessen, im Bleikiel selbst vorn und hinten je eine Aussparrung vorzusehen (vergleiche Zeichnung 360). Die zunächst mit einem Stück Totholz ausgefüllt werden. Falls Reserve in Anspruch genommen werden muß, wird das Stück Holz herausgeschlagen, mit Holz und Gips eine den Ballastkiel seitlich abdichtende Wand hergestellt und der Hohlraum vorsichtig mit Blei ausgegossen. Oder aber man gießt ein Stück Ballast, das etwas kleiner als die Aussparung ist, und befestigt es dann in jener Aussparung mit Keilen. Derartige Aussparungen sollen in der Konstruktionszeichnung genau angegeben sein. Man sieht sie übrigens auch bei gußeisernen Ballastkielen vor, bei denen die Reservegewichte ebenfalls aus Blei hergestellt werden.

Kapitel F

Der Bau von stählernen Booten und Yachten

96. Allgemeines

Ein Teil dieses Themas wurde bereits in den Abschnitten 37 bis 42 behandelt.

Aus Gründen der örtlichen Festigkeit war davor gewarnt worden, zu dünne Blechstärken zu verwenden. Es ist viel schwieriger, die von uns gewünschte glatte Oberfläche - etwa der Außenhaut - aus dünnen als aus dickeren Blechen herzustellen. Man kann den Bootsbau nicht mit dem Kraftwagenbau vergleichen, der für seine Karosserien Bleche unter 1 mm Dicke verwendet und dabei völlig glatte Teile erhält. Dort werden die Blechteile nicht in Einzelanfertigung durch Hammerschläge hergestellt, sondern unter einer starken Presse zwischen zwei Gesenken gepreßt oder tief gezogen. Dieses Verfahren lohnt sich aber nur, wenn man die dafür erforderliche Auftragszahl hat. Eine solche Preßanlage arbeitet monatelang mit Tagesleistungen von tausend Stücken und mehr. Erst durch diese Massenherstellung können die Kosten für die Apparatur aufgebracht werden.

Hinsichtlich der aus Stahl möglichen Aufbauten sei noch folgendes erwähnt. Bei einer hölzernen Yacht ist es üblich, die Aufbausülle aus Teak- oder Mahagoniholz herzustellen und naturlackiert zu lassen. Sie passen dann zu jeder Farbwahl der Außenhaut. Um bei einer Ganzstahl-Yacht das gewohnte Bild eines *braunen* Aufbaus zu erhalten, haben viele Eigner versucht, die Seiten der stählernen Aufbauten deckend braun zu streichen. Das Ergebnis ist aber immer unbefriedigend und wird auch nicht besser, wenn ein gewandter Malermeister mit feinem Pinsel auf der glatten, braunen Fläche künstliche Holzmaserung hervorzaubert. Kurzum: Es handelt sich um Kitsch.

Wie soll man aber stählerne Aufbauseiten malen? Ich erinnere daran, daß es in den USA und in südlichen Ländern üblich ist, die Aufbauseiten auch dann weiß zu streichen, wenn sie aus Teak- oder Mahagoniholz hergestellt sind. Dies dient zur Abwehr der Wärmestrahlen der Sonne. So empfehle ich eine weiße Farbe für die Aufbauseiten. Allerdings besteht die Gefahr, daß die ganze Yacht kontrastarm und langweilig wirkt, wenn auch die Außenhaut weiß ist. Im Hamburg lag einmal eine solche Yacht, die sofort den recht passenden Spottnamen *DIE MILCHFLASCHE* erhielt. Es ist also Vorsicht geboten und besser, für die Ganzstahl-Yacht eine farbige Außenhaut oder doch eine kräftige farbige Linie in Höhe des Schanzkleides an der Außenhaut zu wählen.

Der eigentliche Bau einer stählernen Yacht vollzieht sich etwa so, wie der Stahlschiffbau vor 10 oder 20 Jahren arbeitete. Andere Methoden konnten bislang kaum angewandt werden (Sektionsbau und dergleichen), da unsere Boote dafür zu klein sind und selbst nicht anderes als eine immer noch recht kleine Sektion darstellen.

Zuerst wird der Kiel mit den Steven aufgestellt. Auf diesem *Fundament,* das mit der Wasser- oder Schlauchwaage genau ausgerichtet werden muß, werden die Spanten und Bodenwrangen aufgerichtet, die bereits vorher zu einem fertigen Rahmen (zwei Spantteile, eine Bodenwrange, zwei Balkenknie, ein Decksbalken) oder bei *halben* Balken zu einem provisorischen Rahmen (zwei Spantteile, Bodenwrange, zwei Balkenknie, zwei halbe Balken oder Stichbalken, ein provisorischer Verbindungsbalken) zusammengebaut worden sind.

97. Der Kiel einer stählernen Segelyacht

Er kann auf zwei Arten gebaut werden: Handelt es sich um Bleiballast oder um Eisenballast, der in einzelnen Paßstücken oder als Schrott mit Beton gebaut werden soll, so wird die stählerne Außenhaut um diesen Ballast herumgeführt, das heißt es entsteht eine Art Stahlkasten. Es wird innen durch Querschotte versteift (man könnte diese Schotte auch Bodenwrangen nennen). In diesen Kasten wird später der Ballast hineingegossen (Blei) oder hineingemauert (Eisen mit Beton) (Zeichnung 361). Es empfiehlt sich, für diesen untersten Teil der Außenhaut die doppelte Plankenstärke zu verwenden. Das entstehende Mehrgewicht kann am Ballastgewicht eingespart werden; es liegt etwa in gleicher Höhenlage. Durch die stärkeren Bleche hat man eine größere Sicherheit gegen Rostschäden, da man hier das Innere nach Fertigstellung des Schiffes nicht mehr inspizieren kann. Gegen Rost schützt hier nur eine gute Zementierung, die auch bei eingegossenem Blei über diesem vorzunehmen ist, da das Blei nicht mit dem Stahl abbindet. Ferner sind die stärkeren Bleche wichtig bei Bo-

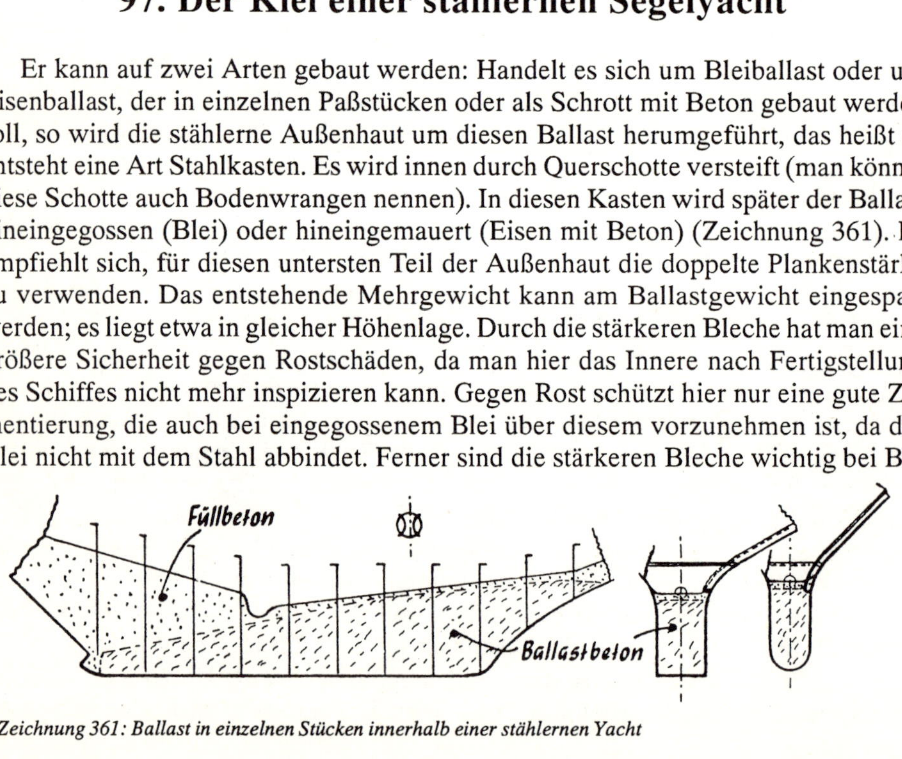

Zeichnung 361: Ballast in einzelnen Stücken innerhalb einer stählernen Yacht

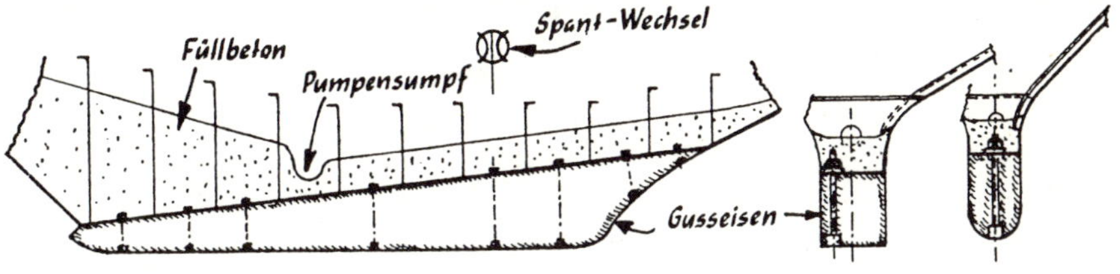

Zeichnung 362: Ein gußeisener Ballastkiel unter einer Stahlyacht

denberührungen, besonders bei felsigem Grund. Ein Nachteil der Blechverstärkung ist nur der höhere Preis der Bauausführung.

Die andere Kielbauweise paßt hauptsächlich für einen gußeisernen Ballastkiel und ähnelt stark der Holzbauweise. Wie die Zeichnung 362 darstellt, liegt nunmehr der eigentliche Kiel oberhalb des Gußeisenkiels. Nur bis dorthin reicht also der stählerne Rumpf. In seinem untersten Teil ist er wiederum mehr oder weniger kastenförmig, nur reicht er nicht so tief herunter. Auch hier sollte die unterste Partie des Kastens, die schon in die Form der eigentlichen Außenhaut überleitet, stärker gewählt werden als die übrige Außenhaut. Vor allem muß aber die Kastensohle verstärkt werden, denn an ihr hängt mit den Kielbolzen der Ballastkiel. Diese Sohlenplatte wird dort, wo die Bolzen sitzen, stark beansprucht. Aber auch wegen der Rostgefahr sollte hier verstärkt werden. Man bedenke, daß die Unterkante dieser Platte und die Oberkante des Ballastkiels niemals so glatt sind, daß sie wasserdicht abdichtend aufeinander gepreßt werden könnten. Es wird also zwischen diesen beiden Bauteilen mit dem Vorhandensein von Seewasser gerechnet werden müssen. Zur Abwehr des zu erwartenden Schadens ist es möglich, die beiden fraglichen Flächen besonders gut mit Rostschutzmitteln (zum Beispiel durch Spritzverzinken) zu behandeln. Sodann kann man eine Lage Teerfilz dazwischenlegen. Dieser Teerfilz kann das Einsickern von Wasser verhindern oder vermindern. Die Kielbolzen setze man bei ausreichend breiter Kielkonstruktion exzentrisch, abwechselnd Backbord und Steuerbord, damit man an den Rändern des Teerfilzes einen größeren Anpreß- und Dichtungsdruck erhält.

Beim Aufstellen der Spanten beziehungsweise Spantrahmen werden diese an der Kielkonstruktion oder/und an den Bodenwrangen befestigt, je nachdem, wie es die Bauzeichnung vorsieht. Bei Verwendung von Winkelspanten liegen diese mit den Flanschen zum Hauptspant, gleichgültig, ob genietet oder geschweißt wird.

98. Der stählerne Kiel bei jollenartigen Fahrzeugen und Motorbooten

Auch bei Stahlbooten ohne Außenballast gibt es zwei verschiedene Kielkonstruktionen, die recht genau den Bauweisen des Großschiffbaues entsprechen: Der Balkenkiel besteht aus einem hochkant stehenden Flacheisen, an dem die beiden untersten Außenhautgänge (die Kielgänge) mit Bördelung herangeführt und mit Zickzacknietung verbunden werden. Bei geschweißter Bauweise geht es auch ohne Bördelung (Zeichnung 363). Bei der genieteten Ausführung muß die Unterkante der Platte einige Millimeter höher stehen als der Balkenkiel, damit sie bei Grundberührung auf felsigem Grund nicht beschädigt oder gar abgerissen wird. Der Kiel allein soll die Grundstöße aufnehmen. Für das Aufslippen und Eindocken des Fahrzeuges ist es günstig, wenn die Unterkante des Balkenkiels ein möglichst großes Stück genau gerade verläuft. Diese gerade Stück soll zu gleichen Teilen vor und hinter dem Gewichtsschwerpunkt des Fahrzeuges liegen. Daran sollte der Konstrukteur denken.

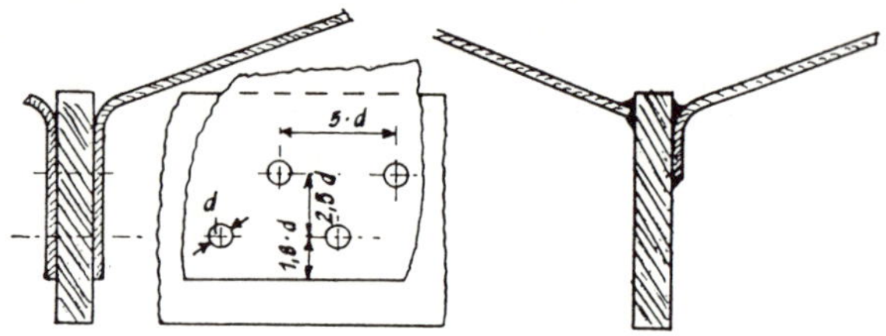

Zeichnung 363: Der Balkenkiel, genietet (links) und geschweißt (rechts)

Die andere Kielkonstruktion, den Flachkiel, finden wir bei flachen Sportbooten, Jollen und Jollenkreuzern (Zeichnung 364). Er besteht nur aus dem untersten Plattengang der Außenhaut, dessen Symmetrieebene in Mitte Schiff liegt, und der um 25 bis 50% in der Dicke gegenüber den anderen Bodenplatten verstärkt ist. Mitunter wird noch mittschiffs eine schmale Doppelung aufgesetzt, die ich aber nur bei Schweißkonstruktionen vorschlagen möchte. Der Vorteil des Flachkiels besteht darin, daß die benetzte Oberfläche des Bootes im Sinne der Widerstandsminderung etwa um die Fläche des Balkenkiels verringert wird. Hierzu kommt noch eine Verringerung der Wirbelbildung. Weiterhin sind der Tiefgang des Bootes und das Gewicht geringfügig verringert. So finden wir den Flachkiel bei Booten, die sehr flach und dabei schnell sein wollen, zum Beispiel den Segeljollen und Jollenkreuzern. Die schlechte Kursstabilität dieser Boote ohne oder mit gehievtem Schwert wirkt sich aber nachteilig aus. Ferner sind diese Boote gegen stärkere örtliche Bodendrücke bei felsigen Grundberührungen oder beim Transport und Aufstellen an Land empfindlich. Deshalb sollte man den etwa auf die halbe Schiffslänge symmetrisch angeordneten Flachkiel verstärken. Man trifft dann diejenigen Bodenpartien, die in solchen Fällen besonders be-

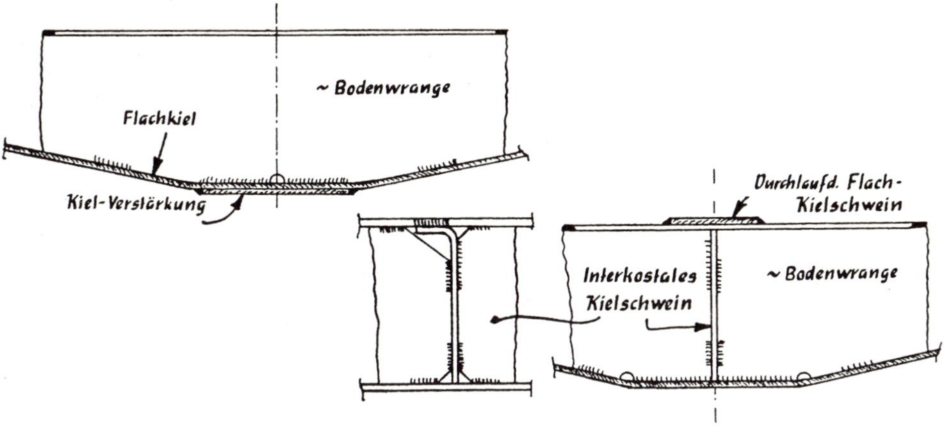

Zeichnung 364: Stählerner Flachkiel; unteres Bild: mit Verstärkung durch ein Kielschwein

anspruchт werden. Das unverstärkt bleibende Vorschiff wird bei Grundberührungen nicht so gefährdet sein, wie die weiter achtern liegenden Bodenteile, weil hier die Spanten bereits eine stärkere Aufkimmung haben, der Boden mehr einer Kielkasten-Konstruktion ähnelt und nicht nur aus dem Untergurt eines großen Trägers besteht. Eine kräftigere Flachkiel-Verstärkung als die bereits erwähnte Doppelung der Bodenplatte ist ein Mittelkastenkielschwein, das am besten aus zwischen die Bodenwrangen gesetzten Blechstücken besteht, die mit diesen und dem Flachkiel verbunden werden. Bei größeren Booten kommt noch ein Obergurt in Form eines durchlaufenden Flacheisens (Zeichnung 364) auf diesem Mittelträger.

Für Motorboote empfiehlt sich der Flachkiel nicht, weil die Tiefgangsverminderung gegenüber dem Balkenkiel gar nicht ausgenutzt werden kann, da ja durch die Schraube im allgemeinen bereits ein größerer Tiefgang erforderlich wird. Erst bei sehr großen Motoryachten würden die Verhältnisse des normalen (Groß-) Schiffbaues eintreten. Hier bietet der Flachkiel Vorteile.

99. Schlingerkiele

Man sieht sie vielfach für seegehende Motoryachten vor. Sie sollen das Schlingern der Boote im Seegang vermindern. Es handelt sich hierbei gewissermaßen um außen sitzende Stringer, die dort in der Kimm angebracht sind, wo das Spant seine stärkste Krümmung besitzt. Sie bestehen aus einem aufgenieteten Winkel, einem Wulstwinkel oder aus einem oder zwei aufgeschweißten Flacheisen (Zeichnung 365). Der Nutzen der Schlingerkiele ist etwas umstritten. Nachteilig ist auf jeden Fall eine

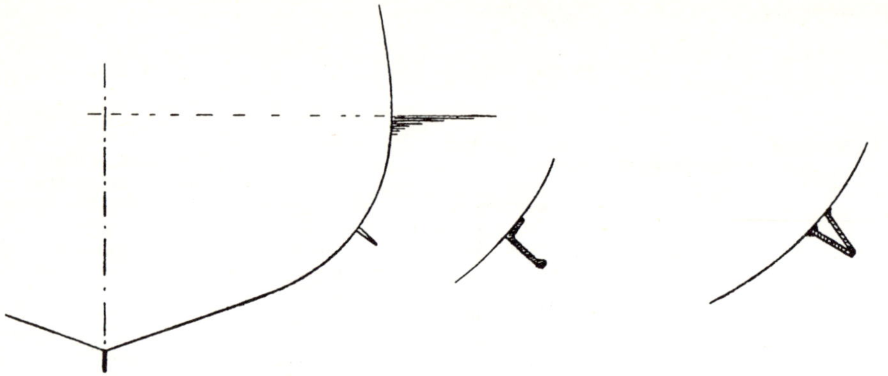

Zeichnung 365: Der Kimm- oder Schlinger-Kiel. - Links: Lage am Schiff. - Rechts: Ausführung in genieteter und geschweißter Bauweise

Widerstandsvermehrung durch Vergrößerung der benetzten Oberfläche. Hinzu kommt aber meist noch eine Widerstandsvermehrung durch Wirbelbildung, die auftritt, wenn es nicht gelingen sollte, den Schlingerkiel auf dem Schiffsrumpf ganz genau parallel zu der dort entlanglaufenden Wasserströmung zu verlegen. Diese Strömung läßt sich nur durch Modellversuche, und auch nur für das nichtschlingernde Schiff ermitteln, ob genau genug, ist auch noch fraglich.

100. Steven

Die Steven (vorn wie achtern), wurden lange Zeit wie der Kiel aus Flacheisen gebaut. Man ist heute davon völlig abgekommen und spart dabei Gewicht. Auch können die aus Blech hergestellten Vorsteven bei einer Ramming nicht so schwere Zerstörungen anrichten. Der Plattensteven stellt nichts anderes dar als die Herumführung der Außenhaut um das vordere Schiffsende in einer Rundung, die im Blech gegenüber der Außenhaut etwas verstärkt wird (Zeichnung 366). Diese Stevenform wurde am Anfang der zwanziger Jahre zuerst von den Italienern gebaut. Die Herstellung ist nicht ganz einfach, da das Blech überall dort zweifach gekrümmt werden muß, wo das Stevenprofil eine Kurve besitzt. Der Plattensteven eignet sich besonders gut für geschweißte Boote oder Schiffe und für solche, die einen Flachkiel besitzen, in den er organisch übergeht. Der Übergang in einen Balkenkiel bereitet einige Mehrarbeit.

Bei Motoryachten mit ihrer steileren Stevenform ist es üblich geworden, dem Plattensteven oben, beziehungsweise im Deck, einen ziemlich großem Krümmungsradius zu geben. Er begünstigt eine weit ausladende Spantform. Handelt es sich dabei um ein größeres Fahrzeug, so werden in Meterabständen horizontal liegende Blechverstärkungen in den Steven geschweißt. In der CWL soll der Krümmungsradius möglichst klein sein, weil dort sonst ein starker Wasserstau mit Bildung von Bugwelle und Sprühwasser und so weiter entsteht. Weiter unter Wasser wird der Radius wieder größer (Zeichnung 366).

Bei stählernen Segelyachten hat sich der Plattensteven vollkommen durchgesetzt. Nach dem zur Zeit herrschenden Geschmack ist der Radius im Deck kleiner als bei einer Motoryacht. In der CWL kann er aber ohne Schaden etwas größer sein, weil der Steven stark geneigt zur Wasserfläche steht.

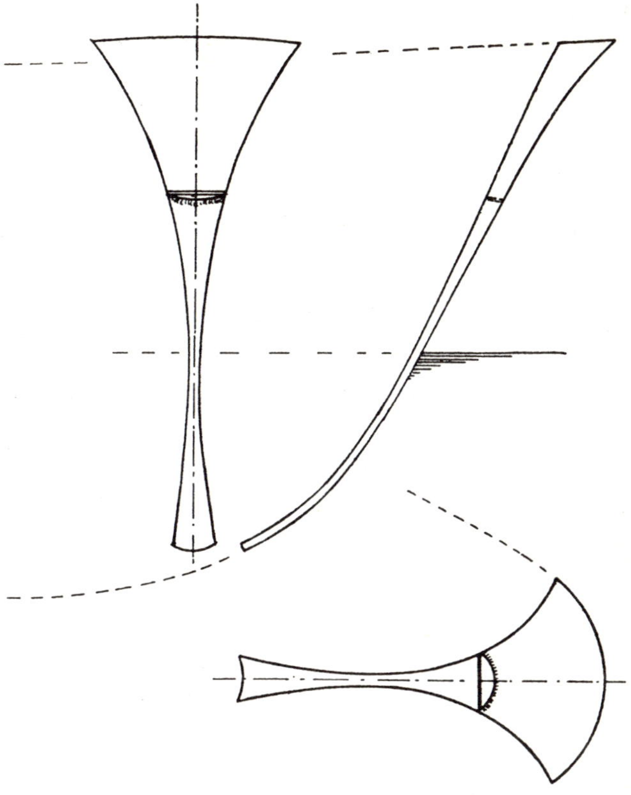

Zeichnung 366: Ein "Plattensteven" einer größeren Motorenyacht mit großem Radius im Deck und kleinem Radius in der CWL

Schließt unmittelbar an den Achtersteven der Ruderschaft an, so empfiehlt es sich, für ihn ein nach achtern offenes U-Eisen zu wählen. Der Ruderschaft ist dann ein Stahlrohr, das der Breite des Stevens entspricht und an das beiderseitig die Ruderplatten angeschweißt werden (Zeichnung 367). Es ergibt sich so ein glatter Strömungsverlauf und eine leichte, aber starke Konstruktion. Dieses Ruder muß übrigens immer geschweißt werden, auch wenn sonst das ganze Schiff genietet werden sollte.

Bei einem Schweberuder ist der Achtersteven vom Ruder frei. Oft hat er dann eine schräge Lage. Es muß auf den glatten Abfluß des Wassers Rücksicht nehmen und wird hinten am besten mit einer scharfen Kante ausgebildet. Kräftig und zugleich leicht läßt sich dies nicht so einfach herstellen. Man müßte dann einen dreikantigen, mit Sponung versehenen Steven verwenden. Geht man davon aus, daß dieser Teil des Schiffes keinen besonderen Beanspruchungen ausgesetzt sein wird, so genügt es, die schräg aneinander laufenden Bleche der Außenhaut unmittelbar miteinander zu verschweißen. Das Zwischenlegen eines Rundeisens ist aber vorzuziehen (Zeichnung 368).

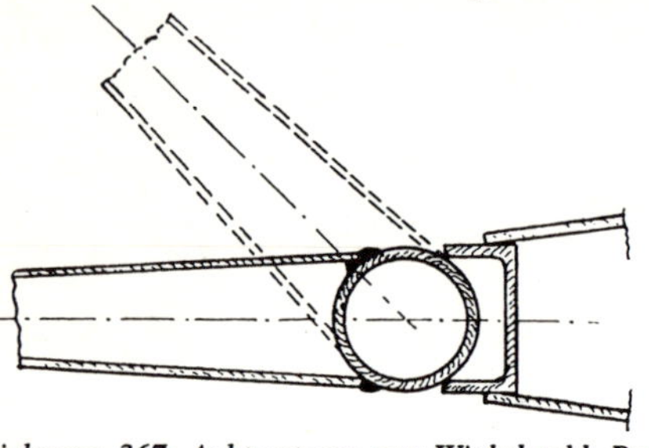

Zeichnung 367: Achtersteven aus Winkelstahl, Ruderschaft aus Stahlrohr

Handelt es sich um Teile, die über Wasser liegen und das Deck berühren, so ist die Form des Schiffes hier völliger. Wir kommen mehr zu einer Konstruktion, die dem Vorsteven ähnelt. Entspricht das Heck mehr einem Kanu- oder Kreuzerheck, so hat man auch ein Rohr an dieser Stelle mit Erfolg eingebaut.

Der **Spiegel** ist, wie sein Name sagt, ursprünglich eine ebene Platte gewesen. Die örtliche Festigkeit einer ebenen Stahlplatte ist aber sehr viel geringer als die einer gewölbten. Deshalb baut man stählerne Spiegel gern in einer Richtung gekrümmt, also etwa als Teil eines Zylindermantels. Eine solche Krümmung läßt sich leicht herstellen. Schwierig dürfte lediglich die Abwicklung der Oberfläche des fertigen Spiegels sein. Man benötigt sie vor dem Zusammenbau, um die Platte ausschneiden zu können.

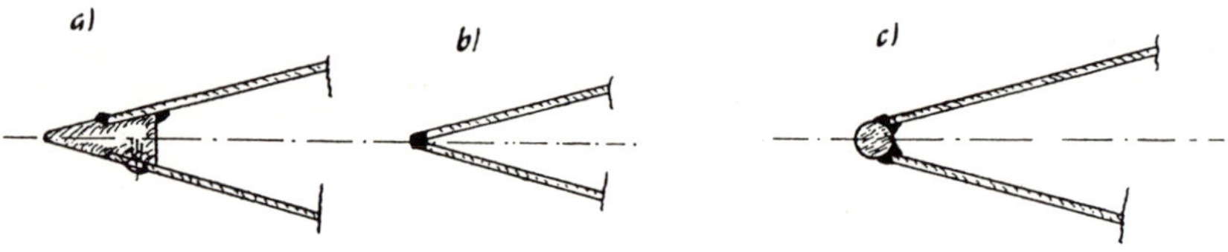

Zeichnung 368: Achtersteven a) geschmiedet, mit Sponung, zum Schweißen oder Nieten; b) kein besonderer Steven, es sind nur die Außenhautplatten miteinander verschweißt; c) geschweißt, mit einem Rundstahl

Bei größeren Stahlspiegeln oder bei dünnen Blechen wird es trotz der Krümmung (und erst recht ohne diese!) ratsam sein, wie bei Schottwänden Versteifungen vorzusehen, um die örtliche Festigkeit zu vergrößern.

101. Das Aufstellen der Spanten

Beim Aufstellen der Spanten beziehungsweise Spantrahmen werden diese an die Kielkonstruktion und an die Bodenwrangen angeschlossen. Auch beim Schweißen sollte hier eine gewisse Überlappung vorgesehen werden (Zeichnung 369).

Bei der genieteten Bauweise liegen die Winkelflansche an der Außenhaut an; sie müssen deshalb Schmiegen erhalten. Das Herstellen der Schmiege erfolgt durch Auf-

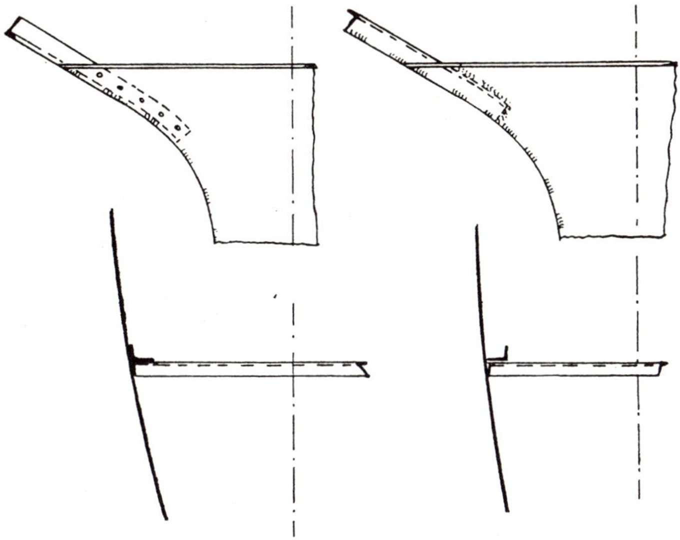

Zeichnung 369: Verbindung von Spant und Bodenwrange bei genieteter und geschweißter Bauweise

biegen des an sich rechtwinkligen Winkels. Dies bedeutet, daß die Flansche stets von den Schiffsenden her zum Hauptspant zeigen (Zeichnung 370). Die Skizze deutet auch an, wie ein geschmiegtes Spant aussehen kann, wenn es von einem Nichtkönner bearbeitet wurde, und wie es richtig aussehen muß.

Beim geschweißten Boot entfällt das Schmiegen. Das gekehrte Winkelspant könnte an sich beliebig im Schiff eingebaut werden. Hier ist aber ebenfalls das Aufstellen des Spantes mit einem zum Hauptspant zeigenden Flansch besser (Zeichnung 371), weil man dann die Stahlteile hinter dem Winkelflansch zum Reinigen und Malen besser erreichen kann.

Die Verbindung vom Spant mit der Außenhaut ist im Vergleich zu einer wasserdichten Verbindung einfacher. Bei wasserdichter Nietung beträgt der Abstand der Nieten voneinander (nicht vom Plattenrand, wo er größer sein muß!) dreimal, bei stärkeren Blechen höchstens, dreieinhalbmal Nietdurchmesser. Bei der Verbindung Außenhaut/Spant benötigt man nur den siebenfachen Nietdurchmesser. So ist es im Großschiffbau bei starken Blechen üblich, und so müßte es auch im Bootsbau denkbar sein, wenn sich nicht Schwierigkeiten anderer Art bemerkbar machen würden.

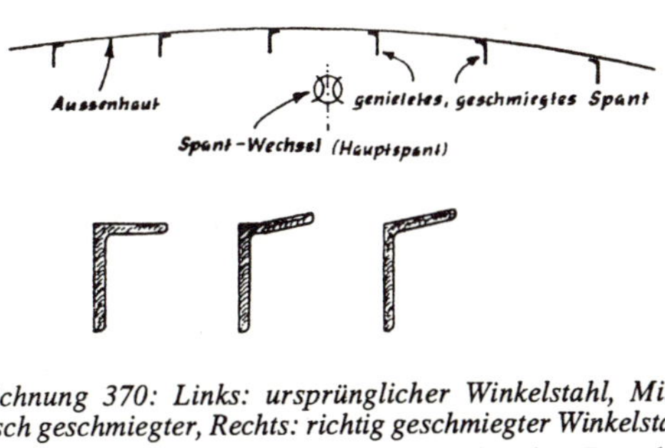

Zeichnung 370: Links: ursprünglicher Winkelstahl, Mitte: falsch geschmiegter, Rechts: richtig geschmiegter Winkelstahl

Es besteht nämlich die Gefahr der Rostbildung zwischen Spant und Außenhaut. Diese Flächen werden zwar vor dem Zusammenbau gründlich entrostet und mehrmals mit Rostschutzfarbe behandelt, wobei zwischen den einzelnen Anstrichen immer die notwendige Trocknungszeit eingehalten wird. Wir wissen aber, daß die Schutzkraft der Rostschutzfarbe an der Luft oder bei Feuchtigkeit mit der Zeit nachläßt. Rostbildung setzt ein, wenn nicht rechtzeitig der Rostschutz erneuert wird. Dieser kann aber nicht erneuert werden, weil wir nicht an die gefährdeten Stellen gelangen können, ohne das Schiff auseinander nehmen zu müssen. Im Großschiffsbau können die Berührungsflächen über ihre gesamte Länge gut aneinandergepreßt werden, so daß es wegen des Luftabschlusses kaum zur Rostbildung kommt. Rostet es trotzdem, dann nur so lange, bis der vorhandene Luftraum durch Rost ausgefüllt ist. Der sich bildende Rost hat nämlich ein größeres Volumen als der Stahl, aus dem er entstanden ist. Man spricht von *Dichtrosten*, in unserem Fall offenbar luftdicht, und dann hört das Weiterrosten auf.

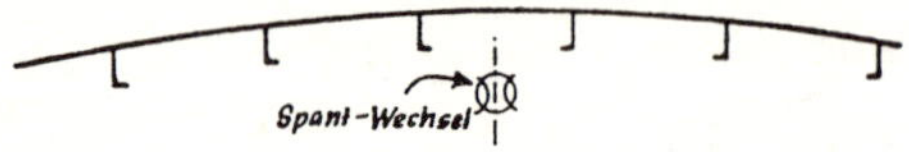

Zeichnung 371: Anbringung der gekehrten Winkel-Spanten

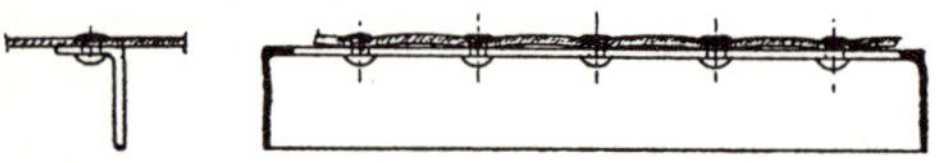

Zeichnung 372: Eine dünne Stahlplatte an einer Winkel-Versteifung, durch Nietung befestigt. Sich bildender Rost treibt das Blech von dem Profil und macht es wellig

Völlig anders ist es bei der Verwendung von dünnen Blechen im Bootsbau. Schon während des Nietens besteht die Gefahr der Beulenbildung innerhalb der Nietreihe (Zeichnung 372). Das Blech wird also zwischen den beiden Nieten nicht mehr hermetisch gegen den Winkelflansch abgedichtet. Die Rostbildung ist also bald möglich. Beginnt sie, so treibt der sich bildende Rost die Bleche vom Spant fort, die Beulung wird größer, und das Rosten geht weiter. Je dünner die Bleche sind und je größer der Nietabstand ist, desto größer wird die Beulung. Darum wählt man im Bootsbau besser einen geringeren Nietabstand beim Vernieten der Spanten, als es der Germanische Lloyd in seinen Vorschriften zuläßt. So nimmt man

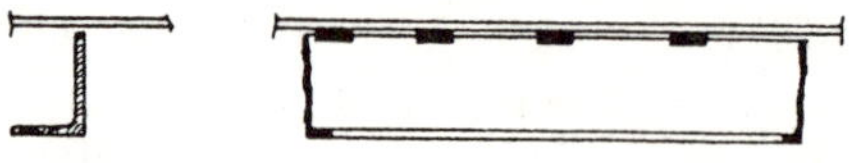

Zeichnung 373: Dieselbe Platte von Zeichnung 372, durch Schweißung mit ihrer Versteifung verbunden. Da zwischen den Befestigungen der Stahl frei liegt und konserviert werden kann, fehlt die Rostbildung

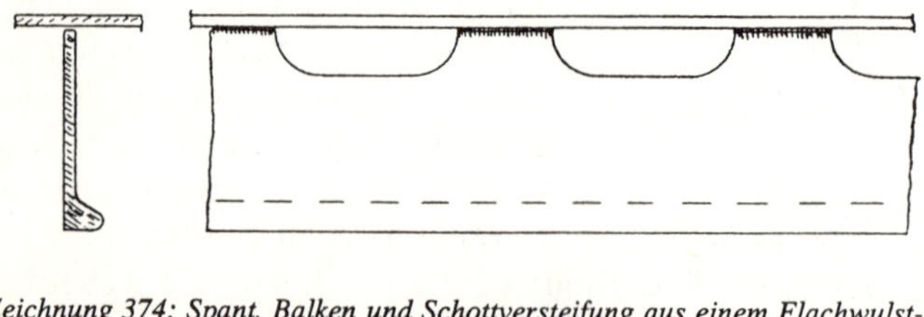

Zeichnung 374: Spant, Balken und Schottversteifung aus einem Flachwulst-Holland-Profil mit Aussparungen dort, wo nicht geschweißt wird

gern statt des erlaubten siebenfachen Durchmessers nur einen vierfachen Durchmesser. Aber selbst dann ist man dieser fatalen Rostbildung in allen Nähten und Stößen nicht sicher. Deshalb arbeitet man während des Baues und nach der Fertigstellung sorgfältig mit Rostschutzfarbe. Während der Dienstzeit des Bootes müssen entstandene Fugen mit Farbe abgedichtet werden.

Beim Schweißen der Spanten wendet man keine durchlaufende Schweißung an, sondern unterbricht die Schweißraupe. So entsteht keine wasserdichte Schweißung, sondern nur eine nach der Länge der Unterbrechungen mehr oder minder starke Festigkeitsschweißung. Man lasse hierbei einen kleinen Abstand zwischen der Außenhaut und dem zu befestigen Winkel- oder Flacheisenflansch, also dem Spant. Dieser Spalt, der auch bei Schweißungen zwischen Schott und Schottseite vorhanden ist und beim einem Winkelflansch von 3 mm etwa 1 mm betragen kann, genügt, um den Stahl an der Wand und am Flansch sauber und unter Farbe zu halten. Man hat hier, im Gegensatz zur Nietung, die mögliche Rostbildung vollkommen unter Kontrolle (Zeichnung 373). Der erwähnte Luftspalt von 1 mm - bei schweren Booten entsprechend mehr - vergrößert übrigens das Widerstandsmoment des Spantprofils, denn es wurde ja nun höher.

Im Großschiffbau ist es üblich, bei derartigen Verbindungen zwischen den Schweißstellen des Profil auszuklinken. Hierdurch will man nicht nur Baustoff und Gewicht sparen, sondern auch die Zugänglichkeiten zu Blechen und Profilen mit Rücksicht auf die Malerarbeit erleichtern (Zeichnung 374). Im Yachtbau wird man erst bei größeren Fahrzeugen oder bei Rahmenspanten derartige Maßnahmen ergreifen.

102. Bodenwrangen

Sie bilden die untere Verbindung von Spant zu Spant. Sie stellen in diesem *Rahmen* das eigentliche Hauptstück und sind daher auch stärker als die Spanten. An ihrer Oberkante werden sie geflanscht (gebördelt), wenn die Werft die Abkantarbeit an den Blechen ohne Schwierigkeiten vornehmen kann. Anderenfalls muß eine Winkel-Verstärkung angenietet oder eine solche aus Flacheisen angeschweißt werden. Man spricht dabei von *Gegenspant* (Zeichnung 375).

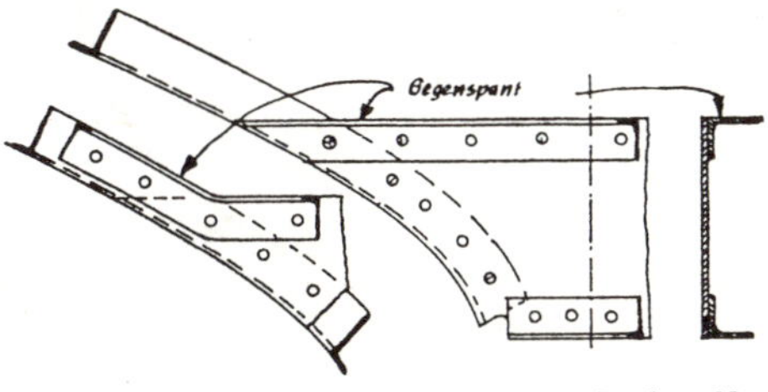

Zeichnung 375 a: Bodenwrange, genietet. - Rechts: Normale Bodenwrange. - Links: Das Gegenspant ist am Spant hochgeführt, wodurch ein verstärktes Spant, eine Art Rahmenspant, entsteht

Bei besonders wichtigen Spanten, die am Mast, an den Motoren und an den Lukenenden liegen, wird in der Weise verstärkt, daß das Gegenspant an Innenkante Spant eventuell bis zum Balken hochgeführt wird. Man spricht dann von verstärkten Spanten und von Rahmenspanten. Die Zeichnung 376 deutet an, wie diese Arbeit bei geschweißter Bauweise ausgeführt werden kann.

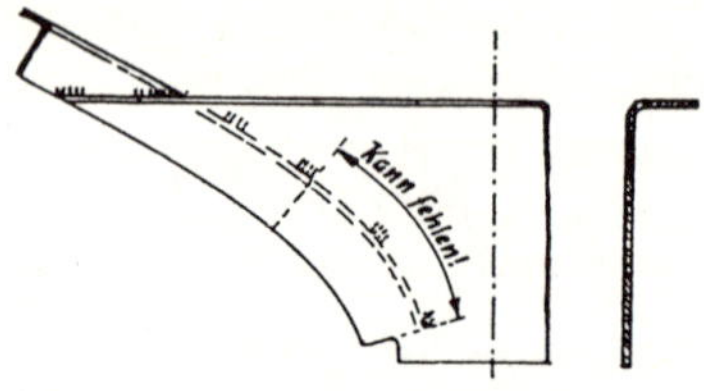

Zeichnung 375 b: Bodenwrange geflanscht und an das Spant geschweißt. Das Stück Spant innerhalb der Pfeilspitzen kann fortgelassen werden

Es ist empfehlenswert, die Bodenwrangen bis in Höhe Unterkante des Fußbodens zu führen. Der Fußbodenbalken wird dann durch das Gegenspant ersetzt. Festigkeitsgewinn für das Fahrzeug ist durchaus erwünscht. Die Gewichtsvermehrung ist bei Verwendung von Erleichterungslöchern gering und bei Segelyachten mit Ballastkiel unwichtig, weil diese Teile tief im Schiff in der Nähe des Ballastes liegen. Der Materialverbrauch kostet nichts, weil für die meist kleinen Blechstücke sehr viel Abfallblech verwandt werden kann.

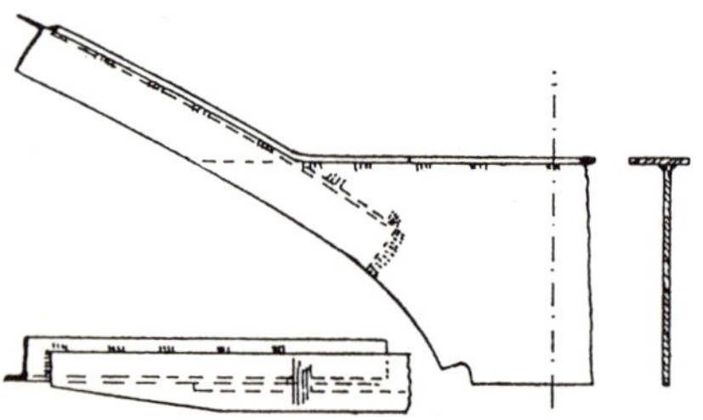

Zeichnung 375 c: Bodenwrange, ganz geschweißt. - Das auf ihr liegende Flacheisen ist auf das Spant heraufgeführt worden, wodurch ein verstärktes Spant entsteht

Werden unter dem Fußboden Tanks für Frischwasser oder Dieselöl gewünscht, so baut man an den Enden der Tanks die entsprechenden Bodenwrangen als Wasser- oder öldichte Wände an. Die Tankdecke liegt dicht unter dem (hölzernen) Fußboden und erhält so viele Mann- oder Handlöcher, daß man den Tank gut inspizieren, reinigen und konservieren kann. Die Tankdeckel können mit der Tankdecke fluchten und hier aufliegen.

Ratsam ist es, die Schrauben von unten nach oben einzubringen und in der Tankdecke von unten durch die Heftschweißung festzuhalten. Hat man etwas mehr Zwischenraum bis zum Fußboden zur Verfügung, setzt man einen Winkelring, der die Schrauben aufnimmt (Zeichnung 377) auf die Tankdecks. Zwischen

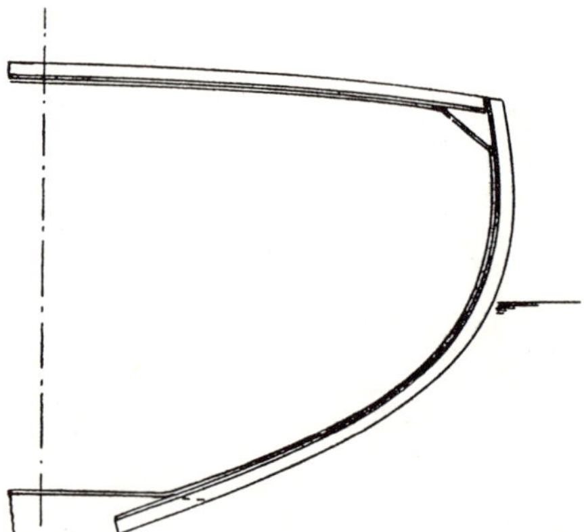

Zeichnung 376: Ein Rahmenspant, entstanden durch aufgelegtes Flacheisen nach Zeichnung 375c

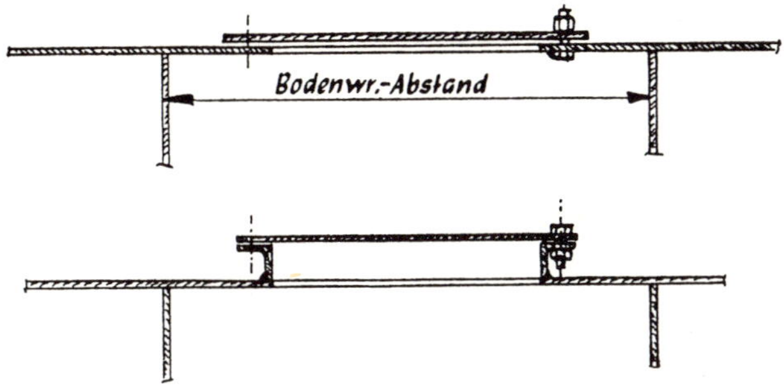

Zeichnung 377: Tanköffnungen für Bodentanks. - Oben: Glatter Tankdeckel. Schraube von unten nach oben. Schraubenkopf durch Schweißung angeheftet. - Unten: Deckel auf Süll, das aus einem Winkelring oder -Rahmen besteht. Schraube lose von oben nach unten

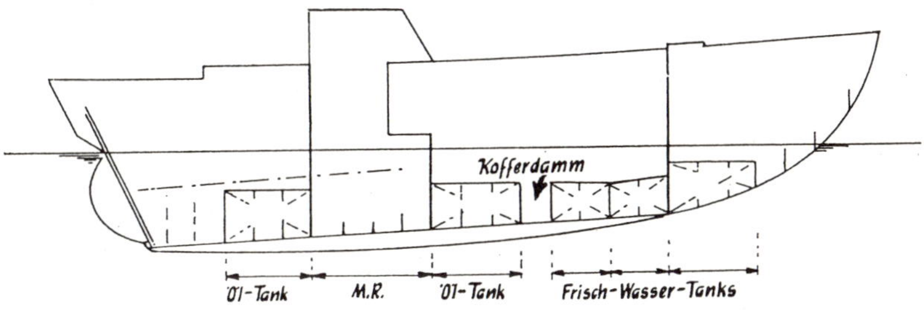

Zeichnung 378: Bodentanks einer stählernen Yacht (=feste Tanks)

zwei hintereinander liegenden Tanks lasse man stets ein Fach (eine Spantenentfernung) frei und von oben leicht zugänglich, so daß ein sogenannter *Kofferdamm* entsteht. Dies gilt vor allem, wenn in den beiden Tanks verschiedenartige Flüssigkeiten gefahren werden sollen (Zeichnung 378).

103. Querschotte

Sie lassen sich im Stahlboot besonders einfach herstellen. Wir unterschieden hier Trennschotte, Schotte, die als eine Art Rahmenspant das ganze Schiff verstärken sollen, und tragende Schotte, die eine örtliche Versteifung oder Stütze darstellen sollen (unter einem klappbaren Mast oder einer schweren Winde). Alle diese Schotte können wasserdicht sein. Außerdem gibt es die eigentlichen wasserdichten Querschotte, die das in einen Schiffsraum eingedrungene Wasser abhalten sollen, in den Nachbarraum zu fließen. Diese wasserdichten Schotte müssen in Beplattung und Versteifung auf den möglichen Wasserdruck Rücksicht nehmen und wasserdicht genietet oder geschweißt werden. Im Großschiffbau reicht ein wasserdichtes Schott bis zum Hauptdeck oder zum Schottendeck hinauf, weil man damit rechnen muß, daß das Schiff im lecken Zustand bis zu diesem Deck eintauchen kann. Natürlich ist es auch bei Yachten am besten, wenn die wasserdichten Schotte bis zum Deck hinaufreichen. Dies ist aber nicht immer erforderlich, wie wir sehen werden.

Das Kollisionsschott ist etwa 1/10 der Länge CWL vom vorderen Endpunkt der CWL entfernt eingebaut. Es soll das Schiff vor Wassereinbruch in das Vorschiff nach einem durch Kollision erhaltenen Leck schützen. Bei Vorhandensein eines Kollisionsschottes wird das Wasser nur in die lecke Vorpiek gelangen und dort so hoch steigen, wie das Boot als Folge des Gewichts des im Vorschiff befindlichen Wassers vorn eintauchen wird (Zeichnung 379). Der Schiffbauingenieur kann nach dem Linienriß Trimm und Tiefertauchung berechnen.

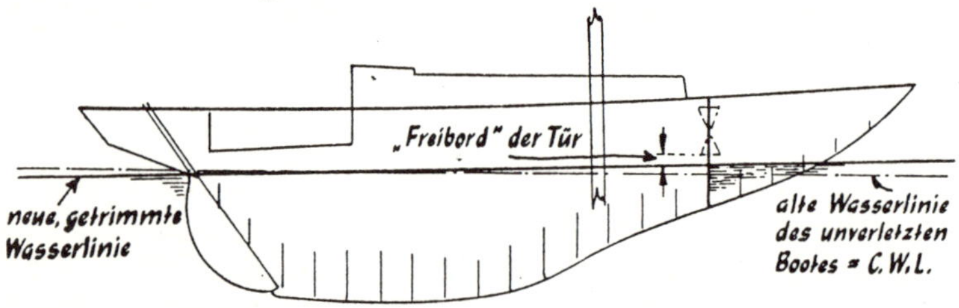

Zeichnung 379: Eine Segelyacht hat ein wasserdichtes Kollisionsschott mit einer wasserdichten Tür. Läuft der Piekraum voll, so taucht die Yacht vorn tiefer. Bis zu dieser neuen Wasserlinie steht das Wasser im Piekraum. Die Unterkante der Tür soll oberhalb dieses Wasserspiegels liegen

Im Falle des Vollaufens des Vorschiffes sehen wir, daß das Tiefertauchen nur gering ist, weil bei unseren Yachten die Vorschiffe wenig Wasser verdrängen. Wenn aber das Wasser nicht sehr hoch steht, weshalb sollte dann das Kollisionsschott bis zum Deck reichen? Es müßte doch ungefähr 10 cm *Freibord* über den eingedrungenen Wasser hoch genug sein? Es wäre dann also kein wasserdichtes Schott erforderlich, sondern eine wasserdichte Bodenwrange von entsprechender Höhe würde bereits genügen, wenn man von der möglichen starken Bewegung der Wasseroberfläche im Vorschiff absieht. Auf jeden Fall ist sie viel besser als gar kein Schott an dieser Stelle, wie es auf den meisten Yachten tatsächlich ist, weil man sich aus Sorge, durch die Schottwand wertvollen Stauraum zu verbauen, leider das Schott versagt hat. Auch der Germanische Lloyd empfiehlt ein vorderes Kollisionsschott und ein weiteres zum Abschotten der Achterpiek am Ende der Plicht bei den üblichen Yachten mit längerem Heck.

Kenterbare Segelboote aus Stahl (Jollen und Jollenkreuzer), die trotz großer Anfangsstabilität kentern können, müssen nach allgemeiner Ansicht auch in gekentertem, beziehungsweise vollgelaufenen Zustand, schwimmfähig bleiben. Holzboote sind dies infolge des Auftriebs ihrer Holzteile im allgemeinen von sich aus, sofern Schwert, Ruder und sonstige Stahlteile nicht zu schwer gemacht worden sind. Stahlboote würden aber sinken, wenn sie nicht durch wasserdicht abgeschottete Räume schwimmend gehalten werden würden. Diese erforderlichen Lufttanks lassen sich durch je ein bis zum Deck reichendes wasserdichtes Querschott im Vor- und Achterschiff herstellen. Der abgeschottete Luftraum muß dem Fertiggewicht des Bootes entsprechen. Wiegt beispielsweise ein segelklarer Jollenkreuzer mit Motor 3 t, so ist ein 3-m^3-Lufttank erforderlich, um das Boot schwimmend zu erhalten. Eine Reserve ist hierin nicht enthalten.

Wenn die Lufttanks ihren Zweck erfüllen sollen, müssen sie während der Benutzung des Bootes luftdicht abgeschlossen bleiben. Sie können daher nicht als Stauraum benutzt werden. Die für die Inspektion und Konservierung erforderlichen Öffnungen dürfen nur in Form eines im Deck befindlichen Mannloches vorgesehen werden. Es soll nur mit Hilfe eines Schraubenschlüssels und durch Aufdrehen der zahllosen Schrauben auf der Werft oder im Winterlager geöffnet werden.

Man kann die Konservierung dieser Räume verbessern, indem man sie luftdicht baut und verschließt. Dann kann nur so viel Rost entstehen, wie Sauerstoff in der eingeschlossenen Luft vorhanden ist. - Will man Auftriebsräume schaffen, ohne daß die umgebenden Stahlwände unbedingt wasserdicht zu sein brauchen, so kann man die Räume mit einem Isolierstoff ausschäumen, dessen Eigengewicht so gering wie möglich ist. Man kommt dann nicht in Versuchung, den Raum doch zu öffnen und als Stauraum zu verwenden. Dieses Verfahren hat nur eine Schwierigkeit; man kann später nicht mehr inspizieren und konservieren. Es muß also der Schaumstoff fest an der Rostschutzfarbe der Wandungen und Versteifungen haften und selbst rostschützende Eigenschaften besitzen. Auch darf er die Farbschicht nicht zerstören.

Die Schottwände müssen den (statischen) Wasserdruck aushalten. Weil sie eben sind, können sie nicht wie die Außenhaut belastet werden. Sie müssen daher einschließlich der Versteifungen stärker sein als Außenhaut und Spant. Das Schott hat aber nur ausnahmsweise einmal Wasserdruck aufzunehmen, und wenn es sich dabei durchbiegen sollte, so schadet es nichts, während die Außenhaut stets unter Wasserdruck steht und sich nicht verformen darf. Der Germanische Lloyd gibt sehr gute Werte für die Stahlschotte und die Schottstreifen an.

Stählerne **Längsschotte** (zum Beispiel im Maschinenraum zu beiden Seiten der Hauptmaschine in gewissem Abstand von der Außenhaut, *Wallgangsschotte*) können ebenfalls sehr nützlich sein. Sie dienen als Schutz gegen seitliche Lecks, die vielleicht durch einen Rammstoß entstanden sind, oder als Ölbunkerwand für Treib- und Schmierölbunker (Zeichnung 380). Diese Bunker oder Tanks dürfen nicht zu schmal sein. Ihre Herstellung ist schwieriger als diejenige der Querschotte, weil Bodenwrangen, Spanten und Decksbalken Wasser- oder gar öldicht überbrückt werden müssen.

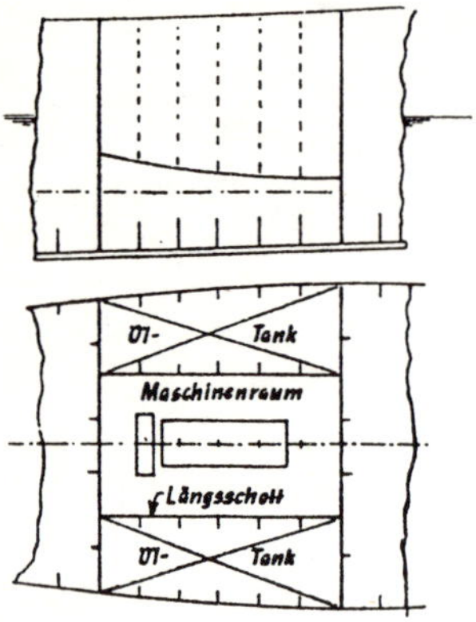

Zeichnung 380: Zwischen zwei wasserdichten beziehungsweise öldichten Querschotten der Motorenraum einer Motoryacht. Durch zwei öldichte Längsschotte werden zwei Öltanks gebildet (feste Tanks). - Bild oben: Mittel- Längsschnitt. - Bild unten: Grundriß

In genieteter Bauweise ist es bei den geringen Materialstärken zwar nicht unausführbar, auf jeden Fall aber außerordentlich umständlich. Wenn überhaupt an irgendeiner Stelle, so ist hier die Schweißung am Platze.

Je größer die Fahrzeuge sind, desto größer ist der Wunsch nach Sink-Sicherheit, und desto mehr Schotte sind notwendig und möglich. Natürlich dürfen die Schotte nicht den Gebrauchswert der Yacht (die Ausnutzung des Raumes unter Deck), merkbar beeinflussen. Hier ist es Sache des Konstrukteurs, einen vernünftigen Weg vorzuschlagen. Man kann sich dadurch helfen, daß man in wasserdichte Schotte wasserdicht schließende (stählerne) Schottüren einbaut. Hierbei ist es ratsam, das Türsüll so hoch zu legen, daß es oberhalb der CWL liegt. Dann muß schon viel Wasser eingedrungen sein, ehe es durch die noch nicht geschlossene Tür hindurchlaufen kann. Es ist auch daran zu denken, daß für die unter Deck befindlichen Personen im Falle des Wassereinbruches (etwa durch eine Ramming) noch ein zweiter Ausgang vorhanden ist, wenn der Normalausgang versperrt sein sollte. - Notausgänge sind die vorerwähnten Schottüren, ein Oberlicht oder ein herausgeschlagenes Seitenfenster. Aber auch durch Grundberührung kann ein Leck entstehen. Es pflegt dann das Vorschiff oder die Kielpartien zu treffen. Ein Kollisionsschott ist hier auch für eine kleinere Yacht die Mindestforderung.

104. Decksbalken und Zubehör

In der Balkenkonstruktion ist das Stahlboot dem Holzboot überlegen. Bei ihm sind Spant- und Balkenabstand gleich. Daher wird jeder Balken mit *seinem* Spant über das Balkenknie verbunden, gleichgültig, ob es sich um querüberlaufende oder um halbe Balken, um eine genietetes oder ein geschweißtes Boot handelt (Zeichnung 381). So entsteht der vorerwähnte Rahmen.

Wird ein vollständiges Stahldeck vorgesehen, so werden auch hier, wenn geschweißt wird, die Balken vorteilhaft in gekehrter Anordnung eingebaut. Allerdings ergibt sich ein kleiner Schönheitsfehler, da sich auf dem freien, waagerecht liegenden Winkelflansch leicht Staub und Nässe ansammeln kann. Dies gilt besonders für unverschalte Räume wie die Piekräume und den Maschinenraum. Die anderen Räume werden verschalt, und der Staub hat kaum Zutritt zu den Balken.

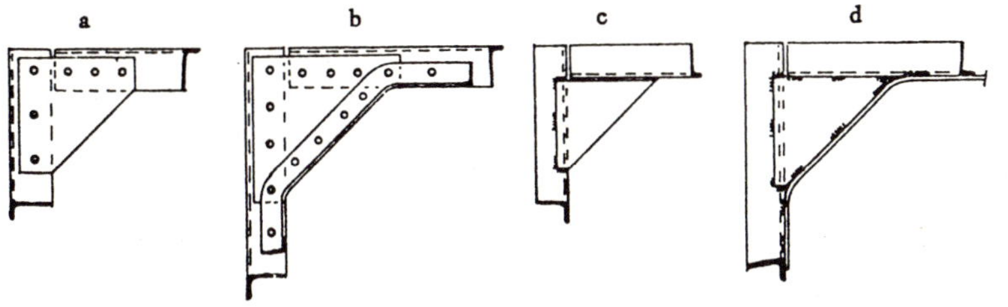

Zeichnung 381: Balkenknie a) Genietete Bauweise; b) desgl. mit Rahmenspant-Verstärkung; c) geschweißte Bauweise. Für leichteres Montieren läßt man oft das Knie am Spant etwas überlappen; d) wie c, mit Rahmenspant-Verstärkung aus Flacheisen

Bei der genieteten Bauweise müßten eigentlich alle Balken Schmiegen erhalten, damit sie mit dem aufrechten Flansch senkrecht stehen und sich mit dem anderen Flansch dem Sprung des Decks anpassen. Die waagerechten Flansche würden von der Stelle des niedrigsten Freibords in Richtung auf die Schiffsenden zeigen. Man umgeht das lästige Balkenschmiegen meist dadurch, daß man die Balken (analog den Kant-Spanten) senkrecht zum Deck legt. Sie stehen dann nicht mehr in der Spantebene. Der Übergang zu dieser erfolgt an den Balkenenden durch die Balkenknie, die etwas verdreht werden müssen. Bei der geschweißten Bauweise entfällt dies.

Es wirkt sich hinsichtlich der für die Balken erforderlichen Profile sehr günstig aus, wenn die (durchgehenden) Balken durch Deckstützen abgestützt werden können. Sie hindern aber die Raumausnutzung und lassen sich fast nur bei größeren Fahrzeugen anordnen. Die Konstruktion sollte auf die Möglichkeit zum Einbau von Stützen achten (zum Beispiel dadurch, daß alle Querwände in einer Spant- und Balkenebene liegen).

105. Das Deck

Das Deck einer Stahlyacht wird rein schiffbaumäßig am günstigsten, wenn man es ebenfalls aus Stahl herstellt. Hinsichtlich des Gebrauchswertes eines Stahldecks vergleiche man Abschnitt 40.

Die durch das Stahldeck erzielte Festigkeit kommt dem ganzen Fahrzeug zugute. Auch lassen sich weitere Bauteile wie Luken und Aufbauten einwandfrei fest und dicht anschließen. Für ein Stahldeck empfiehlt sich die geschweißte Bauweise, weil man anderenfalls häßliche Nähte und Stöße an Deck bekommt oder bei doppelter Nietung mit Unterlegstreifen und den sich ergebenden Schwierigkeiten an den Balken rechnen muß. Diese Sorgen, die der Großschiffbau bei vollgeschweißten Decks hin-

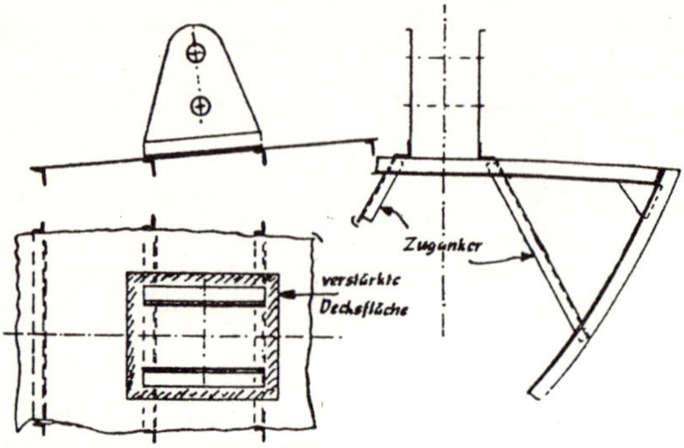

Zeichnung 382: Decks-Verstärkung unter einer Winde. - Jeder der beiden Decksbalken erhält zwei Zuganker

sichtlich mangelnder Elastizität und der Gefahr unkontrollierbarer Schrumpfungsspannungen hat, bestehen nicht, da wir keine Yachten von über 150 m Länge bauen.

Sollen auf das Stahldeck schwerere Winden eingesetzt werden, so verstärkt man die unmittelbar unter der Winde liegenden Decks-Blechteile und Decksbalken. Die Zeichnung 382 zeigt eine solche Verstärkung unter einer Ankerwinde, die den Zug der Ankerkette aufnehmen muß.

Wo Schanzkleidstützen oder Geländerstützen auf das Deck gesetzt werden, entstehen bei schlechter Anbringung leicht Ecken, in denen Wasser und Schmutz stehen bleiben und dadurch Gefahr für die schützende Farbe bilden. Diese Ecken müssen vermieden werden.

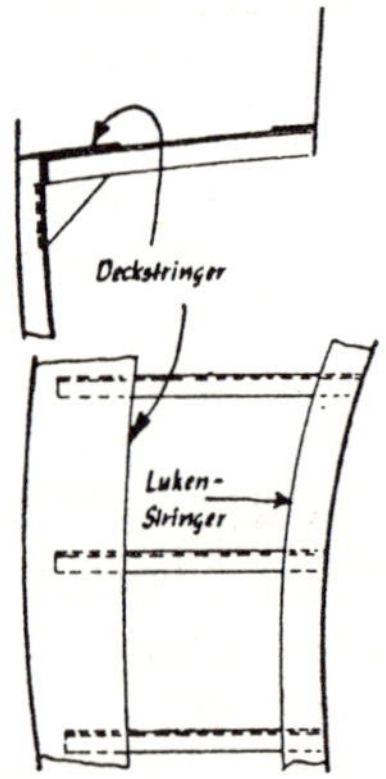

Zeichnung 383: Ein Holzdeck erfordert eine streifenförmige Decksbeplankung an den Rändern des Decks

Für den Fall, daß die stählerne Yacht kein Stahldeck, sondern ein Holz- oder Leichtmetalldeck erhalten soll, muß sie einen stählernen Deckstringer erhalten, wie ihn Zeichnung 383 darstellt. Dann entsteht ein Teil-Stahldeck, das etwa dem Schandeck des Holzbootes entspricht. Für Yachten von über 12 m Länge verlangt der Germanische Lloyd entsprechende Stringer um alle Decksöffnungen (Luken!). Ich empfehle, diese Verstärkungen auch bei kleineren Booten vorzusehen.

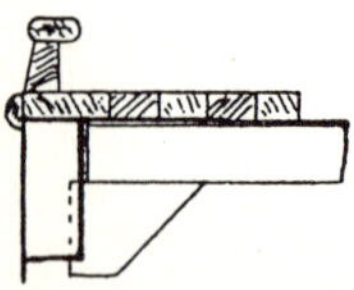

Zeichnung 384: Hier ist das Holzdeck auf die volle Breite des Deckstringers gelegt und das Schanzkleid am Holz auf das Deck gesetzt worden

Für das Verlegen des Holzdecks ergeben sich verschiedene Möglichkeiten. Sie hängen zum Teil von der Art des Schanzkleides ab. Bei einem hölzernen Schanzkleid kann man die Decksplanken wie bei einem Holzboot bis an die Flucht der Außenkante Außenhaut verlegen. Das Schanzkleid wird dann aufgesetzt (Zeichnung 384). Leider erhalten wir hier bei einem ziemlich breiten Streifen von holzbelegtem Stahldeck, vor dem in Abschnitt 40 gewarnt worden war.

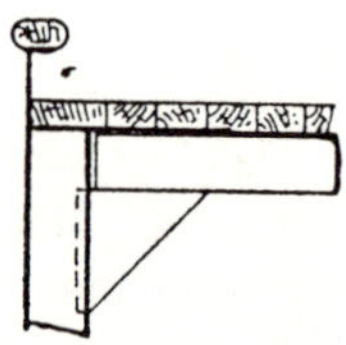

Zeichnung 385: Holzdeck auf einer stählernen Yacht. Das Holz reicht ganz über den Deckstringer - nicht empfehlenswert!

Bei einem stählernen Schanzkleid empfiehlt es sich nicht, die Holzbeplankung bis zum Schanzkleid durchlaufen zu lassen (Zeichnung 385). Neben dem soeben erwähnten Grund ist es schwierig, die äußerste Plankenkante sauber gegen das Schanzkleid einzupassen und dann zu kalfaten. Das Abdichten der Naht ist durch ihre Lage schwierig. Außerdem wird es durch die auf dem Schanzkleid liegenden Hölzer behindert. Deshalb ist es besser, die Holzbeplankung nur auf den inneren Rand des Stringers bis zu einem dort begrenzenden Winkel oder hochkant stehenden Flacheisen zu legen (Zeichnung 386). So wird das doppelte Deck vermieden, und das Kalfatern an dem begrenzenden Eisen ist einwandfrei. Es entsteht jetzt allerdings ein ausschließlich stählernen Rinnstein oder Wasserlauf von etwa 3/4 der Breite des Deckstringers, der allerdings gute Gelegenheit bietet, Decksbeschläge und Reelings-Spurlager am Schiff zu befestigen.

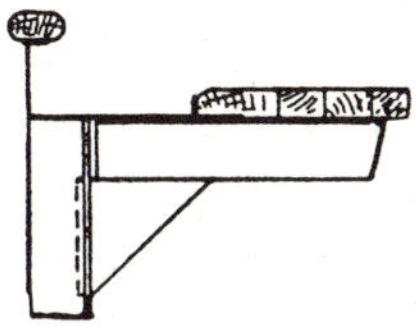

Zeichnung 386: Holzdeck auf einer stählernen Yacht. Das Holz reicht nur ein wenig auf den Deckstringer bis an eine Flachstahl-Begrenzung. Zwischen dieser und dem Schanzkleid entsteht ein stählerner Rinnstein

Bei den Luken und Aufbauten kann dagegen die Holzbeplankung ohne Nachteil bis an den Aufbau herangeführt werden, da der Stringer hier nur schmal und zum kalfaten gut erreichbar ist.

Den Anschluß eines Leichtmetalldecks an den stählernen Decksstringer durch Nietung zeigt die Zeichnung 387. Diese Nietung muß gegen Kontakt, entweder durch eine Spezialpaste oder durch eine zwischengelegte Bandage isoliert werden.

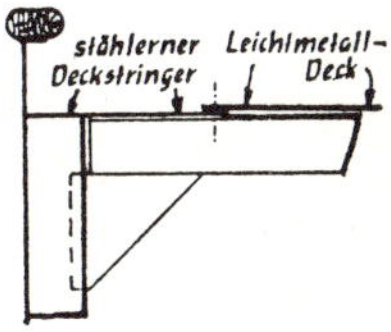

Zeichnung 387: Beplattetes Deck (Leichtmetall)

106. Schanzkleid und Speigatten

Wird das Holzdeck bis ganz nach außen durchgeführt (Zeichnung 384), so kann das übliche hölzerne Schanzkleid aufgesetzt werden. Dagegen ist es nicht zu empfehlen, ein hölzernes Schanzkleid auf ein Stahldeck aufzusetzen. Die Befestigung von unten ist schwierig, und es dürfte nie möglich sein, das Schanzkleid auf seiner vollen Länge luft- und wasserdicht auf den Stahl aufzusetzen. So wird sich

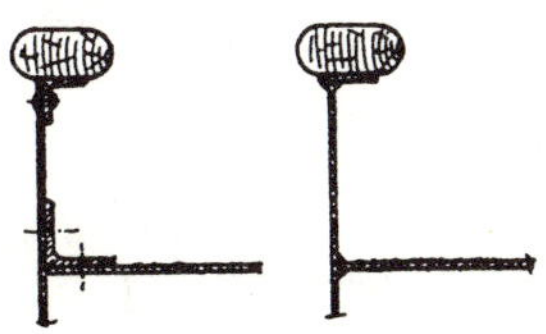

Zeichnung 388: Der Schergang der Außenhaut als Schanzkleid mit Holzleiste in genieteter und geschweißter Bauweise

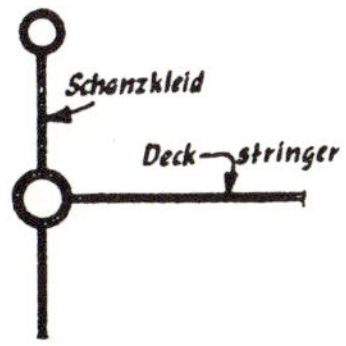

Zeichnung 389: Ein Stahlrohr zwischen Schergang und Deckstringer und als Garnierung des Schanzkleides

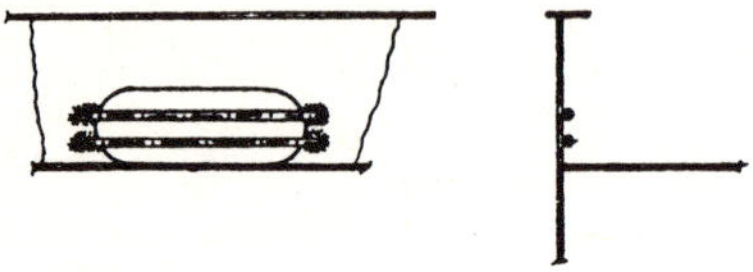

Zeichnung 390: Speigatt im stählernen Schanzkleid (= Wasserpforte) mit Gräting aus Rundstahl. - Links: von innen gesehen. Rechts: im Querschnitt

unter dem Schanzkleid Rost mit seiner zerstörerischen Wirkung bilden können.

Vorteilhafter ist es, das Schanzkleid aus Stahl herzustellen und auf dieses eine (Teak-) Holzleiste zu legen (Zeichnung 388). Diese Leiste kann man ohne Schwierigkeiten lösen, um den Stahl frisch zu konservieren. Das stählerne Schanzkleid selbst kann entweder aus dem nach oben laufenden obersten Plattengang der Außenhaut (Schergang) bestehen, oder auf den Deckstringer aufgesetzt werden (Zeichnung 389). Empfehlenswert ist ein Rohrkonstruktion, die ein Stahlrohr in der Ecke Schergang-Deckstringer-Schanzkleid vorsieht.

Es entsteht auf diese Weise außen eine Art Scheuerleiste oder auch Grundlage für einen farbigen Zierstrich; innen wird die scharfe, schlecht sauber zu haltende Ecke vermieden. Das Ganze dient der Festigkeit an dieser Stelle des Schiffes, setzt aber fähige Schweißer voraus. Die Rohrstöße müssen luftdicht geschweißt werden!

Um das Deck zu entwässern, kann man in das Schanzkleid die üblichen Wasserpforten oder Speigatten einbauen, die an die tiefste Stelle des Deckssprunges und an die breiteste Stelle des Schiffes gehören. Dann kann das Wasser in aufrechter und in gekrängter Lage des Schiffes ablaufen. Die Speigatten sollen eine gut abgerundete Form haben. Sind sie größer, so sollen sie von innen mit einer Art Gräting aus Rundstahl versehen werden, damit keine an Deck liegenden Gegenstände durch sie ins Wasser fallen können (Zeichnung 390). Damit auch das letzte Wasser verschwindet, müssen die Speigatten bis auf die Decksbeplankung reichen, ohne einen Rand zu lassen.

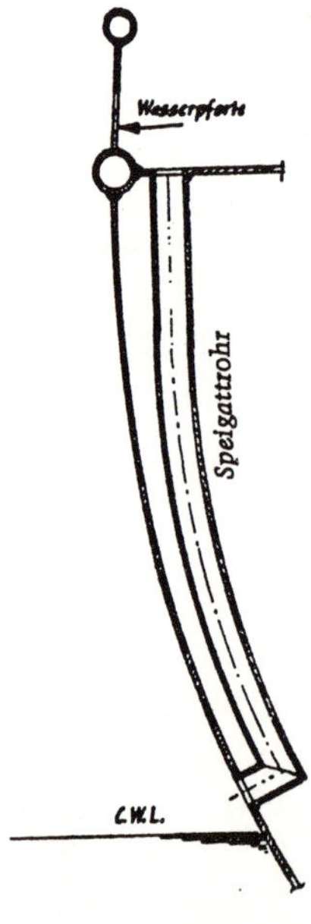

Zeichnung 391: Deckstringer-Rohr mit aufgesetzten Schanzkleid. Die Wasserpforte reicht nicht bis aufs Deck herab. Das Restwasser mit seinem Schmutz wird durch ein Speigattrohr bis an oder unter die CWL geführt

Die soeben beschriebene Speigattbauweise ist einfach und solide, hat aber den Nachteil, daß auf der Außenhaut Schmutzstreifen entstehen, weil das abfließende Wasser mit dem an Deck liegenden Staub und Ruß gesättigt ist. Der Einbau von Speigattrohren nach Zeichnung 391 vermeidet diesen Nachteil; er ist notwendig bei dem Rohr-Deckstringer nach Zeichnung 389. Auch hier ist der stählerne Rinnstein von Vorteil, weil sich an ihn leicht Lenzrohre anschweißen lassen; die Außenhaut bleibt

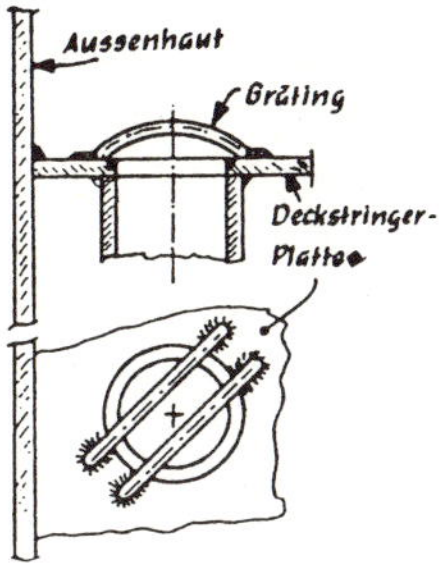

Zeichnung 392: Eine einfache Gräting über dem Einlauf des Speigattrohres

jetzt sauber, da die Speigatten erst unterhalb des Wasserpasses die Außenhaut durchbrechen.

Ein kleines Speigattrost muß die Öffnung im Deck vor dem Hineinfallen von Fremdkörpern schützen. Ein oder zwei aufgeschweißte Drahtbügel eignen sich hierzu gut (Zeichnung 392).

Für die Rohre verwendet man verzinktes Gasrohr. An den beiden Enden des Rohes verschwindet durch das Schweißen das Zink; sie dürfen daher bei den Konservierungsarbeiten nicht vergessen werden. Die Rohrlänge selbst ist durch das Zink geschützt.

Überrascht der Frost die Yacht im Wasser, so kann bei unter Wasser mündenden Speigattrohren das Wasser im Rohr einfrieren und das Rohr sprengen, wenn nicht ein möglichst dicker Gummischlauch von oben hereingehängt wird. Seine Elastizität kann die Ausdehnung des Eisen aufnehmen.

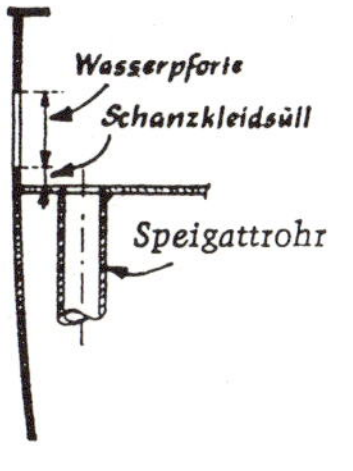

Zeichnung 393: Ein kleines Süll am Schanzkleid hält das schmutzige Regenwasser zurück. Es muß durch das Speigattrohr abfließen

An sich würde es genügen, nur wenige, kleine Speigattrohre an der tiefsten Stelle des Decks vorzusehen, die lediglich das Restwasser mit seinen Schmutzteilen abführen, während die großen Wassermengen durch Wasserpforten im Schanzkleid abfließen. Wir erhalten dann eine kombinierte Speigatt-Anlage. Dann empfiehlt es sich, die Wasserpforten 3 bis 5 Millimeter stehen zu lassen, damit das letzte Wasser nicht auf diesem Wege abfließen kann (Zeichnung 393).

Wünscht man die Schwierigkeiten zu vermeiden, die beim Garnieren der Oberkante Schanzkleid mit Holz auftritt, so kann man auch hier ein Rohr einbauen, das einige Vorteile bietet. Einmal wird die Konstruktion fester; das Schanzkleid wird nicht so leicht zu beschädigen sein. Sodann lassen sich Lippklampen (Tau- und Kettenklüsen) aus

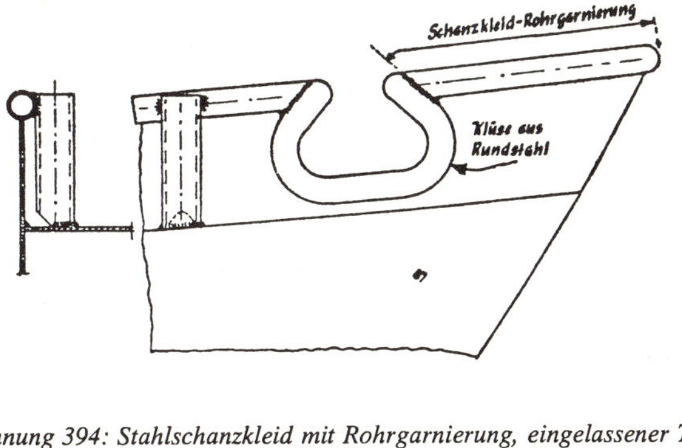

Zeichnung 394: Stahlschanzkleid mit Rohrgarnierung, eingelassener Tau- oder Kettenklüse aus Rundstahl (= Lippklampe) sowie aufgeschweißter Fuß-Halterung (= Tülle) für losnehmbare Geländer-Stütze

Rundstahl (von Außendurchmesser des Rohre geschmiedet) schön und übergangsfrei an den erforderlichen Stellen einbauen (Zeichnung 394). Schließlich lassen sich die Füße für eine (permanente oder wegnehmbare) Reling sehr leicht anbringen. Bei der Benutzung der Yacht ist es vorteilhaft zu wissen, daß (vielleicht im Notfall oder zusätzlich angebrachte) Vertäuungen im Hafen gefahrlos über das Schanzkleid laufen können, ohne daß man befürchten muß, die Leine könne sich über Nacht in das Holz des Schanzkleides einsägen.

107. Aufbauten Luken Oberlichter

Aufbauten, Luken und Oberlichter aus Stahl haben den Vorteil der größeren Festigkeit, besonders wenn sie die Verbindungen mit dem Deck betrifft. Es war sicherlich kein Zufall, daß Kirchheiß beim Umbau des hölzernen Oertz'schen Finkenwärder Fischkutters für seine

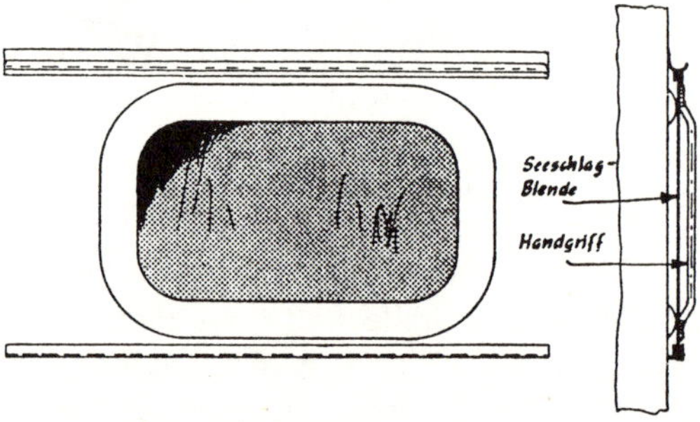

Zeichnung 395: Stahlwand mit Gummi-Fenster, Regenrinne und einschiebbarer Seeschlagblende

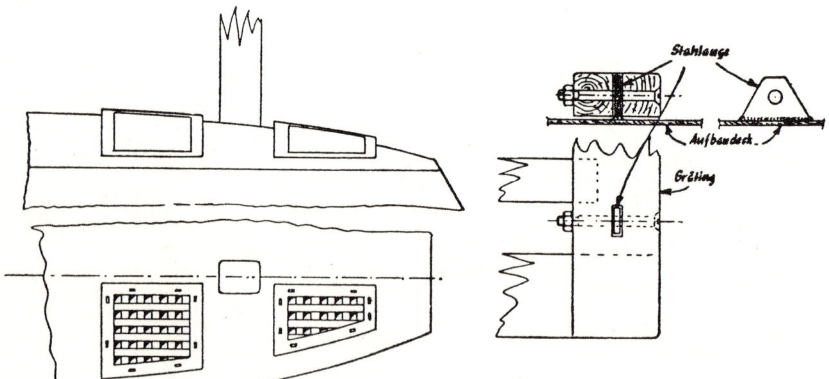

Zeichnung 396: Eine Kreuzgräting auf das stählerne Aufbaudeck beim Mast gelegt, losnehmbar gehaltert durch auf das Deck geschweißte Stahlaugen, die in Schlitze der Gräting fassen und mit Gewindeschrauben aus Messing gesichert sind

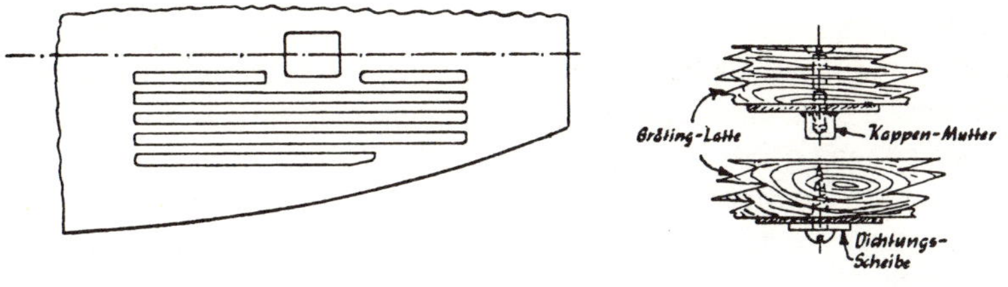

Zeichnung 397: Gräting aus einzelnen Latten auf dem stählernen Aufbaudeck. Losnehmbare Halterung entweder durch Metall-Gewindeschrauben von oben nach unten. Die Schrauben fassen in unter dem Stahldeck aufgeschweißte Kappenmuttern. Absolut dichte Konstruktion. Oder Holzschrauben von unten nach oben. Dichtung durch Spezial-Unterlegscheibe aus Leder, Blei oder dergleichen

Überseereise alle Aufbauten aus Stahl anfertigen ließ. Durch Seeschlag können doch Kräfte entstehen, die man nur ahnen kann, und die schon manches hölzerne Deckshaus erschlagen oder vom Deck gerissen losgerissen haben. Je größer andererseits das Fahrzeug ist, desto größer sind auch die durch Seeschlag entstehenden Kräfte. So ergibt sich zwangsläufig, daß größere Yachten Stahlaufbauten erhalten sollen, wenn sie mit starkem Seeschlag rechnen müssen. Ein Gegenargument wäre höchstens die geringere Schönheit des Stahlhauses und deren Magnetismus.

Der Bau der Deckshäuser aus Stahl bietet aber noch einen anderen Vorteil. Der heutige Geschmack oder das Bestreben, den Luftwiderstand zu verringern, zwingt den Schiffbauer dazu, alle Kanten abzurunden und auch einen Aufbau oder das Deckshaus stromlinienförmig zu bauen. Holz ist aber ein störrischer Baustoff; es läßt sich nicht in zwei Dimensionen krümmen, wenn stärkere Krümmungen oder Abrundungen verlangt werden. Die Ecken, die abgerundet werden sollen, müssen daher aus dem Vollen herausgearbeitet werden. Dies erfordert einen sehr großen Aufwand an Arbeitszeit und Baustoff. Stahl dagegen ist in jeder Richtung unbegrenzt verformbar. Hierbei geht es natürlich nicht ohne entsprechenden Arbeitsaufwand und ohne Wärmebehandlung, aber der Gesamtaufwand ist bedeutend geringer.

Ein Vergleich mit dem Kraftwagenbau ist schwierig, weil dort die gekrümmten Blechteile in einem einzigen Arbeitsgang unter einer Presse mit

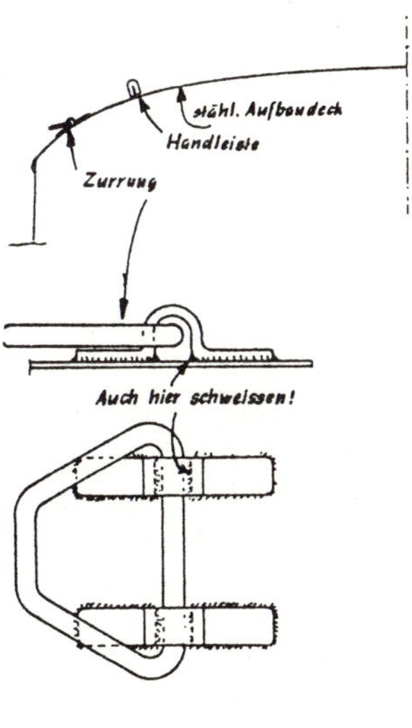

Zeichnung 398a: Wegen der Rostgefahr müssen die Schellen der Zurrung auch von innen aufgeschweißt werden

entsprechenden Formen (Gesenken) als Massenartikel hergestellt werden.

Bei Aufbauten, die möglichst leicht sein sollen, ist die allseitige Krümmung der verbauten Bleche auch deshalb von Vorteil weil eine größere Festigkeit entsteht, auf der anderen Seite der zu erwartende Seeschlag jedoch geringer wird, da die Wucht des Wassers durch die Krümmung gebrochen wird.

Hinsichtlich der Fenster in den Aufbauten sei erwähnt, daß sich die in Gummi-Profile eingefaßten Fenster in die Stahlwände besonders günstig einsetzen lassen (vergl. Abschnitt 80 und Zeichnungen 254 und 255). Man gewinnt die Möglichkeit, ohne große Kosten viel Licht in die Räume zu leiten, muß allerdings auf die Möglichkeit, mit den Fenster zu lüften, verzichten und hierfür spezielle Lüfter verwenden. Gegen schweren Seeschlag sind indessen derartige Fenster auch nicht sicher. Daher müssen stählerne Seeschlagblenden vorgesehen werden, die in entsprechende Halteschienen eingeschoben werden können (Zeichnung 395). Man kann die obere Halteschiene mit einer Regenwasserrinne kombinieren.

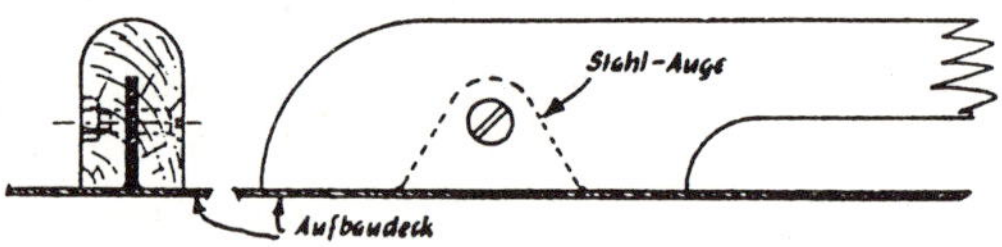

Zeichnung 398 b: Befestigung einer Holz-Handleiste auf einem stählernen Aufbaudeck durch aufgeschweißte Stahl-Augen, die in Schlitze der Handleiste fassen

Da die Nachkonservierung der Aufbauten von innen nur nach Losnahme der Verschalung möglich ist, sollte die Grund-Konservierung besonders sorgfältig ausgeführt werden und die Verschalung durch Schrauben leicht zu entfernen sein. Aufbaudecks, die betreten werden müssen - zum Beispiel unmittelbar vor und hinter dem Mast - werden gern mit Holz belegt, um die Standsicherheit an dieser Stelle zu erhöhen. Soll ein richtiges Holzdeck auf den Stahl gelegt werden, so stellen sich wieder die bereits früher erwähnten Schwierigkeiten ein. Da aber eine Holz-Gräting genügt, ergeben sich folgende Möglichkeiten: Einmal kann man für die betreffenden Stellen des Decks eine Latten- oder Kreuz-Gräting herstellen, die auch hinsichtlich der Wölbung genau auf das Deck paßt. Sie wird mit Hilfe von aufgeschweißten Augen auf dem Deck befestigt (Zeichnung 396). Man kann auch einzelne Latten nebeneinander auf das Deck schrauben. Dabei ist zu bedenken, daß diese Verschraubung das Stahldeck nicht undicht machen darf. Auch müssen die Latten alle Jahre einmal abgenommen werden, um die Stahlkonservierung unter ihnen erneuern zu können. Für die Verschraubung zeigt Zeichnung 397 einige Möglichkeiten.

Aus Holz gefertigte Griff- oder Halteleisten können auf einem stählernen Aufbau in ähnlicher Weise wie die soeben erwähnte Gräting oder wie einzelne Latten am Aufbaudeck befestigt werden. Für seegehende Yachten wird empfohlen, auf dem Aufbaudeck außerdem noch Halterungen zum Festzurren von Decksgeräten und Beibooten vorzusehen, da sich diese hinterher nur schwer anbringen lassen. Der Stahlaufbau beziehungsweise sein Deck kann sehr große Kräfte aufnehmen, wenn man die Angriffspunkte nur örtlich verstärkt und auf eine größere Fläche verteilt. So muß unter jedes Auge von unten eine Doppelung auf das (an sich dünne) Blech aufgesetzt werden (Zeichnung 398).

Deckluken, Oberlichtklappen und ähnliches lassen sich aus Stahl sehr sicher und fest in Verbindung mit einer Gummidichtung und Anpreßschrauben auch wasserdicht herstellen.

108. Masten aus Stahl

Das Wesentliche wurde bereits in Abschnitt 40 gesagt. Den Zusammenbau der einzelnen Teile zeigt die Zeichnung 399. Das Formen der Bleche muß sehr sorgfältig geschehen, da die sonst sichtbar bleibenden Unebenheiten, vor allem die Kanten, sehr auffallen und dem Äußeren der Yacht schaden. Eine Walze oder ein Abkantungspresse sollte vorhanden sein, um die Halbschalen herzustellen. Mit einer Spezialwalze kann man auch eine Vollschale herstellen. Sie wird aber nur Kreisquerschnitt erhalten, während man dem Mast bei Halbschalen einen ovalen Querschnitt geben kann. Auch bietet die Halbschale die Möglichkeit, die Stöße der einzelnen Schalen der einen Reihe etwas gegen die Stöße der anderen Reihe verschließen zu lassen. Dies ist für den Mast besser, als wenn der Stoß als Vollkreis verläuft, wie es bei der Verwendung einer Vollschale der Fall wäre.

Die Schweißarbeit erfordert sehr viel Berufserfahrung. Es kann ja nur von der Außenseite geschweißt werden. Dabei muß gut durchgeschweißt werden, denn die Schweißraupe muß zum größten Teil wieder abgeschliffen werden, um den Mast ansehnlich zu

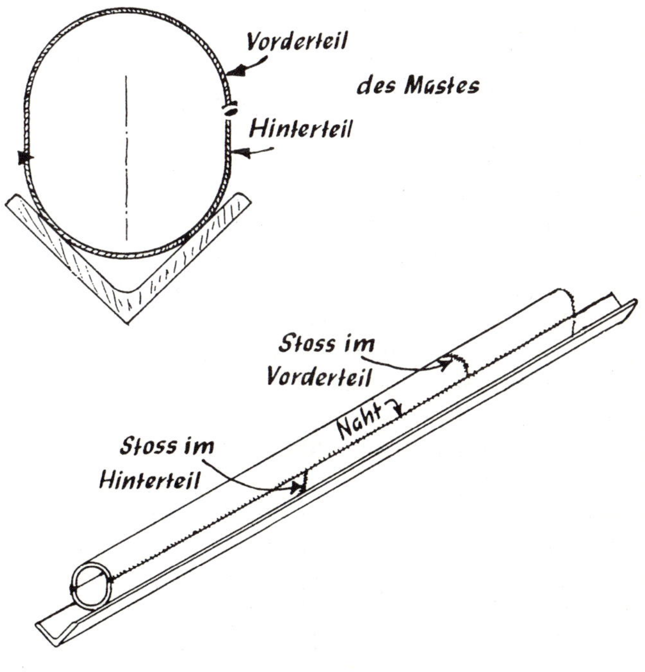

Zeichnung 399: Zusammenbau eines stählernen Mastes in einem starken, gerichteten Winkelstahl von ausreichender Länge

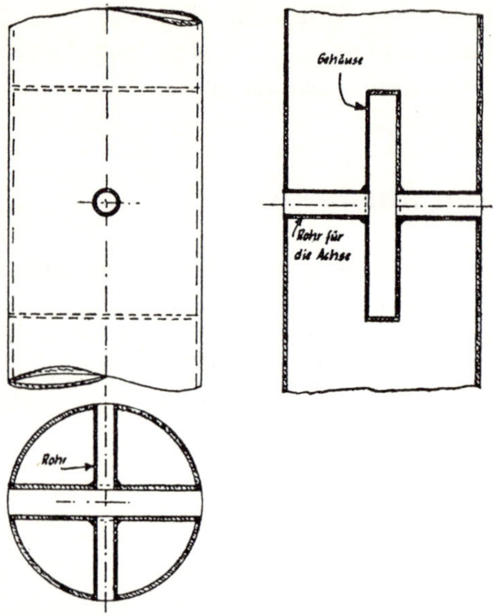

Zeichnung 401: Gehäuse für eine Fallscheibe. - Bei der Montage muß das Gehäuse mit seinen beiden Rohrstücken zwischen die beiden Masthälften gesetzt werden. Rohrenden und das Gehäuse können dann von außen mit dem Mast verschweißt werden

machen. Hierbei darf die Festigkeit der Schweißnaht nicht verschlechtert werden.

Beschläge für die Fallen, Wanten, Stage und Salings lassen sich relativ leicht anbringen, wenn sie entsprechend konstruiert wurden. Wo größere Kräfte auftreten und vom dünnen Mastblech aufgenommen werden müssen, ist dieses durch außen aufgesetzte Doppelungen zu verstärken. Werden die Fallscheiben in ein Scheibgatt in den Mast selbst eingesetzt, wie es zum Beispiel beim Großfall üblich ist, so muß das Scheibgatt wegen des Korrosionsschutzes des Mastinneren luftdicht eingeschweißt werden. Andererseits muß aber die Scheibe zu Konservierungszwecken herausgenommen werden können, um den Bolzen zu inspizieren und zu schmieren. So entsteht eine Konstruktion mit zwei eingebauten Röhrchen (Zeichnung 401). Einfacher ist es allerdings, die Scheibe in ein Gehäuse auf dem Masttop zu setzen (Zeichnung 402). Die geringere äußere Eleganz dieser Anordnung ist wohl deshalb nicht so wichtig, weil der Top dem Blick meist entzogen ist.

Wanten und Stage können mit dem Mast durch angeschweißte Augen verbunden werden. Die Schweißnaht bildet die Basis der Augen; sie soll recht lang sein (Zeichnung 403), - denn es kann in manchen Fällen außer der reinen Zugbeanspruchung noch ein Biegemoment auftreten. Alle Querschnitte sind sorgfältig zu berechnen.

Eine andere Bauweise legt die Augen genau in die Zugrichtung der Wanten. Werden in diesem Falle die Augen flach angebracht, so ist der Windwiderstand geringer. Man muß aber die Wantaugen beim Anbau an den Mast genau in die zu erwartende Zugrichtung der Wanten setzen (Zeichnung 404). Auch werden diese Augen beim Verstauen des Mastes im Winterlager empfindlicher gegen Beschädigungen sein.

Die einfachste Saling-Konstruktion ist diejenige, die für die Saling sowie für deren Befestigung Gasrohr und Gasrohr-Fittings am Mast verwendet. Allerdings vergibt man jetzt die erlaubte Möglichkeit, die Saling nach außen hin im Querschnitt etwas zu verjüngen.

Da andererseits für die Aufnahme der Wanten ein gewisser Querschnitt notwendig ist, kann dieser Nachteil vernachlässigt werden. Vor einer Verjüngung am inneren Ende wird gewarnt, da mitunter unerwartete, aber unvermeidliche Biegebeanspruchungen auf die Saling kommen können. Im Gegenteil wird empfohlen, das innerste Stück der Saling stärker zu wählen (Zeichnung 405) und auch die am Mast sitzende Verschraubung um eine Nummer stärker zu nehmen. Die schwache Stelle ist bei einer Biegung dort zu suchen, wo das Salingrohr in die Mastmuffe eingeschraubt wird, weil Gewindegänge in das Stahlrohr eingeschnitten sind und das Widerstandsmoment verkleinert wird. Andererseits ist es für das Einlagern des Mastes im Winter sehr vorteilhaft, wenn man die Saling einfach und schnell abschrauben kann. Voraussetzung dazu ist allerdings, daß das Gewinde durch Einfetten mit Was-

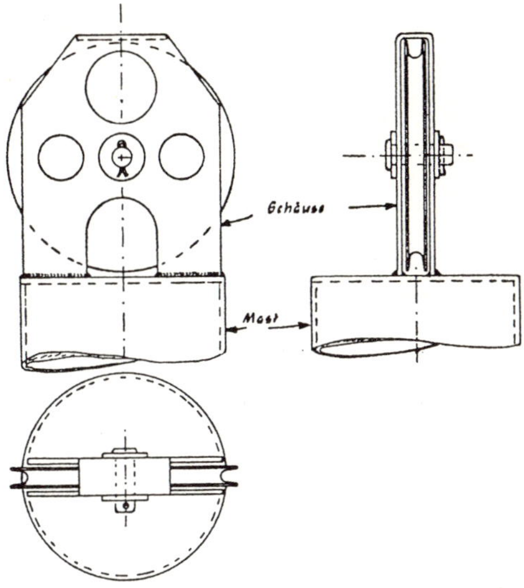

Zeichnung 402: Eine Großfall-Scheibe steht in einem Gehäuse auf dem Großtop

Zeichnung 403: Want-Befestigung am Mast mit abstehendem Auge

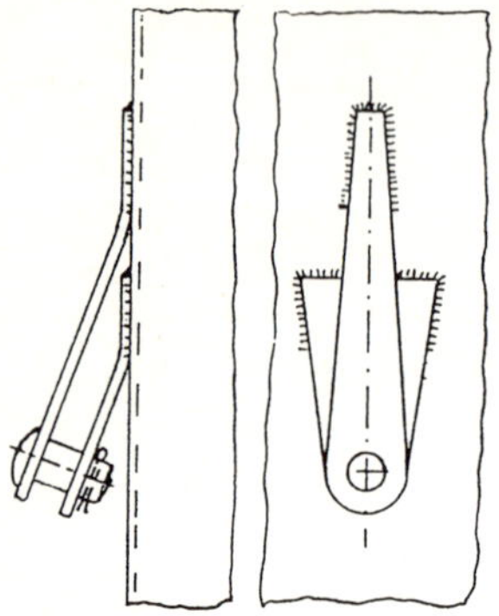

Zeichnung 404: *Want-Befestigung am Mast mit flachem Auge*

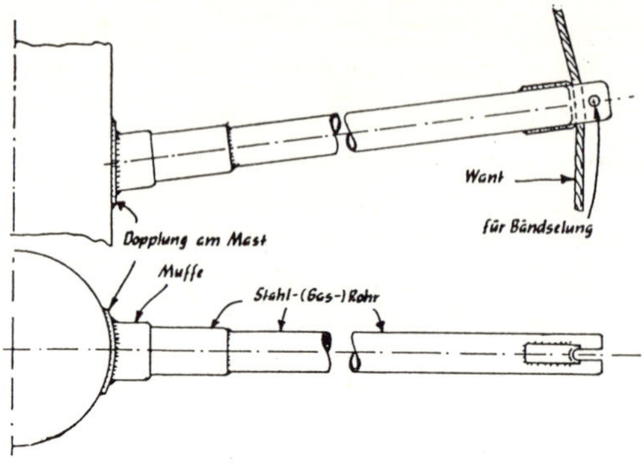

Zeichnung 405

serpumpenfett (das nicht vom Wasser angegriffen wird), vor dem Einrosten bewahrt blieb.

Die Zeichnung 406 zeigt den Top eines Stahlmastes mit seinen verschiedenen Beschlägen für Großfall, Dirk, zwei Klüverfallen, zwei Klüverstagen, zwei Topwanten, Achterstag und Jackstag (Gleitschiene aus aufgeschweißtem T-Stahl).

Stählerne Bäume werden im Yachtbau kaum verwandt. Zweckmäßig sind sie nur bei übergroßen Yachten, wie sie heute aber kaum noch gebaut werden.

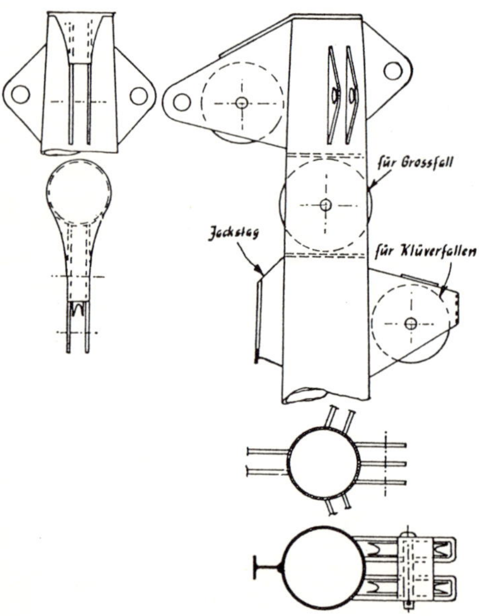

***Zeichnung 406:** Top eines Stahlmastes mit verschiedenen Beschlägen für Wanten und Stage, Fallen und Dirk. Oberer Querschnitt liegt oberhalb, unterer Querschnitt liegt unterhalb der Großfall-Scheibe*

109. Geländer auf Stahlyachten

Für seegehende Segelyachten und für Motoryachten einer gewissen Größe wird ein Geländer (Seereling) als Schutz gegen Überbordfallen gefordert. Hierbei muß das Geländer eine bestimmte Mindesthöhe bekommen, wenn es seinen Zweck erfüllen soll. Über diese Mindesthöhe ist viel diskutiert worden; sie ist auch abhängig von der

Größe des betreffenden Fahrzeuges. Auf einer Yacht von 20 m Länge würde ein Geländer von nur 35 oder 45 cm Höhe über Deck nur wie eine Stolper-Vorrichtung wirken. Auf einer 8 m langen Yacht ist dieselbe Reling aber von unschätzbarem Wert, wenn Wind und See ein Mann auf dem Vorschiff an den Segeln oder am Ankergeschirr arbeiten soll. Auf einer kleinen Yacht kann er sich vorn sowieso nur kriechend bewegen. Sein Hauptaugenmerk muß er darauf richten, durch die Schlagseite und durch die unregelmäßigen, oft heftigen Bewegungen des Bootes nicht über Bord zu rutschen oder von der See von Deck gespült zu werden. An dem niedrigen Geländer kann er entlangkriechen, es kann ihm gegen überbordrutschen großen Halt geben.

Man kann die Geländer auf verschiedene Weise bauen: Aus Schmiedestahl, aus Stahlrohr oder aus beiden in Verbindung mit einem Stahlseil, und dieses wiederum losnehmbar oder fest. Rohrkonstruktionen sind stets leichter als solche aus vollem Stahl. Seitdem man durch Schweißen zu eleganteren Lösungen gekommen ist, verdrängt das Rohr hier den Vollstahl. Losnehmbare (umklappbare) Konstruktionen kamen auf als für Hochseeyachten Geländer gefordert wurden, die man auf geschützten Revieren nicht gern sehen mochte oder als störend empfand. Im Laufe der Jahre hat man sich aber an die Geländer gewöhnt, und es gehört zu den seltenen Ausnahmefällen, daß man ein abgenommenes Geländer sieht, das *erst auf See wieder* aufgeriggt werden soll. Ein festes Geländer hat große Vorteile: Es ist sicherer, fester, billiger und leichter als das abnehmbare Geländer. Bei diesem muß jede Stütze losnehmbar in einer Tülle gelagert und gesichert sein. Da die Stütze leicht abgenommen werden soll, muß sie verhältnismäßig lose sitzen; sie wird also ein wenig wackeln. Sie ist durch ein Stahltau mit der Nachbarstütze verbunden und muß jede Belastung

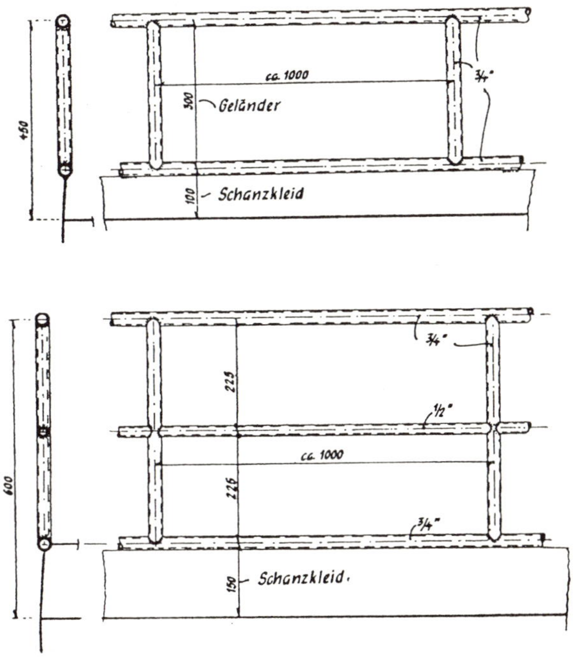

Zeichnung 407: Zwei Bespiele für ein festes Rohrgeländer, stehend auf einem Stahl-Schanzkleid

ohne Mithilfe der Nachbarstütze tragen, denn das Tau kann ihr keine Stützkraft von der Nebenstütze zuleiten. Die Tülle muß daher mit ihrer Befestigung an Deck sehr viel fester und schwerer sein als eine feste Stütze, die nur als Teil eines ganzen Verbandes wirkt, da sie mit ihren Nachbarstützen durch eingeschweißte Stahlrohre verbunden ist.

Bezüglich Rennyachten wird angegeben, die Rohrkonstruktion der festen Stützen habe einen größeren Luftwiderstand als die Einzelstützen, die miteinander durch Drahttau verbunden sind. Dazu ist zu sagen, daß der Draht zum besseren Festhalten und als Schutz gegen Verletzungen mit einem Gummi- oder Kunststoffschlauch überzogen wird und dadurch ungefähr den gleichen Außendurchmesser wie beim Stahlrohr erhält. Andererseits ist aber das Stahlrohrgeländer so fest, daß man auf ihm entlanggehen und an ihm Fender sowie Festmacherenden befestigen kann. Die Befestigung der Tüllen ist auf einem hölzernen Deck durch die sehr großen zu erwartenden Kräfte recht schwierig. Bessere Möglichkeiten bietet ein stählerner Deckstringer und ein stählernes Schanzkleid (Zeichnung 394).

Die Zeichnung 407 zeigt einige Einzelheiten eines auf einem Stahl-Schanzkleid montierten Rohr-Geländers für verschiedene Yachtgrößen beziehungsweise Geländerhöhen.

Kapitel G

Der Bau von Booten aus Leichtmetall

110. Der Bau von Booten aus Leichtmetall

Wenn von den Festigkeitseigenschaften des Leichtmetalles gesprochen wird, so meint man meist nur die Zugfestigkeit, die bei halbhartem Leichtmetall bei etwa 58% gegenüber Stahl der üblichen Schiffbauqualität liegt. So ergeben sich leicht die bereits erwähnten Verstärkungszahlen von etwa 50% in den Blechstärken gegenüber Stahl (s. Abschnitt 43). Bei der Durchbiegung und bei der Knickbeanspruchung von Bauteilen ist aber der Elastizitätsmodul des Baustoffes maßgebend. Er liegt bei Leichtmetall etwa bei 33% gegenüber Stahl. Daraus ergibt sich bei Leichtmetallkonstruktionen eine größere Durchbiegung als bei vergleichbaren Stahlkonstruktionen, wenn man nicht bei den auf Biegung beanspruchten Bauteilen über die erwähnte fünfzigprozentige Verstärkung hinausgehen will.

Besonders schwierig wird die Konstruktion eines Schiffes durch die Verschiedenartigkeit des Elastizitätsmoduls in der Verbund-Bauweise. Zum Beispiel Stahlrumpf, Leichmetalldeck und Leichtmetallaufbauten. Die Leichtmetallteile tragen bei Biegebeanspruchungen des Schiffsrumpfes nur zum Teil mit. Wenngleich diese Betrachtungen mehr für relativ längere Fahrzeuge gelten, so soll man sie doch im Auge behalten. Für genauere Berechnungen wird auf die Arbeiten von Dipl.-Ing. *DOMES* verwiesen.

Knickstäbe aus Leichtmetall müssen ein etwa dreimal so großes Trägheitsmoment bekommen (gleiche Knickkraft und Länge vorausgesetzt) als ein Stab aus Stahl. Trotzdem bleibt man auch an dieser Stelle gewichtsmäßig etwa bei 50% gegenüber Stahl.

Auf die Möglichkeiten, die das Herstellen von Profilen nach dem Strangpreßverfahren bietet, sei nochmals hingewiesen. Für den Bau von Rettungsbooten aus Leichtmetall gibt es bereits einige Spezialprofile für Kiel und Steven, die von den Werften mit Vorteil verwandt werden. Die Herstellung von neuen Spezialprofilen für yachtbauliche Zwecke ist durchaus denkbar, weil hierzu lediglich die Herstellung einer neuen Lochscheibe notwendig wird, während beim Walzen eines neuen Stahlrohrprofiles ein neuer Satz Walzen benötigt wird. Das Kostenverhältnis ist leicht überschaubar.

111. Die genietete Bauweise

Die Bauweise, die sich des Nietens bedient, hat den Vorteil, keine besonderen Vorrichtungen beschaffen zu müssen, da alle anfallenden Arbeitsgänge im Prinzip denjenigen entsprechen, die wir von Stahlbau her kennen. So können auch die beim Stahlbau benutzen Werkzeuge und Werkzeugmaschinen bedingt Verwendung finden. Bei Verwendung von Sonderwerkzeugen kann jedoch eine höhere Schnittgeschwindigkeit erreicht werden. Auch ist zu bedenken, daß niemals das gleiche Werkzeug abwechselnd Stahl und Leichtmetall schneiden soll, da hierdurch Fremdmetall an die Schnittkante des Leichtmetalls kommt und Grundlage für spätere Koorosion bildet. Trotzdem bietet sich für einen Versuchsbau aus Leichtmetall durchaus die Möglichkeit, ohne Neuanschaffungen zu arbeiten. Sie lohnen sich aber erst bei einer Reihe von Bauten.

Die Leichtmetallnieten lassen sich bis etwa 16 mm Durchmesser kalt schlagen, so daß wir im Kleinschiffbau kaum mit dem Warmnieten und seinen Besonderheiten rechnen müssen. Beim Anordnen der Niete sind folgende Hinweise wichtig: Gegenüber Stahlbauten ist der Nietdurchmesser etwas größer zu wählen, die Nietabstände sind (im Nietdurchmesser gemessen) etwas kleiner innerhalb der Nietreihen, aber etwas größer von der Plattenkante zu wählen. Hierbei wird für die Nietquerschnittsvergrößerung etwa 15% empfohlen. Dies macht auf den Durchmesser etwa 7% aus.

112. Die geschweißte Bauweise

Zum Schweißen ist, wie bereits erwähnt wurde, eine umfangreiche und nicht ganz billige Apparatur notwendig. Man wird daher diese Bauweise nur dann anwenden, wenn es sich nicht um einen einzelnen Bau handelt. Die gegenüber Stahl größere Gefahr der Verwerfungen und Schrumpfungsspannungen wird durch die größere Schweißgeschwindigkeit, die beim Leichtmetall möglich ist und keine großen Wärmestauungen aufkommen läßt, etwas kompensiert.

Da das Aluminiumschweißen noch eine neuere Methode ist, wird sie sich sowohl beim Handschweißen als auch besonders beim automatischen Schweißen noch weiter entwickeln. Gegebenenfalls muß man sich über den augenblicklichen Stand dieser Entwicklung informieren.

113. Verformungsarbeiten

Die Verformungsarbeiten unterscheiden sich bei Leichtmetall gegenüber Stahl dadurch, daß alle Wärmebehandlungen unter vollkommen anderen Aspekten betrachtet werden müssen. Bei vielen Legierungen ergibt sich durch Anwärmen eine Veränderung der Festigkeitswerte, die aber durch anschließendes Härten wieder ausgeglichen werden kann. Es sind die für die betreffende Legierung bestehenden Bedienungsvorschriften genau zu beachten. Schwierigkeiten macht auch das Erkennen der beim Erwärmen erreichten Temperatur.

Es empfiehlt sich, die für das Leichtmetall vorgesehenen Werkzeuge nur für Leichtmetall zu verwenden. Dies gilt sowohl für Schneidewerkzeuge und Bohrer als auch für den einfachsten Hammer. Darum ist es empfehlenswert, eine besondere Werkstatt bereitzustellen, in der nur Leichtmetall bearbeitet wird und alle Spezialmaschinen aufgestellt sind. Die Leichtmetall-Spezialmaschinen ähneln vielfach mehr den Holzbearbeitungsmaschinen als den für Stahl gebräuchlichen, zum Beispiel die Sägen.

Die erreichbaren kleinsten Biegeradien hängen ebenfalls von der Art der Legierung ab. Für die meist gebräuchliche Legierung Al/Mg *halbhart* beträgt er beispielsweise das 2,5-fache der Blechstärke, wenn diese unter 3 mm liegt, bei stärkeren Blechen das 3-fache der Blechstärke. Man hat so einen Anhalt, was erreicht werden kann.

114. Korrosionsschutz

Es ist bei seewasserbeständigem, also kupferfreiem Leichtmetall weniger wichtig als bei Stahl. Wäre es möglich, die Oberfläche des Metalls durch sorgfältige Pflege blank zu halten, so könnte auf Korrosionschutz ganz verzichtet werden. Indessen würde die Pflege wohl zu lästig fallen; zudem ist in vielen Fällen eine andere Farbe erwünscht. So kommen wir zwangsläufig zum Anstrich.

Stahl hat nach dem Entzundern oder Entrosten eine Rauhigkeit der Oberfläche erreicht, die das Haften der verschiedenen Anstriche sehr gut ermöglicht. Leichtmetall ist dagegen im allgemeinen vollkommen glatt und leicht fettig. Vor allem muß dieses Fett durch Entfettungsmittel (wie zum Beispiel Benzin) vollkommen entfernt werden. Es gibt hierfür aber auch alkalische Spezialmittel, die allerdings ein sorgfältiges Nachwaschen mit Wasser erfordern, da anderenfalls der Stoff angegriffen wird.

Nach dem Säubern ist eine Grundierung vorzunehmen, am besten mit den von den Farbenfabriken besonders für Leichtmetall hergestellten Farben, die unter dem Namen *Leichtmetallhaftgrund* bekannt geworden sind. Diese Farben trocknen schnell, so daß bald weiter gearbeitet werden kann. Diese Grundierfarbe bietet bereits einen guten Korrosionsschutz, zu dem noch der Schutz der weiteren Deckanstriche oder Lacke kommt. Ganz abgesehen davon, daß andere Grundierungen nicht die notwendige Haftfähigkeit aufweisen, müssen auf jeden Fall quecksilber-, kupfer- oder bleihaltige Farben zur Grundierung vermieden werden.

Für die weiteren Anstriche können die üblichen Farben und Lacke verwandt werden so daß für die Malerwerkstatt eine grundsätzliche Umstellung auf das neue Metall nicht notwendig wird.

Auf die Notwendigkeit, (elektrisch leitenden) Kontakt von Leichtmetall zu anderen Metallen oder Stahl zu unterbinden (zum Beispiel bei Zusammenbau von Stahl und Leichtmetall), wurde bereits hingewiesen. Gelingt es nicht, an den betreffenden stellen genügend zu isolieren, so entsteht elektrolytische Korrosion. Daher können hier recht schwierige Probleme auftauchen, zum Beispiel beim Befestigen von stählernen Rüsteisen an einer Leichtmetallyacht oder beim Durchführen einer stählernen Propellerwelle durch einen Leichtmetallrumpf.

Anhang

Umrechnung von Engl. Fuß (') und Zoll (") in Millimeter

Fuß	0"	1"	2"	3"	4"	5"	6"	7"	8"	9"	10"	11"
0	0	25,4	51	76	102	127	152	178	203	229	254	279
1	305	330	356	381	406	432	457	483	508	533	559	584
2	610	635	660	686	711	737	762	787	813	838	864	889
3	914	940	965	991	1016	1041	1067	1092	1118	1143	1168	1194
4	1219	1245	1270	1295	1321	1346	1372	1397	1422	1448	1473	1499
5	1524	1549	1575	1600	1626	1651	1676	1702	1727	1753	1778	1803
6	1829	1854	1880	1905	1930	1956	1981	2007	2032	2057	2083	2108
7	2134	2159	2184	2210	2235	2261	2286	2311	2337	2362	2388	2413
8	2438	2464	2489	2515	2540	2565	2591	2616	2642	2667	2692	2718
9	2743	2769	2794	2819	2845	2870	2896	2921	2946	2972	2997	3023
10	3048	3073	3099	3124	3150	3175	3200	3226	3251	3277	3302	3327
11	3353	3378	3404	3429	3454	3480	3505	3531	3556	3581	3607	3632
12	3658	3683	3708	3734	3759	3785	3810	3835	3861	3886	3912	3937
13	3962	3988	4013	4039	4064	4089	4115	4140	4166	4191	4216	4242
14	4267	4293	4318	4343	4369	4394	4420	4445	4470	4496	4521	4547
15	4572	4597	4623	4648	4674	4699	4724	4750	4775	4801	4826	4851
16	4877	4902	4928	4953	4978	5004	5029	5055	5080	5105	5131	5156
17	5182	5207	5232	5258	5283	5309	5334	5359	5385	5410	5436	5461
18	5686	5512	5537	5563	5588	5613	5639	5664	5690	5715	5740	5766
19	5791	5817	5842	5867	5893	5918	5944	5969	5994	6020	6045	6071
20	6096	6121	6147	6172	6198	6223	6248	6274	6299	6325	6350	6375
21	6401	6426	6452	6477	6502	6528	6553	6579	6604	6629	6655	6680
22	6706	6731	6756	6782	6807	6833	6858	6883	6909	6934	6960	6985
23	7010	7036	7061	7087	7112	7137	7163	7188	7214	7239	7264	7290
24	7315	7341	7366	7391	7417	7442	7467	7493	7518	7545	7569	7594
25	7620	7645	7671	7696	7722	7747	7772	7798	7823	7849	7874	7899
26	7925	7950	7975	8001	8026	8052	8077	8102	8128	8153	8179	8204
27	8230	8255	8280	8306	8332	8357	8382	8408	8433	8458	8484	8509
28	8534	8559	8585	8610	8636	8661	8686	8712	8737	8763	8788	8814
29	8839	8864	8890	8915	8941	9866	8991	9017	9042	9068	9093	9118
30	9144	9169	9195	9220	9246	9271	9296	9322	9347	9373	9398	9423

Fuß	0"	1"	2"	3"	4"	5"	6"	7"	8"	9"	10"	11"
31	9449	9474	9500	9525	9551	9576	9601	9627	9652	9677	9703	9728
32	9754	9779	9804	9830	9855	9881	9906	9931	9957	9982	10008	10033
33	10058	10083	10109	10134	10160	10185	10210	10236	10261	10287	10313	10337
34	10363	10388	10414	10439	10465	10490	10515	10541	10566	10592	10617	10642
35	10668	10693	10719	10744	10770	10795	10820	10846	10871	10897	10922	10947
36	10973	10998	11024	11049	11075	11100	11125	11151	11176	11202	11227	11252
37	11582	11607	11633	11658	11684	11709	11734	11760	11785	11811	11836	11861
38	11582	11607	11633	11658	11684	11709	11734	11760	11785	11811	11836	11861
39	11887	11912	11938	11963	11989	12014	12039	12065	12090	12116	12141	12166
40	12192	12217	12234	12268	12294	12319	12344	12370	12395	12421	12446	12471

Umrechnung von Faden in Meter

1 Faden = 6 (engl.) Fuß = 1,83 m
1 engl. Fuß = 1'= 0,3048 m
1 m = 3,28'= 0,556 Faden

Faden	Meter	Faden	Meter	Faden	Meter
1	1,8	11	20,1	21	38,4
2	3,7	12	22,0	22	40,2
3	5,5	13	23,8	23	42,1
4	7,3	14	25,6	24	43,9
5	9,1	15	27,4	25	45,7
6	11,0	16	29,3	26	47,6
7	12,8	17	31,1	27	49,4
8	14,6	18	32,9	28	51,2
9	16,5	19	34,8	29	53,0
10	18,3	20	36,6	30	54,9

Umrechnung von (engl.) Quadratfuß in Quadratmeter

Qu.-F.	0	1	2	3	4	5	6	7	8	9
0		0,929	0,186	0,279	0,372	0,465	0,557	0,650	0,743	0,836
10	0,929	1,022	1,115	1,208	1,301	1,394	1,486	1,579	1,672	1,765
20	1,858	1,951	2,044	2,137	2,230	2,323	2,415	2,508	2,601	2,694
30	2,787	2,880	2,973	3,066	3,159	3,252	3,345	3,437	5,530	3,623
40	3,716	3,809	3,902	3,995	4,088	4,181	4,274	4,366	4,459	4,552
50	4,645	4,738	4,831	4,924	5,017	5,110	5,203	5,295	5,388	5,481
60	5,574	5,667	5,760	5,853	5,946	6,039	6,132	6,224	6,317	6,410
70	6,503	6,596	6,689	6,782	6,875	6,968	7,061	7,154	7,246	7,339
80	7,432	7,525	7,618	7,711	7,804	7,897	7,990	8,083	8,175	8,268
90	8,361	8,454	8,547	8,640	8,733	8,826	8,919	9,012	9,104	9,197
100	9,290	9,383	9,476	9,569	9,662	9,755	9,848	9,941	10,034	10,126
110	10,219	10,312	10,405	10,498	10,590	10,648	10,776	10,869	10,962	11,055
120	11,148	11,241	11,334	11,427	11,520	11,612	11,705	11,798	11,891	11,984
130	12,077	12,170	12,263	12,356	12,449	12,542	12,635	12,772	12,820	12,913
140	13,006	13,099	13,192	13,285	13,378	13,471	13,564	13,656	13,749	13,842
150	13,935	14,028	14,121	14,214	14,307	14,400	14,493	14,585	14,678	14,771
160	14,864	14,957	15,050	15,143	15,236	15,327	15,422	15,514	15,607	15,700
170	15,793	15,886	15,979	16,072	16,165	16,258	16,351	16,444	16,536	16,629
180	16,722	16,815	16,908	17,001	17,094	17,187	17,280	17,373	17,465	17,558
190	17,651	17,744	17,837	17,930	18,022	18,116	18,209	18,302	18,394	18,487
200	18,580	18,673	18,766	18,859	18,952	19,045	19,138	19,231	19,324	19,416
300	27,87/	400:	37,16/	500:	46,45/	600:	55,74/	700:	65,03/	
		800:	74,32/	900:	83,61/	1000:	92,90/			

Umrechnung von engl. Pfunden in Kilogramm

Pfd	0	1	2	3	4	5	6	7	8	9
0	-	0.454	0.907	1,361	1,814	2,268	2,722	3,175	3,629	4,082
10	4,536	4,990	5,443	5,897	6,350	6,804	7,256	7,711	8,165	8,618
20	9,072	9,525	9,979	10,433	10,886	11,340	11,793	12,247	12,701	13,154
30	13,608	14,061	14,515	14,969	15,422	15,876	16,329	16,783	17,237	17,690
40	18,144	18,597	19,051	19,505	19,958	20,412	20,865	21,319	21,772	22,226
50	22,680	23,133	23,587	24,040	24,494	24,948	25,401	25,855	26,308	26,762
60	27,216	27,669	28,123	28,576	29,030	29,484	29,937	30,391	30,844	31,298
70	31,751	32,205	32,659	33,112	33,566	34,020	34,473	34,927	35,380	35,834
80	36,287	36,741	37,195	37,648	38,102	38,555	39,009	39,427	39,916	40,370
90	40,823	41,277	41,731	42,184	42,638	43,091	43,545	43,999	44,452	44,906
100	45,359	45,813	46,266	46,720	49,174	47,627	48,081	48,534	48,989	49,442

200 Pfd = 90,719 kg
300 Pfd = 226,796 kg
400 Pfd = 181,437 kg
500 Pfd = 226,796 kg
600 Pfd = 272,156 kg
700 Pfd = 317,515 kg
800 Pfd = 362,874 kg
900 Pfd = 408,233 kg
1000 Pfd = 453,592 kg
10000 Pfd = 4535,920 kg

Umrechnung (engl.) Imperialgallonen in Liter

Gall.	1	2	3	4	5	6	7	8	9	10
Liter	4,546	9,092	13,638	18,184	22,730	22,713	31,822	36,368	40,914	45,460

Umrechnung USA-(Winchester)-Gallonen in Liter

Gall.	1	2	3	4	5	6	7	8	9	10
Liter	3,785	7,571	11,356	15,142	18,927	22,713	26,498	30,284	34,069	37,854

Umrechnung (engl.) Pfund/Quadratzoll in kg/qcm

Pfd/Zoll^2	1	2	3	4	5	6	7	8	9	10
kg/qcm	0,070	0,141	0.211	0,281	0,352	0,422	0,492	0,562	0,633	0,703
Pfd/Zoll^2	11	12	13	14	15	16	17	18	19	20
kg/qcm	0,773	0,844	0,914	0,984	1,055	1,125	1,195	1,266	1,336	1,406
Pfd/Zoll^2	21	22	23	24	25	26	27	28	29	30
kg/qcm	1,476	1,547	1,617	1,687	1,758	1,828	1,898	1,969	2,039	2,109

Gewindestärken in Zoll und Millimeter für Spannschrauben, deren Baustoff unterschiedliche Festigkeit besitzt

	Bruchspannung der Spannschraube in kg/mm^2											
Geforderte Bruchlast kg	15	20	25	30	35	40	45	50	55	60	65	70
200	1/4	1/4	1/4	1/4	1/4	1/4	1/4	1/4	1/4	1/4	1/4	1/4
	6	5	5	4	4	4	3,5	3,0	3,0	3,0	3,0	3,0
300	5/16	1/4	1/4	1/4	1/4	1/4	1/4	1/4	1/4	1/4	1/4	1/4
	8	6	6	5	5	5	4	4	3,5	3,5	3,5	3,5
400	5/16	5/16	1/4	1/4	1/4	1/4	1/4	1/4	1/4	1/4	1/4	1/4
	8	8	6	6	5	5	5	5	5	4	4	4
500	3/8	5/16	5/16	1/4	1/4	1/4	1/4	1/4	1/4	1/4	1/4	1/4
	10	8	8	6	6	6	5	5	5	5	5	4
600	3/8	5/16	5/16	5/16	1/4	1/4	1/4	1/4	1/4	1/4	1/4	1/4
	10	8	8	8	8	6	6	6	5	5	5	5
700	1/2	3/8	5/16	5/16	5/16	5/16	1/4	1/4	1/4	1/4	1/4	1/4
	10	10	8	8	8	8	6	6	6	5	5	5
800	1/2	3/8	3/8	5/16	5/16	5/16	5/16	1/4	1/4	1/4	1/4	1/4
	12	10	10	8	8	8	8	6	6	6	6	6
900	1/2	1/2	3/8	5/16	5/16	5/16	5/16	5/16	1/4	1/4	1/4	1/4
	12	10	10	8	8	8	8	8	6	6	6	6
1000	1/2	1/2	3/8	3/8	5/16	5/16	5/16	5/16	5/16	1/4	1/4	1/4
	12	12	10	10	8	8	8	8	8	6	6	6
1200	1/2	1/2	1/2	3/8	3/8	3/8	5/16	5/16	5/16	5/16	5/16	1/4
	14	12	10	10	10	8	8	8	8	8	8	8
1400	5/8	1/2	1/2	1/2	3/8	3/8	3/8	5/16	5/16	5/16	5/16	5/16
	14	12	12	10	10	10	8	8	8	8	8	8

	Bruchspannung der Spannschraube in kg/mm2											
Geforderte Bruchlast kg	15	20	25	30	35	40	45	50	55	60	65	70
1600	5/8	5/8	1/2	1/2	1/2	3/8	3/8	3/8	5/16	5/16	5/16	5/16
	16	14	12	12	10	10	10	10	8	8	8	8
1800	5/8	5/8	1/2	1/2	1/2	1/2	3/8	3/8	3/8	5/16	5/16	5/16
	16	14	12	12	12	10	10	10	10	8	8	8
2000	3/4	5/8	5/8	1/2	1/2	1/2	1/2	5/8	5/8	3/8	3/8	5/16
	16	16	14	12	12	12	10	10	10	10	8	8
2200	3/4	5/8	5/8	1/2	1/2	1/2	1/2	3/8	3/8	3/8	3/8	3/8
	18	16	14	14	12	12	10	10	10	10	10	10
2400	3/4	5/8	5/8	5/8	1/2	1/2	1/2	1/2	3/8	3/8	3/8	3/8
	18	16	14	14	12	12	12	10	10	8	8	8
2600	3/4	5/8	5/8	5/8	1/2	1/2	1/2	1/2	1/2	3/8	3/8	3/8
	20	16	16	14	14	12	12	12	10	10	10	10
2800	3/4	3/4	5/8	5/8	5/8	1/2	1/2	1/2	1/2	1/2	3/8	3/8
	20	18	16	14	14	12	12	12	12	10	10	10
3000	1/8	3/4	5/8	5/8	5/8	1/2	1/2	1/2	1/2	1/2	1/2	3/8
	20	18	16	16	14	14	12	12	12	12	10	10
3200	1/8	3/4	5/8	5/8	5/8	5/8	1/2	1/2	1/2	1/2	1/2	1/2
	20	18	16	16	14	14	12	12	12	12	10	10
3400	1/8	3/4	3/4	5/8	5/8	5/8	1/2	1/2	1/2	1/2	1/2	1/2
	22	20	16	16	14	14	14	12	12	12	12	10
3600	7/8	3/4	3/4	5/8	5/8	5/8	5/8	1/2	1/2	1/2	1/2	1/2
	22	20	18	16	16	14	14	12	12	12	12	10
3800	7/8	3/4	3/4	5/8	5/8	5/8	5/8	1/2	1/2	1/2	1/2	1/2
	22	20	18	16	16	14	14	14	12	12	12	12
4000	7/8	7/8	3/4	3/4	5/8	5/8	5/8	5/8	1/2	1/2	1/2	1/2
	22	20	18	16	16	16	14	14	12	12	12	12
4200	1	7/8	3/4	3/4	5/8	5/8	5/8	5/8	1/2	1/2	1/2	1/2
	24	20	20	18	16	16	14	14	14	14	12	12
4400	1	7/8	3/4	3/4	5/8	5/8	5/8	5/8	5/8	1/2	1/2	1/2
	24	22	20	18	16	16	14	14	14	14	12	12
4600	1	7/8	3/4	3/4	3/4	5/8	5/8	5/8	5/8	1/2	1/2	1/2
	24	22	20	18	16	16	16	14	14	14	14	12
4800	1	7/8	3/4	3/4	3/4	5/8	5/8	5/8	5/8	5/8	1/2	1/2
	27	22	20	18	16	16	16	14	14	14	12	12

Beispiel für die Berechnung einer Spannschraube. Ein Want soll bei dreifacher Sicherheit 900 kg tragen. Somit ist seine Bruchlast 3 x 900 = 2700 kg. Der Baustoff der Spannschraube habe eine Bruchfestigkeit von 25 kg/mm². Das Gewinde der Spannschraubenspindel muß sein 5/8" oder M 16 sein.

TABELLE FÜR DRAHTTAUWERK

	Laufendes Gut der Konstruktion 6 x 12 + 7			Stehendes Gut der Konstruktion 6 x 7 + 1			Passende Spannschrb. für steh. Gut mit 130	
		Festigkeit des Stoffes			Festigkeit des Stoffes		Festigkeit u. 35 Festigkeit der Spannschraube	
SeilØ	Gewicht	130	160	Gewicht	75	130		
mm	kg/m	Bruchlast kg		kg/m	Bruchlast kg		"Gew.	mm Gew.
2,5				0,026	190	350	1/4	5*
3,0	0,03	290	358	0,04	298	520	1/4	6
3,5	0,04	460	566	0,048	350	630	5/16	8
4,0	0,05	570	700	0,059	470	775	5/16	8
4,5	0,06	660	810	0,075	580	1000	5/16	8
5,0	0,075	900	1110	0,09	740	1280	3/8	10
6,0	0,10	1170	1440	0,14	1030	1800	1/2	12
7,0	0,13	1490	1830	0,20	1600	2750	1/2	14
8,0	0,19	2030	2260	0,25	1960	3470	5/8	14
9,0	0,22	2650	3260	0,30	2480	4280	5/8	16
10,0	0,26	3100	3820	0,375	3000	5180	3/4	18
11,0	0,36	4140	5100	0,43	3580	6170	3/4	20
12,0	0,39	4410	4750	0,54	4350	7530	7/8	20
13,0	0,44	5200	6400	0,64	5040	8700	7/8	22
14,0	0,50	5950	7340	0,72	5700	7770	1	24
15,0	0,59	7150	8800	0,85	6740	11650	1	27
16,0	0,65	7730	9560	1,01	8040	13870	1 1/8	27
18,0	0,88	10580	13030	1,22	9900	17150	1 1/4	30
20,0	1,06	12950	14690	1,47	12000	20750	1 3/8	33

Bemerkungen:

1. Konstruktion 6 x 12 + 7 heißt, das Seil ist aus 6 Kardeelen zu je 12 Einzeldrähten aufgebaut, und es besitzt insgesamt 7 Fasereinlagen
2. Festigkeit des Stoffes 130 heißt, der Stahl, aus dem das Seil hergestellt ist, hat eine Bruchspannung von 130 kg/mm2.
3. Bruchlast 290 kg heißt, das betr. Seil bricht bei einer Belastung mit 290 kg.
4. 35 Festigkeit der Spannschraube heißt, die Spannschraube ist aus einem Stoff (Stahl oder Bronze) hergestellt, dessen Bruchspannung bei 35 kg/mm2 liegt.

*) Für Spannschrauben mit anderen Festigkeitswerten vergleiche man die für Spannschrauben aufgestellte Spezial-Tabelle. Die angegebenen Werte beziehen sich auf die Spindel der Spannschraube. Sie können auch für die Schäkelbolzen gelten, wenn diese kurz sind. Längere Schäkelbolzen sollen eine Nummer stärker sein.

Anker, Ketten und Trossen für Segel und Motoryachten BINNENFAHRT

Rauminhalt der Yacht	Anker		Ketten		Trossen	
	Anzahl	Gew. m. St.	Länge	Ø	Länge	Ø
cbm		kg	m	mm	m	mm
Bis 7	1	12	-	-	25	12
" 10	1	14	-	-	25	13
" 14	1	16	18	7	30	14
" 20	1	18	20	7	30	16
" 28	1	20	20	8	35	18
" 40	1	25	25	8	40	20
" 60	1	35	25	9	45	20

Anmerkung: Der Rauminhalt der Yacht wird genau nach demselben Schema berechnet wie bei den seegehenden Segelyachten

Anker, Ketten und Trossen für Motoryachten SEEFAHRT

Rauminhalt der Motoryacht	Anker				Ketten		Trossen		
	Anz.	Gew.	mit Stockw.		Länge	Ø	Länge	Ø	Ø
		1	2	3				1	2
cbm		kg	kg	kg	m	mm	m	mm	mm
Bis 10	1	12	-	-	40	6	30	20	-
" 14	1	14	-	-	45	6	34	22	-
" 20	1	16	-	-	50	7	40	24	-
" 28	1	20	-	-	55	8	45	26	-
" 40	2	25	20	-	60	8	50	28	-
" 60	2	35	25	-	70	10	60	30	-
" 90	2	50	35	-	90	11	70	32	-
" 120	2	65	50	-	105	12	75	34	-
" 155	2	80	65	-	120	13	80	36	-
" 200	2	100	80	-	135	14	85	38	-
" 240	2	120	100	-	150	15	90	40	-
" 290	2	140	100	-	165	16	95	40	-
" 340	3	165	120	50	185	17	95	44	22
" 400	3	190	140	65	200	17	100	44	24
" 450	3	220	165	80	215	18	100	44	24

Nach den Vorschriften des Germanischen Lloyd
Anker, Ketten und Trossen für Segelyachten
SEEFAHRT

Rauminhalt der Segelyacht	Anker				Ketten		Trossen		
	Anzahl	Gewicht mit Stock			Länge	Ø	Länge	Ø	Ø
		1	2	3				1	2
cbm		kg	kg	kg	m	mm	m	mm	mm
Bis 10	1	14	-	-	45	6	35	22	-
" 14	1	16	-	-	40	7	40	24	-
" 20	1	20	-	-	55	8	45	26	-
" 28	2	25	20	-	60	8	50	28	-
" 40	2	30	25	-	70	10	60	30	-
" 60	2	50	35	-	90	12	70	32	-
" 90	2	65	50	-	110	13	90	36	-
" 120	2	80	65	-	125	14	90	38	-
" 155	2	100	80	-	140	14	90	38	-
" 200	2	120	100	-	155	15	90	40	-
" 240	3	140	120	50	170	16	90	40	-
" 270	3	165	140	70	185	17	90	44	22
" 340	3	190	165	80	200	18	100	44	24
" 400	3	220	190	100	215	18	100	44	28
" 450	3	250	220	120	215	19	100	46	30

Anmerkung: Der Rauminhalt der Segelyacht wird errechnet nach der Formel 0,6 x L x B x H + 0,5 Inhalt der Aufbauten. Hierin sind L das Mittelmaß von L1 in der CWL und La über Deck, innerhalb der Steven oder des Spiegels gemessen. H wird gemessen in der Mitte des obigen L, von Oberkante Decksbalken bis zur Höhe eines mittschiffs liegenden Punktes B. Dieser Punkt wird gewonnen, indem am Hauptspant in 1/4 der Breite eine Tangente angelegt wird, die Mitte Schiff in einem Punkte A trifft. Die Strecke von A bis zum tiefsten Punkte am Hanptspant wird gesechstelt. B liegt auf 1/4 von A bis zum tiefsten Punkt. B wird gemessen ohne Außenhaut.

Stichwortregister

Handbuch der praktischen Seemannschaft

auf traditionellen Segelschiffen

Jens KUSK Jensen

Übersetzt nach der dänischen Ausgabe von 1924 durch S. Reese

Dieses Buch galt in Dänemark jahrzehntelang als die „Bibel" unter jungen Seefahren. Dieses Buch erklärt alle Begriffe und Arbeiten, die an Bord traditioneller Segelschiffe anfallen.
Aus dem Inhalt: Material von Rigg und Trossen - Seemannsarbeiten mit Tauwerk und Draht - Blöcke und Taljen - Deplacement, Rauminhalt und Stabilität - Aufriggen einer Bark und eines Schoners mit allem stehenden und laufenden Gut - Segel und Segelmacherarbeiten - Anker - Spills - Manöver unter Segeln - Wriggen und Rudern - Instandhaltungsarbeiten - Slippen und Docken - Stauen von Ballast und Ladung - Beladen und Löschen - Rettungswesen - Navigation - Dienstgrade.
Fast alle Begriffe wurden in drei Sprachen angegeben (Deutsch, Dänisch und Englisch).
Diese Übersetzung aus dem Dänischen von 1924 - dem Höhepunkt des professionellen Segelns - dürfte das Umfassendste sein, was in deutscher Sprache zum Thema vorliegt - und ein unschätzbares Nachschlagewerk für alle maritim interessierten, da die praktische Anwendbarkeit durch ein umfassendes Stichwortregister erweitert wurde.

Ausführliche Maß- und Umrechnungstabellen. 448 Seiten im Format 21 x 26 cm, mit 546 Strich- und Federzeichnungen des Autors. Zahlreiche Tabellen und Stichwortregister. Kunstledereinband mit Goldprägung.

ISBN 3-924381-15-1, DM 120.--

Das Gaffelrigg

Geschichte - Technik - Schiffstypen

John Leather

Das Gaffelrigg war neben der Rahtakelung über Jahrhunderte hinweg die gebräuchlichste Art der Segelführung auf Arbeits- und „Lust-"schiffen. Nachdem die professionelle Segelschiffahrt beendet war, setzte sich auf Sportbooten die Hocktakelung durch. Heute ist das Gaffelrigg aufgrund des wieder erwachten Interesses an alten Dingen wieder im Kommen.
Der Autor beschreibt das Rigg in seiner Gesamtheit und mit allen Einzelteilen: Mast, Spieren, stehendes und laufendes Gut sowie Segel. Zudem wird auf die Handhabung und die Entwicklung dieser Takelungsart eingegangen.
Anhand von historischen Fotos, von z.T. weltberühmten Fotografen wie Beken of Cowes, und Zeichnungen des Autors werden dann gaffelgetakelte Schiffstypen vorgestellt:
Sloop, Kutter, Kutteryachten, Smacks, Fischerboote, Lotsenboote und -schoner, Yawl, Ketch, Schoner und Fischereischoner aus aller Welt.
Zusätzlich, der heutigen Entwicklung angepaßt, werden auch einige dänische Typen und die Schiffe der französischen Westküste anhand von Rissen präsentiert.
Ausführliches Register.

Übersetzung aus de Englischen. Ca. 352 Seiten im Format 15,5 x 21,6 cm, 44 historische Fotos, 110 Einzel- und Rißzeichnungen des Autors. Farbiger Einband, gebunden.

ISBN 3-924381-30-5, ca. DM 68,--

RKE–VERLAG · Kaistr. 33 · D-2300 Kiel 1 · Tel.: (0431) 6 32 43

In zweiter Auflage:

Colin Archer
Konstrukteur des norwegischen Spitzgatters
Svend Sörensen

Dieses Buch zeichnet ein vollständiges Bild des Lebens und Wirkens des norwegischen Konstrukteurs Colin Archer, speziell in fachlicher Hinsicht.

Zum zweiten erhält der Leser einen Überblick über die Entwicklungsgeschichte der norwegischen Spitzgatter. Mit dem Namen Colin Archer werden im allgemeinen nur Spitzgattrettungsketchen und das Polarschiff FRAM verbunden. Daß er auch bemerkenswerte Yachten konstruierte, das norwegische Lotsenboot reformierte und er einer der ersten Wissenschaftler im Schiffbau war, ist kaum bekannt.

Der Autor beschreibt Archers Konstruktionsprinzipien und anhand von Originalrissen die interessantesten Colin Archer Boote: norwegische Lotsen- und Hvalerboote, Fischerei- und Rettungsfahrzeuge sowie Yachten. Am Schluß des Buches kommen Archers Kritiker zu Wort.

112 Seiten, Format 20x28 cm, 64 Abb. und Risse, farbiger Einband.
ISBN 3-924381-16-X, DM 38,--

Die Tjalk
Horst Menzel
Das weitverbreitetste Binnenschiff der Niederlande.
Seine Entwicklung,
Konstruktion und Bauweise.

Horst Menzel gibt einen kurzen geschichtlichen Überblick über die Entwicklung der Tjalken und behandelt dann ausführlich die Konstruktion und den Bau. Mit präzisen Detailzeichnungen wird auf Einzelheiten der Ausrüstung eingegangen sowie die verschiedenen Takelungsarten beschrieben.

Weiterhin werden 16 tjalkartige Schiffstypen erläutert und abgebildet. Damit ist das Buch nicht nur für den Liebhaber alter Segelschiffe und Schiffahrtshistoriker eine Fundgrube, insbesondere der Modellbauer kommt durch die 120 Zeichnungen und Pläne auf seine Kosten.

168 Seiten im Format 19 x 21 cm, farbiger Schutzumschlag. 120 Feder- und Bleistiftzeichnungen, Risse und Pläne. 2. Auflage.
ISBN 3-924381-14-3, DM 48.--

Dreimast-Topsegelschoner
Thor Heyerdahl
- Portrait eines Windjammers -
Lothar Lorenz

Ein Portrait des viertgrößten Segelschiffes unter deutscher Flagge. Ob unter Segeln oder auf See, Aufnahmen von Details oder der gefahrvollen Arbeit in der Takelage - allesamt zeigen die meist farbigen Aufnahmen den Alltag des ehemaligen Fracht- und heutigen Abenteuerseglers.

Lothar Lorenz hat während vieler Fahrten und Besuche teilweise selbst fotografiert und Material gesammelt, das hier in ausgesuchter Form vorliegt.

Beiträge der Eigner, segelpädagogischer Institutionen und die Taufrede des Dr. Thor Heyerdahl in deutscher und englischer Sprache lassen das besondere Nutzungskonzept dieses Schiffes deutlich werden.

72 Seiten im Format 18 x 18 cm, 43 Fotos und Abbildungen, davon 23 in Farbe. Segelriß im Format 18 x 36 cm, farbiger Einband. 2. Auflage.
ISBN 3-924381-07-0, DM 19.80

RKE-VERLAG · Kaistrasse 33 · D-2300 Kiel 1 · Tel.: (0431) 6 32 43

ALTE SCHIFFE

MAGAZIN FÜR BAU, ERHALTUNG UND NUTZUNG HISTORISCHER SEGEL- UND MOTORFAHRZEUGE

Eine neue Zeitschrift!

für Kapitäne, Skipper, Eigner, Mannschaften, Mitsegler, Seeleute, Sehleute, Jollensegler, Cap Hornies, Dampfschiffanatiker, Gaffelfreunde, Restaurierer, Holzbootfreaks, Besessene von klassischen Yachten, Bootsmänner und -frauen, Modellbauer, Bootsbauer, Werften, Heizer, Museumshäfen, Schiffahrtsmuseen, Segelvereine ...
... für Freunde "alter Schiffe".

ALTE SCHIFFE berichtet über Schiffe und Boote, die heute als Zeugen vergangener Zeiten bestaunt, belächelt oder bewundert werden.
Wir stellen diese Boote und Schiffe im einzelnen und allgemeinen vor, die Leute die sie fahren, pflegen, erhalten und nachbauen - historische Zusammenhänge gehören auch dazu.
Insbesondere kümmern wir uns um Arbeits- und Lustschiffe, Dampfer und Segler, Jollen, klassische Yachten, Motorboote und Rahsegler usw. - aber auch das "Ambiente" vergessen wir nicht.
Neben Bau- und Restaurationsmethoden, Tips zu Werften und Mitsegelgelegenheiten, Handhabung von alten Schiffen, deren Takelagen und Maschinen, gehören auch Berichte über Schiffstreffen, Regatten und Vereine zu unserem Themengebiet. Darüber hinaus gibt es in jeder Ausgabe einen Berg von Nachrichten sowie Termine von Veranstaltungen.
ALTE SCHIFFE erscheint ab 1991 viermal jährlich, die Startausgabe 1 ist aber bereits ab Oktober 1990 erhältlich.

Für DM 6.— (Ausland DM 6.50) schicken wir Ihnen ein Probeheft unseres Magazins (bitte in bar oder als Scheck beilegen), ein 1-Jahres- Abonnement kostet DM 24.— (Ausland DM 26.—), inkl. Porto uns MwSt.

Redaktion - Aboverwaltung - Anzeigen:
RKE - VERLAG, Kaistrasse 33, D-2300 Kiel 1
Tel.: (0431) 6 32 43, Fax.: (0431) 678 568